国家林业和草原局研究生教育"十三五"规划教材
中国林业科学研究院研究生教育系列教材

森林经理学研究方法与实践

张会儒　主编
唐守正　主审

中国林业出版社

内容简介

本教材从森林经理学研究概述开始，分四篇对森林资源数据获取、森林资源数据分析与评价、森林经营规划与决策、森林资源监测与信息管理的主要研究方法进行了阐述，包括抽样方法、地面调查、遥感森林资源调查、林分结构分析、立地评价与生长收获预估、森林生物量与碳储量估算、森林资源评估、森林资源空间数据分析、森林功能区划、森林景观规划、森林经营规划、森林经营决策优化、森林作业法、森林资源动态监测、森林经营监测评价、森林资源信息系统，系统地介绍了森林经理学研究中涉及的各种方法和实践应用，最后对森林经理学研究进行了展望。

本教材可作为森林经理学科研究生的教材及教学参考书，也可作为从事森林经理、森林培育、森林生态等相关学科研究的科研人员参考书。

图书在版编目（CIP）数据

森林经理学研究方法与实践／张会儒主编. —北京：中国林业出版社，2018.6
国家林业和草原局研究生教育"十三五"规划教材
ISBN 978-7-5038-9616-3

Ⅰ.①森… Ⅱ.①张… Ⅲ.①森林经理－研究生－教材 Ⅳ.①S757

中国版本图书馆 CIP 数据核字（2018）第 131966 号

国家林业和草原局生态文明教材及林业高校教材建设项目

中国林业出版社·教育出版分社

策划编辑：康红梅　肖基浒　　　　　责任编辑：肖基浒　范立鹏
电　　话：(010)83143555　　　　　传　　真：(010)83143516

出版发行　中国林业出版社(100009　北京市西城区德内大街刘海胡同7号)
　　　　　E-mail:jiaocaipublic@163.com　电话：(010)83143626
　　　　　http://lycb.forestry.gov.cn
经　　销　新华书店
印　　刷　三河市祥达印刷包装有限公司
版　　次　2018年6月第1版
印　　次　2018年6月第1次印刷
开　　本　850mm×1168mm　1/16
印　　张　31
字　　数　750千字
定　　价　78.00元

中国林业科学研究院研究生教育系列教材
编写指导委员会

《森林经理学研究方法与实践》
编写人员

主　　编　　张会儒

副主编　　李凤日　胥　辉

参编人员　　孙玉军　李际平　张秋良　黄选瑞

　　　　　　雷渊才　雷相东　汤孟平　李卫忠

　　　　　　李明阳　张怀清　谭炳香　李海奎

　　　　　　王　宏　张晓红　刘　萍　李春明

　　　　　　董利虎　梅光义　李永宁　刘恩斌

　　　　　　欧光龙　臧　卓　赵　菡

主　　审　　唐守正

编写说明

　　研究生教育以培养高层次专业人才为目的，是最高层次的专业教育。研究生教材是研究生系统掌握基础理论知识和学位论文基本技能的基础，是研究生课程学习必不可少的工具，也是高校和科研院所教学工作的重要组成部分，在研究生培养过程中具有不可或缺的地位。抓好研究生教材建设，对于提高研究生课程教学水平，保证研究生培养质量意义重大。

　　在研究生教育发达的美国、日本、德国、法国等国家，不仅建立了系统完整的课程教学、科学研究与生产实践一体化的研究生教育培养体系，并且配置了完备的研究生教育系列教材。近20年来，我国研究生教材建设工作也取得了一些成绩，编写出版了一批优秀研究生教材，但总体上研究生教材建设严重滞后于研究生教育的发展速度，教材数量缺乏、使用不统一、教材更新不及时等问题突出，严重影响了我国研究生培养质量的提升。

　　中国林业科学研究院研究生教育事业始于1979年，经过近40年的发展，已培养硕士、博士研究生4000余人。但是，我院研究生教材建设工作才刚刚起步，尚未独立编写出版体现我院教学研究特色的研究生教育系列教材。为了贯彻落实《国家中长期教育改革和发展规划纲要（2010—2020年）》《教育部 农业部 国家林业局关于推动高等农林教育综合改革的若干意见》等文件精神，适应21世纪高层次创新人才培养的需要，全面提升我院研究生教育的整体水平，根据国家林业局院校林科教育教材建设办公室《关于申报"普通高等教育'十三五'规划教材"的通知》（林教材办〔2015〕01号，林社字〔2015〕98号）文件要求，针对我院研究生教育的特点和需求，2015年年底，我院启动了研究生教育系列教材的编写工作。系列教材本着"学科急需、自由申报"的原则，在全院范围择优立项。

　　研究生教材的编写须有严谨的科学态度和深厚的专业功底，着重体现科学性、教学性、系统性、层次性、先进性和简明性等原则，既要全面吸收最新研究成果，又要符合经济、社会、文化、教育等未来的发展趋势；既要统筹学科、专业和研究方向的特点，又要兼顾未来社会对人才素质的需求方向，力求创新性、前瞻性、严密性和应用性并举。为了提高教材的可读性、易解性、多感性，激发学生的学习兴趣，多采用图、文、表、数相结合的方式，引入实践过的成功案例。同时，应严格遵守拟定教材编写提纲、汇稿、审稿、修改稿件、统稿等程序，保障教材的质量和编写效率。

　　编写和使用优秀研究生教材是我院提高教学水平，保证教学质量的重要举措。为适应当前科技发展水平和信息传播方式，在我院研究生教育管理部门、授课教师及相关单位的共同努力下，变挑战为机遇，抓住研究生教材"新、精、广、散"的特点，对研究生教材的编写组织、出版方式、更新形式等进行大胆创新，努力探索适应新形势下研究生教材建设的新模式，出版具有林科特色、质量过硬、符合和顺应研究生教育改革需求的系列优秀研究生教材，为我院研究生教育发展提供可靠的保障和服务。

中国林业科学研究院研究生教育系列教材

编写指导委员会

2017 年 9 月

序

　　研究生教育是以研究为主要特征的高层次人才培养的专业教育，是高等教育的重要组成部分，承担着培养高层次人才、创造高水平科研成果、提供高水平社会服务的重任，得到世界各国的高度重视。21世纪以来，我国研究生教育事业进入了高速发展时期，研究生招生规模每年以近30%的幅度增长，2000年的招生人数不到13万人，到2018年已超过88万人，18年时间扩大了近7倍，使我国快速成为研究生教育大国。研究生招生规模的快速扩大对研究生培养单位教师的数量与质量、课程的设置、教材的建设等软件资源的配置提出了更高的要求，这些问题处理不好，将对我国研究生教育的长远发展造成负面影响。

　　教材建设是新时代高等学校和科研院所完善研究生培养体系的一项根本任务。国家教育方针和教育路线的贯彻执行，研究生教育体制改革和教育思想的革新，研究生教学内容和教学方法的改革等等最终都会反映和落实到研究生教材建设上。一部优秀的研究生教材，不仅要反映该学科领域最新的科研进展、科研成果、科研热点等学术前沿，也要体现教师的学术思想和学科发展理念。研究生教材的内容不仅反映科学知识和结论，还应反映知识获取的过程，所以教材也是科学思想的发展史及方法的演变史。研究生教材在阐明本学科领域基本理论的同时，还应结合国家重大需求和社会发展需要，反映该学科领域面临的一系列生产问题和社会问题。

　　中国林业科学研究院是国家林业和草原局直属的国家级科研机构，自成立以来，一直承担着我国林业应用基础研究、战略高技术研究和社会重大公益性研究等科学研究工作，还肩负着为林业行业培养高层次拔尖创新人才的重任。在研究生培养模式向内涵式发展转变的背景下，我院积极探索研究生教育教学改革，始终把研究生教材建设作为提升研究生培养质量的关键环节。结合我院研究生教育的特色和优势，2015年年底，我院启动了研究生教育系列教材的编写工作。在教材的编写过程中，充分发挥林业科研国家队的优势，以林科各专业领域科研和教学骨干为主体，并邀请了多所林业高等学校的专家学者参与，借鉴融合了全国林科专家的智慧，系统梳理和总结了我国林业科研和教学的最新成果。经过广大编写人员的共同努力，该系列教材得以顺利出版。期待该系列教材在研究生培养中发挥重要作用，为提高研究生培养质量做出重大贡献。

中国工程院院士
中国林业科学研究院院长

2018 年 6 月

前　言

森林经理学产生于 18 世纪后半叶的德国,至今已有 200 多年历史。1925 年前后传入我国,1952 年,我国建立了森林经理学科。该学科经过 60 多年的发展,形成了包括森林经理学、测树学、遥感和计算机信息技术应用等内容的完整学科群。目前,社会已经进入信息时代,计算机信息管理及处理、遥感信息获取及处理的手段有了飞速发展,使森林经理学科进入了一个新的发展时期,学科的研究内容不断扩展,从单项研究向综合集成研究转变;研究方法不断提升,从静态分析向动态监测转变,从单一数据源的向多源数据转变;学科交叉与融合更加显现,从单一学科的问题诊断向多学科的知识和方法的综合应用转变。森林经理学科在林学中的基础和龙头地位进一步突显。

中国林业科学研究院自 2008 年开始,为研究生开设了森林经理学科研究方法课程,采用的是院内自编教材,经过 6 年的教学实践的检验与反馈,急需进一步充实和完善。同时,近几年国内涉林高校开设森林经理学科研究方法课程的需求也在不断增长。因此,迫切需要编写一本系统性、通用性强的森林经理研究方法教材。2014 年,中国林科院制订了研究生教材出版资助计划,本教材列入了首批支持教材选题目录;2016 年,本教材又列入了国家林业局研究生教育"十三五"规划教材。经过两年的努力,由中国林业科学研究院森林经理学科组牵头,联合北京林业大学、东北林业大学、南京林业大学、中南林业大学、西南林业大学、西北农林科技大学、浙江农林大学、河北农业大学、内蒙古农业大学、华南农业大学等高等院校的森林经理学科,在原有内部教材的基础上,经过充实和完善,完成了这本教材的编写。

本书系统地介绍了森林经理学研究中涉及的各种方法和技术,从森林经理学科研究概述开始,分四篇对森林资源数据获取、森林资源数据分析与评价、森林经营规划与决策、森林资源监测与信息管理等森林经理学科主要研究方法进行了阐述,包括抽样方法、地面调查、遥感调查、林分结构分析、立地评价与生长收获预估、森林生物量与碳储量估测、森林资源评估、森林资源空间数据分析、森林功能区划、森林景观规划、森林经营规划、森林经营决策优化、森林作业法、森林资源动态监测、森林经营监测评价、森林资源信息系统、森林经理学研究展望 18 章内容。

本教材由 18 章内容组成，编写者皆来自以上科研单位和农林高校森林经理学科的学者，具体编写分工如下：第 1 章由张会儒、李春明编写；第 2 章由雷渊才、赵菡编写；第 3 章由李海奎、张会儒编写；第 4 章由谭炳香、张会儒编写；第 5 章由汤孟平、刘恩斌编写；第 6 章由李凤日、董利虎编写；第 7 章由胥辉、欧光龙编写；第 8 章由张秋良编写；第 9 章由李明阳编写；第 10 章由雷相东、张会儒编写；第 11 章由张晓红、张会儒编写；第 12 章由李卫忠、张会儒编写；第 13 章由李际平、刘萍、臧卓编写；第 14 章由王宏编写；第 15 章由孙玉军、张会儒、梅光义编写；第 16 章由黄选瑞、张会儒、李永宁编写；第 17 章由张怀清编写；第 18 章由张会儒编写。

本教材的初稿完成后，由唐守正院士、郑小贤教授、张煜星教授级高工进行了审阅，提出了很多有益的意见和建议，唐守正院士还担任了本教材的主审，在此，对他们的支持和帮助表示衷心的感谢！

本教材可作为森林经理学科研究生的教材及教学参考书，也可作为从事森林经理、森林培育、森林生态等相关学科研究的科研人员参考书。由于编著者知识水平有限，尽管在编著过程中努力追求完善，还是难免出现不当和疏漏之处，欢迎广大读者提出批评和改进意见。

编　者
2017 年 8 月

目 录

第一篇 森林资源数据获取

第二篇 森林资源数据分析与评价

第三篇 森林经营规划与决策

第四篇 森林资源监测与信息管理

第1章
绪 论

　　森林经理学(forest management)是研究如何科学有效地组织森林经营活动的理论、技术及其工艺的学科。它的内容包括获取森林资源和生态现状信息,研究森林的生长、发育和演替规律,预测短期、中期和长期的变化,结合森林对生态和环境的影响,科学地进行森林功能区划,在一个可以预见的时期内(例如,一年、一个或几个作业期),在时间和空间上组织安排森林的各个分区的各种经营活动(例如,更新方式、抚育方式和采伐方式等),以期在满足森林资源可持续发展的前提下,最大限度地发挥森林的服务功能和获取物质收获。森林经理学不是管理科学,而是一门理论和技术科学(张会儒等,2008)。

　　森林经理的学科内涵是随着时代的推进而不断发展的,起初是以木材收获为目的,所以它的原则叫做木材的永续利用。森林经理多以一个具体森林经营单位为对象进行研究和实践。随着社会和经济的发展,经营森林不再是仅为获取木材,森林的多种服务功能(例如户外活动、游憩、野生动植物保护、放牧、水源涵养和水土保持等)越来越受到人们的重视,因而,森林经理的目的也发展为多资源多目标森林经营,并且发展出一套相应的技术。在提出可持续发展概念后,森林经理发展到一个新的阶段,明确提出森林的可持续经营(sustainable forest management),即在森林资源可持续发展的条件下,最大限度地发挥森林的服务功能和获取物质产品。森林经理研究的实践对象,可以是一个森林经营单位、森林经营实体,或者是一块区域,甚至是一个国家;在时间跨度上以5~10年的中期规划为主,也可以是年度的项目作业计划,或者长期规划。

　　我国使用"森林经理学"的名词是借鉴国外的习惯语。18世纪末,以德国为代表的欧洲国家从森林资源经营和管理活动中,总结并形成了符合当时的森林经理基本思想和方法,德语称forsteinrichtung,是个复合词,即组织和安排;传入英美后用过的名称有forest regulation(森林调整)、forest organization(森林组织)和forest management(森林管理或森林经营);引入日本时曾定为"森林设制学"或"森林施业学",1902年,志贺泰山将德文forsteinrichtung译为"森林经理学",原意是整顿、调整的意思,随后在日本被普遍使用。1925年前后,"森林经理学"名词传入我国,在生产活动中、教学课程中统称为森林经理学。

　　国际林业科学研究协会把森林经理分为清查(inventory)、生长(growth)、收获(yield)和经营管理科学(management science)。有的国家的森林经理学研究是在森林资源的资产管理基础上展开的，重视经济分析和数学规划，把"林价算法"和"森林较利学"归于森林经理学科的范畴。我国目前在森林经理学二级学科下分为森林经理学（forest management）、森林测计学（forest measuration）、森林测量学（forest survey）、林业遥感（forestry remote sensing）、林业信息管理（forestry information management）和林业系统工程（forestry system engineering）等若干三级学科。

1.1 森林经理主要思想的演变

森林经理产生于18世纪后半叶，最早在西欧一些国家中形成，德国是发源地，至今已有200多年历史。在森林经理学形成和发展过程中，为与社会经济相适应，出现了很多森林经理思想，其中产生较大影响的有森林永续利用、森林多效益永续利用、林业分工论、新林业与生态系统经营、近自然林业和森林可持续经营。

1.1.1 森林永续利用

17世纪中期，德国因制盐、矿冶、玻璃、造船等工业的发展，对木材的需求量猛增，开始大规模采伐森林。德国虽有严厉的森林条例，但是工业发展对森林的破坏远远超过了农业文明对森林的破坏，不论是君主林还是私有林和公有林都出现了过伐。任何森林法规都没能遏制这场破坏，这一时期就是森林利用史上所谓的"采运阶段"。这种对经济利益的追求，给森林带来了前所未有的灾难性破坏。

1713年，森林永续利用思想创始人汉里希·冯·卡洛维茨首先提出了森林永续利用原则，提出了人工造林思想。他指出："努力组织营造和保持能被持续地、不断地、永续地利用的森林，是一项必不可少的事业，没有它，国家不能维持国计民生，因为忽视了这项工作就会带来危害，使人类陷入贫困和匮乏。"他还提出了"顺应自然"的思想，指出了造林树种的立地要求（陈世清，2010）。

1795年，德国林学家哈尔蒂希（G. L. Hartig）提出："每个明智的林业领导人必须不失时机地对森林进行估价，尽可能合理地经营森林，使后人至少也能得到像当代人所得到的同样多的利益。从国家森林所采伐的木材，不能多于也不能少于良好经营条件下永续经营所能提供的数量。""森林经理应该有这样调节的森林采伐量，以致世世代代从森林得到的好处，至少有我们这一代这么多。"1811年，他在担任德国林业局长期间，提出了"木材培育"的概念，主张大力营造人工针叶纯林。到19世纪中叶，德国许多天然阔叶林都变为了人工针叶纯林（亢新刚等，2011）。

1826年，洪德斯哈根（J. C. Hundeshagen）在其《森林调查》中创立了"法正林（normal forest）"学说：基本要求在一个作业级内，每一林分都符合标准林分要求，要有最高的木材生长量，同时，不同年龄的林分应各占相等的面积，并按一定的排列顺序，要求永远不断地从森林取得等量的木材。洪德斯哈根主张应以此作为衡量森林经营水平的标准尺度（亢新刚等，2011）。

1.1.2 森林多效益永续利用

1867年，在浮士德曼（Faustmann）的土地纯收益理论引导下，时任德国国家林业局长的冯·哈根(V. Hargen)提出了"森林多效益永续利用"理论,认为林业经营应兼顾持久满足木材和其他林产品的需求,以及森林在其他方面的服务目标。他指出:"不主张国有林在计算利息的情况下获得最高的土地纯收益,国有林不能逃避对公众利益应尽的义务,而且必须兼顾持久地满足对木材和其他产品的需要以及森林在其他方面的服务目标。""管理局有义务把国有林作为一项全民族的世袭财产来对待,使其能为当代人提供尽可能多的成果,以满足林产品和森林防护效益的需要,同时,又足以保证将来也能提供至少是相同的,甚至更多的成果。"(陈世清,2010)

1886 年,德国林学家盖耶尔(Karl Gayer)针对大面积同龄纯林出现的病虫危害、地力衰退、生长力下降等现象,提出了评价异龄林持续性的"法正异龄林"——纯粹自然主义的"恒续林"经营思想。1890 年,法国林学家顾尔诺(A. Gurnand)和瑞士林学家毕奥莱(H. Biolley)提出了异龄林经营的检查法(control method)经营技术体系(亢新刚等,2011)。

1905 年,恩德雷斯(Endres)在《林业政策》中认为森林生产不仅仅是经济利益,"对森林的福利效应可理解森林对气候、水和土壤,对防止自然灾害以及在卫生、伦理等方面对人类健康所施加的影响",进一步发展了"森林多效益永续经营"理论。1933 年,在德国准备实施的《帝国森林法》中明确规定:永续地、有计划地经营森林,既以生产最大量的木材为目的,又必须保持和提高森林的生产能力;经营森林应尽可能地考虑森林的景观特点和保护野生动物;必须划定休憩林和防护林。从而为森林的木材生产、自然保护和游憩三大效益的一体化经营奠定基础。后因第二次世界大战爆发,此法案未能颁布实施,但对以后的影响是深远的(王红春等,2000)。

20 世纪 60 年代以后,联邦德国开始推行"森林多效益永续理论",这一理论逐渐被美国、瑞典、奥地利、日本、印度等许多国家接受推行,在全球掀起一个"森林多效益利用"浪潮。1960 年,美国颁布了《森林多种利用及永续生产条例》,利用"森林多效益"理论和"森林永续利用"原则实行森林多效益综合经营,标志着美国的森林经营思想由生产木材为主的传统森林经营走向经济、生态、社会多效益利用的现代林业。1975 年,联邦德国公布了《联邦保护和发展森林法》确立了"森林多效益永续利用"的原则,正式制定了森林经济、生态和社会三大效益一体化的林业发展战略(亢新刚等,2011)。

1.1.3 林业分工论

20 世纪 70 年代,美国林业学家 M·克劳森、R·塞乔和 W·海蒂等人在分析了"森林多效益永续经营"理论的弊端后,提出了"森林多效益主导利用"的经营指导思想。他们首先分析了森林特征与森林利用的关系,全面评估了森林不同利用的经济潜力,提出了一个《全国林地多向利用》方案,他们认为:未来世界森林经营将朝各种功能不同的专用森林方向发展,而不是走向森林三大效益一体化。他们的思想为创立林业分工论奠定了基础。

20 世纪 70 年代后期,W·海蒂对各种森林经营理论进行了分析,澄清了其实践的差异,对分工论进一步进行了科学验证。他根据"效益标准"提出,对所有林地不能采用相同的集约经营,只能在优质林地上进行集约化经营,同时使优质林地的集约经营趋向单一化,导致经营目标的分工。

M·克劳森等人主张在国土中划出少量土地发展工业人工林，承担起全国所需的大部分商品材任务，称为"商品林业"；其次划出一块"公益林业"，包括城市林、风景林、自然保护区、水土保持林等，用以改善生态环境；再划出一块"多功能林业"。M·克劳森等人认为，"森林永续利用"思想是森林创造最佳经济效益的枷锁，大大限制了森林的生物学潜力，若不摆脱这种限制，就不可能使森林资源创造出最佳经济效益。

根据"林业分工论"倡导的"森林多效益主导利用"模式，又分为两种不同的发展模式，即法国模式和澳大利亚与新西兰模式（简称澳新模式）。法国根据"林业分工论"把国有林划分三大模块，即木材培育、公益森林和多功能森林，其特点是采取"森林多效益主导利用"的发展模式；澳新模式被誉为新型林业发展模式，其主要特点是，根据"林业分工论"把天然林与人工林实行分类管理，即天然林主要是发挥生态、环境方面的作用，而人工林主要是创造经济效益。

1.1.4 新林业与生态系统经营

由于受到林业分工论的影响，19世纪80年代之前，美国农业部林务局一般将森林划分为林业用地和保护区两类进行管理。林业用地以木材生产为中心，以获取最大的经济效益为目标，采取高度集约化的经营管理方式，而很少考虑森林的生态效益和社会效益。而自然保护区的经营纯粹是以保护基因、物种和生态系统多样性为目的，绝对排斥各种生产活动。实质上，它是一种"分而治之"森林经营战略。美国著名林学家富兰克林（J. F. Franklin）却认为，这是一种把生产和保护对立起来的林业发展战略，该战略不能实现其各自的目标，也不能满足社会对林业的要求，结果使"森林资源永续利用"也成了一句空话（徐化成，2004）。基于此，1985年富兰克林提出了"新林业（new forestry）"理论：即以森林生态学和景观生态学原理为基础，以实现森林的经济价值、生态价值和社会价值相统一为经营目标，建成不但能永续生产木材和其他林产品、而且也能持久发挥保护生物多样性及改善生态环境等多种效益的林业。"新林业"理论提出后震惊了美国林业界、新闻界和政界，对美国国有林的改革起了重要作用（赵秀海等，1994）。

"新林业"理论的特点：森林是多功能的统一体；森林经营单元是景观和景观的集合；森林资源管理建立在森林生态系统的持续维持和生物多样性的持续保存上。该理论的最大特点是把森林生产和保护融为一体，保持和改善林分和景观结构的多样性。

"新林业"理论的经营目标：林分层次的经营目标是保护和重建不仅能够永续生产各种林产品，而且也能够持续发挥森林生态系统多种效益的森林生态系统。景观层次的经营目标是创造森林镶嵌体数量多、分布合理、并能永续提供多种林产品和其他各种价值的森林景观。

新林业思想的核心：维持森林的复杂性、整体性和健康状态。

1992年，美国农业部林务局基于类似的考虑，提出了对于美国的国有林实行"生态系统经营（forest ecosystem management）"的新做法，其含义与"新林业"类似。

美国林务局对"森林生态系统经营"的定义是：在不同等级生态水平上巧妙、综合地应用生态知识，以产生期望的资源价值、产品、服务和状况，并维持生态系统的多样性和生产力。"它意味着我们必须把国家森林和牧地建设为多样的、健康的、有生产力的和可持续的生态系统，以协调人们的需要和环境价值"；美国林纸协会的定义是：在可接受的社会、生物和经济上的风险范围内，维持或加强生态系统的健康和生产力，同时生产基本的商品及其他方面的价值，以满足人类需要和期望的一种资源经营制度；美国林学会的定义是：森林资源经营的一条生态途径。它试图维持森林生态系统复杂的过程、路径及相互依赖关系，并长期地保持它们的功能良好，从而为短期压力提供恢复能力，为长期变化提供适应性。简言之，它是"在景观水平上维持森林全部价值和功能的战略"；美国生态学会的定义是：由明确目标驱动，通过政策、模型及实践，由监控和研究使之可适应的经营。并依据对生态系统相互作用及生态过程的了解，维持生态系统的结构和功能（邓华锋，1998）。显然，这些定义反映了其各自的立场和观点，但仍有一些共同点，即人与自然的和谐发展、利用生态学原理、尊重人对生态系统的作用和意义、重视森林的全部价值。

"生态系统经营"的主要特征：

①森林经营从生态系统相关因子去考虑，包括种群、物种、基因、生态系统及景观，确保森林生态系统的完整性，保护生物多样性。

②注重生态系统的可持续性。人类是生态系统中的组成部分，但人类生产、生活以及价值观念可能对生态系统产生强烈的影响，最终导致影响人类自己。

③效仿"自然干扰机制"的经营方式。森林生态系统中的动植物在长期自然干扰过程中已经具有适应和平衡机制，包括竞争、死亡、灭绝现象，森林经营应在其强度、频度等方面类似于自然干扰因子的影响，选择合适的技术。

④森林经营注重学科与技术体系的交叉。

⑤放宽森林生态系统经营的空间与时间。传统森林经理期是5~10年，而生态系统经营的期限应在100年以上，从而保持生态系统的稳定性和可持续性。

1.1.5　近自然林业

"近自然林业（close to nature forestry）"是基于欧洲"恒续林"（continous cover forest，CCF）的思想发展起来的。CCF从英文直译为连续覆盖的森林，由德国林学家盖耶尔（Gayer）于1882年率先提出，它强调择伐，禁止皆伐作业方式。1922年穆勒（Möeller）进一步发展了盖耶尔的"恒续林"思想，形成了自己的"恒续林"理论，提出了"恒续林经营"。1924年，克鲁兹（Krutzsch）针对用材林的经营方式，提出接近自然的用材林；1950年其又与维克（Weike）一起，结合"恒续林理论"，提出了接近自然的森林经营思想。至此，近自然的森林经营理论雏形与框架已基本形成。在此后的几十年里，为纪念提出这一思想的林学家，并区别于"法正林"理论，"恒续林"成了"近自然林业"的代名词，并在生产实践中得到了广泛应用（邵青还，1991）。

"近自然林业"可表达为在确保森林结构关系自我保存能力的前提下遵循自然条件的林业活动，是兼顾林业生产和森林生态保护的一种经营模式。其经营的目标森林为：混交—异龄—复层林，手段是应用"接近自然的森林经营法"。所谓"接近自然的森林经营法"就是：尽量利用和促进森林的天然更新，其经营采用单株采伐与目标树相结合的方式进行。即从幼林开始就确定培育目的和树种，再确定目标树（培育对象）及其目标直径，整个经营过程对选定的目标树进行单株抚育。抚育内容包括目的树种周围的除草、割灌、疏伐和对目标树的修、整枝。对目标树个体周围的抚育以不压抑目标树个体生长并能形成优良材为准则，其余乔灌草均任其自然竞争和淘汰。单株择伐的原则是：对达到目标直径的目标树，依据事先确定的规则实施单株采伐或暂时保留，未达到目标直径的目标树则不能采伐；对于非目的树种则视对目的树种生长影响的程度确定保留或采伐。一般不将相邻大径木同时采伐，而是按照树高一倍的原则确定最近的其他应伐木。

"近自然经营法"的核心是：在充分进行自然选择的基础上进行人工选择，保证经营对象始终是遗传品质最好的立木个体。其他个体的存在，有利于提高森林的稳定性，保持水土，维持地力，并有利于改善林分结构及促进目标树的天然整枝。由于应用"近自然林业"经营方法时充分利用了适应当地生态环境的乡土植物，因此，群落的稳定性好，并在最大程度上保持了水土，维持了地力，提高了物种的多样性（邵青还，1994）。

"近自然林业"并不是回归到天然的森林演替过程，而是尽可能从林分的建立，经过抚育以及采伐等方式接近并加速潜在的天然森林植被正向演替过程，达到森林生物群落的动态平衡，并在人工辅助下使天然物种得到复苏，最大限度地维护地球上最大的生物基因库——森林生物物种的多样性。

1.1.6 森林可持续经营

"森林可持续经营"思想的提出是与"可持续发展"思想的形成紧密相关的。20世纪70年代，由于人类对自然资源的过度利用，使土地荒漠化、生物多样性减少、气候变暖、大气污染等各种环境问题接踵而来。全球生命保障系统的持续性受到严重的威胁。正如国际生态学会文件《一个持续的生物圈：全球性号令》所说："当前的时代是人类历史上第一次拥有毁灭整个地球生命能力的时代，同时也是具有把环境退化的趋势扭转，并把全球改变为健康持续状态的时代。"于是，"可持续发展"作为人类社会发展的模式问题备受人们的关注。1972年，联合国在瑞典召开由一百多个国家派代表参加的"人类环境会议"标志着环境时代的起点。"罗马俱乐部"成员也在1972年发表了《增长的极限》一书，提出人类有可能改变这种增长趋势，并在基于未来生态和经济持续稳定的前提下，设计出全球平衡的状态，使得地球上每个人的基本物质需求得到满足，并使每个人有平等的机会实现其个人潜力。真正把"可持续发展"概念化、国际化，是在1987年"联合国环境与发展世界委员会"发表的《我们共同的未来》一书，该书给"可持续发展"的定义是："可持续发展是这样的发展，它既满足当代人的需要，又不对后代人满足其需要的能力构成危害的发展。"这个定义基本得到了全世界的共识，从此，"可持续发展"由一个名词变为一个较为严谨的概念，这标志"可持续发展"进入了一个崭新时期。1992年6月，在巴西里约热内卢举行的"联合国环境与发展大会"，才真正把"可持续发展"提到国际日程上，会议通过了《21世纪议程》《关于森林问题的原则声明》等5个重要文件，明确提出了人类社会必须走可持续发展之路，"森林可持续经营"是实现林业乃至全社会可持续发展的前提条件（张守攻等，2001）。

对于森林可持续经营的（sustainable forest management, SFM）概念，由于人们对森林的功能的认识受到特定社会经济发展水平的影响，可能会有不同的理解。因此，国内外学者和一些国际组织先后提出了各自的看法。国际上几个重要文本的解释如下：

联合国粮食及农业组织对"森林可持续经营"的定义是：森林可持续经营是一种包括行政、经济、法律、社会、技术以及科技等手段的行为，涉及天然林和人工林。它是有计划的各种人为干预措施，目的是保护和维持森林生态系统及其各种功能。

1992年，联合国环境与发展大会通过的《关于森林问题的原则声明》文件中，把"森林可持续经营"定义为：森林可持续经营意味着在对森林、林地进行经营和利用时，以某种方式，一定的速度，在现在和将来保持生物多样性、生产力和更新能力，在地区、国家和全球水平上保持森林的生态、经济和社会功能，同时又不损害其他生态系统。

国际热带木材组织（ITTO）对"森林可持续经营"的定义是：森林可持续经营是经营永久性林地的过程，以达到一个或更多的、明确的专门经营目标，考虑期望的森林产品和服务的"持续流"，而无过度地减少其固有价值和未来的生产力，无过度地产生对物理和社会环境的影响。

《赫尔辛基进程》对"森林可持续经营"的定义是：可持续经营表示森林和林地的管理和利用处于以下途径和方式：保持它们的生物多样性、生产力、更新能力、活力，现在、将来在地方、国际和全球水平上潜在地实现森林的有关生态、经济和社会的功能，而且不产生对其他生态系统的危害。

《蒙特利尔进程》对"森林可持续经营"的定义是：当森林为当代和下一代的利益提供环境、经济、社会和文化机会时，保持和增进森林生态系统健康的补偿性目标。

不管哪种定义，从技术上讲，森林可持续经营是通过各种森林经营方案的编制和实施，调控森林目的产品的收获和永续利用，维持和提高森林的各种环境功能。

森林可持续经营的内涵包括以下4个方面的内容（唐守正，2013）。

（1）森林经营的目的是培育稳定健康的森林生态系统

森林是一个生态系统，好的生态系统才能发挥完整的生态、经济和社会功能。一个稳定健康的森林生态系统能够天然更新，必须有一个合理的结构，包括树种组成、林分密度、直径和树高结构、下木和草本层结构、土壤结构等。一个现实林分可能没有达到这样的结构，需要辅以一些人为措施，促进森林尽快达到理想状态，这就是森林经营措施。森林状况不同时，需要采用不同的经营措施，例如，对于缺少目的树种的林分需要补植目的树，对于一个过密或结构不合理的中幼龄林，必须清除一些干扰木，促进目标树生长，保证林分整体的健康。

（2）近代森林经营的准则是模拟林分的自然过程

①森林自然生长发育的基本规律是天然更新、优胜劣汰、连续覆盖，这个过程需要很长的时间。森林经营应该模拟这个过程，永远保持森林环境。根据现实林分情况，以比较小的干扰，或者补充目的树种、或者清除干扰木，把更多的资源用在目标树的培育上，加快群体的生长发育过程，促进森林健康。

②森林在自然发育过程中，从建群开始到最后形成稳定的顶极群落，经过不同的发育阶段，不同发育阶段的林分结构不同。对于现实林分，需要根据发育阶段调整林分结构（树种、径阶、树高和密度），使林分保持健康和活力，以此确定相应的经营指

标和措施。

③土壤是森林生态系统的重要组成部分，是母岩在气候和植被长期作用下的结果，原生植被提供了"适地适树"的选择参考，森林植被的发育促进了土壤发育，是提高土壤肥力的基础。

④生物多样性包括生态系统（森林类型）多样性、物种多样性和遗传多样性，是森林健康稳定的物质基础。保护生物多样性是森林经营的重要任务。生物多样性保护有两个主要内容：保护栖息地和保护稀有物种。保护生物多样性的目的是维持生态系统平衡。保护稀有物种（原地保护和迁地保护），本身就是一种森林经营活动。

（3）森林经营包括林业生产的全过程

森林经营贯穿整个森林生命过程，主要包括 3 个阶段（成分）：收获、更新、田间管理。广义的田间管理包括所有管理森林的技术措施：中幼林抚育、病虫害防治、防火、野生动植物保护、土壤管理、林道规划与建设、水源和河溪、机械使用等，不要把森林经营仅仅理解为抚育采伐。收获是森林经营的产出，没有收获的森林经营是没有意义的，是不可持续的森林经营。森林更新有多种方式，在目标树经营系统中，更强调人工促进更新。

（4）重视森林经营计划（规划或方案）的作用

森林生命周期的长期性和森林类型的多样性决定了森林经营措施的多样性。掌握林分应当采用何种经营措施，既需要科学知识也需要实际经验。所谓科学知识就是要根据不同林分发展阶段，依据森林的林学和生物学特性确定采取的经营措施（方法、指标和标准）。安排林业活动的全过程，即安排在什么时间、什么地点、对什么林分采用什么措施就是"森林经营规划（方案）"。规划是政府职责，用来规范政府行为。经营方案是经营主体行为，是进行经营活动的依据。

1.2 我国森林经理学研究的主要进展

森林经理学科于 20 世纪初从日本引入我国，50 年代以后在我国得到迅速发展，成为林学各二级学科中公认的带头学科。按照国务院学位办公室的学科划分，广义的森林经理学是一个学科群，包括森林经理学、测树学和"3S"技术在林业中的应用，以及系统规划等近代系统科学在林业中应用。60 多年来，随着我国林业发展方针的转变，森林经理学科的发展经过了多次起伏，虽然学科的研究机构众多，但是研究人员一直坚持自主的研究，现已形成了一个比较完备的学科群，在学术研究和实践应用等方面取得了一些显著成就，为国家的林业发展做出了重要贡献。

我国森林经理学科的主要研究进展体现在以下方面（唐守正，2008；张会儒和唐守正，2010）。

1.2.1 森林资源调查监测和管理

在森林资源调查监测方面，森林资源调查和监测历来是我国森林经理学科研究的主要服务对象，特别是在建立和完善我国森林资源连续清查体系过程中，森林经理学科的研究为其提供了重要的技术支撑，如20世纪50年代的森林航空测量、角规测树研究，六七十年代的抽样技术研究，都对改进我国森林资源调查方法，建立和完善全国森林森林资源连续清查体系发挥了重要作用。1991年，在联合国粮食及农业组织支持下，我国开展了建立国家森林资源监测体系研究，制定了新的林地分类系统技术标准、遥感技术应用技术方案，设计了森林资源清查统计系统框架，优化了森林资源连续清查技术体系。

20世纪90年代以后，随着科学技术的发展，遥感（RS）、地理信息系统（GIS）、全球定位系统（GPS）在森林资源调查中的应用研究得到了广泛开展，取得了较好的应用效果。在森林调查的仪器设备方面，激光测树仪、超声波测高器、电子角规、掌上电脑（PDA）等便携式测树仪器以及全站仪、原野服务器、远程通信等新设备和技术也得到了初步应用。从20世纪90年代末开始，我国开展了森林资源及生态环境综合监测的研究，引进并建立了一套适合我国国情、林情的森林资源监测指标体系，包括森林生长指标、森林健康指标和相关的生态环境指标等。"十一五"期间，研究提出了建立"天—空—地"一体化的森林资源综合监测技术体系，涵盖了森林资源、湿地、荒漠、重点林业生态工程和重大森林灾害的监测。

在森林资源管理方面，20世纪80年代末，我国开展了森林资源管理模式的研究，提出了建立基于决策、实施和信息三个反馈环的现代化的森林资源管理模式，该模式把森林资源经营管理工作看成以森林资源信息为基础的、科学组织的营林工作过程，将森林资源调查和年度档案管理相结合，实现了森林资源信息的动态管理，并基于此模式设计了森林资源管理技术系统，包括组织机构、工作制度和计算机软件系统，在全国得到了普遍应用。从20世纪90年代中期开始，我国开展了天然林资源经营管理研究，提出了建立健全天然林区森林资源动态管理技术体系，该技术体系与林业部分的生产经营活动相结合，充分利用各类历史资源数据，较大幅度地提高了资源调查数据的精度，有效地改善现行森林资源管理体系，提高效益，降低二类调查成本，建立了基于地理信息系统平台的森林资源动态管理系统，具有数据管理、图形管理、生长预测、图面和资源数据自动同步更新等综合功能，构建了天然混交林木生长预估模型系列，适用于东北同类天然林区小班主要林分调查因子的更新。

1.2.2　林业统计和林分生长收获模型

从20世纪80年代开始，随着计算机技术的迅猛发展，林业统计和生物学模型的研究也深入展开，取得了一些显著进展。

在林业统计方面，1985年我国出版了《多元统计分析方法》，使林业系统的统计分析能力得到了提升。1987年我国研制了基于DOS操作系统并适用于IBM-PC系列计算机的林业常用统计软件包，并配套出版了《IBM-PC系列程序集》，这是我国林业系统第一套数学统计分析软件，在全国得到了普遍应用。2002年我国出版了《生物数学统计模型》，该书系统完整地介绍了生物数学模型的统计学基础，包括一元线性模型、联立方程组、混合误差模型、度量误差模型以及向非线性模型的推广等。同时，基于Windows操作系统的统计软件的升级和改进版本——统计之林（ForStat）研发成功，该软件吸收了国内外最新统计方法和国际著名数据分析软件的优点，具有鲜明的林业特色，在全国得到了广泛应用。

在林分生长预测模型方面，提出了全林整体生长模型的体系和方法，解决了模型的相容性问题，在生产中得到了广泛的应用。对天然混交林生长预估模型进行了初步探索。在经营模型方面，建立了林分最大密度和自稀疏关系的理论，阐明了第一类模型和第二类模型的关系，在生长模型的基础上推导出间伐模型，可进行含有间伐的主伐优化控制，引进度量误差模型进行参数估计的方法。20 世纪 90 年代中期，为满足森林资源监测和全球气候变化研究的需要，开展了森林生物量估计模型的研究，提出了一套完整的建立相容性立木地上部分生物量模型的方法，已应用于全国森林资源清查成果汇总中生物量和碳储量的估算。进入 21 世纪以后，新的统计和模型估计方法不断引进，如混合模型、度量误差模型等，应用于林分生长模型，有效地提高了模型的估计精度和应用范围。近几年，在东北天然林相容性生长收获模型系统、气候敏感的生长模型研究方面也取得了一些显著进展。

1.2.3 森林经营优化决策

森林经营优化决策的研究主要是利用各种决策优化方法进行各种森林措施的优化安排，如造林、抚育间伐、收获调整等。森林经营优化决策是一项复杂的系统工程，难以通过人脑的简单思维来实现。因此，这项研究的开展也是伴随着计算机技术的发展而发展的。

1989 年，我国采用线性规划方法开展了异龄林的收获调整和多目标决策研究，利用专家系统方法建立了造林辅助决策系统。1994 年，我国采用动态规划方法，开展了落叶松人工林抚育间伐优化研究，解决了以往研究中优化间隔期需要人为控制的问题。同时，在森林收获调整中，利用线性规划建立了逐步约束模型，实现多方案的选优。1995 年，我国开展了杉木人工林计算机辅助经营研究，综合考虑不同立地指数、竞争、不同间伐时间、间伐强度及间伐次数对杉木生长的影响，对杉木人工林生长进行动态预测，确立在最优密度下的间伐时间和间伐强度，通过及时抚育间伐控制立木株数来保证林木始终处于最优生长空间；并对其进行经济效益分析，从而指导杉木人工林的经营活动。2004 年，我国把林分空间结构引入林分择伐规划，以林分择伐后保持理想的空间结构作为总目标，包括混交、竞争和分布格局 3 个子目标，以林分结构多样性、生态系统进展演替和采伐量不超过生长量为主要约束条件，建立了林分择伐空间优化模型。2006 年，我国开展了森林经营决策模拟研究，应用 Weibull 分布、Monte Carlo 方法和随机分布方法对林分的直径结构进行模拟；利用和统计方法分析林分经营决策因子，根据林分经营决策因子的决策准则，建立森林经营决策模型，然后对其进行检验，由此构建了森林经营决策支持系统（FMDSS）。2010 年，我国开展了基于景观规划和碳汇目标的森林多目标经营规划研究，以实现符合森林可持续经营的 3 个主要指标（木材产量、碳贮量和生物多样性）为目标，在景观层次上基于潜在天然植被，建立了森林景观多目标经营规划模型；在林分层次上，基于径阶生长模型，建立了林分经营（采伐）多目标规划模型，为森林多目标经营尤其是应对气候变化的森林经营提供决策工具和依据。

1.2.4　森林经营理论与技术模式

在森林经营理论方面，20世纪90年代初，受"林业分工论"思想的影响，根据森林多种功能主导利用分工，我国开始实行森林分类经营，将森林划分为"商品林"和"生态公益林"。1998年我国开始实施天然林资源保护工程。21世纪初我国提出了"森林生态采伐理论"，引进了"近自然林业理论"。目前，我国的森林经营处于"森林可持续经营"指导下的"近自然经营""多功能经营"等的理论验证和实践探索阶段。

在森林经营评价的标准指标方面，参与了"蒙特利尔进程"等研究森林可持续经营标准和指标体系的国际行动，编制了《中国森林可持续经营标准与指标》（LY/T 1594—2002）、《中国森林认证森林经营》（LY/T 1714—2007）、《中国东北林区森林可持续经营指标》（LY/T 1874—2010）、《中国热带地区森林可持续经营指标》（LY/T 1875—2010）、《中国西北地区森林可持续经营指标》（LY/T 1876—2010）、《中国西南地区森林可持续经营指标》（LY/T 1877—2010）等森林可持续经营的行业标准。同时，参照相关标准和指标，开展了森林认证体系的研究和推广应用。

在经营技术模式方面，从20世纪80年代开始，吉林汪清林业局持续开展了检查法的研究试验，总结形成了适用于我国天然林的结构调整技术。2005年，我国提出了天然林生态采伐更新技术体系，该体系由森林生态采伐更新理论、规划决策技术、采伐作业技术、作业规程等共性技术原则，以及针对具体森林类型的生态采伐更新个性技术模式组成，针对5种模式林分提出了适用的生态采伐模式。同时，发展了近自然森林经营方法，从2005年开始，北京、陕西、广西等地开展了"近自然森林经营"的实践研究，建立了适合我国国情的"近自然森林经营"林分作业技术体系。2010年研究提出了"结构化森林经营技术体系"，该体系包括用于森林经营类型划分的林分自然度指数，用于确定森林经营方向的林分经营迫切性指数，用于调整林木空间分布格局的空间结构参数角尺度，用于调整树种空间隔离程度的混交度，用于调整树种竞争关系的大小比数等参数。2010年，我国开展了天然林保护与生态系统经营研究，提出了东北天然林经营诊断和结构调整技术、基于景观规划和碳汇目标的森林多目标经营规划技术等。

1.2.5　林业遥感技术与应用

林业是我国最早应用遥感技术并形成应用规模的行业之一。早在1954年，我国就创建了森林航空测量调查大队，建立了森林航空摄影、森林航空调查和地面综合调查相结合的森林调查技术体系。1977年，我国利用美国陆地资源卫星计划（Landsat）MSS图像首次对西藏地区的森林资源进行清查，填补了西藏森林资源数据的空白（李增元等，2013）。

20世纪80年代初期，林业行业成功研制了遥感卫星数字图像处理系统，研究了森林植被的光谱特征，发展了图像分类、蓄积量估测等理论和技术，后在"七五""八五"期间完成了我国"三北"防护林地区遥感综合调查，开展了森林火灾遥感监测技术研究。20世纪90年代中后期，随着对地观测技术的迅猛发展，林业遥感也从小范围科研和试点应用，发展到了林业建设中的各个领域的大规模应用，为森林资源调查与监测、荒漠化、沙化土地监测、湿地资源监测、森林防火监测等提供了大量的对地观测信息，为国家实时掌握林业资源的状况及变化情况提供了可靠的技术支撑。为适应新时期林业对遥感技术的应用需求，"十一五"期间林业行业开展了森林资源综合监测技术体系研究，较全面、系统地针对林业资源—灾害—生态工程开展了综合监测技术研究（李增元等，2013）。

在具体技术方法方面，主要涉及遥感影像分类和森林参数反演的研究。遥感影像分类的研究进展主要体现在是支持向量机（SVM）、随机森林、组合分类器、主动遥感分类方法等的研究深入和应用推广；在森林参数定量反演方面，研究主要集中在激光雷达、多角度光学和极化 SAR、InSAR、SAR 层析技术，以及多模式遥感数据的综合反演技术等。主要反演参数包括森林树高、地上生物量、蓄积量、叶面积指数（LAI）、植被覆盖度等。遥感技术与应用未来研究的重点是基于遥感辐射散射机理模型的反演方法、基于多源遥感数据协同的反演方法以及遥感信息的时空扩展方法。

1.2.6　林业信息技术应用

森林经理是林业系统应用信息技术最早的学科，特别是 20 世纪 80 年代末期，信息技术在该学科内的应用得到了快速发展。在这一时期，研发了"卫星数字图像计算机处理软件系统 CAFIPS""异龄林多目标决策系统""森林资源动态预测系统""森林资源经营管理系统"等计算机软件应用系统。

进入 20 世纪 90 年代，林业信息技术的应用进入了飞速发展时期。1990 年研发的"面向森林经营的决策支持系统 FMDSS"，初步实现了森林经营计算机辅助决策。1991年完成的"广西国有林场资源经营管理辅助决策信息系统"，由森林资源管理、生产计划管理、财务物资管理、劳动人事管理、科技信息管理和资源分析预测决策 6 个子系统构成，在当时我国林业系统林场资源信息管理方面处于领先水平。1992 年"森林资源管理信息系统 FORMAN"和"图面管理的微机地理信息系统 PCGIS"研发成功，首次实现了森林资源信息管理中属性和空间数据一体化管理。特别"微机地理信息系统（PC-GIS）"，是我国林业系统第一套真正意义上的地理信息系统（GIS）软件，具有划时代的意义。1996 年，第一套基于 Windows 操作系统的国产林业地理信息系统软件 WINGIS（后改名为 ViewGIS）研发成功，当年获得了全国地理信息系统软件测评的第一名，后来经过不断地完善，日趋成熟，在全国得到了推广应用。现在，"森林资源管理信息管理系统"已经广泛应用于各级林业部门的日常工作中。进入 21 世纪以后，各种经营决策系统成为研发的热点，如"马尾松毛虫综合管理——防治决策专家系统""杉木人工林计算机辅助经营系统研究""杉木人工林林分经营专家系统研究"以及"森林资源资产评估专家系统"等。

近几年，根据国家林业发展规划需要，开展了全国林地"一张图"数据库管理系统的研建，采用"分布式文件系统 + 数据库"模式，实现了包含遥感影像、小班区划与林地属性信息的全国林地"一张图"管理；采用 SOA 服务架构，实现了二、三维信息服务，使林地分布置于三维的立体环境中，图文并茂、动态直观，多层次、全方位反映各类林地空间分布及其变化规律。

另外，在林分三维可视化模拟、森林资源信息共享、国家重大林业生态工程监测与评价、自然保护区管理与灾害监测等方面，也构建了一些信息技术的系统平台。

1.3 森林经理研究的基本方法

总体来讲，森林经理研究属于综合的科学研究，因此，科学研究的一般方法也适用于森林经理研究。森林经理研究可以借鉴科学研究的一般方法，结合森林经理实践灵活应用。主要方法可以分为三类：实验方法、理论方法及数值模拟方法。

1.3.1 实验方法

科学实验是科学研究的最基本方法，其他任何方法最终都要经过科学实验的验证。科学实验包括在自然条件或实验者控制条件下对研究对象的观测，以便进行研究、探索自然界的本质及其规律。进行科学实验能够更大地发挥人的主观能动性、达到科学研究的目的，证明客观必然性。例如，以电磁理论的发展来说，从奥斯特(1777—1851)关于导线周围产生磁效应的实验(1819)和法拉第关于闭合线圈在磁场中运动切割磁力线产生感应电动势的重大发现(1831)到麦克斯韦的电磁场理论(1865)；再从麦克斯韦根据电磁场理论预言电磁波的存在(1864—1865)到赫兹从实验上找到电磁波(1887)为止，这一过程说明，科学实验不仅是科学理论发展的动力，而且还是检验科学理论真理性的标准。电闪雷鸣、地震山崩、岩体滑坡等现象都是随时发生的，在自然条件下，人们无法弄清它们运动变化的详细过程；而今，人们可以模拟雷电、地震、滑坡的实验，可以重复和延续这些过程以便于对其进行详细的研究和分析。1953年，美国科学家米勒进行了地球原始大气中的闪电模拟实验，用甲烷、氢气和水汽混合成一种与原始大气基本相似的气体，把它放进真空的玻璃仪器中，并连续施引火花放电，以模拟原始大气层的闪电。经过一周的化学反应，在实验中产生了5种地球上几十亿年前出现过的氨基酸，还合成了某些蛋白质、脱氧核糖核酸等生物大分子，使生命起源的学说进一步得到证实，开辟了生命科学研究的新途径。在物理实验中，通过控制研究对象的温度，排除温度变化造成的干扰，在理想状态下取得实验成果的事例是很多的。1799年，英国的戴维把实验仪器保持在水的冰点，阻断了实验物品与周围环境的热交换，该实验证明冰融化所需的热量来源于冰块间的摩擦，有力地否定了当时占统治地位的"热素说"；1900多年前，荷兰的开默林昂尼斯用控制温度的办法，发现了金属的低温超导性；1957年，物理学家吴健雄把放射性金属钴(Co)冷却到0.01K，排除热运动干扰，证实了李政道、杨振宁提出的微观粒子在弱相互作用下宇称不守恒定律。

随着科学技术的进步，现代科学实验的深度、广度以及采取的手段、实验的规模都发生了深刻变化，它的内容十分丰富，范围极为广阔，越来越成为认识自然和改造自然的一项社会实践活动。在现代科学研究中，实验的手段越来越显示出它的重要性，因而受到科学家们的高度重视。这种情况在诺贝尔奖的颁发中得到生动的体现，以物理学奖为例，从1901—1978年，获奖项目中属于实验技术的或基本上是从事实验性工作的20世纪50年代前约占60%；理论性的或基本上属于理论性研究的只占40%左右。例如，对原子结构的探索和许多基本粒子的发现，如果没有人们在实验中充分发挥的主观能动性，没有一定的实验设备和高超的实验技术是绝对不可能完成的。可以毫不夸大地说，20 世纪物理学的发展往往都是以技术的突破为转机的。特别是 1932 年劳伦斯研制了回旋加速器，仅用 4 年的时间，就制备了 200 多种人工放射性同位素，至 1939 年，人们研究过的核反应已达 600 多种。在 1936 年和 1947 年还分别获得了两种新元素碲(Te)和砹(At)，填补了元素周期表上的空白，劳伦斯也因回旋加速器的发明和创造获得了 1939 年的诺贝尔物理学奖。在使用了加速器之后的 50 年中，基本粒子方面的获奖项目占获物理学奖全部项目的 50% 以上。

随着科学技术的发展，实验手段越来越强，实验水平越来越高，实验的种类也越来越多，比较常见的有以下几种：

(1) 定性实验

定性实验用来判定实验对象具有哪些性质，是否存在某种因素，因素之间是否具有某种关系，测定某些物质的组成，探析研究对象的内部结构等。如伽利略的自由落体实验；富兰克林的风筝实验；列别捷夫的光压实验；化学组成分析中测定元素、离子和功能团等的定性实验等。

(2) 定量实验

定量实验用以测定某个对象的数值，或求出某些因素间的经验公式、经验定律等，揭示各个因素之间的数量关系。如卡文迪测定引力常数的实验；斐索测定光速的实验；焦耳测定热功当量的实验；汤姆生测定电子荷质比的实验；英国化学家道尔顿对由两种元素生成的多种化合物作了定量分析后，证明了倍比定律等。

从定性实验到定量实验，是人类认识客观事物不断深化的过程，定量实验和数学方法的结合是科学进步的显著标志之一。在科学研究中，只有把所研究的东西测量出来并用数字来表示时，才能说明对这个东西已有所认识，否则，可能只是初步的认识，在研究的进展上还没有上升到科学的阶段。

(3) 析因实验

析因实验是一种由已知结果去寻找分析未知原因的实验。析因实验要进行周密的调查研究，尽可能掌握影响已知结果的多种因素，不放过任何微小的可疑线索。如法国微生物学家巴斯德用肉汤作灭菌实验，发现空气中的微生物进入培养液并大量繁殖后是导致食物腐败的原因；法国细菌学家尼科尔通过病人入院洗澡并换去带虱衣服的试验，发现体虱是斑疹伤寒传播的媒介，他因此荣获了 1928 年诺贝尔奖。

(4) 对照实验

对照实验是通过对照或比较的实验方法，揭示研究对象的某种性质或原因。这种实验需建立两个或两个以上的相似组群，一个是对照组，作为比较的标准，其他的实验组，通过某种实验步骤，判定实验组是否具有某种性质或受到某些影响。比如，在进行森林采伐影响实验时，选择进行过采伐的样地与未采伐(对照)的样地进行对比。对照实验是常见的一种实验，广泛应用于工农业生产和生物、医学等科学研究中。

在森林经理研究中，根据科学和生产需要也要进行各种实验。这些实验活动主要包括更新造林实验、森林抚育实验、林分改造实验、伐区管理实验、木材采伐利用实验等。森林经营活动中进行的各种野外实验，在保护和合理利用森林资源，特别是促进森林结构调整、改善林分质量、提高林地生产力、维护生态系统平衡及保护人类生存环境等方面具有十分重要的意义。对于生产来说，开展野外实验的意义在于能使各类森林经营作业避免盲目性，克服因情况不实，计划不周带来损失和浪费；能比较合理地使用建设资金，实行经济核算，有利于加强计划管理和逐步提高生产管理水平。对于科学研究来说，目前，我国森林经理科学研究还很薄弱，已有的研究成果尚不能满足指导森林经营实践需求，主要原因是我国缺乏长期稳定的森林经营实验研究支持，所取得的研究成果大多为阶段性结论，难以在生产实践中推广应用。因此，进行森林经营野外实验对于推进我国森林的科学化经营和管理具有重要意义。

1.3.2 理论方法

科学研究不能够只停留在经验或实验层次，还必须上升到理论层次。科学研究的理论方法主要包括科学抽象方法和形式演绎方法。

（1）科学抽象方法

指在科学研究中通过对经验材料的比较和分析，通过分离、提纯和概括，抽取和把握本质，形成科学概念或科学符号，以达到揭示研究对象的普遍规律和因果关系的思维方法。分离就是要抛开对象之间的总体联系，专注于其中的某一种研究对象，或者对象的某一方面。提纯就是要排除研究对象的次要的、表面的因素，突出其本质，使人们能在理想状态下进行考察。概括就是对研究结果进行必要的处理，用概括的表述来揭示对象的本质和内涵。例如，人们积累了许多关于光的现象的经验认识：光线照射到一个物体上会在物体后面留下阴影，其形状恰好和物体的形状相对应；光线照到一个平整光洁的界面上就会被反射回来；把一根竹竿插入水中，看起来竹竿会变弯；在一个房间同时点亮几盏灯，它们发出的光线不会互相妨碍，反而将房间照得更亮。这些都是光运动的许多现象，通常这些现象都是综合存在于各种光运动中的。而人们对光本质的认识，则是从一个一个方面进行的，人们在思维中将这一个一个方面分离出来。概括形成关于光的很多概念，例如，"直线传播""反射""折射""干涉""衍射""偏振""光度"和"光谱"等，就是科学抽象的过程。

科学抽象方法的特点：

①是理性思维过程，具有间接性和抽象性；

②是认识的深化，反映事物的本质，是认识的高级阶段；

③是运用各种理性和非理性的思维形式和方法的知识创造过程。

科学抽象方法的作用：

①创造和形成科学概念和判断，反映事物的本质和内部联系，为科学知识体系的形成提供"知识细胞"。

②创造和形成科学符号，用简洁的、形式化的方式和通用语言表述认识成果，使科学研究更加简明、清晰和严谨。

（2）形式演绎方法

从已知的一般原理出发考察某一特殊对象，从而推导出这个对象有关结论的逻辑推理方法。例如，伽利略斜面实验的延伸推论；爱因斯坦的光速火车、自由落体电梯推论等。

形式演绎方法的主要作用是演绎方法能够提供逻辑的证明和反驳，并且具有建立和表述理论体系的作用。形式演绎方法的类型主要有直言三段论推理、关系推理、联言推理、选言推理、量的演绎、质的演绎等。

在森林经理研究中形成了很多理论方法，最早包括"法正林"理论、"完全调整林"理论等。如今，林业的发展形势发生了很大变化，森林经营理论和林业实践均在经历着巨大的转变，这突出地表现在林业发展模式和森林经营体系的进展方面。当前，世界已进入了发展生态林业的时代，这方面的突出进展表现在德国以及其他中欧国家的"恒续林"经营（continuous cover forest）和"近自然林业"（near natural forestry）以及美国的"森林生态系统经营"理论（forest ecosystem management）。"近自然林业"是模仿自然、接近自然的一种森林经营模式。它要求人工营造和经营的森林，必须建立与立地环境相适应的，自然选择下的森林结构。美国作为"森林生态系统经营"的代表，其经营目标是从森林生态系统管理的整体作用出发，以维持森林生态系统在自然、社会中的系统服务功能为中心，通过森林生态系统管理，维持整个生态系统的健康和活力，注重景观水平上的效果，将生态系统的稳定性与经济社会的稳定性结合起来，向社会提供可持续的产品和服务，而不仅是提供某种物质产品。"新林业"（new forestry）理论是近年来美国林业界的一种新学说，它主要以森林生态学和景观生态学原理为基础，并吸收传统林业理论中的合理部分，以实现森林的经济价值、生态价值和社会价值相互统一的经营目标，建成不但能永续生产木材及其他林产品，而且也能持久发挥保护生物多样性及改善生态环境等多种生态功能和社会功能的林业。

1.3.3　数值模拟

数值模拟也称计算机模拟，指依靠电子计算机，结合有限元或有限容积的概念，通过数值计算和图像显示的方法，达到对自然界各类问题研究的目的。另外，对于人类在现实中无法实现，或者实现起来费时费力的科学研究，也需要通过计算机数值模拟达到对自然界认识的目的，例如，在地面无法实现的失重实验、地震实验都可通过数值模拟来实现。

数值模拟主要包含以下几个步骤：

首先要建立反映问题本质的数学模型。具体说就是要建立反映问题各量之间的微分方程及相应的定解条件，这是数值模拟的出发点。没有正确完善的数学模型，数值模拟就无从谈起。

数学模型建立之后，需要解决的问题是寻求高效率、高准确度的计算方法。目前已发展了许多数值计算方法。计算方法不仅包括微分方程的离散化方法及求解方法，还包括贴体坐标的建立，边界条件的处理等。这些过去被人们忽略或回避的问题，现在受到越来越多的重视。

确定了计算方法后就可以开始进行编制程序和进行计算。实践表明，这一部分工作是整个工作的主体，占绝大部分时间。由于求解的问题比较复杂，例如，非线性方程就是一个十分复杂的方程，它的数值求解方法在理论上不够完善，所以需要通过实验来加以验证。正是在这个意义上讲，数值模拟又称数值实验。应该指出这部分工作绝不是轻而易举的。

在计算工作完成后，大量数据也需要通过图像形象地显示出来。目前人们已能把模拟图作得如相片一样逼真。利用录像机或电影放映机可以显示动态过程，模拟的水平越来越高，越来越逼真。

由于计算机技术和应用数学的迅速发展，数值模拟方法在森林经理学研究中的运用已经逐渐成为一种趋势。简单地说，就是对森林及有关事物进行系统分析（将复杂的事物从整体或概念整体的内在本质抽象出来，描述其结构并解释其因果关系的一个过程），确定各种数学模型，然后进行抉择的过程。在实际应用中常采用数学方程作为代表进行比较分析和研究，一般都是微分方程的形式，也常用曲线或其他图示代表。模拟研究是在系统分析的基础上先建立框图或流程图，再确定数学模型，用以复述一个系统的行为与实际情况相对比。

数值模拟方法很早就用于林业研究，主要解决森林经理方面各种规划设计问题，预测林木或林分的生长状况，分析林业生产中的经济问题。林分或林木生长与收获模型，作为研究森林生长变化规律及预估林分生长量的手段，是科学合理地经营森林资源的前提和基础，也一直受到国内外林业工作者的高度重视（唐守正，1986）。林业生产经营中利用的各种数表就是利用数学模型模拟的结果。

森林动态变化有两个显著的特性：一是时间跨度大；二是空间尺度大。正是这两个特性使得林业科学的深入研究面临着非常大的难题。通过数值模拟方法和林业科学知识相结合，能够模拟森林环境，演示复杂的森林动态变化，并且能够超越时间和空间的限制的，为林业的科学研究提供了一个新型的工作手段。

近年来，一些林业工作者利用数值模拟方法分析不同尺度的森林可视化建模，从单株树木建模构建森林系统的真实场景，模拟森林可视化经营环境，实现了森林三维场景模拟（张敏，2009）和森林系统生态环境的模拟；也有一些林业研究者利用数值模拟方法在计算机上模拟单株树木在三维空间中的形态、纹理颜色和生长发育过程，具有三维效果和可视化的功能，生成的树木图像是可以反映现实树木的形态结构，并能显示树木生理生态和形态结构并行的过程。

总之，在森林经理学中利用数值模拟方法，可使分析问题的范围扩大，能使选择结果的准确性提高，分析的变数大为增多，推断的时间也大大延长，再加上计算机的应用，使过去通过实验难以解决的问题（往往是林业生产和科技上非常关键的问题）通过模型进行模拟的办法很快得到解决。

思 考 题

1. 森林经理的主要思想理论有哪些？它们之间的主要区别在哪里？
2. 简述我国森林经理学研究的主要进展。
3. 森林经理学的基本研究方法有哪些？
4. 简述森林经理学未来发展的趋势。
5. 简述森林经理学的主要发展方向和研究内容。

参考文献

常新华. 2003. 森林资源信息化管理及信息系统建设研究[D]. 北京：北京林业大学.

陈世清. 2010. 森林经理主要思想简介. http://www.docin.com/p-556868723.html.

邓华锋. 1998. 森林生态系统经营综述[J]. 世界林业研究(4)：9 - 16.

金大刚. 2001. 面向现代林业的森林经理理论与实践[J]. 中南林业调查规划, 20(z1)：48 - 54.

亢新刚. 2011. 森林经理学[M]. 4 版. 北京：中国林业出版社.

李海波, 刘学华. 2005. 新编统计学[M]. 上海：立信会计出版社.

李增元, 陈尔学, 高志海, 等. 2013. 中国林业遥感技术与应用发展现状及建议[J]. 中国科学院院刊(z1)：132 - 144.

刘恩元, 董振刚. 2012. 森林抽样调查设计的基本原则[J]. 黑龙江科技信息(20)：226 - 229.

邵青还. 1991. 第二次林业革命——接近自然的林业在中欧兴起[J]. 世界林业研究, 4(4)：1 - 4.

邵青还. 1994. 德国异龄混交林恒续经营的经验和技术[J]. 世界林业研究, 7(3)：8 - l4.

史京京, 雷渊才, 赵天忠. 2009. 森林资源抽样调查技术方法研究进展[J]. 林业科学研究, 22(1)：101 - 108.

宋铁英. 1990. 面向森林经营的决策支持系统 FDSS[J]. 北京林业大学学报, 12(4)：28 - 34.

唐守正. 1986. 多元统计分析方法[M]. 北京：中国林业出版社.

唐守正. 2008. 中国林科院森林经理学发展 50 年回顾[N]. 中国绿色时报, 2008 - 05 - 28.

唐守正. 2016. 正确认识现代森林经营[J]. 国土绿化(10)：11 - 15.

王红春, 崔武社, 杨建州. 2000. 森林经理思想演变的一些启示[J]. 林业资源管理(6)：3 - 7.

魏占才. 2006. 森林抽样调查方法——森林调查技术[M]. 北京：中国林业出版社.

邬建国. 1994. 略谈理论和模型在生态学中的作用[J]. 生态学杂志, 13(3)：76 - 79.

徐化成. 2004. 森林生态与生态系统经营[M]. 北京：化学工业出版社.

张会儒, 唐守正, 孙玉军, 等. 2008. 我国森林经理学科发展的战略思考[A]//中国林学会森林经理分会编. 森林可持续经营研究[C]. 北京：中国林业出版社：58 - 64.

张会儒, 唐守正. 2008. 森林生态采伐理论[J]. 林业科学, 44(10)：127 - 131.

张会儒, 唐守正. 2010. 森林经理[A]//中国林科院. 中国林业科学研究院院史(1958—2008)[C]. 北京：中国林业出版社, 245 - 253.

张敏. 2009. 森林经营可视化模拟技术研究——以抚育间伐为例[D]. 北京：北京林业大学硕士学位论文.

张守攻, 朱春全, 肖文发. 2001. 森林可持续经营导论[M]. 北京：中国林业出版社.

赵秀海, 吴榜华, 史济彦. 1994. 世界森林生态采伐理论的研究进展[J]. 吉林林学院学报, 10(3)：204 - 210.

第一篇　森林资源数据获取

第2章

抽样方法

在林业科学研究和数据统计中需要获取森林资源数据，我们总是期望对所研究的总体的数据能做出全面的观察，以便得到可靠的结果和准确的结论。但是在实践中，由于人力、物力、财力以及时间的限制，特别是当所了解的数据信息时效性很强时，开展全面调查获取的数据资料比较困难且价值不大。因此，只能通过抽样调查的方法，即从总体中抽取一部分个体构成样本，通过对样本的调查和研究来推断总体。本章就是基于这个思想，介绍抽样调查的一些基本概念，以及常用和最新的抽样调查方法原理以及案例。

2.1 抽样方法概论

抽样调查是一门应用广泛的技术和方法，是调查最常见的应用模式，是一种非全面的调查，它是以概率论和数理统计为基础，从研究对象的全体(总体)中抽取一部分单元作为样本，根据对所抽取的样本进行调查，获取有关总体目标量的了解。这是广义的抽样调查的概念。

总体抽取样本的方法可以分为两类抽样：一类是非概率抽样，或称有意抽样；另一类是概率抽样，概率抽样还可按规定方式进行等概或不等概抽样。

2.1.1 非概率抽样和概率抽样

2.1.1.1 非概率抽样

非概率抽样并没有严格的定义，其最主要的特征是抽取样本时并不是依据随机原则。这类抽样有许多不同的具体抽取样本的方法。

(1)典型抽样调查

典型抽样是指在抽取样本时，调查人员主观判断取样，即凭调查人员依据调查目的和对调查对象情况的了解，人为确定样本单元。实践中确定样本单元通常有几种情况，一种是选择"平均水平"单元作为样本，选择的样本可以代表相关变量的平均水平，目的是了解总体平均水平的大体位置；另一种是"众数型"，即在调查总体中选择能够代表大多数单元情况的个体为样本；再一种是"特殊型"，即选择很好或很差的典型单元为样本，目的是分析解剖导致很好或很差现象的原因。

（2）重点抽样调查

重点调查是一种非全面调查，它是在调查对象中，选择一部分重点单元作为样本进行调查。重点调查主要适用于那些反映主要情况或基本趋势的调查。重点调查取得的数据只能反映总体的基本发展趋势，不能用以推断总体，因而，重点调查也只是一种补充性的调查方法。重点调查通常用于不定期的一次性调查，有时也用于经常性的连续调查。

非概率抽样的应用背景体现在几个方面，一个重要的应用是调查结果可以用于了解情况、形成想法。有时调查的目标并不是对总体的特征进行推断，而是进行探索性研究，进而发现问题，寻找解决问题的途径，非概率抽样是搜集信息的重要途径。非概率抽样调查另一个重要的应用是预调查，作为开发概率抽样的初始步骤。由于概率抽样比较复杂、费时费力，为了保证效果，需要事先做预调查，对即将进行的大规模调查的领域有所了解，对调查的问题有所检验，采用非概率抽样进行预调查是不错的选择。有时，调查的目的是了解总体大致的情况，并不要求对调查的精度进行评估，不要求计算目标变量的置信区间，只需要了解其所在的大致范围，这种情况下也可以使用非概率抽样。

非概率抽样的优点是操作简单，不需要抽样框，经济、快速，调查数据的处理容易，所以有广阔的应用空间。例如，林业上用标准地资料编制林分生长过程表、标准表等。但是，由于这种方法受主观因素影响，不仅常常发生评价标准不同，意见不统一，而且难于避免调查人员主观意图造成的偏差。非概率抽样的局限是不能计算抽样误差，不能从概率的意义上控制误差，样本数据不能对总体情况进行推断。同时，由于抽取样本时具有较大的随意性，调查人员通常选择那些容易接触的、比较友好的单元进行调查，从而导致被调查单元间存在系统性误差。

2.1.1.2 概率抽样

（1）概念及特点

概率抽样也称随机抽样，是指依据随机原则，按照某种事先设计的程序，从总体中抽取部分单元的抽样方法。它具有下面的几个特点：

①按照一定的概率以随机原则抽取样本。所谓随机原则就是在抽取样本时排除主观上有意识地抽取调查单元的情况，使每个单元都有一定的概率被抽中。需要注意的是随机不等于"随便"，随机有严格的科学含义，可以用概率来描述，而"随便"则带有人为因素。随机与随便的本质区别就在于是否按照给定的入样概率，通过一定的随机化程序抽取样本单元。

②每个单元被抽中的概率是已知的或是可以计算出来的。

③当用样本对总体目标量进行估计时，要考虑到该样本（或每个样本单元）被抽中的概率。这就是说，估计量不仅与样本单元的观测值有关，也与其入样概率有关。

概率抽样最主要的优点是，由于每个样本单元都是随机抽取的，而且能计算出每个单元的入样概率，所以能得到总体目标的估计值，并能计算出每个估计值的抽样误差，从而得到对总体目标量进行推断的可靠程度。从另一方面讲，也可以按照要求的精确度，计算必要的样本单元数目。所有这些都为调查方案的评估提供了有力的依据。当然，与非概率抽样相比，概率抽样也有一些不足，例如，概率抽样比较复杂，对调查人员的专业技术要求高；随机抽中的调查单元可能非常分散，调查过程中不能轻易更换样本单元，这更增加了调查费用，延长调查时间。虽然有这些不足，但其优点是其他调查方法无法替代的，所以概率抽样成为抽样调查中最主要的方式。

（2）等概率抽样和不等概率抽样以及重复抽样和不重复抽样

等概率抽样指的是每个样本的入样概率都是相等的，是常见的抽样方式。一般我们调查方法多采用等概率抽样，即总体的每个单元都具有相同的入样概率。等概率抽样方法容易设计和解释，但并非总是可行的，有时不如不等概率抽样有效率。尤其在抽样单元规模差异很大时，常常采用不等概率抽样，即每个单元入样的概率不相等，一种常见的不等概率抽样是概率总体抽样。

等概率抽样方法有简单随机抽样、系统抽样和按比例分配的分层抽样等，在抽样中每个总体单元都具有相同的入样概率。不等概率的抽样方法有点抽样和自适应性群团抽样方法等，它们的入样概率依据样本单元大小不同而不同。不等概率抽样主要提高了估计精度，减少抽样误差，但是抽样过程和计算比较复杂。

按照抽样方法还可以分为重复抽样和不重复抽样。重复抽样是每次从总体中抽取的样本单元，经检验之后又重新放回总体，参加下次抽样，这种抽样的特点是总体中每个样本单元被抽中的概率是相等的。不重复抽样是每次从总体中抽取的样本单元，经检验之后不再放回总体，在下次抽样时不会再次抽到前面已抽中过的样本单元。总体每经一次抽样，其样本单元数就减少一个，因此每个样本单元在各次抽样中被抽中的概率是不同的。

注意一般不重复抽样的抽样误差小于重复抽样的抽样误差，所以实际工作都采用不重复抽样方法。

（3）选择概率和包含概率

选择概率（selection probability）和包含概率（inclusion probability）的概念是对不等概率抽样方法而言的。在不等概率抽样中，入样概率可以分为选择概率和包含概率。选择概率是在总体中选择某个样本单元的概率，包含概率是抽样中包含某个样本单元的概率，包含概率有一阶包含概率和二阶包含概率。不等概率估计总体中的 Hansen-Hurwitz（1943）估计量和 Horvitz-Thompson（1952）估计量分别要使用这两个概率。

抽样一般有 4 种情形：放回有序，放回无序，不放回有序，不放回无序。其中不放回无序的随机抽样其所有可能样本数量最少，同时实际操作也最简单，简称不放回简单随机抽样。而放回有序的所有可能样本数最多，但理论结果最简单，简称放回简单随机抽样。基于有序和无序的选择概率和包含概率的关系是：

有序样本（$\bar{s}$）的选择概率 $p(\bar{s})$ 相加为：

$$\sum p(\bar{s}) = 1$$

无序样本（s）的选择概率 $p(s)$ 相加为：

$$\sum p(s) = 1$$

无序样本概率 = 有序样本概率的和，即：$p(s) = \sum p(\bar{s})$。一阶包含概率 (π_i) = 无序样本概率的和，即：$\pi_i(d) = \sum_{s \ni i} p(s)$，二阶包含概率 $\pi_{ij} = \sum_{s \ni i,j} p(s)$，包含概率相加没有必要等于 1。

(4) 概率抽样的程序

概率抽样要保证总体中的每个个体都有同等的机会入选样本，而且每个个体的抽取都是独立的，其抽样的程序是：

①明确调查目的和任务：调查目的与任务要求是制订计划的基础，主要应包括调查成果的要求、精度、详细程度、完成时间，这是各项调查不可缺少的。

②界定总体：划清总体的范围与界限。准备适宜比例尺的地形图、平面图和遥感图像等资料，将研究总体界限勾绘在图上，并在图上求出面积，是目标总体与抽样总体一致。

③制定抽样框：收集总体中全部抽样单位 (单元) 的名单和地理位置，并对名单统一编号，就可以按一定的随机化程序进行抽样，也便于调查人员能够找到被选中的单元。对于分段、分层抽样时则要分别建立起几个不同的抽样框。

④决定抽样方案：确定抽样方法、样本规模、主要目标量的精确程度。

⑤实际抽取样本：按照选定方法从抽样框中抽取一个个抽样单位，构成样本。

⑥评估样本质量：代表性、偏差等将可得到的反映总体中某些重要特征及其分布的资料与样本中的同类指标进行对比。

2.1.2 总体及样本

2.1.2.1 总体

(1) 总体的概念

我们把调查对象的全体称为目标总体，也可简称总体，或者是希望从中获取信息的总体，它由研究对象中所有性质相同的个体所组成，组成总体的每个个体称为总体单元或单位。例如，我们研究某林场的森林总蓄积量，则该林场全部立木的材积就构成总体。总体单元可以是自然单元，如林场内每一棵树，也可以是人为划分的单位，如 400 m^2 面积上的立木材积为单元。实际应用最多的是人为区划的单元。总体有有限总体和无限总体之分，我们将包含有限单元数的总体称为有限总体，包含无限单元数的总体称为无限总体。

抽样总体是指从中抽取样本的总体。在抽样调查中，必须弄清楚目标总体和抽样总体两个既有区别又有联系的总体。目标总体是指研究对象的总体之集合。抽样总体是按某一标志排列，供抽取样本的那部分单元的集合。例如，研究对象是整个林场的蓄积量，而林场内有一些农田、荒山，如果在有林地中抽样，所得到的森林蓄积量只适合于有林地总体。要想得到适合于全林场，必须有其他信息，如农田和荒山的面积，否则就会导致偏差。通常情况下，抽样总体应该与目标总体完全一致，但是实践中 (特别是市场调查中) 两者不一致的情况却时常发生。这表明，要保证目标总体和抽样总体的完全一致，不是一件容易的事情。理想的状态是，抽样总体由目标总体所决定，但在实践中，可以构造的抽样总体却有可能反过来决定调查中的目标总体。

(2)总体参数和特征

抽样调查的目的是要获得总体的某些特征，包括总体平均数、总体总量、总体成数、总体方差和标准差等，在统计中把这些总体特征称为参数，参数是总体的某些特征值，或者是要研究的总体某些方面的数量表现。设总体有 N 个基本单元，Y_1，Y_2，$\cdots$，Y_N 为基本单元的数值，可以将总体参数分为四种类型：

①总体均值：也称总体平均数（population mean），如某林业局或县森林单位面积平均蓄积等。数学表达式为：

$$\overline{Y} = \frac{1}{N} \sum_{i=1}^{N} Y_i \tag{2-1}$$

②总体总值：也称总体总量（population total），如某林业局或县森林蓄积总量和森林生物量量总量等。数学表达式为：

$$Y = \sum_{i=1}^{N} Y_i = N\overline{Y} \tag{2-2}$$

③总体比例（proportion）：如林业局全部森林蓄积中通过森林抚育所占比例等。数学表达式为：

$$P = \frac{\sum_{i=1}^{N} Y_i}{N} \tag{2-3}$$

式中　Y_i——示性变量，当第 i 单元具有某个特定的特征时，$Y_i = 1$，否则 $Y_i = 0$。

④总体比率（population ratio）：它是两个总体总量或总体均值之比。如某林业局人均森林蓄积量变化情况等。数学表达式为：

$$R = \frac{Y}{X} = \frac{\overline{Y}}{\overline{X}} \tag{2-4}$$

式中　$Y(\overline{Y})$，$X(\overline{X})$——两个总体参数（指标值）。

当总体的范围确定以后，总体参数就成为客观存在的，但是未知的，需要通过抽样，根据样本调查结果对总体参数进行推断。

2.1.2.2　样本

(1)样本以及样本单元抽取

把从总体单元中按一定程序或预先规定的方法抽出的部分总体基本单元的集合称为样本，又称子样。组成样本的每个单元称样本单元，样本中包含基本单元的个数 n 为样本量，又称样本容量。

样本单元的获取需要从抽样总体中抽取，抽样总体的具体表现是抽样框。通常，抽样框是一份包含所有抽样单元的名单，给抽样单元编号，就可以按照一定的随机化程序进行抽样。对抽样框的基本要求是，抽样框中应该具有抽样单元名称和地理未知的信息，以便调查人员能够找到被选中的样本单元。在小班调查中，所有林业局的小班数便是抽样框，它起到了提供抽样单元信息的作用。好的抽样框不仅与目标总体保持一致，而且尽可能多地提供与研究的目标量有关的辅助信息，以便调查人员利用这些辅助信息搞好设计，提高抽样估计的效率。

抽样框有不同的类型，主要有：

①名录框：表现为总体中所有单元实际的名录清单。名录框的例子包括在校学生名单、企业名册和电话号码簿等。

②区域框：是其单元由地理区域构成的集合，抽样总体由这些地理区域组成。采用区域框是更好的选择，把调查对象所在的区域进行切割，在抽选出的区域内实施调查，然后利用区域进行推估。

③自然框：是把相关的自然现象概念作为抽样框使用。例如，对道路边的树木进行病虫害抽样调查，每隔一段距离抽取树木，距离就是抽样框。

（2）样本统计量

统计量是根据样本的 n 个单元的变量值计算出的一个量，也叫估计量，用于对总体参数的估计。与总体参数相对应，在简单随机抽样下，常用的估计量有：

①均值估计：即用样本均值作为总体均值的估计。

$$\hat{Y} = \bar{y} = \frac{1}{n} \sum_i^n y_i \tag{2-5}$$

式中　y_i——代表第 i 个样本单元的观察值；

　　　$\bar{y}$——代表样本均值。

②总值估计：用样本均值和总体单元数得到总值均值。

$$\hat{Y} = N\bar{y} = \frac{N}{n} \sum_{i=1}^n y_i \tag{2-6}$$

③比例估计：用样本比例作为总体比例的估计。

$$\hat{P} = p = \frac{1}{n} \sum_{i=1}^n y_i \tag{2-7}$$

式中　y_i——示性变量，等于 1 或 0。

④比率估计：用样本比率作为总体比率的估计。

$$\hat{R} = r = \frac{\sum_{i=1}^n y_i}{\sum_{i=1}^n x_i} \tag{2-8}$$

统计量是样本的函数，它是随机变量，其结果取决于抽样设计和被选入样本的总体基本单元的特定组合。统计量的真正价值并不在于自身的结果的数值，而在于提供有关总体参数的信息。研究统计量的数学期望和方差是抽样理论所讨论的主要问题。

（3）样本单元的数量、形状和大小

样本单元是总体单元的一部分，因为实际调查观察的是样本单元，所以它的数量、形状和大小直接影响着调查的工作量、质量和成本，特别是大面积自然资源调查更是如此。这里简述在森林资源调查中有关这方面的一些问题。

①样本单元数量：从理论上讲，样本数量越大误差越小，但是从经济上考虑，则相反，样本数量增加成本要增加。同样，凡是按照随机原则在总体中抽取样本单元，不论单元的形状和大小如何，都可以获得总体特征数的无偏估计值。在既定精度或总

费用条件下，单元形状和面积大小，对抽样效率影响是显著的。

如果考虑随机抽样设计，样本数量主要考虑两点：

a. 总体变异情况。总体方差越大，则需要样本单元数越多；反之则少些。因此，样本单元数与总体方差成反比。

b. 调查精度要求。调查所要求的或认可的估计精度水平，主要包括误差限度和置信度。误差限度越小，抽样精度越高，则要求样本单元数越多，反之则少。因而样本单元数与误差限度成反比关系。同样，置信度(或可靠性)指标越大，则需要的样本单元数越多，反之则少。可见，样本单元数与置信度指标成正比。

在森林调查中，样本抽样单元可分为：

a. 面积(样地、样方)抽样；

b. 样点(角规点、成数点)抽样；

c. 线段(截距)抽样；

d. 样木(单株树)抽样。

其中，应用最多的是样地和样点两种。

②样地单元的形状：样地有带状、矩形、圆形和方形之分。

③样地的大小：样地面积越大，变动越小，单元大小与变动系数之间的关系表现为，变动系数随单元面积增大而减小，当增大到一定程度时，变动系数趋于稳定，当变动系数开始稳定时的面积，定为样本单元合适面积。尽管知道，当样本单元数相同时，面积大的样地估计精度高于面积小的样地。但是，面积大的样地耗费人力多，成本较高，因此，最优样地面积确定以变动系数开始稳定时的面积为宜。在我国森林资源调查中，样地面积一般采用的经验数字为 $0.06 \sim 0.08 \text{hm}^2$，在林分变动较大的林区用 0.1hm^2，幼龄林用 0.01hm^2 较适宜。

2.1.3 误差

2.1.3.1 误差的概念和种类

一般说待测或待估计的总体在每种参数上(例如森林蓄积和生物量)都有其固定值或具体值，通常这个值称为真值。测定或估计的目的就是要了解这个真值。在抽样调查中，我们把样本统计量作为总体参数的估计量，样本值便是参数的估计值。样本统计量是一个随机变量，在随机原则下抽取出的不同样本，即使每个样本的样本量 n 相同，并且根据相同的抽样设计来自同一个总体，它们的结果也会不同。估计值与待估总体参数之间存在离差(或误差)，即：

$$误差 = 测定或估计值 - 真值$$

抽样调查是以样本统计量估计总体参数，中间过程要经历许多环节，从抽取样本、调查、测定、记录、统计计算至估计方法，都可能出现误差。我们把从样本单元测定以及估计过程产生的各种误差的综合量称为抽样总误差。这种离差有两个特点：首先，它们是不同的，有些估计值与总体待估参数的离差大，有些离差小；有些离差为正值，有些为负。其次，这些离差虽然客观存在，但却是未知的，因为我们并不知道总体参数的具体值(真值)。误差依据其性质和来源可分解为非抽样误差、抽样误差和偏差三类。

（1）非抽样误差

非抽样误差是指不是由于抽样和估计方法引起的误差。它不是抽样调查固有的，即使在概率抽样、非概率抽样、其他的全面调查和非全面调查中，非抽样误差也会存在。其来源很多，例如，目标总体与抽样总体不一致，调查人员错测和错记等，被调查人员无回答或回答有误造成的错误；又如，测量误差，任何仪器在无偏差的情况下，也不可能获得参数的真值，不过这些误差，前者可以做好调查人员的培训、教育、宣传、检查等措施来排除，而测量误差实际上是不可避免的，只有随着仪器的改进，才能将其误差值逐渐减小。

（2）抽样误差

抽样误差是由于抽取样本的随机性造成的样本值与总体值之间的差异，只要采用抽样调查，抽样误差就不可避免。抽样理论要回答抽样误差问题，因此，考虑估计值与待估参数之间的差异，就只能从概率的角度去分析，即如果相同的抽样重复多次，估计值的变化情况如何，会出现哪些结果，每个结果出现的概率是多少，离差会在什么样的范围内变化等。所有这些，就构成了估计量的分布。估计量分布的方差称为估计量方差，它是从均值角度上说明估计值与待估参数的差异状况，也是我们对抽样方案进行评价的标准之一。从这个角度说，一个抽样设计方案比另一个抽样方案好，是因为它的估计量方差小。从直观上看，就是按这种方案多次抽取样本，大多数的估计值更靠近待估参数值，这意味着抽到一个好样本的可能性更大。对估计量方差开方得到估计量标准差，也称为标准误差或标准误。它的作用与估计量方差类似。抽样误差是一个一般性的概念，它可以用不同的量值来表示。估计量方差及估计量标准差都是抽样误差的表现形式。

方差的表达形式为：

$$V(\hat{\theta}) = E[\hat{\theta} - E(\hat{\theta})]^2 \tag{2-9}$$

式中　$\hat{\theta}$——总体参数 θ 的估计，估计值的数学期望为 $E(\hat{\theta})$。

在抽样调查中，抽样误差虽无法消除，但是可以对其进行计量并加以控制。控制抽样误差的根本方法是改变样本量。在其他条件相同的条件下，样本量越大，抽样误差越小。抽样误差与样本量的平方根大致呈反比关系，如图 2-1 所示。

由图 2-1 可知，抽样误差在开始时随样本量的增大而显著减小，但经过一定阶段后便趋于稳定，也就是说，经过一定阶段后，用增大样本量的方式

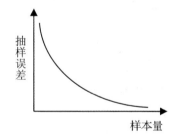

图 2-1　抽样误差与样本量的关系

减少抽样误差一般不合算。这时稍微降低一点精度，就可以大幅度减少样本量从而节省可观的调查费用。

（3）标准误

标准误差 SE 是样本数据方差的平方根，它衡量的是样本数据的离散程度；标准误

是样本均值的标准误差 $\left[\sqrt{V(\hat{\theta})/n}\right]$，衡量的是样本均值的离散程度。而在实际的抽样中，习惯用样本均值来推断总体均值，那么样本均值的离散程度（标准误）越大，抽样误差就越大。所以也用标准误来衡量抽样误差的大小。

（4）偏差

偏差是指按照某一抽样方案反复进行的抽样，估计值的数学期望与待估参数之间的离差。偏差的表达式为：

$$B(\hat{\theta}) = E(\hat{\theta}) - \theta \tag{2-10}$$

偏差与估计量方差不同，估计量方差是由于抽样的随机而产生的一种随机性误差，没有系统性，偏差则是偏于某个方向的系统性误差。此外，估计量方差可以随样本量的增大而减小，而偏差与样本量无关。所以，在抽样调查中应该努力避免。偏差的产生有两种情况：一种情况是估计量本身是有偏差的，这时估计量的数学期望与总体参数不一致；另一种情况是非抽样误差因素的影响。

（5）均方误差

在没有偏差的情况下，用样本统计量对目标量进行估计，要求估计量的方差越小越好。如果存在偏差，就需要把估计量方差和偏差结合起来加以考虑，由此提出了均方误差的概念。均方误差指所有可能的估计值与待估参数之间离差平方的均值，它等于估计量方差加偏差的平方。均方误差 MSE（mean square error）的表达式为：

$$MSE = E(\hat{\theta} - \theta)^2 = V(\hat{\theta}) + B^2 \tag{2-11}$$

式中，第一项是估计量方差，第二项是偏差的平方。

由于偏差是一种系统误差，因而在抽样调查中应该努力避免。但是，也有一些估计量是有偏差的，然而由于偏差小，估计量方差也较小，从而使均方误差比较小，这时选择这些有偏差的估计量并不是一件坏事。一般来说，人们更倾向于把均方差 MSE 作为评价抽样方案优劣的标准。

2.1.3.2 影响抽样误差的因素

（1）总体的方差或标准差

总体方差或标准差描述了总体单元标志值的变动程度。如果总体变动小，那么抽取的样本统计量与总体参数之离差也会小，其平均值得到的抽样误差也相应小。因而，抽样误差大小取决于总体方差的大小。

（2）样本单元数

在抽样设计中，确定样本容量 n 是实施抽样的必要前提，确定的一般方法是：利用先前的调查结果和经验；利用预调查或试调查的结果；利用同类或相似或有关的二手数据的结果；利用某些理论上的结论；利用富有经验的专家之判断。从抽样理论来讲，如果样本单元数 n 越小，那么，它对总体的代表性就越差，也意味着抽样误差或标准误越大。标准误表达式表明，抽样误差与样本容量 n 成反比。

（3）抽样方法

在其他条件（如 V，n）相同且为有限总体情况下，不重复抽样的抽样误差小于重复抽样的，因为不重复抽样中的有限总体修正值 $\sqrt{1-n/N}<1$，故抽样误差会小些。

（4）样本的组织形式

在总体方差、样本单元数相同时，不同的样本组织形式，有不同的抽样方法，其抽样误差也不同。例如，简单随机抽样与整群抽样，前者抽样误差一般小于后者。这是因为按不同组织形式所抽取的样本，对总体的代表性是不一样的，故它们的抽样误差也就不同。

2.1.4　样本设计推理和模型设计推理

抽样调查原则上以完整的统计调查为基础，例如，在给定的总体（或区域）内对每一株林木进行测量，但是，这在林业上通常是不可能的，因为涉及的面积太大。因此，所需信息往往是通过抽样而获取，即对总体的一部分样本进行调查，然后以这些样本为基础对总体进行统计推理。

在抽样调查领域中，抽样统计推断方式主要有两种：一种是基于模型的（model-based）抽样统计推断，一种是基于设计的（design-based）抽样统计推断。这两类抽样统计推断已为相关学者认可并广泛应用于实际研究中。抽样目标是估计参数值的大小和不确定性，参数值的不确定性是源于参数本身服从某种分布。在基于模型的抽样中，参数的变异来自于模型内在的变异性。而在基于设计的抽样中，参数的变异来自于变量的随机性。

2.1.4.1　基于设计（design-based）的抽样

基于设计的抽样技术，一般目标是估计总体的均值或总值，且抽样总体常常是有限大小的。总体值被认为是固定的，但又是未知的。这种推理的根据是所有可能的 n 个样本之间存在差异，而这些样本能够按照某种给定的抽样设计而抽取，每个样本都有入样概率，对参数的推断是基于样本分布。估计参数的变异性来自于样本的变异性，即抽样过程的变异，抽样估计值的变异是抽样中选择点的方差和点对之间的协方差。样本越具有代表性，样本量越大，抽样误差越小，当样本等于抽样总体时，不存在抽样误差，抽样必须基于设计给定的概率进行随机选择，设计抽样方法通常是基于经典抽样理论。所得置信区间可在重复抽样的假设下得以解释。

2.1.4.2　基于模型（model-based）的抽样

模型抽样中，抽样总体可以是无限的，用随机化的观点对待观测计量结果，每个样本单元上的样本值是服从一定内在机理过程的随机变量，抽样总体中观察得到的所有样本值只是随机过程的一次实现，即使抽样总体中所有样本点全被调查，也还会存在抽样误差（误差来源于模拟随机过程的参数值的不确定性）。样本可以不随机选择（即某些抽样点一定被选中，而另外的点完全排除在外），随机性由模型本身产生，由样本随机部分的分布或者协方差表示。由于各样点值的出现受统一的内在随机过程制约，因此，各样本点不独立。在常见的模型中，一般表现为自相似性，抽样方法并不一定要随机，但样本之间的相关性是必须考虑的。

2.2 简单随机和系统抽样

2.2.1 概念和特点

简单随机抽样(simple random sampling)是一种最简单而又最基本的抽样组织形式，应用非常广泛，尤其是适用于分布均匀的总体。从总体中不放回地任意抽去 n 个个体组成一个容量为 n 的观测样本，该观测样本称为简单随机样本，这种抽样方法称为简单随机抽样方法，或简单随机抽样。之所以称之简单随机抽样，主要是由于在简单随机抽样中用于估计总体均值的统计量是样本均值，而待估总体参数与用于估计的统计量是"同形同构"，通常视为简单估计。但简单随机抽样之"简单"的含义还有如下几个方面：

首先，由于简单随机抽样又称单纯随机抽样，指的是简单随机直接从总体(而不是层之类的子总体)抽取个体(而不是群之类的大单元)。所以"简单"具有单纯的意思。

其次，由于简单随机抽样是任何其他概率抽样方式的核心内容，或者说任何其他概率抽样方式都或多或少包含简单随机抽样的成分。例如分层抽样在每层内部均采用简单随机抽样，整群抽样是以群为单位进行简单随机抽样，所以"简单"又有基本的意思。

最后，由于在许多日常场合，例如，中国相当普遍的通过"抓阄""掷骰子""扔硬币"和"摇号"公平决定稀有物品或机会的归属，或者确定某种顺序，便采用的都是简单随机抽样方法，所以"简单"还有容易操作的含义。

简单随机抽样中"随机"的意思是指结果任由天定，过程中要避免任何的人为干预可能带来系统性和趋势性影响，结果具有不确定性和难以预测性。所以，随机抽样就是依一定概率抽取样本的一种方法，这种方法具有各种结果的可能性都不能排除，人们事先不能确知结果的特点。

抽样的随机性可有两种解释：一种是指总体 N 中的每个单元被抽中的可能性相等，对重复抽样来说，即每个总体单元被抽中的概率皆为 $1/N$；另一种是对不重复抽样来说，总体中各个样本被抽中的概率相等。我们知道，从总体 N 个单元中抽取 n 个样本单元，有 C_N^n 种不同的组合形式。假设总体为 $N=6$ 的单元，从总体中随机抽出 $n=2$ 个单元，共有 15 种组合。那么，在一次抽样中，某个样本被抽中的概率为 $1/C_N^n$，这个概率对每个样本被抽中的可能性是相等的。这里需要注意的是：第一，15 个样本有一个共同的特点，即同一单元在样本中都没有重复。如果样本中的两个单元是总体中逐个抽取的，这就意味着随机抽到第一个样本后，不把它放回总体中，而在其余 5 个单元中随机抽出第二样本单元，这种抽样就是简单随机抽样。第二，尽管 $N=6$ 和 $n=2$ 都很小，但是 C_N^n 仍旧大 N 数倍，所以抽样实践中人们从来不需要计算 C_N^n 和每个样本的概率，这是因为抽样里的大多数情况都满足数理统计的"大样本条件"。

2.2.2 估计方法

2.2.2.1 总体平均数和总值估计

在抽样调查中，是以样本平均数作为总体平均数的估计值。

设总体 N 个单元的标志值为 Y_1 , Y_2 , $\cdots$, Y_N , 从总体中随机抽取样本 n 个单元, 其相应的观察值为 y_1 , y_2 , $\cdots$, y_n , 则总体平均值($\hat{\bar{Y}}$)为样本平均数。

即总体均值得简单估计量为:

$$\hat{\bar{Y}} = \bar{y} = \frac{1}{n}\sum_{i=1}^{n} y_i \qquad (2\text{-}12)$$

总体总值 Y 的简单估计为:

$$\hat{Y} = N\bar{y} = \frac{N}{n}\sum_{i=1}^{n} y_i \qquad (2\text{-}13)$$

可以证明, 样本平均数是总体平均数的无偏一致估计。

2.2.2.2　估计值方差

按照数理统计的定义, 有限总体的方差为:

$$\sigma^2 = \frac{1}{N}\sum_{i=1}^{N} (Y_i - \bar{Y})^2 \qquad (2\text{-}14)$$

在抽样理论中, 惯用的是另一种形式:

$$S^2 = \frac{1}{N-1}\sum_{i=1}^{N} (Y_i - \bar{Y})^2 \qquad (2\text{-}15)$$

σ^2 的无偏估计值为样本方差:

$$s^2 = \frac{1}{n-1}\sum_{i=1}^{n} (y_i - \bar{y})^2 \qquad (2\text{-}16)$$

在抽样理论中除以 $N-1$ 而不是 N , 这是因为方差是实际值与期望值之差平方的期望值, 所以知道总体个数 N 时方差应除以 N , 而除以 $N-1$ 时是方差的一个无偏估计。

2.2.3　案例

【例 2-1】在一次芬兰南部 100hm² 林地的森林资源调查中, 样地被布成一个方格, 在这个方格里行距样地之间的距离均为 100m, 总共测量了 102 个圆形和点状样地(表 2-1)。如果平均胸径小于 8cm, 就采用半径为 2.25m(面积 20m²)的圆形样地调查所有林木, 否则的话, 使用点抽样并取断面积系数(或称角规常数)为 2 的方法。同时, 如果还有下层林木, 也可在 20m² 的圆形样地测量林木。每个样地每公顷林木蓄积量的估计可以被计算出来。

表 2-1　调查区域样地数据表

样地编号	样地类型[a]	蓄积(m³/hm²)	断面积(m²/hm²)	样地面积[b](m²)	分层[c]	样地编号	样地类型[a]	蓄积(m³/hm²)	断面积(m²/hm²)	样地面积[b](m²)	分层[c]
1	1	155	26	71	2	7	1	201	32	88	2
2	1	242	32	118	2	8	1	80	12	115	1
3	1	108	18	65	2	9	1	66	14	37	1
4	2	269	26	335	2	10	1	363	34	316	3
5	1	114	18	74	2	11	1	171	22	163	2
6	1	93	16	64	2	12	1	217	26	135	2

（续）

样地编号	样地类型[a]	蓄积（m³/hm²）	断面积（m²/hm²）	样地面积[b]（m²）	分层[c]	样地编号	样地类型[a]	蓄积（m³/hm²）	断面积（m²/hm²）	样地面积[b]（m²）	分层[c]
13	1	36	13	20	1	53	1	217	34	83	2
14	1	176	24	118	2	54	3	157	16	310	3
15	1	278	32	178	3	55	3	135	22	75	2
16	1	210	22	267	3	56	3	284	32	235	3
17	1	20	3	20	1	57	1	33	2	20	1
18	1	347	32	405	3	58	1	74	10	126	3
19	1	260	32	177	3	59	2	430	40	317	3
20	1	164	14	406	3	60	1	340	30	361	3
21	1	149	26	62	2	61	1	315	28	359	3
22	2	25	6	20	1	62	3	93	18	42	2
23	1	407	44	212	3	63	3	23	4	93	2
24	2	330	32	280	3	64	1	45	5	20	1
25	2	368	36	286	3	65	1	360	42	159	3
26	1	114	14	173	3	66	1	181	18	209	3
27	1	221	18	491	3	67	1	330	30	467	3
28	1	310	26	406	3	68	2	224	34	84	2
29	1	85	19	20	1	69	2	209	30	106	3
30	1	344	34	276	3	70	1	371	38	208	3
31	3	288	32	213	2	71	1	248	34	107	2
32	1	141	20	154	3	72	1	247	38	80	2
33	1	224	24	235	3	73	1	445	38	385	3
34	1	297	28	278	3	74	1	130	20	85	2
35	1	212	22	271	3	75	1	223	22	256	3
36	3	227	26	184	2	76	1	408	38	448	3
37	2	208	18	491	3	77	1	241	24	289	3
38	1	263	30	224	3	78	1	89	16	60	1
39	1	0	0	20	1	79	1	278	30	219	3
40	1	242	24	240	3	80	1	355	30	445	3
41	1	392	34	357	3	81	3	66	8	240	3
42	1	255	24	342	3	82	1	247	26	230	3
43	2	196	22	199	3	83	1	136	22	67	2
44	1	130	20	86	3	84	1	166	22	147	2
45	1	0	0	20	1	85	1	151	24	75	2
46	1	339	32	275	3	86	1	164	22	118	2
47	1	386	36	304	3	87	1	119	28	26	2
48	2	224	22	332	3	88	1	169	24	105	2
49	2	255	30	177	3	89	1	0	0	20	1
50	1	124	18	123	3	90	2	164	22	104	2
51	1	195	20	272	3	91	1	112	20	59	2
52	1	236	34	90	2	92	1	63	6	388	1

（续）

样地编号	样地类型[a]	蓄积 (m³/hm²)	断面积 (m²/hm²)	样地面积[b] (m²)	分层[c]	样地编号	样地类型[a]	蓄积 (m³/hm²)	断面积 (m²/hm²)	样地面积[b] (m²)	分层[c]
93	1	109	10	489	2	98	1	59	12	40	1
94	3	36	8	31	1	99	1	103	16	83	2
95	1	140	22	80	2	100	1	130	14	256	2
96	1	215	22	299	2	101	1	37	4	296	1
97	1	64	6	427	1	102	1	18	2	491	1

注：样地类型[a]：1. 矿质土壤；2. 云山沼泽；3. 松树沼泽；

样地面积[b]：点样地面积由计算中位数值的树的断面积计算，其他形状样地取 20m；

分层[c]：1. 开阔林地，实生林和母树林；2. 中龄林；3. 成熟林。

简单随机估计量可用于估计总体平均值和总量。在此例中，简单随机估计量也用于估计样本方差。每公顷平均林木蓄积为：

$$\hat{\bar{y}} = \frac{1}{n}\sum_{i=1}^{n} y_i = \frac{1}{102}\sum_{i=1}^{102} y_i = 193 (\text{m}^3/\text{hm}^2)$$

式中　y_i——样地 i 每公顷的林木蓄积。

为了求出平均标准误，我们首先必须确定总体和样地的大小（即 N 和 n）。通常，如果采用圆形样地或其他形状的固定面积的样地，n 可以简单地视为样地数，总面积 N 除以样地的大小即已确定和形状明确的样地数，以避免整个面积出现重叠现象。由于点抽样样地的大小是变化的，所以很难精确地确定 N 和 n，但是我们可以估计近似的抽样比率 $f = n/N$：

$$f = \sum_{i=1}^{n} a_i/A = \sum_{i=1}^{102} a_i/100 = 0.02$$

式中　a_i——圆形面积，从圆形面积样地 i 的中位数值的树断面积就被计算出来；

　　　A——总面积。

然后计算样本方差，即总体方差的估计值：

$$s_y^2 = \frac{1}{n-1}\left\{\sum_{i=1}^{n} y_i^2 - \frac{\left(\sum_{i=1}^{n} y_i\right)^2}{n}\right\} = \frac{1}{101}\left\{\sum_{i=1}^{102} y_i^2 - \frac{\left(\sum_{i=1}^{102} y_i\right)^2}{102}\right\} = 12\,601 (\text{m}^3/\text{hm}^2)$$

每公顷的平均林木蓄积的标准误是：

$$s_{\hat{\bar{y}}} = \sqrt{\left(1 - \frac{n}{N}\right)\frac{s_y^2}{n}} = \sqrt{(1 - 0.020\,0)\frac{12\,601}{102}} = \sqrt{121.07} = 11.0 (\text{m}^3/\text{hm}^2)$$

在这种情况下，抽样比率太小，因此有限的总体修正系数 $1 - (n/N)$ 可以被忽略。

林木总蓄积的估计值是：

$$\hat{T} = A\hat{\bar{y}} = 100.0 \times 193.25 = 19\,325 (\text{m}^3)$$

其标准误为：

$$s_{\hat{T}} = \sqrt{\text{var}(\hat{T})} = \sqrt{A^2\text{var}(\hat{\bar{y}})} = \sqrt{100.0^2 \times 121.07} = 1\,100$$

实际的总体平均值的置信区间是：

$$\left[\hat{\bar{y}} - z_{(a/2)}s_e, \bar{y} + z_{(a/2)}s_e\right]$$

式中　$z_{(a/2)}$——置信水平为 a 时的正态分布的一个值。

每公顷的实际林木蓄积平均值的95%的置信区间为：

$(193.25 - 1.96 \times 11.00, 193.25 + 1.96 \times 11.00) = (172, 215)(\mathrm{m^3/hm^2})$

2.2.4　系统抽样概念和特点

若总体中的所有个体都有一个顺序排列号码，则可以先在给定的范围内随机抽取一个初始个体，然后按照事先确定好的由初始个体确定样本中其他个体的一套规则抽取个体，抽出这些个体的变量值构成观察样本，这种获取观察样本的方法称为系统抽样、等距抽样或机械抽样。

系统抽样与先前介绍的其他抽样方法有很大不同。按照这种方法进行抽样时，首先将总体的全部单元按某一已知变量排队，接着依据简单随机抽样方法从总体中抽取第1个(或第1组)样本点(即随机起点)，然后按某种固定的顺序和规律依次抽取其余样本点，最终构成样本。

这种抽样称作系统抽样的原因有两种解释。一种解释是这种抽样除第一个样本点的抽取明显是随机的，其余样本点的抽取都不是随机的，因而是系统的；另一种解释是，由于第一个样本点一经抽出，整个样本点的抽取就完全确定了，这种牵一发而动全身的整体性正是系统抽样的特点。

系统抽样的优点主要表现在两点。一是简便易行，对抽样框的要求不高，在某些条件下甚至可以不需要抽样框，这与其他概率抽样方法形成非常鲜明的对比。其他概率抽样方法往往需要先对总体单元编号，然后才能利用随机数表等方法抽取样本。当总体规模很大(甚至规模本身也无法确定)时，进行编号已经相当繁琐，何况还要抽选诸多样本点，而系统抽样只需确定总体单元的排列顺序。例如，在大林区调查森林蓄积中，难以构造总体抽样框(通常 N 很大)，这时可以根据样本 n 计算出各样本单元的间距，在地图上布点后根据随机确定的一个起始单元和按规定间距就可以把各样本单元定位，整个样本就构造成功了。由于有这个特点，长期以来世界上大多数国家采用系统抽样开展森林资源清查。二是系统抽样可以使样本单元在总体中分布均匀，因而具有较好的代表性，特别是当总体结构有辅助变量信息可以利用时，则可采用有序系统抽样，提高估计的精度。但是，系统抽样的主要缺点是：由于样本量(由于抽样分布)有时不唯一，无法估计样本单元被抽中的概率，所以不存在严格意义上的无偏估计量，一般多采用近似的随机抽样公式进行估计。

2.3　分层随机抽样

2.3.1　概念和特点

当总体规模 N 与样本容量 n 都较大，总体单元之间的差异也较大时，进行简单随机抽样将会出现成本很高而精度很低的情况，也就是说这些情况下不宜采用简单随机抽样。此时一种自然的解决之道是：首先，应设法缩小总体规模 N 与需要抽取的样本数目 n，这可以通过将总体划分为若干子总体来实现；其次，应尽量减少总体单元之间的差异。虽然将总体划分为若干子总体可能在一定程度上减小各个子总体内单元之间的差异，但更有效的办法是将总体依照与调查研究最为关注的变量高度相关的指标划分成几个子总体，由于这些子总体与通常的组只是叫法不同，而组内差异小、组间差异大是任何合理分组的题中应有之义，所以必将大幅度减小各个子总体内的单元之间的差异。

依照相关指标将总体划分成若干子总体并不太难。例如，当我们最为关注的变量是居民收入时，可供选择的相关指标可以是居民的籍贯，也可以是城乡属性，甚至可以是性别、学历等其他内容。

假如在各个子总体内已经满足实施简单随机抽样的条件，则可以通过两个步骤来实现既定目标：

①在各个子总体内独立地进行简单随机抽样，以较高的精度估计出所在子总体的参数。

②将各个子总体参数的估计值进行加权，最终整合得到总体参数的估计，这就是分层随机抽样的思路。

分层抽样是按照一定的原则将总体分成若干个子总体，每个子总体称为一层，在每个层中单独随机抽样，再把各个层抽出的样本合在一起作为样本。

分层抽样需要特别注意的是：在实际问题中关心的是总体的某项指标，即在分层时，层与层之间个体的该项指标特征应该有区别，特征指标大小能将总体分割成若干不同的层；有许多方法可以用来确定第 i 层中抽取个体的数目 n_i，而最简单的是：

$$n_i \approx \frac{N_i}{N} \times n \tag{2-17}$$

式中　N，N_i，n——总体中个体数目，第 i 层个体的数目和样本容量。

可以人为分层抽样实际上是判断抽样思想与随机抽样思想结合的产物，这里分层通常带有经验色彩。

2.3.2　估计方法

2.3.2.1　各层特征数的估计

分层抽样是在各层内独立、随机地进行抽样，所以可视层为副总体，按简单随机抽样方法计算各层的特征数。

设第 h 层第 i 个单元的观测值为 y_{hi}，并且第 h 层总体单元 N_h，占总体 N 的比重（层权重）为 W_h。则：

①层样本平均数：

$$\bar{y}_h = \frac{1}{n_h} \sum_{i=1}^{n_h} y_{hi} \tag{2-18}$$

式中　$\bar{y}_h$——第 h 层平均数估计值。

②层估计值的方差：

$$s^2(\bar{y}_h) = \frac{1}{n_h(n_h-1)} \sum_{i=1}^{n_h} (y_{hi} - \bar{y}_h)^2 \tag{2-19}$$

③层总量的估计值：

$$\hat{y}_h = N_h \bar{y}_h \tag{2-20}$$

2.3.2.2   分层抽样总体特征数的计算

①分层抽样总体平均数的估计值：

$$\bar{y}_{st} = \frac{1}{N} \sum_{h=1}^{L} \hat{y}_h = \frac{1}{N} \sum_{h=1}^{L} N_h \bar{y}_h = \sum_{h=1}^{L} W_h \bar{y}_h \tag{2-21}$$

式中 $\bar{y}_{st}$——分层抽样总体平均值估计值。

当总体各层是按比例抽取样本时，即 $\frac{n_h}{n} = \frac{N_h}{N}$，分层抽样样本平均数为：

$$\bar{y}_{st} = \frac{1}{n} \sum_{h=1}^{L} n_h \bar{y}_h = \sum_{h=1}^{L} W_h \bar{y}_h \tag{2-22}$$

可见式(2-21)与式(2-22)是等价的。

②总体平均数估计值的方差：

设第 h 层的总体方差为 σ_h^2，据式(2-21)有：

$$\sigma^2(\bar{y}_{st}) = \sum_{h=1}^{L} W_h^2 \sigma^2(\bar{y}_h) \tag{2-23}$$

标准误：

$$\sigma(\bar{y}_h) = \sqrt{\sum_{h=1}^{L} W_h^2 \sigma^2(\bar{y}_h)} \tag{2-24}$$

式(2-23)的证明是按方差定理，W_h 是已知的常量，各层样本是独立抽取的性质推出的。

2.3.2.3   分层抽样小样本估计方法

当用 $\Delta(\bar{y}_{st}) = t S(\bar{y}_{st})$ 估计分层抽样误差限时，是假定总体平均数估计值的分布为正态或近似正态分布，并且在 $S^2(\bar{y}_{st}) \approx \sigma^2(\bar{y}_{st})$ 条件下才能成立。其中 t 为遵从标准正态分布的可靠性指标。如果要使 $\bar{y}_{st}$ 服从正态分布，就必须使各层内 y_{hi} 都服从正态分布，或者各层的 n_h 充分大，使各层 $\bar{y}_h$ 服从或近似正态分布才行。此外，要使 $S^2(\bar{y}_{st}) \approx \sigma^2(\bar{y}_{st})$ 也必须要求各层 n_h 充分大。

如上述条件不能满足，则 $\Delta(\bar{y}_{st})$ 计算比较复杂。实践中常有下列情况，即各层的 y_{hi} 分布近似正态，而各层的 n_h 却较小，因此不能认为 $S^2(\bar{y}_{st})$ 服从近似正态分布，即 $S^2(\bar{y}_{st}) \neq \sigma^2(\bar{y}_{st})$。这时，如果各层采用的是按比例分层抽样，即 $n_h = n w_h$，并且各层总体的方差 σ_h^2 相等，用各层样本方差的加权平均数作为总体方差 σ^2 的估计值。即以

$$\bar{S}^2 = \frac{1}{n} \sum_{h=1}^{L} n_h S_h^2 \tag{2-25}$$

作为 σ^2 的估计值，其误差限用式(2-25)计算：

$$\Delta(\bar{y}_{st}) = t \cdot \frac{\bar{S}}{\sqrt{n - L}} \tag{2-26}$$

即

$$\Delta(\bar{y}_{st}) = t \sqrt{\frac{1}{n(n-L)} \sum_{h=1}^{L} n_h S_h^2} \tag{2-27}$$

式中 t——其值根据自由度 $df = n - L$ 查"小样本 t 分布表"。

$$S_h^2 = \frac{1}{n_h - 1} \sum (y_{hi} - \bar{y}_h)^2 \tag{2-28}$$

2.3.3 案例

下面举一个例子，说明分层抽样的估计方法。

【例 2-2】某林区有林地面积 $A = 40 \text{hm}^2$，根据不同年龄将总体分为 3 层：Ⅰ 层面积 $A_1 = 13.2 \text{hm}^2$，Ⅱ 层 $A_2 = 14.5 \text{hm}^2$，Ⅲ 层 $A_3 = 12.3 \text{hm}^2$，用 0.1hm^2 的样地按比例分层抽样，共抽取样地 $n = 22$，各样地林木蓄积量测定结果列于下表（表 2-2），试以 95% 的可靠性估计总体蓄积量并指出其估计精度。

表 2-2 分层抽样样地蓄积调查表 $\text{m}^3/0.1 \text{hm}^2$

层号	1	2	3	4	5	6	7	8	Σ
Ⅰ	3.5	8.8	3.0	9.4	4.1	10.5	7.1		46.4
Ⅱ	18.8	15.9	17.7	15.3	11.2	8.2	14.1	11.8	113.0
Ⅲ	18.3	27.1	17.7	30.0	22.4	20.0	21.8		157.3

解：（1）各层特征数估计

在重复抽样条件下，以第 Ⅰ 层为例。

第 Ⅰ 层平均数估计值：

$$\bar{y}_1 = \frac{1}{n_1} \sum_{i=1}^{n_1} y_{1i} = \frac{1}{7} \times 46.4 = 6.629 (\text{m}^3/\text{hm}^2)$$

第 Ⅰ 层平均数估计值的方差：

$$\begin{aligned}
s^2(\bar{y}_1) &= \frac{1}{n_1(n_1-1)} \sum_{i=1}^{n_1} (y_{1i} - \bar{y}_1)^2 \\
&= \frac{1}{n_1(n_1-1)} \left(\sum_{i=1}^{n_1} y_{1i}^2 - n_1 \bar{y}_1^2 \right) \\
&= \frac{1}{7 \times 6} \times (364.52 - 7 \times 6.629^2) \\
&= 1.356
\end{aligned}$$

第 Ⅰ 层总蓄积量估计：

$$\hat{y}_1 = N_1 \bar{y}_1 = 132 \times 6.629 = 875.028 (\text{m}^3)$$

类似地计算其他层的特征值，结果见表 2-3。

表 2-3 分层抽样总体特征数估计

层号	A_h	N_h	n_h	$\bar{y}_h$	$s^2(\bar{y}_h)$	$N_h\bar{y}_h$	$N_h^2 s^2(\bar{y}_h)$
Ⅰ	13.2	132	7	6.629	1.356	875.028	23 626.944
Ⅱ	14.5	145	8	14.125	1.575	2 048.125	33 114.375
Ⅲ	12.3	123	7	22.471	2.972	2 763.333	44 963.388
∑	40.0	400	22	—	—	5 687.086	101 704.707

（2）分层抽样总体特征数估计

①总体平均数估计值：

$$\bar{y}_{st} = \frac{1}{N}\sum_{h=1}^{L} N_h\bar{y}_h = \frac{1}{400} \times 5\ 687.086 = 14.22(\text{m}^3/0.1\text{hm}^2)$$

②总体平均数估计值的方差：

$$S^2(\bar{y}_{st}) = \frac{1}{N^2}\sum_{h=1}^{L} N_h^2 S^2(\bar{y}_h)$$

$$= \frac{1}{400} \times 101\ 704.707 = 0.635\ 6$$

③标准误：

$$S(\bar{y}_{st}) = \sqrt{0.635\ 6} = 0.797$$

④抽样误差限：t 值用自由度 $df = n - L$（总体分层抽样总样本量 – 总体分层数）和可靠性查 t 分布分位数表。

绝对误差限：

$$\Delta(\bar{y}_{st}) = tS(\bar{y}_{st}) = 2.093 \times 0.797 = 1.669(\text{m}^3/0.1\text{hm}^2)$$

相对误差限：

$$E = \frac{\Delta(\bar{y}_{st})}{\bar{y}_{st}} = \frac{1.669}{14.22} = 0.117 = 11.7(\%)$$

⑤估计精度：

$$P_c = 1 - E = 1 - 0.117 = 88.3(\%)$$

⑥总体蓄积量估计值：

$$\hat{y}_h = \sum_{h=1}^{L} N_h\bar{y}_h = 5\ 687.1$$

（3）用小样本估计法估计

由于本例是小样本，各层 n_h 均小于 10，故应用前面介绍的小样本分层抽样估计法（表2-4）。

总体方差 σ^2 估计由式 2-24 得：

①层样本方差的加权平均数：

$$\bar{S}^2 = \frac{1}{n}\sum n_h S_h^2 = \frac{1}{22} \times 321.926 = 14.224$$

②估计误差限：

绝对误差限：

$$\Delta(\bar{y}_{st}) = t \times \sqrt{\frac{S^2}{n - L}} = 2.093 \times \sqrt{\frac{14.224}{22 - 3}} = 1.811$$

相对误差限：

$$E = \frac{\Delta(\bar{y}_{st})}{\bar{y}_{st}} = \frac{1.811}{14.22} = 12.7\%$$

③估计精度：

$$P_c = 1 - E = 1 - 0.127 = 87.3\%$$

比较两种估计方法结果，小样本方法精度稍低，但用小样本估计较合理。

表 2-4　分层抽样小样本误差估计

层　号	n_h	S_h^2	$n_h S_h^2$
I	7	9.492 3	66.446 1
II	8	12.605 0	100.840 0
III	7	20.805 7	145.639 9
∑	22	—	312.926

2.4　双重抽样

2.4.1　概念和特点

前面介绍的抽样技术，大多需要事先了解关于总体的信息，例如，分层抽样需要事先知道各层权重信息，但是在有些情况下，这些信息在调查前无法获知，这时，我们可以先从总体中抽取一个大的初始样本，获取总体辅助信息，然后再从初始样本或总体中抽取一个子样本，这种方法就叫双重抽样。它是一种效率较高的抽样方法。

双重抽样（double sampling）也称二相抽样或两相抽样（two phase sampling），是指抽样时分两步抽取样本，每一步抽取一个样本。基本做法是：利用简单随机抽样先从总体 N 中抽取一个较大的样本 n'，称为第一重（相）样本（the first phase sample），对之进行调查以获取总体的某些辅助信息并根据已知的分层标志将第一重样本分层，即层权重 $w'_h = n'_h/n'(h=1, 2, \cdots, L)$，$w'_h$ 是总体层权 W_h 的无偏估计，第 h 层样本单元数为 n'_h，即第一重样本单元数 $n' = \sum_{h=1}^{L} n'_h$，可为下一步的抽样估计提供条件。然后，利用分层随机抽样，从第一重样本中抽取出第二重样本，进行第二重（相）抽样（the second phase sampling），第二重抽样所抽的样本单位数 n 相对较小，即第 h 层样本单位数为 n_h，$n = \sum_{h=1}^{L} n_h$，但是第二重抽样调查才是主调查，是估计总体的某些指标，如平均数、总量等。一般地，第二重样本是从第一重样本中抽取的，即第一重样本的子样本，但有时也可以从总体中独立抽取。由于样本是分两次抽取的，故称为双重抽样。

双重抽样方法与两阶段抽样在概念上很容易引起混淆。虽然二者都可被视为分阶段抽样方法，但是双重抽样与两阶段抽样的差异还是很显著的。首先，两阶段抽样（two stage sampling）是先从总体 N 个单元（初级单元）中抽取 n 个样本单元，却并不对这 n 个样本单元中的所有小单元（二级单元）都进行调查，而是在其中再抽出若干个二级单元进行调查；双重抽样则不同，要对第一重（相）样本进行调查以获取总体的某些辅助信息，并且要利用这些辅助信息进行排序、分层、抽样或估计。其次，两阶段抽样的第一阶段抽样单位和第二阶段抽样单位往往是不同的，比如第一阶段抽样单位是居委会，第二阶段抽样单位是住户；而双重抽样的第二重样本则往往是第一重样本的子样本，两次抽样的单位是相同的。

2.4.2　估计方法

2.4.2.1　双重分层抽样总体平均值估计

$$\bar{y}_{dst} = \frac{1}{n'} \sum_{h=1}^{L} n_h' \bar{y}_h = \sum_{h=1}^{L} w_h' \bar{y}_h \tag{2-29}$$

$$\bar{y}_h = \frac{1}{n_h} \sum_{h=1}^{n_h} y_{hi} \qquad (i = 1, 2, \cdots, n_h) \tag{2-30}$$

$$w'_h = \frac{n'_h}{n'}$$

式中　$\bar{y}_{dst}$——双重抽样样本平均值，是调查总体平均值 $\bar{Y}$ 的无偏估计值；

　　　w'_h——各层权重；

　　　$\bar{y}_h$——各层平均值。

2.4.2.2　双重分层抽样总体平均值的方差

当第一重样本 n' 与第二重样本 n 不独立时，则总体平均值估计的方差近似公式为：

$$S^2(\bar{y}_{dst}) = \sum_{h=1}^{L} w'^2_h S^2(\bar{y}_h) + \frac{1}{n'} \sum_{h=1}^{L} w'_h (\bar{y}_h - \bar{y}_{dst})^2$$

或

$$S^2(\bar{y}_{dst}) = \sum_{h=1}^{L} w'^2_h S^2(\bar{y}_h) + \frac{1}{n'} \left[\sum_{h=1}^{L} w'_h \bar{y}_h^2 - (\bar{y}_{dst})^2 \right] \tag{2-31}$$

上述公式可以理解为，右边第一项为分层抽样方差（第二重样本平均值方差），即，$S^2(\bar{y}_h) = \frac{1}{n_h - 1} \sum_{j=1}^{n_h} (y_{hj} - \bar{y}_h)^2$；右边第二项是由第一重样本估计各层权重的抽样方差，实质上它是各层总体方差的平均值，是层间方差的体现。且公式假定 N 与 n' 都很大、n'/N 与 n_k/N_h 都很小，略而不计得到的。同时由式可以看到，当 n' 值越大，估计精度越高。显然，假如 $n' = N$ 时，可以视面积权重估计误差为 0，这时双重抽样与分层抽样抽样误差相等。反之，当 $n' = n$ 时，则双重抽样估计精度将不及简单随机抽样，因为前者比后者增加了权重误差项。如果没有层权重误差问题，据方差分析双重抽样在 $n' = n$ 的条件下，其估计精度与简单随机抽样相同。所以，通常情况下，为提高抽样效率，双重抽样必须使样本在 $n < n' < N$ 范围内。

当第一重样本 n' 与第二重样本 n 独立时，则总体平均值估计的方差公式为：

$$S^2(\bar{y}_{dst}) = \sum_{h=1}^{L} w'^2_h S^2(\bar{y}_h) + \frac{1}{n'} \left[\sum_{h=1}^{L} w'_h (\bar{y}_h - \bar{y}_{dst}) \right]^2 - \frac{1}{n'} \sum_{h=1}^{L} w'_h S^2(\bar{y}_h) \tag{2-32}$$

或

$$S^2(\bar{y}_{dst}) = \sum_{h=1}^{L} w'^2_h S^2(\bar{y}_h) + \frac{1}{n'}\left[\sum_{h=1}^{L} w'_h \bar{y}^2_h - (\bar{y}_{dst})^2\right] - \frac{1}{n'}\sum_{h=1}^{L} w'_h S^2(\bar{y}_h)$$

2.4.3　案例

【例 2-3】某南方林区要调查森林资源情况。已知该林区总体面积为 61 395 hm²，针对总体面积规模差异较大的特点，拟采用分层抽样。但是由于缺乏现有的分层资料，决定采用双重抽样抽样方法，第一重样本量 $n' = 653$，根据其森林资源情况可分为 5 层，每层样本点 n'_h 用作层数点，估计各层权重。5 个层分别为杉木幼龄林、中龄林和成熟林、马尾松中龄林和成熟林，然后在第一重样本分层的基础上，在各层分别抽取第二重样本，第二重样本量为 146，面积为 0.08 hm² 的样地，以 95% 的可靠性估计总体森林蓄积量及估计精度。通过对这 146 块样地进行详细的调查，取得有关数据整理见表 2-5。

表 2-5　总体特征数双重抽样计算

层号	n'_h	w'_h	n_h	$\bar{y}_h$	$w'_h \cdot \bar{y}_h$	$S^2(\bar{y}_h)$	$w'_h \cdot \bar{y}^2_h$	$w'^2_h \cdot S^2(\bar{y}_h)$	$w'_h \cdot S^2(\bar{y}_h)$
1（杉幼）	115	0.176	29	2.04	0.359	0.131 6	0.732 3	0.004 07	0.023 16
2（杉中）	152	0.233	35	5.03	1.172	0.247 9	5.895 1	0.013 46	0.057 76
3（杉成）	106	0.162	29	9.93	1.608	0.715 2	15.967 4	0.018 77	0.115 86
4（马中）	117	0.179	25	5.32	0.952	0.433 4	5.064 6	0.013 88	0.077 57
5（马成）	163	0.250	28	13.47	3.368	1.212 2	45.367 0	0.075 76	0.303 05
Σ	653	1.000	146		7.459		73.026 4	0.125 94	0.577 40

解：总体单元数 $N = 61\ 395/0.08 = 767\ 438$

（1）总体平均数估计值

$$\bar{y}_{dst} = \frac{1}{n'}\sum_{h=1}^{L} n'_h \bar{y}_h = \sum_{h=1}^{L} w'_h \bar{y}_h = 7.459\ (\text{m}^3/0.08\text{hm}^2)$$

故总体蓄积量的估计值：

$$\hat{y} = N\bar{y}_{dst} = 767\ 438 \times 7.459 = 5\ 724\ 340\ (\text{m}^3)$$

（2）双重抽样估计的方差

由于第一重样本 n' 与第二重样本 n 独立抽取，其方差估计采用式(2-32)：

$$S^2(\bar{y}_{dst}) = \sum_{h=1}^{L} w'^2_h S^2(\bar{y}_h) + \frac{1}{n'}\left[\sum_{h=1}^{L} w'_h \bar{y}^2_h - (\bar{y}_{dst})^2\right] - \frac{1}{n'}\sum_{h=1}^{L} w'^2_h S^2(\bar{y}_h)$$

$$= 0.125\ 94 + 1/653 \times (73.026\ 4 - 7.459^2) - 1/653 \times 0.577\ 40$$

$$= 0.125\ 94 + 0.026\ 6 - 0.000\ 884\ 2$$

$$= 0.151\ 7$$

标准误：

$$S(\bar{y}_{dst}) = \sqrt{0.151\ 7} = 0.389\ (\text{m}^3/0.08\text{hm}^2)$$

（3）估计误差限

$$\Delta(\bar{y}_{dst}) = t_\alpha S(\bar{y}_{dst}) = 1.96 \times 0.389 = 0.763\ (\text{m}^3/0.08\text{hm}^2)$$

$$E(\bar{y}_{dst}) = 0.763/7.459 = 0.102 = 10.2\ (\%)$$

（4）估计精度

$$P_c = 1 - E = 1 - 0.102 = 89.8\ (\%)$$

因为 n' 很大，用不独立的双重抽样方差公式(2-31)计算，相差很小，其差值为：

$$\frac{1}{n'}\sum_{h=1}^{L} w'_h S^2(\bar{y}_h) = 1/653 \times 0.57740 = 0.000\ 884\ 2$$

所以在样本 n' 充分大的条件下，式(2-31)和式(2-32)都可以用。

由于权重未知，用第一重样本估计各层总体 w'_h，所产生的误差项为：

$$\frac{1}{n'}\left(\sum_{h=1}^{L} w'_h \bar{y}_h^2 - \bar{y}_{dst}^2\right) = 1/653 \times (73.026\ 4 - 7.459^2) = 0.026\ 6$$

仅占总方差的 17.5%。

2.5 整群抽样

2.5.1 概念和特点

简单随机抽样是依据增大样本单元数 n 来提高抽样估计精度，分层抽样则主要是通过合理地分层，使层内方差减小，层间方差增大来提高抽样估计效率。两者都是以抽取单个样本单元为对象，这种单一单元的调查往往很不经济。比如，调查某城市重点应届毕业生报考专业的分布情况，考虑到各个高中的学生素质和教育水平基本相同，因此，各个高中的应届毕业生对报考专业的态度可以认为是相近的，从便于组织抽样的角度考虑，可以从该市所有高中中随机选择几所学校，将选出高中的所有毕业生作为获取样本的对象。又如，在调查城市家庭收入或支出情况时，常常为了调查一户需要跑很远的路才能找到，而用于调查访问的时间却很短。再如，在交通不便，通行困难的山区，样本单元间相距几百米甚至几千米，样地面积测量时间长，而调查样地内有关标志值的时间相对很少。为了提高工作效率，都可以采用整群抽样方法。

整群抽样又称成群抽样或群团抽样，它是把总体单元按照规定的形式划分成若干部分，每一部分称为一个群，然后从总体 N 个群中随机地抽取 n 个群组成样本，对抽中的群内所有单元进行全部调查。这种抽样调查方法，称为整群抽样。

整群抽样对总体划分群的基本要求是：群与群之间不能重叠，总体中的任一单元只能属于某个群；全部总体单元不能有遗漏，即总体内的任一单元必属于某个群；总体中各群内所含的单元数可以是相同的，也可以是不同的。

整群抽样划分群的目的与分层抽样划分层的目的有显著的区别，整群抽样的分割总体原则和分层抽样的分割原则相反。分层的目的是缩小总体，将总体单元标志相近的单元划归一层(类)，达到减小层内变动的目的，分层抽样抽取的单元是总体单元。例如，某城市进行居民户调查，在各层内调查的仍是居民户。而成群抽样划分群的目的是扩大总体"单元"，抽取的单元不是一个单元，而是总体内"群单元"，也就是抽取的不是总体内一户居民，可能是总体中的居民委员会、街道等群单元。对抽中的这些群中的全部居民户进行调查。在分割群时，要使所关心的特征指标在各个群中的分布相接近，每一个群都可以很好地代表总体。

整群抽样实际上也是主观抽样与随机抽样结合的抽样方法。整群抽样便于实施，节省费用，因而广受调查工作者的欢迎。整群抽样的主要缺点是精度差，效率不高。

整群抽样按群内所含单元数的不同，分为等群抽样和不等群抽样。这里主要介绍等群抽样的估计方法。

2.5.2 估计方法

在群内单元数相等条件下，从含 N 群的总体中抽取 n 群作样本，可以用随机抽样，也可以用等距抽样，可以是重复抽样，也可以是不重复抽样。

设总体含有 N 个群，每个群含有 M 个总体单元，随机地从 N 群中抽取 n 个群作样本，第 i 群中第 j 个单元的观察值为 y_{ij}，则有：

第 i 群总量：

$$y_i = \sum_{j=1}^{M} y_{ij} \tag{2-33}$$

第 i 群的平均数：

$$\bar{y}_i = \frac{1}{M} \sum_{j=1}^{M} y_{ij} = \frac{1}{M} y_i \tag{2-34}$$

样群平均数为：

$$\bar{y}_{cl} = \frac{1}{n} \sum_{i=1}^{n} \bar{y}_i = \frac{1}{Mn} \sum_{i=1}^{n} \sum_{j=1}^{M} y_{ij} \tag{2-35}$$

总体平均数为：

$$\overline{Y} = \frac{1}{N} \sum_{i=1}^{N} \bar{y}_i = \frac{1}{NM} \sum_{i=1}^{N} \sum_{j=1}^{M} y_{ij} \tag{2-36}$$

2.5.2.1 等群抽样的总体平均数估计值

$$\bar{y}_{cl} = \frac{1}{n} \sum_{i=1}^{n} \bar{y}_i \tag{2-37}$$

或

$$\bar{y}_{cl} = \frac{1}{nM} \sum_{i=1}^{n} \sum_{j=1}^{M} y_{ij}$$

式中 $\bar{y}_{cl}$ ——等群抽样总体平均数估计值。

由于

$$E(\bar{y}_{cl}) = E\left(\frac{1}{nM} \sum_{i=1}^{n} \sum_{j=1}^{M} y_{ij}\right) = \frac{1}{nM} \sum_{i=1}^{n} \sum_{j=1}^{M} E(y_{ij}) \tag{2-38}$$

$$= \frac{1}{nM} \cdot n \cdot M\overline{Y} = \overline{Y}$$

证明样本平均数 $\bar{y}_{cl}$ 是总体平均数 $\overline{Y}$ 的无偏估计值。

2.5.2.2 估计值的方差

若用 S_B^2 表示样本群间方差，即 n 个平均数 $\bar{y}_i(i = 1,2,\cdots,n)$ 关于样群 $\bar{y}_{cl}$ 的方差为：

$$S_B^2 = \frac{1}{n-1} \sum_{i=1}^{n} (\bar{y}_i - \bar{y}_{cl})^2 \tag{2-39}$$

由于成群抽样实质上是以群单元代替总体单元，以群平均数 $\bar{y}_i$ 代替总体单元的标志值 $\overline{Y}_i$，用群间方差 σ_B^2 的估计值 S_B^2 代替总体方差 σ^2，根据简单随机抽样的方差公式得出成群抽样平均数的方差公式为：

$$S^2(\bar{y}_{cl}) = \frac{S_B^2}{n} = \frac{1}{n(n-1)}\sum_{i=1}^{n}(\bar{y}_i - \bar{y}_{cl})^2 \tag{2-40}$$

$$S^2(\bar{y}_{cl}) = \frac{1}{n(n-1)}\sum_{i=1}^{n}(\bar{y}_i - \bar{y}_{cl})^2\left(1 - \frac{n}{N}\right) \tag{2-41}$$

又因为

$$S_B^2 = \frac{1}{n-1}\sum_{i=1}^{n}(\bar{y}_i - \bar{y}_{cl})^2 = \frac{1}{M^2(n-1)}\left[\sum_{i=1}^{n}y_i^2 - \frac{1}{n}\left(\sum_{i=1}^{n}y_i\right)^2\right] \tag{2-42}$$

为方便起见在实际计算时，可以不必求出各群 $\bar{y}_i$ 值，而只需要计算各群总量 y_i 及 $\sum_{i=1}^{n}y_i$，即可用式(2-32)及式(2-40)计算成群抽样的方差。

$$S^2(\bar{y}_{cl}) = \frac{1}{n(n-1)M^2}\left[\sum_{i=1}^{n}y_i^2 - \frac{1}{n}\left(\sum_{i=1}^{n}y_i\right)^2\right] \tag{2-43}$$

标准误：

$$S(\bar{y}_{cl}) = \sqrt{S^2(\bar{y}_{cl})} \tag{2-44}$$

估计误差限：

$$\Delta(\bar{y}_{cl}) = t_{\alpha(n-1)}S(\bar{y}_{cl}) \tag{2-45}$$

成群抽样关于总体平均数的估计区间为：

$$\bar{Y} = \bar{y}_{cl} \pm \Delta(\bar{y}_{cl}) \tag{2-46}$$

2.5.3 案例

【例2-4】湖南大坪林场实测总体 $N=1\,600$，总体单元面积为 $0.04\mathrm{hm}^2$，采用等群抽样 $n=20$，$M=3$，各样本群蓄积量调查结果列入表2-6。试以95%的可靠性对总体作出估计。

解： 由表统计得到样本单元数：

$$nM = 20 \times 3 = 60$$

$$\sum_{i=1}^{n}\bar{y}_i = 116.653, \quad \sum_{i=1}^{n}\bar{y}_i^2 = 810.880$$

$$S_B^2 = \frac{1}{n-1}\sum_{i=1}^{n}(\bar{y}_i - \bar{y}_{cl})^2 = 6.394$$

$$1 - f = 1 - 60/1\,600 = 1 - 0.0375 = 0.9625$$

表2-6 成群抽样的样本观测值 $M=3$

群号	样地	y_{ij}	群号	样地	y_{ij}	群号	样地	y_{ij}	群号	样地	y_{ij}
	1	10.451		1	0		1	5.448		1	5.514
	2	9.916		2	0		2	1.343		2	14.589
1	3	7.420	2	3	8.092	3	3	9.308	4	3	2.222
	$\sum$	27.878		$\sum$	8.092		$\sum$	16.139		$\sum$	22.325
	$\bar{y}_1$	9.262		$\bar{y}_2$	2.697		$\bar{y}_3$	5.380		$\bar{y}_4$	7.441

（续）

群号	样地	y_{ij}	群号	样地	y_{ij}	群号	样地	y_{ij}	群号	样地	y_{ij}
	1	7.774		1	1.591		1	2.020		1	0
	2	5.693		2	2.763		2	12.652		2	5.739
5	3	17.681	9	3	8.604	13	3	6.586	17	3	3.378
	$\sum$	31.148		$\sum$	16.958		$\sum$	21.258		$\sum$	9.171
	$\bar{y}_5$	10.382		$\bar{y}_9$	5.652		$\bar{y}_{13}$	7.085		$\bar{y}_{17}$	3.057
	1	8.742		1	2.439		1	5.416		1	4.630
	2	0.586		2	5.488		2	10.668		2	11.148
6	3	7.413	10	3	6.743	14	3	7.316	18	3	9.732
	$\sum$	16.723		$\sum$	14.670		$\sum$	23.406		$\sum$	25.510
	$\bar{y}_6$	5.574		$\bar{y}_{10}$	4.890		$\bar{y}_{14}$	7.801		$\bar{y}_{18}$	8.502
	1	1.659		1	5.114		1	3.950		1	2.685
	2	6.284		2	14.319		2	0.028		2	0.130
7	3	8.847	11	3	10.245	15	3	11.231	19	3	1.058
	$\sum$	16.796		$\sum$	29.678		$\sum$	15.209		$\sum$	4.873
	$\bar{y}_7$	5.596		$\bar{y}_{11}$	9.892		$\bar{y}_{15}$	5.069		$\bar{y}_{19}$	1.624
	1	6.073		1	3.685		1	0		1	11.974
	2	4.730		2	0		2	14.280		2	4.742
8	3	0.328	12	3	2.112	16	3	0.983	20	3	1.347
	$\sum$	11.131		$\sum$	5.797		$\sum$	15.263		$\sum$	18.063
	$\bar{y}_8$	3.710		$\bar{y}_{12}$	1.932		$\bar{y}_{16}$	5.087		$\bar{y}_{20}$	6.020

（1）总体平均数估计值

$$\bar{y}_{cl} = \frac{1}{n}\sum_{i=1}^{n}\bar{y}_i = \frac{1}{20} \times 116.53 = 5.833$$

（2）估计值的方差

$$S^2(\bar{y}_{cl}) = \frac{1}{n(n-1)}\sum_{i=1}^{n}(\bar{y}_i - \bar{y}_{cl})^2(1-f)$$

$$= \frac{S_B^2}{n} \times (1-f) = 6.394/20 \times 0.962\,5$$

$$= 0.307\,7$$

（3）标准误

$$S(\bar{y}_{cl}) = \sqrt{0.307\,7} = 0.555$$

（4）估计误差限

绝对误差限：

$$\Delta(\bar{y}_{cl}) = t_{\alpha(n-1)}S(\bar{y}_{cl})$$

$$= 2.093 \times 0.555 = 1.162$$

相对误差限：

$$E = \Delta(\bar{y}_{cl})/\bar{y}_{cl} = 1.162/5.833 = 0.199$$

（5）估计精度

$$P_c = 1 - E = 1 - 0.199 = 80.1(\%)$$

（6）总体蓄积量估计值

$$\hat{y} = N\bar{y}_{cl} = 1\ 600 \times 5.833 = 9\ 333(\text{m}^3)$$

结论：湖南大坪林场实测总体，总面积64hm²，经等群抽样调查（抽样比3.75%），总体平均数估计值为5.833m³/0.04hm²，总体的森林蓄积量为9 333m³，抽样调查精度为80.1%，作出估计的可靠性为95%。

2.6　不等概率抽样

2.6.1　概念及特点

前面讨论的抽样方法多是等概抽样，例如，在简单随机抽样、分层抽样、等概抽取的整群抽样等抽样方法中，每个总体单元都具有相同的入样概率。等概率抽样的特点是总体中每个单元地位都相等，在抽样时对每个单元均采取相同的态度。它是最基本的、最常用的方法。当总体单元之间差异不大时，简单随机抽样简便、有效，即实施简单，相应的数据处理公式也简单。但在许多实际问题中，我们还需要使用不等概率抽样。当总体单元之间差异非常大时，简单随机抽样效果并不好。当总体单元分布为大小不一的群团状时，这时采用简单随机抽样的效果肯定不好，而通常的做法就是采用不等概率抽样来减少抽样方差，即大单元入样概率大，小单元入样概率小，然后在估计中采用不同的权数。例如，若用抽样方法估计全国科技人员在近5年内的流动总数，那么大的单位（研究所、大学和企业单位）显然比小单位重要得多，此时对单位进行等概率抽样，估计效果一般不好。若对单位进行不等概率抽样，即单位大小不同，入样的概率也不同，这就可大大提高估计的精度。单位大小可以用每个单位的科技人员数衡量。

还有一种情况是调查的总体单元与抽样总体的单元可能不一致。例如，某学校对学生的家庭情况进行调查，调查总体是全校学生的家庭。在这些家庭中，许多家庭只有一个孩子在该学校就读，也有些家庭有两个或两个以上的孩子在该校就读。显然从抽样的角度来说，将学生作为抽样单元是方便的，因为此时相应的抽样框是现成的；而从调查角度对每个学生家庭实行等概率抽样也是合理的。这样就产生一个问题，对学生实行等概率抽样，对学生家庭的抽样则是不等概率的。例如，有两个孩子在该校的家庭入样概率是只有一个孩子在该校的家庭入样概率的两倍。因此为了使每个家庭入样的概率相等，就只能对学生进行不等概率抽样：对每个学生登记其家庭在该校就读的学生人数，每个学生（的家庭）入样的概率应与这个数字成反比。

最重要的一种不等概率抽样是总体各单元被抽中的概率与各单元大小成比例的抽样，这种方法简称为 PPS（probability proportional to size）抽样。

不论是等概率抽样还是不等概率抽样，都可以用重复抽样（即放回抽样）和不重复抽样（即不放回抽样）两种方式进行。在实际应用中，一般常采用不重复抽样，把不重复抽样视为重复抽样，因为 n/N 很小（<0.05），一般总认为总体 C_N^n 很大，都适合"大

样本条件”，一般不去计算总体。在选择概率和包含概率中介绍的那样有放回抽样又可分有序和无序抽样，不放回抽样也可分有序和无序抽样。

2.6.2　估计方法

2.6.2.1　不等概率抽样的 Hanson-Hurwitz 估计量

Hanson-Hurwitz(HH)估计量是有放回抽样单元不等概率估计量广泛使用的方法，它是使用样本单元的选择概率作为单元入样概率来估计调查总体。设每个单元具有一个说明其“大小”的度量 M_i，例如一个单位的人数，一个农场的耕地面积，一个工厂的产值，一棵树胸高、断面积等等。有放回且相互独立地从总体中抽取单元，每个单元在每次抽样中被抽中的概率与其“大小”成正比，即 $q_i = M_i/M_0$ 的概率抽取(考虑顺序，如果是逐个抽取的话)，其中

$$M_0 = \sum_{i=1}^{N} M_i \tag{2-47}$$

是总体中所有单元的大小之和。显然 $\sum_{i=1}^{N} q_i = 1$，然后可以使用 HH 估计量估计总体

$$\hat{T}_{HH} = \frac{1}{n} \sum_{i=1}^{n} \frac{y_i}{q_i} \tag{2-48}$$

是无偏的，且总体方差无偏估计量为：

$$V(\hat{T}_{HH}) = \frac{1}{n(n-1)} \sum_{i=1}^{N} \left(\frac{y_i}{q_i} - \hat{T}_{HH} \right)^2 \tag{2-49}$$

式中　n——抽样样本数；

　　　N——总体样本数；

　　　q_i——第 i 个样本的入样概率；

　　　y_i——样本观察值。

2.6.2.2　不等概率抽样的 Horvitz-Thompson 估计量

Hanson-Hurwitz(HH)估计量是有放回抽样单元不等概率估计量使用的方法，虽然实施方便，数据处理也简单，但有一些缺点。例如，直观上没有必要将同一单元重复进行调查(或观察)，因此有放回抽样所得的样本的代表性比相应的无放回抽样差，不易被实际调查者所接受。此外，对于相同的样本量，有放回抽样的精度比无放回抽样的精度差，也即效率较低。但无放回不等概率抽样，不仅实施复杂，且估计量及其方差估计也很复杂。

不等概率抽样的 Horvitz-Thompson(HT)估计量可以按某种方式放回或不放回地从总体中抽取一个大小为 n 的样本，令 π_i 为第 i 个单元入样的概率(与 HH 对应，也称 π_i 为包含概率)，π_{ij} 为第 i 个单元与第 j 个单元同时入样的概率(不考虑顺序，如果是逐个抽取的话)，即在设计的无顺序样本量 s 下，总体 T 的 Horvitz-Thompson(HT)估计量为：

$$\hat{T}_{HT} = \sum_{i=1}^{v(s)} \frac{y_i}{\pi_i} \tag{2-50}$$

样本量 s 方差的无偏估计量是:

$$\hat{V}(\hat{T}_{HT}) = \sum_{i=1}^{v(s)} \frac{y_i^2}{\pi_i}\left(\frac{1}{\pi_i}-1\right) + \sum_{i=1}^{v(s)} \frac{y_i y_j}{\pi_{ij}}\left(\frac{\pi_{ij}}{\pi_i \pi_j}-1\right) \qquad (2\text{-}51)$$

式中　y_i 和 y_j ——样本观察值。

2.6.3 案例

如何应用上述不等概率抽样 HH 和 HT 估计方法估计森林蓄积，这里我们采用森林抽样调查中的点抽样技术来说明估计方法的使用。

【例 2-5】1995 年发表在 Forest Science 中一篇论文（Eriksson，1995）的案例如图 2-2 所示。本案例林地总面积为 $O=20$，在林地内有 3 株林木分布，分别是林木 1 号，2 号和 3 号，假设林木有中心点，并在中心点确定树冠面积，它们的面积为 $b=2$，$c=3$ 和 $d=4$。此外在林木 1 和 2 之间有树冠重叠，重叠面积为 $a=1$，还有空地面积 $o=10$。3 株林木的材积分别是 $y_1=17$，$y_2=33$ 和 $y_3=50$，即样地总蓄积为 100。

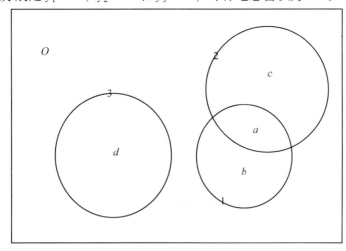

图 2-2　3 株树木在林地内的分布

不等概率的点抽样通常主要考虑单株木冠幅面积大小入样概率不同的抽样和林木大小比例入样概率抽样。本案例主要考虑前者，有关不等概率点抽样的不同抽样设计估计参阅 Eriksson（1995）。

图 2-2 定义 O 为总体，总体抽样单元包含 o，a，b，c 和 d。假如按照有序组织样本，并随机独立放回抽取两个样本，这样一共有 25 组有序样本，见表 2-7。

表 2-7　二十五组有序样本及其他们面积设计的 HH 估计量

No.	Ordered sample $(\bar{s})$	$p(\bar{s})$	$\hat{T}_{HH}(\bar{s})$	$\hat{V}[\hat{T}_{HH}(\bar{s})]$
1	(o_1, o_2)	0.250 0	0	0
2	(o_1, a_2)	−0.025 0	0	0
3	(a_1, o_2)	0.025 0	0	0
4	(o_1, b_2)	0.050 0	85	7 225
5	(b_1, o_2)	0.050 0	85	7 225
6	(o_1, c_2)	0.075 0	110	12 100

（续）

No.	Ordered sample $(\bar{s})$	$p(\bar{s})$	$\hat{T}_{HH}(\bar{s})$	$\hat{V}(\hat{T}_{HH}(\bar{s}))$
7	(c_1, o_2)	0.075 0	110	12 100
8	(o_1, d_2)	0.100 0	125	15 625
9	(d_1, o_2)	0.100 0	125	15 625
10	(a_1, a_2)	0.002 5	0	0
11	(a_1, b_2)	0.005 0	85	7 225
12	(b_1, a_2)	0.005 0	85	7 225
13	(a_1, c_2)	0.007 5	110	12 100
14	(c_1, a_2)	0.007 5	110	12 100
15	(a_1, d_2)	0.010 0	125	15 625
16	(d_1, a_2)	0.010 0	125	15 625
17	(b_1, b_2)	0.010 0	170	0
18	(b_1, c_2)	0.015 0	195	625
19	(c_1, b_2)	0.015 0	195	625
20	(b_1, d_2)	0.020 0	210	1 600
21	(d_1, b_2)	0.020 0	210	1 600
22	(c_1, c_2)	0.225 0	220	0
23	(c_1, d_2)	0.030 0	235	225
24	(d_1, c_2)	0.030 0	235	225
25	(d_1, d_2)	0.040 0	250	0
Σ		1.000 0	100	6 325

　　因为抽样是无序放回并考虑树冠面积大小入样概率即选择概率(p_i)，故采用 HH 估计方法估计总体。表中是 HH 方法估计样本总体计算结果，包含有每次抽样的选择概率，总体估计值以及方差估计值。这里选择一组抽样加以详细说明如何估计总体以及方差。例如第 11 组计算如下：

　　总体估计：

$$\hat{T}_{HH} = \frac{1}{n}\left(\frac{y_a}{q_a} + \frac{y_b}{q_b}\right) = \frac{1}{2}\left(\frac{0}{1/20} + \frac{17}{2/20}\right) = 85$$

　　方差估计依据式(2-49)得：

$$\hat{V}[\hat{T}_{HH}(11)] = 7\,225$$

　　同理，可以分别计算所有 25 组有序样本的总体以及方差的估计。

　　如果按照无序组织样本，并从总体单元中随机独立放回抽取两个样本，这样一共有 15 组无序样本，见表2-8。

表2-8 十五组无序样本以及它们面积设计的 HT 估计量

No.	Unordered sample (s)	$p(s)$	$\hat{T}_{HT}(s)$	$\hat{V}[\hat{T}_{HT}(s)]$
1	(o)	0.250 0	0.000	0
2	(o,a)	−0.050 0	0.000	0
3	(o,b)	0.100 0	89.474	6 484.488
4	(o,c)	0.150 0	118.919	10 217.385
5	(o,d)	0.200 0	138.889	12 345.679
6	(a)	0.002 5	0.000	0
7	(a,b)	0.010 0	89.474	6 484.488
8	(a,c)	0.015 0	118.919	10 217.385
9	(a,d)	0.020 0	138.889	12 345.679
10	(b)	0.010 0	89.474	6 484.488
11	(b,c)	0.030 0	208.393	582.100
12	(b,d)	0.040 0	228.363	1 183.968
13	(c)	0.022 5	118.919	10 217.385
14	(c,d)	0.060 0	257.808	598.097
15	(d)	0.040 0	138.889	12 345.679
Σ		1.000 0	100.000	6 004.362

　　因为抽样是放回有序并考虑树冠面积大小入样概率即包含概率(π_i)，故采用 HT 估计方法估计总体。表中是 HT 方法估计样本总体计算结果，包含有每次抽样单元的选择概率，总体估计值以及方差估计值。这里需要说明的是用 HT 方法估计总体时需要知道每组单元的包含概率(包含概率有一阶包含概率和二价包含概率)，如何从选择概率计算包含概率，按照前面在选择概率和包含概率概念中介绍的公式本案例计算结果见表2-9。

表2-9 在无序面积设计的样本单元的包含概率以及观察值

Unit (i)	$q_i = a_i/A$	π_i 和 π_{ij}					y_i	y_i'
		d	o	a	b	c		
o	10/20	0.750 0	0.050 0	0.100 0	0.150 0	0.200 0	0	0
a	1/20		0.097 5	0.010 0	0.015 0	0.020 0	0	50
b	2/20			0.190 0	0.030 0	0.040 0	17	0
c	3/20				0.277 5	0.060 0	33	0
d	4/20					0.360 0	50	50

注：π_i是一介包含概率，即对角线值；π_{ij}是二阶包含概率，即对角线上方值。

　　选择一组抽样单元加以详细说明如何估计总体以及方差。例如，第 14 组计算如下：

$$\hat{T}_{HT}(14) = \sum_{s_{14}} \frac{y_i}{\pi_i} = \frac{33}{0.277\ 5} + \frac{50}{0.36} = 257.808$$

HT 估计的方差是：

$$V(\hat{T}_{HT}) = 598.097$$

上面的案例计算是基于点抽样概念从理论上证明单株树木冠面积大小不同的入样概率的总体估计是无偏估计，这种抽样操作在实际中是不可行的，因为这种抽样设计需要单木图形的构建和分析，特别是单木相交重叠图形，而这个工作是非常复杂的。事实上在不等概率的点抽样还存在其他抽样设计。

2.7 自适应群团抽样

2.7.1 概念及特点

适应性群团抽样技术(adaptive cluster sampling, ACS)是由 Thompson(1990)首次提出的一种不等概抽样技术，用来调查总体为群团状、散生分布的目标，它是适应性抽样方案的一种具体类型。

适应性群团抽样的特点是仿照生物学家搜集数据的方式，即一旦发现物种就继续调查其附近的目标。在调查过程中根据目标单元的观测结果决定选取包含进样本的单元。适应性群团抽样设计依赖于抽样总体分布，它是一种基于单元观察值设计标准值 C (criterion values)和最初抽样单元相毗邻的单元形式的适应性群团抽样方法，其运作规则为，当一个初步选定抽样单元的观测值满足一定条件标准值 C 时，一些预先定义的其他额外毗邻单元也加入到样本中。同样，如果任何这些增加的单元观测值满足 C，那么它们相邻的单位也入样，这样一直下去，直到增加的单元观测值不满足标准值 C 为止(Philip and John，2005)。总之，该方法就是如果在某一特定位置找到了满足条件的单元，那么就在其位置附近抽样以获得更多目标信息量。

适应性群团抽样过程最后形成 3 类群团抽样单元，第 1 类是最初的抽样单元；第 2 类单元是通过这一抽样过程所形成的、与最初的抽样单元毗邻并满足临界值规则的群团抽样单元；第 3 类抽样单元是边缘单元，它是不满足标准值的抽样单元，但是它不包含最初的抽样布设的无目标观测值的单元，而是与第 1 或第 2 类样地毗邻的抽样单元。适应性群团抽样设计将总体单元分成 3 类抽样单元对调查目标总体平均方差估计是很有帮助的，因为它是计算包含概率的基础。

在应用适应性群团抽样技术估计总体平均数以及方差时要特别注意区分群团(cluster)和网络(network)这两个重要概念，因为适应性群团抽样中总体估计量的计算需要网络中的抽样单元数。适应性群团指样技术中的群团是指包含满足临界值或标准值 C 的样方单元(quadrat units)和边缘样方单元。网络指满足临界标准值 C 的抽样单元数或指不满足临界标准值 C 的最初的抽样单元数的群团。

2.7.2 估计方法

适应性群团抽样的总体均值和方差的估计量目前主要应用修正的 Hansen-Hurwitz (HH)和 Horvitz-Thompson(HT)估计(Thompson，1990；Thompson and Seber，1996)。它们是 Thompson 基于 Hansen-Hurwitz 和 Horvitz-Thompson 估计量公式提出的。

(1) Hansen-Hurwitz(HH)估计

基于放回不等概率抽样的 Hansen-Hurwitz 总体目标均值估计量公式, Thompson 考虑在适应性群团抽样设计构造中使用 HH 估计量时的不等概率是未知的(第 i 个单元在每次抽样中被抽中的概率), 提出了方格样方抽样设计的修正 HH 估计量, 即将适应性群团抽样设计看作总体网络单元加权的简单随机抽样。

修正 $\hat{y}_{HH}$ 估计量公式为:

$$\hat{y}_{HH} = \frac{1}{n}\sum_{i=1}^{n} w_i \tag{2-52}$$

方差为:

$$Var(\hat{y}_{HH}) = \frac{N-n}{Nn(N-1)}\sum_{i=1}^{n}(w_i - \hat{y}_{HH})^2 \tag{2-53}$$

式中　N——调查总体的抽样方格单元数;

n——最初抽取一个大小的方格样本量;

w_i——第 i 个网络单元数的目标变量观察值的平均值, 它为 $w_i = y_i/x_i$;

x_i——在 i 网络中的单元数;

y_i——第 i 个网络中的单元观察值。

(2) Horvitz-Thompson(HT)估计

Thompson 还发展了 Horvitz-Thompson 总体平均数和方差估计量的方法, 针对调查的总体单元与抽样总体单元目标可能不一致, Horvitz 和 Thompson 提出不放回不等概率抽样总体平均数的估计量(Cochran, 1977), 但是抽样设计中不能提供足够的信息计算网络中每个单元的概率, 即在抽样过程中可能不知道或者不完全知道边缘单元数, 而后 Thompson 充分利用群团总体中 3 类单元的网络包含概率, 提出了修正的 HT 估计量来估计总体均值 Y 的估计量和均值方差, 解决了边缘单元不确定性的问题。

公式为:

$$\hat{y}_{HT} = \frac{1}{N}\sum_{k=1}^{v}\frac{y_k}{\alpha_k} \tag{2-54}$$

$$\alpha_k = 1 - \left[\binom{N-x_k}{n}\Big/\binom{N}{n}\right] \tag{2-55}$$

$$\alpha_{ik} = 1 - \left[\frac{\binom{N-x_j}{n} + \binom{N-x_k}{n} - \binom{N-x_j-x_k}{n}}{\binom{N}{n}}\right] \tag{2-56}$$

$$V(\hat{y}_{HT}) = \frac{1}{N^2}\left[\sum_{j=1}^{v}\sum_{k\neq j}^{v}\frac{y_jy_k}{\alpha_{jk}}\left(\frac{\alpha_{jk}}{\alpha_j\alpha_k} - 1\right)\right] \tag{2-57}$$

式中　N——总体单元数;

n——最初抽取一个大小的方格样本量;

v——有效网络数(不同的网络);

y_k——第 k 个网络的目标值;

α_k——第 k 个网络所含单元数的包含概率, 也称部分包含概率(partial inclusion k probability）；

x_k——在第 k 个网络中所包含的抽样单元数；

α_{jk}——最初抽样单元在第 j 个网络和第 k 个网络同时入样的包含概率。

2.7.3 案例

为了说明适应性群团抽样技术的 2 种估计方法的应用，以及其与传统的简单随机抽样方法的不同，这里选用 Thompson（1990）的抽样设计案例如图 2-3 所示，说明如何使用适应性群团抽样设计、方法和技术步骤。

【例 2-6】图 2-3 中包含总体单元数为 $N = 20 \times 20$，假设每个单元为 10m×10m，研究区域总体目标值 $Y = 190$ 株树（方格单元内数表示林木株数）。每个单元内的数字代表单元目标观察值（如第 1 行第 5 列的单元内有 5 株树，其余类推）。按照适应性群团抽样设计方法，需要事先确定 3 件事：首先，确定标准值 C，本抽样设计标准值为 $C \geq 1$；其次，定义满足标准值条件所增加的单元邻域形式（neighborhood configuration）。本例以最初抽样单元本身和满足标准值条件的一阶邻域形式增加邻域单元数；最后，确定最初抽样单元方法和数量。考虑简单说明，使用不放回的简单随机抽样方法，从总体 400 个单元中随机抽取 13 个 10m×10m 的最初抽样单元数（如图 2-3 所示的 13 个有圆圈的单元数），本例共有 C_{400}^{13} 个可能的最初抽样单元组合。依据上述适应性群团抽样设计步骤，在所有 C_{400}^{13} 组合中的一次抽样组合的最后样本抽样结果组成 2 个不规则的群团（cluster）和 11 个最初简单随机单元或网络（network），结果如图 2-3 所示。两个群团的形成是在最初不放回简单随机抽样方法基础上按标准值 $C \geq 1$ 的条件增加了 15 个单元（例如，在研究区域上方的群团中的单元内的 5、3、2、2 和 11 株；在区域下方的群团单元内的 3、1、5、10、5、13、4、5、22 和 3 株），与网络相邻的黑色单元为边缘单元。对图 2-3 中所示的适应性群团抽样设计，应用不放回的不等概率抽样时的 HT 估计式（2-54）和（2-57）以及不放回的 HH 估计式（2-52）和式（2-53）计算整个研究区域内林木密度和方差，并与简单随机抽样设计估计的总体密度和方差进行比较。

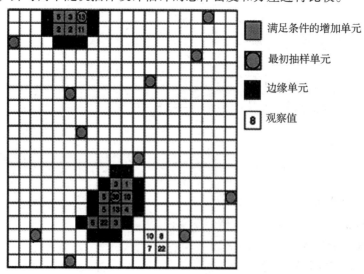

图 2-3　13 个最初抽样单元组成的适应性群团抽样设计方案

由估计式(2-52)、式(2-53)、式(2-54)和式(2-57)可知，首先计算适应性群团抽样设计中确定的13个网络数的网络内观察值分布大小、总观察值和满足条件的单元数（m_i）。图2-3所示研究区域的计算结果见表2-10。

表2-10　适应性群团抽样设计计算结果

网络号	网络内观察值(株数)Y	观察值总和(株数)Y	单元数（m_i）
1	0	0	1
2	5, 3, 13, 2, 2, 11	36	6
3	0	0	1
4	0	0	1
5	0	0	1
6	0	0	1
7	0	0	1
8	0	0	1
9	3, 1, 5, 39, 10, 5, 13, 4, 5, 22, 3	110	11
10	0	0	1
11	0	0	1
12	0	0	1
13	0	0	1

依据上述估计式计算 $\hat{y}_{HH}$、$\hat{y}_{HT}$、$V(\hat{y}_{HH})$ 和 $V(\hat{y}_{HT})$ 的过程比较复杂，特别是 $\hat{y}_{HT}$ 和 $V(\hat{y}_{HT})$ 的计算量很大，这里我们应用 Philippi（2005）的 SAS 宏函数编程和表2-10中的网络标号、网络单元数(1表示没有树木的最初抽样点)和网络中的林木数量(0表示没有树木的最初抽样网络)3个变量来估计。估计结果见表2-11。

表2-11　研究区域林木数量的简单抽样、HT 和 HH 估计量

参　数	简单抽样	Horvitz-Thompson（HT）	Hansen-Hurwitz（HH）
总体 Total	1 600	556.2	492.3
样本均值 Mean	4.00	1.391	1.231
均值方差 Variance	9.191	0.699	0.721
均值标准差 SD	3.031	0.836	0.849

图2-3中一次抽样组合的抽样设计和估计方法不同，研究区域的总体和总体均值的估计量不同，不同抽样设计和不同估计方法的总体均值的方差和标准差也不同。抽样均值方差和标准差最小的是 HT 估计方法，均值方差和标准差分别为 0.699 和 0.836，其次是 HH 方法，估计方差和标准差为 0.721 和 0.849，方差和标准差最大的是简单随机抽样方法，分别为 9.191 和 3.031。差异的原因为在适应性群团抽样设计中传统的简单抽样方法只考虑最初随机布设的抽样单元数和单元内的目标观察值，而没有考虑在最初抽样单元基础上满足标准值条件所增加的抽样单元和单元内的观察值。所以，在适应性群团抽样设计中使用简单随机抽样方法的估计量是有偏估计（Thompson and Seber，1996）。单元数不同和单元内目标观察值的大小会直接影响抽样估计量误差的大小和效率。适应性群团抽样的 HH 估计方法考虑了满足标准条件 $C \geq 1$ 所增加的单元数和单元内的目标值。但是适应性群团的 HT 估计方法与前面提及的2种方法不同，这种方

法估计的总体均值应用了入样群团的包含概率。样方群团越大，包含概率就越大，反之亦然。因此，在图 2-3 研究区域的抽样设计中，它的估计方差比其他 2 种方法的估计方差更小，与同类研究结果一致（Thompson，1991；Philippi，2005），因而适应性群团抽样设计的 HT 估计方法更适合本例的总体抽样估计。

思 考 题

1. 简述抽样调查的概念和分类。

2. 简述总体的概念，它有哪些特征参数？

3. 什么是抽样样本？它有哪些统计量？

4. 什么是标准误（SE），均方误差（MSE），方差（Variance）？如何计算？

5. 简述简单随机抽样的概念和特征数估计方法。

6. 简述分层随机抽样的概念和特征数估计方法。

7. 简述系统抽样的概念和特征数估计方法。

8. 简述整群抽样的概念和特征数估计方法。

9. 简述自适应群团抽样的概念和特征数估计方法。

10. 在 30 张奖券中有 2 张一等奖，30 个人每人抽取 1 张，讨论放回抽样与不放回抽样情况下每人抽中一等奖的概率是否相同，平均中奖人数是多少？如何理解等概与不等概抽样，放回与不放回抽样。

参考文献

金勇进，杜子芳，蒋妍．2008．抽样技术［M］．北京：中国人民大学出版社．

雷渊才，唐守正．2007．适应性群团抽样技术在森林资源清查中的应用［J］．林业科学，43（11）：132 – 137．

孟繁民，徐绍春，杨晓明．1995．随机抽样调查方法在森林资源非生产消耗量调查中应用［J］．林业资源管理（4）：5 – 36．

史京京，雷渊才，赵天中．2009．森林资源抽样调查技术方法研究进展［J］．林业科学研究，22（1）：101 – 108．

宋新民，李金良．2007．抽样调查技术［M］．北京：中国林业出版社．

肖兴威．2005．中国森林资源清查［M］．北京：中国林业出版社．

于璞和．1974．薪炭林材积的简单抽样调查法［J］．林业勘察设计（3）：31 – 36．

Buckland S T，Anderson D R，Burnham K P，*et al*. 1993. Distance sampling［M］．Florida：Chapman & Hall.

Burnham K P，Anderson D R，Laake J L. 1980. Estimating of density from line transect sampling of Biological populations［J］．Wildife Monographs，72：3 – 202.

Cochran W G. 1977. Sampling techniques［M］．New York ：Wiley.

De Vries P G. 1973. General theory on line intersect sampling with application to logging residue inventory［J］．Mededelingen，43（7）：972 – 982.

De Vries P G. 1974. Multi-stage line intersect sampling［J］．Forest Science，20（2）：129 – 133.

Eriksson M. 1995. Design-based approaches to horizontal-point-sampling. Forest Science，41（4）：890 – 907.

Hansen M H, Hurwitz W N. 1943. On the theory of sampling from finite populations[J]. Annals of Rheumatic Diseases, 14(12): 2111 −2118.

Horvitz D G, Thompson D J. 1952. A generalization of sampling without replacement from a finite universe [J]. Publications of the American Statistical Association, 47(260): 663 −685.

Kaiser L. 1983. Unbiased estimation in line-intercept sampling[J]. Biometrics, 39: 965 −976.

Kangas A, Maltamo M. 2006. Forest inventory: methodology and applications[M]. Berlin: Springer Science & Business Media.

Philippi T. 2005. Adaptive cluster sampling for estimation of abundances within local populations of low-abudanceplants[J]. Ecology, 85(5): 1091 −1100.

Schreuder H T, Wood G B, Gregoire T G. 1993. Sampling methods for multiresource forest inventory[M]. New York: John Wiley & Sons.

Stehman S V, Salzer D W. 2000. Estimating density from surveys employing unequal-area belt transects [J]. Wetlands, 20(3): 512 −519.

Thompson S K. 1990. Adaptive cluster sampling[J]. Publications of the American Statistical Association, 85(412): 1050 −1059.

Thompson S K, Seber G A F. 1996. Adaptive Sampling[M]. New York: Wiley.

Turk P, Borkowski J J. 2005. A review of adaptive cluster sampling: 1990—2003[J]. Environmental and Ecological Statistics, 12(1): 55 −94.

Van Wagner C E. 1968. The line intersect method in forest fuel sampling[J]. Forest science, 14(1): 20 −26.

Warren W G, Olsen P F. 1964. A line intersect technique for assessing logging waste[J]. Forest Science, 10(3): 267 −276.

第**3**章

地面调查

　　地面调查是森林经理调查中最基础和最重要的工作之一。地面调查获得的第一手准确资料，不仅可以直接用于相关的研究和工作，而且能够用作遥感等间接调查的训练样本和验证标准。按调查部分占总体的比例，地面调查分为全面调查和抽样调查；按调查单元和总体的相似程度，地面调查分样地（随机抽取）调查和标准地调查（典型抽取）；按调查样地（标准地）设置目的和保留时间，调查分为临时样地（标准地）和固定样地（标准地）；按调查的目的和作用，地面调查分为一类清查（国家森林资源连续清查）、二类调查（森林资源规划设计调查或森林经理调查）、作业调查（造林设计调查）和专题调查（科研试验调查）。

　　地面调查不管怎么划分，其最基本的调查因子，一般分为单木和林分两个层次。单木的调查因子只是针对单株树木，包括树木本身的特征和环境特征。树木的特征包括胸径、树高、枝下高、冠幅、树种名称等，都有非常明确的定义，也较为容易理解，但由于树木是存在于林分的大环境中，各个因子的测量难度不一，从而具体的精度要求也不一致，例如，在一类清查中，胸径大于或等于20cm 的树木，测量误差要求小于1.5%，而当树高大于或等于10m 时，测量误差要求小于5%。树木所处位置的环境特征包括单木位置（或在样地内的位置）、坡向、坡位等，一般情况下，较少调查单株树木的环境因子，除非是解析木等特殊的情形。林分调查是在一定的样地面积上进行的，调查因子包括林分特征和环境因子。特征因子包括林分平均高、平均胸径、树种组成、龄组、起源、郁闭度、枯枝落叶层厚度等，大多数因子是由单木调查因子通过一定形式的转换和计算得到的，是间接测定的因子，例如，林分的加权平均高和优势木平均高。林分环境调查因子包括坡向、坡位、坡度等地形因子和土壤名称、土层厚度、土壤有机质含量等土壤因子。它们与调查样地的面积和形状有关，例如，小班调查的坡位可能是全坡。

　　从最终的地面调查单元和方法来看，最基本的森林资源地面调查有 3 种：标准地（样地）调查、角规样地调查和小班调查。

3.1　样地调查

　　按照标准地设置目的和保留时间，样地又可分为临时样地（temporary sample plot）和固定样地(permanent sample plot)(又称永久性样地)。临时样地一般用于林分调查或编制营林数表,只进行一次调查,取得调查资料后不需要保留。固定样地,适用于在较长时间内进行科学研究试验,系统地长期重复多次观测,获得定期连续性的资料,如研究林分生长过程、经营措施效果及编制收获表等。固定样地测设技术要求严格,需要定期、定株、定位观测,以便取得连续性的数据,因此,测设固定样地的工作成本高,且要求有一定的保护措施。

3.1.1 样地设置与测量

3.1.1.1 选择样地的基本要求

①样地必须对所预定的要求有充分的代表性。

②样地必须设置在同一林分内,不能跨越林分。

③样地不能跨越小河、道路或伐开的调查线,且应离开林缘(至少应距林缘为1倍林分平均高的距离)。

④样地设在混交林中时,其树种、林木密度分布应均匀。

3.1.1.2 样地的形状

样地的形状一般为正方形或长方形,有时因地形变化也可为多边形。

3.1.1.3 样地的面积

样地面积应依据调查目的,林分状况(如林龄、林分密度)等因素而定。一般面积不宜过小,若样地面积过小,难以保证样地具有充分的代表性,依此调查结果推算林分总体时,将会产生很大的偏差;但是样地面积过大相应的工作量和成本也增大。我国原林业部《林业专业调查主要技术规定》中规定:天然林样地面积,一般在寒温带、温带林区采用500~1 000m²;亚热带、热带林区采用1 000~5 000m²。此外,也可用林木株数控制样地面积,一般采用主林层林木株数200株左右。人工林和幼林样地面积可以酌情减小。

在实际调查工作中,为了确定样地的面积应该有多大,可预先选定400m²的小样方,查数林木株数,据以推算应设置的样地的面积。

例如,根据林分状况,要求设置的样地林木株数不少于250株,选定400m²的小样方查数林木株数为13株,则样地的最小面积应为:

$$S = \frac{250}{13} \times 400 = 7\ 692.3\text{m}^2$$

3.1.1.4 样地的境界测量

为了确保样地的位置和面积,需要进行样地的边界测量。传统的方法通常是用罗盘仪测角,皮尺或测绳量水平距。当林地坡度大于5°时,应将测量的斜距按实际坡度改算为水平距离,测线周界的闭合应符合要求。

现代测量技术发展很快,在样地的境界测量中,目前可以采用的现代测定手段也有很多，例如，可以应用全站仪进行精确的境界确定，求算样地面积，可以使用 GPS 进行精确的定位等。在实践中应视具体条件选用不同的方法，确保样地的面积准确。

为使样地在调查作业时保持明显的边界，应将测线上的灌木和杂草清除。测量四边周界时，边界外缘的树木在面向样地一面的树干上要标出明显标记，以保持周界清晰。根据需要，样地的四角应埋设临时简易或长期固定的标桩，便于辨认和寻找。

3.1.1.5　样地的位置及略图

样地设置好以后，应标记样地的地点、GPS 定位坐标及在林分中的位置，并将样地设置的大小、形状在样地调查表上按比例绘制略图。

3.1.2　样地每木调查

在样地内进行的每株树木的实测称为每木调查，也称每木检尺。这是样地调查中最基本的工作。每木调查的主要工作是分别林层、树种、起源、年龄（或龄级）、活立木、枯立木测定每株树木的胸径、并按整化径阶（或实际值）记录、统计各径阶林木株数，取得林木株数按直径分布序列，有时也测定部分树木的树高。每木调查是计算某些林分调查因子（如林分平均直径、林分蓄积量等）的重要依据。

每木调查的工作步骤简述如下：

（1）径阶大小的确定

每木调查时，一般是按径阶进行记载、统计调查结果。径阶整化范围的大小对调查结果的精度有很大影响，因此，在每木调查之前，必须确定合适的径阶范围。

在《森林资源规划设计调查主要技术规定》中规定，林木调查起测胸径为 5.0cm，视林分平均胸径以 2cm 或 4cm 为径阶距并采用上限排外法（在表 3-1）。在实际工作中，林分平均胸径小于 12cm 时，采用 2cm 为一个径阶距；而林分平均胸径小于 6cm 时，采用 1cm 为一个径阶距。当采用 2cm 或 4cm 径阶距进行径阶整化时，各径阶中值应为偶数。径阶大小确定的合适与否，直接影响林分直径分布规律，同时也影响计算各调查因子的精确程度，尤其是对林分平均直径影响最大。

表 3-1　径阶范围划分

径阶（cm）	2cm 径阶范围（cm）	径阶（cm）	4cm 径阶范围（cm）
2	1.0～2.9	4	2.0～5.9
4	3.0～4.9	8	6.0～9.9
6	5.0～6.9	12	10.0～13.9
8	7.0～8.9	16	14.0～17.9
10	9.0～10.9	20	18.0～21.9
…	—	…	—
…	—	…	—

（2）起测径阶

起测径阶是指每木检尺的最小径阶。根据林分结构规律，同龄纯林中最小林木的直径近似为林分平均直径的 0.4 倍，林木胸径小于这个数值的林木可作为第二代林木或幼树看待，不进行每木检尺。因此，一般以林分平均直径 0.4 倍的值作为确定起测径阶的依据。如某林分，目测林分平均直径为 14.0cm，则林分中最小林木的直径为 14.0×0.4＝5.6cm，则该林分的起测径阶为 6cm。在森林资源调查中，一般起测径阶定为 6cm（起测胸径为 5.0cm）。但在营林工作中，也可根据调查目的，确定起测径阶。

（3）划分材质等级

每木调查时，不仅要按树种记载，而且对于用材林近、成、过熟林还要按林木质量等级分别统计。具体林木质量等级划分标准详见"3.1.11"一节。

3.1.3 起源和林层调查

3.1.3.1 林分起源

根据林分起源（stand origin），林分可分为天然林（natural forest）和人工林（artificial forest，planted forest）。由天然下种、人工促进天然更新或萌生所形成的森林称作天然林；以人为的方法供给苗木、种子或营养器官进行造林并育成的森林称为人工林。人工林包括由人工直播（条播或穴播）、植苗、分殖或扦插条等造林方式形成的森林，也包括人工林采伐后萌生形成的森林。林分起源主要是通过用专业知识推断，或访问、查阅经营档案的途径获得。

3.1.3.2 林层

林分中乔木树种的树冠所形成的树冠层次称作林相或林层（storey）。明显地只有一个林层的林分称作单层林（single-storied stand）；具有两个或两个以上明显林层的林分称作复层林（multi-storied stand）。同龄的或由阳性树种构成的纯林，立地条件很差的林分多为单层林。单层林的外貌比较整齐，培育的木材较为均匀一致。异龄混交林、阴性树种组成的林分，尤其是经过择伐以后，易形成复层林。土壤气候条件优越的地方常形成多层的复层林，如热带雨林的林层可达 4~5 层。复层林可充分利用生长空间和光、热、水、养分条件，防护作用和抵抗力都较强。而单层林对雪压、雪折等对自然灾害的抵抗力较小，对光照和生长空间的利用不够充分，其防护作用也较复层林弱。

在复层林中，蓄积量最大、经济价值最高的林层称为主林层，其余为次林层。林层序号以罗马数字 I、II、III 等表示，最上层为第 I 层，其次依次为第 II 层、第 III 层。

3.1.4 空间位置和树冠测定

3.1.4.1 树木空间位置测定

在这里树木空间位置主要指树木在样地中的位置。原则上以样地中心点为基点，测定每株树木的方位角和水平距离。方位角以度为单位，水平距离以米为单位，均保留 1 位小数（对于角规测树检尺，水平距离保留 2 位小数）。对于地形复杂、不便在样地中心点定位的树木，可以选择四个角点中的任何一个为基点进行定位，但需在记录表中记录清楚。对于固定样地的样木，需要对每株树木进行编号，编号顺序方形样地从西北到东南，圆形样地从第一象限到第四象限。

除了用方位角和水平距定位以外，还可以采用其他样木定位方法，如坐标方格法等。

为了直观反映样木在样地中的位置，应该根据每株样木的方位角和水平距(或其他定位测量数据)绘制样木位置图。对于样地内有标识作用的明显地物和地类分界线，也应标示在样木位置图上。

3.1.4.2　树冠测定

树冠的测定主要包括冠幅和冠长的测定。

(1)冠幅的测定

冠幅是指树冠两个相对方向最长枝条之间的水平距离。一般采用皮尺量取树冠2个方向(东西、南北)的宽度，求平均值的方法。

(2)冠长的测定

冠长是指从树冠最下层活枝至树冠顶部的距离。可以用测高器直接测定，也可以先测出枝下高，再用全树高减去枝下高，即为冠长。

3.1.5　林分密度调查

3.1.5.1　郁闭度测定

林分中树冠投影面积与林地面积之比，称为郁闭度(crown density)，以 *PC* 表示。一般郁闭度以小数表示，记录到小数点后两位。它可以反映林木利用生长空间的程度。

根据郁闭度的定义，其测定很困难，一般采用一种简单易行的样点测定法，即在林内设置有代表性的测线(一般为样地对角线)，在每条线上设置一些样点(一般为100个)，沿线抬头观察(也可借助仪器)天空是否被树冠遮盖，统计被遮盖的样点数，利用下式计算出林分的郁闭度：

$$郁闭度 = \frac{被树冠遮盖的样点数}{样点总数} \tag{3-1}$$

3.1.5.2　林分密度

林分密度(stand density)是指单位面积林地上林木的数量。林分密度可以说明林木对其占有空间的利用程度，它是影响林分生长(直径生长、树高生长、材积生长)以及木材数量、质量和林分稳定性的重要因子。森林经营管理最基本的任务之一，就是在了解密度作用规律的基础上，在森林整个生长发育过程中，通过人为的干预措施，使林木在最佳的密度条件下生长，以使林木个体健壮，生长稳定，干形良好，充分发挥森林的生态效益、经济效益和社会效益。当前，用来反映林分密度的指标很多，我国现行常用的林分密度指标有株数密度、疏密度和郁闭度。

(1)株数密度

单位面积上的林木株数称为株数密度(简称密度，density of trees)，其单位为株/hm²。它是林学中最常用的密度指标，造林、营林、林分调查及编制林分生长过程表或收获表都采用这一密度指标。由于林分株数密度的测定方法简单易行，所以在实践中被广泛采用。株数密度这个指标，也直接反映了每株林木平均占有的林地面积和营养空间的大小。应该指出，株数密度与林龄、立地等因子的关系很紧密，这一点是其作为密度指标的不足之处。

（2）疏密度

林分每公顷胸高断面积(或蓄积)与相同立地条件下标准林分每公顷胸高断面积(或蓄积)之比，称为疏密度(density of stocking)，以 P 表示，其计算式为：

$$P = \frac{\sum G_{现}}{\sum G_{标}} = \frac{\sum M_{现}}{\sum M_{标}} \tag{3-2}$$

式中 $G_{现}$, $M_{现}$——每公顷现实林分的断面积和蓄积；

$G_{标}$, $M_{标}$——每公顷标准林分的断面积和蓄积。

疏密度这个指标可以说明单位面积上立木蓄积量的多少，以十分小数表示，由 0.1 到 1.0 共分 10 级。它是森林调查和森林经营中最常用的林分密度指标。

在疏密度的定义中所提到的标准林分，可以理解为"某一树种在一定年龄、一定立地条件下最完善和最大限度地利用了所占有的空间的林分"。标准林分在单位面积上具有最大的胸高断面积(或蓄积)，这样的林分疏密度定为 1.0。以这样的林分为标准，衡量现实林分，所以现实林分的疏密度一般小于 1.0。列示标准林分每公顷总胸高断面积和蓄积依林分平均高而变化的数表，称为标准表(standard table)。

疏密度的确定方法如下：

①调查确定林分的平均高。

②根据林分优势树种选用标准表，并由表上查出对应调查林分平均高的每公顷胸高断面积(或蓄积)。

③计算林分的疏密度。

3.1.6 树高、胸径和年龄测定

3.1.6.1 胸径测定

树木胸径是指每株树木离根颈 1.3m 高处的树干直径，也称胸高直径。一般用围尺、轮尺或测树仪器来测定。在坡地应站在坡上方测定，在 1.3m 以下分叉树应视为两株，分别检尺。使用轮尺时必须与树干垂直，若遇干形不规则的树木应垂直测定两个方向的直径或量测胸高上下两个部位的直径，取其平均值。理论上可以证明，不管树干形状如何，围尺测树直径恒等于轮尺各个方向测径的平均值(唐守正，1977)，建议最好使用围尺测定树干胸径。

胸径的单位一般用 cm 表示。实测时，胸径精确到 0.1cm，即保留 1 位小数，记入记录表格。当按径阶检尺时，按径阶整化，在记录表的相应径阶栏中记录株数，用"正"字表示。最后，根据每木调查记录，计算林分平均胸径。

（1）林分平均胸径

林分平均胸径(average diameter at breast height)亦称为林分平均直径，是林分平均

断面积所对应的直径，用 D_g 表示。林分平均胸径是反映林木粗度的基本指标，其计算方法为：

$$D_g = \sqrt{\frac{4}{\pi}\bar{g}} = \sqrt{\frac{4}{\pi}\frac{1}{N}G} = \sqrt{\frac{4}{\pi}\frac{1}{N}\sum_{i=1}^{N}g_i} = \sqrt{\frac{4}{\pi}\frac{1}{N}\sum_{i=1}^{N}\frac{\pi}{4}d_i^2} = \sqrt{\frac{1}{N}\sum_{i=1}^{N}d_i^2} \quad (3\text{-}3)$$

式中　$\bar{g}$ ——林分平均断面积；

　　　N ——林分内林木总株数；

　　　G ——林分总断面积；

　　　g_i, d_i ——第 i 株林木的断面积和胸径。

从以上计算过程可以看出，林分平均胸径(D_g)是林木胸径几何平均数，而不是林木胸径的算术平均数。

(2)林分算术平均胸径

林分算术平均胸径又称林分算术平均直径，是林木胸径的算术平均数，以 $\bar{d}$ 表示即：

$$\bar{d} = \frac{1}{N}\sum_{i=1}^{N}d_i \quad (3\text{-}4)$$

式中　N ——林木株数；

　　　d_i ——第 i 株林木的胸径。

(3)林分平均胸径(D_g)与林分算术平均直径($\bar{d}$)的关系

根据数理统计中方差的定义可知：

$$\sigma^2 = \frac{1}{N}\sum_{i=1}^{N}(d_i - \bar{d})^2 = \frac{1}{N}\sum_{i=1}^{N}d_i^2 - \bar{d}^2 \quad (3\text{-}5)$$

因为 $D_g^2 = \frac{1}{N}\sum_{i=1}^{N}d_i^2$ ，所以 $\sigma^2 = D_g^2 - \bar{d}^2$

即：

$$D_g^2 = \bar{d}^2 + \sigma^2 \quad (3\text{-}6)$$

只要 d_i 不为常数，就有 $\sigma^2 > 0$ ，所以林分平均胸径(D_g)永远大于林分算术平均胸径($\bar{d}$)。

3.1.6.2　树高测定

树高即树木的高度，是指树木从根颈至树冠顶部的距离。树高的测量一般用举杆法或测高器法测定，以米为单位，记录到小数后 1 位。

1)树高测量指标

林木的高度是反映林木生长状况的数量指标，同时也是反映林分立地质量高低的重要依据。平均高(average height)则是反映林木高度平均水平的测度指标，根据不同的目的，通常把平均高分为林分平均高(average height of stand)和优势木平均高(dominant height)。

(1)林分平均高

①条件平均高：树木的高生长与胸径生长之间存在着密切的关系，一般的规律为

随着胸径的增大树高增加，两者之间的关系常用树高—胸径曲线来表示。这种反映树高随胸径变化的曲线称为树高曲线（height-diameter curve）。

建立树高曲线时，在样地内随机选取一部分林木测定树高和胸径的实际值，一般每个径阶内应量测3~5株林木，平均直径所在的径阶内测高的株数要多些，其余递减，测定树高的林木株数不能少于25~30株。然后选用适当的回归曲线方程拟合树高曲线；或者分别径阶利用算术平均法计算出各径阶的平均胸径、平均高及株数。在方格纸上以横坐标表示胸径(d）、纵坐标表示树高h，选定合适的坐标比例，将各径阶平均胸径和平均高点绘在方格纸上，并注记各点代表的林木株数。根据散点分布趋势绘制一条均匀圆滑的曲线，即为树高曲线。

在树高曲线上，与林分平均直径（D_g）相适应的树高，称为林分的条件平均高，简称平均高，以H_D表示。另外，从树高曲线上根据各径阶中值查得的相应的树高值，称为径阶平均高。

在林分调查中为了估算林分平均高，可在林分中选测3~5株与林分平均直径相近的"平均木"的树高，以其算术平均数作为林分平均高。

②加权平均高：依林分各径阶林木的算术平均高与其对应径阶林木胸高断面积计算的加权平均数作为林分树高，称为加权平均高，以$\overline{H}$表示，这种计算方法一般适用于较精确地计算林分平均高。其计算公式为：

$$\overline{H} = \frac{\sum\limits_{i=1}^{k} \overline{h}_i G_i}{\sum\limits_{i=1}^{k} G_i} \tag{3-7}$$

式中　$\overline{h}_i$——林分中第i阶林木的算术平均高；

　　　G_i——林分中第i径阶林木的胸高断面积之和；

　　　k——林分中径阶个数。

对于混交林分中的次要树种，一般仅测定3~5株近于该树种平均胸径树木的胸径和树高，以算术平均值作为该树种的平均高。对于复层异龄混交林，分别按照上述原则和方法确定各林层及林分平均高。

（2）优势木平均高

林分平均高反映的是林分中树木高度的总体平均水平，除了林分平均高以外，林分调查中还经常考察林分中优势木（dominant tree）或亚优势木（co-dominant tree）的平均树高。林分的优势木平均高（dominant height）定义为林分中所有优势木或亚优势木高度的算术平均数。它是评定立地质量的主要因子。调查时可以在林分中选择3~5株最高或胸径最大的立木测定其树高取算术平均值。

2）测高仪器

（1）布鲁莱斯测高器

在布鲁莱斯测高器（图3-1）的指针盘上，分别有10m、15m、20m、30m几种不同水平距离的高度刻度。使用时先测出测点至树木水平距离且要等于这几个水平距离中的一个，测高时，按动仪器背面制动按钮让指针自由摆动，用瞄准器对准树梢后按下制动钮固定指针，在刻度盘上读出对应于所选水平距离的树高值，再加上测者眼高即

为树木全高 h。

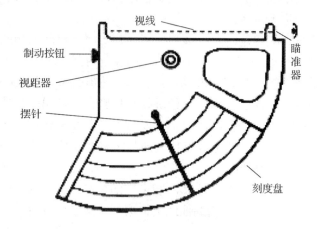

图3-1 布鲁莱斯测高器示意

布鲁莱斯测高器是基于三角原理。

①已知测点 O 到树干 A 的水平距离 L，用仪器观测树梢 B 得到仰角 α（图3-2a），则树高为：

$$h = h_0 + L \cdot \tan\alpha \tag{3-8}$$

h_0 是眼高。可以看到要得到树高 h 需要量测一个水平距离 L。

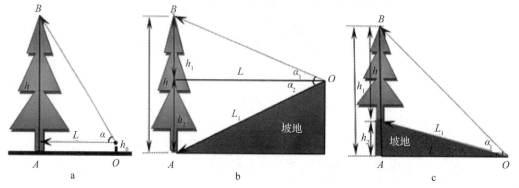

图3-2 三角测高原理示意

②如果测点在坡地上方待测树木在坡下（图3-2b），首先瞄准树基得到 h_2，然后瞄准树梢得到 h_1，则树高为：

$$h = h_1 + h_2 = L \cdot (\tan\alpha_1 + \tan\alpha_2) \tag{3-9}$$

③如果测点在坡下待测树木在坡上（图3-2c），首先瞄准树基得到 h_2，然后瞄准树梢得到 h_1，则树高为：

$$h = h_1 - h_2 = L \cdot (\tan\alpha_1 - \tan\alpha_2) \tag{3-10}$$

布鲁莱斯测高器优点是操作简单，易于掌握，缺点是需要量测一个水平距。布鲁莱斯测高器的测高误差在 $\pm 5\%$。

※注意事项：

①水平距接近树高时测高误差比较小。

②当树高太小时，不宜用布鲁莱斯测高器测高，可采用长杆直接测高。

③对于阔叶树应注意确定主干梢头位置,以免测高值偏高或偏低。

④找不到树梢或者多个树梢,选择最高点作为树梢。

(2)超声波测高仪

图3-3所示为瑞典生产的超声波测高仪(Vertex Ⅳ)。测高仪有几个菜单选项:水平距离测量[DISTANT]、高度测量[HEIGHT]、角度测量[ANAGLE]、显示对比度[CONTRAST]、校准[CALIBRATE]、设置[SETUP],可以进行公英制转换(米/英尺)、角度度百分数、中心偏移(pivot offset=0.3)、参考点高度(TRP height=1.3m)、接收器类型(type1,type2)等使用前需对以上参数进行设定。使用箭头按钮可完成菜单选项选择,按下红色按钮[ON]完成菜单选项确认。

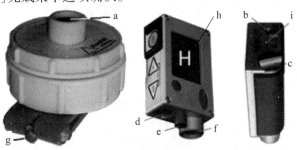

图3-3　超声波测高仪结构说明

a 信号接收孔　b 目镜　c 电池舱盖　d 物镜　e 温度传感器
f 探头　g 针按钮　h 屏幕　i 红外端口

仪器由测高仪和信号接收器两个配件协同工作,缺一不可。测高仪侧部有一对标有反向箭头的按钮【DME】【IR】和一个红色【ON】按钮,是测树常用键。

使用超声波测高仪测量树高的步骤:

①测量开始前,左手持接收器,右手持测高仪,使二者间距离保持在10cm以内,用测高仪对准接收孔,按下【DEM】按钮不放,听见"嘀嘀嘀"的声音,表明开启接收器成功,之后会间隔地听到"嘀""嘀""嘀"声音。按红色【ON】键,进入待测状态。注意,这一操作在每次测量之前仅需要做一次即可。

②按住接收器的针按钮,露出刺针,把接收器固定在待测的树干1.3m高度处(其他高度处也可)

③选择一个能够看到树梢顶及接收器的观测点,按测高仪的红色【ON】按钮一次,屏幕出现"VERTEX Ⅲ HEIGHT",再按一次测高仪的红色【ON】按钮,屏幕出现"M. DIST",可以测高。

④单眼注视目镜,让瞄准镜中红点对准接收器的信号接收孔,按下红色【ON】按钮保持直到瞄准镜中十字丝(上图左下角)的红点消失,松开红色【ON】按钮,在测高仪的显示屏上显示观测点到接收器的距离SD、角度DEG和水平距离HD。再将瞄准镜中红点对准树梢点,这时红十字丝闪烁,按下红色【ON】按钮并保持,直到红十字丝消失,松开红色【ON】按钮,屏幕上显示测得的树高H。需要注意的是,对准信号接收孔和瞄准树梢的两次动作应尽可能保持相同眼高。

⑤同时按下【DEM】和【IR】按钮,关闭测高仪。

⑥更换待测树，重复 b~e 的步骤，可测另一株待测树木。

⑦当全部测定工作结束后，做 a 的动作关闭接收器。

※注意事项：

①测高仪和接收器端各需要一枚 5 号电池作为电源。

②红色 ON 按钮为测高仪的启动键。在下列 3 种情况下可实现关机：

   a. 60s 没有按键操作设备自动关闭；

   b. 同时按下两个箭头按钮 2s 内关机；

   c. 完成 6 次测高后自动关机。

③不要触摸设备前方的温度感应器。

④在测定操作之前，仪器要有充足时间平衡环境温度。

（3）HEC 测高仪

HEC 测高仪是专业测量高度和角度，小巧而实用的仪器，可以从任意距离和位置进行测量，使用方便快捷，只有一个按钮和一个显示窗，如图 3-4 所示。

a 正面   b 反面   c 测定时内部显示的短线

图 3-4　HEC 测高仪

使用 HEC 测高仪测量树高的步骤：

①距离设定：首先用激光测距仪或者直接用皮尺量出测量点到目标林木树基的距离（图 3-5a），然后站在测量点上，按 1 下 HEC 仪器上的按钮开启仪器，眼睛看着显示窗口，窗口内显示 DIST（距离）字样，按住按钮并上（增加距离）、下（减少距离）移动仪器（图 3-5b）直到显示窗口上显示的数值和测量的距离数值相同时，松开按钮，即完成了测点到待测树木的距离设定。

②树木高度测量：按下按钮开启仪器，再按 1 下接受默认距离。右眼看视窗，左眼看目标，将窗口内显示的横线（图 3-5c）对准目标底部按住按钮直到锁定数据（图 3-5c），此时显示的是树基点的倾角。再按一下按钮，出现"HEG"表示开始进入测高状

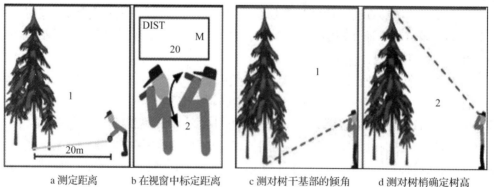

a 测定距离   b 在视窗中标定距离   c 测对树干基部的倾角   d 测对树梢确定树高

图 3-5　HEC 电子测高仪及树高测量示意

态，内部(图3-5c)的两个短线开始闪烁，迅速将横线对准目标树梢顶(图3-5d)，按住按钮直到闪烁的短线停止闪烁，此时显示的高度值即为待测树的树高。在相同距离和相同底部角度的情况下，可以测量同一目标的不同高度。

③坡度测量：HEC可用以测定坡度。坡度测量时眼睛看着显示窗口，按3下按钮，直到"DEG"出现，瞄准目标点按住按钮直到锁定数据，坡度即显示出来。

※注意事项：

①HEC测高仪不能测量距离，设定的距离一定要精确，否则会增大误差。

②电池长期不用一定要取出来，以免损坏腐蚀仪器。

当窗口显示BAT标志时，表示电量不足，要及时更换电池。

(4)使用SUUNTO测高仪与激光测距仪配合测定树高

使用激光测距仪DISTO™ D3a和测高仪SUUNTO PM 5/1520 PC (图3-6、图3-7)配合工作测定树高的步骤如下：

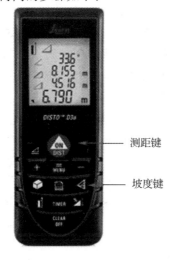

图3-6　DISTO™ D3a 激光测距仪　　　　图3-7　SUUNTO 测高仪

①在中心点用DISTO测距仪按测距键测定水平距离，可以是10m、15m和20m三个定值。注意，显示的是到仪器后端的距离。

②有坡度时，按2次坡度键，对准测定点测距，显示器中会同时顺序显示出坡度、斜距和水平距的数值。(测定面积时，按1次体积键，再按2次测距键分别测长宽值，读出面积值)。

③用测高仪对树梢，同时在视镜中看读数，视镜中有3个读数标尺，其左边的标尺为20m距离时的树高读数，中间标尺为15m距离时的读数，右边的为10m距离时的读数。先读树梢值，再读树根值，两值相加即为树高值；当树根部位置高于眼高位置时，树高值为第一读数减去第二读数所得的值。

④用SUUNTO测高仪测定坡度时，在视镜中对坡度位置，读出左端标尺的数据，在SUUNTO测高仪右边查对表中，对应距离的角度即是坡度值。

3.1.6.3　林分年龄测定

林分是由树木构成的，林分年龄(stand age)必然与组成林分的树木年龄(age of

tree)有关。

根据组成林分的树木的年龄，可把林分划分为同龄林(even-aged stand)和异龄林(uneven-aged stand)。同龄林是指林木的年龄相差不超过一个龄级(age class)期限的林分(关于龄级的概念及龄级期限的规定见后)。按照这个划分标准，一般人工营造的林分为同龄林，另外，在火烧迹地或小面积皆伐迹地上更新起来的林分也有可能成为同龄林。对于同龄林，还可以进一步划分为绝对同龄林(absolute even-aged stand)和相对同龄林(relative even-aged stand)。林木年龄完全相同的林分称为绝对同龄林，绝对同龄林多见于人工林；林木年龄相差不足一个龄级的林分称为相对同龄林。异龄林是指林木年龄相差在一个龄级以上的林分。在异龄林中，将由所有龄级的林木所构成的林分称为全龄林(all aged stand)，全龄林的林木年龄分布范围中一定有幼龄林木、中龄林木、成熟龄林木及过熟龄林木。一般阴性树种构成的天然林，尤其是择伐后长起的林分，通常为异龄林，多数天然林分，一般为异龄林。与同龄林相比，异龄林的防护作用和对风、雪等自然灾害以及病虫害的抵抗能力强，但是经营管理技术比较复杂。

在样地调查中，可以利用生长锥钻取木芯或伐倒木(或已往伐根)确定各树种的年龄。需要注意的是，当利用生长锥钻取胸高部位的木芯查数年轮数时，得到的是胸高年龄(age at breast height)，需加上树木生长到胸高时的年数，才是该树木的年龄。对于有些树种，特别是松树，可以通过查数轮生枝法来确定年龄。对于人工林，可以通过查阅造林技术档案或访问的方法确定年龄。

对于天然复层异龄混交林，一般仅测定各林层优势树种的年龄，并以主林层优势树种的年龄作为该林分的年龄。通常，幼龄林以年为单位表示林分年龄，中、成过熟林以龄级为单位表示林分年龄。

现代科技的发展，使得对树木年龄的测定方法也在不断发展，树木年龄的测定方法有：

(1)针测仪法

针测仪是通过纪录探针钻入树木的阻抗，来获取树木内部的腐烂或空洞情况、材质、年轮等信息的一种仪器。从获取树木年龄角度它是生长锥的升级版，由人为查数年轮改为软件分析。

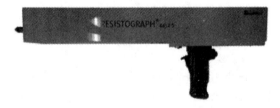

图 3-8　针测仪

针测仪(图 3-8)由探刺针、管和外围设施(电池、数据存储交换、打印输出)组成。使用时将探刺针垂直接触树干，用肩部抵住仪器，然后按住开关匀速向树干中部用力，直到探刺针穿透树干；如果树木较大，探刺针插到髓心即可。

针测仪法获取树木年龄的误差，与野外探刺时的用力和工作人员的经验等有关，目前，针测仪的年龄测定精度还很难超过生长锥法，但是由于其探刺针直径较小，因此，对树木的破坏程度较生长锥小。

（2）碳十四测定法

碳十四是碳的放射性同位素，它在自然界含量很少且半衰期很长。通过测定碳十四与不具放射性的碳十二的含量比例，然后按碳十四的放射性衰变公式进行计算，校准之后便可推出待测树木年龄，这是碳十四测年的基本原理。操作上首先用专业仪器在古树上取样，之后需要进行校正才能得到年龄，这需要专门的机构参与且误差较大，因此，实际很少使用，仅见于古树年龄测定。

3.1.7 材积和蓄积测定

3.1.7.1 单木材积测定

生长着的树木称为立木（standing tree）。立木伐倒后打去枝桠所剩余的主干称为伐倒木（felled tree）。同样是树干材积，由于立木和伐倒木的测定条件不同，其测定方法也有所不同。

（1）伐倒木材积测定

伐倒木的材积测定方法有一般求积式、近似求积式、区分求积式 3 种，每种还可有不同的变形方法。较常用的为中央断面区分求积式，即根据树高将树干按一定长度（通常 1m 或 2m）分段，每个区分段可以近似地当作一个圆柱体，不足一个区分段的部分可以近似地当作一个圆锥体。然后，测量出每段中央直径和最后不足一个区分段梢头底端直径，利用圆柱体和圆锥体体积计算公式可求出每段的材积，合计即为整个伐倒木的材积。为了减少误差，区分段数一般不少于 5 个。

（2）立木材积测定

上述伐倒木的材积测定方法也适用于立木的材积测定，但要测定立木不同部位的直径很困难，所以实践中不采用。实践中一般多采用以下两种方法：

①胸高形数法：树干材积与比较圆柱体体积之比称为形数（form factor），以胸高断面作为比较圆柱体的横断面的形数称为胸高形数（breast-height form factor），以 $f_{1.3}$ 表示，其表达式为：

$$f_{1.3} = \frac{V}{g_{1.3}h} \tag{3-11}$$

式中　V——树干材积；

$\quad\quad g_{1.3}$——胸高断面积；

$\quad\quad h$——全树高。

研究发现，胸高形数 $f_{1.3}$ 是树干形状指数和树高的函数，且同一树种、同样干形、相同树高的 $f_{1.3}$ 是一个常数，据此很多地方编制了形数表。查表得到 $f_{1.3}$，就可利用公式 $V = f_{1.3}g_{1.3}h$ 计算出树干材积。

②材积表法：材积表（tree volume table）是利用树干材积和林分主要测树因子的相关关系编制的。根据胸径一个因子与材积的回归关系编制的表称为一元材积表（one-way volume table）；根据胸径、树高两个因子与材积的回归关系编制的表称为二元材积表

(standard volume table)。查编制好的材积表就可得树干材积。但这里得到的材积是林分平均单株材积。

3.1.7.2　林分蓄积量测算

林分中所有活立木材积的总和称作林分蓄积量(stand volume)，简称蓄积，以 M 表示。蓄积量是鉴定森林数量特征的重要指标，不论从森林的可持续经营角度，还是从揭示森林的生长发育规律等方面，蓄积量的测定都具有重要意义。因此，蓄积量是重要的林分调查因子之一。

林分蓄积和单木材积一样，是由断面积、树高和形数三要素构成。因此，林分蓄积量的基本概念为 $M = f_{1.3} G H_D$。它又与单株木的材积有区别，因为林分是由树木的群体组成，它具有生长和积累的过程。因此，林分蓄积受林木直径、树高、形数及株数等因子的制约，并受树种、年龄、立地条件和经营措施的直接影响而发生变化。

林分蓄积的测定方法很多，可概分为目测法与实测法两大类。目测法是用测树仪器和测树数表辅助进行林分蓄积估算，或根据经验直接目测。实测法可分为全林实测和局部实测。在实际工作中，全林实测法费时费工，仅在林分面积小的伐区调查和科学实验等特殊情况下才采用。在营林工作中最常用的是局部实测法，即根据调查目的采用典型选样的标准砸进行实测，然后按面积比例推算全林分的蓄积。对复层、混交、异龄林分，应分别林层、树种、年龄世代、起源，进行实测计算。对极端复杂的热带雨林的调查方法需根据要求而定。

实测确定林分蓄积的方法又可分为标准木法、数表法等，常用的有以下 4 种：

(1)平均标准木法

用标准木测定林分蓄积，是以样地内指定林木的平均材积为依据。这种具有指定林木平均材积的树木称为标准木(mean tree)。而根据标准木的平均材积推算林分蓄积量的方法称为标准木法(method of mean tree)。这种方法在没有适用的调查数表，或数表不能满足精度要求的条件下，是一种简便易行的林分蓄积量测定方法。

用标准木法推算林分蓄积时，除需认真完成量测面积和测树工作外，标准木的选测至关重要。因此，在实际工作中依据林分平均直径(D_g)、平均高(H)和干形中等 3 个条件选取标准木，即标准木应具有林木材积三要素的平均标志值。

平均标准木法测算林分蓄积量的步骤如下：

①根据样地每木检尺结果，计算出平均直径(D_g)，并在树高曲线上查定林分平均高(H)。

②选取 1~3 株与林分平均直径(D_g)和平均高(H)相近(一般要求相差在 ±5% 以下)，且干形中等的林木作为平均标准木，伐倒并用区分求积法测算其材积，或不伐倒而采用立木区分求积法计算材积。

③按下式求算样地(或林分)蓄积，再按样地(或林分)面积把蓄积换算为单位面积蓄积(m^3/hm^2)。

$$M = \sum_{i=1}^{n} v_i \frac{G}{\sum_{i=1}^{n} g_i} \tag{3-12}$$

式中　n——标准木株数；

　　　v_i，g_i——第 i 株标准木的材积及断面积；

　　　G，M——样地或林分的总断面积与蓄积。

(2)材积表法

材积表法求算林分蓄积量就是查一元材积表或二元材积表的方法。

①应用一元材积表求算林分蓄积量的步骤如下：

a. 根据样地调查得到的径阶中值查一元材积表，得到各径阶的平均单株材积；

b. 以径阶株数乘以平均单株材积，即得到径阶材积，各径阶材积的合计值即为样地林木蓄积；

c. 按样地(或林分)面积把蓄积换算为单位面积蓄积($\mathrm{m^3/hm^2}$)。

②应用二元材积表求算林分蓄积量的步骤如下：

a. 根据样地调查结果建立树高曲线；

b. 根据每个径阶的中值和从树高曲线上查出的该径阶的平均高值，从二元材积表中查出各径阶的单株平均材积，乘以该径阶的林木株数，可计算出该径阶的林木材积，各径阶林木材积相加，即得样地林木蓄积；

c. 按样地(或林分)面积把蓄积换算为单位面积蓄积($\mathrm{m^3/hm^2}$)。

(3)标准表法

标准表法是基于立木材积三要素原理的一种确定林分疏密度和林分蓄积量的数表和方法。所谓标准表，是指疏密度为 1.0 时林分不同平均高所对应的每公顷胸高总断面积和蓄积，即每公顷标准断面积($G_标$)和标准蓄积($M_标$)。

利用标准表测定林分蓄积量的步骤如下：

①根据样地调查得到的林分每公顷胸高总断面积(G)和林分平均高(H)，从标准表上查出对应于平均高的每公顷标准断面积($G_标$)和标准蓄积($M_标$)，利用下式求出林分疏密度(P)：

$$P = \frac{G}{G_标} \tag{3-13}$$

②依公式 $M = P \cdot M_标$ 求算林分每公顷蓄积($\mathrm{m^3/hm^2}$)。

(4)平均实验形数法

将相应树种的平均实验形数代入下式计算林分每公顷蓄积量($\mathrm{m^3/hm^2}$)。

$$M = G_{1.3}(H + 3)f_\partial \tag{3-14}$$

式中　f_∂——平均实验形数。

3.1.7.3　树种组成计算

林分中各组成树种的成分称为树种组成(species composition)。由一个树种组成的、或混有其他树种但材积都分别占不到一成的林分称为纯林(pure stand)，而由两个或更多个树种组成，其中每种树木在林分内所占成数均不少于一成的林分称为混交林(mixed stand)。在混交林中，常以树种组成系数表达各树种在林分中所占的数量比例。所谓树种组成系数是指某树种的蓄积量(或断面积)占林分总蓄积量(或总断面积)的比重，树种组成系数通常用十分法表示，即各树种组成系数之和等于"10"。由树种名称及相应的组成系数写成组成式，就可以将林分的树种组成明确表达出来。

例如，杉木纯林，则林分的组成式为"10 杉"。又如一个由云南松和栎类组成的混交林，林分总蓄积为 245m³，其中，云南松的蓄积为 190m³，栎类蓄积为 55m³，该林分的树种组成式为：8 松 2 栎。

在组成式中，各树种的顺序按组成系数大小依次排列，即组成系数大的写在前面。如果某一树种的蓄积量不足林分总蓄积的 5%，但大于 2% 时，则在组成式中用"＋"号表示；若某一树种的蓄积少于林分总蓄积的 2% 时，则在组成式中用"－"号表示。

另外，在混交林中，蓄积量比重最大的树种称为"优势树种"。在一个地区既定的立地条件下，最适合经营目的的树种称作"主要树种"或"目的树种"。主要树种有时与优势树种一致，有时不一致。当林分中主要树种与优势树种不一致时，若两者蓄积相等，则应在组成式中把主要树种写在前面。

3.1.8　树干解析

将树干截成若干段，在每个横断面上可以根据年轮的宽度确定各年龄（或龄阶）的直径生长量。在纵断面上，根据断面高度以及相邻两个断面上的年轮数之差可以确定各年龄的树高生长量，从而可进一步算出各龄阶的材积和形数等，也可利用树木年轮和环境因子的关系，进行区域环境历史的重建。这种分析树木生长过程的方法称为树干解析（stem analysis）。作为分析对象的树木称为解析木。树干解析是研究树木生长过程的基本方法，在生产和科研中经常采用。树干解析的工作可分为外业和内业两大部分。

3.1.8.1　树干解析的外业工作

（1）解析木的选取与生长环境记载

解析木的选取应根据分析生长过程的目的和要求而定。例如，研究树木生长过程时，一般选择生长正常、无病虫害、不断梢的平均木或优势木；研究林木受气象或病虫害等外界危害对树木生长的影响时，则必须选取被害木做解析木。选取解析木的数量则依精度要求而定，一般每块样地至少要选择一株平均木（$D_g \pm 5\%$，$\overline{H} \pm 5\%$）做树干解析。

在解析木伐倒以前，应记载它所处的立地条件、林分状况、解析木调查因子及与邻近树木的位置关系，并绘制树冠投影图等。

（2）解析木的伐倒与测定

伐倒前，应先确定根颈位置和实测胸径，并在树干上标明胸高直径位置和南北方向。

伐倒后，先测定由根颈至第一个死枝和活枝在树干上的高度，然后打去枝桠，在全树干上标明北向。测量树的全高和全高的 1/4、1/2 以及 3/4 处的带皮直径和去皮直径。

（3）截取圆盘

在测定树干全长的同时，将树干区分成若干段，分段的长度和区分段个数与伐倒木区分求积法的要求一致。通常采用中央断面区分求积法在每个区分段的中点位置截取圆盘。由于在分析树木生长过程中，研究胸高直径的生长过程有着重要的意义，故在胸高处必须截取圆盘；所余不足一个区分段长度的树干为梢头木，在梢头底直径的位置也必须截取圆盘。

当树高在5m以下时，区分段长为0.5m；当树高在5~10m时，区分段长为1.0m；当树高在10m以上时，区分段长为2.0m。

下面以 $H = 15.8m$，区分段长2m为例，说明截取圆盘的部位：

①中央断面积区分求积法（等长区分）：共截取10个圆盘，分别为0m、1m、1.3m、3m、5m、7m、9m、11m、13m、14m。

②中央断面积区分求积法（第一段为2.6m，其余为2m）：共截取9个圆盘，0m、1.3m、3.6m、5.6m、7.6m、9.6m、11.6m、13.6m、14.6m。

③平均断面积区分求积法（等长区分）：共截取9个圆盘，0m、1.3m、2m、4m、6m、8m、10m、12m、14m。

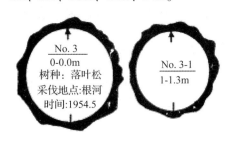

图3-9 圆盘编号

截锯圆盘应尽量与干轴垂直，不可偏斜。以恰好在区分段的中点位置上的圆盘面作为工作面，用来查数年轮和量测直径。圆盘不宜过厚，视树干直径大小的不同而定，一般以2~5cm为宜。在圆盘的非工作面上标明南北向，并以分式形式注记，分子为样地号和解析木号，分母为圆盘号和断面高度如 $\dfrac{No.\,3\text{-}1}{1\text{-}1.3m}$，根颈处圆盘为0号盘，其他圆盘的编号应依次向上编号。

此外，在0号圆盘上应加注树种、采伐地点和时间等（图3-9）。

3.1.8.2 树干解析的内业工作

（1）查定各圆盘上的年轮个数

首先将圆盘工作面刨光（以便查数年轮），并通过髓心划出东西、南北两条直径线；然后查数各圆盘上的年轮个数（图3-10）。其方法是：

①在0号盘的两条直线上，由髓心向外按每个龄阶（3年、5年或10年等）依次标出各龄阶的位置，最后，如果年轮个数不足一个龄阶的年数时，则作为一个不完整的龄阶（图3-11a）。

②在其余圆盘的两条直径线上，要由圆盘外侧向髓心方

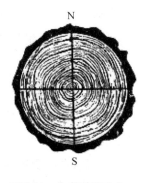

图3-10 各龄阶的确定

向查数并标定各龄阶的位置。从外开始首先标出不完整的龄阶位置（即0号盘最外侧的不完整龄阶），然后按完整的龄阶标出（图3-11b）。

（2）各龄阶直径的量测

用直尺或读数显微镜量测每个圆盘东西、南北两条直径线上各龄阶的直径，两个

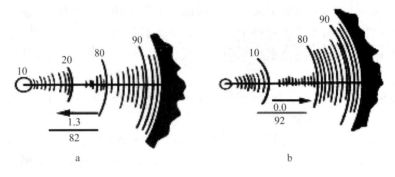

图 3-11　圆盘年龄查数示意

方向上同一龄阶的直径平均数，即为该龄阶的直径。

（3）生长过程的计算

计算下列因子：

①各龄阶胸径、树高和材积的总生长量、连年生长量、平均生长量和材积生长率。

②绘制树干剖面图。

③绘制各生长量曲线。

3.1.9　生长量测定

3.1.9.1　树木生长量测定

一定间隔期内树木各种调查因子所发生的变化称为生长（growth），变化的量称为生长量（increment）。生长按研究对象分为树木生长和林分生长两大类；按调查因子分为直径生长、树高生长、断面积生长、形数生长、材积（或蓄积）生长和生物量生长等。

通常在树木生长量的测定中，只能在有限个离散的树木年龄（t）点上取样测定。由于所取树木年龄（t）的方法不同，树木生长量可分为总生长量、定期生长量、连年生长量、定期平均生长量和总平均生长量等。

1）伐倒木生长量的测定

（1）直径生长量的测定

用生长锥或在树干上砍缺口或截取圆盘等办法，量取 n 个年轮的宽度，其宽度的二倍即为 n 年间的直径生长量，被 n 除得定期平均生长量。用现在去皮直径减去最近 n 年间的直径生长量得 n 年前的去皮直径。

（2）树高生长量的测定

每个断面积的年轮数是代表树高由该断面生长到树顶时所需要的年数。因此，测定最近 n 年间的树高生长量，可在树梢下部寻找年轮数恰好等于 n 的断面，量此断面至树梢的长度即为最近 n 年间的树高定期生长量。用现在的树高减去此定期生长量即得 n 年前的树高。

（3）材积生长量的测定

精确测定伐倒木材积生长量需采用区分求积法。首先按伐倒木区分求积法测出各区分段测点的带皮和去皮直径，用生长锥或砍缺口等方法量出各测点最近 n 年间的直径生长量，并算出 n 年前的去皮直径。根据前述方法测出 n 年前的树高。最后，根据各区分段现在和 n 年前的去皮直径以及现在和 n 年前的树高，用区分求积法可求出现在和 n 年前的去皮材积。按照生长量的定义即可计算各种材积生长量。

2）立木材积生长量的测定

通常是先测定材积生长率，再计算材积生长量。用施耐德公式确定立木材积生长量的步骤如下：

①测定树木带皮胸径（D）及胸高处的皮厚（B）。

②用生长锥或其他方法确定胸高处外侧 1cm 半径上的年轮数（n）。

③根据树冠的长度和树高生长状况查表 3-2 确定系数"K"。

表 3-2　K 值查定表

树冠长度占树高（%）	树高生长					
	停止	迟缓	中庸	良好	优良	旺盛
>50	400	470	530	600	670	730
25~50	400	500	570	630	700	770
<25	400	530	600	670	730	800

④计算去皮胸径：

$$d = D - 2B \tag{3-15}$$

⑤计算材积生长率：

$$P_V = \frac{K}{nd} \tag{3-16}$$

⑥计算材积生长量：

$$Z_V = VP_V \tag{3-17}$$

3.1.9.2　林分生长量测定

林分生长（stand growth）通常是指林分的蓄积随着林龄的增加所发生的变化。而组成林分全部树木的材积生长量和枯损量的代数和称为林分蓄积生长量（stand volume increment）。所以林分蓄积生长量，实际上是林分中两类林木材积生长量的代数和。一类是使林分蓄积增加的所有活立木材积生长量；另一类则属于使蓄积减少的枯损林木的材积（枯损量）和间伐量。据此林分生长量大致可以分为以下 6 类：

①毛生长量（gross growth，记作 Z_{gr}）：也称粗生长量，它是林分中全部林木在间隔期内生长的总材积。

②纯生长量（net growth，记作 Z_{ne}）：也称净生长量。它是毛生长量减去期间内枯损量以后生长的总材积。

③净增量（net increase，记作 Δ）：是期末材积（V_b）和期初材积（V_a）两次调查的材积差（即 $\Delta = V_b - V_a$）。

④枯损量（mortality，记作 M_0）：是调查期间内，因各种自然原因而死亡的林木材积。

⑤采伐量(cut, 记作 C): 一般指抚育间伐的林木材积。

⑥进界生长量(lngrowth, 记作 I): 期初调查时未达到起测径阶的幼树, 在期末调查时已长大进入检尺范围之内, 这部分林木的材积称为进界生长量。

由上述定义, 林分各种生长量之间的关系可用下述公式表达:

林分生长量中包括进界生长量:

$$\Delta = V_b - V_a \tag{3-18}$$

$$Z_{ne} = \Delta + C = V_b - V_a + C \tag{3-19}$$

$$Z_{gr} = Z_{ne} + M_0 = V_b - V_a + C + M_0 \tag{3-20}$$

林分生长量中不包括进界生长量:

$$\Delta = V_b - V_a - I \tag{3-21}$$

$$Z_{ne} = \Delta + C = V_b - V_a - I + C \tag{3-22}$$

$$Z_{gr} = Z_{ne} + M_0 = V_b - V_a - I + C + M_0 \tag{3-23}$$

从上面两组公式中可知, 林分的总生长量实际上是两类林木生长量总和: 一类是在期初和期末两次调查时都被测定过的树木, 即活立木在整个调查期间的生长量($V_b - V_a - I$), 这类林木在森林经营过程中称为保留木; 另一类是在间隔期内, 由于林分内林木株数减少而损失的材积量($C + M_0$)。这类林木在期初和期末两次调查间隔期内只生长了一段时间, 而不是全过程, 但也有相应的生长量存在。

1) 一次调查法确定林分蓄积生长量

利用临时样地(temporary sample plot)一次测得的数据计算过去的生长量, 据此预估未来林分生长量的方法, 称作一次调查法。现行方法很多, 但基本上是利用胸径的过去定期生长量间接推算蓄积生长量, 并用来预估未来林分蓄积生长量。因此, 一次调查法要求预估期不宜太长、林分林木株数不变。另外, 不同的方法又有不同的应用前提条件, 以保证预估林分蓄积生长量的精度。一次调查法确定林分蓄积生长量, 适用于一般林分调查所设置的临时样地或样地, 以估算不同种类的林分蓄积生长量, 较好地为营林提供数据。

(1) 材积差法

将一元材积表中胸径每差 1cm 的材积差数, 作为现实林分中林木胸径每生长 1cm 所引起的材积增长量。利用一次测得的各径阶的直径生长量和株数分布序列, 从而推算林分蓄积生长量, 这种方法称为材积差法(volume difference method)。

应用此法确定林分蓄积生长量时, 必须具备两个前提条件: 一是要有经过检验而适用的一元材积表; 二是要求待测林分期初与期末的树高曲线无显著差异, 否则将会导致较大的误差。

用材积差法测算林分蓄积生长量的步骤: 根据每木检尺的结果得各径阶株数分布, 胸径生长量的测定和整列, 根据前两项实测资料, 应用一元材积表计算蓄积生长量。

①胸径生长量的测定: 胸径生长量的测定是一次调查法确定林分蓄积生长量的基础。然而, 由于受各种随机因素(如林木生长的局部环境)的干扰, 胸径生长的波动较大, 应对胸径生长量分别径阶作回归整列处理。

a. 胸径生长量的取样。被选取测定胸径生长量的林木, 称为生长量样木。为保证直径生长量的估计精度，取样时应注意下述问题。

i. 样木株数：为保证测定精度，当采用随机抽样或系统抽样时，样木株数应不少于100 株。如用标准木法测算，则应采用径阶等比分配法，且标准木株数不应少于 30 株。

ii. 间隔期：是指定期生长量的定期年限，即间隔年数，通常用 n 表示。间隔期的长短依树木生长速度而定，一般取 3～5 年。应当指出，用生长锥测定胸径生长量，其测定精度与间隔期长短有很大关系。取间隔期长些，可相应减少测定误差，因为生长锥取木条时的压力使自然状态下的年轮宽度变窄，尤其是最外面的年轮宽窄受压变窄最为明显。实验表明间隔期取 10 年相比取 5 年，能较为明显地降低测定的相对误差。

iii. 锥取方向：当采用生长锥取样条时，由于树木横断面上的长径与短径差异较大，加之进锥压力使年轮变窄，所以只有多方向取样条才能减少量测的平均误差。在实际工作中，除特殊需要外，很少按 4 个方向锥取。一般按相对（或垂直）两个方向锥取。

iv. 测定项目：应实测样木的带皮胸径 d、树皮厚度 B 及 n 个年轮的宽度 L。测定值均应精确到 0.1cm。

b. 胸径生长量样木资料的计算。为求得各径阶整列后的带皮胸径生长量，当直接用野外测得的相关资料（$d_i L_i$），$i = 1，2，3，\cdots$进行回归时存在以下问题。

所测得的胸径生长量 $2L$，实际上是去皮胸径生长量，未包括皮厚的增长量，故应将其换算成带皮胸径生长量。带皮胸径 d 是期末（t）时的胸径，应变换为与胸径生长量相对应的期中 $\left(t - \dfrac{n}{2}\right)$ 时带皮胸径。

为此，对生长量样木资料应进行下述整理：

计算林木的去皮直径（d'）：

$$d' = d - 2B \tag{3-24}$$

计算树皮系数（K）：

$$K = \frac{\sum d}{\sum d'} \tag{3-25}$$

计算期中 $\left(t - \dfrac{n}{2}\right)$ 年的带皮直径：

$$X = X'K \tag{3-26}$$

计算带皮直径生长量：

$$Z_d = Z'_d K \tag{3-27}$$

c. 林木胸径生长量的整列。根据相关资料（$x_i，Zd_i$），$i = 1，2，3，\cdots$，可选择下列回归方程确定林木胸径生长量方程：

$$y = a_0 + a_1 x \tag{3-28}$$

$$y = a_0 x^{a_1} \tag{3-29}$$

$$y = a_0 + a_1 x + a_2 \lg x \tag{3-30}$$

$$y = a_0 + a_1 x + a_2 x^2 \tag{3-31}$$

②用材积差法计算林分蓄积生长量：

a. 应用一元材积表计算各径阶材积差（Δ_{Vi}）。

$$\Delta_{V_i} = \frac{1}{2C}(V_{i+1} - V_{i-1}) \tag{3-32}$$

b. 计算径阶单株材积生长量（Z_{V_i}）：

$$Z_{V_i} = Z_{d_i} \times \Delta_{V_i} \tag{3-33}$$

c. 计算径阶材积生长量（Z_{Mi}）。

$$Z_{M_i} = Z_{V_i} \times n_i \tag{3-34}$$

d. 计算林分总材积（V_a）。

$$V_a = \sum_{i=1}^{N} V_i n_i \tag{3-35}$$

e. 计算林分蓄积生长量（Δ_M）。

$$\Delta_M = \sum_{i=1}^{N} Z_{M_i} \tag{3-36}$$

f. 蓄积连年生长量（Z_M）。

$$Z_M = \frac{\Delta_M}{A} \tag{3-37}$$

g. 林分的年平均蓄积生长率（P_M）。

$$P_M = \frac{V_a - V_{a-n}}{V_a + V_{a-n}} \times \frac{200}{n}(\%) = \frac{\Delta_M}{2V_a - \Delta_M} \times \frac{200}{A}(\%) \tag{3-38}$$

式中　V_i——i 径阶的平均材积；

　　　V_{i-1}——比 i 径阶小一个径阶的平均材积；

　　　V_{i+1}——比 i 径阶大一个径阶的平均材积；

　　　Z_{d_i}——i 径阶的胸径生长量；

　　　n_i——i 径阶的株数；

　　　N——径阶数；

　　　C——径阶距；

　　　A——间隔期。

（2）林分表法

林分表法（stand table method）是通过前 n 年间的胸径生长量和现实林分的直径分布，预估未来（后 n 年）的直径分布，然后用一元材积表求出现实林分蓄积和未来林分蓄积，两个蓄积之差即为后 n 年间的蓄积定期生长量。

林分表法的核心是对未来直径分布的预估。由于林木直径的生长，使林分的直径分布逐年发生变化，即所谓林分直径状态结构的转移。它是一种进级性的转移。通常表现林木由下径级向上径级转移，故林分表法又称为进级法。

现实林分的直径分布结构是通过调查确定（如每木检尺）。若假设在同一径阶内，所有林木均按相同的直径生长量增长，即按相同的步长 Z_d 转移，则未来的林分直径分布可根据过去的直径生长量予以推定。下面介绍两种预估直径分布的方法。

①均匀分布法：假设各径阶内的树木分布呈均匀分布状态，任意一个径阶内的株数为 n，C 表示径阶大小，Z_d 为直径定期生长量。

令

$$X = \frac{n}{C}$$

则

$$移动的株数 = Z_d X = Z_d \frac{n}{C} \tag{3-39}$$

令

$$R_d = \frac{Z_d}{C} \text{ 为移动因子}$$

则

$$各径阶的移动株数 = R_d \times n \tag{3-40}$$

径阶的移动株数随 R_d 的变化见表3-3。

表 3-3 移动因子不同时径阶株数的变化

生长量	移动因子	移动情况
$Z_d < C$	$R_d < 1$	部分树木升1个径阶, 其余留在原径阶内
$Z_d = C$	$R_d = 1$	全部树木升1个径阶
$Z_d > C$	$R_d > 1$	移动因子数值中的小数部分对应株数升2个径阶, 其余升1个径阶
	$R_d > 2$	移动因子数值中的小数部分对应的株数升3个径阶, 其余升2个径阶

②非均匀分布法: 在林分中各径阶内树木分布实际上并不是均匀分布, 因此按均匀分布计算的移动株数将会产生偏小或偏大的误差。因此, 采用改正因子 f 来修正。目前经常采用的修正方法就是用改正系数(f)乘以均匀分布的进级株数。修正式如下:

$$R' = Rf \tag{3-41}$$

式中 f——$f = 1 + \frac{1}{4n}(n_2 - n_1)(1 \pm \frac{z_d}{C})$ (当 $n_2 > n_1$ 时, 取 " – " 号; 当 $n_2 < n_1$ 时, 取 " + " 号);

n_2——下一径阶株数($d + C$);

n_1——上一径阶株数($d - C$);

n——该径阶株数。

(3)一元材积指数法

本法是将测定的胸径生长率(由胸径生长量获得), 通过一元幂指数材积式($V = a_0 D^{a_1}$)转换为材积生长率式, 再由样地每木检尺资料求得材积生长量的方法, 称为一元材积指数法(volume exponent method)。其应用步骤如下:

①先测定各径阶胸径生长量(Z_D)。

②计算各径阶的平均胸径生长率(P_D):

$$P_D = \frac{Z_D}{D} \tag{3-42}$$

③计算各径阶的材积生长率(P_V):

$$P_V = a_1 P_D \tag{3-43}$$

式中　a_1——该地区一元材积式 $V = a_0 D^{a_1}$ 的幂指数。

④再利用一元材积表，由样地的林分蓄积量，算出材积生长量 Z_V。

2）固定样地法推定林分生长量

本方法是通过设置固定样地（permanent sample plot），定期（1 年、2 年、5 年、10 年）重复地测定该林分各调查因子（胸径、树高和蓄积量等），从而推定林分各类生长量。

用这种方法不仅可以准确的得到前述的毛生长量，而且能测得前述所不易测定的枯损量、采伐量、纯生长量等，并可取得在各种条件下的林分的各径阶的状态转移概率分布结构，作不同经营措施的效果评定等，这对于研究森林的生长和演替有重要意义。

（1）固定样地的设置和测定

①样地条件：拟调查的林分类型应有充分代表性，并要求保持与自然条件的一致性。

②固定样地的测设：如标桩，测线等测设一定要保证易复位。

③样地面积的大小：用材林为 0.25hm^2 以上，天然更新幼龄林在 1hm^2 以上；以研究经营方式为目的样地不应小于 1hm^2。考虑到自然稀疏现象，样地的大小应依林龄而有所不同，林龄大的林分样地的面积应适当增加。

④保护带设置：一般在样地四周应设置保护带，带宽以不小于林分的平均高为宜。

⑤测定间隔期：重复测定的间隔年限，一般以 5 年为宜。速生树种间隔期可定为 3 年；生长较慢或老龄林分可取 10 年为一个间隔期。

⑥测树工作：测树工作及测树时间最好在生长停止时，应在树干上用油漆标出胸高（1.3m）的位置，用围尺检径，精确至 0.1cm 并绘制树木位置图。

⑦应详细记载间隔期内样地所发生的变化，如间伐、自然枯损、病虫害等。

⑧复测时要分别单株木记载死亡情况与采伐时间，进界树木要标明生长级。

⑨其他测定项目同临时样地。

（2）生长量的计算

①胸径和树高生长量：在固定样地上逐株测定每株树的 D_i 和 H_i（或用系统抽样方式测定一部分树高），利用期初、期末两次测定结果计算 Z_D 和 Z_H。步骤如下：

a. 将样地上的林木（分别主林木和副林木）调查结果分别径阶归类，求各径阶期初、期末的平均直径（或平均高）。

b. 期末、期初平均直径（树高）之差即为该径阶的直径（树高）定期生长量。

c. 以径阶中值及直径定期生长量作点，绘制定期生长量曲线。

d. 从曲线上查出各径阶的理论定期生长量，计算为连年生长量。

②材积生长量：固定样地的材积是用二元材积表计算的，期初、期末两次材积之差即为材积生长量。由于固定样地树高测定方式的不同，材积生长量的计算方法也不同。

a. 样地上每木测高时，根据胸径和树高的测定值用二元材积表计算期初、期末的材积，两次材积之差即为材积生长量。

b. 用系统抽样方法测定部分树木的树高时，根据树高曲线导出期初、期末的一元材积表，计算期初、期末的蓄积，两次蓄积之差即为蓄积生长量。

3.1.10 林木生物量测定

森林生物量(forest biomass)是森林植物群落在其生命过程中所产干物质的累积量，它是森林生态系统的最基本数量特征。它既表明森林的经营水平和开发利用的价值，同时又反映森林与其环境在物质循环和能量流动上的复杂关系。森林生物量是评价森林生产力的主要指标，也是研究许多林业问题和生态问题的基础。

森林的生物量可以分为地上及地下两部分。地上部分包括乔木树干、树枝、叶、花、果以及灌木、草等植被的重量；地下部分则指植物根系的重量。与材积测定相比，生物量测定的对象更为复杂，测定的部分也多，因而使得生物量的测定工作即复杂又困难。

3.1.10.1 树木生物量测定

1)树干生物量测定

树干的生物量测定主要基于 2 种方法，即材积密度法和干物质率法。所谓材积密度法是先测定样木的材积，再取样测定基本密度，然后利用公式换算得树干干重。

即：

$$干重 = 材积 \times 基本密度 \tag{3-44}$$

而干物质率法是先测定样木的鲜重，再取样测定干物质率(1 – 含水率)，然后利用公式换算得树干干重。

即：

$$干重 = 鲜重 \times 干物质率 \tag{3-45}$$

(1)材积密度法

用区分段法测定样木的树干材积和树皮材积。首先选定样木，并伐倒样木，在树干的下、中、上 3 个部位分别截取一小块树干样品(包括木材和树皮)，分别称其带皮鲜重和去皮鲜重；其次，在室内将所采集样品放入水中浸泡24h，利用排水法求出各个样品的木材及树皮的体积，再烘干或风干，称其干重，求出下、中、上 3 个部位的木材密度和树皮密度，以下、中、上 3 段的材积为权，加权求出样木树干木材和树皮的平均基本密度。

在利用排水法测定基本密度时，常常会碰到一对矛盾。若先测定物体绝干重量，则该物体由于烘干发生收缩，体积变小，浸泡后很难恢复原体积，使得体积测定系统偏小；若先测定物体饱和水体积，一方面，测定绝干重量的时间大大延长；另一方面，由于木材和树皮经长时间浸泡，其部分木材冷水浸提物，如单宁、碳水化合物、无机物等，被浸泡出该物体外，使得该物体绝干重减轻，造成基本密度系统偏低。因此，一般采用 2 份样品并行测定法来解决这一问题，具体做如下：

首先，将样品 g 分成两块，分别称重记作 g_1 和 g_2，即 $g = g_1 + g_2$，然后将第一块样品进行烘干，将第二块样品进行浸泡。设其对应绝干重和饱和水的体积分别为 m_1, v_1 和 m_2, v_2。

设

$$f_1 = \frac{g_1}{g} \tag{3-46}$$

$$f_2 = \frac{g_2}{g} \tag{3-47}$$

则

$$f_1 + f_2 = 1 \tag{3-48}$$

$$m_2 = m_1 \times \frac{f_2}{f_1} \tag{3-49}$$

$$v_1 = v_2 \times \frac{f_1}{f_2} \tag{3-50}$$

$$m = m_1 + m_2 = m_1 + m_1 \times \frac{f_2}{f_1} = \frac{m_1}{f_1} \tag{3-51}$$

$$v = v_1 + v_2 = v_2 + v_2 \times \frac{f_1}{f_2} = \frac{v_2}{f_2} \tag{3-52}$$

式中　m_1——实际烘干的重量；

　　　v_2——实际浸泡体积；

　　　m——样品总干重；

　　　v——样品总体积。

（2）干物质率法

干物质率法也称为全称重法，就是称其树干鲜重，采样烘干得到样品干重与鲜重之比，即干物质率，来计算样木树干的干重的方法。这种方法是测定树木干重最基本的方法，它的工作量极大，但获得的数据可靠。具体方法如下：

首先，伐倒样木，将枝条打掉，分上、中、下 3 段称树干带皮鲜重，并在的上、中、下 3 个部位分别截取一小块树干样品（包括木材和树皮），分别称其带皮鲜重和去皮鲜重；其次，在室内立即将所采集样品放入烘箱内，先在 105℃下烘 2h，然后在 85℃下烘 5h，进行第 1 次称重，以后每隔 2h 称一次，当两次称量的相对误差≤1%时，将样品取出放入玻璃干燥器内，冷却至室温再称重，得到上、中、下 3 个样品的木材干重和皮干重，求出下、中、上 3 个部位的木材和树皮的干物质率，以下、中、上 3 段的带皮鲜重为权，加权求出样木树干木材和树皮的平均干物质率。

2）枝、叶生物量测定

测定林木枝、叶生物量主要有两种方法。一种是标准枝法；另一种是全称重法。

（1）标准枝法

标准枝法是指在树木上选择具有平均枝基径与平均枝长的枝条，测其枝、叶重用于推算整株树枝、叶的重量。根据标准枝的抽取方式，该法又可分为：平均标准枝法和分级标准枝法。

①平均标准枝法：测定步骤如下。

a. 树木伐倒后，测定所有枝的基径 d_0 和枝长 l_0，求二者的算术平均值即 $\bar{d}_0$ 和 $\bar{l}_0$。

b. 以 $\bar{d}_0$ 和 $\bar{l}_0$ 为标准，选择标准枝，标准枝的个数根据调查精度确定，同时要求标准枝上的叶量是中等水平。

c. 分别称其枝、叶鲜重，并取样品。

d. 按下式计算全树的枝重和叶重。

$$W = \frac{N}{n} \sum_{i=1}^{n} W_i \tag{3-53}$$

式中　N——全树的枝数；

　　　n——标准枝数；

　　　W_i——标准枝的枝鲜重或叶鲜重。

②分层标准枝法：当树冠上部与下部的枝粗长度、叶量变动较大时，可将树冠分为上、中、下三层，在每一层抽取标准枝，根据每层标准枝算出各层枝、叶的鲜重，然后将各层枝、叶重量相加，得到树木枝、叶鲜重。由于将树冠分为上、中、下三层分别抽取标准枝，因此该方法能够较好地反映出树冠上、中、下枝和叶的重量，对树冠枝和叶的重量估计较平均标准枝法准确。另外，在测算过程中，可以通过烘干的方法，测得枝、叶生物量的干重。

(2) 全称重法

具体方法与树干生物量的全称重法相同。

3) 树根生物量测定

树根重量的测定方法可分为两类：一类是测定一株或几株树木的根重量，以推算单位面积的重量；另一类是测定已知面积内的根生物量用面积换算为林分的生物量。前一种方法要求在根的伸展范围内，能明确区分出哪些根是应测定的；后一种方法则测定已知面积内全部根量，而不论它属于那一株树。下面简单介绍两种方法。

(1) 第一类方法

以所选样木树干基部为中心向四周辐射，将该样木所有根系挖出，并量测挖掘面积，称量挖出根系的鲜重，随后取样带回烘干，计算含水率，推算单位面积的生物量。

(2) 第二类方法

①样方的设置：测定步骤如下。

a. 样方的水平区划以伐桩为中心，作边长等于平均株距(S)的正方形的样方内依次作半径为 $S/4$ 及 $S/2$ 的同心圆，小圆的编号为"1"，大圆编号为"2"，样方的其他部分编号为"3"。

b. 样方的垂直区划由地表向下划分层次，各层的厚度可以不相等，上层较薄(10~15cm)，下面的层可较厚(30~50cm)。各层的编号由上而下分别为 Ⅰ，Ⅱ，…，Ⅴ，…。

②根的分级：按直径的粗细将根分为5级，中根(大于0.5cm)及以上2级全部称重；细根(小于0.2cm)及小根(0.2~0.5cm)重量虽不大，但数量极多，很容易遗漏，可于样方内建一定大小的土柱，在土柱内仔细称量这两类根的重量(表3-4)。

表 3-4　根的分级

级别	细根	小根	中根	大根	粗根
直径(cm)	<0.2	0.2~0.5	0.5~2.0	2.0~5.0	>5.0

③根重量的测定：从每个区划中仔细地挖出根，清除泥土，按标准分级。小根及细根所带泥土较多，应放于土壤筛中筛去泥土，将清理后的根带回室内，用水冲洗，阴干至初始状称鲜重，采样，烘干求得干重。

3.1.10.2　林分生物量测定

林分生物量的测定是在单株生物量的基础上进行的。为较准确地测定林分生物量，或者为检验其他测定方法的精度，往往采用小面积皆伐实测法，即在林分内选择适当面积的林地，将该林地内所有乔、灌、草皆伐，测定所有植物的生物量（W_i），它们生物量之和（$\sum W_i$）即为皆伐林地生物量，并按下式计算全林分生物量（W）：

$$W = \frac{A}{S} \sum W_i \tag{3-54}$$

式中　A——全林分面积；

　　　S——皆伐林地面积。

该方法对林分中的灌木、草本等植物生物量的测定更为适合；但此方法野外的测定工作量非常大，实际工作中很少采用，一般采取抽样或回归估计的方法。

1）乔木生物量测定

标准木法和回归估计法是林分生物量测定中乔木层生物量测定的常用的两种方法。根据标准木的选择方法，标准木法又可分为平均标准木法和分层标准木法两种。

（1）标准木法

①平均标准木法：即以每木调查结果计算出全部立木的平均胸高直径作为选择标准木的依据，把最接近于平均值的几株立木作为标准木，伐倒分别测其干、皮、枝、叶、根和果实的生物量。然后，用标准木的生物量平均值乘以单位面积上的立木株数，或用标准木生物量的总和乘以单位面积上胸高总断面积与标准木胸高断面积总和之比，求出单位面积上的林分生物量。

②分层标准木法：依据胸径级或树高级将林分或样地林木分成几个层，然后在各层内选测平均标准木，伐倒分别测其干、皮、枝、叶、根、果实的生物量，得到各层的平均生物量测定值，乘以单位面积各层的立木株数，即得到各层生物量。各层生物量之和，即为单位面积林分生物量总值。

（2）回归估计法

回归估计法是以模拟林分内每株树木各分量（干、枝、叶、皮和根等）干物质重量为基础的一种估计方法。它是通过样本观测值建立树木各分量干重与树木其他测树因子之间的一个或一组数学表达式，该数学表达式也称林木生物量模型。表达式一定要尽量反映树木各分量干重与其他测树因子之间的关系，从而达到利用树木易测因子的调查结果估计不易测因子的目的。

回归估计法是林分生物量测定中经常采用的方法之一，此外，可根据测定的目的及学科专业的特点，往往还采用光合作用测定法及 CO_2 测定法。对于大面积森林的生物量测定，可采用以遥感技术为基础的估计方法。具体方法详见第 6 章。

2）灌木、草本生物量测定

灌木、草本生物量测定一般采用样方法，样方面积一般为 $1m \times 1m$，每个样地共设 9 个样方：样地中心 1 个，四个角各 1 个，四个边中间各 1 个。将每个样方内的所有幼树和灌木砍下，草本全部拔出，分别称重，然后相加得 9 个样方的灌木和草本重。最后，取样（幼树和灌木各 1kg，草本 0.5kg）。取样时，要考虑幼树和灌木及草本的大小程度。

室内同样利用含水率法求出 9 个样方的灌木和草本的干重，然后除以样系数，乘以样地面积，即得整个样地的灌木和草本的生物量。

3.1.11 林分材种出材量测定

蓄积量是一个数量指标，它不能全面地反映林分中林木的经济利用价值。例如，两个蓄积量相等的林分，由于林分结构和木材质量的不同，木材的经济利用价值回有很大差异。为了对森林资源做出更加全面的评价，在查明蓄积量的基础上，有必要对其林木质量和林分材率进行调查，对森林木材资源的经济价值进一步做出评价，并对其在采伐、集材和运输方面具备的条件给予说明。

用材林近、成、过熟林林木质量划分为 3 个等级：商品用材树、半商品用材树和薪材树（表 3-5）。

表 3-5　用材林近、成、过熟林林木质量等级划分标准

林木质量等级	划分标准
商品用材树	用材部分占全树高的 40% 以上
半商品用材树	用材部分长度在 2m（针叶树）或 1m（阔叶树）以上，但不足全树高的 40%
薪材树	用材部分长度在 2m（针叶树）或 1m（阔叶树）以下

在林分调查中，对于半商品用材树，实际计算时将 50% 计入商品用材树，另 50% 计入薪材树。

林分出材率等级是表示林分出材比率的指标。林分出材量占林分总蓄积量的百分比，或林分内商品用材树的株数占林分总株数的百分比称为林分出材率。根据林分出材率的不同，将用材林近、成、过熟林林分出划分为不同的出材率等级，简称出材级（表 3-6）。

表 3-6　用材林近、成、过熟林林分出材级表

出材级	林分出材率（%）			商品用材树比率（%）		
	针叶林	针阔混交林	阔叶林	针叶林	针阔混交林	阔叶林
1	>70	>60	>50	>90	>80	>70
2	50~69	40~59	30~49	70~89	60~79	45~69
3	<50	<40	<30	<70	<60	<45

注：摘自《森林资源规划设计调查主要技术规定》（2010）。

3.1.12　其他因子调查

3.1.12.1　可及度

用材林近、成、过熟林林分是在近期可以进行木材采伐利用的对象，应该根据这些林分的分布位置，对其在采、集、运方面具备的条件做出评价。表明它们所具备的木材生产条件的指标是可及度。可及度分为即可及、将可及和不可及(表3-7)。

表 3-7　用材林近、成、过熟林林分的可及度划分

即可及	具备采、集、运条件的林分
将可及	近期将具备采、集、运条件的林分
不可及	由于地形或经济原因暂时不具备采、集、运条件的林分

3.1.12.2　幼树、下木、活地被物及生物多样性调查

在样地内，应分别树种、下木及活地被物种类调查它们的盖度、平均高、单位面积($1m^2$)的幼树株数及生物多样性，了解其生长状况及分布特点，评价乔木林的群落结构。调查的方法采用样方法。根据调查结果计算出总盖度(%)。具体内容一般有以下几项：

(1)植被调查

样地内灌木、草本和地被物的主要种类。

(2)灌木覆盖度

样地内灌木树冠垂直投影覆盖面积与样地面积的比，以百分数表示。采用对角线截距抽样或目测方法调查。

(3)灌木平均高

样地内灌木层的平均高采用目测方法调查，以 m 为单位。

(4)草本覆盖度

样地内草本植物垂直投影覆盖面积与样地面积的比，以百分数表示。采用对角线截距抽样或目测方法调查。

(5)草本平均高

样地内草本层的平均高采用目测方法调查，以 m 为单位。

(6)植被总覆盖度

样地内乔、灌、草垂直投影覆盖面积与样地面积的比，以百分数表示。采用对角线截距抽样或目测方法调查，或根据郁闭度与灌木和草本覆盖度的重叠情况综合确定，以百分数表示。

(7)幼树株数

分别不同的高度级调查幼树的株数，然后换算为每公顷的相应株数，以备评定天然更新等级。高度级一般划分为≤30cm、31～50cm 和≥51cm 共 3 个级别。

(8)生物多样性

生物多样性包括生态系统多样性、物种多样性和遗传多样性三个层次。样地调查一般调查物种多样性,多样性指标采用 Shannon 指数(Sn)和 Simpson 指数(Sp)计算。

(9)乔木林群落结构评价

群落结构是一个十分复杂的生态学问题,它是群落生态学研究的重要内容之一。群落的种类组成及其数量特征、种的多样性、种间关联都属群落结构的重要特征。对乔木林群落结构的评价,为了便于实际应用,目前只按群落中物种的垂直成层性(群落的垂直结构)采用定性的标准进行评价。

3.1.12.3　立地因子调查

立地是指树木生长所处物理环境的内在特征。立地因子调查主要包括土壤调查和环境因子调查。

(1)土壤调查

在样地内通过土壤剖面调查土壤名称、土壤厚度以及土壤表面的枯枝落叶厚度和腐殖质层厚度等。

(2)环境因子调查

调查样地位置的地貌、坡向、坡位、坡度等因子,并详细记录。

3.1.12.4　森林自然度

我国境内分布的森林,处于原始状态的已经十分少见,由于不断地开发利用,形成了许多过伐林、次生林和人工林类型。这些森林类型,不同程度地保留着或已经失去地带性顶极群落的特征,处于演替过程中的某一阶段。这些森林发挥的各种效益差异很大,需要采取的经营措施各不相同。因此调查时,按照现实森林类型与地带性原始顶极森林类型的差异程度,或次生森林类型位于演替中的阶段,将现存森林划分为不同的自然度等级,以便于制定合理的经营措施,促进森林群落向地带性顶极群落发展。自然度划分为 7 级:

①顶极群落森林;

②由顶极种和先锋种组成的过渡性群落森林;

③先锋群落森林;

④处于①、②级的森林群落但有非乡土的树种成分;

⑤含有非乡土树种的先锋群落森林;

⑥由乡土树种组成但在不适合的立地上造林形成的森林群落;

⑦引进树种在不适合的立地上营造的林分。

上述①~③级可以认为是近自然状态的植物群落,④、⑤级是有条件的近自然等级,⑥、⑦级可认为是远离自然的植被情况,其中某个阶段又可根据是否天然更新、人工造林或为灌木林地等特征而划分为三个下级类目,分别记为"n""p""s",如第③级"先锋群落森林"又可分为自然更新的先锋群落森林(3n)、灌草占优势的先锋群落森林(3s)和人工造林的先锋群落森林(3p)。

样地调查的内容不是一成不变的，在进行样地调查时，往往根据调查的目的和任务确定调查项目内容，并对测定方法进一步做出详细的规定。如为了研究林分的直径分布规律，在测定林木的直径时，就应该对达到胸高以上的林木全部测定；若规定起测径阶，有时会影响直径分布曲线的形状。

3.2 角规调查

角规(angle gauge)是以一定视角构成的林分测定工具。应用时，按照既定视角在林分中有选择地计测为数不多的林木就可以高效率地测定出有关林分调查因子。

奥地利林学家毕特利希首先创立了用角规测定林分单位面积胸高断面积的理论和方法，突破了100多年来在一定面积(样地)上进行每木检尺的传统方法，大大提高了工效。在测树学理论和方法上，这一重要新发现引起了全世界测树学家们的广泛重视和极大兴趣。50多年来，经过世界各国的广泛应用和进一步研究，角规测树的原理、方法、仪器和工具不断地发展和完善，现在已形成了角规测树的独立体系，并得到广泛应用。

角规是为测定林分单位面积胸高总断面积而设计的，因此，林分胸高总断面积(简称断面积)是角规测树最早，也是迄今最主要的测定因子，应用也最广泛。其他角规测定因子如蓄积量、株数等都是由它衍生而来。关于角规测树的原理参见文献(孟宪宇，2009)。

3.2.1 断面积系数的选定

断面积系数愈小，计数木株数愈多，精度也相应较高；但因其观测最大距离较大，疑难的边界树和被遮挡树也会增多，影响工效并容易出错。如选用大断面积系数，其优缺点恰好相反。因此，要根据林分平均直径大小、疏密度、通视条件及林木分布状况等因素选用适当大小的断面积系数(F_g)(表3-8)。

表 3-8 林分特征与选用断面积系数参照表

林分特征	F_g
平均直径 8~16cm，疏密度为 0.3~0.5 的中龄林	0.5
平均直径 17~28cm，疏密度为 0.6~1.0 的中、近熟林	1.0
平均直径 28cm 以上，疏密度 0.8 以上的成、过熟林	2 或 4

选用 F_g 时应特别注意，对于以林分为调查单位的二类森林调查(森林经理调查)，不同林分可采用不同的 F_g 值，但对于以一定森林面积作为调查总体的森林抽样调查，在一个总体内必须采用同一个 F_g 值，否则，会由于抽样强度不同而使总体估计值产生偏差。

3.2.2 角规点数的确定

在林分调查时，如果采用典型取样，可参考表 3-9 中的规定角规观测点数，每个角规点的位置要选定对林分有代表性的位置，避免在过疏或过密处设置角规点。

表 3-9　林分调查角规点数的确定（$F_g = 1$）

林分面积（hm²）	1	2	3	4	5	6	7~8	9~10	11~15	>16
角规点个数	5	7	9	11	12	14	15	16	17	18

如采用随机取样进行林分调查，角规点数取决于所调查林分的角规计数木株数的变动系数与调查精度要求。表 3-10 列出了一些林分的角规计数木株数的变动系数试验资料，如按变动系数平均30%考虑，若以95%的可靠性抽样精度达到80%时，常设置9 个角规点；若抽样精度要求达到90%时，则需设置36 个角规点。

表 3-10　角规计数木株数的变动系数

林　分	平均直径（cm）	角规点数	计数木株数的变动系数（%）
落叶松天然林	20.6	225	33.7
落叶松天然林	17.0	169	27.7
白桦天然林	19.8	169	35.6
白皮松天然林	10.8	529	10.3
黄山松天然林	14.3	30	33.0
落叶松天然林	6.0	625	48.7

3.2.3　角规绕测技术

采用角规测器在角规点绕测 360°是最常用的方法，该方法最简单，但必须严格要求，认真操作，才能保证精度。绕测时必须注意以下几点：

①测器接触眼睛的一端，必须使之位于角规点的垂直线上。在人体旋转 360°时，注意不要发生位移。

②角规点的位置不能随意移动。如待测树干胸高部位被树枝或灌木遮挡时，可先观测树干胸高以上未被遮挡的部分，如相切即可计数 1 株，否则需将树枝或灌木砍除；如被大树遮挡，不便砍除而不得不移动位置时，要使移动后的位点到被测树干中心的距离与未移动前相等，测完被遮挡树干后仍返回原点位继续观测其他树木。

③要记住第一株绕测树，最好作出标记，以免漏测或重测。必要时可采取正反绕测，取两次观测平均数的办法。

④仔细判断临界树。与角规视角明显相割或相余的树是容易确定的，而接近相切的临界树往往难以判断，需要通过实测确定。实测方法将在"角规控制检尺"中介绍。

3.2.4　角规控制检尺

在需要精确测定或者复查确定林木动态变化时，可采用角规控制检尺方法。根据选定的断面积系数，用围尺测出树干胸高直径，用皮尺测出树干中心到角规点的水平距离（S），并根据水平距离（S）与该树木的样圆半径（R）的大小确定计数木株数：

①当 $S < R$ 时，计为 1 株。

②当 $S = R$ 时，计为 0.5 株。

③当 $S > R$ 时，不计数。

3.2.5　边界样点的处理

在随机抽样调查中，样点位置是随机确定的，必有一些样点落在调查总体内但靠近林缘的位置，不能人为主观地随意移动点位。处理办法为：首先，根据样点所在林分中最粗大木胸径和选用的断面积系数算出距边界的最小距离，然后，以此距离作为宽度划出林缘带。当角规点落在此带内时，可只面向林内绕测半圆（180°）（即作半圆观测），把计数株数乘以 2 作为该角规点的全圆绕测值。如边界变化复杂，绕测半圆也会有部分样圆落于边界以外时，可根据现地具体情况，绕测 30°、60°、90° 或 120°，再把计数株数分别乘以 12、6、4、3。由于总体内落在靠近边界的样点数相对较少，这样做的结果对总体估计不会产生较大影响。

3.3　小班调查

小班调查是森林资源规划设计调查采用的调查方法，以经营管理森林资源的国有林业局（场）、自然保护区、森林公园等企业、事业或行政区划单位（如县）为调查单位，为基层林业生产单位掌握森林资源的现状及动态，分析检查经营活动的效益，编制或修订经营单位的森林可持续经营方案、总体设计和县级林业区划、规划、基地造林规划，建立和更新森林资源档案，制订森林采伐限额，制订林业工程规划，区域国民经济发展规划和林业发展规划，实行森林生态效益补偿和森林资源资产化管理，指导和规划森林科学经营提供依据，按山头地块进行的一种森林资源调查方式。小班调查是经营性调查，一般 10 年进行一次，经营水平高的地区或单位也可 5 年进行一次。两次二类调查的间隔期也称为经理期（国家林业局，2010）。

3.3.1　小班调绘

（1）小班调绘的方法

根据小班卡片变更及现地情况，可分别采用以下方法进行小班区划的调绘：

①采用由测绘部门绘制的当地最新的比例尺为 1∶1 万~1∶2.5 万的地形图到现地进行勾绘。对于没有上述比例尺的地区可采用由 1∶5 万放大到 1∶2.5 万的地形图。

②使用近期拍摄的（尽量不超过两年）、比例尺不小于 1∶2.5 万或由 1∶5 万放大到 1∶2.5 万的航片、1∶10 万放大到 1∶2.5 万的侧视雷达图片在室内进行小班勾绘，然后到现地核对，或直接到现地调绘。

③使用近期（尽量不超过一年）经计算机校正及影像增强的比例尺 1∶2.5 万的卫片（空间分辨率 10m 以内）在室内进行小班勾绘，然后到现地核对。

（2）注意事项

①空间分辨率 10m 以上的卫片只能作为调绘辅助用图，不能直接用于小班勾绘。

②现地小班调绘、小班核对以及为林分因子调查或总体蓄积量精度控制调查而布设样地时，可用 GPS 确定小班界线和样地位置。

3.3.2 小班测树因子调查

3.3.2.1 样地实测法

在小班范围内，通过随机、机械或其他的抽样方法，布设圆形、方形、带状或角规样地，在样地内实测各项调查因子，由此推算小班信息的采集因子。布设的样地应符合随机原则(带状样地应与等高线垂直或成一定角度)，样地数量应满足精度要求。

3.3.2.2 目测法

当林况比较简单时采用此法。调查前，调查员要通过30块以上样地的目测练习和1个林班的小班目测调查练习，并经过考核，各项调查因子目测的数据80%项次以上达到允许的精度要求时，才可以进行目测调查。

小班目测调查时，必须深入小班内部，选择有代表性的调查点进行调查。为了提高目测精度，可利用角规样地，固定面积样地以及其他辅助方法进行实测，用以辅助目测。目测调查点数视小班面积而定：3hm^{2}以下，1~2个；4~7hm^2，2~3个；8~12hm^2，3~4个；13hm^{2}以上，5~6个。

3.3.2.3 航片估测法

航片比例尺大于1:10 000时可采用此法。调查前，按林分类型或树种(组)分别抽取若干个有蓄积量的小班(数量不低于50)，判读各小班的平均树冠直径、平均树高、株数、郁闭度等级和坡位等测树因子，然后实地调查各小班的相应因子，编制航空相片树高表、胸径表、立木材积表或航空相片数量化蓄积量表。为保证估测精度，必须选设一定数量的样地对数表(模型)进行实测检验，达到90%以上精度时方可使用。

航片估测时，先在室内对各个小班进行判读(可结合小班室内调绘工作)，利用判读结果和所编制的航空相片测树因子表估计小班各项测树因子。然后，抽取5%~10%的判读小班到现地核对，各项测树因子判读精度达到精度要求的小班超过90%时可以通过。

3.3.2.4 卫片估测法

当卫片的空间分辨率达到3m时可采用此法。其技术步骤为：

(1)建立判读标志

根据调查单位的森林资源特点和分布状况，以卫星遥感数据景幅的物候期为单位，每景选择若干条能覆盖区域内所有地类和树种(组)、色调齐全且有代表性的勘察路线。将卫星影像与实地情况对照获得相应影像特征，并记录各地类与树种(组)的影像色调、光泽、质感、几何形状、地形地貌及地理位置(包括地名)等，建立目视判读标志表。

(2)目视判读

根据目视判读标志，综合运用其他各种信息和影像特征，在卫星影像图上判读并记载小班的地类、树种(组)、郁闭度、龄组等判读结果。

对于林地、林木的权属、起源，以及目视判读中难以识别的地类，要充分利用已掌握的有关资料，或采用询问当地技术人员或到现地调查等方式确定。

（3）判读复核

目视判读采取一人区划判读，另一人复核判读的方式进行，二人在"背靠背"作业前提下分别判读和填写判读结果。

（4）实地验证

室内判读经检查合格后，采用典型抽样方法选择部分小班进行实地验证。实地验证的小班数不少于小班总数的5%，且不低于50个，并按照各地类和树种（组）判读的面积比例分配，同时每个类型不少于10个小班。在每个类型内，要按照小班面积大小比例不等概选取。各项因子的正判率达到90%以上时为合格。

（5）蓄积量调查

结合实地验证，典型选取有蓄积量的小班，现地调查其单位面积蓄积量，然后建立判读因子与单位面积蓄积量之间的回归模型，根据判读小班的蓄积量标志值计算相应小班的蓄积量。

3.3.2.5 角规点抽样调查法

用角规进行每公顷断面积等因子的调查，具有工作效率高的特点。在小班透视条件好，调查员有相关经验的情况下，可采用此法。

角规常数的选择应视林木大小而定。角规点的布设应遵循随机原则，减小系统误差和林缘误差。近熟林以上的角规点数可参见表3-9。幼龄林和中龄林的角规点数可适当的减少。

3.3.3 林网、四旁树、散生木调查

（1）林网调查

达到有林地标准的农田牧场林带、护路林带、护岸林带等不划分小班，但应统一编号，在图上标记，除按照生态公益林的要求进行调查外，还要调查记录林带的行数和行距。

（2）城镇林、四旁树调查

达到有林地标准的城镇林、四旁林视其森林类别分别按照商品林或生态公益林的调查要求进行调查。宅旁、村旁、路旁、水旁等地栽植的达不到有林地标准的各种竹丛、林木，包括平原农区达不到有林地标准的农田林网树，以街道、行政村为单位，街段、户为样本单元进行抽样调查，具体要求由各省（自治区、直辖市）根据当地情况确定。

（3）散生木调查

应按小班进行全面调查、单独记录。

3.3.4 总体蓄积量的抽样控制

①以经营单位或县级行政单位为总体进行总体蓄积量抽样控制。调查面积小于5 000hm²或森林覆盖率小于15%的单位可以不进行抽样控制，也可以与相邻经营单位

联合进行抽样控制，但应保证控制范围内调查方法和调查时间的一致性。

②总体抽样控制精度根据单位性质确定：以商品林为主的经营单位或县级行政单位为90%；以公益林为主的经营单位或县级行政单位为85%；自然保护区和森林公园为80%。

③在抽样总体内，采用机械抽样、分层抽样、成群抽样等抽样方法进行抽样控制调查，样地数量要满足抽样控制精度要求。

④样地实测可以采用角规测树、每木检尺等方法。根据样地样木测定的结果计算样地蓄积量，并按相应的抽样理论公式计算总体蓄积量、蓄积量标准误和抽样精度。

⑤当总体蓄积量抽样精度达不到规定的要求时，要重新计算样地数量，并布设、调查增加的样地，然后重新计算总体蓄积量、蓄积量标准误和抽样精度，直至总体蓄积量抽样精度达到规定的要求。

⑥将各小班蓄积量汇总计算的总体蓄积量(包括林网和四旁树蓄积量)与以总体抽样调查方法计算的总体蓄积量进行比较：

a. 当两者差值不超过±1倍的标准误时，即认为由小班信息的采集汇总的总体蓄积量符合精度要求，并以各小班汇总的蓄积量作为总体蓄积量。

b. 当两者差值超过±1倍的标准误、但不超过±3倍的标准误时，应对差异进行检查分析，找出影响小班蓄积量调查精度的因素，并根据影响因素对各小班蓄积量进行修正，直至两种总体蓄积量的差值在±1倍的标准误范围以内。

c. 当两者差值超过±3倍的标准误时，小班蓄积量调查全部返工。

思　考　题

1. 简述地面调查的3种基本方法的用途。
2. 样地设置的原则和要求是什么？
3. 林分平方胸径和算术胸径的是如何计算的？他们之间的关系是什么？
4. 如何理解林分几种平均高的意义？
5. 简述树干解析的步骤。
6. 如何理解树木生物量和林分生物量的测定？
7. 简述角规控检尺的方法和用途。
8. 简述5种小班测树因子调查法的适用性。

参考文献

国家林业局. 2010. GB/T 26424—2010 森林资源规划设计调查技术规程[S]. 中国国家标准化管理委员会. 北京：中国标准出版社.

国家林业局. 2014. LY/T 2259—2014 立木生物量建模样本采集技术规程[S]. 中国国家标准化管理委员会. 北京：中国标准出版社.

国家林业局. 2014. 国家森林资源连续清查技术规定.

孟宪宇. 2009. 测树学[M]. 3版. 北京：中国林业出版社.

王雪峰，陆元昌. 2013. 现代森林测定法[M]. 北京：中国林业出版社.

唐守正. 1977. 围尺测径和轮尺测径的理论比较[J]. 林业资源管理(3)：23 – 26.

第4章
遥感森林资源调查

在林业工作中，应用遥感（remote sensing，RS）技术最早和最广泛的是森林资源调查。从国际上看，遥感技术用于森林调查工作的历史大致可概括为：20 世纪 20 年代开始试用航空目视调查和空中摄影；30 年代采用常规的航空摄影编制森林分布图；40 年代航空相片的林业判读技术得到发展，开始编制航空相片蓄积量表；50 年代发展了航空相片结合地面的抽样调查技术；60 年代中期，红外彩色片的应用促进了林业判读技术的进步，特别是树种判读和森林虫害探测；70 年代初，林业航空摄影比例尺向超小和特大两极分化，提高了工作效率，与此同时，陆地卫星图像在林业中开始应用，并在一定程度上代替了航空摄影；70 年代后期，陆地卫星数据自动分类技术引入林业，多种传感器也用于林业遥感试验；80 年代，卫星遥感不断提高空间分辨率，图像处理技术日趋完善，伴随而来的是结合地理信息系统（geographic information system，GIS）的综合应用、森林资源和遥感图像数据库的建立。进入 21 世纪，随着空间技术和信息技术的进一步发展，新的数据源不断出现，使得森林资源遥感应用调查进入了一个新的发展阶段，遥感已成为多尺度森林资源调查的不可或缺的工具（Wulder and Franklin，2003；Wang，2012）。

4.1　遥感基本原理

4.1.1　遥感的理论基础

遥感，顾名思义，就是遥远地感知。传说中的"千里眼""顺风耳"就具有这样的能力。人类通过大量的实验发现，地球上每一个物体都在不停地吸收、发射和反射能量和信息，其中有一种人类已经认识到的形式——电磁波，并且发现不同物体的电磁波特性是不同的。遥感就是根据这个原理来探测地表物体反射的电磁波和其发射的电磁波，从而提取这些物体的信息，完成远距离识别物体。

不论是航空遥感（airborne remote sensing）还是航天遥感（spaceborne remote sensing）均已广泛应用到森林经理学研究中。最早的遥感平台，如家鸽、风筝、热气球等，是相当不可靠、不稳定的平台，而且只能在相对低的高空获取图片。到目前为止，在轨的对地观测卫星多达几百个，提供着各式各样的遥感数据，从光学到雷达，从多光谱到全色图像，从区域尺度到全球尺度等。长期以来，遥感已经广泛被认为是林业研究的有效和有利工具，如森林调查、森林健康、森林可持续、森林生长、森林生态等（Kohl et al.，2006）。

遥感作为一门对地观测综合性技术，它的实现既需要一整套的技术装备，又需要多种学科的参与和配合，因此，实施遥感是一项复杂的系统工程。根据遥感的定义，遥感系统主要由以下七大部分组成：

①能量源或照明：对于遥感，第一需要的是能量源，即对感兴趣目标进行照明或提供电磁能。

②辐射与大气：在电磁能从其源头向目标物的传输过程中，将与大气接触且相互影响。当电磁能从目标传输到传感器时，这种影响大概持续一秒钟的时间。

③信息源：信息源是遥感需要对其进行探测的目标物。任何目标物都具有反射、吸收、透射及辐射电磁波的特性，当目标物与电磁波发生相互作用时，会形成目标物的电磁波特性，这就为遥感探测提供了获取信息的依据。

④信息获取：信息获取是指运用遥感技术装备接受、记录目标物电磁波特性的探测过程。信息获取所采用的遥感技术装备主要包括遥感平台和传感器。其中遥感平台是用来搭载传感器的运载工具，常用的有气球、飞机和人造卫星等；传感器是用来探测目标物电磁波特性的仪器设备，常用的有照相机、扫描仪和成像雷达等。

⑤信息处理：信息处理是指运用光学仪器和计算机设备对所获取的遥感信息进行校正、分析和解译处理的技术过程。信息处理的作用是通过对遥感信息的校正、分析和解译处理，掌握或清除遥感原始信息的误差，梳理、归纳出被探测目标物的影像特征，然后依据特征从遥感信息中识别并提取所需的有用信息。

⑥解译与分析：处理过图像的解译需要通过目视或数字等方式提取有关目标物的信息，同时对这些信息进行分析说明。

⑦信息应用：信息应用是指专业人员按不同的目的将遥感信息应用于各业务领域的使用过程。信息应用的基本方法是将遥感信息作为地理信息系统的数据源，供人们对其进行查询、统计和分析利用。遥感的应用领域十分广泛，最主要的应用有：军事、地质矿产勘探、自然资源调查、地图测绘、环境监测以及城市建设和管理等。

以上7个部分构成了遥感处理的所有方面，下面将对遥感的基本特性进行阐述。

4.1.1.1　电磁波与电磁波谱（electromagnetic radiation and electromagnetic spectrum）

振动的传播形式称为波。电磁振动的传播形式是电磁波。电磁波的波段按波长由短至长可依次分为：γ-射线、X-射线、紫外线、可见光、红外线、微波和无线电波。电磁波的波长越短其穿透性越强。遥感探测所使用的电磁波波段是从紫外线、可见光、红外线到微波的光谱段（图4-1）。

太阳作为电磁辐射源，它所发出的光也是一种电磁波。太阳光从宇宙空间到达地球表面需穿过地球的大气层。太阳光在穿过大气层时，会受到大气层吸收和散射影响，因而使透过大气层的太阳光能量衰减。但是大气层对太阳光的吸收和散射影响随太阳光的波长而变化。地面上的物体对由太阳光所构成的电磁波产生反射和吸收。由于每一种物体的物理和化学特性以及入射光的波长不同，因此它们对入射光的反射率也不

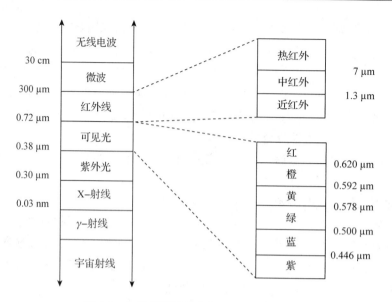

图 4-1 电磁光谱的分布 (Campbell ， 1996)

同。物体对入射光反射的规律叫做物体的反射光谱，通过对反射光谱的测定可得知物体的某些特性。

将电磁波按照在真空中传播时的波长或频率依大小顺序划分成波段，排列成谱即称为电磁波谱。每个谱段的特点如下：

(1) 紫外线 (ultraviolet)

波长 0.01 ~ 0.4μm ，源于太阳辐射， 0.3 ~ 0.38μm 部分穿过大气层，但散射严重。此波段地物成像反差小，仅对萤石、石油等有较高的反射率，因此可以用于石油普查。由于散射的原因，在 2 000m 高度以下成像较好。

(2) 可见光 (visible)

波长 0.4 ~ 0.7μm ，源于太阳辐射。大气对其有影响 (吸收和散射)，大部分地物有良好的反射，它是 RS 使用的主要波段，在航空、航天 RS 中均可使用。成像方式包括摄影和扫描 (多光谱摄影和成像光谱仪)。

(3) 红外线 (infrared)

近红外 0.7 ~ 1.3μm ，短波红外 1.3 ~ 3μm ，源于太阳辐射。中红外 3 ~ 8μm ，热红外 8 ~ 14μm ，源于太阳辐射及地物热辐射。远红外 14μm ~ 1mm ，源于地物热辐射。由于胶片感光范围限制，除在近红外波段可用于摄影成像外，在其他波段不能用于摄影成像。但整个红外波段均可用于扫描成像。

(4) 微波 (microwave)

波长 1mm ~ 1m ，人工装置 (雷达) 产生。它的波长长，受大气散射干扰小，全天候、全天时。微波遥感分主动式和被动式，在航空、航天 RS 中均有应用。其中 L 波段主要用于洪水监测和水资源探测； C 波段用于农作物长势监测和估产； P 波段对植被穿透能力很强，用于军事侦察中的反伪装，能穿透几十米的沙地和几米的土壤。但该波段受电离层影响较大，传输过程中振幅、相位都受到较大影响。

当然，每一个谱段分类又有小的分类，如可见光有又可划分为蓝、青、绿等。目前传感器的波段就是根据这个来划分的，不同传感器波段范围又不一样，如 SPOT 5 的波谱范围为：

P：480～710nm 全色

B1：500～590nm 绿色

B2：610～680nm 红色

B3：780～890nm 近红外

B4：1 580～1 750nm 短波红外

B1 和 B2 是可见光波段，B3 是近红外波段，B4 是短波红外波段。地物在不同波段有不同的反射，呈现不同的颜色。单独一个波段图像上地物的颜色是不能够从其他两个波段图像生成的。因此，每一个光谱谱段均有不可替代性。

4.1.1.2　大气的交互作用

假如地球表面没有大气，所有波段的电磁能就会与地表面相互作用，并传输关于该表面的实际信息。尽管地球的大气是透明的，但适用于遥感的波段仅占电磁波谱中的一小部分。衰减较少的光谱段称为大气窗口，即使是在大气窗口，大气的影响有也非常大。

气体、大的气溶胶引起大气的散射、吸收以及放射辐射能。因此，大气不仅是一个衰减器，同时也是辐射能的来源。太阳辐射在大气传播过程中遇到大气中的气体分子、气溶胶、冰晶等离子的吸收、反射和散射，使部分光线改变方向。使原来传播方向上的太阳辐射减弱，而增加其他方向的辐射，从而使传至地球表面的辐射能量发生改变，或由大气上界直接散射向外空和地面辐射散射经大气层发生衰减而后传至遥感传感器的能量，成分复杂且难以定量计算。而向上传播的大气层辐射被传感器接受成为遥感图像中的噪音成分，影响图像质量，是遥感图像重要的辐射校正部分。

4.1.1.3　植被光谱特征

植被是全球变化中最活跃、最有价值的影响因素和指示因子。植被影响地气系统的能量平衡，在气候、水文和生化循环中起着重要作用，是气候和人文因素对环境影响的敏感指标。

地面植物具有明显的光谱反射特征(图 4-2)，不同于土壤、水体和其他的典型地物，植被对电磁波的响应是由其化学特征和形态学特征决定的，这种特征与植被的发育、健康状况以及生长条件密切相关。

在可见光波段内，各种色素是支配植物光谱响应的主要因素(图 4-2)，其中叶绿素所起的作用最为重要。在中心波长分别为 $0.45\mu m$(蓝色)和 $0.65\mu m$(红色)的两个谱带内，叶绿素吸收大部分的摄入能量，在这两个叶绿素吸收带间，由于吸收作用较小，在 $0.54\mu m$(绿色)附近形成一个反射峰，因此许多植物看起来是绿色的。除此之外，叶红素和叶黄素在 $0.45\mu m$(蓝色)附近有一个吸收带，但是由于叶绿素的吸收带也在这个区域内，所以这两种色素在光谱响应模式中起主导作用。

在光谱的近红外波段，植被的光谱特性主要受植物叶子内部构造的控制。健康绿

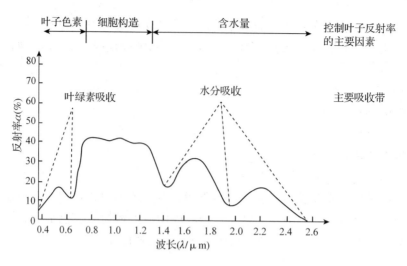

图 4-2 绿色植物的光谱反射曲线

色植物在近红外波段的光谱特征是反射率高(45%~50%)，透过率高(45%~50%)，吸收率低(<5%)。在可见光波段与近红外波段之间，即大约 0.76μm 附近，反射率急剧上升，形成"红边"现象，这是植物光谱反射曲线最为明显的特征，是研究的重点光谱区域。许多种类的植物在可见光波段差异小，但在近红外波段的反射率差异明显。同时，与单片叶子相比，多片叶子能够在光谱的近红外波段产生更高的反射率(高达85%)，这是因为附加反射率的原因，因为辐射能量透过最上层的叶子后，将被第二层的叶子反射，结果在形式上增强了第一层叶子的反射能量。

在光谱的中红外波段，绿色植物的光谱响应主要被 1.4μm、1.9μm 和 2.7μm 附近的水的强烈吸收带所支配。2.7μm 处的水吸收带是一个主要的吸收带，它表示水分子的基本振动吸收带。1.9μm、1.1μm、0.96μm 处的水吸收带均为倍频和合频带，强度比水的基本吸收带弱，而且是依次减弱的。1.4μm 和 1.9μm 处的两个吸收带是影响叶子中红外波段光谱响应的主要谱带。1.1μm 和 0.96μm 处的水吸收带对叶子的反射率影响也很大，特别是在多层叶片的情况下。研究表明，植物对入射阳光中的红外波段能量的吸收程度是叶子中总水分含量的函数，即是叶子含水量和叶子厚度的函数。随着叶子水分减少，植物中红外波段的反射率明显增大。

4.1.1.4 主被动遥感

主动遥感(active remote sensing)，又称有源遥感，有时也称遥测，指从遥感台上的人工辐射源，向目标物发射一定形式的电磁波，再由传感器接收和记录其反射波的遥感系统。其主要优点是不依赖太阳辐射，可以昼夜工作，而且可以根据探测目的的不同，主动选择电磁波的波长和发射方式。主动遥感一般使用的电磁波是微波和激光，多采用脉冲信号，也用连续波束。普通雷达、侧视雷达、合成孔径雷达、红外雷达、激光雷达等都属于主动遥感系统。

被动遥感(passive remote sensing)，采用被动遥感系统所进行的遥感探测称为被动遥感。被动遥感系统又称无源遥感系统，即遥感系统本身不带有辐射源的探测系统；亦即在遥感探测时，探测仪器获取和记录目标物体自身发射或是反射来自自然辐射源

（如太阳）的电磁波信息的遥感系统。例如：航空摄影系统、红外扫描系统等。被动式遥感是直接接收来自目标物的辐射能量的遥感方式，探测器接收到的绝大部分能量来源于太阳对地物的辐射，还有一小部分可能是地热。

4.1.1.5 图像特征与分析

（1）图像分辨率

对于遥感数据，通常认为有 4 种分辨率，它们决定了图像的质量。

①光谱分辨率：指传感器能够记录的电磁辐射波谱中特定的波长范围。

②空间分辨率：指传感器能测量的地面最小物体的量度，或指每个像元所代表的地物实际范围的大小。遥感图像的空间分辨率一般用像元（pixel size）表示。图 4-3 所示为同一地方不同分辨率的图像。

③辐射分辨率：指图像每一光谱波段数据的可能值或动态范围。

④时间分辨率：指获取某一地区遥感数据的周期。

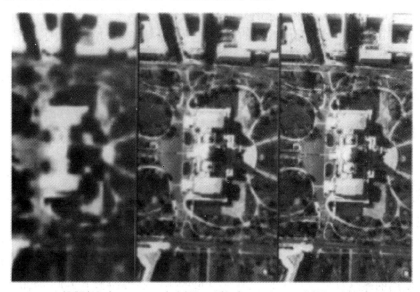

a SPOT(10m)　　　　b OrbView-1(3m)　　　　c OrbView-1(1m)

图 4-3　不同空间分辨率图像的比较

（2）图像处理

图像处理是对遥感图像进行辐射和几何纠正、图像整饰、投影变换、镶嵌、特征提取、分类以及各种专题处理的方法。常用的遥感图像处理方法有光学处理和数字处理两种。光学处理包括一般的照相处理、光学的几何纠正、分层叠加曝光、相关掩模处理、假彩色合成、电子灰度分割和物理光学处理等。光学处理有时称为模拟处理。数字处理是指用计算机图像分析处理系统进行的遥感图像处理。遥感图像的数字处理往往与多光谱扫描仪和专题制图仪图像数据的应用联系在一起。数字处理方式灵活，重复性好，处理速度快，可以得到高像质和高几何精度的图像，容易满足特殊的应用要求，因而得到广泛的应用。图像处理的内容包括：

①图像恢复：即校正在成像、记录、传输或回放过程中引入的数据错误、噪声与畸变。其包括辐射校正、几何校正等。

②数据压缩：用以改进传输、存储和处理数据效率。

③图像增强：突出数据的某些特征，以提高图像目视质量。包括彩色增强、反差增强、边缘增强、密度分割、比值运算和去模糊等。

④信息提取：那从经过增强处理的图像中提取有用的遥感信息。包括采用各种统计分析、集群分析和频谱分析等自动识别与分类方法。通常利用专用数字图像处理系统来实现，且依据目的不同采用不同算法和技术。

(3) 遥感图像计算机解译

遥感图像的计算机解译是以遥感数字图像为研究对象，将遥感图像的地学信息获取发展为计算机支持下的遥感图像智能化识别，从而实现遥感图像理解的一门技术。它是统计模式识别技术在遥感领域中的具体应用，即提取待识别模式的一组统计特征值，然后按照一定规则做出决策，从而对数字图像加以识别。目前，遥感图像计算机分类算法设计的主要依据是地物光谱数据，但该类数据存在着一些问题，如地物光谱数据，仅局限在遥感图像像元所具有的多光谱特征，未能充分利用其他如相邻像元间的关系，图像提供的形状、空间位置特征等的信息；另外，提高遥感图像的分类精度虽受到大气状况、下垫面等因素的影响而有局限性，但是，遥感图像的计算机解译将始终是图像解译的重点发展方向。

4.1.2 传感器与数据

4.1.2.1 传感器

目前的遥感技术能够从不同高度获取图像，如地面、航空和航天。遥感拍摄的相片是由位于不同高度，装在不同载体（如飞机、卫星等）上的不同清晰度（分辨率）照相设备，以不同的照相（采集）方式，获取的遥感相片（图像、数据、影像等），这些遥感图像是具有不同清晰度、不同分辨率的照片。国内外常用的传感器的特性见表4-1。

广泛使用的遥感数据来自卫星。遥感卫星的飞行高度一般在 $600 \sim 4000km$ 之间，图像分辨率一般从 $1m \sim 1km$ 之间。当分辨率为 $1km$ 时，一个像元代表地面 $1km \times 1km$ 的面积，即 $1km^2$；当分辨率为 $30m$ 时，一个像元代表地面 $30m \times 30m$ 的面积；当分辨率为 $1m$ 时，图像上的一个像元相当于地面 $1m \times 1m$ 的面积，即 $1m^2$。我们使用遥感图像数据时，需要根据所要解决的问题，选择相应分辨率的遥感数据资料。

4.1.2.2 数据

1) 不同空间分辨率的遥感图像

(1) 低分辨率遥感图像

低分辨率遥感图像一般指分辨率小于 $30m$ 的卫星影像。

对于低分辨率遥感图像，覆盖同一区域所需的遥感影像的数据量要少很多，其获取成本也会低很多，数据存储和数据处理的工作量就会相应的小很多。有些大区域的

表4-1 常用遥感传感器特性

传感器名称 Sensor Mission	所属组织 Organization Nation	运行时间 Operation Period	空间分辨率 Spatial Resolution	幅宽 Swath(km)	光谱范围 Spectral Coverage(mm)	波段数 Number Channel
低空间分辨率的光学传感器						
AVHRR NOAA(6-15)	NOAA	1978	1 100	2 700	0.58~11.5	5
Vegetation(SPOT 4,5)	SPOT Image	1998	1 150	2 250	0.43~1.75	5
MODIS	NASA	1999	250(PAN) 500(VNIR) 1 000(SWIR)	2 330×10	0.620~2.155, 3.66~14.385	36
MERIS(Envisat-1)	ESA	2002—2012	300/1 200	1 150	0.39~1.04	15
NOAA-18	NASA	2005	1 100	2 900	不定	5
中空间分辨率的传感器						
MSS(Landsat 1~3)	NASA	1972—1983	79,240	185	0.50~12.6	4
TM(Landsat 4,5)	NASA	1982—2013	30,120	185	0.45~2.35	7
HRV(SPOT 1~3)	SPOT Image	1986	10,20	60	0.50~0.89	3
ETM+(Landsat-7)	NASA	1999— 2003 故障	15(PAN), 30(MS), 60(NIR)	185	0.45~2.35, 10.4~12.5	7
HRG(SPOT-5)	SPOT Image	2002	5,10,20	60	0.48~1.75	4
IRS-P5(Cartosat-1)	Indian	2000	2.54	29.42,26.2	0.52~0.82	
SPOT-4	SPOT Image	2003	10,20	60	0.50~1.75	4
IRS-P6(LISS Ⅲ)	Indian	2003	23.5	141	0.52~1.70	4
ASTER(EOS Terra)	UASA	1999	15,30,90	60	0.52~0.86, 1.60~2.43 8.125~11.65	15
ALI(EO-1)	NASA	2000	10,30	185	0.433~2.35	9
CBERS-1	中国- 巴基斯坦	1999—2001	78(6,7,8) 156(9)	119.5	0.45~0.73, 0.50~12.50	4
CBERS-2	中国- 巴基斯坦	2003	5/10(PAN), 40/80(红), 67(WFI)	185	0.45~0.73, 0.5~0.8, 0.63~0.89	5
CHRIS(PROBA)	ESA	2001	17/34	13	0.415~1.05	18,34,62
CBERS-2B	中国- 巴基斯坦	2007	20(CCD), 2.36(HR), 258(WFI)	113(CCD), 27(HR), 890(WFI)	0.45~0.73, 0.5~0.8, 0.63~0.90	5/1(HR)/ 1(WFI)
HJ-1A	China	2008	30(CCD), 100(高光谱)	360(单), 50(高光谱)	0.43~0.90, 0.45~0.95 (高光谱)	4
HJ-1B	China	2008	30,150,300	360,720	0.43~0.90, 0.75~1.7, 10.5~12.5	8
CBERS-2C	中国- 巴基斯坦	2011	5,10,2.36	60,27/54	0.51~0.89, 0.5~0.8	4
OLI(Landsat 8)	NASA	2013	15,30,100	185	0.433~1.390	11

（续）

传感器名称 Sensor Mission	所属组织 Organization Nation	运行时间 Operation Period	空间分辨率 Spatial Resolution	幅宽 Swath（km）	光谱范围 Spectral Coverage（mm）	波段数 Number Channel
GF-1	China	2013	2，8/16	60/800	0.45～0.90	4
Sentinel-2A	ESA	2015	10，20，60	290	近红外—短波红外	13
ERS-1	ESA	1991	30，28	100	波长 5.7cm， 5.3GHz	
JERS-1	NASDA	1992—1998	18，0	75	0.43～1.7	7
ERS-2	ESA	1995	30，29	100	波长 5.7cm， 5.3GHz	
Radarsat-1	CSA	1995—2013	8～100	50～500	波长 5.3cm	
ASAR（Envisat-1）	ESA	2002—2012	30	400	5.331GHz	
PALSAR（ALOS）	Janpan	2006—2011	7～44（Fine）， 14～88（ScanSAR）	40～70	1270 MHz （L-band）	1
ALOS-2	JAXA	2014	1～100		L 波段	
Sentinel-1A	ESA	2014	5×20，5×5， 5×5，20×40	250，20×20， 80，400	C 波段， 5.405GHz	
高空间分辨率的遥感传感器						
IKONOS	Spacing Imaging	1999	1（PAN），4（NIR）	11	0.45～0.90	4
QuickBird	Digital Globe	1999	0，82（PAN） 3，2（MS）	6，30	0.45～0.90	4
IKONOS-2	USA	1999	0.82～1（PAN）， 3.2～4（MS）	11.3（7 英里） 3.8（8.6 英里）	全色态、红、绿 蓝、近红外光	4
QuickBird 2	Digital Globe	2001	0.65，2.62	16.5	0.43～0.918	4
OrbView-3	GeoEye	2003	1（PAN），4（MS）	8×8	0.45～0.90	4
FORMOSAT-2	中国台湾	2004	2，8	24	0.45～0.90	4
BJ-1	China	2005	32（MS）， 4（PAN）	600（MS）， 4（PAN）	0.52～0.90	3
WorldView-1	Digital Globe	2007	0.5	17.6	全色	
TerraSAR-X	DLR	2007	1，3，18		X 波段	
COSMO	Italy	2007	1	10	波长 3.1cm/9.3GHz	
GeoEye-1	USA	2008	0.41，1.65	15.2	0.45～0.92	4
RapidEye	German	2008	5	77	0.44～0.85	5
WorldView-2	Digital Globe	2009	0.5，1.8	16.4	0.45～0.895	8
Pleiades	SPOT Image	2011—2013	0.5，2	20×280	0.43～0.94	4
SPOT 6	SPOT Image	2012	1.5，6	60	0.455～0.745（PAN）， 0.455～0.890（VNIR）	5
CBERS-3	China	2012	3.5，2.1，6	52，51	0.5～0.8、 0.45～0.89	
ZY-3	China	2012	2.5，4	51/52		
GF-2	China	2014	2（PAN），4（MS）	45	0.45～0.91	4
SPOT 7	SPOT Image	2014	1.5，7	60	0.455～0.745（PAN）， 0.455～0.891（VNIR）	5
WorldView-3	Digital Globe	2014	0.31	13.1	0.4～2.4	8
BJ-2	China	2015	1（PAN），4（MS）	24		4

研究，比如大范围的环境监测、全球性的变化监测等，不需高分辨率的数据，中低分辨率遥感影像即可满足需求。低分辨率遥感数据已经用于大范围的土地覆盖和土地利用信息的提取很多年了，如 Stow 等(2004)利用 NOAAAVHRR 数据进行的土地和土地利用变化制图；又如，近些年利用 250m 的 MODIS 生成的每月植被覆盖变化产品，这个产品显示了由于人类活动和极端自然事件引起的全球土地覆盖变化。事实也证明，低分辨率传感器因能够大范围覆盖，对森林变化监测的帮助很大。当然，对于局部尺度的规划和森林经营，低分辨率的遥感数据太粗，不适用；能够满足对区域和国家尺度的需要。

总之，选取什么分辨率的遥感影像，主要是由需求决定。数据本身没有好坏，只是服务于不同的应用需求。

(2)中高分辨率传感器

中高分辨率传感器一般指分辨率在 10 ~ 30m 的卫星影像。表 4-1 中列出的 Landsat，SPOT，CBERS 和 IRS 等均属于中高分辨率的遥感数据。与高分辨率卫星影像相比，该类影像具有更高的幅宽，更广阔的覆盖范围，可以在较短时间内对地面进行多次覆盖。因此，此类影像可以用于农林调查、城市变化检测，灾害监测等对时相与重复观察要求严格的领域。

美国陆地卫星的发射成功，是历史性的里程碑，具有划时代的意义。从 1972 年第一颗陆地资源卫星上天，到现在已发射 8 颗陆地资源卫星(Landsat MSS，TM，ETM 和 OLI)，可以为全球提供长时间系列的遥感数据，这些遥感数据已成为使用最广的对地观测数据。法国的 SPOT 系列卫星在传感器设计上具有很大突破性，印度的 IRS 系列卫星数据也是使用非常广泛的中高分辨率遥感数据，中国的资源卫星系列数据是后起之秀。这些系列卫星不仅提供多光谱产品，也提供全色波段图像。

对于中高分辨率的传感器，人们期待它们能长期的提供数据。事实上，上述系列卫星传感器已经具备这种能力了。将来，对地观测平台将获得更多的、分辨率更高的、具备多光谱和全色波段的遥感数据。

(3)高分辨率图像

高分辨率遥感对地观测的发展是近十余年来对地观测，特别是卫星对地观测领域最重要的突破。

高分辨率的卫星影像通常是指像素的空间分辨率在 10 m 以内的遥感影像，目前一般指空间分辨率优于 5m。卫星遥感空间分辨率已逼近亚米级，极限为厘米级。

早期高分辨率传感器的研制与应用主要是在军事领域，以大比例尺遥感制图，对地物的分析和对人类活动的监测为目的，20 世纪 90 年代以后才逐渐进入商业和民用领域，并迅速地发展起来。1993 年 1 月，美国 Space Imaging 公司首先获得了制造和经营 3 m 分辨率传感器的许可证，随后该许可证陆续发给了洛克希德—马丁公司、Earth-View 公司和 Ball 公司等。

当今最先进的卫星系统如美国高级军事侦察卫星"锁眼"系列(KH-11，12)，其最高的空间分辨率已达 0.1m；而美国的雷达侦察卫星"长曲棍球"(Lacrosse)的空间分辨率最高也达到 0.3m。

最先进的商用对地观测卫星的空间分辨率已达 0.41m（美国 GeoEye）和 0.5m（WorldView 卫星）。GeoEye 新型卫星于 2008 年 4 月的发射和运行标志着民用卫星的空间分辨率已有较大的突破。除此而外，德国和意大利发展的高分辨率雷达卫星（TerraSar、Cosmo 和 SkyMed），在组成星座方面走在了前列。

现代高分辨率卫星系统的一个共同特点是大多为小卫星系统，它们的性价比都相对较高；它们总是作为国家安全的重要组成部分，也同时为军用提供信息，在关键时期甚至为军方所征用。

最后，应该指出，遥感图像的分辨率是根据实际需要等多种因素设计确定的，并非图像的分辨率越高，对应用越有利。在实际应用中，可根据应用目的和当前的实际条件，选取最适当分辨率的遥感图像。

2）高光谱遥感

高光谱遥感或成像光谱遥感技术的发展是 20 世纪末的最后两个十年中人类在对地观测方面所取得的重大技术突破之一，是 21 世纪初的遥感前沿技术。所谓高光谱遥感（hyperspectral remote sensing）是指利用很窄的电磁波波段从感兴趣的物体获取有关数据。它是在电磁波谱的紫外、可见光、近红外和中红外区域获取许多非常窄且连续的图像数据的技术。

高光谱遥感能够探测和区分具有细微光谱差异的各种物体，大大地改善了对植被的识别和分类精度。利用高光谱数据实行的混合光谱分解方法可以将森林郁闭度这个最终光谱单元信息提取出来，合理而真实地反映其在空间上的分布，对于掌握森林结构与森林环境、加强森林生态系统管理具有重要意义。此外，高光谱遥感数据凭借大量的光谱信息，在森林分类与调查、森林资源变化信息提取、森林火灾监测、森林病虫害评估等方面也起到了举足轻重的作用，为实时而科学的森林经营管理增添了一种新技术手段。

3）微波遥感

微波遥感是 20 世纪后期发展起来的新一代先进航天遥感技术。微波遥感是传感器的工作波长在微波波谱区的遥感技术，其利用某种传感器接收各种地物发射或者反射的微波信号，借以识别、分析地物，提取地物所需的信息。

常用的微波波长范围为 0.8～30cm。其中又细分为 K，Ku，X，G，C，S，Ls 和 L 等波段。微波遥感的工作方式分主动式（有源）微波遥感和被动式（无源）微波遥感。前者由传感器发射微波束再接收由地面物体反射或散射回来的回波，如侧视雷达；后者接收地面物体自身辐射的微波，如微波辐射计、微波散射计等。

微波遥感的突出优点是具全天候工作能力，不受云、雨、雾的影响，可在夜间工作，并能透过植被、冰雪和干沙土，获得近地面以下的信息。广泛应用于海洋研究、陆地资源调查和地图制图。

（1）微波遥感的优势

与可见光和近红外等光学遥感相比，微波遥感的优势在于：
①微波具有穿透云层、雾和小雨的能力。
②微波具有穿透被测物体的能力。

③微波测得的信息与红外和可见光所测信息互为补充。

④微波遥感的主动方式不仅可以记录电磁波振幅信号，而且可以记录电磁波相位信息(如进行雷达干涉测量)。

⑤可以获取地物的极化散射信息。

⑥干涉技术直接反演参数(通过好的方法)并不受实际操作者或当地统计变异的影响。

(2)微波遥感的局限性

微波遥感也有其局限性，主要表现为：

①微波遥感一般是侧视成像，侧视 SAR 图像具有阴影、迎坡缩短和顶底倒置等几何失真。

②光学成像通常是一次成像，而 SAR 是多次扫描后的叠加成像，成像的效果与雷达的一些实际状态有关。

③相干斑现象严重，解译困难。

④微波传感器的空间分辨率要比可见光和红外传感器低。

⑤其特殊的成像方式使得数据处理和解译相对困难些。

⑥与可见光和红外传感器数据在空间位置上不能一致。

一般情况下，地球表面有60%~70%被云层覆盖，可见光、红外技术在这种天气下难以获得有效数据，不能及时为林业行业提供数据支持。而合成孔径雷达(synthetic aperture radar, SAR)具有全天时、全天候，能够穿透掩盖物以及较好反映地表结构信息的能力，为林业遥感提供了新的数据源。SAR 遥感获取的各种森林生物影像参数，被广泛用于识别森林类型、密度、年龄，监测森林生长、再生状况、森林砍伐、森林灾害以及估算森林的生物量、蓄积量，特别是对热带雨林砍伐监测，SAR 几乎是唯一可以依赖的信息源，这些信息有效提高了人们对森林资源的认识。

4)激光雷达

激光雷达是以发射激光束的方式探测目标的位置、速度等特征量的雷达系统。从工作原理上讲，与微波雷达没有根本的区别，即向目标发射探测信号(激光束)，然后将接收到的从目标反射回来的信号(目标回波)与发射信号进行比较，作适当处理后，就可获得目标的有关信息，如目标距离、方位、高度、速度、姿态、甚至形状等参数，从而对飞机、导弹等目标进行探测、跟踪和识别。

激光雷达 LiDAR(light detection and ranging)，是激光探测及测距系统的简称，也称 Laser Radar 或 LADAR(laser detection and ranging)。激光雷达是用激光器作为发射光源，采用光电探测技术的主动遥感设备。激光雷达是结合激光技术与现代光电探测技术的先进探测方式。激光雷达由发射系统、接收系统和信息处理等部分组成。发射系统是各种形式的激光器，如二氧化碳激光器、掺钕钇铝石榴石激光器、半导体激光器及波长可调谐的其他固体激光器以及光学扩束单元等组成；接收系统采用望远镜和各种形式的光电探测器，如光电倍增管、半导体光电二极管、雪崩光电二极管、红外和可见光多元探测器件等组合。激光雷达采用脉冲或连续波两种工作方式，探测方法按照探测的原理不同可以分为米散射、瑞利散射、拉曼散射、布里渊散射、荧光、多普勒等。

（1）激光雷达的优点

与普通微波雷达相比，激光雷达由于使用的是激光束，工作频率较微波高了许多，因此拥有了很多优点，主要有：

①分辨率高：激光雷达可以获得极高的角度、距离和速度分辨率。通常角分辨率不低于 0.1mrad，也就是说可以分辨 3km 距离上相距 0.3m 的两个目标（这是微波雷达无法实现的），并可同时跟踪多个目标；距离分辨率可达 0.1m；速度分辨率能达 10m/s 以内。距离和速度分辨率高，意味着可以利用距离—多普勒成像技术来获得目标的清晰图像。分辨率高，是激光雷达的最显著的优点，其多数应用都是基于此。

②隐蔽性好、抗有源干扰能力强：激光直线传播、方向性好、光束非常窄，只有在其传播路径上才能接收到，因此敌方截获非常困难，且激光雷达的发射系统（发射望远镜）口径很小，可接收区域窄，有意发射的激光干扰信号进入接收机的概率极低；另外，与微波雷达易受自然界广泛存在的电磁波影响的情况不同，自然界中能对激光雷达起干扰作用的信号源不多，因此激光雷达抗有源干扰的能力很强，适于工作在日益复杂和激烈的信息战环境中。

③低空探测性能好：微波雷达由于受到各种地物回波的影响，且低空存在有一定的盲区。而对于激光雷达来说，只有被照射的目标才会产生反射，完全不存在地物回波的影响，因此可以"零高度"工作，低空探测性能较微波雷达强。

④体积小、质量轻：通常普通微波雷达的体积庞大，整套系统质量数以吨记，仅天线口径就达几米甚至几十米。而激光雷达则轻便、灵巧，发射望远镜的口径一般仅为厘米级，整套系统的质量最小的只有几十公斤，架设、拆收都很简便。而且，激光雷达的结构相对简单，维修方便，操纵容易，价格也较低。

（2）激光雷达的缺点

激光雷达也有相应的缺点，具体表现为：

①受天气和大气影响大：激光在晴朗的天气里衰减较小，传播距离较远，而在大雨、浓烟、浓雾等坏天气里衰减急剧加快，传播距离大受影响。如工作波长为 10.6μm 的激光，是所有激光中大气传输性能较好的，其在坏天气的衰减是晴天的 6 倍。地面或低空使用的激光雷达的作用距离，晴天为 10~20km，而坏天气则降至 1km 以内。大气环流还会使激光光束发生畸变、抖动，直接影响激光雷达的测量精度。

②在大尺度空间直接搜索目标困难：由于激光雷达的波束极窄，在大尺度空间搜索目标非常困难，直接影响对非合作目标的截获概率和探测效率，只能在较小的范围内搜索、捕获目标，因而激光雷达较少单独直接应用于战场进行目标探测和搜索。

4.1.3 遥感精度评价

4.1.3.1 遥感图像的几何精度

由于受诸多因素如遥感平台位置和运动状态变化、地形起伏、地球表面曲率的影响，遥感图像的形成在几何位置上发生了变化，产生诸如行列不均匀，像元大小与地面大小对应不准确，地物形状不规则变化等畸变。遥感影像的总体变形是平移、缩放、旋转、偏扭、变曲及其他多变形综合影响的结果。产生畸变的图像不能直接用于定位和定量分析。遥感数据接收后，首先由接收单位对遥感平台、地球传感器的各种参数进行部分处理和校正，若仍满足不了用户的要求，则需要作进一步的几何校正或正射校正（梅安新等，2001）。

目前主要采用两种数学模型对遥感影像进行几何精度校正。平坦地区或地面高差较小的卫星影像，一般采用二维多项式模型；地面起伏较大不能满足定量分析或制图精度的卫星影像，采用三维数字微分校正模型。二维多项式模型近似地描述了影像校正前后的坐标关系，并利用控制点的图像坐标和理论坐标（控制点的实测坐标或地形图上坐标），按最小二乘原理求解出多项式中的系数，然后以此多项式对图像进行几何校正。三维数字微分校正模型是利用数字高程模型（DEM）进行数字微分校正，通过对图像上因地面起伏引起的像点位移进行逐点改正，得到影像比例尺完全一致的正射影像。大量实践证明，遥感影像的几何校正精度与地面控制点的位置、数量、定位精度等级，遥感影像的分辨率和数字高程模型（DEM）精度有关。

一个地物在不同的图像上，位置要一致，才可以进行融合处理、图像的镶嵌、动态变化监测。同一地区不同时间的影像，不能把它们归纳到同一个坐标系中去。如果图像中还存在变形，这样的图像也是不能进行融合、镶嵌和比较的，是没有用的。因此，遥感图像的位置精度是十分重要的。

4.1.3.2　遥感图像分类精度

精度评价是指通过比较实地数据与分类结果，以确定分类过程的准确程度。分类结果精度评价是进行土地覆被遥感监测中重要的一步，也是分类结果是否可信的一种评价。最常用的精度评价方法是误差矩阵或混淆矩阵（error matrix）方法（Congalton，1991；Richards，1996；Stehman，1997），从误差矩阵可以计算出各种精度统计值，如总体正确率、使用者正确率、生产者正确率（Story and Cngalton，1986），Kappa 系数等。

误差矩阵是一个 $n \times n$ 矩阵（n 为分类数），用来简单比较参照点和分类点。一般矩阵的行代表分类点，列代表参照点，对角线部分指某类型与验证类型完全一致的样点个数，对角线为经验证后正确的样点个数（Stehman，1997）。对分类图像的每一个像素进行检测是不现实的，需要选择一组参照像素，参照像素必须随机选择。

Kappa 分析是评价分类精度的多元统计方法，对 Kappa 的估计称为 KHAT 统计，Kappa 系数代表被评价分类比完全随机分类产生错误减少的比例，计算公式如下：

$$\hat{K} = \frac{N \cdot \sum_{i}^{r} x_{ii} - \sum (x_{i+} \cdot x_{+i})}{N^2 - \sum (x_{i+} \cdot x_{+i})} \tag{4-1}$$

式中　$\hat{K}$——Kappa 系数；

　　　r——误差矩阵的行数；

　　　x_{ii}——i 行 i 列（主对角线）上的值；

　　　x_{i+}，x_{+i}——分别是第 i 行的和与第 i 列的和；

　　　N——样点总数。

表 4-2 **Kappa 系数统计值与分类精度对应关系**

Kappa 系数计值	分类精度	Kappa 系数计值	分类精度
< 0	较差	0.4 ~ 0.6	好
0 ~ 0.2	差	0.6 ~ 0.8	较好
0.2 ~ 0.4	正常	0.8 ~ 1.0	非常好

Kappa 系数的最低允许判别精度 0.7(Lucas *et al*., 1994),Kappa 系数与分类精度的对应关系见表 4-2。

4.1.3.3 森林参数反演精度

野外测量方法是获取森林参数的最直接途径,但该途径费时、费力、成本高,对于大范围直接测量难现实。因此,森林参数不论是生物物理参数还是生物化学参数,一般都通过建立森林结构参数遥感模型,然后进行估算。对于估算结果需要利用真实的数据进行精度验证,通常采用样地实测数据对参数模型进行精度验证。估算精度的高低直接影响估算结果的质量和应用效果。由于不同的研究方法或模型都存在不足或问题,因此,没有哪种方法是放之四海而皆准的。

4.2 遥感森林资源调查概述

遥感技术的发展为森林资源调查提供了新的技术和手段。20 世纪 50 年代中期,我国创建了森林航空测量调查大队,首次开展了森林航空摄影、森林航空调查和地面综合调查工作,建立了以航空相片为手段,目测调查为基础的森林调查技术体系。50 年代后期,仅用五六年的时间就查清了我国主要国有林区森林分布情况,为森林资源开发、森林经理工作安排和林业方针政策制定提供了依据。在这之后,遥感技术不断进步,随着我国森林资源调查监测体系的建立,遥感技术开始在我国森林资源调查中进一步得到广泛研究和应用。

4.2.1 一类清查中的遥感应用

森林资源一类清查中应用遥感技术主要体现在以下方面(肖兴威,2005):

(1)建立遥感判读样地目视判读

由于一类清查是以采用系统抽样设置固定样地,定期进行复查的方式进行的。遥感判读样地布设在 2km × 2km 间隔公里网的交叉点上,数量一般要求不低于固定样地数量的 4 倍。遥感样地布设及目视判读工作流程如图 4-4 所示,遥感判读样地结果统计技术流程如图 4-5 所示。

(2)森林类型的计算机分类

从遥感图像上提取各种特征参数,根据地面调查建立分类解译标志,再利用分类算法进行森林类型的分类识别。图 4-6 所示为应用决策树分类算法进行遥感数据分类的技术流程。

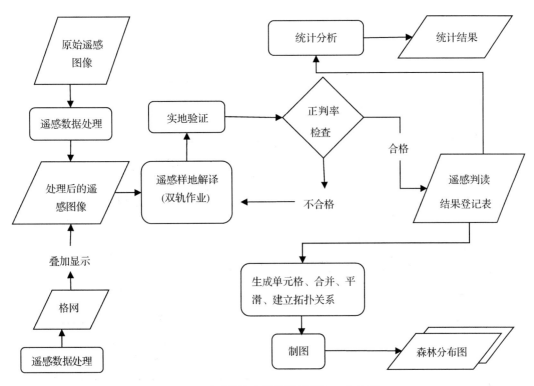

图 4-4 遥感样地布设及目视判读工作流程

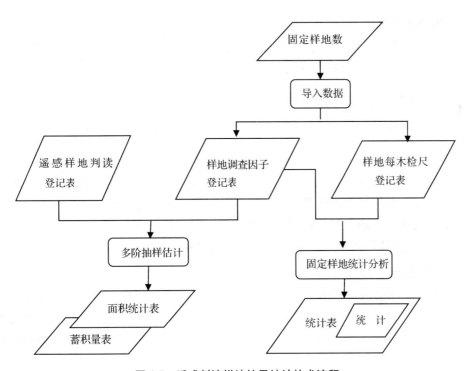

图 4-5 遥感判读样地结果统计技术流程

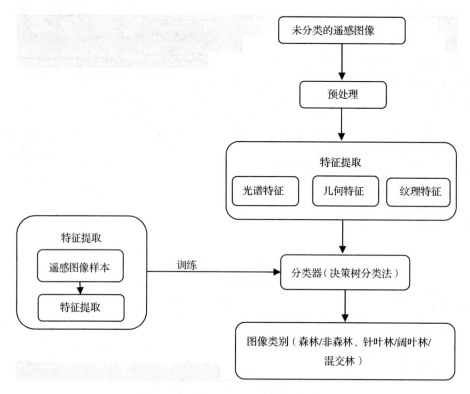

图 4-6 遥感数据计算机分类技术流程

(3) 专题图的制作

遥感数据经过图像处理, 信息提取等过程, 最后生成基于森林图像识别分类的专题图, 其基本技术流程如图 4-7 所示。

4.2.2 二类调查中的遥感应用

遥感在二类调查业务中主要用于小班区划和地类识别(陈志远, 2010)。

(1) 林班小班区划

由于在各种中等空间分辨率的遥感图像地形要素中, 山脊线通常不明显, 小沟系也不十分明显, 因此给区划林班、小班造成一定困难, 但对照相同比例尺的地形图仍可较好地进行林班区划, 如将地形图叠置在遥感图像上则可准确地区划林班和小班。一般空间分辨率越高进行林班, 小班区划的效果越好。

(2) 地类识别

利用林业遥感图像进行地类识别, 可以帮助调查者更简便、准确地获得所区划小班的地类信息。不同遥感信息源对地类的识别能力见表 4-3(陈志远, 2010)。从表中可以看出 IKONOS 与 QuickBird 近似, 但后者对小地物清晰度更高些, 数字航空相片在进行地类调查时具有很好的效果。

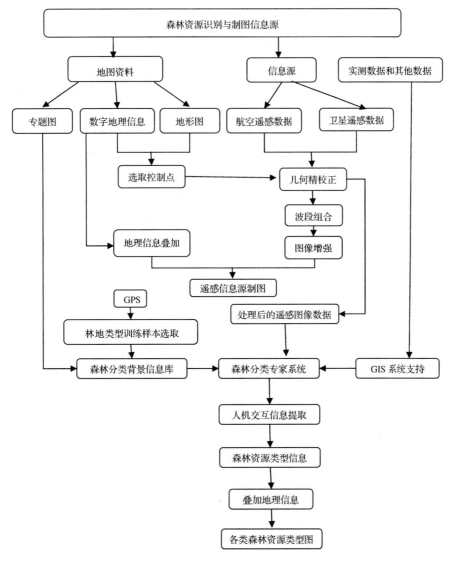

图4-7　森林资源类型专题图制作流程

表4-3　不同遥感信息源在森林资源二类调查中的地类识别能力评价

信息源	林地						新造林地及整地情况	道路、长城、行道树	居民点	树种组成
	阔叶林	针叶林	灌木林	疏林地	散生木	苗圃				
TM，SPOT 4融合图	可以	可以	可以	不易	不能	小苗圃不能识别	不可以	高速公路、铁路可以识别，长城识别断断续续，行道树较长的可以识别	大的可以识别，小的不易识别	不易
SPOT 5	可以	可以	可以	尚可	不易	尚可	尚可但不清晰	高速公路、铁路一般，公路、长城、行道树可以识别	大的可以，小的模糊	不易
IKONOS，QuickBird	清晰	可以	清晰	可以	可以	可以	可以	清晰，可识别长城瞭望台	清晰，可勾绘房屋位置	清晰
数字航空相片	清晰	可以	清晰	可以	清晰	可以	清晰	清晰，可识别长城瞭望台	清晰，可勾绘房屋位置	可以

4.2.3 遥感获取森林调查信息的可行性分析

由于地形的起伏和不规则、图像精度不高和云覆盖等原因，不同的遥感数据源应用于森林调查时获取的森林信息都是有限的。虽然微波遥感能够穿透云层而监测地球表面，但是用雷达图像解决云覆盖问题的应用仍受到限制。现有遥感仪器中，唯有高空间分辨率的传感器能够获得大多数需要的信息。根据已有的研究成果，表4-4列出了不同传感器精度获取森林信息的可行性。最新的调查表明，利用遥感，特别是微波遥感获取森林的生物和地球物理参数的可能性仍处于研究阶段。信息用户最关心的是有没有足够的证据证明从遥感数据提取森林信息是可使用(Lin and Päivien，1998)。

表4-4 遥感获取森林资源信息的可行性

属 性	面积 （hm²）	高精度传感器 （如 IKONOS）	中精度传感器 （如 TM）	低精度传感器 （NOAA/AVHRR）	备 注
有林地	1	可行	可能可行	不可行	①分辨率指空间分辨率；
	100	可行	可行	可能可行	②以卫星遥感的空间分辨率划分高、中、低
林分结构	1	可行	可能可行	不可行	
	100	可行	可行	不可行	
植被类型	1	可行	可能可行	不可行	
	100	可行	可行	不可行	
直径	单株树	不可行	不可行	不可行	
	林分	可能可行	可能可行		
蓄积量	1	可行	不可行	不可行	
	100	可行	可行	不可行	
木材生物量	1	可行	不可行	不可行	
	100	可行	可行	不可行	
排水/迁移	1	可行	可能可行	不可行	
	100	可行	可行	不可行	
灾害	1	可行	可能可行	不可行	
	100	可行	可行	不可行	
健康	单株树	可行	不可行	不可行	
地形	0.5	可能可行	不可行	不可行	
	1	可能可行	可能可行	不可行	
小片的空间排列	1	可行	可能可行	不可行	
	100	可行	可能可行	不可行	
土壤类型	1	可行	可能可行	不可行	
	100	可行	可行	不可行	

注：可行：分类精度＞80%；可能可行：分类精度为50%~80%；不可行：分类精度＜50%。

4.3　遥感森林类型分类识别

　　遥感信息用于森林类型或树种识别的信息提取一直是一个难点。在森林资源经营管理中，准确识别森林类型或树种具有非常重要的现实意义。常规的森林类型或树种调查方法主要采用野外调查和利用大比例尺航片判读等相结合的方法。由于同物异谱和同谱异物现象的存在，目前只能识别到较大的森林类型或树种组。利用遥感数据进行森林类型的识别通常可以识别出农田、森林和非森林这些大类，利用高空间分辨率或高光谱分辨率的图像，可以识别更多的森林类型，甚至到树种。图 4-8 所示为可以容易区分森林与非森林的遥感图像，白色的部分为非森林，黑色或暗色部分为森林区域。

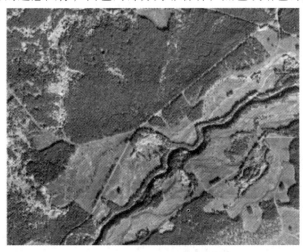

图 4-8　能够区分森林与非森林的遥感图像（SPOT, 2.5m）

4.3.1　遥感森林分类方法

　　自 20 世纪 80 年代以来，出现了对森林类型或树种的遥感分类技术的研究。研究主要集中在分类方法、多源数据相结合、森林植被光谱特征以及森林物候学特征等方面。从分类方法上讲，传统的森林类型遥感分类方法包含非监督分类（unsupervised classification）和监督分类（supervised classification）。非监督分类法是在没有先验类别（训练样地）作为样本，即事先不知道类别特征的条件下，根据像元间相似度的大小进行归类合并的方法；监督分类法是根据已知训练样本，通过选择特征参数建立判别函数，据此对样本像元进行分类，依据样本类别的特征来判定非样本像元的归属类别（郭航和张晓丽，2007）。

　　近年来，许多相邻学科的相关理论不断引入到森林类型遥感分类中来，如决策树、分形理论、小波变换、神经网络和专家系统等，使森林类型遥感分类过程趋于智能化，形成了基于统计学理论、模糊集理论、神经网络、形态学理论、小波理论、遗传算法、尺度空间、多分辨率方法、非线性扩散方程等理论和分类算法。从最初的利用像元光谱、亮度识别森林类型信息，发展到基于多特征、面向对象和多尺度分割等的分类技术，其信息处理结果和精度也得到了进一步提高（张超和王妍，2010）。表 4-5 简要介绍了各种遥感图像分类策略的准则、主要特征和例子。

表4-5 遥感图像分类方法汇总

准则	策略	特征	例子
训练样本利用与否	监督分类方法	定义待分类类型； 有充足的参考数据当训练样本； 从训练样本中得到分类器特性来对图像进行分类	最大似然法、最小距离法，人工神经网络、决策树分类
	非监督分类方法	图像光谱统计后用聚类的方法对图像光谱信息进行聚类； 不需要预先定义； 分类者需要对聚类结果进行合并，得到有意义的分类结果	ISODATA、K-均值聚类方法
参数（均值向量、方差矩阵）利用与否	参数分类器	假设正态分布； 训练样本中得等到参数（均值）； 当地貌复杂时，参数分类器得到的结果噪声很多； 主要缺点是不能和辅助数据、空间和上下文分布、非统计信息结合分类	最大似然法、线性判别式分析
	非参数分类器	不需要正态分布假设； 不需要统计特性来分类，可以和非遥感数据结合进行分类	人工神经网络、决策树分类、证据推理、支持向量机、专家分类
利用哪种像元信息进行分类	逐像元分类器	结合所有训练样本的光谱特性得到分类器； 该分类器包含了训练样本集中所有样本的光谱贡献，忽略混淆光谱问题	最大似然法、最小距离法、人工神经网络、决策树分类、支持向量机等大多数方法
	子像元分类器	假设每个像元由所有纯类别线性或非线性组合而形成； 结果提供了每个像元中纯类别所占比例	模糊集分类器、子像元分类器、混合光谱分析
	面向对象分类器	分割把像元结合成物体，然后在物体基础上分类，而不是对每个像元分类； 没有使用GIS数据	eCognition
	逐场分类器	GIS分类器把栅格数据和矢量数据结合到分类器中； 矢量数据用来把图像分为不同的斑块，克服同一类别内的光谱变化	基于GIS分类方法
是否定义分类输出结果	"硬"分类	每个像元分到一个特定的类别中； 硬分类的区域评估会产生大的误差，尤其对低空间分辨率数据（混合光谱）	最大似然法、最小距离法、人工神经网络、决策树分类、支持向量机等大多数方法
	"软"（模糊）分类	提供每个像元到特别类别中的可能性； 软分类能提供更多的信息和较好的精度，尤其对低空间分辨率数据	模糊集分类器、子像元分类器、混合光谱分析
空间信息利用与否	光谱分类器	分类中用纯光谱信息； 同一类别在空间上的巨大变换导致分类结果存在很多噪声	最大似然法、最小距离法、人工神经网络
	上下文分类器	分类中应用空间邻域像元信息	迭代条件模型、点对点上下文校正、基于频率的上下文分类器
	光谱-上下文分类器	分类中用到光谱和空间信息； 首先用有参或无参分类来得到初始分割结果，然后用上下文分类器进行优化	均一物体的提取和分类；参数或无参分类和上下文分类器相结合的方法

资料来源：Lu and Weng(2007)。

然而，由于遥感数据，分类策略和方法等方面的局限，至今未能较理想地实现利用遥感手段识别、提取森林类型或树种。如何解决多类型分类识别，并满足一定的分类精度，是当前遥感影像研究中的一个关键问题。研究森林类型的遥感分类技术，仍具有重要的现实意义。森林类型遥感分类技术还需在以下 3 个方面开展深入的研究。

(1) 不同森林类型空间分布特征的研究

在对不同森林类型或树种的空间分布特征研究的基础上，总结和归纳其空间分布规律，提取不同森林类型或树种的空间分布与主要环境因子的相互作用关系，提取基于空间分布特征的辅助分类决策。

(2) 不同森林类型光谱特征的研究

在不同森林类型或树种样地和影像图斑解译的基础上，进行遥感影像光谱分析和植被指数计算，建立不同森林类型或树种的光谱特征曲线和植被指数曲线，分析其光谱特征，研究不同森林类型或树种在光谱特征方面的差异，从而形成识别决策。

(3) 基于高光谱的森林类型遥感分类技术研究

与传统遥感手段相比，高光谱遥感具有窄波段、多通道、图像与光谱相互结合等优点。能以纳米级的光谱分辨率和数百波段同时对目标地物成像，从而获得地物的连续光谱信息。高光谱的这种特征较有利于森林类型或树种的识别和提取，能大大改善分类精度。在研究不同森林类型或树种光谱特征的同时，进一步研究基于高光谱遥感技术的森林类型识别，特别是在波段降维与工作波段选取、分类策略与方法等方面的研究，将有助于森林类型遥感分类技术的提高。

4.3.2 遥感森林分类基本步骤

遥感图像森林类型识别技术路线如图 4-9 所示。主要技术环节包括 3 个方面：

(1) 数据获取与预处理

目前航天、航空遥感影像是森林分类的主要数据源，以多时相中高空间分辨率数据(10～30m)为主，如：Landsat TM、ETM＋、OLI、SPOT 5、SPOT 6、ZY-3 等。需尽可能选取植被生长有差异的季节，如初秋，有些树木叶子开始变色，草本已枯黄；要选择云覆盖＜20％的影像；土壤过于湿润的影像不佳。

遥感图像的预处理包括辐射定标和大气纠正、正射纠正等处理过程，是进行森林分类的前期工作，也是提高数据质量和分类精度的关键之一。图像预处理后一般选择近红外、短波红外、红波段按 RGB 进行波段组合，得到质量较好的待分类影像；同时，通过对遥感影像进行初步识别，进行外业调查，建立目视判读标志，获取较为精准的分类训练样本和检验样本数据。

(2) 特征选取与分类

对遥感图像选择合适的特征是森林分类的重要环节。光谱特性、植被指数、纹理或上下文信息、多时相物候特征、多传感器图像，以及辅助数据都可以用于分类。特征选取与特征提取不仅可以减少遥感数据内部冗余，也可以通过减少数据间的相关性，提高分类精度。常用的方法包括主成分分析（PCA）、最大噪音比变化（MNF）、判别分

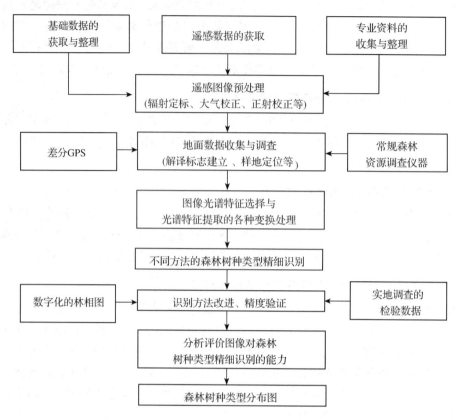

图4-9 遥感图像森林树种类型精细识别技术路线

析、非参数加权特征提取等。不同的分类策略，使用的特征提取方法不同。

遥感分类方法是森林分类识别的核心。不同的试验区、不同的图像（如：多光谱图像与高光谱图像的分类方法不同，光学图像与微波图像的分类方法也不同），可能选择的分类方法不同。目前，还没有哪种分类方法是普遍适用的。

（3）分类结果检验与精度评价

理想的精度评价需要以严格抽样理论为基础，但野外实地检验数据的获取受经费预算、交通条件等因素的限制，特别是在严格的统计抽样设计要求下进行的实地检验更加困难。森林遥感分类结果通常用数字化的林区图和实地调查的部分数据作为验证数据，分析评价研究方法对森林树种类型的精细识别能力，改进分类器，最终得到森林类型、森林资源图和森林树种等的专题信息图。

地面同步测量工作主要包括：

①主要树种训练样地的定位：根据试验区主要树种的分布情况和试验区的大小，设计树种训练样地的数量和大概位置，然后利用GPS进行实地考察和确认，记录样地的树种类别、地理坐标，以及其他相关因子，如年龄、胸径、树高和郁闭度等。

②地面光谱测量：使用ASD光谱仪对试验区主要树种进行单个树冠光谱的测量，对其他典型地类也进行光谱测量。

4.3.3 遥感森林分类案例

现以云南省勐腊县为例,简单说明森林类型识别的过程及结果。获取了 2005 年 2 月 16 日覆盖整个勐腊县的 TM 图像,进行大气纠正和几何校正后,用勐腊县边界图截取图像,获得该县的 TM 图像(图 4-10)。对该县进行外业调查,获得地类解译样本数据(图 4-10),该数据用于分类和分类结果的验证。采用监督分类方法对 TM 图像进行分类,共分 7 类。分类后进行后处理,消除"椒盐"现象。利用样地数据进行分类精度检验,总精度为 87.3%。图 4-11 所示为最后的分类结果。

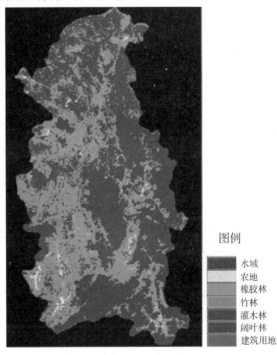

图例
水域
农地
橡胶林
竹林
灌木林
阔叶林
建筑用地

图 4-10 云南勐腊县 TM 图像及样地点分布   图 4-11 云南勐腊县 2005 TM 图像森林类型识别

4.4 遥感森林参数反演

森林参数包括生物物理参数和生物化学参数。森林生物物理参数反映了植物生长和发育的动态特征,包括森林含水量、叶面积指数、生物量、森林郁闭度/覆盖度、吸收光合有效辐射、净生产率、其他冠层结构参数等。森林生物化学参数是反映植被生长的内在因子,包括植物体内的各种色素(如叶绿素、叶黄素、类胡萝卜素等)、各种林木养分氮、磷、钾等及纤维素、半纤维素、木质素、糖、淀粉和蛋白质等。

森林类型的识别和森林参数(如郁闭度、叶面积指数和生物量等)的估测在林业生产中非常重要,特别是在森林资源二类清查时,必须分树种统计其面积、蓄积量和郁闭度等参数。因此,林业上对森林类型的识别应该是越精细越好,对蓄积量等参数的估测和反演越精确越好。常规的林分参数调查和识别主要是依赖人工外业调查或利用大比例尺航空相片来进行。这两种方法都有不足之处,前者劳动强度太大,后者成本太高。

随着遥感技术的发展，林业遥感从早期的森林分类制图的定性研究，逐步发展到森林整体性的遥感定量反演研究。目前，利用遥感反演的森林参数包括森林叶面积指数、生物量、叶绿素浓度、碳储量等描述森林生化理化特征的参数，主要使用光学遥感、微波遥感以及主动激光技术反演森林生长状态的各种参数。

4.4.1 遥感森林参数反演方法

目前利用遥感数据来估算植被生物物理参数，主要采用两种方法：

①统计模型方法：利用光谱和空间特征信号，建立植被参数的统计相关模型。主要包括：植被指数、光谱吸收/反射特征、导数光谱、光谱位置；模型的物理机制、样本区间决定模型的有效性和适用性，多项式模型慎用。该方法简便易行，被广泛应用，但普适性差、要有先验知识，且不考虑非植被因素（土壤背景特征、地形、大气特征）。

②理论模型方法：几何光学模型与辐射传输模型等。它物理意义明确，描述了植被方向反射与植被冠层结构之间的关系，可反演各种类型植被的生物物理参数；但反演模型复杂，需要的参数较多，一定程度上限制了它的应用。目前，国内外研究在叶面积指数反演和生物量反演方面取得了实质性进展，形成了植被指数、物理建模和混合像元分解等方法。

植被生物化学参数的遥感反演比物理参数的反演相对复杂。常用的生化组分遥感反演方法有 3 种。

①经验模型：该方法简单易用，但模型通用性差，回归结果可能缺乏物理含义，高光谱数据有过饱和风险。

②半经验模型：植被指数，简单易用，具有一定物理意义，但影响因素多。

③物理模型：通用性好，但形式复杂，反演需要一定技巧。

由于多光谱遥感数据的光谱分辨率有限，而不同的森林类型常具有极为相似的光谱特性（通常称为"异物同谱"现象），它们细微的光谱差异是宽波段遥感数据无法区分的；另外，由于光学遥感所依赖的光照条件变化大，从而引起相同的森林类型具有显著不同的光谱特性（即所谓的"同物异谱"现象），从而致使遥感目前在林业中的应用程度与林业对遥感的期望还有一定的差距。然而，令人欣喜的是高光谱遥感和激光雷达的发展可以解决上述问题。因此，下面主要介绍高光谱遥感和激光雷达森林参数反演的情况。

4.4.1.1 高光谱遥感森林参数反演

高光谱遥感具有窄波段、多通道、图像与光谱合二为一的优点，其在森林经营管理中的应用，应该说不仅能够大大地提高对森林植被种类的识别和分类精度，而且能够估测各种植物化学组分，如植物叶内的 N、P、K、糖类、淀粉、蛋白质、纤维素和叶绿素等的估测，从理论和实践上为评价植物长势、估计森林生物量提供可靠的保证（浦瑞良等，2000）。

高光谱遥感探测森林信息准确性的贡献之一是森林调查精度的提高；另一个贡献是单位面积森林生物量、土壤表面碳含量、造林及林木采伐能直接通过遥感数据来估测。可能的原因归纳为 3 点：

①高光谱遥感往往可以更为准确地估测森林生长参数，而这些生长参数往往就是对森林进行分类的基础。

②高光谱遥感资料包含了大量的连续窄波段数据，可获得传统多光谱遥感难以获得的植被或光谱特征参数，如植被生化参数、归一化技术获得的水分、木质素和纤维素等光谱吸收特征（深度、面积、宽度等），红边位置参数等。因此，利用高光谱遥感资料进行森林信息提取时，有更多的光谱与森林特征参数可供使用。

③与传统多光谱遥感相比，高光谱数据通过一定的技术处理，能够降低大气等因子对地物光谱信息的干扰，从而提高信息质量。

尽管如此，充分挖掘高光谱遥感应用潜力，将其优势运用到区域、甚至全球尺度植被的动态监测，仍然是一项艰巨的任务。如在数据分析处理方面，对大气纠正和信息提取技术要求完善已有的算法和发展新算法，并向构建标准化应用处理算法软件包方向努力，特别是完善和发展针对高光谱海量数据和丰富光谱信息特点的算法和软件，以提高高光谱数据处理效率以及分析、研究和应用水平。在应用方面，向定量化、模型化和精细化地物成分和结构的方向发展。

但是，不论存在怎样的问题，高光谱遥感的发展势不可挡，在"Hyperspectral imagery market forecast：2000—2005"（Aerospace feport，2001）一文中预测了高光谱遥感产品的发展趋势，充分展示了高光谱遥感事业发展的广阔市场和前景。

4.4.1.2 激光雷达森林参数反演

激光雷达是近年来国际上发展十分迅速的主动遥感技术。激光雷达遥感可以有效穿透森林，在获取森林垂直结构参数方面有着其他光学遥感无法比拟的优势。很多研究基于机载激光雷达（ALS）与地基激光雷达（TLS）成功提取了森林垂直结构及水平分布参数和单木结构参数。利用激光雷达测量森林参数不仅节省了人力，还提高了工作效率，现在已经成为快速获取树木几何参数的一种有效方法（刘鲁霞和庞勇，2014）。

在国内外研究中，对单独应用 ALS 或 TLS 对森林进行监测、调查的研究较多，对两者结合的研究较少，而且仅局限于提取参数的对比。近年来的趋势是以 TLS 数据为 ALS 数据定标，以提高森林参数提取精度。TLS 能够反映更加详细的林分结构参数，如胸径、树木干枝结构、孔隙度、LAI、叶面积密度和冠层高度轮廓，但是观测范围有限；ALS 可以获取较大范围的数据，提供较详细的上层植被结构参数。在数据获取范围、对森林结构的表达能力方面，两种数据可以取长补短，共同应用于森林资源监测与调查中。两种数据结合的前提是坐标匹配，由于 TLS 坐标是在林下测量，精度较低，样地坐标需要再次调整，如何对两种数据进行准确匹配是未来应用 ALS 和 TLS 进行森林调查急需解决的问题。未来的森林监测与调查将朝着更大范围、更加精确、更少人力投入的方向发展，TLS 与 ALS 的结合兼顾了详细森林结构参数获取与大范围森林结构参数的表达。

4.4.2 森林树高和蓄积量遥感估算案例

4.4.2.1 技术流程

激光雷达技术可以识别森林结构特征，包括垂直结构和水平结构特征。目前主要在单木尺度和林分尺度上进行树冠特征识别。森林高度是指森林冠层上表面与林下地形之间的高度，用于表征森林生长现状。激光雷达可以直接测量森林三维空间结构，通过计算树冠的空间特征变量来得到森林高度信息。激光雷达数据处理过程可以划分为3部分：

①对激光点云数据进行分类，分为地面点、植被点和非植被点三类；

②根据地面点和植被点生成冠层高度模型（canopy height model，CHM）；

③对CHM进行处理，提取单木树高和冠幅信息，进而得到林分高度信息。

技术流程如图4-12所示。

获得单木或冠层树冠树高后，利用估算的树高可求算森林蓄积量。

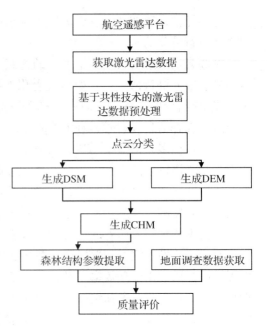

图4-12　激光雷达林业应用技术路线

4.4.2.2　应用案例

【例4-1】试验区位于湖北省荆门市东宝山，属于北亚热带湿润气候区，试验区位置，地理坐标为112°01′08″E～112°13′46″E，30°58′18″N～31°07′42″N，海拔71～340m，森林类型为常绿针叶和落叶阔叶林，优势树种主要包括马尾松（*Pinus massoniana* Lamb.）、栓皮栎（*Quercus variabilis* Bl.）等。

利用的激光扫描仪是上海技物所研制的LRS-200A，其技术指标见表4-6。

表4-6　LRS-200A激光传感器的技术指标

项　目	指　标	项　目	指　标
激光波长	1 064nm	光束发散角	0.3mrad
扫描方式	正弦振镜	扫描视场	45deg
距离测量	4次回波（3cm）	最大扫描频率	100Hz
工作范围	50～1 000m	高程精度	<15cm（1km）
脉冲频率	200kHz		

2014年12月4日进行了航空数据观测飞行，共飞行了6条航线，航线平均长度为24.70km，航线长度之和为148.20km，平均飞行速度为48.50m/s，即174.60km/h，航线的平均海拔为875.97m，距离地面的平均高度为715.84m。

获取的激光雷达点云数据为来自森林冠层、林下地形等地物的回波点，全部点数为0.93亿，点云覆盖面积43.28km²。点云密度决定了对植被垂直结构描述的详细程度，其空间分布如图4-13所示，点云密度平均值为2.16点/m²，最小值为0.04点/m²，最大值为48.32点/m²。

激光雷达点云数据高度包含了地形信息，以及位于地表之上的植被、建筑物等地

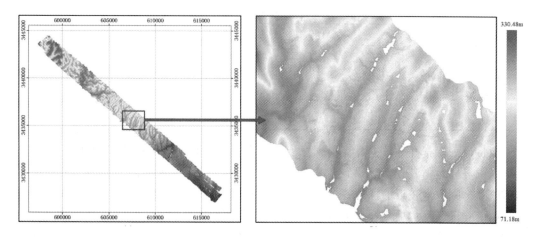

图 4-13 点云高度分布图

物信息，其空间分布如图 4-13 所示，点云高程平均值为 163.26m，最小值为 71.18m，最大值为 330.48m。从图中可以看出，从西北向东南，森林试验区高程呈现逐渐降低的趋势，测区高程落差为 259.30m，具有低山丘陵的特征。

由激光雷达得到的林分平均高空间分布如图 4-14 所示，其平均值为 9.01m，最小值为 4.51m，最大值为 22.25m，较高的森林主要分布在山坡上，由于人为干扰，山谷区域主要为农田或低矮灌木。按照 5m 间隔，将森林高度划分为不同区间进行统计，发现 5~10m 之间的树高所占比例最大（65.84%），10~15m 之间的树高所占比例次之（29.90%），15~20m 之间的树高所占比例很小（3.34%），5m 以下和 20m 以上的树木都很少。

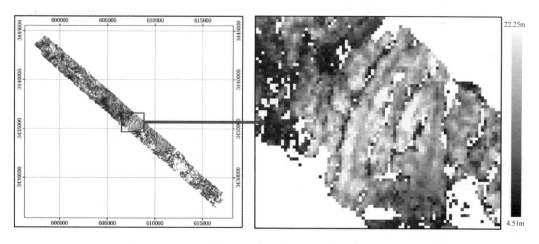

图 4-14 激光雷达林分平均高分布图

按照优势树种分类结果对提取的单木进行统计（表 4-7），发现马尾松株数所占比例为 66.94%，其林分平均高为 9.62m；栓皮栎株数所占比例为 24.51%，其林分平均高为 9.30；其他树种株数所占比例为 8.55%，其林分平均高为 8.79m，不同树种之间的林分平均高相差较小。

表 4-7　研究区优势树种的树高统计量

树种	均值(m)	最小值(m)	最大值(m)	标准差(m)	所占比例(%)
马尾松	9.62	4.55	23.21	2.98	66.94
栓皮栎	9.30	3.59	24.09	2.95	24.51
其他树种	8.79	4.47	23.16	2.95	8.55
全部树种	9.01	4.51	22.25	2.86	100

通过地面调查样地数据计算得到样地平均高，再对激光雷达林分平均高进行验证。由地面调查样地与激光雷达进行位置匹配，发现部分样地位置的误差较大，特别是距离道路和林间空地较近的样地；按照样地周围林分较均一的筛选条件，选择 50 块样地进行精度验证，平均估测精度为 90.67%。地面实测胸径加权平均高记为 Hs，激光雷达估测平均高记为 He，Hs 和 He 回归分析的相关系数 R^2 为 0.726，标准差为 1.29m。回归方程为：$Hs = 2.833 + 0.8106 He$（图 4-15）。

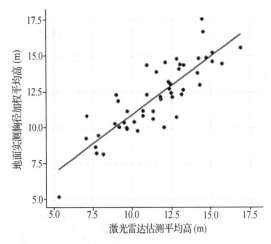

图 4-15　地面实测平均高和 LIDAR 估测平均高散点图

4.4.3　森林参数遥感反演存在的问题

近 30 年，林业广泛利用遥感数据（如 TM，SPOT，SAR 和 LiDar 等）开展过大量的树种识别、郁闭度估测和生物量的反演研究，但是结果并不理想。主要原因有：

①多光谱遥感数据的光谱分辨率有限，而不同的森林类型常具有极为相似的光谱特性（通常称为"异物同谱"现象），它们细微的光谱差异用宽波段遥感数据是无法探测的。

②由于光学遥感所依赖的光照条件变化大，从而引起相同的森林类型可能具有显著不同的光谱特性（即所谓的"同物异谱"现象），致使遥感目前在林业中的应用程度与林业对遥感的期望还有一定的差距。

思 考 题

1. 按照工作波长，遥感可以分为哪几类？各类遥感分别记录的是什么能量？

2. 简述 Landsat 5（TM）和 Landsat 8（OLI）传感器的技术参数（波长范围、时空分辨率、扫描宽度等）及各波段应用。

3. 遥感林业应用中，需要关注哪几种精度？

4. 简述遥感在一类和二类调查中的用途。

5. 遥感图像分类的基础是什么？影响分类精度的因素有哪些？

6. 简述森林参数遥感反演结果如何进行验证。

参考文献

陈志远.2010. 遥感在森林资源调查中的应用［J］. 内蒙古林业调查设计,33(3):59-61.

郭航,张晓丽. 2007. 基于遥感技术的植被分类研究现状与发展趋势［J］. 世界林业研究,20(3):14-19.

刘鲁霞,庞勇.2014. 机载激光雷达和地基激光雷达林业应用现状［J］. 世界林业,27(1),49-56.

梅安新,彭望禄,秦其明,等.2001. 遥感导论［M］. 北京:高等教育出版社.

谭炳香,李增元,陈尔学,等.2008. 高光谱遥感森林信息提取研究进展［J］. 林业科学研究,21(增刊):105-111.

肖兴威.2005. 中国森林资源调查［M］. 北京:中国林业出版社.

张超,王妍,2010. 森林类型遥感分类研究进展［J］. 西南林学院学报,30(6):83-89.

Campbell J B. 1996. Introduction to remote sensing［M］. 2nd edition. London:Taylor and Francis.

Congalton R G. 1991. A review of assessing the accuracy of classifications of remotely sensed data［J］. Remote Sensing of Environment,37(2):35-46.

Kohl M,Magnussen S,Marchetti M. 2006. Sampling methods, remote sensing and GIS multi-resource forest inventory［M］. Berlin:Springer-Verlag.

Lin C,Päivinen R. 1998. Forestry user requirement assessment-the SAR for agriculture and forestry in Europe (SAFE) project experiences and results［C］. In:Proceedings of the 2nd international workshop on Retrieval of Bio-and Geo-physical parameters from SAR data for land applications,21-23 October,1998,Eds:Borgeaud M,Guyenne T. ESTEC, the Netherlands, SP-411,614pp.

Lu D,Weng Q. 2007. A survey of image classification methods and techniques for improving classification performance［J］. International Journal of Remote Sensing,28(5):823-870.

Lucas I F J,Frans J M. 1994. Accuracy assessment of satellite derived land-cover data:A review［J］. Photogrammetric Engineering &Remote Sensing,60(4):410-432.

Richards J A. 1996. Classifier performance and map accuracy［J］. Remote Sensing of Environment,57(3):161-166.

Stehman S V. 1997. Selecting and interpreting measures of thematic classification accuracy［J］. Remote Sensing of Environment,62(1):77-89.

Story M,Congalton R G. 1986. Accuracy assessment:a user's perspective［J］. Photogrammetric Engineering & Remote Sensing,48(1):131-137.

Stwo D A,Hope A D,McGuire,et al. 2004. Remote Sensing of Vegetation and land-cover Changes in Arctic tundva ecosystems. Remote Sensing of Environment,89(3):281-308.

Wulder M A,Franklin S E. 2003. Remote sensing of forest environments:conceptsand case studies［M］. New York:Springer.

第二篇　森林资源数据分析与评价

第**5**章

林分结构分析

不论是人工林还是天然林，在未遭受到严重地干扰（如自然因素的破坏及人工采伐等），经过长期的自然生长枯损与演替的情况下，林分内部许多特征因子，如直径、树高、形数、材积、树冠以及复层异龄混交林中的林层、年龄和树种组成等，都具有一定的分布状态，而且表现出较为稳定的结构性规律，在测树学中称它为林分结构规律（law of stand structure）。因此，林分结构中存在这些反映林分特征因子变化的规律，以及这些因子之间相关性的规律。研究这些规律，对森林经营技术、编制经营数表及林分调查都有着重要意义（孟宪宇，2006）。

林分结构根据是否与树木的空间位置有关可分为林分空间结构与林分非空间结构（Kint et al.，2003）。林分非空间结构描述与树木位置无关的林分平均特征，如林分直径结构、树高结构和树种结构等，分别采用林分直径分布、树高分布和树种组成等指标进行描述。林分空间结构则描述与树木空间位置有关的结构，可分为水平结构和垂直结构。林分水平结构包括林木空间分布格局、树木竞争关系、树种相互隔离程度等，分别采用林木空间分布格局指数、竞争指数和混交度等指标进行描述。林分垂直结构可以通过成层性来描述，也可用群落结构、林层结构和林层比进行描述。

5.1 林分非空间结构

5.1.1 林分直径结构

林分内各种直径林木的径阶分配状态称作林分直径结构（stand diameter structure），亦称林分直径分布（stand diameter distribution）。林分直径结构是最重要、最基本的林分结构，不是因为林分直径便于测定，而是因为林分内树木的直径分配状态直接影响树木的树高、干形、材积、材种及树冠等参数的变化。研究表明，上述参数的结构规律与林分直径结构规律紧密相关。在理论上它为许多森林经营技术及测树制表技术提供了依据。

5.1.1.1 同龄纯林直径结构

在同龄纯林（even-aged stand）中，每株林木由于遗传性和所处的具体立地条件等因素的不同，会使林木的大小（直径、树高、树冠等）、干形等林木特征因子都会产生某些差异，在正常生长条件下（未遭受严重自然灾害及人为干扰），这些差异将会稳定地遵循一定的规律。同龄纯林直径结构规律的主要特征，可归纳如下。

1）直径正态分布

各林分直径分布曲线的具体形状虽略有差异，但就其直径结构规律来说，但都是形成一条以林分算术平均直径（$\bar{d}$）为峰点、中等大小的林木株数占多数、向其两端径阶的林木株数逐渐减少的单峰左右近似对称的山状曲线（图5-1）。这条曲线近似于正态分布曲线（normal distribution curve），多年来，林学家曾利用正态分布函数（normal distribution function）拟合、描述同龄纯林直径分布，并取得了较好的拟合效果。因此，可认为同龄纯林直径结构近似遵从正态分布。

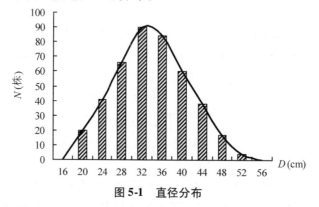

图5-1 直径分布

直径正态分布曲线的形状随着林分年龄的增加而变化，即幼龄林平均直径较小，直径正态分布曲线的偏度（skewness）为左偏（亦称正偏，即偏度值大于零）；其峰度（亦称峭度，kurtosis）为正值；这种左偏直径分布属于截尾正态分布（truncated normal distribution）（图5-2）。随着林分年龄的增加，林分算术平均直径（$\bar{d}$）逐渐增大，直径正态分布曲线的偏度由大变小，峰度也由大变小（由正值到负值），林分直径分布逐渐接近于正态分布曲线（正态分布曲线的偏度值及峰度值均为零）。

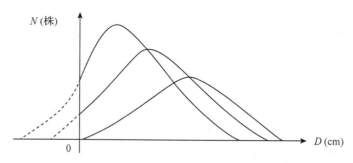

图5-2 截尾正态分布示意

2）直径变动幅度

林分中各株林木胸径（d_i）与林分平均胸径（D_g）的比值，称作相对直径（R_i），即

$$R_i = d_i/D_g \tag{5-1}$$

林分平均直径（D_g）的 $R = 1.0$，而林分内最粗林木的相对直径 $R_{max} = 1.7 \sim 1.8$，最

细林木的相对 $R_{min} = 0.4 \sim 0.5$。即林分中最粗林木直径一般为平均直径的 $1.7 \sim 1.8$ 倍，最细林木直径为 $0.4 \sim 0.5$ 倍。当然，林分直径变动幅度与林龄有关，一般幼龄林的直径变幅大些，而成过熟林的直径变幅略小些。根据这一特征，在同龄林调查中，可目测选定林分内最小或最大树木，然后可依据最小或最大胸径实测值，利用上述分别与林分平均直径 (D_g) 的关系估测林分平均直径 (D_g)；另外，也可依据目测林分平均直径 (D_g)，利用 $0.45\ D_g$（或 $1.75\ D_g$），确定林分内最小（或最大）直径值，进而确定林分调查起测径阶及相应的径阶距。

3）累积分布曲线

采用相对直径表示林木直径时，若把各径阶内林木株数同时也换算为相对值，并计算出各径阶株数累积百分数，这样，便于将不同林分平均直径、不同林木株数的林分置于相同尺度上进行分析比较。对各树种不同条件的林分分析结果表明，不论树种、年龄、密度和立地条件如何，其林分平均直径 (D_g) 在株数累积分布曲线上所对应的株数累积百分数的位置在 $55\% \sim 64\%$，一般近于 60% 处。

采用相对直径法研究林分直径结构，在林学中有重要的生物学意义。在同一密度的林分中，林木胸径在一定程度上可以反映该林木在林分中相对竞争力，因此，相对直径可以表示出该林木在林分中相对竞争力的大小。所以，近年来，在研建单木生长模型中经常采用相对直径作为林木竞争指标。

4）相对直径与直径正态分布特征统计量之间的关系

以相对直径表示林分直径分布，与采用正态分布函数描述林分直径分布的结果是一致的，并且彼此之间存在着一定的关系。现以林分中最大和最小直径为例：

林分平均直径 (D_g) 与林分算术平均直径 $(\bar{d})$ 之间的关系为：

$$D_g^2 = \bar{d}^2 + \sigma^2 = \bar{d}^2 \left[1 + \left(\frac{\sigma}{\bar{d}} \right)^2 \right] \tag{5-2}$$

又因变动系数 (c) 为：

$$c = \frac{\sigma}{\bar{d}} \tag{5-3}$$

所以

$$D_g^2 = \bar{d}^2 (1 + c^2) \tag{5-4}$$

或

$$D_g = \bar{d} \sqrt{1 + c^2} \tag{5-5}$$

当林分直径分布遵从正态分布时，则林木总株数的 99.7% 位于 $\bar{d} \pm 3\sigma$ 范围之内，即

$$d_{max} = \bar{d} + 3\sigma = \bar{d}(1 + 3c) \tag{5-6}$$

$$d_{min} = \bar{d} - 3\sigma = \bar{d}(1 - 3c) \tag{5-7}$$

换算为相对直径时：

$$R_{max} = \frac{d_{max}}{D_g} = \frac{\bar{d}(1 + 3c)}{\bar{d} \sqrt{1 + c^2}} = \frac{1 + 3c}{\sqrt{1 + c^2}} \tag{5-8}$$

$$R_{min} = \frac{d_{min}}{D_g} = \frac{\bar{d}(1 - 3c)}{\bar{d} \sqrt{1 + c^2}} = \frac{1 - 3c}{\sqrt{1 + c^2}} \tag{5-9}$$

由以上两式可知。林分中最大与最小相对直径是林分直径变动系数的函数，而且当 $c > \dfrac{1}{3}$ 时，$R_{\min}$ 出现负值，呈截尾正态分布。

林分直径正态分布规律一般呈现在正常生长条件下的同龄纯林中（未遭严重灾害及人为干扰的林分）。若林分经过强度抚育间伐或择伐，在短期内难以恢复其固有的林分结构，其林分直径结构也将发生变化。经强度择伐的林分，其林分直径结构已不为正态分布，实践中，一般择伐蓄积量不超过原林分蓄积量的 20% 时，该林分可视为未择伐林分，林分直径结构仍近似正态分布。

5) 同龄纯林直径分布拟合方法

(1) 相对直径法

采用相对直径法（method of relative diameter）表示林分直径结构规律便于不同平均直径、不同株数的林分置于同一尺度上进行比较，同时，其方法简单易行。具体方法步骤如下。

①计算相对直径及株数累积百分数：根据林分每木调查的结果，以径阶为单位，列示出各径阶的林木株数，利用林分平均直径（D_g）及各径阶上、下限值由式计算出相应的相对直径值，并计算出至各径阶上限的株数累积百分数。

②绘制株数累积百分数曲线：株数累积百分数曲线，亦称肩形曲线，其绘制方法为：以相对直径（R）为横坐标、株数累积百分数（$\sum N\%$）为纵坐标绘制散点图，将各点逐个连接起来即为株数累积百分数折线图，然后，可根据折线趋势，采用手绘曲线技术绘制出一条均匀圆滑的曲线，即肩形曲线。

肩形曲线近于三次抛物线，可用下式或选择曲线类型相似的方程拟合肩形曲线。

$$y = a + bx + cx^2 + dx^3 \tag{5-10}$$

根据肩形曲线，只要已知林分中任一林木的直径，就能求出小于这一直径的林木占林分总株数的百分数。相反，若已知株数累积百分数值，从肩形曲线上也能查出它所对应的相对直径，再根据林分平均直径就可计算出所对应的林木直径。

(2) 概率分布函数法

随着电子计算机技术的普及和计算方法的发展，近些年来，许多学者采用概率分布函数描述、拟合林分直径分布。可根据林分直径分布的具体形状特征和变化规律，选用不同的概率分布函数，一般常用的分布形式有：正态分布、对数正态分布、Weibull 分布、Γ 伽玛分布和 β 分布等（表5-1）。

表5-1　常用概率分布函数

函数名称	密度函数	分布函数	参　数
正态分布	$f(x) = \dfrac{1}{\sqrt{2\pi}\sigma}\mathrm{e}^{-\frac{(x-a)^2}{2\sigma^2}}$ $(-\infty < x < \infty)$	$F(x) = \dfrac{1}{\sqrt{2\pi}\sigma}\displaystyle\int_{-x}^{x}\mathrm{e}^{-\frac{(y-a)^2}{2\sigma^2}}\mathrm{d}y$ $(-\infty < x < \infty)$	a 是数学期望； σ 是标准差
对数正态分布	$f(x) = \dfrac{1}{\sqrt{2\pi}\sigma x}\mathrm{e}^{-\frac{(\ln x-a)^2}{2\sigma^2}}$ $(x > 0)$	$F(x) = \dfrac{1}{\sqrt{2\pi}\sigma}\displaystyle\int_{-\infty}^{\ln x}\mathrm{e}^{-\frac{(y-a)^2}{2\sigma^2}}\mathrm{d}y$	a 是 $\ln x$ 的数学期望； σ 是 $\ln x$ 的标准差
指数分布	$F(x) = \begin{cases} \lambda\mathrm{e}^{-\lambda x} & (x \geqslant 0) \\ 0 & (x < 0) \end{cases}$	$F(x) = \begin{cases} 1 - \mathrm{e}^{-\lambda x} & (x \geqslant 0) \\ 0 & (x < 0) \end{cases}$	λ 是常数，$\lambda > 0$

（续）

函数名称	密度函数	分布函数	参 数
Weibull 分布	$F(x) = \frac{a}{b}\left(\frac{x-a}{b}\right)^{c-1} e^{-\left(\frac{x-a}{b}\right)^c}$ $(a \leqslant x < \infty, a > 0, b > 0, c > 0)$	$F(x) = 1 - e^{-\left(\frac{x-a}{b}\right)^c}$	a 为位置参数（最小径阶下限值）；b 为尺度参数；c 为形状参数
β 分布	$f(x) = \begin{cases} \frac{\Gamma(a+b)}{\Gamma(a)\Gamma(b)} x^{a-1}(1-x)^{b-1} \\ 0, 其他 \end{cases}$ $(0 < x < 1)$	$F(x) = \frac{\Gamma(a+b)}{\Gamma(a)\Gamma(b)}$ $\int_0^x y^{a-1}(1-y)^{b-1} dy$	a, b 均为形状参数
Γ 伽玛分布	$f(x) = \begin{cases} \frac{\lambda^a}{\Gamma(a)} x^{a-1} e^{-\lambda x} \\ 0 (x < 0) \end{cases}$ $(x \geqslant 0, a > 0, \lambda > 0)$	$F(x) = \frac{\lambda^{\alpha}}{\Gamma(a)} \int_0^x y^{a-1} e^{-\lambda y} dy$	α 是形状参数；λ 是尺度参数

【例 5-1】应用正态分布、Weibull 分布、Γ 分布和 β 分布研究杉木人工林直径分布实例

周国模等（1992）根据浙江省开化县 2 个乡（镇）及 1 个国有林场调查的 205 个杉木人工林标准地调查数据（标准地面积 20m × 25m），应用运用正态分布、Weibull 分布、Γ 伽玛分布和 β 分布 4 种概率密度函数，研究了杉木人工林的直径分布规律。将 4 种分布各自的理论株数与实际株数在 $\alpha = 0.05$ 的显著水平下作 χ^2 检验。经 χ^2 检验后，按 4 种分布分别统计被接受的样地数，然后被总样地数除，得到各自的接受率。结果表明：开化县杉木人工林直径分布用正态分布、Weibull 分布和 β 分布拟合效果好，正态分布最优，Γ 分布拟合效果不佳（表 5-2）。

表 5-2 4 种分布函数的拟合结果

项 目		正态分布	β 分布	Γ 伽玛分布	Weibull 分布
样地数	接受假设个数	150	144	21	146
	推翻假设个数	55	61	184	59
	合计	205	205	205	205
接受率（%）		73.1	70.2	10.2	71.2

5.1.1.2 异龄林直径结构

（1）异龄林直径分布特征

在林分总体特征上，同龄林与异龄林（uneven-aged stand）有着明显的不同。就林相和直径结构来说，同龄林具有一个匀称齐一的林冠，在同龄林分中，最小的林木尽管生长落后于其他林木，生长得很细，但树高仍达到同一林冠层；而异龄林分的林冠则是不整齐的和不匀称的，异龄林由于受林分自身的演替过程、树种组成及树种特性、立地条件、更新过程以及自然灾害、采伐方式及强度等因素的影响，使其直径结构曲线类型多样而复杂。异龄林分中较常见的情况是最小径阶的林木株数最多，随着直径的增大，林木株数开始急剧减少，达到一定直径后，株数减少幅度渐趋平缓，而呈现为近似双曲线形式的反 J 形曲线（inverse J-shaped curve），如图 5-3 所示。除此之外，还

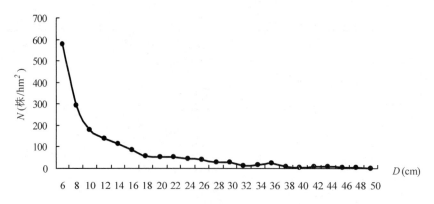

图 5-3　天目山常绿阔叶林直径分布

经常呈现为不对称的单峰或多峰山状曲线。

异龄林的株数径级分布可用下列关系式表达（Meyer，1952；de Liocourt，1989）：

$$N_{tD-1} = qN_{tD} \tag{5-11}$$

式中　N_{td}——t 时刻径阶 D 的立木数；

　　　q——株数比率，通常为一常数，一般在 1.2~2.0 之间。

此规律称为 q 值法则。

有了 q 值，则各径阶的株数按下述方法计算：

令

最小径阶的株数为：a。

则各径阶的株数为：$a, a/q, a/q^2, \cdots, a/q^{n-1}$。

或令

最大径阶的株数为：m。

则各径阶的株数为：$m, mq, mq^2, \cdots, mq^{n-1}$。

（2）异龄林直径分布拟合方法

在研究结构复杂的异龄林直径结构规律时，应视其林分直径结构特征，可选择相对直径、概率分布函数等方法。针对异龄林直径分布曲线类型多样、变化复杂的特点，选择适应性强、灵活性大的分布函数。研究证明，不论近似正态的直径分布、或左偏、右偏乃至反 J 形的递减直径分布，使用 β 分布函数及 Weibull 分布函数都可以取得十分良好的拟合结果，这两个分布函数表现了很大的灵活性和良好的适应性。由于 Weibull 分布函数中的 3 个参数与林分特征因子具有较大的相关性及求解方法多而简单，已得到广泛应用。

另外，美国迈耶（Meyer，1952，1953）研究了称作均衡异龄林的结构，均衡异龄林的定义为"可以定期伐掉连年生长量而仍保持直径分布和起始材积的森林"。迈耶指出，一片均衡异龄林趋于有一个可用指数方程表达的直径分布：

$$N = Ke^{-aD} \tag{5-12}$$

式中　N——每个径阶的林木株数；

　　　D——径阶；

　　　e——自然对数的底；

a, K——直径分布特征的常数。

该研究指出，典型的异龄分布可通过确定上述方程中的常数 a 和 K 值来表示。a 值表示林木株数在连续的径阶中减小的速率，a 与 q 的关系为 $q=e^{ah}$，h 是一个径阶的宽度。K 值表示林分的相对密度。迈耶的文章表明，两个常数有很好的相关关系。a 值大，说明林木株数随直径的增加而迅速下降；当 a 值和 K 值都大时，表明小树的密度较高。

此外，Mose(1976)介绍了一种用断面积、树木—面积比率或树冠竞争因子来表示反 J 型直径分布的方法。米尔菲和法尔伦(Murphy and Farran，1982)介绍了以双截尾指数概率密度函数表示异龄林结构的方法。

【例 5-2】应用指数曲线研究异龄林的直径分布规律

陈昌雄等(1997)在闽北的建瓯、建阳等地的天然异龄林中，设置了 21 块标准地，标准地大小 25.82m×25.82m。对胸径大于 5cm 的树木进行每木检尺，按径阶统计。为了更好地找出林分结构规律，将标准地按蓄积量大小分成 3 组：第一组蓄积量小于 225m³/hm²，第二组蓄积量为 225～300m³/hm²，第三组蓄积量大于 300 m³/hm²。各组标准地数量分别为 5 块、5 块和 11 块。利用指数曲线公式对各组标准地进行拟合，结果如下：

第一组标准地：$N=127.884\,6e^{-0.134\,9D}$，$R=-0.995\,7$

第二组标准地：$N=68.741\,7e^{-0.099\,9D}$，$R=-0.996\,1$

第三组标准地：$N=62.603\,5e^{-0.087\,6D}$，$R=-0.981\,8$

上述拟合方程的相关系数都在 0.98 以上，拟合效果好，表明闽北异龄林的林分直径分布呈倒 J 形分布。

5.1.2 林分树高结构

树高与直径、材积的相关紧密，也较容易测定，而且树高生长受林分密度的影响较小，在很大程度上取决于立地条件的优劣。因此，在森林经营管理中，常常利用树高对立地条件反映比较灵敏的特点，而采用林分优势木高或林分条件平均高与林分年龄或林分平均直径(异龄林)的关系作为评价立地质量的依据。

在森林调查中，也利用树高与直径、材积的关系编制树高表，借此确定林分高及林分蓄积量。另外，在编制林分密度控制图时，也把树高作为一个控制因子。

所有上述经营技术之所以可行、都是直接或间接地利用了林分树高结构规律，所以，林分树高结构规律在营林技术中有着重要意义。

5.1.2.1 林分树高结构规律概述

在林分中，不同树高的林木按树高组的分配状态，称作林分树高结构(stand height structure)，亦称林分树高分布(stand height distribution)。在林相整齐的林分中，仍有林木高矮之别，并且形成一定的树高结构规律。在同龄纯林中，林木株数按树高分布也具有明显的结构及变化规律，一般呈现出接近于该林分平均高的林木株数最多的非对称性的山状曲线。

在研究林分树高结构中，也常采用相对树高(R_h)值表示各林木在林冠层中的位置，相对树高 R_h 为林木高(h)与林分平均高(H_D)的比值。

林分树高结构规律特征类同于林分直径结构规律，即相对树高 $R_h = 1.0$ 时，相应株数累积百分率率近似为 61%，林分中 $R_{min} = 0.67$，$R_{max} = 1.19$，与直径相比，树高变幅较小。因此，对于同龄纯林，一般可以把超过林分平均高 (H_D) 15% 的林木当作林分中的最大树高，而把低于林分平均高 (H_D) 30% 的林木当作林分最小的树高。这些数值在研究、分析林分树高结构规律中有一定的意义。

5.1.2.2　林木高与胸径的关系

(1) 林木高随胸径的变化规律

一般说，在林分中林木胸径越大，林木也越高，即林木高与胸径之间存在正相关关系。为了全面反映林分树高的结构规律及树高随胸径的变化规律，可将林木株数按树高、胸径两个因子分组归纳列成树高—胸径相关表。由此表可以分析出树高有以下变化规律：

①树高随直径的增大而增大。

②在每个径阶范围内，林木株数按树高的分布也近似于正态，即同一径阶内最大和最小高度的株数少，而中等高度的株数最多。

③树高具有一定的变化幅度。在同一径阶内最大与最小树高之差可达 6~8m；而整个林分的树高变动幅度更大些。树高变动系数的大小与树种和年龄有关，一般随年龄的增大其树高变动系数减小。如松树的树高变动系数 (C_H)，在 Ⅲ 龄级时为 22%，Ⅴ 龄级时为 15%，Ⅶ 龄级时则仅为 7%。

④从林分总体上看，株数最多的树高接近于该林分的平均高 (H_D)。

(2) 树高曲线方程

林分各径阶算术平均高随径阶呈现出一定的变化规律。若以纵坐标表示树高、横坐标表示径阶，将各径阶的平均高依直径点绘在坐标图上，并依据散点的分布趋势可绘一条匀滑的曲线，它能明显地反映出树高随直径的变化规律，这条曲线称为树高曲线。反映树高随直径而变化的数学方程称作树高曲线方程或树高曲线经验公式。常用的表达树高依直径变化的方程有：

$$h = a_0 + a_1 \log(d) \tag{5-13}$$

$$h = a_0 + a_1(d) + a_2(d^2) \tag{5-14}$$

$$h = a_0 d^{a_1} \tag{5-15}$$

$$h = a_0 + \frac{a_1}{d + K} \tag{5-16}$$

$$h = a_0 e^{-a_1/d} \tag{5-17}$$

$$h = a_0 + \frac{a_1}{d} \tag{5-18}$$

式中　　h ——树高；

　　　　d ——直径；

　　　　e ——自然对数的底；

　　　　K ——常数；

a_0，a_1，a_2——方程参数。

在实际工作中，可依据林分调查资料，绘制 $H-D$ 曲线的散点图，根据散点分布趋势选择几个树高曲线方程进行拟合，从中挑选拟合度最优者作为该林分的 $H-D$ 曲线方程。

【例 5-3】应用幂函数研究树高与胸高之间的关系

陈昌雄等(1996)在福建省建瓯市大源采育场 84 林班、7 小班的针阔混交异龄林中设置了一个大小为 $25.82\text{m} \times 25.82\text{m}$ 的标准地，对胸径在 5cm 以上的树木进行每木检尺并测树高，把林分划分为 4 个林层：林分上层是马尾松，其胸径变幅为 $54 \sim 64\text{cm}$，树高变幅为 $29 \sim 32\text{m}$，平均胸径 58.7cm，平均高 29.9m；将树高为 $20 \sim 28\text{m}$ 的阔叶树划为第二层，其胸径变幅为 $12 \sim 52\text{cm}$，平均胸径为 30.4cm，平均高为 24.4；第三层高变幅为 $14 \sim 19\text{m}$，胸径变幅为 $10 \sim 30\text{cm}$，平均胸径 17.9cm，平均高 16.3m；将树高 13m 以下的划分为第四层，平均胸径 9.0cm，平均高为 9.3m。结果表明：树高与胸高之间存在幂函数关系(表 5-3)。

表 5-3 树高与胸径相关模型

层次	径阶	回归方程	相关系数	F 值	$F_{0.05}$	标准差
上层	56	$H = 1.99D^{0.69}$	0.996	2 102.09	4.35	± 0.75
	48	$H = 2.50D^{0.61}$	0.999	2 896.17	5.22	± 0.32
二层	32	$H = 2.61D^{0.59}$	0.986	278.24	5.22	± 0.81
	28	$H = 1.66D^{0.80}$	0.998	5 124.14	4.18	± 0.34
三层	22	$H = 2.59D^{0.62}$	0.995	2 482.14	4.18	± 0.23
	18	$H = 2.98D^{0.59}$	0.986	753.00	4.20	± 0.76
四层	6	$H = 3.83D^{0.53}$	0.986	511.99	4.74	± 0.24

5.2 林分空间结构

林分空间结构是指与树木空间位置有关的结构(Kint *et al.*，2003)，林分空间结构决定了树木之间的竞争势及其空间生态位，在很大程度上决定了林分的物种多样性、稳定性和发展方向 (Pretzsch，1997；Pommerening，2002)。目前，林分空间结构分析已成为国际上天然林经营模拟技术的主要研究内容。

林分空间结构包括水平结构和垂直结构。林分水平结构是指林分中树木及其关系在水平面的分布状况，包括林木空间分布格局、树木竞争关系、树种相互隔离程度等，分别采用林木空间分布格局指数、竞争指数、混交度等指标描述。林分垂直结构是指林分在垂直方向的成层性，可用群落结构、林层结构和林层比来描述。

5.2.1 水平结构

5.2.1.1 混交度

混交度(mingling)表示树种的空间隔离程度。混交度又分为简单混交度(simple mingling)、树种多样性混交度(tree species diversity mingling)、物种空间状态(species spatial status)和全混交度(complete mingling)。

(1)简单混交度

混交度被定义为对象木的最近邻木与对象木不属同种的个体所占的比例,用公式表示为(Gadow and Füldner,1992):

$$M_i = \frac{1}{n} \sum_{j=1}^{n} v_{ij} \tag{5-19}$$

式中 M_i——林木 i 点混交度;

n——最近邻木株数;

当对象木 i 与第 j 株最近邻木属不同树种, $v_{ij} = 1$;当对象木 i 与第 j 株最近邻木属同一树种, $v_{ij} = 0$。

显然, $0 \leqslant M_i \leqslant 1$。 $M_i = 0$ 表示对象木 i 周围 n 株最近邻木与对象木均属同一树种; $M_i = 1$ 则表示对象木 i 周围 n 株最近邻木与对象木属不同树种。可见,混交度表示任意一株树木的最近邻木为其他种的概率。惠刚盈等(2001)研究认为, $n = 4$ 可以满足对混交林空间结构分析的要求。

当考虑对象木周围的 4 株相邻木时, M_i 的取值有 5 种:

①$M_i = 0$,对象木周围 4 株最近相邻木与对象木均属于同种;

②$M_i = 0.25$,对象木周围 4 株最近相邻木有 1 株与对象木不属于同种;

③$M_i = 0.5$,对象木周围 4 株最近相邻木有 2 株与对象木不属于同种;

④$M_i = 0.75$,对象木周围 4 株最近相邻木有 3 株与对象木不属于同种;

⑤$M_i = 1$,对象木周围 4 株最近相邻木有 4 株与对象木不属于同种。

这 5 种取值分别对应于通常所讲混交度的描述,即零度、弱度、中度、强度、极强度混交(相对于此结构单元而言),它说明在该结构单元中树种的隔离程度,其强度以中级为分水岭,生物学意义明显。

林分混交度是林木点混交度的平均值:

$$M = \frac{1}{N} \sum_{i=1}^{N} M_i \tag{5-20}$$

式中 M——林分混交度;

N——林分内林木株数;

M_i——第 i 株树木的点混交度。

林分混交度取值也在[0,1]之间,取值为 0 表示零度混交,即纯林;取值为 1 表示极强度混交。林分混交度是反映多树种林分空间结构的重要指标。一般认为,林分混交度越大,林分越稳定。

(2)树种多样性混交度

仔细考察一下简单混交度的计算公式,不难看出,用该式计算的林木点混交度是以对象木 i 与 n 株最近邻木之间的树种异同比较结果为基础的,并不考虑 n 株最近邻木之间的树种异同。因此,它不能反映多树种(两个以上)时的实际树种隔离程度。由此,汤孟平等提出了树种多样性混交度的概念。

树种多样性混交度是指对象木与最近邻木之间以及最近邻木相互之间树种的空间

隔离程度。树种多样性混交度仍以林木点混交度为基础，但林木点混交度除考虑对象木与最近邻木树种不同之外，还考虑最近邻木之间树种异同情况。树种多样性混交度定义为（汤孟平等，2004）：

$$M_i = \frac{n_i}{n^2} \sum_{j=1}^{n} v_{ij} \tag{5-21}$$

式中　M_i——林木 i 点树种多样性混交度；

　　　n_i——对象木 i 的 n 株最近邻木中不同树种个数；

　　　n——最近邻木株数；

当对象木 i 与第 j 株最近邻木属不同树种，$v_{ij} = 1$；当对象木 i 与第 j 株最近邻木属同一树种，$v_{ij} = 0$。

林分树种多样性混交度计算公式与简单混交度相同。

树种多样性混交度能反映林分的实际混交程度，可作为描述混交林空间结构特征的一个指数。

（3）物种空间状态

惠刚盈等（2008）为改进树种多样性混交度，提出了物种空间状态：

$$Ms_i = \frac{s_i}{5} \cdot M_i \tag{5-22}$$

式中　Ms_i——林木 i 点的物种空间状态；

　　　M_i——简单混交度；

　　　s_i——结构单元的树种数。

（4）全混交度

汤孟平等（2012）指出，简单混交度、树种多样性混交度和物种空间状态存在的共同问题是对空间结构单元的树种隔离关系表达不完整，导致不同混交结构具有相同混交度结果。事实上，混交度是定量描述林分空间结构单元中树种相互隔离程度的指数，它取决于树种多样性和树种空间隔离关系。树种多样性是树种空间隔离的基础，树种越多，不同树种之间相互隔离的可能性越大。树种空间隔离关系包括对象木与最近邻木之间的树种隔离和最近邻木相互之间的树种隔离。鉴于此，汤孟平等（2012）提出全混交度：

$$Mc_i = \frac{1}{2}\left(D_i + \frac{c_i}{n_i}\right) \cdot M_i \tag{5-23}$$

式中　Mc_i——第 i 空间结构单元中对象木的全混交度；

　　　M_i——简单混交度，$M_i = \frac{1}{n_i} \sum_{j=1}^{n_i} v_{ij}$；

　　　n_i——最近邻木株数；

　　　c_i——对象木的最近邻木中成对相邻木非同种的个数；

　　　$\frac{c_i}{n_i}$——最近邻木树种隔离度；

　　　D_i——空间结构单元的 Simpson 指数，它表示树种分布均匀度。

$$D_i = 1 - \sum_{j=1}^{s_i} p_j^2 \qquad (5\text{-}24)$$

$D_i \in [0, 1]$，当只有 1 个树种时，$D_i = 0$；

当有无限多个树种且株数比例均等时，$D_i = 1$；

式中　p_j——空间结构单元中第 j 树种的株数比例；

　　　s_i——空间结构单元的树种数。

【例 5-4】不同混交度的比较。

假定有 3 种典型的混交结构单元（图 5-4，不同符号代表不同树种），对简单混交度、树种多样性混交度、物种空间状态和全混交度的树种隔离程度分辨能力差异进行比较。图 5-4a 与图 5-4b 均有 3 个树种，且各树种株数也相同，唯一区别是 4 个最近邻木的相互隔离关系不同。图 5-4b 和图 5-4c 代表树种各不相同的两种混交结构单元，图 5-4b 有 5 个不同树种，图 5-4c 有 6 个不同树种。

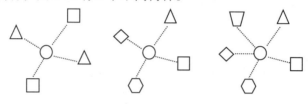

a　3 个不同树种　　b　5 个不同树种　　c　6 个不同树种

图 5-4　3 种典型的混交结构单元

图 5-4 的 3 种不混交结构单元的混交度计算结果见表 5-4。可见，3 种结构单元的简单混交度相同，说明简单混交度不能区分这 3 种不同混交结构单元的树种隔离程度。树种多样性混交度和物种空间状态也不能区分图 5-4b 和图 5-4c 这两种不同的空间结构单元。全混交度则具有最强的树种隔离程度分辨能力，完全可以区分这 3 种不同的混交结构单元。因此，全混交度对空间结构单元的树种多样性和树种空间隔离关系具有最准确的表达。

表 5-4　各混交度的比较

混交结构单元	简单混交度	树种多样性混交度	物种空间状态	全混交度
图 5-4a	1	0.5	0.6	0.820 0
图 5-4b	1	1	1	0.900 0
图 5-4c	1	1	1	0.916 7

5.2.1.2　竞争关系

采用竞争指数和林木个体大小分化程度反映林木之间的竞争关系。

（1）Hegyi 竞争指数

Hegyi 竞争指数包括林木点竞争指数 CI_i 和林分竞争指数 CI。计算公式为（Hegyi，1974）：

$$CI_i = \sum_{j=1}^{n} \frac{d_j}{d_i \cdot L_{ij}} \qquad (5\text{-}25)$$

式中　CI_i——对象木 i 的点竞争指数；

　　　　L_{ij}——对象木 i 与竞争木 j 之间的距离；

　　　　d_i——对象木 i 的胸径；

　　　　d_j——竞争木 j 的胸径；

　　　　n——竞争木株数。

从上式可以看出，竞争指数是竞争木与对象木胸径之比除以距离。因此，竞争指数实质上是反映对象木所承受来自竞争木的竞争压力。对某一对象木而言，竞争指数越大，来自周围竞争木的竞争压力越大，在竞争中越处于不利地位。一般认为，竞争指数越大，竞争越激烈。

关于竞争木株数 n，Hegyi 定义为半径 3.05m(10 英尺)范围内的所有林木。国内也有采用 5m 或 6m 半径，以便选取更多竞争木。近年来，提出采用 Voronoi 图确定竞争木(汤孟平等，2007)。

林分竞争指数常用各对象木点竞争指数之和表示。

公式为

$$CI = \sum_{i=1}^{N} CI_i \tag{5-26}$$

式中　CI——林分竞争指数；

　　　　CI_i——对象木 i 的点竞争指数；

　　　　N——林分内林木总株数。

Hegyi 竞争指数的应用实例参见文献汤孟平等(2007)。

(2)大小比数

大小比数(neighborhood comparison)被定义为大于对象木的相邻木数占所考察的全部最近相邻木的比例(惠刚盈等，1999)。它可以用于胸径、树高和冠幅多个测度的统计。

用公式表示为：

$$U_i = \frac{1}{n} \sum_{i=1}^{n} k_{ij} \tag{5-27}$$

式中　U_i——对象木 i 的大小比数；

　　　　n——最近邻木株数。

当相邻木 j 小于对象木 i 时，$k_{ij} = 0$；当相邻木 j 大于或等于对象木时，$k_{ij} = 1$。

大小比数量化了对象木与其相邻木的关系，一个结构单元的值越低，比对象木大的相邻木越少，该结构单元对象木的生长越处于优势地位。当考虑 4 株最近相邻木时，U_i 值的可能取值范围及代表的意义为：

①$U_i = 0$，相邻木均比对象木小；

②$U_i = 0.25$，1 株相邻木比对象木大；

③$U_i = 0.5$，2 株相邻木比对象木大；

④$U_i = 0.75$，3 株相邻木比对象木大；

⑤$U_i = 1$，4 株相邻木比对象木大。

这 5 种可能分别对应于通常对林木状态的描述，即优势、亚优势、中庸、劣态和绝对劣态，它明确定义了被分析的对象木在该结构块中所处的生态位，且生态位的高低以中级为岭脊。显然，按树种统计可获得该树种在整个林分中某一测度方面的优势或中庸态势。

依树种计算的大小比数的均值（$\overline{U}_{sp}$）即为树种在林分所测指标上的优势程度，可用下式计算：

$$\overline{U}_{sp} = \frac{1}{N} \sum_{i=1}^{N} U_i \tag{5-28}$$

式中　U_i——树种（sp）的第 i 个大小比数的值；

　　　N——所观察的树种（sp）的对象木的数量。

$\overline{U}_{sp}$ 的值愈小，说明该树种在某一比较指标（胸径、树高或树冠等）上愈优先，依 $\overline{U}_{sp}$ 值的大小升序排列即可说明林分中所有树种在某一比较指标上的优势程度。

大小比数的应用实例参见文献张会儒等（2009）。

5.2.1.3　林木空间分布格局

1）林木空间分布格局类型

林木个体的空间分布格局是指林木个体在水平空间的分布状况。林木分布格局是种群生物学特性、种内与种间关系以及环境条件综合作用的结果，是种群空间属性的重要方面，也是种群的基本特征之一。格局研究不仅可以对种群和群落的水平结构进行定量描述，给出它们之间的空间关系，同时能够说明种群和群落的动态变化。

基本的分布类型有3种：随机分布、均匀分布和聚集分布。

（1）随机分布

随机分布（random distribution）指种群个体的分布相互之间没有联系，每个个体的出现都有同等的机会，与其他个体是否存在无关，林木的位置以连续而均匀的概率分布在林地上。

（2）均匀分布

均匀分布（regular distribution）指林木在水平空间中的分布是均匀等距的，或者说林木对其最近相邻树以尽可能大的距离均匀地分布在林地上，林木之间互相排斥。

（3）聚集分布

聚集分布（aggregated distribution）与随机分布相比，聚集分布的林木有相对较高的超平均密度占据的范围。也就是说，林木之间互相吸引。

2）林木空间分布格局的调查方法

林木的分布格局可以从三个角度研究：在一定面积的样方内林木个体可能的株数分布；单木之间距离的大小及分布；各林木与其周围林木所能构成的夹角大小及其分布。由此格局研究方法可分为3类：样方法、距离法和夹角法。

（1）样方法

利用传统的样方取样资料进行植物群落学研究是经典的、广泛应用的方法，开展种群分布格局的研究也不例外。但样方法尚不能令人满意。样方法中的频次分布检验是测定空间格局的最古老方法,其特点是理论基础稳固,数据代换方法全。此法的主要缺点是理论分布型的种类繁多,没有固定的选择标准和途径,在应用拟合中常会出现某一个数据集符合多个分布型的现象,这一问题在连续空间分布的种群中更加突出。所以,在格局分析中目前已很少应用。

相邻格子样方法是一种修正的方差分析方法,其基本原理是通过单位格子样方的两两合并,用 $2n$ 的方法划分区组($n = 0, 1, 2, \cdots$),使每级区组样方面积逐级扩大,对各级区组样方面积上的观测值作方差分析,分别计算其均。该方法既克服了样方大小的某些影响,又保留了样方取样的优点,但是在野外取样中相邻格子样方也会遇到基本样方大小和初始样方位置如何确定的问题。另一个重要问题是工作量大,代表性差。

(2)距离法

通过测量树木之间距离、点与树木之间的距离、考虑密度的点与树或树与树之间的距离或使用相关函数,对分布格局做出判断。距离法的缺点是:野外测量距离的花费较大,降低了它的有效性。另外,由于树木的最近邻体几乎总是处于其树木组内,因此相同指数值的林分有可能对应于完全不同的分布。

(3)夹角法

此法是通过判断和统计由对象木与其相邻木构成的夹角是否大于标准角来描述相邻木围绕对象木的均匀性,不需要精密测距就可以获得林木的水平分布格局。惠刚盈等提出的角尺度即属于此类(惠刚盈,1999)。

3)林木空间格局分析方法

根据分布格局分析尺度,可以把林木空间分布格局分为林分整体格局和林木点格局。林木点格局是以单株树木为中心点的局部范围内林木的分布特征。林木点格局是林分的局部精细结构,是计算林分整体格局的基础。林分整体格局等于林木点格局的平均数。

常用的林木空间分布格局分析方法有 4 种:聚集指数、精确最近邻体分析、Ripley's $K(d)$ 函数分析和角尺度。

(1)聚集指数

聚集指数是 Clark 和 Evans 提出的最近邻体分析方法,目的是检验种群分布格局。其方法是计算实际个体平均最近邻体距离与在随机分布格局下期望平均最近邻体距离之比,以此作为空间分布格局的检验指标,一般称为 Clark 和 Evans 指数或聚集指数。计算公式为(Clark and Evans,1954):

$$R = \frac{\dfrac{1}{N}\sum_{i=1}^{N} r_i}{\dfrac{1}{2}\sqrt{\dfrac{F}{N}}} \tag{5-29}$$

式中 r_i——第 i 株树木到其最近邻木的距离;

        N——样地株数;

        F——样地面积。

若 $R>1$，则林木有均匀分布的趋势；若 $R<1$，则林木有聚集分布的趋势；若 $R=1$，则林木有随机分布的趋势。

聚集指数计算简单，作为一个单一的数量指标，常用于林分整体空间分布格局的适合性检验。

后来，Donnelly 发现上式计算值偏大，又提出修正式：

$$R = \frac{\dfrac{1}{N}\sum_{i=1}^{N} r_i}{\dfrac{1}{2}\sqrt{\dfrac{F}{N}} + \dfrac{0.051\,4\,P}{N} + \dfrac{0.041P}{N^{\frac{3}{2}}}} \tag{5-30}$$

式中　r_i——第 i 株树木到最近邻木的平均距离；

　　　N——样地株数；

　　　F——样地面积；

　　　P——样地周长。

为消除边缘影响，用上式计算聚集指数时还必须进行边缘校正。

（2）精确最近邻体分析

由于聚集指数受距离尺度的影响，Ripley(1977)把平均最近邻体统计方法拓展到完全累积分布函数，被称为精确最近邻体分析(refined nearest neighbor analysis)。精确最近邻体分析提供了所观测空间范围内的分布格局相对于随机分布是距离尺度的函数(Moeur，1993)。

精确最近邻体分析以距离尺度 d 的概率密度函数为基础，d 是任意一点到最近邻点的距离(这里，点代表样地中的一株树木)。如果林木位置是随机的，那么以林木 i 为中心，以其到最近邻木距离 d_i 为半径的圆面积是一个独立、同分布的随机变量(另一种表述是：假定密度是常数，给定面积内林木株数服从泊松分布)，它的分布密度函数为：

$$f(d) = 2\lambda\pi e^{-\lambda\pi d^2} \tag{5-31}$$

式中　λ——林分密度，一般用 $\hat{\lambda} = N/A$ 来估计 λ；

　　　N——样地内林木株数；

　　　A——样地面积；

　　　d——林木到最近邻木的距离。

累积分布函数 $F(d)$ 是最近邻木落入以林木 i 为中心，半径为 d，面积为 πd^2 圆内的概率，通过对概率密度函数积分得：

$$F(d) = P(d_i \leqslant d) = 1 - e^{-\lambda\pi d^2} \quad (d \geqslant 0) \tag{5-32}$$

通过最近邻木距离 d_i 与半径 d 的比较，$\hat{F}(d)$ 等于样地内 d_i 小于或等于 d 的林木株数与样地林木总株数 N 之比，计算公式：

$$\hat{F}(d) = \frac{\sum_{i=1}^{N} \delta_i(d)}{N} \tag{5-33}$$

式中　如果 $d_i \leqslant d$，则 $\delta_i(d) = 1$；如果 $d_i > d$，则 $\delta_i(d) = 0$。

如果不进行边缘校正，$\hat{F}(d)$ 是偏低的。因为，上式把样地外的最近邻木排除在外。

为消除 $\hat{F}(d)$ 偏低现象，当对象木 i 到最近邻木的距离大于它到样地边界的最近距离时，需要进行校正。校正方法是 $\hat{F}(d)$ 等于在所有到最近样地边界距离大于或等于 d 的林木中，最近邻木距离小于 d 的林木所占的比例，公式为：

$$\hat{F}(d) = \frac{\sum_{i=1}^{N} \delta_i(d)\xi_i(d)}{\sum_{i=1}^{N} \xi_i(d)} \tag{5-34}$$

式中　d_{ib}——林木 i 到样地最近邻边的距离。

如果 $d_{ib} \geq d$，则 $\xi_i(d) = 1$；如果 $d_{ib} < d$，则 $\xi_i(d) = 0$。

通过绘制 $F(d)$ 和 $\hat{F}(d)$ 与 d 的关系图，可看出 d 在哪个范围、哪个方向上，样本的分布与空间随机分布零假设不相符合，以确定林木空间分布格局。林木空间分布格局的判别原则是：

$\hat{F}(d) > F(d)$，所观测的格局是聚集分布；

$\hat{F}(d) < F(d)$，则所观测的格局是均匀分布。

通过比较 $\hat{F}(d)$ 和 $F(d)$ 可以判别在 d 这一距离上的分布格局，但我们往往还关心所有距离尺度 d 上的总体分布格局，以及所作判断的可靠性，这就是假设检验问题。

Monte Carlo 检验是常用的分布格局检验方法。Monte Carlo 检验是指任何用随机数进行检验的方法（Fortin and Geoffrey，2002），又称随机模拟法或统计试验法。它是 20 世纪 40 年代由于计算机的问世而发展起来的。它的奠基人是冯·诺伊曼（J. Von Neumann）。其主要思想是在计算机上模拟实际概率过程，然后进行统计处理。这种方法和传统数学方法相比，具有思想新颖、直观性强、简便易行的优点。它利用计算机具有高速度、大容量的特点处理一些其他方法所不能处理的复杂问题，并且很容易在计算机上实现。

分布格局的 Monte Carlo 检验方法就是比较观测值 $\hat{F}(d)$ 和用 Monte Carlo 法产生随机分布的 $\hat{F}^P(d)$，并判断分布格局。Monte Carlo 检验的过程如下：

①产生 n 个随机坐标点（n 等于样木总数）；

②根据随机坐标点计算 $\hat{F}^P(d)$；

③步骤①和②重复 r 次；

④根据每个 d 值，对 $\hat{F}_i^P(d)$（$i = 1$，2，…，r）进行由小到大排序，去除最大值和最小值各 5%。保留下来的随机模拟的最小和最大值就确定了 90% 置信度的置信区间；

⑤用 $\hat{F}(d)$ 与置信区间进行比较。如果 $\hat{F}(d)$ 落入置信区间之外，以 10% 的可接受水平拒绝接受随机分布格局。如果 $\hat{F}(d)$ 落入置信区间上界之外，则观测分布呈显著聚集分布趋势；如果 $\hat{F}(d)$ 落入置信区下界之外，则观测分布呈显著均匀分布趋势。

应用 $F(d)$ 函数分析林木分布格局的应用实例见文献汤孟平（2003）。

(3) Ripley's $K(d)$ 函数分析

Ripley's $K(d)$ 函数分析方法是 Ripley 于 1977 年提出的，后来许多研究者对其进行了发展。

Ripley's $K(d)$函数分析是用林木点图形数据进行林木空间格局分析的第二类常用方法。与最近邻体分析相同之处是 Ripley's $K(d)$函数分析也是基于平面上点间距离,不同之处是 Ripley's $K(d)$函数分析考虑平面上所有成对点之间的距离,而不仅仅是最近邻体,可以更详细地分析点间关系。点间关系既可以是同一类点间的关系,也可以是不同类点间的关系。下面,对 Ripley's $K(d)$函数分析原理作简要介绍。

把样地中每一株树木到其他所有林木之间距离的累积分布函数定义为:

$$\lambda K(d) = \sum_{i=1}^{N} \sum_{j=1}^{N} \frac{\delta_{ij}(d)}{N} \quad (i \neq j) \tag{5-35}$$

式中　$\lambda K(d)$——以任一林木为中心,以距离 d 为半径范围内期望林木株数;

　　　　N——样地内林木株数;

　　　　d_{ij}——林木 i 与林木 j 的距离;

　　　　如果 $d_{ij} \leqslant d$,则 $\delta_{ij}(d) = 1$;如果 $d_{ij} > d$,则 $\delta_{ij}(d) = 0$。

设 A 是样地面积,λ 用 $\hat{\lambda} = N/A$ 来估计,则 $K(d)$的估计值 $\hat{K}(d)$ 可按下式计算:

$$\hat{K}(d) = A \sum_{i=1}^{N} \sum_{j=1}^{N} \frac{\delta_{ij}(d)}{N^2} \quad (i \neq j) \tag{5-36}$$

式中　N——样地林木株数;

　　　　A——样地面积。

由于上式没有考虑边界影响,估计值是有偏的。因此,Ripley(1977)用权重 $w_{ij}(d)$ 取代 $\delta_{ij}(d)$进行边缘校正。方法是以林木 i 为中心,以到林木 j 的距离 d_{ij} 为半径画圆,权重 $w_{ij}(d)$ 等于该圆在样地内的周长部分与整个周长之比的倒数(Moeur,1993)。一般认为有3种边缘校正情形(Moeur,1993;Hanus et al.,1998),如图5-5a、图5-5b、图5-5c所示。但汤孟平等(2003)研究发现应当包括4种情形(图5-5d):

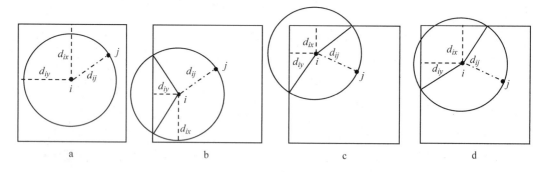

图5-5　边缘校正

a. 圆完全包含在样地内　b. 圆与一条边相交　c. 圆与两条边相交,有2个或3个交点　d. 圆与两条边相交有4个交点(i、j 是林木编号;d_{ix}、d_{iy}分别是林木 i 到 x 边和 y 边的最近距离;d_{ij}是林木 i 到 j 的距离)

①当圆完全包含在样地内时,即 $d_{ij} \leqslant d_{ib}$(图5-5a),权重:

$$w_{ij}(d) = 1 \tag{5-37}$$

②当圆与样地的一条边相交时,即 $d_{ij} > d_{ib}$,不等式 $d_{ix} < d_{ij}$ 与 $d_{iy} < d_{ij}$ 中有且只有一个成立(图5-5b),权重:

$$w_{ij}(d) = \left\{ 1 - \left[\arccos\left(\frac{d_{ib}}{d_{ij}}\right) \right] \cdot \frac{1}{\pi} \right\}^{-1} \tag{5-38}$$

③当圆与样地的两条边相交，有 2 个或 3 个交点时，即 $d_{ij} > d_{ib}$，不等式 $d_{ix} < d_{ij}$ 与 $d_{iy} < d_{ij}$ 同时成立，且 $\arccos\left(\frac{d_{ix}}{d_{ij}}\right) + \arccos\left(\frac{d_{iy}}{d_{ij}}\right) \geqslant \frac{\pi}{2}$（图 5-5c），权重：

$$w_{ij}(d) = \left\{ 1 - \left[\arccos\left(\frac{d_{ix}}{d_{ij}}\right) + \arccos\left(\frac{d_{iy}}{d_{ij}}\right) + \frac{\pi}{2} \right] \cdot \frac{1}{2\pi} \right\}^{-1} \tag{5-39}$$

④当圆与样地的两条边相交，有 4 个交点时，即 $d_{ij} > d_{ib}$，不等式 $d_{ix} < d_{ij}$ 与 $d_{iy} < d_{ij}$ 同时成立，且 $\arccos\left(\frac{d_{ix}}{d_{ij}}\right) + \arccos\left(\frac{d_{iy}}{d_{ij}}\right) < \frac{\pi}{2}$（图 5-5d），权重：

$$w_{ij}(d) = \left\{ 1 - \left[\arccos\left(\frac{d_{ix}}{d_{ij}}\right) + \arccos\left(\frac{d_{iy}}{d_{ij}}\right) \right] \cdot \frac{1}{\pi} \right\}^{-1} \tag{5-40}$$

式中　d_{ix}——林木 i 到 x（横）边的最近距离，m；

　　　d_{iy}——林木 i 到 y（纵）边的最近距离，m；

　　　d_{ib}——样地内林木 i 到最近邻边的距离，m，$d_{ib} = \min(d_{ix}, d_{iy})$；

　　　d——距离尺度，m；

　　　d_{ij}——林木 i 到 j 之间的距离，m，且满足 $d_{ij} \leqslant d$。

考虑边缘校正后，$\hat{K}(d)$ 变为：

$$\hat{K}(d) = A \sum_{i=1}^{N} \sum_{j=1}^{N} \frac{w_{ij}(d)}{N^2} \tag{5-41}$$

式中　N——林木株数；

　　　d——距离尺度；

　　　w_{ij}——林木 i 与林木 j 之间的权重；

　　　A——样地面积；

　　　d_{ij}——林木 i 与 j 之间的距离（要求 $d_{ij} \leqslant d$）。

Ripley's $K(d)$ 函数分析还可以推广到类间格局分析，如大树和小树、针叶树和阔叶树之间的空间依赖关系分析。类 1 和类 2 类间的 $K_{12}(d)$ 估计计算公式为：

$$\hat{K}_{12}(d) = \frac{N_2 \hat{K}_{12}^*(d) + N_1 \hat{K}_{21}^*(d)}{N_1 + N_2} \tag{5-42}$$

$$\hat{K}_{12}^*(d) = \frac{A}{N_1 N_2} \sum_{i=1}^{N_1} \sum_{j=1}^{N_2} w_{ij}(d) \tag{5-43}$$

$$\hat{K}_{21}^*(d) = \frac{A}{N_1 N_2} \sum_{i=1}^{N_1} \sum_{j=1}^{N_2} w_{ij}(d) \tag{5-44}$$

式中　N_1，N_2——分别是类 1 和类 2 的林木株数，要求所有成对林木的 $d_{ij} \leqslant d$。

Ripley's $K(d)$ 函数分析需要检验总体分布格局是否符合随机分布。在森林随机分布的零假设下，以随机选取的一株树木为中心，以 d 为半径的圆内林木株数 k 的期望值是 $\lambda \pi d^2$。由此可知，对随机分布的森林，$\hat{K}(d) = \pi d^2$。Besag 和 Diggle（1977）提出用 $\hat{L}(d)$ 取代 $\hat{K}(d)$，并对 $\hat{K}(d)$ 作开平方的线性变换，以保持方差稳定。在随机分布的假设下，期望值接近 0。$\hat{L}(d)$ 计算公式为：

$$\hat{L}(d) = \sqrt{\frac{\hat{K}(d)}{\pi}} - d \qquad (5\text{-}45)$$

$\hat{L}(d)$ 与 d 的关系图可用于检验依赖于尺度的分布格局类型。如果林木相互间距离较远，则可认为是均匀分布。这时，$\hat{L}(d)$ 小于随机分布下的期望值，即是负值；相反，$\hat{L}(d)$ 大于期望值，即是正值，则林木分布是聚集分布。

对于类间分析，如果这两个树木种群是独立的。那么，$\hat{L}_{12}(d) = \sqrt{\hat{K}_{12}(d)/\pi} - d$ 接近于 0。如果两类林木和所期望空间独立的假设有很大的不同，$\hat{L}_{12}(d)$ 是负值，分布格局是均匀的。如果 $\hat{L}_{12}(d)$ 是正值，说明两类林木比期望的要接近，分布格局是聚集的。

实际应用时，与精确最近邻体分析相似，常用 Monte Carlo 检验法。不同之处是通过比较实际观测分布的 $\hat{L}(d)$ 和多个模拟随机分布 $\hat{L}(d)$ 值进行假设检验。如果 $\hat{L}(d)$ 落在用 Monte Carlo 法模拟随机分布所确定的 90% 置信区间之外，那么所观测的分布被认为是非随机分布，对类间分析解释为非独立的。如果 $\hat{L}(d)$ 落入置信区间上界之外，则观测分布呈显著聚集分布趋势或类间聚集；如果 $\hat{L}(d)$ 落入置信区下界之外，则观测分布呈显著均匀分布趋势或类间分散。

应用 Ripley's $K(d)$ 函数进行林分空间分布格局的实例参见文献汤孟平等（2003）。

（4）角尺度

1999 年，惠刚盈提出的角尺度的计算是建立在 n 个最近相邻木的基础上。因此，即使对较小的团组，用角尺度也可以评价出各群丛之间的变异。从对象木出发，任意两个最近相邻木的夹角有两个，令小角为 α，角尺度 W_i 被定义为 α 角小于标准角 α_0 的个数占所考察的最近 n 株相邻木的比例（一般取 $n = 4$），即：

$$W_i = \frac{1}{n}\sum_{i=1}^{n} z_{ij} \qquad (5\text{-}46)$$

当第 j 个 α 角小于标准角 α_0 时，$z_{ij} = 1$；否则，$z_{ij} = 0$。

从上式可以看出角尺度的可能取值和意义：

①$W_i = 0$ 说明所有相邻木间的 α 角都大于或等于 α_0，表示 4 株最近相邻木在对象木周围分布是特别均匀的状态；

②$W_i = 0.25$ 说明有 1 个 α 角小于 α_0，表示 4 株最近相邻木在对象木周围分布是一般均匀的状态；

③$W_i = 0.5$ 说明有 2 个 α 角小于 α_0，表示 4 株最近相邻木在对象木周围分布是特别随机的状态；

④$W_i = 0.75$ 说明有 3 个 α 角小于 α_0，表示 4 株最近相邻木在对象木周围分布是不均匀或一般随机的状态；

⑤$W_i = 1$ 说明所有 α 角小于 α_0，表示 4 株最近相邻木在对象木周围分布是特别不均匀的或聚集的状态。

角尺度既可用分布图，也可用分布的均值表达，角尺度分布图对称表示林木分布为随机即位于中间类型(随机)两侧的频率相等;若左侧大于右侧则为均匀;若右侧大于左侧则为团状。更为精细的分析可以角尺度均值 $\overline{W}$ 的置信区间为准:随机分布时 $\overline{W}$ 取值范围为 $[0.475, 0.517]$;$\overline{W} > 0.517$ 时为团状分布;$\overline{W} < 0.475$ 时为均匀分布。$\overline{W}$ 用公式表示为:

$$\overline{W} = \frac{1}{N} \sum_{i=1}^{N} W_i = \frac{1}{4N} \sum_{i=1}^{N} \sum_{j}^{4} z_{ij} \tag{5-47}$$

式中 N——林分内对象木的株数;

i——任一对象木;

j——对象木 i 的 4 株最近相邻木;

W_i——角尺度即描述相邻木围绕对象木 i 的均匀性。一般取 $\alpha_0 = 72°$。

当第 j 个 α 角小于标准角 α_0 时,$z_{ij} = 1$;否则,$z_{ij} = 0$。

应用角尺度分析林分空间分布格局的实例参见文献张会儒等(2009)。

5.2.2 垂直结构

林分垂直结构可以用群落结构、林层结构和林层比来描述。

5.2.2.1 群落结构

根据《国家森林资源连续清查技术规定》(2014),乔木林的群落结构划分为 3 种类型(表 5-5)。

表 5-5 群落结构类型划分

群落结构类型	划分标准
完整结构	具有乔木层、下木层、地被物层(含草本、苔藓、地衣)3 个层次的林分
较完整结构	有乔木层和其他植被层的林分
简单结构	只有乔木 1 个植被层的林分

根据表 5-5 划分乔木林群落结构类型时,下木(含灌木和层外幼树)或地被物(含草本、苔藓和地衣)的覆盖度≥20%,单独划分植被层;下木(含灌木和层外幼树)和地被物(含草本、苔藓和地衣)的覆盖度均在 5% 以上,且合计≥20%,合并为 1 个植被层。

5.2.2.2 林层结构

根据《国家森林资源连续清查技术规定》(2014),乔木林可分为单层林和复层林。复层林的划分条件是:

①各林层每公顷蓄积量不少于 30m³;

②主林层、次林层平均高相差 20% 以上;

③各林层平均胸径在 8cm 以上;

④主林层郁闭度不少于 0.30,次林层郁闭度不少于 0.20。

5.2.2.3 林层比

林层比定义为对象木 i 的 n 株最近相邻木中,与对象木不属同层的林木所占的比例

（安慧君，2003）。可以用下式表示：

$$S_i = \frac{1}{n} \sum_{j=1}^{n} s_{ij} \tag{5-48}$$

式中 S_i——对象木 i 的林层比；

n——最近邻木株数；

如果对象木 i 与相邻木 j 不属同层，$s_{ij} = 1$；如果对象木 i 与相邻木 j 在同一层，$s_{ij} = 0$。

根据林层比的定义，可知 $0 \leqslant S_i \leqslant 1$。$S_i$ 的取值有 $n + 1$ 种，而且是离散的。当 $n = 4$ 时，有 5 种可能取值：

①$S_i = 1$，对象木周围 4 株最近邻木均与对象木不属同一林层；

②$S_i = 0.75$，对象木周围 4 株最近邻木中有 3 株与对象木不属同一林层；

③$S_i = 0.50$，对象木周围 4 株最近邻木中有 2 株与对象木不属同一林层；

④$S_i = 0.25$，对象木周围 4 株最近邻木中有 1 株与对象木不属同一林层；

⑤$S_i = 0$，对象木周围 4 株最近邻木与对象木均属同一林层。

林层比的平均值计算公式为：

$$\bar{S} = \frac{1}{N} \sum_{i=1}^{N} S_i \tag{5-49}$$

式中 N——对象木的总株数；

S_i——每 i 株对象木的林层比；

$\bar{S}$——林层比平均值，对于单层林 $\bar{S} = 0$。

应用林层比研究阔叶红松林的林层结构特征的实例参见文献安慧君（2003）。

思 考 题

1. 什么是林分结构？林分结构有哪些种类？

2. 同龄纯林直径分布和异龄林直径分布的主要特征差异是什么？

3. 什么是混交度？试比较分析简单混交度、树种多样性混交度、物种空间状态和全混交度之间的关系。

4. 近年来，提出了用 Voronoi 图确定竞争单元的方法，提出这种方法的理由是什么？

5. 林木空间分布格局分析的常用方法有哪些？它们之间有何不同？

6. 通常用哪些指标描述林分垂直结构？

7. 如果树高 H 与直径 D 之间存在幂函数关系 $H = \alpha D^\beta$。证明：当林分直径分布遵从 Weibull 分布时，则林分树高分布也遵从 Weibull 分布。

参考文献

安慧君. 2003. 阔叶红松林空间结构研究[D]. 北京：北京林业大学博士学位论文.

陈昌雄，陈平留，刘健，等. 1997. 闽北天然异龄林林分结构规律的研究[J]. 福建林业科技，24(4)：1 - 4.

陈昌雄，陈平留，刘健，等. 1996. 针阔混交异龄林生长规律的研究[J]. 福建林学院学报，16(4)：299 - 303.

陈学群. 1995. 不同密度30年生马尾松林生长特征与林分结构的研究[J]. 福建林业科技，22

（增刊）：40 - 43.

惠刚盈. 1999. 角尺度——一个描述林木个体分布格局的结构参数[J]. 林业科学，35（1）：37 - 42.

惠刚盈，Gadow K V，Albert M. 一个新的林分空间结构参数——大小比数[J]. 林业科学研究，12（1）：1 - 6.

惠刚盈，胡艳波，赵中华. 2008. 基于相邻木关系的树种分隔程度空间测度方法[J]. 北京林业大学学报，30（4）：131 - 134.

孟宪宇. 2006. 测树学[M]. 3 版. 北京：中国林业出版社.

仇建习，汤孟平，沈利芬，等. 2014. 近自然毛竹林空间结构动态变化[J]. 生态学报，34（6）：1444 - 1450.

汤孟平. 2003. 森林空间结构分析与优化经营模型研究[D]. 北京：北京林业大学博士学位论文.

汤孟平，唐守正，雷相东，等. 2003. Ripley's K（d）函数分析种群空间分布格局的边缘校正[J]. 生态学报，23（8）：1533 - 1538.

汤孟平，陈永刚，施拥军，等. 2007. 基于 Voronoi 图的群落优势树种种内种间竞争[J]. 生态学报，27（11）：4707 - 4716.

汤孟平，娄明华，陈永刚，等. 2012. 不同混交度指数的比较分析[J]. 林业科学，48（8）：46 - 53.

汤孟平，唐守正，雷相东，等. 2004. 两种混交度的比较分析[J]. 林业资源管理（4）：26 - 27.

张会儒，武纪成，杨洪波，等. 2009. 长白落叶松—云杉—冷杉混交林林分空间结构分析[J]. 浙江林学院学报，26（3）：319 - 325.

赵丹丹，李凤日，董利虎. 2015. 落叶松人工林直径分布动态预估模型[J]. 东北林业大学学报，43（5）：42 - 48.

周国模，徐土根，叶连祥，等. 1992. 杉木人工林直径分布的研究[J]. 福建林学院学报，12（4）：399 - 405.

朱本仁. 1987. 蒙特卡罗方法引论[M]. 济南：山东大学出版社.

Besag J E，Diggle P J. 1997. Simple Monte Carlo tests for spatial pattern[J]. Journal of the Royal Statistical Society，26（3）：327 - 333.

Clark P J，Evans F C. 1954. Distance to nearest neighbor as a measure of spatial relationships in population[J]. Ecology，35（4）：445 - 453.

Fortin M J，Geoffrey M. 2003. Computer-intensive methods[C]. In：Encyclopedia of Environmetrics，（1）：399 - 402. El-Shaarawi A H，Piegorsch W W.（eds.）. New York：John Wiley & Sons.

Gadow K，Füldner K. 1992. ZurMethodik der Bestandesbeschreibung[C]. Klieken：VortragAnlaesslich der Jahrestagung der AG Forsteinrich-tung.

Hanus M L，Hann D W，Marshall D D. 1998. Reconstructing the spatial pattern of trees from routine stand examination measurements[J]. Forest science，44（1）：125 - 133.

Hegyi F. 1974. A simulation model for managing jack-pine stands[C]. In：Fries J. Growth models for tree and stand simulation. Stockholm：Royal College of Forestry.

Kint V，Meirvenne M V，Nachtergale L，et al. 2003. Spatial methods for quantifying forest stand structure development：a comparison between nearest-neighbor indices and variogram analysis[J]. Forest Science，49（1）：36 - 49.

Meyer H A. 1952. Structure，growth，and drain in balanced uneven-aged forests[J]. Journal of Forestry，50（2）：85 - 92（8）.

Moeur M. 1993. Characterizing spatial patterns of trees using stem-mapped data[J]. Forest Science，39

（4）：756 – 775.

　　Pommerening A. 2002. Approaches to quantifying forest structures[J]. Forestry, 75(3)：305 – 324.

　　Pretzsch H. 1997. Analysis and modeling of spatial stand structures. Methodological considerations based on mixed beech-larch stands in Lower Saxony[J]. Forest Ecology and Management, 97(3)：237 – 253.

　　Ripley B D. 1977. Modelling spatial patterns (with discussion)[J]. Journal of the Royal Statistical Society, Series B, 39(2)：172 – 212.

第6章

立地评价与生长收获预估

早在1983年，Avery和Burkhart(1983)就将森林生长收获模型定义为：依据森林群落在不同立地、不同发育阶段条件下的现实状况，用一定的数学方法处理后，能间接地对森林生长、死亡及其他内容进行预估的图表、公式和计算机程序等。1987年，世界森林生长模拟和模型会议指出：森林生长模型是指描述林木生长与林分状态和立地条件之间关系的一个或者一组数学函数，也就是基于林分年龄、立地条件、林分密度等的控制因子，采用生物统计学方法所构造的数学模型。

为了使生长模型满足各类使用要求、建模条件和适用范围，目前已建立了种类繁多、复杂程度不一、形式各异的森林生长与收获模型。近几十年来，随着统计方法(如回归模型、混合效应模型、度量误差模型、联立方程组模型、空间加权回归模型等)及计算机模拟技术的迅速发展，各国建立了许多林分生长和收获预估模型，并制成了相应的预估系统软件，这不仅提高了工作效率，也提高了林分生长量和收获量预估的准确度。另外，模型的研究已从传统的回归建模向着包含某种生物生长机理的生物生长模型方向发展，这种模型克服了传统回归法所建立的模型在应用时不能外延的缺点，可以合理地预估未来林分生长和收获量，它不仅可以模拟林分的自然生长过程，还可以反映一些经营措施对林木生长的影响。

6.1 立地分类与立地质量评价

立地(site)和立地质量(site quality)是两个既有联系又有区别的概念。立地在生态学上又称作"生境"，指的是"林地环境和由该环境所决定的林地上的植被类型及质量"(美国林学会，1971)。更确切地说，立地是森林或其他植被类型生存的空间及与相关的自然因子的综合。它有两个含义：第一，立地这个词具有地理位置的含义；第二，它是指存在于一个特定位置的环境条件(生物、土壤、气候)的综合。因此，可以认为立地在一定的时间内是不变的，而且，与生长于其上的树种无关。但是，立地质量则指在某一立地上既定森林或者其他植被类型的生产潜力，所以立地质量与树种相关联，并有高低之分。一个既定的立地，对于不同的树种来说，可能会得到不同的立地质量评价的结果。立地的调查应包括两方面内容：一是立地的分类；另一个是立地质量的评价。一般来说，具体的森林经营工作总是针对一定的树种和一定的地理区域而言，因此，在林分调查中关于这部分内容是以立地质量评价为主。

6.1.1 立地分类和评价方法概述

评价立地质量的方法很多，总的来说可分为两大类，即直接评定法和间接评定法。

6.1.1.1 直接评定法

直接评定法指直接用林分的收获量和生长量的数据来评定立地质量，又可分为：

(1)根据林分蓄积量(或收获量)进行立地质量评定

林分蓄积量是用材林经营中最关心的指标之一，直接利用林分蓄积量评定立地质量既直观又实用。该方法是利用固定标准地的蓄积量测定记录，得到林分蓄积量及其生长量，将其换算为某一标准林分密度状态下的蓄积量和生长量，即可以评定、比较林分的立地质量。对于森林经营历史较长、经营集约度高的地区，它是一种较好的评定立地质量的方法，尤其是在不同的轮伐期对同一林地上生长的不同世代的林分，采用相同的经营措施条件下，这种方法是非常直观和实用的。

但是，由于影响林分蓄积量的因子不仅仅是立地质量，因此，采用这种方法时应将林分换算到某一相同密度状态下才为有效，否则，评定结果是难以置信的。另外，这种评定方法一般适用于同龄林。

(2)根据林分高进行立地质量评定

由于生态、气候等随机因素的影响，树高(包括优势树高和平均高)生长是一个随机过程，这个过程可用林分树高生长的全体样本函数空间表示，并且受立地质量的影响。林分立地质量因子不能看成随机因子，随着林分年龄的增大，它对林分树高生长的影响逐渐明显。这种因立地质量引起树高生长绝对差异随林分年龄增大而加大，使得树高生长的样本函数簇呈扇形分布的现象。对于许多树种，生长在立地质量好的林地上，其树高生长快。换句话说，对于这些树种，材积生产潜力与树高生长呈正相关。在同龄林中，根据较大林木树高生长过程所反映的材积生产潜力与树高生长之间的关系，受林分密度和间伐的影响不大。因此，根据林分高估计立地质量的方法视作评定立地质量的一种最为常用且行之有效的技术。在利用林分高评定立地质量的方法中，又依所使用的林分高的不同而分为地位级法和地位指数法。

6.1.1.2 间接评定法

间接评定法是指根据构成立地质量的因子特性或相关植被类型的生长潜力来评定立地质量的方法，具体方法有：
①根据不同树种间树木生长量之间的关系进行评定的方法；
②多元地位指数法；
③植被指示法；
④地位指数—树高曲线法又称为立地生产力指数。

以上简要地介绍了立地质量的评定方法，当采用直接评定法时，要求生长在这一林地上的目的树种至今一直存活着，否则，只能采用间接评定方法。

6.1.2 立地质量的直接评价方法

6.1.2.1 地位指数曲线

对于地位指数曲线的研制，通常采用以下 3 种方法：导向曲线法、差分方程法和参数估计法。

(1)导向曲线法

在林分优势高生长曲线簇中，有一条代表在中等立地条件下，林分优势高随林分年龄变化的平均高生长曲线，这条曲线称作导向曲线。该曲线的形状近似呈"S"形，常用树木生长方程来拟合这条曲线，主要候选模型见表6-4。

根据标准地整理资料，采用非线性回归模型的参数估计方法，拟合导向曲线的候选模型，估计其参数并计算拟合统计量。通过比较各模型的拟合统计量，选择一个最优模型作为该树种地位指数的导向曲线。例如根据黑龙江省落叶松人工林固定样地数据，拟合的最优地位指数导向曲线为：

$$H_T = 29.479\,12\mathrm{e}^{-12.522\,93t^{-0.940\,338\,2}} \tag{6-1}$$

式中 H_T——林分优势木平均高；

t——林龄。

根据黑龙江省落叶松人工林导向曲线式(6-1)，将标准年龄 $t_0 = 30$ 年代入式(6-1)，用比例法求出其他各地位指数级的优势高：

$$H_T = \frac{SI\mathrm{e}^{-12.522\,93t^{-0.940\,338\,2}}}{\mathrm{e}^{-12.522\,93t_0^{-0.940\,338\,2}}} \tag{6-2}$$

以 2m 指数级距，将地位指数 $SI = 12\mathrm{m}$，$14\mathrm{m}$，$\cdots$，$22\mathrm{m}$ 分别代入式(6-2)，可以得到长白落叶松人工林的地位指数曲线(图6-1)。

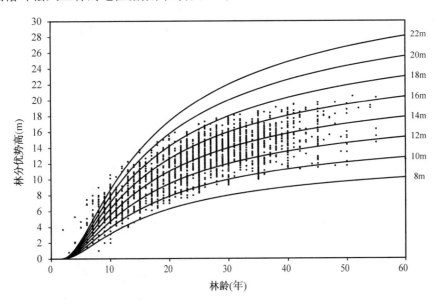

图6-1 黑龙江省落叶松人工林地位指数曲线

（2）差分方程法

对任一反映树高及年龄关系的方程，使用差分法总能得到其差分形式。拟合差分方程的数据资料可来源于固定样地、间隔样地以及采集解析木资料的临时样地。当数据为长期观测资料或解析木资料时，采用差分方程更为适宜。差分方程法可以应用于任何树高生长方程并产生同形或多形地位指数曲线。为了开展一个林分优势木平均高生长方程的差分方程，未来时刻的林分优势木平均高被表达为未来林龄，当年龄林和当前的树高的方程，具体方程如下：

$$H_{T2} = f(A_2, A_1, H_{T1}) \tag{6-3}$$

以舒马赫（Schumacher）树高生长方程为例，其差分方程可以写成以下形式：

$$H_{T2} = a\mathrm{e}^{\left[\frac{A_1}{A_2}\ln\left(\frac{H_{T1}}{a}\right)\right]} \quad (a\ \text{为自由参数}) \tag{6-4}$$

$$H_{T2} = \mathrm{e}^{\ln H_{T1} + b\left(A_1^{-1} - A_2^{-1}\right)} \quad (b\ \text{为自由参数}) \tag{6-5}$$

设 $SI = H_{T1}$，$A = A_2$，$A_I = A_1$，其中 SI 和 A_I 分别为立地指数和基准年龄，代入上式中的所有差分方程，则可得到以各差分方程为基础的地位指数方程，具体如下：

$$H_{T2} = a\mathrm{e}^{\left[\frac{A_I}{A}\ln\left(\frac{SI}{a}\right)\right]} \quad (a\ \text{为自由参数}) \tag{6-6}$$

$$H_{T2} = \mathrm{e}^{\ln SI + b\left(A_I^{-1} - A^{-1}\right)} \quad (b\ \text{为自由参数}) \tag{6-7}$$

对于更为复杂的树高生长方程来说，虽然开展其差分方程有一定的难度，但通常都可以获取一个可用的差分形式。目前，差分型地位指数模型的推导方法目前有 3 种：Clutter（1963）提出的导数积分法；Bailey 等（1974）提出的代数差分法（ADA 法）；Cieszewski 等（2000）提出的广义代数差分法（GADA 法）。用这 3 种方法推导时，必须在基本模型里预先指定"立地相关参数"和"立地无关参数"。相比于导数积分法，ADA 法和 GADA 法由于原理简单而得到了广泛应用。总的来说，差分方程是由基础方程得来的，研究表明基础方程为非线性方程的其差分方程同样也为非线性方程。基于理论生长方程研制地位指数曲线族时，导向曲线法与差分方程法均可取得单形或多形效果，不同的是，两者拟合的数据基础不一致，从地位指数方程形成的方式来看，差分法更具其优越性和合理性。

（3）参数估计法

参数估计法将树木生长方程中的参数全部或部分地表达为立地指数的函数，此种方法的优点为比较清晰地表达了方程的多形涵义，但往往存在基准年龄时树高与指数值不一致以及在优势高和树龄已知时立地指数不易给出的问题。过去常采用这种方法来构建地位指数曲线。目前，这种方法已很少被用于建立地位指数曲线。

6.1.2.2　多型地位指数曲线

地位指数表是以导向曲线为依据编制的，而导向曲线又是根据优势木平均高与年龄之间的关系即优势木高的平均生长过程推出的。这种方法假设所有立地条件下优势木高的生长过程曲线形状都相同，因此，这种地位指数曲线又被称作同形地位指数曲线。在这种曲线簇中，对于任意两条曲线，一条曲线上任意年龄的树高值与另一条曲线上同一年的树高值呈一定的比例关系。然而许多研究表明，并非所有立地上的优势木高生长曲线都有相同的趋势，即非同形（图6-2）。根据这种非同形的树高曲线簇的性质，可分为离形的多形相交曲线簇和交叉形的多形相交曲线簇两类。因此，从20世纪60年代开始出现了多形地位指数曲线。

目前，代数差分法（ADA）仅能构造出有1个水平渐进极值的多形曲线族。针对这一不足，Cieszewski等（2000）又提出广义代数差分法（GADA）。由于GADA法能够构建具有可变水平渐进极值的多形地位指数曲线族，因而受到了广泛关注。段爱国等（2004）采用差分法构建以Korf等6种理论生长方程为基础的多种多形地位指数方程，探讨它们的多形表达涵义，并对其模拟性能进行了较为全面的分析。赵磊等（2012）采用3种常用的理论生长模型，利用代数差分法和广义代数差分法推导8个差分型多形地位指数模型。总的来说，国内外对于多形地位指数模型有着比较深入的研究，多形地位指数曲线能提高地位指数的估计精度，但对于多形地位指数曲线的拟合，需要长期观测数据或解析木数据，数据的获取较为困难。

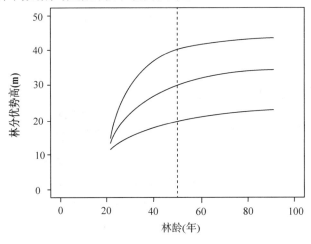

图6-2　多形地位指数曲线

6.1.2.3　树高预测的混合效应模型

混合效应模型（mixed effect model）是由固定效应和随机效应两部分组成的，分为线性混合效应模型（linear mixed effect model，LME）和非线性混合效应模型（nonlinear mixed effect model，NLME）两种，它们是对线性模型和非线性模型的推广。混合模型通过引入随机效应、将复杂的误差进行分解，进而有效地对模型参数进行了估计。在混合模型中，固定效应是描述总体平均变化趋势，随机效应是描述从总体中抽取的个体。混合模型主要用来研究分组数据中因变量和自变量的关系，它既可以反映总体的平均变化趋势，又可以反映个体之间的差异。在农业、生态等研究领域被广泛地应用，随着相应软件的发展，线性和非线性混合效应模型得到了很好的发展。

以往建立的优势木平均高与林龄关系方程，都是利用非线性最小二乘方法来估计参数；但是，这种方法存在着一些问题。首先，这些模型在模拟时通常都是假定误差是服从独立同分布的，然而现实的观测数据很难满足这种条件，势必会对估计结果有一定的影响。其次，大多模型关心的是研究对象的确定性和平均行为，忽略了个体或群体之间存在的序列相关性及差异性。例如，以往所建立的生长模型很好地反映了林木总体的平均生长变化规律，但却忽略了林木个体之间的差异。而混合效应模型方法则在很大程度上弥补了这些方面的不足，既可以反映总体的平均变化趋势，又可以提供数据方差、协方差等多种信息来反映个体之间的差异。另外，在分析重复测量数据或固定样地连续观测数据及满足假设条件时体现出的灵活性。目前，混合效应模型已经成为生长和收获模拟的重要工具。Lappi 等（1988）建立了样地水平上 Richards 式非线性混合效应优势木平均高模型。之后，Hall 等（2001）以美国佐治亚州的火炬松为研究对象，考虑样地水平上的随机效应，利用多水平非线性混合模型方程组构造了Chapman-Richards形式的优势高曲线，研究结果认为与传统的模拟方法相比，多水平非线性混合模型在模型估计精度上有较大的提高。李永慈等（2004）以江西大岗山的杉木数据优势高生长数据，将 Schumacher 模型取对数转化为线性模型和 Logistic 方程分别采用线性混合模型和非线性混合模型的方法建立了优势高生长模型。结果表明，两方程均很好的拟合了树高生长过程，混合模型有着以往其他模型不可比拟的优势。Calegario 等（2005）对无性系桉树人工林优势高进行拟合后认为，非线性混合效应模型在反映优势高生长上具有相当大的灵活性。

6.1.3　立地质量的间接评价方法

6.1.3.1　根据不同树种间树木生长量关系评定立地质量

在立地质量评定中，当所要研究的树种尚未生长在将要评定的立地上时，只能采用间接的方法评定该树种在此立地上的立地质量。采用这种方法的前提是所评定的树种的生长型和现实林分主要树种的生长型之间存在着密切的关系，适合使用这种方法的最普通的关系为两个树种的地位指数之间呈线性关系。

6.1.3.2　多元地位指数

多元地位指数法主要是用以评定无林地的立地质量，这种方法是利用地位指数与立地因子之间的关系建立多元回归方程，然后用以评价宜林地对该树种的生长潜力，多元地位指数方程可表示为：

$$SI = f(x_1, x_2, \cdots, x_n, Z_1, Z_2, \cdots, Z_m) \tag{6-8}$$

式中　SI——地位指数；

　　　x_i——立地因子中定性因子（$i = 1, 2, \cdots, n$）

　　　Z_j——立地因子中可定量的因子（$j = 1, 2, \cdots, m$）

可以采用数量化理论和方法，对定性因子给予评分，在此基础上建立多元立地质量评价表。这种方法对于造林区划非常有用，但是，由于一些立地因子难以测定，使该方法的实际应用受到一定限制。

6.1.3.3　植被法

人类很早就认识到，一定的植物生长于一定的环境之中，因此，可以利用植被类型评定其立地质量。在实际工作中，一般将林下地被某些指示植物及其林分特征结合起来较准确地评定立地质量。该方法比较适合高纬度地区的天然林立地质量评价。

(1)森林立地类型法

Cajander(1909)认识到植被与森林立地质量存有一定的关系,并进行了分类。在成熟林的地被植物中存在着某种顶极植物(也就是森林立地类型)指明了立地质量。如果一定的植物经常与某种立地质量结合在一起,而不存在于其他立地质量中,这种植物可称作指示种。该方法强调下木组成,而且下木在指示立地上能够比乔木提供更多有效的信息。

该立地分类系统分为三级,即立地类型级、立地类型及林型。立地类型级和立地类型是通过下木群落的差异进行划分,而林型则是利用林冠结合下木一起来确定。由此可见,该立地分类系统是将立地类型划分和立地质量评价结合在一起,构成一个多层次的立地分类及立地质量评价系统。这种方法适合于寒冷地区,因为在寒冷的高纬度区各物种的生态幅度(一个物种所能生长的有限分布区)较窄,而在温暖的低纬度区各物种的生态幅度都较宽。因此,该方法在北欧、加拿大东部及前苏联等地得到广泛的应用。

(2)林型学分类法

前苏联的林学家苏卡乔夫在莫洛佐夫提出的"森林是一种地理现象"概念基础上,逐步发展形成了林型学的立地类型评价方法。并认为"所有一切森林组成部分,森林的综合因子,都是处于相互影响之中"。林型就是在树种组成,其他植被层总的特点,动物区系,森林植物综合生长条件(气候、土壤和水文),植物和环境之间的相互关系,森林的更新过程和更替方向等都相似,而且在同样经济条件下采用同样措施的森林地段(各个森林生物地理群落)的综合。这一方法的实质也是借助于植物群落分类进行立地分类。该方法也是由芬兰卡扬德的立地分类方法衍生而来的。

林型的分类系统沿用了植物群落分类体系,林型是最小单位,相近的林型合并为林型组,再上升为群系、群系组、群系纲和植被型。

苏卡乔夫认为林型只能在有林地区划分,对于无林地区,则需按其能生长某一森林的适宜程度划分植物立地条件类型。

6.1.3.4 立地生产力指数

由于传统的地位指数法是利用样地年龄与优势树高构建的地位指数导向曲线模型,利用调整系数对曲线进行调整,从而计算样地的地位指数评价立地质量高低。此方法被广泛应用于人工林立地质量的评价中。但此方法要求林分人为干扰少,密度相同的人工同龄纯林,在这种情况下选择的优势木才能代表林分的地位指数。而对于天然混交林,年龄不在同一阶段,且林木密度不一,在此情况下很难继续应用地位指数进行评价。在这种天然林年龄与优势木高关系不密切的情况下,研究发现林分内胸径与优势木高存在较高的相关性。为此,一些学者用上层木在一定径级时的高度来表达立地质量,并进行立地质量评价。地位指数—树高曲线法由此而生。它是依据天然林优势木与亚优势木的树高与胸径关系所构建的树高曲线来评价立地生产力高低的方法(Huang,1993)。最早使用此方法来评价立地质量可追溯到1932年,Trorey(1932)使用胸径与树高关系来评价立地生产力。之后，Mclintock 和 Bickford（1957）使用胸径与优势木高的关系来评价美国东北部红果云杉异龄林立地质量。Stout 和 Shumway（1982）也发现使用树高与胸径关系来评价 6 个阔叶树异龄林的立地生产力具有较高的生态学和林学意义。

6.2　林分密度

6.2.1　林分密度概述

6.2.1.1　定义

林分密度（stand density index）是评定一个单位面积林分中林木间拥挤程度的指标。林分密度可以用单位面积上的立木株数、林木平均大小以及林木在林地上的分布来表示（Curtis，1971）。对于林木在林地上的空间分布相对均匀的林分（如人工林），林分密度就以单位面积上的林木株数和林木平均大小的关系予以描述。

林分密度一直存在的两个不同的概念：一个是以绝对值表示的林分密度，如单位面积上绝对的林木株数、总断面积、蓄积或其他标准（Bickford et al.，1957）；另一个是以相对值表示的林分密度指标，如立木度或疏密度。立木度是指现实林分与生长最佳、经营最好的正常林分进行比较所得到的相对测度（Bickford et al.，1957）。立木度的概念与我国采用的疏密度相似，它是多少带有主观性的指标（Daniels et al.，1979），因为立木度随着经营目的不同而不同。林分密度的绝对测度及相对测度均与年龄、立地有关。

从生物学角度定量描述林分密度时，有效的密度测定方法应满足以下 5 个方面：
①反映林地利用程度；
②反映林分中树木之间的竞争水平；
③与林分生长量和收获量相关；
④测定容易，便于应用，具有生物学意义；
⑤应与林分年龄无关。

6.2.1.2　林分密度对林分生长的影响

（1）林分密度对树高生长的影响

林分密度对上层木树高的影响是不显著的，林分上层高的差异主要是由立地条件的不同引起的。林分平均高受密度的影响也较小，但在过密或过稀的林分中，密度对林分平均高有影响。

（2）林分密度对胸径生长的影响

密度对林分平均直径有显著的影响，即密度越大的林分其林分平均直径越小，直径生长量也小。反之，密度越小则林分平均直径越大，直径生长量也越大。

（3）林分密度对蓄积生长的影响

密度对平均单株材积的影响类似于对平均直径的影响。当林分年龄和立地质量相同时，在适当林分密度范围内，密度对林分蓄积量的影响不明显，一般地说，林分密度大的林分比林分密度小的林分具有更大蓄积量，但遵循"最终收获量一定法则"。

（4）林分密度对林木干形的影响

林分密度对树干形状的影响较大。一般地说，密度大的林分内其林木树干的尖削度小，密度小的林分内其林木树干的削度大。也可以说，在密度大的林分中，其林木树干上部直径生长量较大，而下部直径生长量相对较小。

（5）林分密度对林分木材产量的影响

林分的木材产量是由各种规格的材种材积构成的，而后者取决于林木大小、尖削度以及林木株数等 3 个因素，这 3 个因素均与林分密度紧密相关。一般地说，密度小的林分其木材产量较低，但大径级材材积占木材产量的比例较大。而密度大的林分木材总产量较高，但大径级材材积占总木材产量的比例较小，小径级材材积则占的比例较大。

6.2.2 林分密度指标

各种林分密度指标可大致划分成 5 大类：

①株数密度。

②每公顷断面积。

③基于单位面积株数与林木直径关系为测度，如林分密度指数（SDI），树木—面积比（TAR），树冠竞争因子（CCF）等。

④以单位面积株数与林木树高关系为测度，如相对植距（RS）。

⑤以单位面积株数与林木材积（或重量）关系为测度，如 3/2 乘则。

6.2.2.1 株数密度（N）

株数密度可定义为单位面积上的林木株数，常用每公顷林木株数 N/hm^2 表示。

株数密度具有直观、简单易行的特点。在实际生产中，人工林常用林分的初始株数密度来表示林分密度。Clutter 等（1983）认为在一定年龄和立地质量的未经间伐的同龄林中株数密度是一个很有用的林分密度测度。但是，由于现实林分中相同株数的林木其大小变化范围较大，故很难用株数密度一个指标来反映林分的拥挤程度。因此，除非把株数密度与其他林木大小变量一起使用，不然意义不大（Bickford *et al.*，1957；Zeide，1988）。例如，有两个年龄和立地相同的人工林其林木株数均为 1 000 株/hm²，但一个林分平均直径（D_g）为 10cm，而另一个林分 $D_g = 15$cm，这两个林分的拥挤程度完全不同，但株数密度却相同。

6.2.2.2 每公顷断面积（G）

林地上每公顷的林木胸高断面积之和即为每公顷断面积，常用 $G(m^2/hm^2)$ 表示。由于断面积易于测定，且与林木株数及林木大小有关，同时它又与林分蓄积量紧密相关，所以，每公顷断面积也是一个广泛使用的林分密度指标。在既定的年龄和立地条件下，对于经营措施相同的同龄林，或具有较稳定的年龄分布的异龄林，在林分生长与收获量预估中每公顷断面积是经常使用的林分密度指标。

但每公顷断面积(G)也有其不足之处：

①当 G 相等时给心材和边材以不同的权重，而两者对林木生长所起作用不同。

②不同初植密度的林分在生长发育过程中，会出现 G 的交叉波动（如林分株数与平均个体大小的不同组合有可能出现相同的 G），故采用 G 作为经营指标时，会出现偏差。

③G 忽略了林分中林木平均因子的大小。G 相同，但由于 N 不同使得单位面积出材量会有很大的差别。例如：有两个林分其 D_g 和 N 分别为：10cm、2 500 株/hm² 及 20cm、637 株/hm²，那么它们的 G 均为 20m²/hm²，然而其材种出材量及经济效果会截然不同。

6.2.2.3 以单位面积株数与林木胸径关系为测度的林分密度

（1）林分密度指数（SDI）

林分密度指数（stand density index，SDI）为现实林分的株数换算到标准平均直径（亦称基准直径）时所具有的单位面积林木株数。SDI 是利用单位面积株数（N）与林分平均胸径（D_g）之间预先确定的最大密度线关系计算而得。

Reineke（1933）在分析各树种的收获表时发现，任一具有完满立木度、未经间伐的同龄林中，只要树种相同，则具有相同的最大密度线，即单位面积株数（N/hm²）与林分平均胸径（D_g）之间呈幂函数关系

$$N = \alpha D_g^{-\beta} \tag{6-9}$$

方程两边取对数，并令 $K = \log(\alpha)$，则有

$$\log N = K - \beta \times \log(D_g) \tag{6-10}$$

式中　N——单位面积株数；

D_g——林分平均胸径；

β——最大密度线的斜率；

K——最大密度线的截距。

Reineke（1933）进一步研究不同树种完满立木度林分的 $N - D_g$ 关系后发现，最大密度线方程式（6-9）或式（6-10）都有相同的斜率（$\beta = 1.605$），如图 6-3 所示。

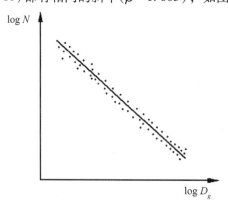

图 6-3　最大密度林分中 N 与 D_g 的关系

根据最大密度线方程式(6-9)，将 $N-D_g$ 关系换算成某一标准(基准)直径(D_I)时所对应的单位面积上的株数，即为林分密度指数(SDI)

$$SDI = N \times (D_I/D_g)^{-\beta} \tag{6-11}$$

式中　N——现实林分每公顷株数；

　　　D_I——标准平均直径(美国 $D_I = 10$ 英寸 $= 25.4$cm，我国一般 $D_I = 15$ 或 20cm)；

　　　D_g——现实林分平均直径。

Reineke 还指出，各树种最大密度线上所确定的 SDI_{max} 与年龄和立地无关，即各树种的 $N-D_g$ 关系逐渐趋向于由式(6-10)确定的最大密度线，SDI_{max} 为常数。故由式(6-11)可知：

$$\frac{dSDI}{dt} = \frac{dN}{dt}\left(\frac{D_I}{D_g}\right)^{-\beta} + N\beta\left(\frac{D_I}{D_g}\right)^{-\beta-1}\frac{D_I}{D_g^2}\frac{dD_g}{dt} = 0 \tag{6-12}$$

解得：

$$\frac{dN/dt}{N} = -\beta\frac{dD_g/dt}{N} \tag{6-13}$$

即某一林分达到极限条件(最大密度)时，其株数枯损率为 D_g 相对生长率的 β 倍。

某一人工林随着林分的发育，SDI 的变化过程则可大体分为三个阶段(李凤日，1995)：

第一阶段：林分形成至林分郁闭。这段时间内林木株数不发生变化，则林分的 SDI 随着 D_g 的增大而增大，SDI 增长迅速。此时，$SDI = f(N_0, D_g)$ 的函数，式中 N_0 为初植密度；

第二阶段：随着林分的进一步发育，林分郁闭以后林木间发生竞争，直径生长速率下降，开始发生自然稀疏，$SDI = f(N, D_g)$，但其增长速率下降；

第三阶段：在某一时间，林分达到最大密度线，SDI 保持不变($SDI = SDI_{max}$)，此时满足式(6-13)。

现以长白落叶松人工林为例，来说明现实林分 SDI 的具体算法。李凤日(2014)建立的黑龙江省落叶松人工林最大密度线为：

$$\ln N = 11.655\,1 - 1.625\,2\log D_g \tag{6-14}$$

某一落叶松人工林平均胸径为 12.4cm，$N/\text{hm}^2 = 1870$，标准直径(D_I)定为 15cm。则

$$SDI = N \times (D_I/D_g)^{-\beta} = 1\,870 \times (15/12.4)^{-1.625\,2} = 1\,372.42$$

SDI 它不仅能很好地反映林分内林木的拥挤程度，且与林龄、立地条件相关不紧密。因此，该密度指标被广泛应用于森林经营实践中，如在林分生长和收获模型和林分密度管理图中的应用(唐守正，1993；李凤日，1995)。SDI 主要缺点是忽略了树高(H)因子，在林分发育的过程中，N 与 D_g 成反比，而 N 与 H 成正比(Briegleb，1952；Zeide，1988)。

近几十年来，一些学者对 SDI 公式进行过反复修改。基于 Stage (1968) 和 Curtis (1971) 的早期研究工作，Long 和 Daniel (1990)提出了适合描述异龄混交林或直径分布不规则林分的 SDI 修正式：

$$SDI = \sum_{i=1}^{m} N_i \times (D_I/D_i)^{-\beta} \tag{6-15}$$

式中 D_i——林分第 i 径阶直径；

       N_i——林分第 i 径阶每公顷株数；

       m——径阶个数。

利用 Stage(1968)确定的有关 SDI 相加特性，Shaw(2000)提出了适合描述异龄混交林的 SDI 更一般的表达式：

$$SDI = \sum_{i=1}^{N} (D_l/D_i)^{-\beta} \tag{6-16}$$

式中 D_i——林分第 i 株树的直径，$i = 1 \sim N$；

       N——林分每公顷株数。

虽然 SDI 的相加式(6-15)或式(6-16)对于异龄林具有一些优良特性，但是在实际应用过程中发现改进效果并不明显。对于直径分布比较规整的同龄林，这两个修正式与原式(6-11)计算的 SDI 非常接近。

(2)树木—面积比(TAR)

Chisman 和 Schumacher(1940)认为，林分中单株树木所占有的林地面积(TA_i)与树木直径(D_i)之间的关系可用如下方程描述：

$$TA_i = a + bD_i + cD_i^2 \tag{6-17}$$

则对单位面积正常林分有：

$$TAR = \sum_{i=1}^{n} TA_i = 1.0 = an + b\sum_{i=1}^{n} D_i + c\sum_{i=1}^{n} D_i^2 \tag{6-18}$$

对于一系列正常林分，可以通过最小二乘法来估计方程中的参数，即可对现实林分计算 TAR。它表示正常林分中相同直径的树木所占有的林地面积之比的相对林分密度的测度：

$$TAR = \left(an + b\sum_{i=1}^{n} D_i + c\sum_{i=1}^{n} D_i^2\right) / \ 面积 \tag{6-19}$$

从本质上分析，TAR 是通过假设最大密度林分中树木直径和冠幅(Cw)关系为线性方程而导出的。

即

$$Cw_i = a_0 + a_1 D_i \tag{6-20}$$

则

$$TA_i = \frac{\pi}{40\ 000} Cw_i^2 = (a_0 + a_1 D_i)^2 \tag{6-21}$$

由式(6-21)可导出式(6-17)。

如同 SDI 一样，TAR 也是一个基于预先构建方程的林分密度测度。在收获预估模型中，几乎没有人用过这一统计量，这是因为 TAR 与其他密度指标相比(Curtis，1971；West，1983；Larson and Minor，1968)，并未显示出明显的优点(Clutter et al.，1983)。

Curtis(1971)在 TAR 理论基础上，提出用 D 的幂函数计算 TAR 的方法。

即

$$TAR = a\sum_{i=1}^{n} D_i^b \tag{6-22}$$

他利用花旗松正常林分数据计算得幂指数 $b = 1.55$，该值与 Reineke(1933)提出的 SDI 的斜率值近似。式(6-22)隐含的意义为：正常林分中，树木所占面积 TA_i 与 D_i 之间并非为平方关系，而是 $TA_i \propto D_i^b$ 成正比。从树木各因子间相对生长关系式的研究中也得出相同的结论，即 $1 \leqslant b \leqslant 2$ (Mohler *et al.*，1978；White，1981；Zeide，1983)。

(3)树冠竞争因子(CCF)

林分中所有树木可能拥有的潜在最大树冠面积之和与林地面积的比值称为树冠竞争因子(crown competition factor，CCF)。Krajecek 等(1961)根据某一直径的林木树冠的水平投影面积与相同直径时的自由树(或疏开木)最大树冠面积成比例的假设提出了 CCF。

在林分空地上生长的树木称为自由树(open-grown tree)。自由树的树冠冠幅与树木胸径之间呈显著的线性正相关(图6-4)，且不随树木的年龄及立地条件的变化而改变，这正是利用树冠反映林分密度的可靠依据。

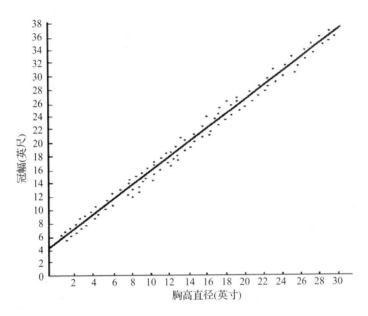

图6-4　云杉自由树树冠冠幅(Cw)与胸径的相关关系

树冠竞争因子(CCF)的具体确定方法如下：

①利用自由树的冠幅(Cw)与胸径(D)建立线性回归方程。

即

$$Cw = a + bD \tag{6-23}$$

②计算树木的潜在最大树冠面积(MCA)：对于一株胸径为 D_i 的自由树其最大树冠面积(MCA_i)为：

$$(MCA)_i = \frac{\pi}{4}(Cw_i)^2$$

$$= \frac{\pi}{4}(a + bD_i)^2$$

③求算 CCF 值：将单位面积林分中所有树木的 $(MCA)_i$ 相加即为该林分的 CCF：

$$CCF = \sum_{i=1}^{N} (MCA)_i$$

$$= \frac{\pi}{40\ 000}(a^2 N + 2ab \sum_{i=1}^{N} D_i + b^2 \sum_{i=1}^{N} D_i^2) \tag{6-24}$$

式中 N——每公顷林木株数。

在北美，许多林分生长与收获预估系统都使用 CCF 作为林分密度指标（Stage，1973；Wykoff，1982，1985；Arney，1985）。CCF 是既适用于同龄纯林，又适用于异龄混交林，特别是由于 CCF 较直观地反映了树种间林木树冠对生长空间的竞争能力，故在天然林中应用比较成功（Clutter et al. ，1983）。

从式（6-18）和式（6-21）的形式来看，TAR 与 CCF 均以 $Cw - D$ 关系为基础推导而来，所不同的是计算 $Cw - D$ 方程参数所采用的参照林分不同而已。TAR 是以完满立木度的正常林分中林木为基准，故有 $0 < TAR \leqslant 1$，而 CCF 则以未产生竞争的自由树为基准，故对已郁闭的林分应满足 $100 \leqslant CCF \leqslant CCF_{max}$。

应用 CCF 的最大问题就是选择自由树（或疏开木）。虽说 Krajicek 等（1961）提出了选取疏开木的 6 条标准，但现实中很难找到满足这些条件的疏开木；其次疏开木的树冠发育过程与现实林分的树冠发育相差较大，现实林分树冠特别是冠长，它随林分的株数和树高变化而变化，故也有人建议采用现实林分中的优势木来建立 $Cw - D$ 方程。

6.2.2.4　单位面积株数与树高关系构造的林分密度指标

Beekhuis（1966）将林分中树木之间平均距离与优势木平均高之比值定义为相对植距（relative spacing，RS）。

$$RS = \sqrt{\frac{10\ 000}{N}}/H_T \tag{6-25}$$

式中 N——每公顷株数；

H_T——优势木平均高。

Hart（1928）首次提出同龄纯林可采用树木之间的平均距离与优势木高关系的百分数作为林分密度指标来研究林木的枯损过程。Wilson（1946）基于林分中树木生长速率保持其相对稳定，建议采用 RS 作为森林抚育的一个指标，并将 N-H_T 关系定义为"树高立木度"。Ferguson（1950）首先注意到可把 RS 用来描述林分的极限密度，后来 Beekhuis（1966）描述到"在林分趋向于最大密度或最小相对植距前，枯损率是最大的，随着树高的进一步生长这一最小值（RS_{min}）趋向于常数"，即某一树种在其生长发育过程中，几乎所有林分都逐渐趋向于一个共同的最小相对植距（RS_{min}）；RS_{min} 与年龄（或立地）无关（Clutter et al. ，1983；Wilson，1979；Parker，1978；Bredenkamp and Burkhart，1990）。

RS 随年龄的变化过程取决于林木树高生长和枯损，可分为三个阶段（李凤日，1995）：

第一阶段：林分郁闭前，由于林木的竞争枯损为 0，对初植密度相同的林分 RS 的变化主要取决于 H_T 的变化，这一段 RS 值下降迅速；

第二阶段：林分郁闭后，树木之间竞争增强，林木开始发生自然稀疏现象，随着枯损率的增加，树高生长与部分被枯损率增加的相反作用结果，故 RS 下降速率减慢；

第三阶段：随着林分进一步发育，使得树高生长与枯损率对 RS 的影响互相抵消，林分保持 RS_{min} 常量不变（即前述最大密度线），当 RS 保持为常数时，由式（6-25）可得：

$$\frac{1}{H_T}\frac{dH_T}{dt} = -\frac{1}{2}\frac{1}{N}\frac{dN}{dt} \tag{6-26}$$

当林分优势高相对生长率为相对枯损率的两倍时，RS 趋于最小稳定常数（即达到最大密度林分）：

$$N = K \times H_T^2 \tag{6-27}$$

式中　$K = 10\ 000/\ RS_{min}^2$。

上式在双对数坐标中呈直线关系，斜率为2。所反映出的规律基本与图6-3相同，所不同的是所取自变量不同而已。

Wilson（1946，1979）及 Bickford 等（1957）认为，RS 有以下3个优点：

①选择 H_T 作为自变量，它很少受密度影响（除非林分过密），故 N 与 H_T 相互独立，避免了抚育间伐对它影响。

②它与树种，年龄或立地无关。

③无参数，形式简单且应用方便。

对 RS 的进一步研究表明 RS_{min} 因树种不同而异（Parker，1978；Bredenkamp and Burkhart，1990）。事实上，当同龄林分达到最大密度线时，RS_{min} 是与年龄（或立地）无关；但在此之前，RS 是初始密度（N_0）、年龄和立地的函数。因此，在描述现实林分密度变化时它是一个比较好的密度指标。Harrison 和 Dianels（1988）以 RS 为密度指标构造了林分生长模型。

6.2.2.5　以单位面积株数与材积（或重量）关系为基础的林分密度指标

从上世纪50年代初，日本一些学者对植物的密度理论开展了一系列研究工作，他们通过研究不同初植密度植物单株重量及单位面积产量关系，得出了一些结论：竞争—密度效果（$C-D$ 效果）（吉良等，1953）；产量密度效果（$Y-D$ 效果）（筱崎和吉良，1956）；最终收获量一定的法则（穗积等，1956）。

依田等（1963）通过研究大豆、荞麦和玉米三种植物的平均个体重量（w）与单位面积株数（N）之间关系，提出著名的"自然稀疏的3/2乘则"，这一规律描述了单一植物种群发生大量的密度制约竞争枯损时，$w-N$ 的上渐近线：

$$w = kN^{-\beta} = kN^{-3/2} \tag{6-28}$$

式中　k——截距系数；

　　　β——与树种、年龄、立地和初植密度无关的常量，取值 $-3/2$。

这一描述植物种群动态规律的自然稀疏定律，首先由 White 和 Harper（1970）在西方国家推广，并在20多年时间里对不同的草本植物、树木种群进行了大量研究和论述，并得出了肯定的结论。如 Long 和 Smith（1984）得出"这一关系的广泛通用性使它成为一个植物种群生物学中最一般的原理"；Whittington（1984）认为"它不仅仅是规则而是一个真正的定律"，Harper（1977）称它是"为生态学所证明的第一个基本定律"。

许多研究均表明草本植物的重量（w）与体积（v）成正比，即 $v \propto w^{1.0}$（Saito，1977；White，1981），然而（w）与树干材积（v）之间没有直接的比例关系。假设在发生自然稀

疏过程中 w/v 的比值为常数(Sprugel, 1984), 则由式(6-28)可得:

$$v = kN^{-a} \quad (a \approx 1.5) \tag{6-29}$$

用时间对上式求导得:

$$\frac{1}{v}\frac{dv}{dt} = -a\frac{1}{N}\frac{dN}{Dt}$$

单位面积蓄积(M), 可用下式来表述:

$$M = vN = kN^{-(a-1)} \approx kN^{-1/2} \tag{6-30}$$

由式(6-29)定义的是平均单株材积与最大密度之间的组合, 同时反映了不同时间的自然稀疏的过程。对某一树种, 当 k 值确定后, 这一方程就表示了"完满密度曲线"(安藤贵, 1962)或"最大密度线"(Drew and Flewelling, 1977), 即任一林分的平均材积与林分密度的组合均不会超过这一边界。

林学家对 3/2 乘则进行过广泛的调查研究, 并结合 $Y-D$ 效果等理论编制了林分密度控制图(安藤贵, 1962; Drew and Flewlling, 1979; 尹泰龙, 1984)。

生物, 特别是森林的发育过程是复杂多变的。3/2 乘则存在着理论上的不一致性和经验上的不精确性(Sprugel, 1984; Zeide, 1985, 1987, 1992; Weller, 1987), 他们认为这一定律是错误的, 这也许是林分密度控制图不够精确导致的。

6.2.2.6　三类林分密度指标间相互关系

林学家已提出许多以树冠重叠为依据的竞争指标, 旨在预估树冠的水平扩展。因此, 把树冠面积作为林木大小(S)的函数, 若不考虑树冠重叠误差, 可以由单株树冠预估面积(CA)来估计林分密度, 即: $N \propto 1/CA$, 故最大密度林分存在 $CA \times N =$ 常数。但 CA 与 D 之间无固定的函数关系, 一般通过 $CA \propto Cw^2$ 再建立 Cw 与 S 的关系。

纵观上述的后三类林分密度指标, 均根据预先确定的林木大小与林木株数之间关系来描述。在完全郁闭的林分中, 林木株数与平均树冠预估面积和平均冠幅相关。在这种林分中, 林木大小与林木株数(N)的关系等价于的林木大小指标(S)和平均冠幅间的线性关系(如: TAR, CCF)或相对生长关系(如 RS、3/2 乘则及 SDI)。换言之, 通常把 $Cw-S$ 关系视为线性或幂函数关系。因此, 在完全郁闭的林分中有以下关系成立:

$$N^{-1} = a + bS + cS^2 \quad (a,b,c > 0)$$

或

$$N^{-1} = KS^\beta \quad (K,\beta > 0) \tag{6-31}$$

式中　K, a, b, c——常数;

　　　　S——林木大小指标。

下面以相对生长关系为例予以说明。假设最大密度林分中林木的平均冠幅($\overline{Cw}$)与平均大小(S)满足:

$$\overline{Cw} = aS^b \tag{6-32}$$

基于这种假设下推导出的林分密度有: SDI, RS, 3/2 乘则等, 区别在于林木大小的指标。SDI 是以林分平均直径(D_g)为自变量而导出的, 单位面积内所有林木平均占有面积($\overline{TA}$)与株数满足:

$$N^{-1} = \overline{TA} = \frac{\pi}{40\,000}aD_g^{2b} = KD_g^\beta \tag{6-33}$$

RS 则根据假设：

$$\overline{CW} = a \times H_T \tag{6-34}$$

则

$$N^{-1} = \overline{TA} = \frac{\pi}{40\,000}aH_T^2 = \frac{K}{10\,000}H_T^2 \tag{6-35}$$

由式(6-33)可导出：

$$RS = K^{1/2} = \sqrt{\frac{10\,000}{N}}/H_T \tag{6-36}$$

3/2 乘则是假设：

$$\overline{Cw} = a \times \bar{v}^{1/3} \tag{6-37}$$

由上式可得：

$$N^{-1} = \frac{\pi}{40\,000}a\bar{v}^{2/3} = K\bar{v}^{2/3} \tag{6-38}$$

现进一步假设树木各测树因子 D、H_T 和 v 之间满足相对生长关系，即：$H \propto D^p$，$v \propto D^q$，则根据上面的假设很容易证明 SDI，RS，3/2 乘则之间是一致的（李凤日，1995）。

6.2.3 单木竞争指标

6.2.3.1 基本概念

林分密度指标反映整个林分的平均拥挤程度。林分内不同大小的单株木所拥有的生长空间是不同的，它们各自承受着不同的竞争压力，而单株木所承受的竞争压力的不同，则导致林分内林木生长产生分化。因此，为描述单株木的生长动态，引入了单木竞争指标（individual tree competition index）。

①林木竞争：在林分内由于树木生长不断扩大空间而使林分结构发生变化，而林分的生长空间是有限的，于是树木之间展开了争取生长空间的竞争，竞争的结果导致一些树木死亡，一些树木勉强维持生存，另一些树木得到更大的生长空间，这种现象称为林木竞争。林木竞争分为种内竞争和种间竞争。

②竞争指标：描述某一林木由于受周围竞争木的影响而承受竞争压力的数量尺度。它是反映林木间竞争强烈程度的数量指标。

③对象木：指计算竞争指标时所针对的树木（如图 6-5 所示的 A 树）。

④竞争木：指对象木周围与其对象木有竞争关系的林木（如图 6-5 所示 B、C、D、E 树）。

⑤影响圈（影响面积）：指林木潜在生长得以充分发挥时所需要的生长空间，常以自由树的树冠面积表示。

⑥自由树：指其周围没有竞争木与其争夺生长空

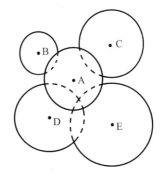

图 6-5　树木竞争示意

（A 为对象木）

间、可以充分生长的林木。

评价单木竞争指标的优劣主要考虑以下 5 个标准(关玉秀和张守功，1992)：

①竞争指标的构造具有一定的生理和生态学依据。

②对竞争状态的变化反应灵敏，并具有适时可测性或可估性。

③能准确地说明生长的变差。

④构成因子容易测量。

⑤竞争指标的计算尽量简单。

从实际应用角度来说，由于研究目的和应用环境的差异，没有必要要求所有竞争指标都能满足上述 5 条标准，但满足上述标准的指标一定具有良好的性能。

6.2.3.2 几种常见的单木竞争指标

根据竞争指标中是否含有对象木与竞争木之间相对位置(距离因子)，可将竞争指标分为两类，即与距离无关的竞争指标及与距离有关的竞争指标。

(1)与距离无关的单木竞争指标

①相对大小(Rx)：林木的相对大小反映对象木在林分中的等级地位，通常采用对象木的大小与林分平均值、优势木平均值或林木最大值之间的比值来表示：

$$Rx_m = \frac{x_i}{x_m} \quad Rx_{dom} = \frac{x_i}{x_{dom}} \quad Rx_{max} = \frac{x_i}{x_{max}} \tag{6-39}$$

式中 x——林木变量，如直径，树高或冠幅；

x_m，x_{dom}，x_{max}——变量 x 的林分平均值、优势木平均值、最大值。

当 Rx 值较大时，该林木具有较大的生长活力，在竞争中处于较有利的地位。

②相对林木断面积的面积比(APg_i)：Tóme 和 Burkhart(1989)提出采用相对断面积作为比例的林木生长空间作为竞争指标：

$$APg_i = \frac{10\ 000}{N} \frac{g_i}{\bar{g}} \tag{6-40}$$

式中 g_i——林木断面积；

$\bar{g}$——林分中林木平均断面积；

N——每公顷株数。

③冠长率(CR)：林木的冠长率(CR)用来描述单株木过去的竞争过程(Daniels *et al.*，1986；Soares and Tóme，2003)：

$$CR = \frac{Cl}{H} \tag{6-41}$$

式中 Cl——冠长；

H——树高。

④大于对象木的断面积和(BAL)：Wykoff 等 (1982)首次采用林分中大于对象木的所有林木断面积之和(BAL)表示了林木竞争。

Schröder 和 Gadow(1999)将 BAL 与相对植距(RS)相结合提出了相对竞争指标(BAL_{mod})：

$$BAL_{mod} = \frac{1}{RS}\left(1 - \frac{BAL}{BAS}\right) \tag{6-42}$$

式中 *RS*——相对植距；

　　BAL——单位面积林分中大于对象木的所有林木断面积之和；

　　BAS——单位面积林分总断面积。

（2）与距离有关的单木竞争指标

这类竞争指标一般以对象木和竞争木的大小以及两者之间的距离为主要因子计算单木竞争指标。在与距离有关的单木竞争指标中，经常采用的有以下两种。

① Hegyi 简单竞争指标：Hegyi(1974)直接使用对象木与竞争木之间的距离及竞争木与对象木的直径之比构造了一个单木竞争指标，称为简单竞争指标，其表达式为：

$$CI_i = \sum_{j=1}^{N} (D_j/D_i)/(DIST)_{ij}$$ (6-43)

式中 CI_i——对象木 i 的简单竞争指标；

　　D_i——对象木 i 的直径；

　　D_j——对象木周围第 j 株竞争木的直径（$j=1$，2，…，N）；

　　$(DIST)_{ij}$——对象木 i 与竞争木 j 之间的距离。

近年来，一些学者基于 GIS 以 Voronoi 图来确定竞争单元（图 6-7），并提出用 Voronoi-Hegyi 竞争指数分析种群竞争关系的新方法（汤孟平等，2007；李际平等，2015；田猛等，2015）。基于 Voronoi 图的 Hegyi 竞争指数既克服了用固定半径或株数确定竞争单元时尺度不统一的缺陷，又可进行种内、种间的竞争分析。

②面积重叠指数(AO_i)：林分中林木生长空间的度量值可以作为反映林木生长竞争的一种指标，其空间大小主要取决于其本身的大小、竞争木与对象木之间的距离以及相邻木之间的远近等因素。

面积重叠指数(AO_i)是第一个基于对象木与其竞争木共享影响圈所构建的与距离无关的单木竞争指标。影响圈是指林木所能获得（或竞争）立地资源的生长空间（Opie，1968）。一般假设当影响圈相互重叠时，林木之间的发生竞争，并将相邻树木的影响面积与对象木的影响面积出现重叠的树木作为竞争木。影响面积、重叠面积及计算累计重叠面积的权重不同，会出现不同的面积重叠指数(AO_i)。

通常，将林木之间的影响面积作为林木胸径或自由树树冠半径的线性函数。绝大多数的面积重叠指数(AO_i)可用以下通式表达：

$$AO_i = \sum_{j=1}^{n} \frac{AO_{ij}}{AI_i} (R_{ji})^m$$ (6-44)

式中 AO_{ij}——对象木 i 与竞争木 j 影响圈的重叠面积；

　　AI_i——第 i 株对象木的影响圈面积；

　　R_{ji}——竞争木 j 与对象木 i 的林木大小（如胸径、树高或树冠半径等）比率；

　　m——幂指数。

③竞争压力指数(CSI_i)：Arney(1973)认为某林木的生长空间可以表达为其胸径的函数，最大生长空间的面积等于具有同样胸径自由树的树冠面积。在这个基础上提出了竞争压力指数(CSI)，即：

$$CSI_i = 100 \cdot \frac{\sum AO_{ij} + A_i}{A_i}$$ (6-45)

式中 CSI_i——对象木 i 的竞争压力指数；

　　　　AO_{ij}——竞争木 j 与对象木 i 最大生长空间的重叠面积（图 6-6）；

　　　　A_i——对象木 i 的最大生长空间面积。

④潜在生长空间指数（area potentially available index，APA）：树木的正常生长需要一定的生存空间，对象木实际占有的有效空间与其理论上需要的空间大小之比能真实地表现其竞争状态。作为点密度的测度，Brown（1965）首先定义了 APA。林分中每株树的生长空间（APA）可采用多边形分割法（如距离平分法，对象木与竞争木大小比例法）和 Voronoi 图确定的面积计算（图 6-7）。近年来，每株树 APA 主要采用 Voronoi 图或加权 Voronoi 图计算（汤孟平等，2007；李际平等，2015）。

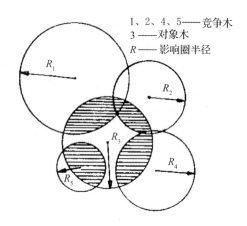

1、2、4、5——竞争木
3——对象木
R——影响圈半径

图 6-6　树冠重叠示意

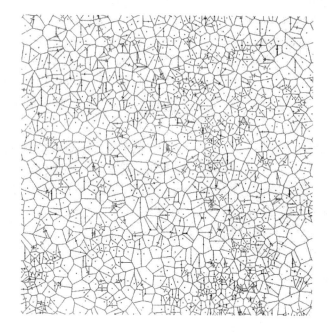

图 6-7　天目山常绿阔叶林固定样地 Voronoi 图（汤孟平等，2007）

6.3　树木生长方程

6.3.1　基本概念

生长方程（growth function）是描述生物个体或种群大小随时间变化的模型。树木生长方程是指描述某树种（组）各调查因子（如直径、树高、断面积、材积、生物量等）总生长量 y(t) 随年龄（t）生长变化规律的数学模型。由于树木生长受立地条件、气候条件、人为经营措施等多种因子的影响，同一树种的单株树木生长是一个随机过程。因此，树木生长方程所反映的是该树种某调查因子的平均生长过程，也就是随机过程在均值意义上的生长函数。

尽管树木生长过程中由于受环境的影响出现一些波动，但总的生长趋势是比较稳定的，曲线类型包括直线形、抛物线形和"S"形等。典型的树木生长生长曲线（growth curve）呈现"S"形，又称为"S"形曲线（图6-8）。早在100多年前，萨克斯（Sacks，1873）就用"S"形曲线来描述了树木的生长过程。

由于树木的生长速度是随树木年龄的增加而变化，即由缓慢—旺盛—缓慢—停止。因此，典型的树木生长曲线能明显划分为3个阶段，第一段大致相当于幼龄阶段，第二段相当于中、壮龄阶段，第三段相当于近、成熟龄阶段，如图6-8所示。

合理的树木生长方程具有以下生物学特性：

①当 $t=0$ 或 $t=t_0$ 时，$y(t)=0$。此条件称之为树木生长方程应满足的初始条件。

②$y(t)$ 存在一条渐进线，即 $t \to \infty$ 时，$y(t)=A$。A 为该树木生长极大值（图6-9）。

③由于树木生长是依靠细胞的增殖不断地增长它的直径、树高和材积，所以树木的生长是不可逆的，使得 $y(t)$ 是关于年龄（t）的单调非减函数，即 $dy/dt \geqslant 0$。

④$y(t)$ 是关于 t 的连续且光滑的函数曲线。

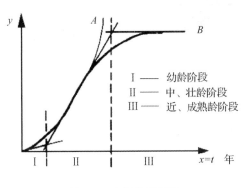

图6-8 生长曲线示意

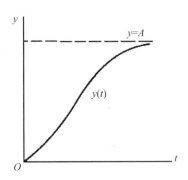

图6-9 生长方程示意

6.3.2 树木生长经验方程和理论方程

树木生长方程作为模拟林木大小随年龄变化的模型，有大量公式可以描述所观察的生长数据及曲线，总体上可划分为经验方程及理论方程（机理模型）两大类。

一个理想的树木生长方程应满足通用性强、准确度高等条件，且最好能对方程的参数给出生物学解释。早期的树木生长方程大多以经验方程为主，近几十年则以理论方程为主。

（1）经验生长方程

经验生长方程是基于所观测的树木各调查因子的生长数据和生长曲线，根据经验选择适宜的数学函数描述其大小随年龄变化的模型。经验方程由于缺乏树木生长的生物学假设，模型的参数无任何生物学意义，逻辑性和普适性较差，局限性较大，仅适合描述所观测的生长数据和数据范围，很难进行外延和推广应用。

经验方程是研究者根据所观察的数据选择比较适宜于数学公式，在方程选择上有较大的主观性。100 多年来，各国学者提出了许多经验方程来模拟单木和林分的总生长过程。表 6-1 中列出了林业建模中常用的一些非典型（non-sigmoid）"S"形经验方程。这些方程并不能全部满足上述的 4 个生物学特性，因此采用这些方程模拟树木生长时，所估计的参数和模拟的结果并不一定符合树木生长曲线的生物学特性，应尽量避免超出观测数据范围来进行预测。

表 6-1 树木和林分生长模拟中常用的经验方程

方 程	数学表达式			性 质		
	总生长函数	连年生长函数	参数约束	初始值	拐点	渐近线 $t \to \infty$
柯列尔	$y = a_0 t^{a_1} e^{-a_2 t}$	$\dfrac{dy}{dt} = y(a_1 t - a_2)$	$a_0, a_1, a_2 > 0$	$t \to 0; y \to 0$	有	$y \to \infty$
Hossfeld I	$y = \dfrac{t^2}{a_0 + a_1 + a_2 t^2}$	$\dfrac{dy}{dt} = y^2\left(\dfrac{2a_0 + a_1 t}{t^3}\right)$	$a_0 > 0; a_1 < 0$ $a_0 > 0; a_1 > 0$	$t = 0; y = 0$ $t = 0; y = 0$	有	$y \to \dfrac{1}{a_2}$
Freese	$y = a_0 t^{a_1} + a_2{}^t$	$\dfrac{dy}{dt} = y\left(\ln a_2 + \dfrac{a_1}{t}\right)$	$a_0, a_1 > 0; \ln a_2 < 0$ $a_0, a_1 > 0; \ln a_2 > 0$ $a_0, a_1 > 0; \ln a_2 = 0$	$t = 0; y = 1$	有 有 无	$y \to \infty$
Korsun	$y = a_0 t^{a_1 - a_2 \ln t}$	$\dfrac{dy}{dt} = \dfrac{y}{t}(a_1 - 2a_2 \ln t)$	$a_0, a_1, a_2 > 0$	$t \to 0; y \to 0$	有	$y \to 0$
双曲线	$y = a_0 - \dfrac{a_1}{t}$	$\dfrac{dy}{dt} = \dfrac{a_1}{t^2}$	$a_1 > 0$	$t \to 0; y \to -\infty$	无	$y \to a_0$
—	$y = a_0 - \dfrac{a_1}{t + a_2}$	$\dfrac{dy}{dt} = \dfrac{a_1}{(t + a_2)^2}$	$a_1, a_2 > 0$	$t = 0; y = a_0 - \dfrac{a_1}{a_2}$	无	$y \to a_0$
—	$y = a_0 - a_1\dfrac{1}{t} + a_2 t$	$\dfrac{dy}{dt} = a_2 + a_1\dfrac{1}{t^2}$	$a_1, a_2 > 0$	$t \to 0; y \to -\infty$	无	$y \to \infty$
对数	$y = a_0 + a_1 \ln t$	$\dfrac{dy}{dt} = a_1 - \dfrac{1}{t}$	$a_1 > 0$	$t \to 0; y \to -\infty$	无	$y \to \infty$
指数	$y = a_0 - a_1 e^{-a_2 t}$	$\dfrac{dy}{dt} = a_2(a_0 - Y)$	$a_1, a_2 > 0$	$t = 0; y = a_0 - a_1$	无	$y \to a_0$
幂函数	$y = a_0 t^{a_1}$	$\dfrac{dy}{dt} = y\dfrac{a_1}{t}$	$a_0, a_1 > 0$	$t \to 0; y \to 0$	无	$y \to \infty$
—	$y = a_0 + a_1 t^{a_2}$	$\dfrac{dy}{dt} = \dfrac{a_2}{t}(y - a_0)$	$a_1, a_2 > 0; a_2 < 1$ $a_1, a_2 < 0$	$t = 0; y = a_0$ $t \to 0; y \to -\infty$	无	$y \to \infty$
—	$y = (a_0 + a_1 t)^{a_2}$	$\dfrac{dy}{dt} = \dfrac{a_1 a_2 Y}{a_0 + a_1 t}$	$a_1, a_2 > 0; a_2 < 1$	$t = 0; y = a_0{}^{a_2}$	无	$y \to \infty$
—	$y = \left(a_0 + \dfrac{a_1}{t}\right)^{-a_2}$	$\dfrac{dy}{dt} = \dfrac{a_1 a_2 y}{\left(a_0 + \dfrac{a_1}{t}\right) t^2}$	$a_1, a_2 > 0$	$t \to 0; y \to 0$	无	$y \to a_0{}^{-a_2}$

注：y 为调查因子，t 为年龄，e 为自然对数。

采用经验方程拟合树木生长时，常选择多个函数估计其参数，通过对比分析相关指数（R^2）、剩余离差平方和（SSE）等拟合统计量找出比较理想的生长方程。

下面以两株解析木的实测数据为例，说明经验方程和理论方程描述树高生长曲线的过程。

【例 6-1】根据小兴安岭地区一株 265 年生天然红松解析木树高生长数据（表 6-2），采用 Statistica 10.0 统计软件估计了柯列尔方程的参数和拟合统计量（Ролясp，1878）：

$$y(t) = 0.025\ 47t^{1.507\ 55}\mathrm{e}^{-0.004\ 984t} \quad (SSE = 2.093, R^2 = 0.999\ 1) \tag{6-46}$$

红松树高生长曲线的原始数据和树高生长经验方程(6-46)的预测值见表6-2和如图6-10所示。

从拟合效果来看，式(6-46)可以很好地描述红松的树高生长，但方程中的参数无生物学意义，无法从专业上做出解释。

表6-2 天然红松解析木树高生长拟合结果

| 年龄 | 树高 （m） | | 年龄 | 树高 （m） | |
（年）	实际值	预测值	（年）	实际值	预测值
10	0.80	0.78	140	22.05	21.80
20	2.20	2.11	150	23.02	23.01
30	4.00	3.70	160	24.00	24.13
40	5.20	5.43	170	24.95	25.15
50	7.70	7.23	180	25.90	26.08
60	8.95	9.05	190	26.80	26.92
70	10.40	10.87	200	27.65	27.67
80	12.00	12.64	210	28.27	28.33
90	13.90	14.37	220	28.80	28.92
100	16.40	16.02	230	29.30	29.42
110	18.10	17.60	240	29.80	29.84
120	19.40	19.09	250	30.30	30.19
130	20.80	20.49	256	30.60	30.37

【例6-2】一株92年生的天然兴安落叶松，采用舒马赫(Schumacher，1939)方程拟合：

$$y(t) = 34.813\ 5\mathrm{e}^{-20.699\ 2/t} \quad (SSE = 1.177, R^2 = 0.997\ 8) \tag{6-47}$$

原始数据和按照树高生长方程式(6-47)计算的预测值见表6-3和如图6-10所示。

表6-3 一株兴安落叶松解析木树高生长拟合结果

| 年龄 | 树高 （m） | | 年龄 | 树高 （m） | |
（年）	实际值	预测值	（年）	实际值	预测值
10	4.60	4.39	60	24.70	24.66
20	11.60	12.37	70	26.00	25.90
30	18.10	17.46	80	26.80	26.88
40	21.00	20.75	90	27.60	27.66
50	22.80	23.01	92	27.70	27.80

注：引自《测树学》第3版，2006。

从上面实例可看出，这两株树的生长过程差别很大，分别用不同的生长方程拟合，都取得了良好结果。由此可见，根据具体生长过程特点选定最优方程是十分重要的。

(2)理论生长方程

在树木生长模型研究中，根据生物学特性做出某种假设，建立关于树木总生长曲

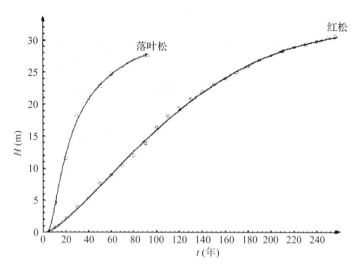

图6-10 天然红松和兴安落叶松树高生长拟合曲线

线的微分方程或微积分方程，求解后并代入其初始条件或边界条件，从而获得该微分
方程的特解，这类生长方程称为理论方程。

与经验方程相比，理论生长方程具有以下特点：① 逻辑性强；② 适用性较大；
③ 参数可由独立的试验加以验证，即参数可作出生物学解释；④ 从理论上对未来生长
趋势可以进行预测。因此，在生物生长模型研究中，多采用理论生长方程。

许多学者（Grosenbaugh，1965；Pienaar and Turnbull，1973；Causton and Venus，
1981；Hunt，1982；Zeide，1993；Kiviste et al.，2002；李凤日，1995，1997）分析了理
论生长方程的特性。表6-4 中列出了林业上常用的一些典型"S"形理论生长方程及其特
性，主要包括 Schumacher 方程、Korf 方程、Logistic 模型、单分子式（Mitscherlich 式）、
Gompertz 方程、Richards 方程及 Hossfeld 方程等。这些方程基本满足了上述的4个生物
学特性。

根据公式形式，可以将描述典型"S"形曲线的函数（包括理论方程）分为4大类（Burkhart
and Tomé，2012）：①Korf 型；②Richards 型；③Hossfeld Ⅳ型；④其他生长函数。

表6-4 树木和林分生长模拟中常用的理论生长方程

方 程	数学表达式			性 质		
	总生长函数	方程假设	参数约束	初始值	拐点	渐近线 $t \to \infty$
Schumacher	$y = Ae^{-\frac{k}{t}}$	$\frac{1}{y}\frac{dy}{dt} = r(\ln A - \ln y)^2$	$r > 0$	$t \to 0; y \to 0$	$t = \frac{k}{2}; y = \frac{A}{e^2}$	$y \to A$
Johnson-Schumacher	$y = Ae^{-\frac{k}{t+a}}$	$\frac{1}{y}\frac{dy}{dt} = r(\ln A - \ln y)^2$	$r > 0$	$t \to 0; y \to Ae^{-\frac{k}{a}}$	$t = \frac{k}{2} - a; y = \frac{A}{e^2}$	$y \to A$
Korf	$y = Ae^{-kt^{-\frac{1}{m-1}}}$	$\frac{1}{y}\frac{dy}{dt} = r(\ln A - \ln y)^m$	$m > 1$	$t \to 0; y \to 0$	$t = \left(\frac{k}{m}\right)^{m-1}; y = Ae^{-m}$	$y \to A$
单分子式	$y = A(1 - e^{-rt})$	$\frac{dy}{dt} = r(A - y)$	$r > 0$	$t = 0; y = 0$	无	$y \to A$
Logistic	$y = \frac{A}{(1 + ce^{-rt})}$	$\frac{1}{y}\frac{dy}{dt} = r\left(1 - \frac{y}{A}\right)$	$r > 0$	$t = 0; y = \frac{A}{1+c}$ $t \to -\infty; y = 0$	$t = \frac{\ln c}{r}; y = \frac{A}{2}$	$y \to A$

（续）

方　程	数学表达式		参数约束	性　质		
	总生长函数	方程假设		初始值	拐点	渐近线 $t \to \infty$
Gompertz	$y = Ae^{-ce^{-rt}}$	$\dfrac{1}{y}\dfrac{dy}{dt} = r(\ln A - \ln y)$	$r > 0$ $c > 0$	$t=0; y=Ae^{-c}$ $t \to -\infty; y=0$	$t = \dfrac{\ln c}{r}; y = \dfrac{A}{e}$	$y \to A$
Richards	$y = A(1-e^{-rt})^{-\frac{1}{1-m}}$	$\dfrac{dy}{dt} = \dfrac{ry}{1-m}\left[\left(\dfrac{A}{y}\right)^{1-m}-1\right]$	$k > 0$	$t=0; y=0$	$t = \dfrac{\ln\left(\dfrac{1}{1-m}\right)}{r}; y=Am^{\frac{1}{1-m}}$	$y \to A$
Hossfeld Ⅳ	$Y = \dfrac{A}{1+ct^{-k}}$	$\dfrac{dy}{dt} = k\dfrac{y}{t}\left(1-\dfrac{y}{A}\right)$	$k > 1$	$t \to 0; y \to 0$	$t_I = \left[\dfrac{c(k-1)}{k+1}\right]^{1/k};$ $y_I = \dfrac{A}{2}\left(1-\dfrac{1}{k}\right)$	$y \to A$

注：y 为调查因子；t 为年龄；A 为渐进参数，$A = y_{max}$；r 为内禀增长率；k 为与生长速率相关的参数；m 为形状参数；c 为初始条件相关的参数。

6.3.3　生长方程的分解

以上所介绍的 13 种模拟树木和林分生长的典型"S"形方程，均可以积分形式（总生长量函数，y）或微分形式（生长速率，dy/dt）来表示。Zeide（1993）通过分析 12 种典型"S"形生长函数的微分表达式，发现所有生长方程均可分解为：增长部分和下降部分。

树木生长的增长（合成）部分从生理学角度来看，树木生长包括 3 个基本过程，即细胞分裂、细胞延长和细胞分化。从理论上讲，细胞和组织的生长潜力是无限的，它们的生长过程是指数式增长，但由于细胞或器官之间内部的交互作用限制了生长。因此，树木的增长（合成）部分表示树木按内在固有的生长速率（内禀增长率）呈现指数增长趋势，它与生物生长潜力、光合能力、养分吸收、合成代谢、同化作用等有关。

树木生长的下降部分则表示外因（如竞争、有限生长空间、呼吸、被压等）和内因（自我调节机制和老化）的约束作用，这些因素对树木生长起到阻滞作用，被称为环境阻力。树木的生长正是这两种作用的结果。

除了修正 Weibull 方程之外，其他各种生长方程均可以表示为以下两种结构形式（Zeide，1993）：

$$\ln\left(\dfrac{dy}{dt}\right) = \ln k + p\ln\bar{y} - q\ln t \leftrightarrow \dfrac{dy}{dt} = k_1 y^p t^{-q} \tag{6-48}$$

$$\ln\left(\dfrac{dy}{dt}\right) = \ln k + p\ln y - qt \leftrightarrow \dfrac{dy}{dt} = ky^p e^{-qt} \tag{6-49}$$

式中　k——为截距参数，$k_1 = e^k$；

　　　p——为林木大小 y 的系数；

　　　q——为年龄 t 的系数；

　　　$k，p，q > 0$。

在这两种结构中，式（6-48）称为 LTD（对数年龄下降）或 PD（幂函数下降）结构，即树木生长速度（dy/dt）的下降部分是年龄 t 的幂函数；而式（6-49）称为 TD（年龄下降）或 ED（指数下降）结构，即生长的下降部分与年龄 t 的指数形式成比例。

这两种结构的共同点是生长的增长部分均与林木大小 y 成比例，即 dy/dt 与 y 的 p

次幂成正比，区别在于下降部分 LTD 或 PD 结构模型是关于时间 t 的一个幂函数（如 Schumacher 方程、Hossfeld 方程、Levakovic 方程、Yoshida 方程、Korf 方程），而 TD 或 ED 结构模型是关于时间 t 的一个指数函数（如：Logistic 方程，Gompertz 方程，单分子式及 Richards 方程）。

Zeide（1993）通过将式（6-49）中的下降部分表达成林木大小的函数，即用林木大小（y）代替时间（t），提出了生长方程的第 3 种结构形式——YD 结构式（6-50）：

$$\ln\left(\frac{dy}{dt}\right) = \ln k + p\ln y - qy \leftrightarrow \frac{dy}{dt} = ky^p e^{-qy} \tag{6-50}$$

生长方程的这 3 种结构形式，对直接模拟树木或林分生长是非常有用的。这些结构为从生物学角度判断所构建的模型的合理性提供了保证。

6.3.4 生长方程的拟合实例

上述多数经验方程（表6-1）和 8 个理论生长方程（表6-4），均属于典型的非线性回归模型，估计参数时需采用非线性最小二乘法。许多高级统计软件包，如 SAS、SPSS、R、统计之林（ForStat）等，均提供了非线性回归模型参数估计的方法。

下面举一实例说明树木生长方程的拟合过程。

【例 6-3】根据表 6-2 中天然红松树高生长数据，利用 Richards 生长方程来建立树高生长模型。给定初始参数值：$A = 50$，$r = 0.01$，$b = 1.5$，采用 SAS 9.3 统计软件包中所提供的麦夸特（Marquardt）迭代法，经过 11 步迭代得到的 Richards 方程的参数估计值见表 6-5。

方程的拟合统计量为：

剩余离差平方和：$RSS = 2.411\,9$

剩余均方：$MSE = RSS/(n-3) = 2.411\,9/(26-3) = 0.104\,9$

剩余均方误：$RMSE = 0.323\,9\text{m}$

相关指数：$R^2 = 0.999\,0$

表 6-5　红松树高生长模型式（6-62）参数估计值

参数名	参数渐近估计值	渐近标准误	t	p	参数渐近估计值95%的置信区间	
					下限	上限
A	34.941 5	0.539 450	64.772 2	0.000 0	33.825 6	36.057 4
r	0.010 23	0.000 457	22.365 0	0.000 0	0.009 28	0.011 2
b	1.729 8	0.064 150	26.963 9	0.000 0	1.597 1	1.862 5

红松树高生长方程拟合结果见式（6-51）和图 6-11。

$$H = 34.941\,5\left(1 - e^{-0.010\,23t}\right)^{1.729\,8} \tag{6-51}$$

天然红松的树高生长曲线反映了该株树的以下生长规律：

①树高生长的渐进最大值：$H_{max} = 34.941\,5\text{m}$。

②树高潜在生长速率：$r = 0.010\,23$（1.023%），表明其树高生长缓慢。

③同化作用幂指数：$m = 1 - 1/b = 0.422$。

④曲线存在一个拐点：$t_I = 53.58a$，$H_I = 7.85\text{m}$，$\left(\dfrac{dH}{dt}\right)_{max} = 0.190\,4\text{m}$。即当树木年

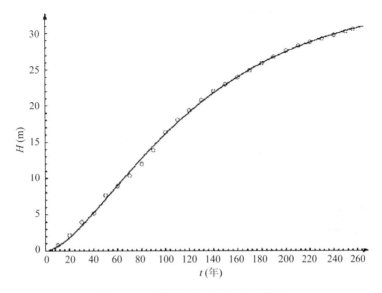

图 6-11 红松树高生长方程拟合结果

龄达到 53.58 年时，树高连年生长量达到最大，数值为 0.190 4m。

6.4 林分生长与收获预估模型

6.4.1 林分生长与收获模型基本概念

6.4.1.1 林分生长量和收获量的概念

林分生长量是指林分在一定期间内变化的量。林分收获量则指林分在某一时刻采伐时，由林分可以得到的（木材）总量。实际上，收获量包含两重含义即林分累计的总生长量和采伐量。它既是林分在各期间内所能收获可采伐的数量，又是在任何期间内所能采伐的总量。

林分生长量和收获量是从两个角度定量说明森林的变化状况。为了经营好森林，森林经营者不仅要掌握森林的生长量，同时也要预估一段时间后的收获量。林分收获量是林分生长量积累的结果，而生长量又是森林的生产速度，它体现了特定期间（连年或定期）的收获量的概念。两者之间存在着一定的关系，这一关系被称为林分生长量和收获量之间的相容性。和树木一样，林分生长量和收获量之间的这种生物学关系，可以很容易地采用数学上的微分和积分关系予以描述。从理论上讲，可以通过对林分生长模型的积分导出相应的林分收获模型，同样也可以通过对林分收获模型的微分来导出相应的林分生长模型。

6.4.1.2 影响林分生长量和收获量的因子

林分生长量和收获量是以一定树种的林分生长和收获概念为基础，在很大程度上取决于以下 4 个因子：

①林分的年龄或异龄林的年龄分布。

②林分在某一林地上所固有的生产潜力(立地质量)。

③林地生产潜力的充分利用程度(林分密度)。

④所采取的林分经营措施(如间伐、施肥、竞争植物的控制等)。

林分生长量和收获量显然是林分年龄的函数,典型的林分收获曲线为"S"形。

一般来说,当林分年龄相同并具有相同林分密度时,立地质量好的林分比立地质量差的林分具有更高的林分生长量和收获量,如图 6-12 所示。当林分年龄和立地质量相同时,在适当林分密度范围内,密度对林分收获量的影响不如立地质量那样明显,一般地说,林分密度大的林分比密度小的林分具有更大收获量,但遵循"最终收获量一定法则",如图 6-13 所示。

所采取的林分经营措施实际上是通过改善林分的立地质量(如施肥)及调整林分密度(如间伐)而间接影响林分生长量和收获量。

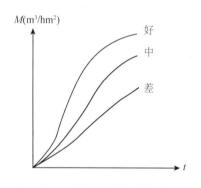

图 6-12　林分的蓄积生长相同林分密度时不同立地质量

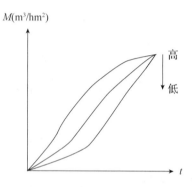

图 6-13　过程林分的蓄积生长过程相同立地质量时不同林分密度

林分生长与收获预估模型就是基于这四个因子采用生物统计学方法所构造的数学模型。所以,林分生长量或收获量预估模型一般表达式为:

$$Y = f(A, SI, SD) \tag{6-52}$$

式中　Y——林分每公顷的生长量或收获量;

　　　A——林分年龄;

　　　SI——地位指数或其他立地质量指标;

　　　SD——林分密度指标。

从上式的表面形式上,并未体现经营措施这一变量,但经营措施是通过对模型中的可控变量——立地质量(如施肥)和林分密度(如间伐)的调整而间接体现的。这一过程主要采用在模型中增加一些附加输入变量,如造林密度、间伐方式及施肥对立地质量的影响等,来适当调整收获模型的信息。

当然,这些因子在不同的模型中其表示方法或形式上也有所不同,使得模型的结构形式及复杂程度也有所不同。几乎所有的林分生长量和收获量预估模型都是以立地质量、生长发育阶段和林分密度(或林分竞争程度的测度指标)为模型的已知变量(自变量)。森林经营者利用这些模型,依据可控变量——林龄、林分密度及立地质量(少数情况下使用)进行决策,通过获得有关收获量的信息,进行营林措施的选择(如间伐时间、间伐强度、间伐量、间隔期、间伐次数及采伐年龄等)。

6.4.1.3 林分生长和收获模型的分类

林分生长和收获预估模型可根据其使用目的、模型结构、反映对象等而进行分类，林分生长与收获模型的分类方法很多，主要区别在于分类的原则和依据，但最终所分的类别都基本相似，具有代表性的分类方法有3种：一是Munro(1974)基于制作模型原理的分类；二是Avery和Burkhart(1994)基于模型预估结果的分类；三是Davis(1987)基于模型模拟情况的分类。其中以第二种分类方法应用最为广泛，它将林分生长和收获模型分为3类：

1)全林分模型

用以描述全林分总量(如断面积、蓄积量)及平均单株木的生长过程(如平均直径的生长过程)的生长模型称为全林分生长模型(whole stand growth model)，亦称第一类模型或全林分模型。此类模型是应用最广泛的模型，其特点是以林分总体特征指标为基础，即将林分的生长量或收获量作为林分特征因子如：年龄(A)、立地(SI)、林分密度(SD)及经营措施等的函数来预估整个林分的生长和收获量。这类模型从其形式上并未体现经营措施这一变量，但经营措施是通过对模型中的其他可控变量(如密度和立地条件)的调整而间接体现。这一过程主要通过增加一些附加的输入变量(如间伐方案及施肥等)来调整模型的信息。全林分模型又可分为可变密度的生长模型及正常或平均密度林分的生长模型。

2)径阶分布模型

此类模型是以林分变量及直径分布作为自变量而建立的林分生长和收获模型，简称为径阶分布模型(size-class distribution model)，亦称第二类模型。这类模型包括：

①以径阶分布模型(亦称直径分布模型)为基础而建立这类模型，如参数预测模型(PPM)和参数回收模型(PRM)。主要是利用径阶分布模型提供林分总株数按径阶分布的信息，并结合林分因子生长模型预估林分总量。

②传统的林分表预估模型。这种方法是根据现在的直径分布及其各径阶直径生长量来预估未来直径分布，并结合立木材积表预测林分生长量。

③径级生长模型是按照各径级平均木的生长特点建立株数转移矩阵模型，并将矩阵模型中的径级转移概率表示为林分变量(t，SD和SI等)的函数来建立径级生长模型来预估未来直径分布。若径级转移矩阵与林分变量无关，则称为"时齐"的矩阵模型。多数研究表明转移矩阵是非时齐的，因此，模型建模的关键是建立转移概率与林分条件之间的函数表达式。

3)单木生长模型

以单株林木为基本单位，从林木的竞争机制出发，模拟林分中每株树木生长过程的模型，称为单木生长模型(individual tree model)。单木模型与全林分模型和径阶分布模型的主要区别在于考虑了林木间的竞争，把林木的竞争指标(CI)引入模型中。由竞争指标决定树木在生长间隔期内是否存活，并以林木的大小(直径、树高和树冠等)再结合林分变量(t，SI，SDI)来表示树木生长量。因此，竞争指标构造的好坏直接影响到单木模型的性能和使用效果，如何构造单木竞争指标成为建立单木模型的关键。根据竞争指标的是否含有林木间的距离信息，可把单木生长模型分为以下两种：

（1）与距离无关的单木生长模型

与距离无关的单木生长模型（distance-independent individual tree model，DIITM）不考虑树木间的相对位置，认为相同大小的林木具有相同的生长率，树木的生长是由树木现状和依赖于现状的生长速度所决定的。这类模型一般仅要求输入林分郁闭时各林木的生长状况即可模拟林分整体的生长过程。

（2）与距离有关的单木生长模型

与距离有关的单木生长模型（distance-dependent individual tree model，DDITM）的最大特点就是在模型中含有考虑林分中各树木间相对空间位置的单木竞争指数。认为单株木的生长状况是由林木本身的生长潜力和它所受的竞争压力共同作用的结果。要求输入林分郁闭时各林木的生长状态及林木的空间位置，就可以模拟各林分整体的生长过程。

以上分别介绍了林分生长和收获模型的分类和特点，这 3 类模型各有其优点及局限性。全林分模型可以直接提供较准确的单位面积上林分收获量及整个林分的总收获量。但却无法知道总收获量在不同大小（不同径阶）林木上的收获量。因此，其预估值无法较准确地反映林分的材种结构、木材产量以及林分的经济价值。而径阶分布模型可以给出林分中各阶径的林木株数，因而可以反映林分可提供各材种的产量，这对经营者是很有意义的。但是，由于林分直径分布的动态变化不稳定，很难用同一种统计分布规律准确描述不同发育阶段的林分直径分布规律，这给林分直径分布的动态估计带来困难，从而限制了这类模型的实际应用。单木生长模型能够提供最多的信息，由此可以推断林分的径阶分布及林分总收获量。因此，从理论上讲，在这 3 类模型中，单木生长模型适用性最大。但是，由于单木生长模型，尤其是与距离有关的模型，要求输入量多，模拟林木生长时的计算量大，应用成本高，这使其在实际应用中有较大的限制。在森林经营实践中，应视其经营技术水平、经营目的及经营对象的实际状况，选用合适的林分生长和收获模型。

6.4.2 全林分模型

6.4.2.1 可变密度收获模型

由于现实林分在其生长过程中，林分密度并非保持不变，用林分密度指标衡量林分密度时，同一林分在不同年龄时的林分密度指标在不断地变化，由此给使用固定密度收获模型带来了一些问题。因此，可变密度收获模型更具优势。

1）概述

林分密度是影响林分生长的重要因素之一，而林分密度控制又是营林措施中一个主要的有效手段。所以，为了预估在不同林分密度条件下林分生长动态，有必要将林分密度因子引入全林分模型。常用林分密度指标详见 6.2.2 节内容。早期的可变密度全林分模型实际上为经验回归方程，而从 20 世纪 70 年代末开始，将林分密度因子引入适用性较大的理论生长方程，80 年代末、90 年代初出现了基于生物生长机理的林分生长和收获模型。

　　以林分密度为主要自变量，反映平均单株木或林分总体的生长量和收获量动态的模型称为可变密度的全林分模型（variable-density growth and yield model）。该类模型可以预估各种密度林分的生长过程，所以它是合理经营林分的有效工具。由于林分密度随林分年龄而变化，并且林分密度对林分生长的影响又比较复杂（图6-14）。对于图6-14中所示的

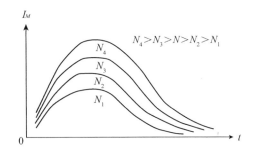

图6-14　不同密度林分蓄积生长量与年龄的关系

曲线簇，很难找出一个形式简单的模型准确地描述。因此，通常采用先拟合含林分密度自变量的林分收获量方程，再依此导出相应的林分生长量方程。但是，随着全林分模型研究的不断深入，在模型系统中同时包含林分生长模型和收获模型，并保证了模型所预估的林分生长量和收获量的一致性。

2）可变密度收获模型建模方法

　　有林分密度的收获预估模型主要用于现实收获量的直接预测，建模所使用的数据一般取自临时标准地资料。根据建模方法的不同可划分为以下3种：

（1）基于多元回归技术的经验方程

　　20世纪30年代，许多学者最早采用多元回归的方法建立可变密度收获模型。他们提出林分收获量为林龄倒数的函数，且最先加入林分密度因子来预测林分收获。如Machinney和Chaiken（1939）建立的火炬松天然林可变密度收获预估模型为：

$$\ln M = b_0 + b_1 t^{-1} + b_2 SI + b_3 SDI + b_4 C \tag{6-53}$$

式中　M——单位面积林分蓄积量；

　　　t——林分年龄；

　　　SI——地位指数；

　　　SDI——Reineke 林分密度指数；

　　　C——火炬松组成系数（火炬松断面积与林分总断面积之比）；

　　　b_0，b_1，b_2，b_3，b_4——方程待定参数。

　　这一研究开创了定量分析林分生长和收获量的先河，类似的研究方法沿用至今。之后，许多研究者采用多元回归技术来预测林分生长或收获量。这类可变密度收获模型的基础模型为Schumacher（1939）蓄积收获曲线：

$$M = \alpha_0 e^{-\alpha_1/t}$$

或

$$\ln M = \alpha_0 - \frac{\alpha_1}{t} \tag{6-54}$$

　　基于上式构造的可变密度收获模型的一般形式为：

$$\ln M = \beta_0 + \beta_1 t^{-1} + \beta_2 f(SI) + \beta_3 f(SD) \tag{6-55}$$

式中　M——单位面积上林分收获量；

　　　t——林分年龄；

$f(SI)$——地位指数 SI 的函数;

$f(SD)$——林分密度 SD 的函数;

α_0,α_1,β_0,β_1,β_2,β_3,β_4——方程参数。

式(6-55)称作 Schumacher 收获模型。最早的模型中,$g(SD)$ 的估计是建立在正常林分的基础上的,所以模型的实用意义不大。但是,后期的 Schumacher 收获模型中将林分密度作为变量,构建了真正的可变密度收获模型。

迄今为止,许多学者均采用这一模型形式,构建了不同树种的全林分可变密度收获模型。现列出几个以 Schumacher 模型为基础的收获方程:

①美国火炬松天然林(Clutter and Sullivan,1972):

$$\ln M = 2.8837 - 21.236/t + 0.0014441SI + 0.95064\ln G \tag{6-56}$$

②台湾二叶松人工林(冯丰隆和罗绍麟,1986):

$$\ln M = 2.8897614 - 5.31486/t + 0.004749SI + 0.0062714G \tag{6-57}$$

③大兴安岭兴安落叶松天然林(蒋伊尹和李凤日,1989):

$$\ln M = 0.7402 - 14.14/t + 0.04523SI + 1.1850\ln G \tag{6-58}$$

这些 Schumacher 收获模型的共性为:

①以林分收获量的对数 $\ln M$ 作为因变量,将林龄的倒数为预测变量,林分蓄积随着年龄 t 的增加而增大,呈典型的"S"曲线(存在渐进值 a_0)。收获曲线的基本形状由 Schumacher 蓄积收获曲线中的参数 a_1 来决定;

②通过再参数化的方法,将 Schumacher 收获曲线的对数渐进参数 α_0 作为地位指数 SI 和林分密度 SD 的函数,从而导出下面的收获模型。

$$\alpha_0 = \beta_0 + \beta_2 f(SI) + \beta_3 f(SD) \tag{6-59}$$

详细剖析 Schumacher 收获模型可知,其林分蓄积连年生长量($\mathrm{d}M/\mathrm{d}t$)达到最大时的年龄 $t_{Zmax} = \beta_1/2$。若 Schumacher 收获模型中 $f(SD)$ 与年龄、立地无关,则各树种 Schumacher 收获模型的 t_{Zmax} 与立地、密度无关,这与实际不符。因此,后来许多研究者对 Schumacher 收获模型作了修正,以克服这一不足,典型实例是 Langdon(1961)为湿地松建立的收获方程及 Vimmerstedt(1962)发表的白松人工林收获方程,其一般形式为:

$$\ln M = \beta_0 + \beta_1 t^{-1} + \beta_2 f(SI) + \beta_3 f\left(\frac{SI}{t}\right) + \beta_4 f\left(\frac{SD}{t}\right) \tag{6-60}$$

式中 $f(SI/t)$——某些 SI/t 比值的函数;

$f(SD/t)$——某些 SD/t 比值的函数。

在式(6-60)中由于包含了 SI/t 及 SD/t 两个变量,故此式所反映的生长规律与林分实际生长规律相符,即林分材积连年生长量达到最大时年龄与立地、密度有关。

(2)林分蓄积预估方程

仿照单株立木材积方程式:$V = f(g,h,f)$,一些直接预测方程将林分收获量作为林分断面积 G 和优势木高 H_T 的函数,而不是年龄、地位指数的直接函数。这种公式一般称为林分蓄积方程。这种方程的一般表达式为:

$$M = b_1 G \times H_T$$

或

$$M = b_0 + b_1 G \times H_T \tag{6-61}$$

式中　H_T——林分优势木平均高；

　　　b_0，b_1——方程参数。

由于林分蓄积方程中的 $H_T = f(t, SI)$，因此这类方程间接体现了 $M = f(t, SI, SD)$ 之关系。

(3) 基于理论生长方程的林分收获模型

由于理论生长方程具有良好的解析性和适用性，近30年来，各国倾向于将稳定性较强的林分密度指标引入适用性广的理论生长方程，来建立林分生长和收获预估模型。常用的理论生长方程见表6-4。许多研究者采用这些理论方程拟合林分生长量和收获量，都取得较好的结果，这也说明这些方程具有较强的通用性和稳定性。从20世纪70年代开始，许多研究者开始研究这些方程中的参数与林分密度或单木竞争之间的关系，并将林分密度指标引入这些方程之中，预估各种不同密度林分的生长过程，这样建立的收获模型具有较好的预估效果，使模型也具有更强的通用性。

现以理查德方程为例说明利用这种方法建模的基本思路，理查德生长方程基本形式为：

$$y = A(1 - e^{-kt})^b \tag{6-62}$$

式中　A——渐进参数；

　　　k——与生长速率有关的参数；

　　　b——形状参数。

首先分析式(6-62)中各参数 A、k 和 b 与地位指数 SI 和林分密度 SD 之间的关系并建立函数关系，比如将最大值参数作为立地的函数：$A = f(SI)$；而生长速率参数主要受林分密度的影响，与 SI 相关不紧密，故 $k = f(SD)$；关于形状参数 b 与立地条件和林分密度的关系尚无定论；最后，根据所建立的函数关系，采用再次参数化的方法引入地位指数 SI 和林分密度 SD 变量来构造林分生长和收获预估模型。

【例6-4】通过分析黑龙江省落叶松人工林断面积生长曲线，发现式(6-97)中的渐进参数 A 主要与立地条件 SI 有关，林分密度 SD 主要影响断面积生长速度。因此，方程中的参数 k 则主要与林分密度 SD 有关，而与立地条件 SI 无关。关于形状参数 b 与立地条件和林分密度之间并无明显关系。故落叶松人工林的断面积生长预估模型（李凤日，2014）为：

$$G = 31.8983 SI^{0.2401} \left\{ 1 - e^{[-3.9417(SDI/10\,000)^{4.4350}(t-5)]} \right\}^{0.2184} \tag{6-63}$$

式中　G——林分每公顷断面积；

　　　t——林分年龄；

　　　SI——地位指数，导向曲线 $H_T = 17.1688(1 - e^{-0.06134})^{1.2800}$；

　　　SDI——林分密度指数，$SDI = N \times (15/D_g)^{-1.6252}$。

6.4.2.2　相容性林分生长和收获模型系统

Buckman(1962)发表了美国第一个根据林分密度直接预估林分生长量方程，然后对生长量方程积分而求出相应的林分收获量的可变密度收获预估模型系统。后来，Clutter(1963)引入生长和收获模型的相容性观点，基于 Schumacher 生长方程提出了相容性林分生长量模型与收获量模型。Sullivan 和 Clutter(1972)对模型进行了改进，指出两者间的互换条件，并建立了在数量上一致的林分生长和收获模型系统，从而完善了这类相容性生长和收获预估模型系统。

在林分各调查因子中，林分平均直径、林分断面积和林分蓄积的生长均受林分立地条件和林分密度的影响。现以黑龙江省落叶松人工林为例，采用理查德方程来说明这种方法建模的基本思路：

(1)断面积生长预估模型

由于林分断面积测定容易且比较稳定，并与林分蓄积关系紧密，因此林分断面积生长预估模型是林分生长与收获模型体系中的核心模型。

经分析，黑龙江省落叶松人工林的断面积生长预估模型如下：

$$G = a_0 SCI^{a_1} \left\{ 1 - e^{\left[-k_0 (SDI/10\,000)^{k_1} (t-t_0) \right]^c} \right\} \tag{6-64}$$

式中　G——林分断面积，m^2/hm^2；

　　　SDI——林分密度指数；

　　　t——林分年龄；

　　　a_0，a_1，k_0，k_1，c——模型参数；

　　　t_0——生长初始年龄(生长至 1.3m 所需年龄)。

(2)蓄积生长方程

为了预估林分收获量，采用所收集的各林分类型固定标准地数据，选择林龄 t、树高 H、立地 SI 和林分断面积 G 作为基础变量，并对这些变量进行初等变换和组合，借助多元回归技术建立了以形高模型为基础的收获预估模型。其模型形式为：

$$M = G \times H \times \left(\frac{d_0}{T_H + d_1} \right) \tag{6-65}$$

式中　M——林分蓄积，m^3/hm^2；

　　　G——林分断面积，m^2/hm^2；

　　　H——林分平均高，m；

　　　d_0，d_1——模型参数。

从表面上看，式(6-65)中并未包括林分密度因子，但模型中的林分断面积主要由 SDI 所决定。因此，林分密度对收获模型的作用是通过影响林分断面积的变化而间接体现。在预估林分蓄积时，首先要根据 SDI 值计算林分断面积，再由式(6-65)计算林分蓄积。

(3)断面积和蓄积生长方程联立估计

通常的回归模型，总是认为自变量的观测值不含有任何误差，而因变量的观测值含有误差。因变量的误差可能有各种来源，例如抽样误差、观测误差等等。但是在实际问题中，某些自变量的观测值也可能含有各种不同的误差，统称这种随机误差为度量误差。总是假定度量误差的期望或条件期望等于零。

当自变量和因变量二者都量含有度量误差时，无论哪个方程用通常最小二乘估计的参数 a，β 既不是无偏的，也不是相合的估计量，也就是说，当样本容量增大时并不能减小参数的估计误差。为解决这个问题引入度量误差模型。当自变量和因变量的观测值中都含有度量误差时，称为度量误差模型。在度量误差模型中，含误差的变量，也叫做误差变量(error-in-variable)。不含误差的变量，也叫做无误差变量(error-out-variable)。由于二者都含有度量误差，使得通常回归模型参数估计方法不再适用，其参数估计不能采用普通的最小二乘法，而应采用二步最小二乘法或三步最小二乘法。

中国林科院开发的 ForStat 2.2 软件提供了建立联立方程组，使用二步最小二乘法或三步最小二乘法等估计方法来解决度量误差参数估计问题。

实际上可以表达为以下联立方程组：

$$\begin{cases} G = a_0 SI^{a_1} \left[1 - e^{[-k_0(SDI/10\,000)k_1(t-5)]^b} \right] \\ M = G \times H[d_0/(H+d_1)] \end{cases} \quad (6\text{-}66)$$

联立方程组中，林分断面积 G 作为第一个方程的因变量在第二个方程中以自变量的形式出现，即 G 既是因变量又是自变量。因此，式(6-66)中无法按常规来划分自变量和因变量。为了明确起见，采用内生变量和外生变量来代替通常使用的因变量和自变量。对比度量误差的术语，内生变量是含随机误差的变量，而外生变量是不含随机误差的变量。由于联立方程组中各方程间随机误差的相关性，其参数估计不能采用普通的最小二乘法，而应采用二步最小二乘法或三步最小二乘法。基于 1990—2005 年复测 4 次 1 140 块落叶松人工林固定标准地数据，利用 ForStat 2.2 软件所提供的参数估计方法对以上联立方程组的参数进行估计，并建立了落叶松人工林相容性林分生长和收获模型系统。系统中林分断面积和蓄积生长预测模型为：

$$\begin{cases} G = 31.898\,3SI^{0.240\,1} \left[1 - e^{[-3.941\,7(SDI/10\,000)^{4.435\,0}(t-5)]^{0.218\,4}} \right] \\ M = G \times H[26.031\,0/(H+39.807\,1)] \end{cases} \quad R^2 = 0.979\,8 \quad (6\text{-}67)$$

这种建模方法保证了生长量模型与收获量模型之间的相容性，以及未来与现在收获模型之间的统一性。由于这类模型是以林分断面积 G 为密度指标，而断面积随林分年龄而变化。所以建模时，要求利用固定标准地复测数据来估计断面积生长方程或蓄积生长方程中的参数。

6.4.2.3　全林整体生长模型系统

在林分生长和收获模型的相容性基础上，唐守正(1991)把相容性概念推广到全部模型系之间的相容，并提出了全林整体生长模型的概念，即全林整体模型是描述林分主要调查因子及其相互关系生长过程的方程组，使得由整体模型推导的各种林业用表是相互兼容的。

全林整体生长模型利用地位指数 SI 和林分密度指数 SDI 作为描述林分立地条件和林分密度测度的指标。林分的主要测树因子考虑：每公顷断面积 G、林分平均直径 D_g、每公顷株数 N、林分平均高 H、优势高 H_T、形高 F_H 和蓄积量 M，各变量之间有一些是统计关系，而另一些是函数关系。该模型系统由 3 个基本函数式和 5 个统计模型构成。

由于影响林分生长的因子很多，林分生长的机理又比较复杂，因此，试图用一个(组)的方程来描述各种状态下林分的生长过程是不现实的。尤其是当采用可变密度的生长方程指导和评价林分经营实践时(如间伐)，上述模型的准确性会下降。由于上述模型的适用性的强弱是相对的，所以当采用林分生长和收获预估模型预测林分生长量和收获量时，要求其预估期不宜太长，应尽量短些为宜。

6.4.2.4 林分生长和收获预测的混合效应模型

林分生长与收获模型作为研究森林生长变化规律及预估林木生长量和收获量的基础手段，其模型预测的可靠性直接影响森林经营决策，因此，如何提高模型的估计精度就显得十分重要。现有的林分生长与收获模型大多数基于回归模型方法，这些模型主要存在 3 个问题：首先，在进行模拟时，通常都假定误差是服从独立同分布的，然而现实的观测数据很难满足这一条件，这样势必会对估计结果有一定的影响。其次，大多数模型关心的是研究对象的确定性和均一性，忽略了个体或群体之间存在的序列相关性及差异性。例如，以往所建立的林分生长与收获模型很好地反映了林分总体的平均生长变化规律，但却忽略了林木个体或样地之间的差异。第三，以往大部分生长收获数据是通过抽样方法设置固定样地，对固定样地内的不同观测对象在一定时间内或其他条件下，进行多次观测或对同一观测对象进行不同部位及不同角度的多次测量而获得的，这些固定样地数据只反映了林分或样地本身的生长变化，而不能反映抽样总体的变化。混合模型方法则在很大程度上弥补了这些方面的不足。它既可以反映总体的平均变化趋势，又可以提供数据方差、协方差等多种信息来反映个体之间的差异。另外，在分析重复测量数据或固定样地连续观测产生的纵向数据及满足假设条件时体现出的灵活性表明，混合效应模型已经成为生长和收获模拟的重要工具。这一方法在最近 20 年内得到了快速的发展，在医学、农业、经济、林业及其他领域有了广泛的应用。

目前国内外一些学者利用混合效应模型方法对林分断面积生长进行了研究。Gregoire 等（1996）为断面积生长收获模型建立了 4 种不同的协方差结构：

①不相关等方差的样地效应；

②自回归时间效应；

③不相关异方差样地效应和自回归时间效应；

④相关异方差样地效应及自回归时间效应。

Fang 等（2001）利用线性混合效应模型方法模拟了几种不同经营措施（如采伐、施肥和燃烧）下美国佐治亚州和佛罗里达州沼泽松林分的断面积生长状况。Budhathoki 在模拟美国萌芽松的林分断面积生长时考虑了样地的随机效应。李春明（2009）以江西省大岗山实验局不同初植密度的杉木林分为研究对象，选择常用的 Richards 和 Schumacher 两种模型进行断面积生长模拟，把不同初植密度效应作为随机效应加入到模型中，然后进行拟合。

6.4.3 径阶分布模型

6.4.3.1 直径分布模型

在现代森林经营管理的决策中，不仅需要全林分总蓄积量，而且更需要掌握全林分各径阶的材积（或材种出材量）的分布状态，进而为经营管理的经济效益分析决策提供依据。因此，对于同龄林，广泛采用以直径分布模型为基础研建林分生长和收获模型的方法。

同龄林分和异龄林分的典型直径分布不同，可依据林分直径分布的特征选择直径分布函数。当前普遍认为 Weibull 和 β 分布函数具有较大的灵活性和适应性，这两个分布函数既能拟合单峰山状曲线及反"J"形曲线，并且拟合林分直径分布的效果较好，所以已应用在林分生长和收获模型中。顺便指出，对于异龄林分，在建立以直径分布函数为基础的林分生长收获模型中，其直径分布函数的参数估计不应使用林分年龄变量，可以用间隔期(如 t 年)代替建立参数动态估计方程，其他方法与同龄林基本相同。

在林分生长和收获预测方法中，又可分为现实林分生长和收获预测方法及未来林分生长收获预测方法。两者相比，现实林分生长和收获预测方法较为简单，而未来林分生长收获预测方法要复杂些，因为未来林分生长和收获预测与林分密度的变化有关，即在这个预测方法中要有林分密度的预测方程。

6.4.3.2 现实林分收获量的间接预测

采用径阶分布模型的现实林分生长收获间接预测方法，在已知林分单位面积林木株数的条件下，利用直径分布模型估计出林分单位面积上各径阶的林木株数，依据已有的 H-D 曲线计算出各径阶林木平均高。使用相应的立木材积表(或材积方程)及材种出材率表(或材种出材率方程)计算出相应的径阶材积及材种出材量，汇总后即可求得林分总材积及各材种出材量。在实际工作中，一般要分别地位指数(或地位指数级)进行上述计算程序。因此，首先应依据林分调查数据，确定该林分的地位指数(或地位指数级)，并作为选择材积表及出材率表的依据。

在现实林分收获量间接预测方法中，关键是选择适用的径阶分布模型。这种方法首先假设林分的直径分布可用具有 2~4 参数的某一种分布的概率密度函数(pdf)(如正态分布、Weibull 分布、β 分布、S_B 分布及综合 γ 分布等)来描述。根据国内外大量的实践表明，三参数的 Weibull 分布函数可以很好地描述同龄林和异龄林的直径分布，其概率密度函数为：

$$f(x) = \begin{cases} 0 & (x \leqslant a) \\ \dfrac{b}{c}\left(\dfrac{x-a}{b}\right)^{c-1}\mathrm{e}^{-\left(\frac{x-a}{b}\right)^c} & (x > a, b > 0, c > 0) \end{cases} \tag{6-68}$$

式中　a——位置参数(直径分布最小径阶下限值)，$a = D_{\min}$；

　　　b——尺度参数；

　　　c——形状参数。

根据直径分布模型的参数估计方法的不同，现实收获量间接预测方法可分为参数预估模型(parameter prediction model，PPM)和参数回收模型(parameter recovery model，PRM)。现以 Weibull 分布为例，介绍这两种模型的建模方法。

(1) 参数预估模型(PPM)

参数预估模型(PPM)是将用来描述林分直径分布的概率密度函数之参数作为林分调查因子(如年龄、地位指数或优势木高和每公顷株数等)的函数，通过多元回归技术建立参数预测方程，用这些林分变量来预测现实林分的林分结构和收获量。参数预估模型(PPM)的建模方法如下：

①从总体中设置 m 个临时标准地，测定林分的年龄 t，平均直径 D、平均树高 H、

优势木平均高 H_T、地位指数 SI、林分断面积 G、每公顷株数 N、蓄积 M 和直径分布等数据。

②用 Weibull 分布拟合每一块标准地的直径分布，求得 Weibull 分布的参数，并按表 6-6 整理数据。

③采用多元回归技术建立 Weibull 分布的参数预估方程：

$$a = f_1(t, N, SI \text{ 或 } H_T)$$
$$b = f_2(t, N, SI \text{ 或 } H_T) \tag{6-69}$$
$$c = f_3(t, N, SI \text{ 或 } H_T)$$

表 6-6　建立 Weibull 分布参数预测模型（PPM）数据一览表

标准地	Weibull 分布参数			t	SI	N	H_T
	a	b	c				
1	a_1	b_1	c_1	t_1	SI_1	N_1	H_{T1}
2	a_2	b_2	c_2	t_2	SI_2	N_2	H_{T2}
⋮	⋮	⋮	⋮	⋮	⋮	⋮	⋮
⋮	⋮	⋮	⋮	⋮	⋮	⋮	⋮
m	a_m	b_m	c_m	t_m	SI_m	N_m	H_{Tm}

④利用上式预估各林分的直径分布，并建立树高曲线 $H = f(D)$，结合二元材积公式 $V = f(D, H)$ 计算各径阶材积；

⑤将各径阶材积合计为林分蓄积。

$$Y_{ij} = N_t \int_{D_{Lj}}^{D_{Uj}} g_i(x) f(x, \theta_t) \, \mathrm{d}x \tag{6-70}$$

式中　Y_{ij}——第 j 径阶内第 i 林木胸径函数 $g_i(x)$ 所定义的林分变量单位面积值；

N_t——t 时刻的林分每公顷株数；

$g_i(x)$——第 i 林木胸径函数所对应的林分变量，如断面积、材积等；

D_{Lj}，D_{Uj}——第 j 径阶的下限和上限；

$f(x, \theta_t)$——t 时刻的林分直径分布的 pdf 函数。

【例 6-5】现列举几个树种的参数预估方程：

①油松人工林（孟宪宇，1985）：

$$a = -2.9352 + 0.4537\overline{D} - 0.1136t + 0.001027N + 0.5810H$$
$$b = 3.0242 + 0.6280\overline{D} + 0.1352t - 0.0011N - 0.6621H \tag{6-71}$$
$$c = 8.1901 + 0.2444\overline{D} - 9.7661CV_D - 0.4243/\ln t - 0.00075N$$

②红松人工林参数预估模型系统（李凤日，2014）：在这个模型系统中，a 为定值（树木起测直径为 5cm），因此不对其进行分析。而 Weibull 分布参数 b 和 c 存在一定的关系，因此，采用似乎不相关（SUR）理论来估算其参数预估模型。

$$\begin{cases} a = 5\text{cm} \\ \ln b = -3.1096 - 0.00409t + 1.9105\ln\overline{D} + 0.0549\ln N \\ \ln c = 4.1225 + 1.96475\ln b - 0.00794t + -2.82872\ln\overline{D} - 0.00806\ln N \end{cases}$$

$$\tag{6-72}$$

③落叶松人工林参数预估模型系统(赵丹丹等,2015):基于改进的参数预测模型,将林分平均直径、Weibull 分布参数等作为自变量,以后期直径分布的 Weibull 参数作为约束条件,采用似乎不相关回归(SUR)理论估计参数,构建实质上的直径分布动态预测模型。

$$\begin{cases} a = 5cm \\ b_1 = -8.5776 + 1.7497 \times \overline{D} - 0.0353 \times \overline{D}^2 \\ c_1 = 3.0579 + 1.0602 \times b_1 \\ b_2 = 1.2928 + 0.0968 \times b_1 \\ c_2 = 1.2892 + 0.0084 \times b_2 \end{cases} \tag{6-73}$$

式中 a, b, c——Weibull 分布的参数;

b_1, c_1——前期数据 Weibull 参数;

b_2, c_2——复测数据 Weibull 参数。

参数预估模型(PPM)的主要缺点在于:

①过分依赖假定的分布类型。

②因林分直径分布受许多随机因素的影响其形状变化多样,因此由林分调查因子估计分布参数的模型精度较低。

③与全林分模型的相容性差。

(2)参数回收模型(PRM)

参数回收法假定林分直径服从某个分布函数,在确定的林分条件下,由林分的算术平均直径 $\overline{D}$、平方平均直径 D_g、最小直径 $D_{\min}$ 与分布函数的参数之间关系采用矩解法"回收"(求解)相应的 pdf 参数,得到林分的直径分布,并结合立木材积方程和材种出材率模型预估林分收获量和出材量。

三参数 Weibull 分布函数采用参数回收法(PRM)求解参数 b、c 的方法如下:

分布函数的一阶原点距 $E(x)$ 为林分的算术平均直径 $\overline{D}$,而二阶原点矩 $E(x^2)$ 为林分的平均断面积所对应的平均直径 D_g 的平方值,对于 Weibull 分布函数有:

$$E(x) = \int_a^\infty xf(x,\theta)\,dx = a + b \cdot \Gamma\left(1 + \frac{1}{c}\right) \tag{6-74}$$

$$E(x^2) = \int_a^\infty x^2 f(x,\theta)\,dx = b^2\Gamma\left(1 + \frac{2}{c}\right) + 2ab\Gamma\left(1 + \frac{1}{c}\right) + a^2 \tag{6-75}$$

即

$$\overline{D} = a + b\Gamma\left(1 + \frac{1}{c}\right) \tag{6-76}$$

$$D_g^2 = b^2\Gamma\left(1 + \frac{2}{c}\right) + 2ab\Gamma\left(1 + \frac{1}{c}\right) + a^2$$

或

$$G = \frac{\pi}{40\,000}Nb^2\Gamma\left(1 + \frac{2}{c}\right) + 2ab\Gamma\left(1 + \frac{1}{c}\right) + a^2 \tag{6-77}$$

联立方程式(6-76)和式(6-77),由林分 $\overline{D}$ 及 D_g 值通过反复迭代可求得尺度参数(b)和形状参数(c)。而位置参数 a 则由下式进行估计:

位置参数 $a(=D_{\min})$ 则作为林分调查因子的函数:

$$a = f_1(t, N, SI \text{ 或 } H_T) \tag{6-78}$$

6.4.3.3 未来林分收获量的间接预测

以径阶分布模型为基础的未来林分生长和收获间接预测方法与现实林分和生长收获间接预测方法相比要复杂些，它不仅要求建立径阶分布模型的参数动态预测模型，同时，还要求建立林分密度（单位面积林木株数 N 或林分断面积 G 或林木枯损）模型或方程。这也是未来与现实林分生长收获预测方法的区别之处，同时，也是影响未来林分生长和收获预测方法质量的重要因素。为了实现未来林分生长收获的间接预测，任何径阶分布模型法都要依据林分调查因子的数值（如林分年龄、地位指数、林分密度、平均直径、优势木平均高等）预测径阶分布模型的参数、未来林分密度及径阶林木平均高。

（1）参数预估模型（PPM）

基于径阶分布模型的参数预估法预测未来林分生长和收获量的核心是：

①预测未来林分径阶林木平均高和优势木平均高。

②预测期年龄时的林分存活木株数及林木株数按径阶分布状态。当有适用的地位指数方程时，则任何年龄时的林分优势木平均高可由地位指数方程推定。而未来 t 时刻的林木株数，则需要采用固定标准地复测数据所建立的林木枯损方程来预估。

（2）参数回收模型（PRM）

径阶分布模型中的参数回收方法预测未来林分生长和收获量的关键是预测未来林分存活木株数（N）和林分断面积 G（或林分平均直径 D_g）。未来林分的林木株数可采用林木枯损方程进行预估，而未来林分断面积 G（或林分平均直径 D_g）则需要采用林分断面积生长方程（或平均直径生长模型）来预估。

6.4.4 单木生长模型

以林分中各单株林木与其相邻木之间的竞争关系为基础，描述单株木生长过程的模型，称为单木生长模型。自从 Newham（1964）首次研究北美黄杉单木模型以后，近几十年来，随着生理生态学理论和方法的发展，以及计算模拟技术和算法优化在林分生长模型系统中的应用，单木模型研究取得了较大的进展。这类模型与全林分模型或径阶分布模型的主要区别在于：全林分模型或径阶分布模型的预测变量是林分或径阶统计量，而单木模型中至少有些预测变量是单株树木的统计量。依据这类模型可以直接判定各单株木的生长状况和生长潜力，以及判定采用林分密度控制措施后的各保留木的生长状况，并且，这些信息对于林分的集约经营是非常有价值的，对于指导林分经营，单木生长模型具有其特殊的意义。

6.4.4.1 单木生长模型的分类

如前所述，依据单木生长模型中所用的竞争指标是否含有林木之间的距离因子，将其分为与距离有关的单木生长模型及与距离无关的单木生长模型。

（1）与距离有关的单木生长模型（DDIM）

这类模型以与距离有关的竞争指标为基础，模拟林分内个体树木的生长，并认为林木的生长不仅取决于其自身的生长潜力，而且还取决于其周围竞争木的竞争能力。因此，林木的生长可表示为林木的潜在生长量（即不受其他林木竞争的条件下所能达到的生长量）和竞争指数的函数，即：

$$\frac{\mathrm{d}D_i}{\mathrm{d}t} = f\left[\left(\frac{\mathrm{d}D}{\mathrm{d}t}\right)_{\max}, CI_i\right] \tag{6-79}$$

$$CI_i = f_i\left[D_i, D_j, (DIST)_{ij}, SD, SI\right] \tag{6-80}$$

式中　$\dfrac{\mathrm{d}D_i}{\mathrm{d}t}$——林分中第 i 株林木（对象木）的直径生长量；

$\left(\dfrac{\mathrm{d}D}{\mathrm{d}t}\right)_{\max}$——该林分中的单株木所能达到的直径潜在生长量，常以相同立地、年龄条件下自由树的直径生长量表示：

CI_i——第 i 株对象木的竞争指数；

D_i——第 i 株对象木的直径；

D_j——第 i 株对象木周围第 j 株竞争木的直径（$j = 1, 2, \cdots, N$）；

$(DIST)_{ij}$——第 i 株对象木与第 j 株竞争木之间的距离；

SD——林分密度；

SI——地位指数。

由于在构建竞争指标时，林木之间的距离是必要因子，所以，DDIM 要求输入各单株木的大小及它们在林地上的空间位置——可用平面直角坐标系表示，形成林本分布图。

与距离有关的单木生长模型组成：

①竞争指标的构建和计算。

②胸径生长方程的建立。

③枯损木的判断。

④树高、材积方程以及其他一些辅助方程。

其共同的模型结构为：

①要输入初始的林木及林分特征因子，确定每株树的定位坐标。

②单木生长是林木大小、立地质量和受相邻木竞争压力大小的函数。

③竞争指标为竞争木大小及其距离的函数。

④林木的枯损概率是竞争或其他单木因子的函数。

（2）与距离无关的单木生长模型（DIIM）

与距离无关的单木模型是将林木生长量作为林分因子（林龄、立地及林分密度等）和林木现在的大小（与距离无关的单木竞争指标）的函数，对不同林木逐一或按径阶进行生长模拟以预估林分未来结构和收获量的生长模型。这类模型假定林木的生长取决于其自身的生长潜力和它本身的大小所反映的竞争能力，相同大小的林木具有一样的生长过程，并假设林分中林木是均匀分布，因此不需考虑树木的空间分布对树木生长的影响。使用这类模型时，不再需要林木的空间位置作为模型的输入变量，而仅需要反映每株林木大小的树木清单。

这类模型竞争指标一般由反映林木在林分中所承受的平均竞争指标（即林分密度指

标 SD)反映不同林木在林分中所处的局部环境或竞争地位的单木水平竞争因子所组成。其竞争指标一般可表示为

$$CI_i = f(D_i, \theta_j) \qquad (j = 1, 2, \cdots, K) \tag{6-81}$$

式中　CI_i——第 i 株对象木的竞争指标；

$\qquad$ θ_j——表示林分状态(如平均直径、林分密度、地位指数等)的参数；

$\qquad$ K——林分状态参数的个数。

总的来说，由于 DDIM 考虑了林木之间的距离因子，因而在一定程度上反映了不同林木在林分中所处小生境的差异。从理论上讲，这类模型能较准确地预测林木的生长量，反映当相邻的竞争木被间伐之后对对象木生长的影响。所以，这类模型适于模拟各种不同经营措施下的林分结构及其动态变化的详细信息，估计精度高，提供各种经营措施的灵活性也很大。但是，由于林木所处的竞争环境难以准确衡量，而且，当把林木的空间位置信息引入单木生长模型中时，不仅模型结构复杂，而且外业工作量很大、成本高。应用这类模型时，需要输入详细的林木空间位置信息而限制了它的实用性。这也是这类模型未能在实践中推广应用的主要原因。所以，这类模型尽管在国外研究很多，但在实际工作中应用却很少。

DIIM 仅需以树木清单为输入量，不需要林木位置信息，从而使外业工作量大大减少。所以，它具有模型构造简单、计算方便及便于在林分经营中实际应用等优点。因此，DIIM 可对不同的植距、间伐和施肥等经营措施的林木或林分的生长进行模拟。但是，由于这类模型所描述的林木生长量完全取决于林木自身的大小，并且导致现在相同大小的林木生长若干年后仍为同样大小的林木的结果，这与林木的实际生长相差较大，而且从生长机理上讲，不考虑林木之间的相对位置对生长空间竞争的影响也是不合适的。DIIM 通常采用固定标准地数据，建模成本也大为降低，易在林业生产实际工作中推广应用。

两类模型预估精度的高低，主要体现在两类竞争指标对于生长估计值的准确程度上，而两类竞争指标谁优谁劣，尚无定论。从理论上讲，与距离有关的竞争指标从对象木与竞争木之间的关系和林木在林地上的空间分布格局两个方面进行了考虑，有可能更精确地反映林木的竞争状况，因此，预估生长与收获应该比与距离无关的单木竞争指标更为精确，一些研究结果也证实了这一点。但许多研究者对这两类竞争指标的研究结果表明：在预估生长与收获上与距离有关的单木竞争指标并不比与距离无关的单木竞争指标优越。另外，DIIM 其预估能力或精度并不一定因少了空间信息而降低，而且 DIIM 便于与全林分模型和径阶模型联接。

DIIM 不仅具有 DDIM 同样的预估精度、灵活性以及提供信息的能力，而且大大减少了模型研究和应用的费用。在国外已投入运行的一些林分生长模型模拟软件系统(如 PROGOSIS，STEMS，CACTOS 等)均是以与距离无关的单木模型为基础的，这也说明了与距离无关的单木模型具有更大的应用潜力和发展前景。

6.4.4.2　单木生长模型的建模方法

单木生长模型的建模方法大体上可分为 3 种，即潜在生长量修正法、回归估计法和生长分析法。现分别介绍如下。

(1)潜在生长量修正法

这种方法建立单木生长模型的基本思路为：

①确定林木的潜在生长量，即建立疏开木(或林分中无竞争压力的优势木)的潜在生长函数。

②计算每株林木所受的竞争压力，即单木竞争指标。

③利用单木竞争指标所表示的修正函数对潜在生长量进行调整和修正，得到林木的实际生长量，用数式可表示为：

$$\frac{\mathrm{d}D_i}{\mathrm{d}t} = \left(\frac{\mathrm{d}D}{\mathrm{d}t}\right)_{\max} \cdot M(CI_i) \qquad [0 \leqslant M(CI_i) \leqslant 1] \qquad (6\text{-}82)$$

式中　$M(CI_i)$——以 CI_i 为自变量的修正函数；

其他变量意义同式(6-80)。

采用这种方法建立单木生长模型的关键在于建立林木的潜在生长方程，以及对潜在生长量进行修正的修正函数。从理论上来说，林木潜在生长函数应由疏开木的生长过程来确定。理想的疏开木定义为：始终在无竞争和无外界压力干扰下生长的林木，包括林分中始终自由生长的优势木和空旷地中生长的孤立木。由于疏开木难以确定，有些研究者建议用优势木的生长过程代替林木的潜在生长过程。

修正函数的合适与否主要取决于林木竞争指标选择的是否合理，修正函数的数值范围在[0,1]之间。这种方法构造的模型具有结构清晰的优点，而且只要正确选择疏开木，且所构造的竞争指标能充分有效地反映林木生长的变异，一般都能获得良好的预测效果。因此，这种方法是构造单木模型的常用方法。

(2)回归估计法

这种方法是利用多元回归方法直接建立林木木生长量与其林木大小、林木竞争状态和所处立地条件等因子之间的回归方程，用公式可表示为：

$$\frac{\mathrm{d}D_i}{\mathrm{d}t} = f(D_i, SI, t, CI_i, \cdots) \qquad (6\text{-}83)$$

式中　SI——立地质量指标；

t——林木年龄；

其他变量意义同式(6-80)。

采用这种方法建立的单木生长模型比较简单，模型的精度和预测能力取决于引入回归方程中的各自变量与林木生长相关性的强弱。国外一些林分生长模拟系统软件均采用这一方法建立单木模型(如 STEMS，PROGNOSIS，SPSS 等)。但是，模型的预估能力过分地依赖于建模的样木数据，模型的适应性差，方程的形式因研究对象不同而异，方程的参数没有的明确生物学意义。

(3)生长分析法

该方法是根据林木生长假设，把林分密度指标和林木竞争指标引入单木模型来模拟林木的生长。通常采用理论生长方程作为基础模型，通过分析其参数与林分密度和单木竞争之间关系来构造单木模型。这种方法的优点是不依赖于疏开木的生长，若理论生长模型选择合理，可以得到良好的预测效果。但是，这种方法建立的模型结构较复杂，模型参数求解比较困难。因此，很少有人采用该方法建立单木模型。

6.4.4.3 单木枯损（存活）模型

林木枯损或存活模型是林木生长和收获预估模型系统的重要组成部分。随着森林集约化经营管理的提高，特别是商品林的生产和经营管理，使得人们更加关注林木在未来时刻的生长和存活状态，以便为造林初始密度设计、间伐、主伐等营林生产活动提供有力的依据。

按林木生长的 3 大类模型来划分，林木枯损或存活模型也可有林分、径阶和单木 3 个水平。在林分水平上，通常研究林木存活模型或保留木株数模型，其主要用于预估林分的林木株数随时间的变化情况。在研究径阶和单木水平时则需采用枯损模型，用其预测径阶内林木枯损比率或单木枯损概率。为了获取更为详细的林木生长情况，林木生长和收获预估研究更加关注单木水平上各种模型的建立，其中单木枯损（存活）模型也得到了广泛的研究。

（1）单木枯损（存活）模型形式

关于径阶或单木的枯损量，通常作为概率函数来处理，即判断每株树木死亡的可能性，然后估计径阶或全林分的枯损量。由于林木枯损的分布是不确定过程，存在着随机波动。所以，这些变量只能通过大量实验和调查数据建立概率统计模型。统计模型范畴很广，包括线性模型、非线性模型、线性混合模型等，而大多数模型都是以处理定量数据为基础的。由于林业调查的因子在很大程度上都是定性数据。因此，因变量包含两个或更多个分类选择的模型在林业调查数据分析中具有重要的应用价值。Logistic回归模型就是一种常见的处理含有定性自变量的方法，也是最流行的二分数据模型。二项分组数据 Logistic 回归分析是将概率进行 Logit 变换后得到的 Logistic。线性回归模型，即一个广义的线性模型，这时可以系统地运用线性模型的方法对其进行处理。一个林木枯损的分布可以用"是"或"不是"来表示，所以在选择可能影响林木枯损的因子后，运用 Logistic 回归模型来模拟林木枯损的分布是可行的。

目前，有 3 种函数形式可以拟合两个或者多个因变量分类数据，它们为 Logit、Gompit 和 Probit 概率模型。这 3 种概率模型都能拟合林木枯损的分布概率。由于研究现象的发生概率 $P(Y=1)$ 对因变量 X_i 的变化在 $P(Y=0)$ 和 $P(Y=1)$ 附近不是很敏感，所以需要寻找一个 $P(Y=1)$ 的函数，使它在 $P(Y=0)$ 和 $P(Y=1)$ 附近变化幅度较大，同时希望 $P(Y=1)$ 的值尽可能地接近 0 或 1。以下公式即为寻找到的关于 $P(Y=1)$ 的函数，称为 $P(Y=1)$ 的 Logit 变换。

$$\text{Logit}[P(Y=1)] = \ln\left[\frac{P(Y=1)}{1-P(Y=1)}\right] \tag{6-84}$$

二项分布 Logit 函数形式可由以下公式表示：

$$\ln\left[\frac{P(Y=1)}{1-P(Y=1)}\right] = X\beta = \beta_0 + \sum \beta_j X_j$$
$$= \beta_0 + \beta_1 X_1 + \beta_2 X_2 + \cdots + \beta_p X_p \tag{6-85}$$

Gompit 函数形式可由以下表示：

$$\ln\left\{-\ln[1-P(Y=1)]\right\} = \beta_0 + \beta_1 X_1 + \beta_2 X_2 + \cdots \beta_p X_p \tag{6-86}$$

Probit 函数形式可由以下表示：

$$\Phi^{-1}P(Y = 1) = \beta_0 + \beta_1 X_1 + \beta_2 X_2 + \cdots \beta_p X_p \qquad (6-87)$$

式中　P——事件发生的概率；

　　　Φ——正态分布的累积分布函数；

　　　β——回归系数；

　　　X——自变量。

为了更加清楚的描述这 3 种函数形式，这 3 种函数可以进一步被写成以下 3 式：

$$P(Y_i) = \frac{1}{1 + e^{-X\hat{\beta}}} \qquad (6-88)$$

$$P(Y_i) = 1 - e^{[-e^{(X\hat{\beta})}]} \qquad (6-89)$$

$$P(Y_i) = \Phi(X\hat{\beta}) \qquad (6-90)$$

为更准确地建立林木枯损模型，在自变量选择时应考虑树种变量、立地质量和竞争变量。

（2）模型参数估计

估计 Logit，Gompit 和 Probit 概率模型回归模型与估计多元回归模型的方法是不同的。多元回归采用最小二乘法，将解释变量的真实值与预测值的平方和最小化。而 Logit、Gompit 和 Probit 变换的非线性特使得在估计模型的时候采用极大似然估计的迭代方法，找到系数的"最可能"的估计。这样在计算整个模型拟合度的时候，就采用似然值而不是离差平方和。

回归模型建立后，需要对整个模型的拟合情况做出判断。在 Logit、Gompit 和 Probit 概率模型回归模型中，可采用似然比（likelihood ratio）检验、得分（score）检验和 Wald 检验，其中以似然比检验和得分（score）检验最为常用。一般来讲，常用 AIC 和 SC 来进行模型的比较，其值越小代表模型拟合效果越小，它们的公式分别为：

$$AIC = -2\ln L + 2p \qquad (6-91)$$

$$SC = -2\ln L + p\ln\left(\sum_i f_i\right) \qquad (6-92)$$

式中　$-2\ln L = -2\sum_i \frac{w_i}{\sigma^2} f_i \ln(\hat{P}_i)$；

　　　w_i——第 i 观测值的权重值；

　　　f_i——第 i 观测值的频率值；

　　　σ^2——为离散参数。

在本研究中，对于模型的拟合优度可以用 ROC 曲线来评价。ROC 曲线下面积越大，则拟合效果越好。其中，AUC 是描述 ROC 曲线面积的重要指标，其公式为：

$$AUC = [n_c + 0.5(t - n_c - n_d)]/t \qquad (6-93)$$

式中　t——不同数据类型的总数目；

　　　n_c——t 中一致的数目；

　　　n_d——t 中不一致的数目；

　　　$t - n_c - n_d$——平局的数目。

6.4.4.4　树高曲线

典型的与距离无关的单木模型包括 3 个基本组成部分：

①直径生长部分。

②树高生长部分（或用树高曲线由直径预估树高）。

③林木枯损率的预估，枯损率可以随机导出或用枯损概率函数预估。

以上已经介绍了单木直径生长和枯损模型的建模方法。接下来，简要介绍一下树高曲线。

林分各径阶算术平均高随径阶呈现出一定的变化规律。若以纵坐标表示树高、横坐标表示径阶，将各径阶的平均高依直径点绘在坐标图上，并依据散点的分布趋势可绘一条匀滑的曲线，它能明显地反映出树高随直径变化的规律，这条曲线称为树高曲线。反映树高随直径而变化的数学方程称作树高曲线方程或树高曲线经验公式。普通树高曲线仅以胸径为自变量，不适用于各种不同类型的林分，需要为每个林分建立不同的模型，因此普通树高曲线的应用范围非常有限，而标准树高曲线以胸径和树木及林分因子为自变量，可以用于更广的区域。表 6-7 和表 6-8 分别给出了一些常用的普通树高曲线和标准树高曲线方程。近年来，由于新技术和新方法在林业上的应用，标准树高曲线建模体系也得到了扩充，现有的方法主要有传统模型和混合模型 2 种。

表 6-7　普通树高曲线方程一览表

编号	方程形式	文　献
线性模型		
1	$h = a_0 + a_1 d$	
2	$h^{-1} = a_0 + a_1 d^{-1}$	Vanclay（1995）
3	$\log(h - 1.3) = a_0 + a_1 \log d$	Prodan（1965）；Curtis（1967）
4	$\log(h - 1.3) = a_0 + a_1 d^{-1}$	Curtis（1967）
5	$h = a_0 + a_1 \log(d)$	Curtis（1967），Alexandros and Burkhart（1992）
6	$h = a_0 + a_1 d + a_2 d^2$	Henricksen（1950）；Curtis（1967）
7	$h = a_0 + a_1 d^{-1} + a_2 d^2$	Curtis（1967）
非线性模型		
8	$h = 1.3 + a_0 d^{a_1}$	Stoffels and van Soest（1953）；stage（1975）
9	$h = 1.3 + e^{a_0 + a_1/(d+1)}$	Schreuger et al.（1979）
10	$h = 1.3 + a_0 d/(a_1 + d)$	Wykoff et al.（1982）
11	$h = 1.3 + a_0(1 - e^{-a_1 d})$	Bates and Watts（1980）；Ratkowsky（1990）
12	$h = 1.3 + d^2/(a_0 + a_1 d)^2$	Meyer（1940）；Farr et al.（1989）；Moffat et al.（1991）
13	$h = 1.3 + a_0 e^{a_1/d}$	Loetsch et al.（1973）
14	$h = 1.3 + 10^{a_0} d^{a_1}$	Burkhart and Strub（1974）；Buford（1986）
15	$h = 1.3 + a_0 d/(d + 1) + a_1 d$	Larson（1986）；Watts（1983）
16	$h = 1.3 + a_0 \left[d/(1 + d) \right]^{a_1}$	Curtis（1967）；Prodan（1968）
17	$h = 1.3 + a_0/(1 + a_1 e^{-a_2 d})$	Pearl and Reed（1920）

（续）

编号	方程形式	文　献
18	$h = 1.3 + a_0 (1 - e^{-a_1 d})^{a_2}$	Richards(1959)
19	$h = 1.3 + a_0 (1 - e^{-a_1 d a_2})$	Yang et al. (1978)；Baily(1979)
20	$h = 1.3 + a_0 e^{-a_1 e^{-a_2 d}}$	Winsor(1932)
21	$h = 1.3 + d^2/(a_0 + a_1 d + a_2 d^2)$	Curtis (1967)；Prodan(1968)
22	$h = 1.3 + a_0 d^{a_1 d^{-a_2}}$	Sibbesen(1981)
23	$h = 1.3 + a_0 e^{a_1 /(d + a_2)}$	Ratkowsky(1990)
24	$h = 1.3 + a_0/(1 + a_1^{-1} d^{-a_2})$	Ratkowsky and Reedy(1986)
25	$h = 1.3 + a_0 + a_1/(d + a_2)$	Tang(1994)
26	$h = 1.3 + a_0 e^{(-a_1 d^{-a_2})}$	Stage(1963)；Zeide(1989)
27	$h = 1.3 + a_0 \{ e^{-e^{[-a_1(d-a_2)]}} \}$	Seber and Wild(1989)
28	$h = 1.3 + e^{(a_0 + a_1 d a_2)}$	Curtis et al. (1981)；Larsen and Huann(1987)；Wang and Hann(1988)
29	$\log(h - 1.3) = a_0 + a_1 d^{a_2}$	Curtis (1967)

注：h 为树高；d 为胸径；$a_0 \sim a_2$ 为模型参数。

表6-8　标准树高曲线方程一览表

编号	方程形式	文　献
线性模型		
1	$h = a_0 + a_1 (d/D_g) + a_2 H_m$	
2	$\log(h - 1.3) = a_0 + a_1 \log(d/D_g) + a_2 \log(H_m)$	
非线性模型		
3	$h = 1.3 + a_0 (BA)^{a_1} (1 - e^{-a_2 d})$	Sharma and Zhang (2004)
4	$h = 1.3 + \left[a_0 \left(\dfrac{1}{d} - \dfrac{1}{D_0} \right) + \left(\dfrac{1}{H_0 - 1.3} \right)^{\frac{1}{3}} \right]^{-3}$	Mønness(1982)；Sánchez et al. (2003)
5	$h = 1.3 + (H_0 - 1.3) \left(\dfrac{d}{D_0} \right)^{a_0}$	Cañadas et al. (1999)；Sánchez et al. (2003)
6	$h = 1.3 + \dfrac{d}{\dfrac{D_0}{H_0 - 1.3} + a_0 (D_0 - d)}$	Cañadas et al. (1999)；Sánchez et al. (2003)
7	$h = 1.3 + (H_0 - 1.3) \dfrac{1 - e^{a_0 d}}{1 - e^{a_0 D_0}}$	Cañadas et al. (1999)；Sánchez et al. (2003)
8	$h = 1.3 + \left[a_0 \left(\dfrac{1}{d} - \dfrac{1}{D_0} \right) + \left(\dfrac{1}{H_0 - 1.3} \right)^{1/2} \right]^{-2}$	Cañadas et al. (1999)；Sánchez et al. (2003)
9	$h = 1.3 + (H_0 - 1.3) e^{a_0 \left(1 - \frac{D_g}{d} \right) + a_1 \left(\frac{1}{D_g} - \frac{1}{d} \right)}$	Gaffrey(1988)；Sánchez et al. (2003)
10	$h = 1.3 + (H_m - 1.3) e^{a_0 \left(1 - \frac{d}{D_g} \right) + a_1 \left(\frac{d}{D_g} - \frac{1}{d} \right)}$	Sloboda et al. (1993)；Sánchez et al. (2003)
11	$h = H_0 (1 + a_0 e^{a_1 H_0}) (1 - e^{\frac{-a_2 d}{H_0}})$	Harrison et al. (1986)
12	$h = a_0 H_0 (1 - e^{\frac{-a_1 d}{D_g}})^{a_2}$	Pienaar(1991)；Sánchez et al. (2003)

（续）

编号	方程形式	文　献
13	$h = 1.3 + a_0 H_0{}^{a_1} d^{a_2 H_0{}^{a_3}}$	Hui and Gadow(1999)
14	$h = 1.3 + (a_0 + a_1 H_0 - a_2 D_g) e^{-a_3/d}$	Mirkovich(1958)；Sánchez et al.(2003)
15	$h = 1.3 + (a_0 + a_1 H_0 - a_2 D_g) e^{-a_3/\sqrt{d}}$	Schröder andÁlvarez(2001)；Sánchez et al.(2003)
16	$h = 1.3 + (a_0 + a_1 H_0 - a_2 D_g + a_3 BA) e^{-a_4/\sqrt{d}}$	Schröder andÁlvarez(2001)；Sánchez et al.(2003)
17	$h = H_m \left[a_0 + a_1 H_m + a_2 \dfrac{H_m}{D_g} + a_3 d + a_4 \dfrac{N}{\dfrac{D_g(H_m D_g)}{d}} \right]$	Cox(1994)；Sánchez et al.(2003)
18	$h = a_0 + a_1 H_m + a_2 D_g{}^{0.95} + a_2 e^{-0.08d} + a_3 e^{-0.08d} + a_4 H_m{}^3 e^{-0.08d} + a_5 D_g{}^3 e^{-0.08d}$	Cox(1994)；Sánchez et al.(2003)

注：h 为树高；d 为胸径；D_g 为断面积平均直径；H_0 为林分优势高；H_m 为林分平均高；N 为每公顷株数；BA 为林分断面积；$a_0 \sim a_5$ 为模型参数。

　　传统模型主要是以普通树高曲线方程为基础方程，根据基础方程中各参数与树木及林分因子的关系，将树木及林分因子添加到基础方程中，构建适用范围更广的标准树高曲线方程，该模型方法简单，在林业中的应用历史较长，有较好的应用基础和生物学意义。国内已经有许多关于杉木、马尾松、思茅松、杨树、冷杉、云杉和红松等标准树高曲线的研究报道。

　　混合效应模型由固定效应和随机效应两部分组成，既可以反映总体的平均变化趋势，又可以提供数据方差、协方差等信息来反映个体间的差异，此外其在处理不规则及不平衡数据以及在分析数据的相关性等方面具有其他模型无法比拟的优势，在分析重复测量和纵向数据及满足假设条件时更具灵活性。近年来，混合效应模型计算软件得到快速发展，并正在成为生长和收获模拟的重要工具。目前，国外开展了大量的标准树高曲线的非线性混合模型研究，国内关于混合模型的研究也逐渐兴起，但在标准树高曲线方面的研究尚比较少。李春明等（2009）以 39 块栓皮栎样地数据为例，利用基础模型及模拟数据构建了非线性混合效应模型，分别考虑了区域效应和样地效应，模拟结果表明混合模型的拟合精度高于固定模型。

6.4.4.5　单木模型的模拟实例

（1）与距离无关的单木生长模型

　　由于模型是为了在一定范围的生态系统中应用，变量的选择被限制在立地、林分和树木的特征上，这可以从应用在这个范围中的一般的林分调查中获得。尤其是树木的特征，如树种、胸径和树高可以与一般的林分密度措施和立地特征（坡度、坡位和植被类型）一起获得。

　　直径生长量的预估在建立单木生长模型过程中是最关键和重要的，因为直径生长量往往作为其他预估方程的参数。因此，对直径生长量的估计是十分必要的。在实际建立模型过程中，并不直接预估直径的生长量，而是预估直径平方定期生长量（DGI）。现以平方直径的对数作为模型的因变量，选择树木大小、竞争和立地变量 3 个主要因子为自变量构建函数式。

$$\ln DGI = f(SIZE, COMP, SITE) = a + b \times SIZE + c \times COMP + d \times SITE \quad (6-94)$$

式中 a——截距；

b——林木大小变量的向量系数；

c——竞争因子的向量系数；

d——立地因子的向量系数。

①林木大小因子：通常来讲，直径大小与生长量大小成正比，直径越大，生长量越大。所以，对于林木大小的影响，本研究采用林木的胸径(D)的函数形式：

$$b \times SIZE = b_1 \ln(D) + b_2 D^2 + b_3 \overline{d} \quad (6-95)$$

②竞争因子：树木的生长不仅受林木大小的影响，更重要的是竞争对它的影响。树木在生长过程中，都要受到周围相邻木、竞争环境等影响，而竞争因子的种类又特别繁多。因此，在对竞争影响因子的选择上，我们既要考虑它在理论方面的合理性，又要考虑它在实践上的可行性。所以，选用的竞争指标有：林分每公顷断面积(G)；林分密度指数(SDI)；对象木直径与林分平均直径之比(RD)；林分郁闭度(P)来表达竞争对单木生长的影响；林分中大于对象木的所有林木断面积之和(BAL)。具体函数表达式如下：

$$c \times COMP = c_1 \times G + c_2 \times SDI + c_3 \times RD + c_4 \times P + c_5 \times TPH + c_6 \times BAL$$

$$(6-96)$$

③立地因子：立地条件对描述树木的生长也是十分重要的因子，虽然它包括的因子对树木的生长没有直接的影响，但是它间接地影响了树木所处环境的温度、光照强度、湿度等特征。所以，立地条件方面的调查能够更加全面、充分的表达树木的生长。它通常包括：坡度、坡向、经度、纬度、海拔等，本文选用的与立地条件有关的影响因子有坡度、坡向、海拔。具体函数表达式为：

$$d \times SITE = d_1 \times SCI + d_2 \times SL + d_3 \times SL^2 + d_4 \times SLS + d_5 \times SLC + d_6 \times ELV$$

$$(6-97)$$

其中，坡向以正东为零度起始，按逆时针方向计算，所以阴坡的 SLS 为正值，SLC 为负值；阳坡正好相反，SLS 值为负值，SLC 值为正值。

上述单木生长模型的一般方程及其变量说明详见表6-9。

表6-9 单木生长模型中估测 $\ln(DGI)$ 的一般方程

方程形式	变量解释
$\ln DGI = b_0 + b_1 \ln D + b_2 D^2 + b_3 \overline{D}$	树木变量： D——所测树木的直径； $\overline{D}$——林分算术平均胸径
$c_1 \times G + c_2 \times SDI + c_3 \times RD + c_4 \times P +$ $c_5 \times TPH + c_6 \times BAL$	竞争指标： G——林分每公顷断面积； SDI——林分密度指数； RD——对象木与林分平均直径之比； P——郁闭度； TPH——每公顷株数； BAL——林分中大于对象木的所有林木断面积之和

（续）

方程形式	变量解释
$d_1 \times SI + d_2 \times SL + d_3 \times SL^2 + d_4 \times SLS +$ $d_5 \times SLC + d_6 \times ELV$	立地变量： SI——地位指数； SL——坡度正切值； SLS——$SL\sin SLP$； SLC——$SL\cos SLP$； ELV——海拔

李凤日（2014）利用黑龙江省 1990—2010 年固定样地数据，通过分析人工落叶松的单木直径生长量与林木自身大小、竞争指标和立地条件关系，找出影响林木生长量的主要因子或指标，并采用逐步回归的方法建立了形式简洁、预估良好、便于应用的单木生长模型。人工落叶松平方直径生长量预估模型为：

$$\ln DGI = 2.687\ 8 + 0.740\ 8\ln D - 0.000\ 191D^2 +$$
$$0.016\ 15SI - 0.185\ 49BAL/\ln D - 0.000\ 307SDI \tag{6-98}$$

（2）单木存活模型

基于以上原理与研究方法，以黑龙江省 1990—2010 年落叶松人工林固定样地数据为研究对象，使用 SAS 9.3 软件的 PROC Logistic 模块，利用逐步回归的方法对其建立存活概率模型。以林木是否存活的二项分类数据为因变量，胸径 D，D^2，RD，G 和 BAL 等为自变量建立回归，并通过逐步回归以及 Wald 检验来判断每个变量以及所有变量加入模型后是否有意义。通过 AIC 和 SC 来对 Logit，Gompit 和 Probit 三个概率模型进行优选，以及 ROC 曲线（AUC）来评价模型的拟合优度，最终选择 Logit 形式生存模型，其拟合结果：

$$P(Y_i) = \frac{1}{1 + e^{-(1.510\ 9 + 0.876\ 4D - 0.001\ 98D^2 - 0.242\ 4BAL/\ln D)}} \tag{6-99}$$

（3）树高曲线

以黑龙江省落叶松人工林样地数据为研究对象，采用以下 5 个方程为备选方程，构造了其树高曲线。

模型 1：

$$H = 1.3 + a_1(1 - e^{-a_2D})^{a_3} \tag{6-100}$$

模型 2：

$$H = 1.3 + \frac{a_1}{1 + a_2 e^{-a_3D}} \tag{6-101}$$

模型 3：

$$H = 1.3 + a_1 e^{\frac{a_2}{D + a_3}} \tag{6-102}$$

模型 4：

$$H = 1.3 + a_1 e^{\frac{-a_2}{D}} \tag{6-103}$$

最终选择模型 3 为其最优模型，其拟合结果如下：

$$H = 1.3 + 34.016\,9\,e^{\frac{-10.260\,0}{D-1.752\,3}} \tag{6-104}$$

思　考　题

1. 评定立地质量有哪些方法？各种方法的主要依据是什么？
2. 推导证明 SDI、RS 和 3/2 乘则 3 种林分密度之间的关系。
3. 树木生长方程的生物学特性是什么？树木生长理论方程与经验方程之间有何区别？
4. 试讨论 Richards 方程的性质和适应性。
5. 试述全林分模型、径阶模型和单木模型的特点。
6. 试采用最大似然法和矩解法推导 3 参数 Weibull 分布的参数估计方法。
7. 举例说明与距离无关单木生长模型的建模方法。

参考文献

陈绍玲. 2008. 马尾松人工林多形地位指数曲线模型的建模方法[J]. 中南林业科技大学学报（自然科学版），28(2)：125 – 128.

段爱国，张建国. 2004. 杉木人工林优势高生长模拟及多形地位指数方程[J]. 林业科学，40(06)：13 – 19.

关玉秀，张守功. 1992. 竞争指标的分类及评价[J]. 北京林业大学学报，14(4)：1 – 8.

李春明，张会儒. 2010. 利用非线性混合模型模拟杉木林优势木平均高[J]. 林业科学，46(03)：89 – 95.

李春明. 2009. 利用非线性混合模型进行杉木林分断面积生长模拟研究[J]. 北京林业大学学报，31(1)：44 – 49.

李凤日. 1995. 落叶松（*Larix olgensis* Henry.）人工林林分动态模拟系统的研究[D]. 北京：北京林业大学博士学位论文.

李凤日. 1993. 广义 Schumacher 生长方程的推导及应用[J]. 北京林业大学学报，15(3)：148 – 153.

李永慈，唐守正. 2004. 用 Mixed 和 Nlmixed 过程建立混合生长模型[J]. 林业科学研究，17(03)：279 – 283.

李际平，房晓娜，封尧，等. 2015. 基于加权 Voronoi 图的林木竞争指数[J]. 北京林业大学学报，37(3)：61 – 68.

马丰丰，贾黎明. 2008. 林分生长和收获模型研究进展[J]. 世界林业研究，21(03)：21 – 27.

孟宪宇. 1985. 使用 Weibull 分布对人工油松林直径分布的研究[J]. 北京林业大学学报，1：30 – 40.

孟宪宇. 2006. 测树学[M]. 3 版. 北京：中国林业出版社.

倪成才，于福平，张玉学，等. 2010. 差分生长模型的应用分析与研究进展[J]. 北京林业大学学报，32(4)：284 – 292.

汤孟平，陈永刚，施拥军，等. 2007. 基于 Voronoi 图的群落优势树种种内种间竞争分析[J]. 生态学报，27(11)：4707 – 4716.

赵丹丹，李凤日，董利虎. 2015. 落叶松人工林直径分布动态预估模型[J]. 东北林业大学学报，43(5)：42 – 48.

赵磊，倪成才，Gordon Nigh. 2012. 加拿大哥伦比亚省美国黄松广义代数差分型地位指数模型[J]. 林业科学，48(3)：74 – 81.

唐守正. 1991. 广西大青山马尾松全林整体生长模型及其应用[J]. 林业科学研究, 4(增): 8 – 13.

唐守正. 1993. 同龄纯林自然稀疏规律的研究[J]. 林业科学, 29(3): 234 – 241.

尹泰龙. 1978. 林分密度控制图[M]. 北京: 中国林业出版社.

Arabatzis A A, Burkhart H E. 1992. An evaluation of sampling methods and model forms for estimating height-diameter relationships in loblolly pine plantations[J]. Forest Science, 38(1): 192 – 198.

Arney J D. 1974. An individual tree model for stand simulation in Douglas-fir[A]. In: Fries J (ed) Growth models for tree and stand simulation[C]. Stockholm: Royal College of Forestry, pp 38 – 46.

Avery T E, Burkhart H E. 1983. Forest measurements (3rd Edition)[M]. New York: McGRAW-HILL, INC.

Assmann E. 1970. The principles of forest yield study[M]. Oxford: Pergamon Press.

Avery T E, Burkhart H E. 2002. Forest Measurement[M]. 5th edition. New York: McGRAW-HILL, INC.

Yang R C, Kozak A, Smith J H G. 1978. The potential of Weibull-type functions as flexible growth curves: Discussion[J]. Canadian Journal of Forest Research, 10(4): 424 – 431.

Bailey R L, Clutter J L. 1974. Base-age invariant polymorphic site curves[J]. Forest Science, 20(2): 155 – 159.

Bickford C A, Baker F, Wilson F G. 1957. Stocking, normality, and measurement of stand density[J]. Journal of Forestry, 55(2): 99 – 104.

Bates D M, Watts D G. 1980. Relative curvature measures of nonlinearity[J]. Journal of the Royal Statistical Society, Series B, 42(1): 1 – 25.

Burkhart H E, Strub M R. 1974. A model for simulation of planted loblolly pine stands[A]. In J. Fries (ed.). Growth models for tree and stand simulation[C]. Stockholm: Royal College of Forestry.

Burkhart H E, Tomé M. 2012. Modeling forest trees and stands[M]. Berling: Springer.

Buford M A. 1986. Height-diameter relationships at age 15 in loblolly pine seed sources[J]. Forest Science, 32(3): 812 – 818.

Calegario N, Daniels R F, Maestri R, et al. 2005. Modeling dominant height growth based on nonlinear mixed-effects model: a clonal Eucalyptus plantation case study[J]. Forest Ecology & Management, 204(1): 11 – 21.

Cieszewski C J, Bailey R L. 2000. Generalized algebraic difference approach: theory based derivation of dynamic site equations with polymorphism and variable asymptotes[J]. Forest Science, 46(46): 116 – 126.

Curtis R O. 1966. Height-diameter and height-diameter-age equations for second-growth Douglas-fir[J]. Forest Science, 13(4): 365 – 375.

Curtis R O. 1971. A tree area power function and related stand density measures for Douglas-fir[J]. Forest Science, 17(2): 146 – 159.

Curtis R O. 1982. A simple index of stand density for Douglas-fir[J]. Forest Science, 28(1): 92 – 94.

Curtis R O, Clendenen G W, DeMars D J. 1981. A new stand simulator for coastal Douglas-fir: DFSIM user's guide[R]. Portland: Pacific Northwest Forest and Range Experiment Station, USDA Forest Service.

Clutter J L. 1963. Compatible growth and yield models for loblolly pine[J]. Forest Science, 9(3): 354 – 371.

Clutter J L, Fortson J C, Pienaar L V, et al. 1983. Timber management: A quantitative approach[M]. New York: John Wiley & Sons.

Drew T J, Flewelling J W. 1977. Some recent Japanese theories of yield-density relationships and their application to Monterey pine plantations[J]. Forest Science, 23(4): 517-534.

Fang Z, Bailey R L, Shiver B D. 2001. A multivariate simultaneous prediction system for stand growth and yield with fixed and random effects[J]. Forest Science, 47(4): 550-562.

Farr W A, DeMars D J, Dealy J E. 1989. Height and crown width related to diameter for open-grown western hemlock and Sitka spruce[J]. Canadian Journal of Forest Research, 19(9): 1203-1207.

Gaffrey D. 1988. Forstamts-und bestandesindividuelles sortimentierungsprogramm als mittel zurplanung, aushaltung und simulation[M]. Göttingen: Universität Göttingen.

Gingrich S F. 1967. Measuring and evaluating stocking and stand density in upland hardwood forests in the central states[J]. Forest Science, 13(1): 38-53.

Hall D B, Bailey R L. 2001. Modeling and prediction of forest growth variables based on multilevel nonlinear mixed models[J]. Forest Science, 47(3): 311-321.

Harrison W C, Burk T E, Beck D E. 1986. Individual tree basal area increment and total height equations for Appalachian mixed hardwoods after thinning[J]. Southern Journal of Applied Forestry, 10(2): 99-104.

Hegyi F. 1974. A simulation model for managing jack-pine stands[A]. In: Fries J (ed) Growth models for tree and stand simulation[C]. Stockholm: Royal College of Forestry.

Henricksen H A. 1950. Height/diameter curves with logarithmic diameter: Brief report on a more reliable method of height determination from height curves, introduced by the State Forest Research Branch[J]. Dansk Skovforenigens Tidsskrift, 35(4): 193-202.

Huang S, Titus S J. 2011. An index of site productivity for uneven-aged or mixed-species stands[J]. Canadian Journal of Forest Research, 23(3): 558-562.

Kimberley M O, Ledgard N J. 1998. Site index curves for Pinus nigra grown in the South Island high country, New Zealand[J]. New Zealand Journal of Forestry Science, 28(3): 389-399.

Krajicek J E, Brinkman K A, Gingrich S F. 1961. Crown competition-a measure of density[J]. Forest Science, 7(1): 35-42.

Lappi J, Bailey R L, Lappi J, et al. 1988. A height prediction model with random stand and tree parameters: An alternative to traditional site index methods[J]. Forest Science, 34(4): 907-927.

Larson B C. 1986. Development and growth of even-aged stands of Douglas-fir and grand fir[J]. Canadian Journal of Forest Research, 16(2): 367-372.

Larsen D R, Hann D W. 1987. Height-diameter equations for seventeen tree species in southwest Oregon [M]. Corvallis: Oregon State University, Forest Research Laboratory.

Long J N, Daniel T W. 1990. Assessment of growing stock in uneven-aged stands[J]. Western Journal of Applied Forestry, 5(3): 93-96.

McDill M E, Amateis R L. 1992. Measuring forest site quality using the parameters of a dimensionally compatible height growth function[J]. Forest Science, 38(2): 409-429.

McLintock T F, Bickford C A. 1957. A proposed site index for red spruce in the Northeast[M]. Delaware: Northeastern Forest Experiment Station, USDA Forest Service.

MacKinney A L, Chaiken L E. 1939. Recent volume tables for second growth loblolly pine in the Middle Atlantic Coastal Region[R]. Asheville: Appalachian Forest Experiment Station.

Meyer H A. 1940. A mathematical expression for height curves[J]. Journal of Forestry, 38(5): 415-420.

Mirkovich J L. 1958. Normale visinskekrive za chrastkitnakibukvu v NR Srbiji. Zagreb[M]. Glasnik sumarskog fakulteta, 13.

Moffat A J, Matthews R W, Hall J E. 1991. The effects of sewage sludge on growth and soil chemistry in pole-stage Corsican pine at Ringwood Forest, Dorset, UK[J]. Canadian Journal of Forest Research, 21(6): 902 – 909.

Mønness E N. 1982. Diameter distributions and height curves in evenaged stands of Pinus sylvestris L [J]. Norsk Institutt for Skogforskning, 36(15): 1 – 43.

Opie J E. 1968. Predictability of individual tree growth using various definitions of competing basal area [J]. Forest Science, 14(3): 314 – 323.

Palahí M, Tomé M, Pukkala T, et al. 2004. Site index model for Pinus sylvestris in north-east Spain[J]. Forest Ecology & Management, 187(1): 35 – 47.

Pearl R, Reed L J. 1920. On the rate of growth of the population of United States since 1790 and its mathematical representation[J]. Proceedings of The National Academy of Sciences, 6(6): 275 – 288.

Pienaar L V. 1991. PMRC yield prediction system for slash pine plantations in the Atlantic Coast flatwoods [R]. Athens: University of Georgia: PMRC Technical Report.

Prodan M, Holzmesslehre J D. 1965. Sauerlander's verlag[M]. Frankfurt AM Main, Germany. 644 p.

Prodan M. 1968. Forest biometrics[M]. English ed. Oxford: Pergamon Press.

Ratkowsky D A. 1990. Handbook of nonlinear regression models[M]. New York: Marcel Dekker.

Ratkowsky D A. Reedy T J. 1986. Choosing near-linear parameters in the four-parameter logistic model for radioligand and related assays[J]. Biometrics 42(3): 575 – 582.

Reineke L. 1933. Perfecting a stand-density index for even-aged forests[J]. Journal of agricultural research, 46(1): 627 – 638.

Richards F J. 1959. A flexible growth function for empirical use[J]. Journal of Experimental Botany, 10 (2): 290 – 300.

Schumacher F X. 1939. A new growth curve and its application to timber yield studies[J]. Journal of Forest Research, 37: 819 – 820.

Sullivan A D, Clutter J L. 1972. A simultaneous growth and yield model for loblolly pine[J]. Forest Science, 18(1): 76 – 86.

Thorey L G. 1932. A mathematical method for the construction of diameter heightcurves based on site[J]. Forestry Chronicle, 8(2): 121 – 132.

Gregoire T G, Schabenberger O. 1996. A non-linear mixed-effects model to predict cumulative bole volume of standing trees[J]. Journal of Applied Statistics, 23(2 – 3): 257 – 272.

Vancaly J K. 1994. Modelling forest growth and yield: Application to mixed tropical forests[M]. Wallingford: CAB International.

Vancaly J K. 1995. Growth models for tropical forests: A synthesis of models and methods[J]. Forest Science, 41(1): 7 – 42.

Vancaly J K, Skovsgaard J P. 1997. Evaluation forest growth models[J]. Ecological Modelling, 98(1): 1 – 12.

LaarV A, Akça A. 2007. Forest mensuration (Managing forest ecosystems)[M]. Dordrecht: Springer.

Gadow K V, Hui G Y. 1999. Modelling forest development[M]. Dordrecht: Springer.

Watts S B. 1983. Forestry handbook for British Columbia[M]. 4th edition. Cloverdale: Friesen & Sons.

Weiskittel A R, Hann D W, Kershaw J A, et al. 2011. Forest growth and yield modeling[J]. Encyclopedia of Environmetrics, 7(2): 223 – 233.

West P W. 1983. Comparison of stand density measures in even-aged regrowth eucalypt forest of southern Tasmania[J]. Canadian Journal of Forest Research, 13(1): 22 – 31.

Wilson F G. 1946. Numerical expression of stocking in terms of height[J]. Journal of Forestry, 44(10):

758 – 761.

Winsor C P. 1932. The Gompertz curve as a growth curve[J]. Proceedings of the National Academy of Sciences of the United States of America, 18(1): 1 – 8.

Wykoff W R, Crookston N L, Stage A R. 1982. User's guide to the stand prognosis model[R]. Ogden: Intermountain Forest and Range Experiment Station, USDA Forest Service.

Sáncheza C A L, Varela J G, Doradoa F C, et al. 2003. A height-diameter model for Pinus radiata D. Don in Galicia (Northwest Spain)[J]. Annals of Forest Science, 60(3): 237 – 245.

Seber G A F, Wild C J. 1989. Nonlinear regression[M]. New York: John Wiley & Sons.

Schreuder H T, Hafley W L, Bennett F A. 1979. Yield prediction for unthinned natural slash pine stands [J]. Forest Science, 25(1): 25 – 30.

Schröder J, ÁlvarezGonzález J G. 2001. Comparing the performance of generalized diameter-height equations for Maritime pine in Northwestern Spain[J]. Forstwissenschaftliches Centralblatt, 120(1 – 6): 18 – 23.

Sharma M, Zhang S Y. 2004. Height-diameter models using stand characteristics for Pinus banksiana and Picea mariana[J]. Scandinavian Journal of Forest Research, 19(5): 442 – 451.

Shaw J D. 2000. Application of stand density index to irregularly structured stands[J]. Western Journal of Applied Forestry, 15(1): 40 – 42.

Sibbesen E. 1981. Some new equations to describe phosphate sorption by soils[J]. European Journal of Soil Science, 32(1): 67 – 74.

Sloboda V B, Gaffrey D, Matsumura N. 1993. Regionale und lokale Systeme von Höhenkurven für gleichaltrigeWaldbestände[J]. Allgemeine Forst Und Jagdzeitung, 164(12): 225 – 228.

Spurr S H. 1962. A measure of point density[J]. Forest Science, 8(1): 85 – 96.

Stoffels A, Soest J V. 1953. The main problems in sample plots[J]. Ned Bosbouwtijdschr, 25: 190 – 199.

Stage A R. 1963. A mathematical approach to polymorphic site index curves for grand fir[J]. Forest Science, 9(2): 167 – 180.

Stage A R. 1968. A tree-by-tree measure of site utilization for grand fir related to standdensity index[R]. Ogden: Intermountain Forest and Range Experiment Station, USDA Forest Service.

Stage A R. 1975. Prediction of height increment for models of forest growth[R]. Ogden: Intermountain Forest and Range Experiment Station, USDA Forest Service.

Stout B B, Shumway D L. Site quality estimation using height and diameter[J]. Forest Science, 1982, 28(3): 639 – 645.

Li X F, Tang S Z. 1994. Self-adjusted height-diameter curves and one entry volume model[J]. Forest Research(5): 512 – 518.

Tomé M, Burkhart H E. 1989. Distance-dependent competition measures for predicting growth of individual trees[J]. Forest Science, 35(3): 816 – 831.

Yang R C, Kozak A, Smith J H G. 1978. The potential of Weibull-type functions as flexible growth curves [J]. Canadian Journal of Forest Research, 8(4): 424 – 431.

Yoda K, Kira T, Ogawa H, et al. 1963. Self-thinning in overcrowded pure stands under cultivated and natural conditions (Intra-specific competition among higher plants. XI.)[J]. Journal of Biology, Osaka City University, 14: 107 – 129.

Zeide B. 1987. Analysis of the-3/2 power rule of plant self-thinning[J]. Forest Science, 57(1): 517 – 537.

Zeide B. 1989. Accuracy of equations describing diameter growth [J]. Canadian Journal of Forest Research, 19(19): 1283 – 1286.

Zeide B. 1991. Self-thinning and stand density[J]. Forest Science, 37(2): 517 – 523.

Zeide B. 1993. Analysis of growth equations[J]. Forest Science, 39(3): 594 – 616.

Zhang L, Bi H, Gove J H, *et al.* 2005. A comparison of alternative methods for estimating the self-thinning boundary line[J]. Canadian Journal of Forest Research, 35(6): 1507 – 1514.

第**7**章

森林生物量和碳储量估算

森林生物量作为森林生态系统的最基本的特征数据，是研究森林生态系统结构和功能的基础(Lieth and Whittaker, 1975; West, 2009)，生物量的调查测定及其估算一直是林业及生态学领域研究的重点。从 1876 年 Ebermayer 对树叶落叶量及木材重量测定，到 20 世纪 20 年代 Jensen, Burger 和 Harper 等进行的类似测定，直至 20 世纪 50 年代，日本、苏联、英国及美国等国科学家对各自国家的生物量进行的测定调查及资料收集工作。进入 20 世纪 60 年代中期以后，在 IBP(国际生物学计划) 和 MAB(人与生物圈) 推动下，生物量研究得以迅速发展；到 20 世纪 80 年代后期，全球碳循环成为研究热点，从侧面推动了森林生态系统生物量的研究。

20 世纪 90 年代后，特别是 1992 年，全球 166 个国家签署了《联合国气候变化框架公约》(UNFCCC)；1997 年 12 月各国又在日本京都签订了《京都议定书》(Kyoto Protocol)，规定了各国为减少温室气体排放而应履行的责任和义务，并在其第十二条确立了清洁发展机制(CDM)；2003 年 12 月，UNFCCC 第九次缔约方大会正式通过了"CDM 造林再造林项目活动的简化方式和程序"。随着《京都议定书》的生效，CDM 造林再造林项目受到各国的重视和广泛关注，如何准确估算森林生态系统的生物量和碳储量，并监测森林生态系统生物量和碳储量的动态变化，对于 CDM 造林再造林项目的碳汇计量具有重要意义，从而进一步推动了从单木、林分、区域乃至国家尺度上对森林生态系统生物量和碳储量的研究。

7.1　森林生物量和碳储量

7.1.1　森林生物量和碳储量的概念

生物量是指任一时间区间某一特定区域内生态系统中绿色植物净第一性生产量的累积量，即某一时刻的生物量也就是此时刻以前生态系统所累积下来的活有机质量的总和。生物量通常用单位面积内生物体干重(如 kg/hm^2、g/m^2)或能量(kJ/m^2)来表示。森林生物量可以分为地上部分和地下部分，地上部分包含乔木的树干、树枝、树叶、花果，以及灌木、草本等植被的重量，地下部分则指植物根系重量。在很多生物量调查中，我们调查获得的生物量往往是一定区域内的生物量现存量，即为某一特定时刻，森林生态系统单位面积上所积存的有机质的重量。严格来讲，现存量并不等于生物量，由于现存量往往不包含植物体枯损脱落或被植食性动物吃掉的量，因此，实际研究中生物量的精确测定非常复杂困难，通常用现存量来估算生物量。

碳储量则是指某一时间区间某一特定区域内生态系统中绿色植物生物量累积部分与平均含碳率的乘积。对于林分水平或区域水平而言，常用单位面积内生物碳储量（如 t C/ hm^2）表示；而对于林木器官而言，也可用碳密度或含碳率来表示，即单位重量某类生物体或器官组件内的碳含量。碳库主要有生物碳库、大气碳库、土壤碳库和岩石碳库等。对于森林生态系统而言，生物碳库和土壤碳库是最为关注的两类碳库。

7.1.2 森林生物量和碳储量的组成与结构

7.1.2.1 森林不同组分的生物量和碳储量

森林构成的主要生物组分包含乔木、灌木、草本植物、苔藓植物、藤本植物以及凋落物等。按照层次可以划分为乔木层、灌木层（下木层）、草本层、凋落物层和地被物层，以及层间植物。乔木层的生物量是森林生物量的主体，一般大约占森林总生物量的90%以上，人工林乔木生物量更是占99%左右，灌木层和草本层所占比例很小（表7-1）。

表7-1 地球上主要森林生态系统净初级生产力和植物生产量

生态系统类型	面积（10^{9}km^2）	净初级生产力[g/(m^2·a)]		全球的净初级生产总量（10^{9}t/a）	生物量（kg/m^2）		全球生物量（10^{9}t）
		范围	平均		范围	平均	
热带雨林	17.0	1 000~3 500	2 000	37.40	6~80	45.0	765.0
热带季雨林	7.5	1 000~2 500	1 600	12.00	6~60	35.0	262.5
温带常绿林	5.0		1 300	6.50	6~200	35.0	175.0
温带落叶林	7.0	600~2 500	1 200	8.40	6~60	30.0	210.0
北方落叶林	12.0	400~2 000	800	9.60	6~40	20.0	240.0

资料来源：Krebs，1978。

林下植物所占生物量占林分总生物量的比例较小，据日本佐藤大七郎对39年生人工落叶松林的生物量分配研究发现，林下植物生物量只占到林分总生物量的3.9%，但是叶生物量却占林分总生物量的17.8%，叶面积指数竟占到36.5%（表7-2）。由于叶作为有机物质生产的主要器官，因此，不能忽视林下植物的生物量。林下植物生物量变异较大，往往会受到上层立木因素较大的影响，林下植物生物量一般会随上层林木叶面积指数的增加而减小；且不同树种之间，即使叶量相同，林下植物的生物量仍有相当大的变化。

表7-2 39年生人工落叶松林的生物量

部位	单位	层 次				合计
		落叶松上层木	阔叶树下层木	灌木层	活地被物层	
地上部	t/hm^2	164.44	3.20	0.83	0.96	169.43
	%	79.40	1.54	0.40	0.46	81.70

（续）

部位	单位	层　　次				合计
		落叶松上层木	阔叶树下层木	灌木层	活地被物层	
叶	t/hm²	3.59	0.31	0.11	0.36	4.37
	%	1.73	0.15	0.05	0.70	2.09
木质部	t/hm²	160.85	2.89	0.72	0.60	165.06
	%	71.57	1.39	0.35	0.29	79.60
地下部	t/hm²	34.84	0.84	0.87	1.39	37.94
	%	16.80	0.41	0.42	0.67	18.29
合计	t/hm²	199.28	4.04	1.70	2.35	207.37
	%	96.10	1.95	0.82	1.13	100.00
叶面积指数	%	4.24	0.85	0.37	1.22	6.68
		63.47	12.72	5.54	18.26	100.00

资料来源：佐藤大七郎，1977。

7.1.2.2　森林植物不同器官的生物量和碳储量

森林树木或植物的净生产量分别用来生长根、茎、叶、花、果，植物体各部分占总生物量的比例是很不相同的，甚至各类器官的含碳率都是有差异的。

（1）生物量

罗云建等（2013）收集了国内主要森林生态系统的生物量数据（表7-3）。从乔木层生物量在各器官的分布看，乔木层地上部分生物量平均占总生物量的81.2%，一般来说，地下生物量和地上生物量比值很高，说明植物对于水分和营养物质具有比较强的竞争能力，能够在比较贫瘠恶劣的环境中生长，因为它们把大部分的净生产量都用于根系生长。

乔木层中生物量以树干生物量所占比例最高，中国主要森林生态系统乔木层地上部分生物量中树干生物量平均占58.2%，枝和叶的生物量分别平均占13.9%和9.1%。各部分器官所占比例会依各种条件的不同而异。

表7-3　中国主要森林生态系统类型乔木层生物量各器官分配比例　　　　%

森林类型	样本数（个）	树干		树枝		树叶		地下	
		平均值	标准差	平均值	标准差	平均值	标准差	平均值	标准差
全部数据	1 101	58.2	11.3	13.9	5.8	9.1	6.7	18.8	5.1
云冷杉林	37	54.9	12.4	15.7	5.0	11.1	8.0	18.3	6.0
落叶松林	53	63.5	9.9	12.5	6.1	4.4	3.5	19.7	4.2
油松林	87	53.1	9.1	16.9	5.3	12.0	7.0	18.0	4.3
其他温性针叶林	41	50.4	9.0	20.0	6.1	10.6	5.2	19.1	4.0
杉木林	254	58.0	12.5	10.3	3.9	12.2	7.5	19.5	4.6
柏木林	46	55.2	8.9	13.7	3.7	13.0	6.7	18.0	3.6
马尾松林	87	62.5	12.0	14.3	6.5	8.3	5.8	14.9	3.4
其他暖性针叶林	58	56.5	12.7	14.6	5.9	10.2	7.0	18.8	5.5
典型落叶阔叶林	58	57.7	8.4	15.5	4.4	3.8	2.4	23.0	6.0

（续）

森林类型	样本数（个）	树干		树枝		树叶		地下	
		平均值	标准差	平均值	标准差	平均值	标准差	平均值	标准差
杨桦林	44	59.3	9.0	15.3	4.7	5.5	3.9	19.9	7.7
亚热带落叶阔叶林	25	60.0	10.6	16.1	6.5	5.0	2.8	18.9	5.8
典型常绿阔叶林	51	56.9	10.9	15.5	5.6	5.7	3.8	21.9	6.0
常绿速生林	95	65.9	10.1	10.6	5.9	6.5	4.3	17.0	4.6
其他亚热带常绿阔叶林	28	57.3	7.8	16.4	7.0	5.1	3.9	21.2	5.3
热带林	19	61.9	4.9	16.8	4.2	3.0	2.3	18.3	1.5
温带针阔混交林	48	56.1	10.8	15.7	5.2	9.5	6.2	18.7	3.6
亚热带针阔混交林	70	56.5	10.6	15.4	4.5	10.1	6.6	18.0	3.6

资料来源：罗云建等，2013。

（2）碳储量

　　森林碳储量的分布规律和生物量基本一致。不同的森林类型由于分布区域及大小差异，其总碳储量差异较大，李海奎和雷渊才（2010）分析了我国主要优势树种或树种组乔木林碳储量和碳密度变化情况（表7-4），其分析指出阔叶混交林、栎类林、杉木林、针阔混交林、其他硬阔林、杨树林、落叶松林和白桦林等树种为优势的乔木林在我国的总碳储量较大，其所占全国森林碳储量的比例超过5%。

　　此外，不同森林生态系统类型碳密度会有所不同。高山松、冷杉、铁杉、云杉、池杉等为优势的乔木林具有较高的碳密度，在70t/hm²以上，高山松林的碳密度高达91.79 t/hm²；而棟树林的碳密度仅为6.35t/hm²，与最大的高山松林相比，仅为后者的约1/4。

表7-4　中国不同优势树种或树种组乔木林碳储量和碳密度

树种	总碳储量（10^4t）	碳密度（t/hm²）	树种	总碳储量（10^4t）	碳密度（t/hm²）
冷杉	26 844.35	86.27	栎类	73 141.38	45.43
云杉	32 248.03	74.83	桦木	4 941.45	20.22
铁杉	1 789.81	76.78	白桦	34 268.36	41.63
油杉	602.93	20.94	枫桦	394.86	32.13
落叶松	34 943.38	32.87	水、胡、黄	1 231.63	30.03
红松	1 243.94	39.86	樟木	282.03	25.23
樟子松	3 899.11	55.41	楠木	146.50	50.17
赤松	596.02	33.26	榆树	927.90	16.79
黑松	440.05	25.87	木荷	1 207.85	28.58
油松	6 905.32	28.98	枫香	584.48	24.83
华山松	2 511.43	30.65	其他硬阔类	38 735.39	48.17
马尾松	32 099.81	26.67	椴树	3 685.68	53.47
云南松	12 198.85	26.49	檫木	34.29	19.05
思茅松	3 269.62	54.64	杨树	36 334.95	35.97
高山松	15 670.29	91.79	柳树	800.21	18.29

（续）

树种	总碳储量 (10^4 t)	碳密度 (t/hm²)	树种	总碳储量 (10^4 t)	碳密度 (t/hm²)
国外松	368.28	22.63	泡桐	256.91	25.02
湿地松	2 366.84	19.31	桉树	3 806.18	14.95
火炬松	84.90	14.82	相思树	402.84	22.99
其他松类	255.78	12.56	木麻黄	228.73	30.74
杉木	44 372.80	39.38	楝树	19.88	6.35
柳杉	1 757.17	45.59	其他软阔类	24 436.18	32.80
水杉	301.22	50.20	针叶混	17 816.80	41.66
池杉	80.29	72.33	阔叶混	145 872.47	58.47
柏木	10 518.27	32.43	针阔混	41 290.57	44.45

资料来源：李海奎和雷渊才，2010。

7.1.3 常用的生物量和碳储量估算参数

生物量因子法作为 IPCC(2003，2006)重点推荐的生物量估测方法之一，不仅可广泛应用于区域森林生物量的估测，也可用于项目级森林生物量的计算，主要包括：生物量转换与扩展因子(biomass conversion and expansion factor，BCEF)、生物量扩展因子(biomass expansion factor，BEF)、根茎比(root shoot ratio，R)和含碳率(carbon content rate)等。

7.1.3.1 生物量转换与扩展因子

生物量转换与扩展因子(BCEF)是生物量(t/hm²)与材积(m³/hm²)的比值(Schroeder *et al*.，1997；Brown and Schroeder，1999；IPCC，2006；Fang *et al*.，2001；Lehtonen *et al*.，2004；Pajtik *et al*.，2008)。BCEF体现了生物量和蓄积量之间的关系，可见，利用BCEF可以将林木的蓄积量数据转换为各维量生物量、地上生物量或总生物量数据。

罗云建等(2007)研究中国落叶松林时发现，人工林的BCEF平均值大于天然林，而且天然林与人工林的BCEF随林龄、胸径和林分密度的增加呈现相反的变化趋势(表7-5)。天然林的BCEF随林龄、胸径的增加而增加，随林分密度的增加而呈现降低趋势；人工林随林龄和胸径的增加而降低，但天然林和人工林的BCEF最终会趋于一稳定值。这与吴小山(2008)对杨树人工林的研究以及Lehtonen等(2004)研究欧洲赤松(*Pinus sylvestris*)、欧洲云杉(*Picea abies*)和白桦(*Betula platyphylla*)所得的结果类似，可见BCEF会因为林分起源的不同而显著不同。除此之外，罗云建等(2007)还用几种非线性模型(双曲线、"S"曲线、幂函数、指数函数等)建立了BCEF与林龄、平均胸径、蓄积量等林分因子的变化关系，通过拟合的结果发现，均以 $Y = a + be^{-cX}$ 效果最佳。BCEF除了与基本测树因子、林分因子显著相关以外，与气候、地形、土壤、人为干扰等环境因子也呈现规律变化，有学者利用BCEF推算了不同森林类型和不同国家(或区域)森林的生物量(如中国、印度、瑞典、美国东部、挪威东南部)(Brown *et al*.，1999；Fang *et al*.，2001)，发现BCEF的平均值从寒温带到热带湿润气候带有增加的趋势

表 7-5　中国主要森林生态系统类型生物量转换与扩展因子

森林类型	树干	树枝	树叶	地上	地下	乔木层
全部数据	0.505	0.137	0.096	0.741	0.172	0.888
云冷杉林	0.503	0.143	0.135	0.783	0.175	1.028
落叶松林	0.512	0.119	0.044	0.674	0.186	0.915
油松林	0.442	0.165	0.121	0.733	0.147	0.861
其他温性针叶林	0.572	0.230	0.133	0.941	0.222	1.118
杉木林	0.394	0.086	0.138	0.618	0.152	0.744
柏木林	0.451	0.111	0.111	0.674	0.141	0.799
马尾松林	0.537	0.135	0.070	0.742	0.137	0.892
其他暖性针叶林	0.444	0.133	0.097	0.676	0.155	0.766
典型落叶阔叶林	0.694	0.206	0.041	0.944	0.233	1.095
杨桦林	0.633	0.205	1.093	0.930	0.178	0.879
亚热带落叶阔叶林	0.506	0.171	0.069	0.746	0.210	1.010
典型常绿阔叶林	0.575	0.155	0.061	0.791	0.245	1.067
常绿速生林	0.618	0.102	0.067	0.790	0.175	0.940
其他亚热带常绿阔叶林	0.688	0.209	0.099	0.995	0.235	1.144
温带针阔混交林	0.454	0.143	0.089	0.686	0.160	0.848
亚热带针阔混交林	0.469	0.135	0.095	0.700	0.171	0.907

资料来源：罗云建等，2013。

（IPCC，2006）。此外，罗云建等（2007）通过对中国落叶松的研究发现，人为干扰对 BCEF 具有显著影响。

7.1.3.2　生物量扩展因子

生物量扩展因子（BEF）也是生物量因子法中的一个重要计量参数。生物量扩展因子是指林木各维量生物量（t/hm^2）与树干生物量（t/hm^2）的比值（IPCC，2006；Levy et al.，2004；罗云建等，2007；Wang et al.，2001；Segura，2005），体现了林木各维量生物量的分配情况（表7-6）。目前，有关 BEF 与林分调查指标变化规律的报道仅限于少数国家的森林类型（如中国落叶松林、哥斯达黎加热带湿润林、英国针叶林），这些研究均表明 BEF 与林龄、胸径、树高、树干生物量等测树因子存在显著的相关性（White et al.，1965；Woodwell et al.，1965；Fang et al.，1998）。Milena 等（2005）研究发现 BEF 与树干生物量呈对数变化规律，BEF 的值随着树干生物量的增加呈下降的趋势；李江（2011）以思茅松中幼人工林为研究对象，对 BEF 与林龄、材积、林分密度等林分因子的变化规律进行了分析，并构建了 BEF 回归方程，通过对模型的回归分析发现，BEF 与平均胸径、材积、林龄等存在极显著的负相关，与林分密度存在显著正相关；吴小山（2008）通过对杨树人工林的研究发现，BEF 与林龄、平均胸径、蓄积量和年均净蓄积量有显著的相关性（$P < 0.05$），但与林分密度和林分胸高断面积无显著相关（$P > 0.05$）。另有国外学者研究发现，英国针叶林和哥斯达黎加热带湿润林的 BEF 与树高和树干生物量存在显著的负相关（White et al.，1965；Fang et al.，1998）。除此之外，林分起源与 BEF 也呈现不同的变化规律，罗云建等（2007）通过研究中国落叶松林发现，人工林的 BEF 平均值大于天然林，并且人工林的 BEF 与林龄和胸径存在显著的负相关，天然林与之相反。

BEF 与许多生态因子也存在相关性，罗云建等（2007）通过研究我国落叶松发现，BEF 除了受人为干扰的显著影响外，同时还受土壤类型和海拔的影响，并利用不同非线性模型形式建立了不同海拔条件下 BEF 与林龄、平均胸径和蓄积量之间的变化关系，分析发现以 $Y = a + be^{-cX}$ 效果最佳。José de Jesús 等（2009）研究发现，从寒温带到热带，阔叶林的 BEF 平均值逐渐增加，针叶林则无明显的变化趋势；同一气候带内，阔叶林 BEF 的平均值大于针叶林（IPCC，2003）。

表 7-6 中国主要森林生态系统类型生物量扩展因子

森林类型	地上生物量扩展因子	乔木层生物量扩展因子	森林类型	地上生物量扩展因子	乔木层生物量扩展因子
云冷杉林	1.590	1.972	杨桦林	1.418	1.730
落叶松林	1.303	1.630	亚热带落叶阔叶林	1.414	1.843
油松林	1.635	1.954	典型常绿阔叶林	1.424	1.843
其他温性针叶林	1.644	2.065	常绿速生林	1.278	1.567
杉木林	1.489	1.829	其他亚热带常绿阔叶林	1.415	1.781
柏木林	1.562	1.864	热带林	1.349	1.625
马尾松林	1.363	1.662	温带针阔混交林	1.492	1.856
其他暖性针叶林	1.505	1.869	亚热带针阔混交林	1.527	1.841
典型落叶阔叶林	1.377	1.771			

资料来源：罗云建等，2013。

7.1.3.3 根茎比

根系在支持林木生长、固碳、物质循环以及能量流动等方面发挥着重要作用。国内外研究表明，根系生物量约占林分总生物量的 10%~20%（Comeau et al.，1989）。由此可见，林木生物量中的根系生物量不可忽视。由于根系埋藏于地下，与地上部分生物量相比，根系生物量的测定不仅成本高，而且操作难度大，研究相对较少，因此，根系生物量的估算已成为大尺度森林生物量估算中主要的不确定性来源。综合以往的研究可以发现，林木根系生物量与地上生物量的关系会因为树种、立地条件等因素的不同而存在差异，同时也表现出相关性（表 7-7）。

根茎比（R）通常定义为地下生物量与地上生物量之比（IPCC，2006）。早期的研究假定 R 为固定值（Bray，1963），随着研究的深入，发现 R 会因树种、林龄、胸径、树高、林分密度等因素的不同而存在差异。有研究表明，R 随着林龄、胸径、树高和地上生物量的增加而减小，随着林分密度的增加而增加（Mokany et al.，2006；Wang et al.，2008）。蔡梅生（2009）通过对我国杉木林地上地下生物量分配的研究发现，R 随龄组的增大而呈减小趋势。Laclau（2003）对美国西北部的黄松的根系生物量和碳储量进行研究发现，在热带和温带森林中，随着林龄的增加，R 从幼龄林的 0.30~0.50 下降到过熟林的 0.15~0.30。李江（2011）以思茅松中幼龄人工林为研究对象对 R 与各林分因子的相关性进行了回归分析，并且建立了相关的回归方程，研究发现思茅松中幼龄人

表 7-7　中国主要森林生态系统类型根茎比

森林类型	平均值	森林类型	平均值
全部数据	0.236	典型落叶阔叶林	0.306
云冷杉林	0.230	杨桦林	0.261
落叶松林	0.236	亚热带落叶阔叶林	0.240
油松林	0.223	典型常绿阔叶林	0.289
其他温性针叶林	0.237	常绿速生林	0.208
杉木林	0.247	其他亚热带常绿阔叶林	0.275
柏木林	0.222	热带林	0.224
马尾松林	0.174	温带针阔混交林	0.232
其他暖性针叶林	0.233	亚热带针阔混交林	0.221

资料来源：罗云建等，2013。

工林的 R 与林龄、平均胸径、平均树高等呈显著负相关，与林分密度呈正相关，这与国外的研究结果基本一致，但与罗云建等（2010）所得华北落叶松 R 随林龄和胸径的变化规律相反，产生这种差异的原因可能是生长环境的不同所致。

诸多研究发现，R 除了与树种、胸径、树高等因子有相关性以外，与林分起源、气候等生态因子也存在相关性。罗云建等（2007）对我国落叶松进行了研究，研究发现，天然林的 R 与林龄、胸径、林分密度存在明显的相关性，而人工林则与这些因子没有显著的相关性，这些差异主要与天然林和人工林中林木所处的生长阶段以及生长环境的不同有关，比如光照对幼苗的 R 有明显的影响。光照比较强的情况下，R 比较大；但是在光照较弱的情况下，树冠和根系都没有明显的生长。在中大尺度上，非生物因素（如林分起源、年均降水量、土壤质地）是否会影响 R 值还尚无定论（罗云建等，2007；Wang et al.，2008），如 Mokany 等（2006）认为 R 随着年均降水量的增加而减小，而随土质的不同 R 呈明显变化，Cairns 等（1997）则认为年均降水量和土壤质地并不会对 R 有显著的影响（$P > 0.05$）。不同树种、不同的生长环境条件下的根茎比变化规律还需进一步研究。

7.1.3.4　含碳率

目前，对森林碳储量的估计，无论是在森林群落或森林生态系统尺度上，还是在区域、国家尺度上，普遍采用的方法是通过直接或间接测定森林植被的生产量与生物量现存量再乘以生物量中碳元素的含量推算而得（马钦彦等，2002）。因此，森林群落的生物量及其组成树种的含碳率是研究森林碳储量的两个关键因子，对它们的准确测定或估计是估算区域和全国森林生态系统碳储量的基础。到目前为止，国内对不同区域及不同森林群落类型的生物量与生产力的研究报道已有数百例，但仍然难以满足区域与国家森林生态系统碳贮量精确估算与误差估计的要求，尤其是对我国丰富的森林群落类型来说，就更难满足精确估算的要求。在过去的区域和国家尺度的森林生态系统碳储量的估算中，国内外研究者大多采用 0.5 来作为所有森林类型的平均含碳率，也有采用 0.45 作为平均含碳率的，极少根据不同森林类别采用不同含碳率，如 Birdsey 在估算美国森林生态系统的碳贮量时针叶林按 0.521 的含碳率计算，阔叶林按 0.491

计算，Shvidenko 等在估算俄罗斯北方森林的碳储量时对于木质植物生物量按 0.5 的含碳率计算，其余植被成分则按 0.45 计算。

事实上，不同种类的植物及同一种植物的不同组织器官中碳元素的含量是有差别的。马钦彦等(2002)对华北地区主要森林类型的 8 个乔木建群种及 10 种灌木的含碳率分别进行了测定，其研究得出 8 个乔木树种的器官平均含碳率有所不同；7 个乔木树种为优势的林分平均含碳率也有差异，其中 4 种针叶树林分平均含碳率为 0.507 3，3 种阔叶树种林分平均含碳率 0.488 9；各树种器官平均含碳率的种内变动系数在 1.49%～6.32% 之间，器官含碳率的种间变动系数在 2.15%～7.48% 之间，针叶树种器官的平均含碳率普遍比阔叶树种平均高 1.6%～3.4%，相应的针叶林分的平均含碳率也高于阔叶林。李江等(2009)通过对云南省思茅松集中分布区不同林龄的思茅松人工林含碳率的测定与分析后发现，思茅松人工林林木主干与其他构件的平均含碳率存在显著差异，主干的含碳率最高(48.48%)，且呈现由基部向梢头的下降趋势，其他构件的含碳率依次为树枝(48.13%)、主干皮(47.49%)、松针(47.27%)、球果(47.02%)和树根(46.80%)；在所测定的 4 个径级组中，径级组 1(16～30cm)林木主干的平均含碳率(48.43%)显著高于其他小径级组，小径级组间的含碳率差异不显著；树枝、主干皮、松针、球果和树根的含碳率在不同径级组间的差异不显著。

7.2 森林生物量和碳储量模型

森林生物量的间接估测主要是利用生物量模型、生物量估算参数(生物量转换与扩展因子、生物量扩展因子、根冠比、木材密度等)以及"3S"技术进行估算，其中基于材积转换的生物量模型法和生物量估算参数法(生物量因子法)在大范围森林生物量估算中的应用最为广泛(Somogyi et al.，2007)。模型法或回归估计法是确定森林生物量和碳储量的主要方法，是一种有效并且相对准确的调查方法。本章将从森林生物量和碳储量的直接估算和森林生物量因子的估算模型两个方面进行阐述。

7.2.1 森林生物量和碳储量的估算

1986 年世界林分生长模型和模拟会议上提出林分生长模型和模拟的定义，即林分生长模型是指一个或一组数学函数，它描述林木生长与林分状态和立地条件的关系，模拟是使用生长模型去估计林分在各种特定条件下的发展(Bruce and Wensel，1987)。林木生长与收获研究一直是林业研究的重点和热点。其中，对于林木直径、树高、材积生长的研究比较多，形成了从单木生长模型、径阶分布模型到全林分模型的一整套生长和收获模型体系(孟宪宇，2006)。

森林生物量作为森林生态系统的重要属性，森林生物量模型研究也一直是林木生长及收获模型研究的重点。就单木和林分等中观尺度而言，全世界已经建立的生物量模型超过 2300 个，涉及树种在 100 个以上(Chojnacky，2002)。如 Ter-Mikaelian 和 Korzukhin(1997) 总结了北美地区 65 个树种的生物量模型，给出了基于相对生长的 803 个方程；Jenkins 等 (2003)则总结了美国主要树种(含 100 多个树种)的 300 余个生物量方程，建立了国家尺度上的地上部分生物量模型；Jenkins 等 (2004)还通过对北美地区

177 份研究的总结，报道了基于直径的生物量方程多达 2640 个；Zianis 等（2005）则总结罗列了欧洲地区主要树种的生物量模型方程共计 607 个模型，并做了不同维量模型的统计分析；Muukkonen（2007）建立了欧洲主要树种的通用型生物量回归方程；Case 和 Hall（2008）则基于地区、区域性的和全国通用的相对生长方程比较分析了不同通用性水平下的加拿大中西部地区的 10 个树种生物量的预估误差；Basuki 等（2009）构建了印尼加里曼丹东部低地热带雨林中的龙脑香科 4 个属的生物量方程；Návar（2009）基于相对生长方程构建了墨西哥西北部热带及温带 10 个树种的各器官维量的生物量方程。可见，目前已经构建大量的生物量预估模型。

就具体生物量模型构建而言，其主要包括对模型结构的确定和参数估计方法的选择（曾伟生等，2011）。模型结构通常可以分为线性、加性误差的非线性和乘积误差的非线性三种（Parresol，1999，2001），通常生物量对象不同，模型结构就可能不同（胥辉，1998；曾伟生等，1999；唐守正等，2000；Zianis *et al.*，2005；Repola *et al.*，2007），而其中幂函数形式（相对生长方程）是应用最广的一种（Ter-Mikaelian and Korzukhin，1997；胥辉和张会儒，2002；Zianis，2008；曾伟生等，2011）。此外，为解决林木总生物量和各分量间相容的问题，一些学者采取了模型系统的方式解决其相容性问题，从而确保各分量之和与总量相容的问题（胥辉，1998，1999；张会儒等，1999；唐守正等，2000；António *et al.*，2007；董利虎等，2013）。

对于模型的参数估计方法而言，线性模型可以用标准的最小二乘法进行估计，而非线性的模型可以采用参数估计的迭代程序（曾伟生等，2011）。而对于相容性模型的参数估计，学者们采用了不同的模型方法，如骆期邦等（1999）和张会儒等（1999）分别采用线性联立方程组模型和非线性联合估计模型解决了生物量总量与各分量之间的相容性；唐守正等（2000）和胥辉等（2001）对不同非线性联合估计方案构建了生物量相容性模型，并提出了两级联合估计的方法；Parresol（2001）通过非线性似乎不相关模型手段解决了非线性生物量模型中的可加性问题；Bi *et al.*（2004）则以对数转换为基础，构建了可加性生物量方程系统，并采用了似乎不相关模型联合估计生物量模型中的方差参数和偏差校正因子；曾伟生和唐守正（2010）在构建地上部分生物量模型时，引入度量误差模型方法，考虑比例函数分级联合控制和比例函数总量直接控制两种方案，形成了以地上总生物量为基础的相容性模型系统，还采用混合效应模型手段建立全国和区域相容性立木生物量方程。

林木生物量模型的方程很多，概括起来有 3 种基本类型：线性模型，非线性模型和多项式模型。线性模型和非线性模型根据自变量的多少，又可分为一元或多元模型。非线性模型应用最为广泛，其中相对生长模型最具有代表性，是所有模型中应用最为普遍的一类模型，所以常用来建立林木生物量各维量（总量、干、皮、枝、叶、根）的独立估计模型。而相容性生物量模型是用来解决林木生物量总量与各分量（干、皮、枝、叶、根）之间的相容性的一种模型构建方法，以此为基础可以编制类似于材积表的林木生物量表，用于森林生物量的调查。

生物量模型一般应分区域、树种类型分别建立。合理划分区域和树种类型后，首要问题就是样本的选择，即样木的选择标准和数量。根据数理统计学原理要求，样木的选择要有代表性，即应考虑径阶大小、年龄、立地条件等因素。一般来说，样木的数量应不少于 30 株。

7.2.1.1 相对生长模型

相对生长模型是指用指数或对数关系反映林木维量之间按比例协调增长的模型。作为反映比例变化协调增长的这些指数或对数关系被称为相对生长。

$$Y = aX^b\varepsilon \tag{7-1}$$

该模型的线性化模型也被研究者广泛应用，即将式(7-1)两边取对数得到：

$$\ln Y = \ln a + b\ln X + \ln\varepsilon \tag{7-2}$$

式中 Y——因变量生长因子；

$\quad\quad X$——自变量生长因子；

$\quad\quad a$——相对生长常数；

$\quad\quad b$——相对生长指数；

$\quad\quad \varepsilon$——随机误差。

当 $b>1$ 时，Y 与 X 表示为正的相对生长关系，Y 的生长快于 X 生长；当 $b<1$ 时，则表示为负的相对生长关系，Y 的生长慢于 X 生长；当 $b=1$ 时，为等速生长。

Kittredgt(1944)首次将相对生长模型引入到树木上，并成功地估计了叶的重量。随后许多研究者纷纷应用该模型估计林木其他器官的重量，直到 Ruard 等(1987)对该模型提出了不同见解。他们认为林木各维量之间相对生长率随林木大小的变化有可能不是一个常数，基于 X 和 Y 的生长率与 X 大小呈线性关系提出了模型：

$$Y = aX^b\mathrm{e}^{cX} \tag{7-3}$$

在实践工作中，为了简便和提高估计精度，经常分别分析林木组成的分量与测树因子的关系，建立各分量的回归估计模型，各分量生物量之和即为林木生长量的估计值。建立树干生物量估计模型时，常选用的林木胸径(D)、树高(H)及(D^2H)为自变量。建立树冠生物量估计模型时，常选用林木胸径、树高、冠幅、冠长、冠下径(即树冠基径)等因子为自变量。建立树根生物量估计模型时，常选用林木胸径及根径等因子为自变量。

7.2.1.2 相容性生物量模型

总量和各分项生物量方程被分为不可加性和可加性。不可加性生物量方程实质上是分别拟合了总量和各分项生物量。因此，立木总生物量等于各分项生物量之和这一逻辑关系不成立，而可加性生物量方程同时拟合了总量和各分项生物量，并考虑同一样木总量、各分项生物量之间的内在相关性，使得立木总生物量等于各分项生物量之和。目前，可加性相容生物量模型主要分为分解型可加性相容生物量模型和聚合型可加性相容生物量模型两种形式。

为了实现生物量方程的可加性，有许多方法可以被使用，如简单最小二乘法、最大似然法、非线性度量误差联立方程组、线性及非线性似乎不相关回归等。在这么多方法中，非线性度量误差联立方程组和非线性似乎不相关回归最常用的估计可加性生物量模型参数的方法，其中非线性似乎不相关回归最灵活、最受欢迎(董利虎，2015)。

1) 分解型可加性相容生物量模型构建

(1) 模型设计

在生物量模型研究与应用中，各分量模型(总量、树干、树皮、树根、树枝和树叶)多是独立构建的。这种建模方式构建的生物量模型存在一个严重的问题，即各分量模型估计值之和不等于总量模型估计值，也就是各分量模型与总量模型不相容。如何解决生物量模型相容性问题，一直是生物量估计面临的一个难题。唐守正等(2000)提出了一种相容性单木生物量模型及估计方法，即非线性联合估计法，较好地解决了这一问题。

模型设计思想如下：

设 $W_1 = f_1(x)$，$W_2 = f_2(x)$，$W_3 = f_3(x)$，$W_4 = f_4(x)$，$W_5 = f_5(x)$，$W_6 = f_6(x)$，$W_7 = f_7(x)$，分别为总量、树干、木材、树皮、树冠、枝、叶的独立模型形式。那么，根据分配层次的不同，可以产生3种相容的估计方案：

第一种：1级比例拟合分配

此方案以总量作控制，木材、树皮、枝、叶联合估计，建立非线性联立方程组：

$$\begin{cases} \text{木材：} W_3 = \dfrac{1}{1 + h_1(x) + h_2(x) + h_3(x)} \cdot \hat{W}_1 \\[3mm] \text{树皮：} W_4 = \dfrac{h_1(x)}{1 + h_1(x) + h_2(x) + h_3(x)} \cdot \hat{W}_1 \\[3mm] \text{树枝：} W_6 = \dfrac{h_2(x)}{1 + h_1(x) + h_2(x) + h_3(x)} \cdot \hat{W}_1 \\[3mm] \text{树叶：} W_7 = \dfrac{h_3(x)}{1 + h_1(x) + h_2(x) + h_3(x)} \cdot \hat{W}_1 \end{cases} \tag{7-4}$$

式中　$h_1(x) = \dfrac{f_4(x)}{f_3(x)}$ ；

$\qquad h_2(x) = \dfrac{f_6(x)}{f_3(x)}$ ；

$\qquad h_3(x) = \dfrac{f_7(x)}{f_3(x)}$ ；

$\hat{W}_1$ ——总量独立模型 $f_1(x)$ 的估计值。

对此方程组进行联合估计，就可得到4个维量的相容性生物量模型。

第二种：2级比例拟合分配

此方案先以总量作控制，树干和树冠联合估计；再分别以树干和树冠分配结果作控制，对木材和树皮、枝和叶分别进行联合估计。

第1级非线性联立方程组：

$$\begin{cases} \text{树干：} W_2 = \dfrac{1}{1 + h_1(x)} \cdot \hat{W}_1 \\[3mm] \text{树冠：} W_5 = \dfrac{h_1(x)}{1 + h_1(x)} \cdot \hat{W}_1 \end{cases} \tag{7-5}$$

式中　$h_1(x) = \dfrac{f_5(x)}{f_2(x)}$；

$\hat{W}_1$——总量独立模型估计值。

对此方程组进行联合估计，就可得到树干和树冠的相容性生物量模型。

第 2 级 2 个非线性联立方程组：

$$\begin{cases} \text{木材}:W_3 = \dfrac{1}{1 + h_1(x)} \cdot \hat{W}_2 \\[3mm] \text{树皮}:W_4 = \dfrac{h_1(x)}{1 + h_1(x)} \cdot \hat{W}_2 \end{cases} \tag{7-6}$$

$$\begin{cases} \text{树枝}:W_6 = \dfrac{1}{1 + h_2(x)} \cdot \hat{W}_5 \\[3mm] \text{树叶}:W_7 = \dfrac{h_2(x)}{1 + h_2(x)} \cdot \hat{W}_5 \end{cases} \tag{7-7}$$

式中　$h_1(x) = \dfrac{f_4(x)}{f_3(x)}$；

$\qquad h_2(x) = \dfrac{f_7(x)}{f_6(x)}$；

$\hat{W}_2$，$\hat{W}_5$——分别为第 1 级得到树干和树冠相容模型的估计值。

分别对这 2 个方程组进行联合估计，就可得到 4 个维量的相容性生物量模型。

第三种：2 级代数和拟合分配

此方案是直接控制各维量之和等于总量。同时，改变以总量为基础的做法，而以树干生物量为基础。首先，将总量表示为树干和树冠生物量之和的形式，固定树干生物量模型，对总量和树干进行联合估计，得到树冠的相容性生物量模型。然后，将树皮、叶的生物量分别表示为树干和木材、树冠和枝的生物量相减的形式，再将二者分别与木材、枝的模型进行联合估计，就可得到所有维量的相容性生物量模型。模型构成如下：

$$\text{第 1 级}:\begin{cases} \text{总量}:W_1 = \hat{W}_2 + f_5(x) \\[2mm] \text{树冠}:W_5 = f_5(x) \end{cases} \tag{7-8}$$

$$\text{第 2 级}:\begin{cases} \text{木材}:W_3 = f_3(x) \\[2mm] \text{树皮}:W_4 = \hat{W}_2 - f_3(x) \end{cases} \tag{7-9}$$

$$\begin{cases} \text{树枝}:W_6 = f_6(x) \\[2mm] \text{树叶}:W_7 = \hat{W}_5 - f_6(x) \end{cases} \tag{7-10}$$

式中　$\hat{W}_2$——树干独立模型估计值；

$\qquad \hat{W}_5$——第 1 级联合估计得到的树冠生物量估计值。

以上 3 种联合估计的方案，在实际应用中，其优劣性会有所差异，应根据不同树种进行综合评价。

（2）基于联立方程组模型的相容性生物量模型构建

以往所建立的生物量模型，造成不相容的现象是由于各维量独立建模所致。将各维量进行联合建模，联立求解，可以消除不相容性。唐守正等（2000）提出了一种新方法——非线性模型联合估计，即建立各维量生物量的联立方程，进行联合估计，进一步修正模型和参数，采用的加权最小二乘法，使联立方程组模型的加权离差平方和达到最小。计算准则如下：

$$Q = \sum_i \sum_j (y_{ij} - \hat{y}_{ij})^2 W_{ij} \rightarrow \min \tag{7-11}$$

式中　y_{ij}——第 i 个方程第 j 个观测点的观测值；

$\hat{y}_{ij}$——对应的估计值；

W_{ij}——加权估计时的权重 $W_{ij} = \dfrac{\delta_i}{f^2(x_i)}$；

δ_i——第 i 个方程（即相应的分量）的权重。

唐守正等（2000）分别采用 1 级比例拟合分配、2 级比例拟合分配和 2 级代数和拟合分配三种方案构建落叶松非线性联立方程组系统（表7-8）。

表 7-8　落叶松非线性模型联合估计各方案模型筛选结果

方　案	联立方程组系统
1 级比例拟合分配	$W_1 = c_1 H^{c2} (Cw^2 Cl)^{c3} V$ $W_3 = \dfrac{W_1}{1 + c_1 D^{c2} + c_3 H^{c4} (Cw^2 Cl)^{c5} + c_6 H^{c7} (Cw^2 Cl)^{c8}}$ $W_4 = \dfrac{W_1}{1 + [c_6^{-1} + c_9 H^{c4} (Cw^2 Cl)^{c5} + c_{10} H^{c7} (Cw^2 Cl)^{c8}] D^{-c2}}$ $W_6 = \dfrac{W_1}{1 + [c_3^{-1} + c_9^{-1} D^{c2} + c_{11} H^{c7} (Cw^2 Cl)^{c8}] H^{-c4} (Cw^2 Cl)^{-c5}}$ $W_7 = \dfrac{W_1}{1 + [c_6^{-1} + c_{10}^{-1} D^{c2} + c_{11}^{-1} H^{c4} (Cw^2 Cl)^{c5}] H^{-c7} (Cw^2 Cl)^{-c8}}$
2 级比例拟合分配	$W_1 = c_1 H^{c2} (Cw^2 Cl)^{c3} V \quad W_2 = \dfrac{W_1}{1 + c_1 H^{c2} (Cw^2 Cl)^{c3}}$ $W_5 = \dfrac{W_1}{1 + c_1^{-1} H^{-c2} (Cw^2 Cl)^{-c3}} \quad W_3 = \dfrac{W_2}{1 + c_1 D^{c2}}$ $W_4 = \dfrac{W_2}{1 + c_1^{-1} D^{-c2}} \quad W_6 = \dfrac{W_5}{1 + c_1 H^{c2}} \quad W_7 = \dfrac{W_5}{1 + c_1^{-1} H^{-c2}}$
2 级代数和拟合分配	$W_2 = c_1 D^{c2} V \quad W_1 = W_2 + c_1 H^{c2} (Cw^2 Cl)^{c3} V \quad W_5 = c_1 H^{c2} (Cw^2 Cl)^{c3} V$ $W_3 = c_1 D^{c2} V \quad W_4 = W_2 - c_1 D^{c2} V \quad W_6 = c_1 H^{c2} (Cw^2 Cl)^{c3} V$ $W_7 = W_5 - c_1 H^{c2} (Cw^2 Cl)^{c3} V$

资料来源：唐守正等，2000；W_1、W_2、W_3、W_4、W_5、W_6、W_7 分别为总量、树干、木材、树皮、树冠、枝、叶生物量，D 为林木胸径，H 为树高，Cw 为冠幅，Cl 为冠长。

1 级比例拟合分配方案由于变量和参数多（11 个参数），导致模型复杂，参数变动系数大（最大达 716 %），因此在预估精度上低于 2 级比例拟合分配，特别是在分组检验中表现得更为明显，树冠、枝、叶的预估精度大大降低。2 级比例拟合分配和 2 级代数和拟合分配同为两级分配，但一个以总量为基础，按比例系数分配，一个以树干为基础，按代数和分配。由于独立模型中，树干的预估精度高于总量，因此以此为基础的2级代数和拟合分配，不但保证了树干有较高的预估精度，而且还提高了总量及树冠的预估精度。并且2级代数和拟合分配的参数变动系数较小（表7-9）。

表7-9 两类两级分配方案参数估计结果比较

方案	维量	拟合参数			变动系数（%）			剩余标准差	修正相关系数
		C_1	C_2	C_3	C_1	C_2	C_3		
2级比例拟合分配	总量	1 208.938 3	−0.421 8	0.086 6	4.15	5.24	12.34	5.79	0.998 9
	树干	4.983 5	−1.807 8	0.433 4	9.67	4.91	12.20	1.60	0.999 9
	木材	0.300 2	−0.314 3		24.20	32.91		6.24	0.997 9
	树皮	0.300 2	−0.314 3		12.47	15.36		5.81	0.873 0
	树冠	4.983 5	−1.807 8	0.433 4	38.91	10.33	16.19	5.67	0.963 6
	树枝	0.814 0	−0.434 6		74.97	75.26		5.09	0.961 3
	树叶	0.814 0	−0.434 6		35.66	31.28		1.27	0.899 5
2级代数和拟合分配	总量	1 831.839 9	−1.750 8	0.4378	8.61	7.71	39.49	5.41	0.999 1
	树干	426.893 3	0.004 9		0.18	14.61		0.97	0.999 9
	木材	344.121 2	0.039 5		1.39	13.85		6.70	0.997 5
	树皮	344.121 2	0.039 5		1.60	14.76		5.73	0.876 8
	树冠	1831.839 9	−1.750 8	0.437 8	11.32	6.83	32.55	5.49	0.965 9
	树枝	1067.784 8	−1.647 4	0.444 1	11.29	6.90	30.40	4.97	0.963 3
	树叶	1067.784 8	−1.6474	0.444 1	4.44	2.81	12.57	1.34	0.887 2

资料来源：唐守正等，2000。

2）聚合型可加性相容生物量模型构建

Parresol（1999，2001）提出了一种聚合型非线性和线性可加性生物量模型。这两种模型的形式相似，区别在于各分项生物量模型的不同。根据限制条件个数的不同，分为单限制条件聚合型可加性生物量模型和多限制条件聚合型可加性生物量模型，选用哪种限制条件可加性生物量模型取决于研究数据所给出的信息量（董利虎，2015）。

（1）基于不同限制条件的模型形式设计

第一种：单限制条件

董利虎（2015）认为没有树根生物量，聚合型可加性生物量模型的限制条件为各分项生物量之和等于地上生物量，如果有树根生物量，其限制条件为各分项生物量之和等于总生物量，具体形式如下（以有树根生物量为例）：

$$\begin{cases} 木材：W_1 = f_1(x) \\ 树皮：W_2 = f_2(x) \\ 树枝：W_3 = f_3(x) \\ 树叶：W_4 = f_4(x) \\ 根系：W_5 = f_5(x) \\ 总生物量：W_t = W_1 + W_2 + W_3 + W_4 + W_5 \end{cases} \quad (7\text{-}12)$$

或

$$
\begin{cases}
木材: W_1 = f_1(x) \\
树皮: W_2 = f_2(x) \\
树枝: W_3 = f_3(x) \\
树叶: W_4 = f_4(x) \\
地上生物量: W_t = W_1 + W_2 + W_3 + W_4
\end{cases}
\tag{7-13}
$$

第二种：多限制条件

如果除满足总量可加或相容外，一些分项生物量，如树冠、树干和地上部分也需要进行估计，并确保分项生物量也相容时，多限制条件可加性生物量模型应当被使用。

$$
\begin{cases}
木材: W_1 = f_1(x) \\
树皮: W_2 = f_2(x) \\
树枝: W_3 = f_3(x) \\
树叶: W_4 = f_4(x) \\
根系: W_5 = f_5(x) \\
树干生物量: W_s = W_1 + W_2 \\
树冠生物量: W_c = W_3 + W_4 \\
地上生物量: W_a = W_1 + W_2 + W_3 + W_4 \\
地上生物量: W_t = W_1 + W_2 + W_3 + W_4 + W_5
\end{cases}
\tag{7-14}
$$

（2）基于似乎不相关回归的聚合型可加性相容生物量模型构建

董利虎（2015）基于 3 限制条件，即总生物量、地上生物量和树冠生物量，构建了东北地区主要树种树干、树枝、树叶、根系生物量，以及总生物量、地上生物量和树冠生物量相容的聚合型单木可加性生物量模型体系。

$$
\begin{cases}
树干: W_1 = f_1(x) = a_1 D^{b_1} H^{c_1} \\
树枝: W_2 = f_2(x) = a_2 D^{b_2} H^{c_2} \\
树叶: W_3 = f_3(x) = a_3 D^{b_3} H^{c_3} \\
根系: W_4 = f_4(x) = a_4 D^{b_4} H^{c_4} \\
树冠生物量: W_c = W_2 + W_3 \\
地上生物量: W_a = W_1 + W_2 + W_3 \\
地上生物量: W_t = W_1 + W_2 + W_3 + W_4
\end{cases}
\tag{7-15}
$$

并采用似乎不相关回归对模型进行拟合估计，似乎不相关回归（SUR）由是由多个回归方程组成的方程组，它与多元回归模型的区别在于允许各方程存在不同的自变量，这样的特性给统计建模带来很大的灵活性。同时，SUR 在参数估计过程中考虑到异方差性，也考虑到不同方程的误差项的相关性，使参数估计效率在满足某些适当条件下较对各个方程分别进行参数估计的传统方法得到改进。该研究发现聚合型单木可加性生物量模型没有总量、地上生物量和树冠生物量的独立模型，其模型是由各分项生物量模型组成（表7-10）；且总量、地上生物量和树干生物量模型拟合较好，地下生物量、树叶生物量拟合效果较差。采用刀切法检验后，发现树枝生物量模型和树冠生物量会高估其生物量，其余生物量模型都会低估其生物量，地下生物量的平均预测误差较大，而地上生物量的平均预测误差较小。

表7-10 基于似乎不相关回归的3限制条件可加性生物量模型系统参数估计值和拟合优度

| 方程 | 参数 | | | | | | R^2_{adj} | RMSE | MPE | MPE% | MAE | MAE% |
| | a | | b | | c | | | | | | | |
	估计值	标准误	估计值	标准误	估计值	标准误						
总量	—	—	—	—	—	—	0.981	21.76	0.77	0.51	15.1	11.59
地上	—	—	—	—	—	—	0.985	13.74	0.61	0.56	9.61	10.84
地下	0.010 2	0.002 6	2.141 7	0.079 6	0.770 5	0.148 5	0.909	14.11	0.16	0.37	9.91	30.69
树干	0.026 1	0.002 9	2.116 5	0.031 5	0.755 0	0.059 6	0.981	13.75	0.62	0.64	9.42	12.21
树枝	0.005 3	0.001 1	2.415 4	0.057 7	0.217 3	0.110 5	0.946	2.73	-0.001	-0.06	2.02	27.29
树叶	0.039 0	0.010 5	2.017 8	0.091 1	-0.484 6	0.153 4	0.902	0.76	0.00	0.05	0.63	30.07
树冠	—	—	—	—	—	—	0.957	2.91	-0.01	-0.04	2.21	21.95

资料来源：董利虎，2015。

总的来说，分解型可加性模型在我国使用较多，而国外研究者主要利用聚合型可加性生物量模型来解决生物量方程的可加性问题。分解型可加性生物量模型只能用加权回归来消除异方差，而聚合型加性生物量模型可以用加权回归或对数转换来消除异方差；聚合型可加性生物量模型似乎更好，其不仅能解决立木总生物量等于各分项生物量之和这一逻辑关系，而且考虑同一样木总量、各分项生物量之间的内在相关性（董利虎，2015）。

7.2.1.3 混合效应模型

混合效应模型包含了固定效应和随机效应两部分，既可以反映总体的平均变化趋势，又可以提供数据方差、协方差等多种信息来反映个体之间的差异；并且在处理不规则及不平衡数据，以及在分析数据的相关性方面具有其他模型无法比拟的优势，在分析重复测量和纵向数据及满足假设条件时体现出灵活性（李春明，2009）。目前混合效应模型根据其模型形式可以分为线性混合效应模型和非线性混合效应模型（李春明，2009，2010）。

目前很多软件均能进行混合效应模型的计算，如 ForStat 软件和 SPSS 软件，SAS、S-Plus 和 R 等软件也均有相应模块可以进行线性和线性混合效应模型计算，三个软件还可以进行嵌套多水平的随机效应的混合效应模型计算，且各个软件均设置了相关的反映随机效应方差和协方差结构的方程（Pinheiro and Bates，2000；Littell et al.，2006；唐守正等，2009；李春明，2010；符利勇，2012）。以 S-Plus 为例，该软件设置了描述方差结构的方程包括了固定函数（varFixed）、幂函数（varPower）和指数函数（varExp）等类型；而描述自相关的协方差方程时除 CS、General Symmetric 等外，还分别从空间自相关和时间自相关两个方面描述，其中空间自相关方程包括 Gausian、Spherical、Exponential、Linear 和 Rational quadratic 等；时间自相关方程则包含了 AR（1）、CAR

（1）、ARMA(p, q)等形式（Pinheiro and Bates，2000）。

而目前混合效应模型的参数估计方法，对于线性混合效应模型来说主要有最小范数二次无偏估计、最小方差二次无偏估计、极大似然和限制极大似然估计等（李春明，2010），而对于非线性混合效应模型则有 EM 运算法则、重要性抽样、Newton-Raphson 算法、极大似然法和限制极大似然法（李春明，2010；符利勇等，2013），SAS 和 S-Plus 两大软件的缺省方法均为限制极大似然法（Pinheiro and Bates，2000）。

(1) 混合效应模型形式及拟合

本文以单水平非线性混合效应模型为例，其形式如下：

$$\begin{cases} y_{ij} = f(\varphi_{ij}, v_{ij}) + \varepsilon_{ij}, & (i = 1, \cdots, M, \quad j = 1, \cdots n_i) \\ \varphi_{ij} = A_{ij}\beta + B_{ij}b_i \\ \varepsilon \sim N(0, \sigma^2) \\ b_i \sim N(0, D) \\ b_i = \hat{D}\hat{Z}_i^T (\hat{R}_i + \hat{Z}_i\hat{D}\hat{Z}_i^T)^{-1}\hat{\varepsilon}_i \end{cases} \tag{7-16}$$

式中　y_{ij}——第 i 个区组中第 j 次观测的因变量值，可为单木及林分各维量生长量；

M——区组数；

n_i——第 i 个区组内观测的样木数或样地数；

f——具有参数向量 φ_{ij} 和变值向量 V_{ij} 的可微函数；

ε_{ij}——服从正态分布的误差项；

β——p 维的固定效应向量；

b_i——q 维的和 i 区组对应的带有方差协方差矩阵 D 的随机效应向量；

A_{ij}，B_{ij}——对应的设计矩阵；

$\hat{D}$——区组间($q \times q$)方差协方差矩阵(q 为随机效应参数个数)；

$\hat{R}_i$——区组 i 的($k \times k$)方差协方差矩阵；

$\hat{\varepsilon}_i$——($k \times 1$)维残差向量；

$\hat{Z}_i$——参数 $\hat{\beta}$ 的($k \times q$)矩阵。

对于混合模型的构建而言，在确定基本模型的基础上，分析模型随机效应结构变化，需要确定 3 个结构，即混合效应参数、组内方差协方差结构(R 矩阵)和组间方差协方差结构(D 矩阵)。

①确定混合效应参数：在确定组内及组间方差协方差结构之前，需要确定哪个参数为固定效应，哪个为混合效应，这一般依赖于所研究的数据。Pinheiro 和 Bates (2000)建议模型中所有的参数首先应全部看成是混合的，然后再分别进行参数拟合，最后选择模型收敛，并且采用模拟精度较高的形式来进行效果评价。

②选择或确定组内方差协方差结构(R 矩阵)：组内方差协方差结构也称为误差效应方差协方差结构。为了确定组内的方差协方差结构，必须解决方差结构和自相关性两方面的问题。其公式如下：

$$R_i = \sigma_i^2 \Psi_i^{0.5} \times \Gamma_i \times \Psi_i^{0.5} \tag{7-17}$$

式中　σ_i^2——未知的区组 i 的残差方差；

Ψ_i——描述区组内误差方差的异质性的对角矩阵；

Γ_i——描述误差效应自相关结构矩阵。

方差结构的设计常选择幂函数（Power）和指数（Exponential）等形式，分析不同方差结构对于模型精度提高的表现。具体方差结构公式参见 Pinheiro 和 Bates（2000）对相关结构的描述。方差结构的一般形式如下：

$$Var(\varepsilon_{ij}) = \sigma^2 g^2(u_{ij}, v_{ij}, \delta) \tag{7-18}$$

式中　$Var(\varepsilon_{ij})$——方差函数；

σ^2——残差方差；

$g^2(u_{ij}, v_{ij}, \delta)$——方差结构形式。

自相关的协方差结构设计则根据数据间的自相关性确定。一般来说，空间相关性函数常用 Gaussian、Spherical 和指数（Exponential）函数等来描述组内的协方差结构；时间相关性函数则选择 AR（1）、CAR（1）、ARMA（1）等作为随机效应参数方差协方差矩阵描述组间协方差结构。具体协方差结构公式参见 Pinheiro 和 Bates（2000）对相关结构的描述。描述自相关的方程的一般形式如下：

$$cor(\varepsilon_{ij}, \varepsilon_{ij'}) = h[d(p_{ij}, p_{ij'}), \rho] \tag{7-19}$$

式中　$cor(\varepsilon_{ij}, \varepsilon_{ij'})$——自相关函数；

ρ——自相关向量参数；

h——取值在[-1 , 1]之间的自相关方程；

$d(p_{ij}, p_{ij'})$——协方差结构形式。

③确定组间方差协方差结构：组间方差协方差结构也称为随机效应方差协方差结构。反映了区组间的变化性，也是模型模拟中误差的主要来源（李春明，2010）。其协方差结构根据混合参数个数差异分别形成对应的矩阵。以两个随机参数举例，则其结构形式如下：

$$D = \begin{bmatrix} \sigma_a^2 & \sigma_{ab} \\ \sigma_{ba} & \sigma_b^2 \end{bmatrix} \tag{7-20}$$

式中　σ_a^2——随机参数 a 的方差；

σ_b^2——随机参数 b 的方差；

$\sigma_{ba} = \sigma_{ab}$——随机参数 a 和 b 的协方差值。

（2）基于混合效应模型的生物量模型构建实例

欧光龙和胥辉（2015）考虑区域效应随机效应影响，构建思茅松天然林单木地上部分生物量混合效应模型。该模型以幂函数形式作为基本模型，拟合结果如下：

$$W = 0.116\,8 \cdot (D^2 H)^{0.742\,3} \cdot (C_w^2 C_l)^{0.130\,7} \tag{7-21}$$

①进行混合参数选择：在考虑区域效应的随机效应后，将所有参数不同组合下（表7-11），分析不同混合参数组合模型拟合表现，通过比较可以看出仅选取 b 参数作为混合参数的模型效果最好，且仅该模型与无混合参数模型的差异检验为显著，因此选择该模型作为基本混合效应模型（表7-12）。

表7-11 地上部分生物量模型混合参数选择比较

混合参数	logLik	AIC	BIC	LRT	p
无	−552.585	1 113.170	1 123.427		
a	−549.668	1 109.336	1 122.157	5.834	0.015 7
b	−548.872	1 107.744	1 120.566	7.426	0.006 4
c	−549.503	1 109.005	1 121.827	6.164	0.013 0
a, b	−548.872	1 109.744	1 125.130	7.425	0.024 4
a, c	−549.668	1 111.336	1 126.722	5.834	0.054 1
b, c	−548.872	1 109.744	1 125.130	7.425	0.024 4
a, b, c	−548.872	1 111.744	1 129.694	7.426	0.059 5

资料来源：欧光龙和胥辉，2015。

表7-12 地上部分生物量混合效应模型比较

序号	方差结构	协方差结构	logLik	AIC	BIC	LRT	p
1	No	No	−548.872	1 107.744	1 120.566		
2	幂函数	No	−476.409	964.818	980.204	144.926	<0.000 1
3	指数函数	No	−499.251	1 010.502	1 025.889	99.241	<0.000 1
4	No	Gaussian	−548.845	1 109.690	1 125.077	0.053	0.817 2
5	No	Spherical	−548.845	1 109.690	1 125.077	0.053	0.817 2
6	No	Exponential	−548.851	1 109.702	1 125.088	0.042	0.837 5

资料来源：欧光龙和胥辉，2015。

②选择确定适宜的组内方差协方差结构：方差结构考虑幂函数和指数函数两种形式，两种形式的方差方程均能极显著提高模型精度，其中幂函数形式的 logLik 值最大，AIC 和 BIC 值均最小。空间自相关采用 Gaussian，Spherical 和指数函数 3 种空间自相关方程形式，但 3 类形式均不及未考虑协方差结构的模型。

③组间方差协方差结构：由于混合效应参数仅有 1 个，故而其方差协方差矩阵为 1×1 的矩阵，即为 $[0.000\ 02]$。

则新模型固定效应部分的新模型为：

$$W = 0.062\ 7 \cdot (D^2 H)^{0.829\ 5} \cdot (C_w^2 C_l^2)^{0.092\ 1} \tag{7-22}$$

从固定效应参数看，3 个参数值均和原模型的值有所不同。随机效应则通过组内方差协方差和组间方差协方差来反映，组间方差协方差结构中，考虑幂函数形式方差结构能够提高模型精度，其方差结构方差的幂值为 0.977 5，3 个表征空间自相关的函数均不能提高模型精度。

7.2.1.4 空间回归模型

(1)基于混合效应模型的生物量模型构建实例

空间效应广泛存在于事物之间，包括"空间依赖性"（或称空间自相关）和"空间异质性"，空间回归模型可以描述并解释空间效应带来的空间影响。森林植被在生长过程中会与周围树木相互竞争、相互促进、相互影响，使其生长不再是一个独立的过程，这种相互关联、相互影响的表现即是空间效应。具有空间属性的林业数据由于受到空间相互作用和空间扩散的影响缺乏独立性，违背了经典统计学的样本独立不相关假设，所以经典统计学模型对其的估计是有偏的。通过空间相关性分析和空间回归模型的建立能解决一般回归分析中空间效应的相关问题，提高模型的拟合和预估精度并增强模型的适应性。目前，常用的空间回归模型有空间滞后模型（spatial lag model）、空间误差模型（spatial error model）、混合效应模型（mixed-effects models）和地理加权回归模型（geographically weighted regression），4 类空间回归模型的模型形式见表 7-13。

表 7-13　空间回归模型形式（以线性模型表述）

名　　称	形　　式
空间滞后模型（SLM）	$Y = X\beta + \rho Wy + \varepsilon$
空间误差模型（SEM）	$Y = X\beta + \lambda W\varepsilon + \xi$
混合效应模型（MEM）	$Y = X\beta + Z\gamma + \varepsilon$
地理加权回归模型（GWR）	$Y = (X \otimes \beta')I + \varepsilon$

注：X 为自变量矩阵，Y 为因变量矩阵，Z 为混合效应模型的随机效应矩阵，Wy 为空间滞后项，$W\varepsilon$ 为空间因素的误差项；β 预估参数，ρ 和 λ 为空间自相关参数，γ 为随机效应预估参数，β' 为 β 的转置矩阵；ε 为误差项，ξ 为空间不相关误差项；I 为单位矩阵，$\otimes$ 表示矩阵的逻辑乘运算。

空间滞后模型（SLM）适用于每个个体单元的因变量值所受邻近值的直接影响。对于 SLM 来说，空间滞后项是评估模型空间相关性程度和方向的关键。通常空间滞后项以空间权重矩阵与因变量邻近值的加权平均值乘积的形式作为新的解释变量引入经典模型，即当变量之间存在显著的空间依赖关系时，在经典模型解释变量中引入空间滞后项作为新的解释变量，再通过空间相关系数来衡量空间相关的方向和大小。

空间误差模型（SEM）认为空间依赖关系来自于误差，而不是来自模型的系统部分。在不改变解释变量的前提下，从误差项中考虑空间相关性，通过构造带有误差项的空间自回归结构模型来估计空间自相关系数。这种误差项之间的空间自相关可能意味着自变量和因变量之间存在非线性关系或回归模型中遗漏的一个或多个回归自变量。

混合效应模型（MEM）是指通过固定效应和随机效应两种参数之间的关系建立函数形式，固定效应描述总体平均的变化趋势，随机效应描述从总体中抽取的个体。它把随机抽取个体本身的特征或区域位置作为随机效应引入模型来反映其总体特征，能够大大提高模型的精度。在模型的应用中，可以根据数据的不同对模型进行拓展，例如：线性混合模型（LMM）、广义线性混合模型（GLMM）、非线性混合效应模型（NONMEM）等。

地理加权回归模型（GWR）是解决空间异质性问题最有效的方法之一。该模型基于空间上每个点建立回归模型，利用邻近点距离的函数加权所有观测值，通过空间中不同点上变量的不同关系寻找空间变化的规律。加权矩阵带宽的确定是拟合 GWR 的关键，因为加权矩阵的确定直接影响最终的拟合和预测结果，目前常采用交叉验证法或手动预选择来确定带宽。

对于存在较强的空间效应的数据，一般回归模型能够拟合数据，但不能分析空间效应的影响，甚至可能得出错误的结论。空间回归模型解决了数据分布的空间效应问题，但对于不同的林业问题，空间回归模型的适用性有所不同。这就要求在选择或建立模型之前，运用探索性空间数据分析方法直观地描述空间数据，分析数据分布的空间自相关性，从而为空间回归模型的选择提供依据；然后再建立合适的空间回归模型，检验和比较模型的参数估计和模型的拟合精度，从而选出最优的空间回归模型。

一般来说，对于林业数据的空间回归模型拟合，SDM 和 SEM 模型的拟合和预测方面都优于 SLM，但当考虑模型结构复杂性时，SEM 比 SDM 更合适，因为 SEM 提供的估计系数更接近于 OLS 模型，使得模型更容易被解释和理解。空间滞后模型（SLM）和空间误差模型（SEM）能够有效解释空间自相关性，但不足以应对空间异质性的问题。相比之下，线性混合模型（LMM）和地理加权回归模型（GWR）对于同时存在的空间自相关性和空间异质性，能够更准确地预测响应变量。所以，空间自相关显著时，SLM 和 SEM 的效果比较好；而处理空间异质性问题时，LMM 和 GWR 的效果更为突出。因此，空间自相关或空间异质性的强度可以作为空间回归模型选择的重要依据之一。

（2）单木生物量 GWR 模型构建实例

由于很多观测数据与地理位置有关，地理位置的邻近关系使得数据间具有空间相关性，为了将数据的空间特性纳入回归模型中予以分析，Brunsdon 等（1996）提出了地理加权回归模型（GWR），地理加权回归模型是一种对普通线性回归模型的扩展，它将数据的地理位置嵌入到回归参数之中，即

$$y_i = \beta_0(\mu_i, \nu_i) + \sum_{k=1}^{p} \beta_k(\mu_i, \nu_i) x_{ik} + \varepsilon_i \qquad (i = 1, 2, \cdots, n) \qquad (7\text{-}23)$$

式中　$\beta_0(\mu_i, \nu_i)$——第 i 个采样点的坐标（经纬度）；

　　　$\beta_k(\mu_i, \nu_i)$——第 i 个采样点上的第 k 个回归参数；

　　　x_{ik}——位置在（μ_i, ν_i）处的自变量值；

　　　ε_i——独立同分布的误差项，通常假定其服从 $N(0, \sigma^2)$。

地理加权回归模型（GWR）通过在线性回归模型中假定回归系数是观测点地理位置的任意函数，将数据的空间特性纳入模型，为分析回归关系的空间特征创造了条件。忽略空间异质性可能会带来有偏参数估计、无意义的显著性检验和次佳的估计。欧光龙等（2014）以思茅松天然林单木为例，采用地理加权回归的方法构建其单木树干生物量、树枝生物量、树叶生物量和地上部分生物量，以及根系生物量和整株生物量模型（表7-14）。通过 GWR 线性拟合 6 个生物量维量的线性模型，其拟合模型的决定系数和 *AIC* 值均优于 OLS 模型；而平均相对误差及其绝对值除树枝生物量模型外，均优于 OLS 模型，尤其是在树干生物量和总生物量模型拟合上。由于普通最小二乘（OLS）是无偏估计，其拟合的残差和为零，因此，在总相对误差（RS）的绝对值上，GWR 均大于 OLS 回归模型。可见 GWR 模型在拟合生物量模型上要优于 OLS 模型。此外，GWR 模型在一定程度上削弱了模型拟合的异方差问题。

表 7-14　基于 GWR 和 OLS 的思茅松天然林单木生物量线性模型拟合对照表

维量	模型	*AIC*	决定系数	总相对误差	平均相对误差	平均相对误差绝对值
树干	GWR	617. 789	0. 994	0. 029	−1. 980	18. 153
	OLS	669. 668	0. 975	0. 000	−11. 174	25. 004
树枝	GWR	549. 262	0. 960	−0. 092	−8. 880	41. 963
	OLS	557. 336	0. 890	0. 000	−8. 803	40. 141

（续）

维量	模型	AIC	决定系数	总相对误差	平均相对误差	平均相对误差绝对值
树叶	GWR	334.061	0.731	−0.096	−72.996	90.339
	OLS	345.523	0.544	0.000	−77.677	101.703
地上	GWR	631.243	0.995	0.016	−3.889	17.918
	OLS	691.200	0.974	0.000	−8.825	25.728
根系	GWR	256.102	0.955	0.118	−11.561	28.756
	OLS	327.351	0.833	0.000	−23.494	42.224
总生物量	GWR	499.237	0.994	0.032	0.630	2.870
	OLS	311.665	0.977	0.000	1.863	16.653

资料来源：欧光龙等，2014。

　　GWR 模型给出了各个模型的回归参数的变化范围，包括了最小值、下四分位值、中位值、上四分位值和最大值，表 7-15 列出了 GWR 模型回归分析的拟合参数值的范围及中位值。GWR 模型的回归参数的分布范围涵盖了 OLS 模型的参数值，但是由于参数为区间值，这给模型的应用带来了较大困难。

表 7-15　基于 GWR 的思茅松天然林单木生物量线性模型回归参数表

维量		截距	D	H	CL	V	D^2H	Cw^2Cl
树干生物量	最小值	−39.520 6	—	—	−39.740 4	58.797 1	−0.003 5	−0.073 1
	中位值	29.695 4	—	—	−7.194 8	333.055 6	0.008 0	0.030 4
	最大值	176.459 9	—	—	6.091 7	550.390 6	0.018 4	0.203 5
树枝生物量	最小值	−23.825 8	2.423 9	−5.132 1	−4.894 8	—	−0.001 1	−0.031 8
	中位值	10.393 3	3.325 4	−3.896 0	−0.476 3	—	0.002 3	0.008 0
	最大值	31.915 0	5.096 6	−2.162 7	3.036 3	—	0.004 7	0.034 3
树叶生物量	最小值	1.464 1	—	—	—	—	0.000 0	−0.006 4
	中位值	1.903 8	—	—	—	—	0.000 4	−0.002 0
	最大值	3.276 2	—	—	—	—	0.000 7	0.002 4
地上生物量	最小值	−33.777 4	—	—	−41.898 1	172.205 5	0.002 1	−0.095 2
	中位值	41.975 9	—	—	−8.868 7	285.843 0	0.013 1	0.032 1
	最大值	191.237 3	—	—	6.132 2	451.878 4	0.020 1	0.262 8
根系生物量	最小值	−72.933 8	−7.233 7	76.754 1	—	—	−0.016 7	—
	中位值	14.355 1	−1.255 0	120.664 3	—	—	−0.000 3	—
	最大值	69.428 9	5.878 9	575.964 9	—	—	0.010 5	—
总生物量	最小值	−348.880 0	−33.958 1	—	—	132.922 1	−33.958 1	−0.082 7
	中位值	−28.283 8	2.873 1	—	—	709.538 4	2.873 1	−0.006 2
	最大值	471.994 9	27.233 4	—	—	944.056 7	27.233 4	0.118 7

资料来源：欧光龙等，2014。

7.2.2　生物量因子估算模型

　　树木是由树干、树皮、树枝、根系等维量组成的有机体，它们之间保持着相互制约和相互联系的统一关系。林木地上部分以及树干的生物量相对容易测得，研究表明，树干生物量与其他维量的生物量存在很强的相关性，并呈比例生长，因此，利用树干生物量与其他易测维量生物量之间的这种相对生长关系来推算乔木生物量是可行的（Whittaker *et al.*，1975）。生物量因子就是能够体现立木各维量与主干之间关系的重要参数，这也是生物量因子法成立的理论基础。

7.2.2.1 生物量因子连续函数法

生物量因子法的发展过程经历了平均生物量因子法和生物量因子连续函数法两个阶段。平均生物量因子法认为生物量因子是固定值，即利用某一森林类型得出的生物量因子平均值计算其他森林类型生物量的方法。但有关研究发现，生物量因子的值不但随森林类型的不同而不同（表7-16），有时尽管森林类型相同，生物量因子也会随林龄、林分密度、立地条件等因素的不同而存在差异（Kramer，1982；Brown *et al.*，1999；Koehl，2000；罗云建等，2013）。为了提高生物量因子估算林木生物量的准确性，降低结果的不确定性，便提出了生物量因子连续函数法，生物量因子连续函数法是以蓄积量为基础数据的生物量因子函数，以表示生物量因子的连续变化（方精云等，2002）。其计算公式为：

$$B = a + \frac{b}{V} \tag{7-24}$$

式中　B——生物量；

　　　V——材积或蓄积。

表 7-16　不同林分类型生物量与蓄积量回归方程一览表

林分类型	生物量—蓄积量回归方程	样本数	相关系数
杉木	$B = 0.399\,9V + 22.541\,0$	74	0.970
马尾松、云南松	$B = 0.52V$	12	
红松	$B = 0.518\,5V + 18.22$	19	0.950
落叶松	$B = 0.967\,1V + 5.759\,8$	13	0.990
云冷杉	$B = 0.464\,2V + 47.499$	19	0.990
樟子松	$B = 1.11V$		
油松	$B = 0.755\,4V + 5.092\,8$	90	0.980
华山松	$B = 0.585\,6V + 18.743\,5$	10	0.950
其他松类	$B = 0.516\,8V + 33.237\,8$	22	0.970
柏木类	$B = 0.612\,9V + 26.145\,1$	19	0.980
针阔混交林	$B = 0.801\,9V + 12.279\,9$	9	0.998
杨树	$B = 0.475\,4V + 30.603\,4$	16	0.930
桦木	$B = 0.964\,4V + 0.848\,5$	6	0.980
栎类	$B = 1.328\,8V - 3.899\,9$	6	1.000
樟、楠木、槠、青冈	$B = 1.035\,7V + 8.059\,1$	21	0.910
桉树	$B = 0.789\,3V + 6.930\,6$	11	1.000
木麻黄，热带林	$B = 0.950\,5V + 8.564\,8$	12	0.999
檫树及阔叶混交林	$B = 0.625\,5V + 91.001\,3$	19	0.930
杂木林	$B = 0.756\,4V + 8.310\,3$	11	0.986
柳杉、铁杉、水杉等	$B = 0.415\,8V + 41.331\,8$	22	0.940

资料来源：方精云等，1996；Fang *et al.*，1998。

7.2.2.2 生物量经验模型估计法

唐守正(1999)将全国森林类型按照林分优势树种归并为 9 类，通过收集野外实测调查资料，系统构建了全国主要树种组林木与材积相容的单木生物量回归模型(表 7-11)。

其模型形式为：

$$B/V = a\,(D^2H)^b \tag{7-25}$$

表 7-17　中国主要树种组材积相容的单木生物量模型及参数

序号	树种或树种组	建模样本数	模型参数	
			a	b
1	杉木类	50	0.788 432	−0.069 959
2	马尾松	51	0.343 589	0.058 413
3	南方阔叶类	54	0.889 290	−0.013 555
4	红松	23	0.390 374	0.017 299
5	云冷杉	51	0.844 234	−0.060 296
6	落叶松	99	1.121 615	−0.087 122
7	核桃楸、黄波罗	42	0.920 996	−0.064 294
8	硬阔叶类	51	0.834 279	−0.017 832
9	软阔叶类	29	0.471 235	0.018 332

资料来源：唐守正，1999。

7.2.2.3 生物量因子模型构建

生物量因子随森林类型的不同而不同，而且在同一森林类型中还随林龄、林分密度、立地条件、气候以及其他环境因素的不同而异，因此采用平均生物量因子或某一恒定值估算会带来较大的估算误差。Fang 等(1998)认为生物量与蓄积量的关系呈连续函数变化，从而构建了生物量因子的连续函数法用于估算森林生物量。此外，生物量因子与林龄、胸径、树高、树干生物量等林分调查指标存在显著的相关性(罗云建等，2013)。一些学者通过幂函数、线性函数及双曲线函数等形式分析了生物量因子的连续变化规律，拟合了生物量因子模型，选用自变量包括除材积或立木蓄积外，还将林木胸径(罗云建等，2007)、树高(Levy *et al.*，2004)、林龄(Lehtonen *et al.*，2004)等也带入模型中，从而构建了生物量因子模型体系。

罗云建等(2013)分析中国森林生态系统生物量扩展系数与林分因素的关系时得出，平均树高在解释地上和乔木层生物量扩展因子时解释能力最高，可以解释总变异的53.4%和57.9%；欧光龙和胥辉(2015)分析思茅松天然林林分生物量各维量的生物量扩展因子与林分因子间关系时也发现生物量因子与林分平均高的相关性最高(表7-18)。

表 7-18　思茅松天然林生物量因子与林分基本变量的相关性分析

变量	林分平均胸径 D_m	林分平均高 H_m	林分优势高 H_t	林分总胸高断面积 G_t
木材生物量 BEF	0.520 9 **	0.844 1 **	0.817 3 **	0.585 5 **
树枝生物量 BEF	0.113 4	-0.122 2	0.041 3	0.106 5
树叶生物量 BEF	-0.577 5 **	-0.776 4 **	-0.720 7 **	-0.481 0 **
乔木地上部分生物量 BEF	-0.174 6	-0.364 4 *	-0.292 3	-0.136 5
乔木根系生物量 BEF	-0.174 7	-0.599 6 **	-0.572 8 **	-0.279 3
乔木总生物量 BEF	-0.182 6	-0.501 9 **	-0.449 9 **	-0.216 1
林分地上总生物量 BEF	-0.383 5 *	-0.622 6 **	-0.576 3 **	-0.371 4 *
林分根系总生物量 BEF	-0.215 1	-0.622 6 **	-0.576 3 **	-0.338 0
林分总生物量 BEF	-0.332 0	-0.563 7 **	-0.473 8 **	-0.378 5 *
林分生物量根茎比	-0.213 2	-0.607 6 **	-0.586 4 **	-0.283 3

注：* 表示在 0.05 水平显著；* * 表示在 0.01 水平显著。资料来源：欧光龙和胥辉，2015。

此外，欧光龙和胥辉利用 45 个思茅松天然林样地采用幂函数形式拟合了生物量扩展因子和林分生物量根茎比模型，模型相关系数均在 0.94 以上，部分达到 0.99（表 7-19），模型形式如下：

$$BEF = aH_m^b \qquad (7\text{-}26)$$

式中　BEF——生物量扩展因子；

　　　H_m——林分平均高。

表 7-19　思茅松天然林生物量因子的幂函数模型拟合参数表

变量	a	b	R^2
木材生物量 BEF	0.520 1	0.178 2	0.999 4
树枝生物量 BEF	0.195 1	-0.041 6	0.945 6
树叶生物量 BEF	7.034 9	-1.803 6	0.969 3
乔木地上部分生物量 BEF	1.512 4	-0.075 6	0.998 3
乔木根系生物量 BEF	1.391 5	-0.630 5	0.975 6
乔木总生物量 BEF	2.315 7	-0.163 6	0.996 8
林分地上部分总生物量 BEF	1.805 8	-0.119 7	0.997 1
林分根系总生物量 BEF	1.420 0	-0.613 7	0.977 2
林分总生物量 BEF	2.707 1	-0.199 5	0.995 7
林分生物量根茎比	0.756 9	-0.481 3	0.984 5

资料来源：欧光龙和胥辉，2015。

7.3　生物量和碳储量的遥感估算

随着遥感技术的发展，利用遥感技术（RS）和地理信息系统技术（GIS）相结合进行植被生物量估测，可以估算区域或更大尺度的植被生物量（万猛等，2009）。其原理主要是利用提取的遥感图像信息与实测生物量之间建立完整的数学模型及其解析式，进而利用这些解析式来估算森林生物量。通常情况下，不同生物量或蓄积量的森林群落具有不同的森林结构和生物物理参数特征，这些特征在遥感图像上可以表现为不同的色调、结构和纹理特征；通过遥感图像的特征提取技术可以从遥感数据中获取与森林生物量或蓄积量密切相关的遥感特征参数，进而达到对森林生物量或蓄积量的遥感估测。与传统的生物量估算方法比较，遥感方法可快速、无损地对生物量进行估算，对生态系统进行宏观监测。此外，研究者可以利用遥感的多时相特点定位分析同一样区不同时间段的动态变化，因此，使用遥感数据使得大尺度森林生物量的动态监测成为可能。

7.3.1 生物量和碳储量的遥感数据源

常用的遥感数据包括光学遥感、热红外遥感、SAR 微波遥感、高光谱遥感和激光雷达遥感。根据遥感传感器的探测方式，生物量遥感估算研究也可划分为 3 种方法：

①以光学遥感数据为信息源进行生物量估测研究，现阶段大部分研究都采用此方法。

②微波雷达遥感估测生物量。

③激光雷达遥感估测生物量。

7.3.1.1 光学遥感估测生物量

基于光学遥感数据源来估测生物量是目前生物量遥感估测的主要方法。根据空间分辨率光学遥感数据可分为：高空间分辨率数据、中等空间分辨率数据和低空间分辨率数据（表 7-20）。高空间分辨率通常不到 5m（IKONOS 和 QuickBird 全色图像的空间分辨率分别为 0.83m 和 0.61m），常用于立木树高、树冠结构等参数的提取，以及植被生化参数提取，并基于这些提取参数估算林木或林分生物量。中等空间分辨率的光谱分布范围为 10~100m，最常用的中等空间分辨率数据是时序陆地卫星数据，可以提取林分基本参数，估算林分或区域生物量。低空间分辨率通常大于 100m，常见的低空间分

表 7-20　生物量遥感估测常用遥感数据源情况表

类别	卫星/传感器	空间分辨率	时间分辨率	在生物量上的应用	优缺点
高空间分辨率	IKONOS	0.83m	3d	林木树高、树冠结构参数提取、植被生化参数提取；单木或林分生物量估算	优点：空间分辨率高，便于估算森林生物量，甚至是单木生物量估算
	QuickBird	0.61m	1~6d		缺点：图像处理耗时耗力，购买图像的成本高，只能小范围估算森林生物量
中等空间分辨率	Landsat 4 TM	30m	16d	提取植被指数、纹理特征、波段变换等遥感因子；估算立木基本参数（年龄、断面积、胸径和生物量）；预估区域尺度森林生物量	优点：图像处理与购买成本适中，适合林分或区域尺度森林生物量的估算，可以进行年内季节动态变化监测
	Landsat 5 TM	30m	16d		
	Landsat 7 ETM +	15~60m	16d		
	Landsat 8 OLI	15~30m	16d		缺点：光学影像对浓密植被的信号饱和，并且由于受天气状况影响，使得光学影像在实际应用中存在很多局限
	Landsat MASS	78m	18d		
低空间分辨率	NOAA/AVHRR	11km	12h	区域、国家和全球尺度生物量估算；火灾地区生物量流失和大气碳排放评估；植被动态变化监测	优点：可大尺度，乃至全球尺度估算森林生物量；并且可以实现日际动态监测
	SPOT/VEGETATION	1.15km	10d		
	MODIS	250m	1~2d		缺点：混合像素会在地面实测数据与像元间形成巨大差别，进而导致样本数据和遥感衍生变量的不匹配

辨率数据包括 NOAA/AVHRR，SPOT/VEGETATION 和 MODIS 等，常用于区域、国家和全球尺度的生物量和碳储量估算，这类数据空间分辨率较低，但是时间分辨率较高，它提供了林业数据采集在空间分辨率、图像覆盖和频率间的良好平衡。因此，此类数据在描述大尺度森林生物量动态方面具有优势。

由于光学和近红外光谱只对绿叶生物量产生反应（反映在植被指数上），理论上只能获取森林叶的生物量信息，无法反映森林冠层以下的树干信息，在利用光谱信息估测森林生物量时实际是利用了森林生物量与绿叶生物量的相对生长关系来间接估计森林生物量。就森林生物量测定而言，森林地上生物量由叶、枝干生物量两部分组成。对于一个成熟的林分，叶生物量占地上总生物量的不到 10%，木质生物量（包括枝和干）约占 90%，这对采用光学遥感数据源估算森林生物量和碳储量形成了极大挑战。

7.3.1.2 微波遥感估测森林生物量

由于光学遥感仅能获取地物的表层信息，从而导致光学遥感数据在估测地物表层以下信息时具有很大的不确定性和估测误差。而微波对云雾穿透能力强，具有全天候全天时成像能力，能获得更准确的森林植被立体信息，例如，树高、直径、密度和生物量等。

国外从 20 世纪 70 年代初，就开始利用机载单波段的合成孔径雷达（SLAR）进行森林资源调查和森林制图研究，随着 Seasat SAR（1978）、SIR-A（1981）、SIR-B（1984）和 JERS-1、SAR 4 个单波段（L）单极化（HH）星载 SAR 系统，以及多波段多极化的 SIR-C/X-SAR（1994）系统成功发射，合成孔径雷达（SAR）在区域和全球森林生物量估测和全球生态系统研究中发挥了愈来愈大的作用。Harren（1995）的研究表明用 SIR-C/X-SAR 估测针叶林生物量效果很好，可较精确地估算针叶林的占地面积，以及树枝生物量、树冠生物量、树桩生物量和树叶生物量。

7.3.1.3 激光雷达遥感估测森林生物量

激光雷达遥感即激光探测与测距，是一种类似雷达的主动式遥感技术，利用的是激光光波而不是无线电波。激光具有快速、准确穿透云层的能力，其光束能在云层中传播，可以观测许多地表特征和低空大气现象，且激光雷达的传感器能直接测出树高。通过已经建立了活立木的数量或木材蓄积量与地面调查得到的直径或单株树高之间的非线性生长模型，求出生物量；也能根据树高建立生物量模型，从而估测出森林生物量。但是激光雷达和其他光学遥感技术都受到大气条件的限制，其信号在到达地面之前会被削弱。相对于其他遥感手段而言，激光雷达的成本太高，尽管在提取空间位置信息上有其优势，但却忽略了反映对象特征的其他信息如光谱信息。由于林业管理者和规划者缺乏使用激光雷达遥感技术的经验，所以激光雷达并未受到重视。

7.3.2 生物量和碳储量遥感估算模型

7.3.2.1 经验模型

经验模型是根据实验区内样地生物量与遥感图像上植被的物理参数、反射光谱特征或不同通道雷达数据间存在的相关关系进行回归拟合，按像元计算生物量的方法。该类模型是通过对遥感信息参数和地面观测的森林生物量进行相关分析，并建立两者的拟合方程来估算生物量。但纯粹的经验关系会随地域、植被类型、生长季，以及传感器的变化而变化，在有限的实测样本支持下难以构建统一的估测模型，导致模型应用的普适性较差。

常用的遥感估算经验模型主要有线性回归模型、非线性回归模型、多元回归模型、K-最邻近分类法、人工神经网络法、支持向量机法、随机森林回归、Cubist 回归等模型。线性回归模型、非线性回归模型、多元回归模型三类模型往往就是根据林木生物量和遥感因子之间的相关性，采用线性、非线性或多元回归的方法构建其经验模型，从而估算生物量。K-最邻近分类法是在综合考虑某一像元最邻近的 K 个实测样点生物量影响权重的基础上计算的，该方法主要靠周围有限的邻近的样点观测数据来估算森林生物量，因此，样点的分布将直接影响估算结果的准确性。人工神经网络法是以模拟人脑神经系统的结构和功能为基础建立的一种数据分析处理系统，在进行知识获取时，由研究者提供样本和相应的解，通过特定的学习算法对样本进行训练，通过网络内部自适应算法不断修改权值分布以达到应用要求。目前，提取森林生物量神经网络模型很多，如线性网络、回归网络、后向神经网络（BP）、感知器神经网络（MLP）及径向基函数神经网络（RBF）等。支持向量机法通过将实际问题按照非线性对应关系映射到高维特征空间，之后在高维特征空间中进行线性回归，从而取得在原始空间的非线性回归效果；由于在高维特征空间中计算存在"维数灾难"问题，为了解决计算上的技术问题，必须将高维特征空间中的运算转化为常用的核函数运算。目前常用的核函数有线性核函数、多项式核函数、径向基核函数、多层感知机核函数等。随机森林回归法是基于决策树算法，是一类以多棵决策树为基本分类器的组合分类器算法，它利用 bootstrap 抽样方法从原始训练集抽取 k 个与原始训练集一样的样本容量的样本集，然后分别对 k 个样本集分别建立 k 个决策树模型，并由这 k 个决策树模型对每个记录进行预测，得到 k 组预测值；最后，对这 k 组预测值进行平均，得到每个记录的最终预测值。Cubist 模型是通过创建有序的迭代模型树来建立推进式的模型树组，组中的第一棵树遵循 M5 模型树的规则，随后的树是训练集结果的调整版本，如果模型过高预测了一个值，那么下一个模型响应为向下调整，依此类推。与传统的推进式不同，每个组的阶段权重不会用于每个模型树的预测结果的平均，最终的预测仅是每个模型树预测结果的简单平均。

一般来说，经验模型，尤其是普通线性回归、非线性回归及多元回归模型，经验公式较为简单直观地反映了林木生物量与遥感因子、地形因子以及林分因子间的关系。但模型精度往往不高，如要提高模型精度，需要大量样点观测数据，并且精度受树种和区域背景因子的影响。K-最邻近分类法、人工神经网络法、支持向量机法、随机森林回归、Cubist 回归等回归方法采取决策树等算法进行模型拟合，在一定程度上获得了较高的模型拟合精度，但很难解释模型变量和输出数据之间的关系，不能像一般回归模型那样通过简单的经验公式直观表达。

总之，由于地形对卫星接收反射信号的影响，经验统计模型估算的森林地上生物量精度受到很大影响，利用植被指数和生物量建立的统计关系受土壤等下垫面背景的光谱特征影响比较明显(Elvidge and Lyon，1985)，统计模型只能用于特定的研究区域和数据源，同时植被冠层的反射特征也受到外界条件的影响，利用植被的光谱特征和植被结构参数建立的统计关系不适合在区域尺度和多传感器之间应用(王新云等，2016)。

7.3.2.2　物理模型

为了克服经验模型的缺陷，许多学者提出了基于植被二向反射特征的物理模型，该模型充分考虑了地物散射与大气散射的主要差别，其机理明确，且不受植被类型影响，成为国内外学者研究的热点，但也存在模型复杂、解非唯一性等问题。遥感物理模型通过输入林分几何结构、地形特征、纯像元的光谱信息来模拟图像像元的光谱特性，输出林分的生态参数(王新云等，2016)。目前应用于提取森林地上生物量的模型主要有辐射传输模型(radiative transfer model)和几何光学模型(geometric optical model)。

辐射传输模型描述了太阳辐射在植被生产力形成生理过程中的吸收、反射、透射以及大气中的传输。其基本原理是，把植被冠层看成一个水平均匀散射的整体介质，按高度切分成许多层，并测定每层中的叶面积和光强，建立光线辐射传输与植被冠层结构参数的联系，据此反演冠层内的结构(包括树高、密度和 LAI)并输出生物量。由于光合有效辐射是生物量的基本能量来源，辐射传输模型所输出的光合有效辐射(在不受水分、养分、温度限制情况下)与植被生物量的增长量成正比，模型具有较好的理论意义。此类模型对植被反射过程的描述很接近于实际，但计算复杂，应用时常常需从事先编制好的反射率查找表中搜索和测量值最接近的值作为输入参量。此外，该类模型假设植被冠层为水平均匀散射的介质，但森林植被在遥感像元尺度上多表现为非连续分布，这就造成估算的不确定性。目前，辐射传输模型只应用在小范围内提取森林地上生物量。

几何光学模型考虑地物的宏观几何结构，假定地物为具有已知几何形状和光学性质并按一定方式排列的几何体，该模型基于"景合成模型"，引入了光照植被、阴影植被、光照地面和阴影地面 4 个分量的概念，根据 4 个分量在不同光照和观测条件下的几何—光学关系建立二向反射分布模型，从而估算地表参数。

7.3.2.3　综合模型

综合模型是利用统计模型和物理模型共同进行反演的方法，它是结合经验模型与物理模型优点的半经验模型，综合模型借助遥感信息和植被信息、气象因子等来建立，由于包含了更多的信息量，可以更加精确地反映植被的生物物理参数。半经验模型通常有：Roujean 模型、Verstraete 模型、Wanner 核驱动模型等。综合模型集合了经验模型与物理模型的优点，通常使用的参数很少，但这些参数多少具有一定的物理学意义。

7.3.2.4　机理模型

机理模型(或过程模型)是建立在人们对生态系统理解的基础上，利用不同空间、时间和光谱分辨率的遥感数据反演机理模型生理生态参数的模型。其与仅用遥感信息参数与生产力简单经验关系来估算生产力的方法相比，机理模型更强调对生态系统内部各种作用过程的描述，估算结果一般也更为可靠（徐新良和曹明奎，2006）。生态学过程模型的生理生态机制清晰，估算结果也较准确，但生态系统过程模型是在均质的斑块和多斑块水平上模拟和预测生态系统结构和功能的变化过程，模型比较复杂，所需要的参数多且难以获得，区域尺度转换比较困难，它适用于空间尺度较小、均质斑块上的生物量估算（李贵才，2004）。此外，生理生态过程包括生物地球化学循环之间地球生物化学和水循环之间以及各种物种之间复杂的相互作用，无论模型如何精细和复杂，也无法包括以上过程的所有机制，因此，生理生态过程模型目前主要用于检验限制生态系统生物产量的环境因子。

目前比较有代表性的模型主要有：CENTURY 模型、CASA 模型、GLO-PEM 模型、BIOME-BGC 模型等。CENTURY 模型最早由美国科罗拉多州立大学的 Parton 等（1987）建立，该模型作为著名的地球生物化学模型之一，在国际上产生了深远的影响。模型以月为时间步长，最初是基于美国大平原——科罗拉多草地生态系统基础上建立的土壤碳、氮、磷、硫元素的模型。在草地生态系统中，模拟效果良好，经过升级改进后，推广应用到森林生态系统研究中，模拟土壤与植被系统间碳、氮、磷、硫的长期动态。在研究森林生态系统时，CENTURY 模型包括 3 个子模型：土壤有机质子模型、水分子模型和森林子系统。张仟雨等（2015）和方东明等（2012）利用 CENTURY 模型对大兴安岭地区的兴安落叶松林生态系统进行了本地参数化，并对模型进行了火烧强度等级的划分，开展了不同火烧强度下兴安松叶土壤碳库、植物体碳库及碳吸收能力占陆地生态系统净第一生产力和土壤异养呼吸等碳收支的动态模拟；蒋延玲和周广胜（2001）利用 CENTURY 模型对大兴安岭落叶松林土壤有机碳含量进行了研究；Kelly 等（1997）研究指出，CENTURY 模型模拟有枯枝落叶层的森林土壤有机碳的变化时，存在严重的结构性问题。该模型以大量的数据参数为依据，但是部分参数的获取比较困难，而且由于长时间序列上观测资料的缺失，对 CENTURY 模型模拟结果的准确性会造成很大的影响，这就要求我们在模型运行之前须取得准确、合适的参数，进而保证模型可以顺利运行。

CASA 模型是基于光能利用率的一个过程模型，在全球以及区域生产力的估算中有着广泛的应用，光能利用率的准确估算是利用 CASA 模型模拟生产力的关键因素之一，模型作者提出在理想状态下植被存在着最大光能利用率，不同植被类型的月值为 0.389gC/MJ。事实上，不同植被类型的光能利用率存在着很大差异，受到温度、水分、土壤、植物个体发育等因素的显著影响，把它作为一个常数在全球范围内使用会引起很大的误差。因此，利用光能利用率过程模型模拟植被生产力，关键在于对光能利用率的准确估算（董丹和倪健，2011）。该模型在我国和区域植被生产力的模拟中也发挥了很大作用（朴世龙等，2001），但因为涉及的参数多，不同植被类型光能利用率的准确赋值困难，因此该模型依然缺乏广泛和细致的应用（董丹和倪健，2011）。

GLO-PEM（global production efficiency model）是一个完全由遥感资料驱动的生产力效率模型，主要由描述冠层辐射吸收、利用、自养呼吸以及这些过程如何受环境条件控制等几个相互联系的部分组成。GLO-PEM 模型的一个显著特点就是该模式完全由从卫星遥感资料中得到的驱动变量，且模式中包含纠正卫星轨道偏移影响的算法。此外，该模型是基于植物光合作用和自养呼吸的机理过程，而不是对各种植被类型值进行规定或调整来估算光利用效率。目前，GLO-PEM 已被广泛用于在区域及全球尺度对 NPP 的时空变化进行了估算和评价（刘卫国，2007）。

BIOME-BGC 模型是模拟全球生态系统不同尺度（局地生态系统、区域生态系统、全球生态系统）植被、凋落物、土壤中水、碳、氮储量和通量的生物地球化学模型。该模型由 FOREST-BGC 模型发展而来，是一种平衡态的生态系统模型，应用空间分布资料，包括气候、海拔、植被和水分条件对每年、每天的碳进行估计（曾慧卿等，2008）。该模型以日为时间步长对生态系统进行有效模拟，主要驱动包括 3 部分：

①初始化文件：主要包括研究地的经纬度、海拔、土壤有效深度、土壤颗粒组成、大气中 CO_2 浓度年际变化、植被类型的选择以及对输入输出文件的设定等；

②以日为步长的气象数据：最高气温、最低气温、日间平均气温、降水量、饱和蒸气压差、太阳辐射等；

③生态生理指标参数：包括 44 个参数，如叶片碳氮比、细根碳氮比、气孔导度、冠层消光系数、冠层比、叶面积、叶氮在羧化酶中的百分含量等。

思 考 题

1. 简述森林生物量和碳储量的组成结构特点及其变化规律。

2. 简述常用的生物量和碳储量估算参数，并阐述生物量因子估算模型的主要类型。

3. 简述森林生物量模型的主要类型。

4. 简述相容性生物量模型的主要类型及其模型构建技术。

5. 简述混合效应模型的特点及其在生物量估算中的应用。

6. 简述空间回归模型的主要类型及其在生物量估算中的应用。

7. 简述生物量和碳储量遥感估测的主要遥感数据源的特点及其适用性，以及主要的生物量和碳储量遥感估算模型及其特点。

参考文献

陈瀚阅，黄文江，牛铮，等. 2012. 基于几何光学模型的人工林叶面积指数遥感反演［J］. 地理信息科学学报，14（3）：358 - 365.

戴小华，余世孝. 2004. 遥感技术支持下的植被生产力与生物量研究进展［J］. 生态学杂志，23（4）：92 - 98.

邓祥征，赵永宏，战金艳，等. 2009. 农田土壤碳汇估算模型与应用研究述评［J］. 安徽农业科学，35（5）：17649 - 17652.

董丹，倪健. 2011. 利用 CASA 模型模拟西南喀斯特植被净第一性生产力［J］. 生态学报，31（7）：1855 - 1866.

董利虎. 2015. 东北林区主要树种及林分类型生物量模型研究［D］. 哈尔滨：东北林业大学博士论文.

董利虎，张连军，李凤日. 2015. 立木生物量模型的误差结构和可加性［J］. 林业科学，51（2）：28 - 36.

董利虎，李凤日，宋玉文. 2015. 东北林区 4 个天然针叶树种单木生物量模型误差结构及可加性模型[J]. 应用生态学报，26(3)：704 - 714.

方东明，蒋延玲，周广胜，等. 2012. 基于 CENTURY 模型模拟火烧对大兴安岭兴安落叶松林碳动态的影响[J]. 应用生态学报，23(9)：2411 - 2421.

冯宗炜，王效科，吴刚. 1999. 中国森林生态系统的生物量和生产力[M]. 北京：科学出版社.

蒋延玲，周广胜. 2001. 兴安落叶松林碳平衡和全球变化影响研究[J]. 应用生态学报，12(4)：481 - 484.

李春明. 2010. 混合效应模型在森林生长模型中的应用[D]. 北京：中国林业科学研究院博士论文.

李春明. 2009. 混合效应模型在森林生长模型中的应用[J]. 林业科学，45(4)：131 - 138.

李春明. 2012. 基于混合效应模型的杉木人工林蓄积联立方程系统[J]. 林业科学，48(6)：80 - 88.

李德仁，王长委，胡月明，等. 2012. 遥感技术估算森林生物量的研究进展[J]. 武汉大学学报（信息科学版），37(6)：631 - 635.

李贵才. 2004. 基于 MODIS 数据和光能利用率模型的中国陆地净初级生产力估算研究[D]. 北京：中国科学院遥感应用研究所.

李海奎，雷渊才. 2010. 中国森林植被生物量和碳储量评估[M]. 北京：中国林业出版社.

李江，翟明普，朱宏涛，等. 2009. 思茅松人工中幼林的含碳率研究[J]. 福建林业科技，36(4)：12 - 15.

刘卫国. 2007. 新疆陆地生态系统净初级生产力和碳时空变化研究[D]. 乌鲁木齐：新疆大学博士学位论文.

娄雪婷，曾源，吴炳方. 2011. 森林地上生物量遥感估测研究进展[J]. 国土资源遥感，88：1 - 8.

罗天祥. 1996. 中国主要森林类型生物生产力格局及其数学模型[R]. 北京：中国科学院自然资源综合考察委员会.

罗云建，王效科，张小全，等. 2013. 中国生态系统生物量及其分配研究[M]. 北京：中国林业出版社.

罗云建，张小全，侯振宏，等. 2007. 我国落叶松林生物量碳计量参数的初步研究[J]. 植物生态学报. 31(6)：1111 - 1118.

罗云建，张小全，王效科，等. 2009. 森林生物量的估算方法及其研究进展[J]. 林业科学，45(8)：129 - 133.

马钦彦，陈遐林，王娟，等. 2002. 华北主要森林类型建群种的含碳率分析[J]. 北京林业大学学报，24(5/6)：96 - 100.

孟宪宇. 2006. 测树学[M]. 3 版. 北京：中国林业出版社.

欧光龙，胥辉. 2015. 环境灵敏的思茅松天然林生物量模型构建[M]. 北京：科学出版社.

欧光龙，王俊峰，肖义发，等. 2014. 思茅松天然林单木生物量地理加权回归模型构建[J]. 林业科学研究，27(2)：213 - 218.

朴世龙，方精云，郭庆华. 2001. 利用 CASA 模型估算我国植被净第一性生产力[J]. 植物生态学报，25(5)：603 - 608.

唐守正，张会儒，胥辉. 2000. 相容性生物量模型的建立及其估计方法研究[J]. 林业科学研究，36(专刊1)：19 - 27.

王聪，杜华强，周国模，等. 2015. 基于几何光学模型的毛竹林郁闭度无人机遥感定量反演[J]. 应用生态学报，26(5)：1501 - 1509.

王新云，郭艺歌，何杰. 2016. 基于 HJ1B 和 ALOS/PALSAR 数据的森林地上生物量遥感估算[J]. 生态学报，36(13)：4109 - 4121.

王维枫，雷渊才，王雪峰，等．2008．森林生物量模型综述［J］．西北林学院学报，23（2）：58－63．

胥辉，刘伟平．2001．相容性生物量模型研究［J］．福建林学院学报，21（1）：18－23．

胥辉，张会儒．2002．林木生物量模型研究［M］．昆明：云南科技出版社．

徐新良，曹明奎．2006．森林生物量遥感估算与应用分析［J］．地球信息科学，8（4）：122－128．

曾慧卿，刘琪璟，冯宗炜，等．2008．基于 BIOME-BGC 模型的红壤丘陵区湿地松（*Pinus elliottii*）人工林 GPP 和 NPP［J］．生态学报，28（11）：5314－5321．

曾伟生，唐守正．2010．利用混合模型方法建立全国和区域相容性立木生物量方程［J］．中南林业调查规划，29（4）：1－6．

曾伟生，张会儒，唐守正．2011．立木生物量建模方法［M］．北京：中国林业出版社．

张小全，武曙红．2010．林业碳汇项目理论与实践［M］．北京：中国林业出版社．

张仟雨，李萍，宗毓铮，等．2015．CENTURY 模型在不同生态系统中的研究与应用［J］．山西农业科学，43（11）：1563－1566．

Brown S，Lugo A E. 1984. Biomass of tropical forests：A new estimate based on forest volumes［J］. Science，233（4642）：1290－1293．

Elvidge C D，Lyon R J P. 1985. Influence of rock-soil spectral variation on the assessment of green biomass［J］. Remote Sensing of Environment，17（3）：265－279．

Fang J Y，Chen A P，Peng C H，*et al.* 2001. Changes in forest biomass carbon storage in China between 1949 and 1998［J］. Science，292（5525）：2320－2322．

Fang J Y，Liu G H，Xu S L. 1998. Forest biomass of China：An estimation based on the biomass-volume relationship［J］. Ecological Applications，8（4）：1084－1091．

Fehrmann L，Lehtonen A，Kleinn C，*et al.* 2008. Comparation of linear and mixed-effect regression models and a K-nearest neighbour approach for estimation of single-tree biomass［J］. Canadian Journal of Forest Research，38（1）：1－9．

Fu L Y，Zeng W S，Tang S Z，*et al.* 2012. Using linear mixed model and dummy variable model approaches to construct compatible single-tree biomass equations at different scales-A case study for Masson pine in Southern China［J］. Journal of Forest Science，58（3）：101－115．

IPCC. 2006. IPCC Guidelines for national greenhouse gas inventories：Agriculture，Forestry and other Landuse［R］. Kanagawa（Japan）：Institute for Global Environmental Strategies. http：//www.ipcc-nggip.iges.or.jp/public/2006gl/vol4.html.

Nishio M. 2008. IPCC 4th Assessment Report Climate Change 2007［J］. Energy & Resources，29（3）：134－138．

IPCC. 2003. Good practice guidance for Land use，Land-use Change and Froestry［R/OL］. Kanagawa（Japan）：Institute for Global Environmental Strategies［2012-05-01］http：//www.ipcc-nggip.iges.or.jp/public/gpglulucf/gpglulucf-contents.html.

Kelly R H，Parton W J，Crocker G J，*et al.* 1997. Simulatingtrendsin soil organic carbon in long-term experiments using the CENTURY model［J］. Geoderma，81（1－2）：75－91．

Lieth H，Whittaker R H. 1975. Primary productivity of biosphere［M］. New York：Springer.

Muukkonen P. 2007. Forest inventory-based large-scale forest biomass and carbon budget assessment：new enhanced methods and use of remote sensing for verification［R］. Helsinki：Department of Geography，University of Helsinki.

Návar J. 2009. Allometric equations for tree species and carbon stocks for forests of northwestern Mexico［J］. Forest Ecology and Management，257（2）：427－433．

Patton W J, Schimel D S, Cole C V, et al. 1987. Analysis offactor controlling soil organic mattern levels in Great Plains Grasslands[J]. Soil ScienceSocietyofAmerican Journal, 51(5): 1173 – 1179.

Parresol B R. 1999. Assessing tree and stand biomass: A review with examples and critical comparisons [J]. Forest science, 45(4): 573 – 593.

Parresol B R. 2001. Additivity of nonlinear biomass equations[J]. Canadian Journal of Forest Research, 31(5): 865 – 878.

Pinheiro J C, Bates D M. 2000. Mixed effects models in S and S-plus[M]. New York: Springer Verlag.

Ter-Mikaelian M T, Korzukhin M D. 1997. Biomass equations for sixty-five North American tree species [J]. Forest Ecology and Management, 97(1): 1 – 24.

West G B, Brown J H, Enquist B J. 1997. A general model for the origin of allometric scaling laws in biology[J]. Science, 276(5309): 122 – 126.

West G B, Brown J H, Enquist B J. 1999a. A general model for structure and allometry of plant vascular systems[J]. Nature, 400(6745): 664 – 667.

West G B, Brown J H, Enquist B J. 1999b. The fourth dimension of life: fractal geometry and allometric scaling of organisms[J]. Science, 284(5420): 1677 – 1679.

West G B, Niklas K J. 2002. Allometric scaling of metabolic rate from molecules and mitochondria to cells and mammals[J]. Proceedings of the National Academy of Sciences of the United States of America, 99(S1): 2473 – 2478.

West P W. 2009. Tree and forest measurement[M]. 2nd edition. Berlin: Springer.

Zianis D, Muukkonen P, Makipaa R, *et al.* 2005. Biomass and stem volume equations for tree species in Europe[R]. Silva Fennica Monographs, Tampere: Tammer-Paino Oy.

第**8**章

森林资源评估

森林资源按其物质形态分为森林生物资源、森林土地资源以及森林环境资源。森林生物资源中的林木资源与森林土地资源是森林的物质内涵，它仅是森林资源中具有资产性质的一部分经济资源，是林业赖以生存和发展的物质基础，而森林环境资源是通过发挥森林的生态功能，为人类带来生态效益。在森林资源日益短缺的情况下，对森林资源价值即森林资源资产价值和森林生态效益进行评估显得尤为重要。

8.1 森林资源资产评估

森林资源资产是指由特定主体拥有或控制并能带来经济利益的，用于生产、提供商品等的森林资源，包括森林、林木、林地、森林景观等。森林资源资产是自然资源资产的主要组成部分，是一种具有再生能力的自然资源资产。森林资源资产作为一种能带来收益的商品，主要指林木资源资产和林地资源资产。

森林资源作为资产不仅具有一般资产的特点，即获利性、占有性、变现性和可比性；也具有其独特性，包括经营的永续性、再生的长期性、分布的辽阔性、功能的多样性和管理的艰巨性。

8.1.1 森林资源资产评估概述

8.1.1.1 森林资源资产的评估与界定

森林资源资产评估是指评估人员依据相关法律、法规和资产评估准则，在评估基准日，对特定目的和条件下的森林资源资产价值进行分析、估算，并发表专业意见的行为和过程。

森林资源资产同一般资产一样也需要进行界定，其界定包括两方面内容：一方面，界定森林资源资产的物质内涵，即哪些是森林资源资产，哪些不是；另一方面，界定森林资源资产的所有权，即要确定森林资源资产的占有权、使用权、收益权和处置权。在进行森林资源资产界定时，应遵循一定的原则，主要包括以法律为依据的原则；国家所有权受特殊保护的原则；维护其他非国有经济主体合法地位的原则和"谁投资、谁占有、谁受益"的原则。

8.1.1.2　森林资源资产评估的主体、依据和特点

森林资源资产评估的主体是指对森林资源资产进行评估的机构和从事评估的人员。评估的依据有法律法规依据、准则依据、产权依据和作价依据。

森林资源资产评估除了具有一般资产评估的特点外，包括市场性、公正性、专业性、咨询性、综合性、时效性、规范性、权威性、责任性和危险性，还具有自身的特点，主要有：①林地资源资产和林木资源资产的不可分割性；②森林资源资产的可再生性；③森林资源资产的长周期性；④森林资源资产效益的多样性；⑤森林资源资产核查的艰巨性。

8.1.1.3　森林资源资产评估的原则及假设

(1) 森林资源资产评估的原则

森林资源资产在评估过程中必须遵循一定的原则，包括评估工作原则和评估经济技术原则。评估工作原则主要有公平性原则、科学性原则、客观性原则、独立性原则和可行性原则；而评估经济技术原则主要包括：

①预期收益原则：预期收益原则是以技术原则的形式概括出森林资源资产及其资产价值的最基本的决定因素。森林资源资产价值的高低主要取决于它能为其所有者或控制者带来预期收益量的多少，是评估人员判断资产价值的一个最基本依据。

②供求原则：供求规律对商品价格形成的作用力同样适用于资产价值评估，评估人员在判断森林资源资产价值时应充分考虑和依据供求原则。

③贡献原则：从一定意义上将，贡献原则是预期收益原则的一种具体化原则。它也要求森林资源资产价值的高低要由森林资源资产的贡献来决定。

④替代性原则：在森林资源资产评估中存在着评估数据、评估方法等的合理替代问题，正确运用替代原则是公正进行森林资源资产评估的重要保证。

⑤评估时点原则：市场是变化的，森林资源资产的价值会随着市场条件的变化而不断改变，为了使森林资源资产评估得以操作，同时，又能保证森林资源资产评估结果可以被市场检验，在森林资源资产评估时，必须假定市场条件固定在某一时点，这一时点就是评估基准日。

(2) 森林资源资产评估的假设

森林资源资产评估与其他学科一样，其理论和方法体系的确立也是建立在一系列假设基础上的，其中交易假设、公开市场假设、持续使用假设和清算假设是森林资源资产评估中的基本前提假设。

①交易假设：交易假设是假定所有待评估森林资源资产已经处在交易过程中，资产评估师根据评估森林资源资产的交易条件模拟进行市场评估。

②公开市场假设：公开市场假设是对森林资源资产拟进入的市场条件，以及森林资源资产在该市场条件下形成何种影响的一种假定说明或限定。

③持续使用假设：持续使用假设首先设定被评估森林资源资产正处于使用状态，包括正在使用中的森林资源资产和背影的森林资源资产；其次根据有关数据和信息，

推断这些处于使用状态的森林资源资产还将继续使用下去。

④清算假设：清算假设是对森林资源资产在非公开市场条件下被迫出售或快速变现条件的假定说明。清算假设首先是被评估森林资源资产面临清算或具有潜在的被清算的可能性，再根据相应数据资料推定被评估森林资源资产处于被迫出售或快速变现的状态。

8.1.1.4　森林资源资产评估的特定目的及价值类型

森林资源资产评估的特定目的是指某项具体的森林资源资产评估所要达到的具体目的和结果。它是以森林资源资产在经济行为汇总的特定需要为目的，其特定的需要主要指资产转让、企业兼并、企业出售、企业联营、股份经营、企业清算、担保、企业租赁、债务重组和中外合资、合作等。

根据《资产评估价值类型指导意见》规定，资产评估的价值类型包括市场价值类型和市场价值以外的价值类型。市场价值以外的价值类型包括投资价值、在用价值、清算价值、残余价值等。

8.1.1.5　森林资源资产评估程序和要求

1）森林资源资产评估的具体程序

（1）明确森林资源资产评估业务基本事项

由于森林资源资产评估业务的特殊性，森林资源在评估程序甚至在评估机构接受业务委托前就已开始。森林资源资产评估机构和评估人员在接受森林资源资产业务委托前，应当采取与委托人等相关当事人讨论、阅读基础资料、进行必要的初步调查等方式，与委托人等相关当事人明确以下森林资源资产评估业务基本事项：

①委托方与相关当事方基本状况：评估人员应当了解委托方基本状况、产权持有者相关当事方基本情况，有利于提供良好服务，也降低评估风险。

②森林资源资产评估目的：评估人员应当与委托方就森林资源资产评估目的达成共识，并尽可能细化，说明森林资源资产评估业务的具体目的和用途。

③评估对象基本情况：评估人员应当了解评估对象及其权益基本情况，如法律、经济和物理情况。

④价值类型及定义：评估人员应当在明确森林资源资产评估目的的基础上，恰当确定价值类型，确信所选择的价值类型适用于森林资源资产评估的目的。

⑤森林资源资产评估基准日：评估人员与委托方沟通，了解并明确森林资源资产评估的基准日。

⑥森林资源资产评估限制条件和重要假设：评价机构和评估人员应在承接评估业务之前，充分了解所有对森林资源资产评估业务可能构成影响的限制条件和重要假设，以便进行必要的风险评价，更好地为客户服务。

⑦其他需要明确的注意事项：评估人员在明确上述资产评估基本事项基础上，应当分析评估项目风险、专业胜任能力等，确定是否承接森林资源资产评估业务。

（2）签订森林资源资产评估业务的约定书

森林资源资产评估业务约定书是评估机构与委托人共同签订的，确认森林资源资产评估业务的委托与受托关系，明确委托目的、被评估森林资源范围及双方权利义务等相关重要事项的合同。

（3）编制森林资源资产评估计划

评估人员应编制森林资源资产评估计划，对评估过程的每个工作步骤、时间及人力进行规划和安排，以确保高效完成评估工作。

（4）现场调查

森林资源资产评估人员执行评估业务，应对评估对象进行实地核查，有助于有针对性的收集资料、分析工作。

（5）收集森林资源资产评估资料

评估人员应根据森林资源资产评估工作的具有情况收集相关资料，以保证评估工作的顺利进行。

（6）评定估算

评估人员在相关资料的基础上，选择恰当的评估方法，综合分析确定评估结论。

（7）编制和提交森林资源资产评估报告

评估人员在执行必要的资产评估程序、形成评估结论后，应按照有关森林资源资产评估报告的准则与规范编制森林资源资产评估报告。

（8）森林资源资产评估工作底稿归档

评估人员在向委托人提交森林资源资产评估报告后，应当及时将森林资源资产评估工作底稿归档。

2）执行森林资源资产评估程序的基本要求

评估人员应当在国家和资产评估行业规定的范围内，建立、健全森林资源资产评估程序制度；评估人员执行森林资源资产评估业务，应根据具体森林资源资产评估项目情况和森林资源资产评估程序制度；森林资源资产评估机构应建立相关工作制度，指导和监督森林资源资产评估项目经办人员实施森林资源资产评估程序；如由于森林资源资产评估项目的特殊性，评估人员无法或没有履行森林资源资产评估程序的某个基本环节，或受到限制无法实施完整的评估程序，评估人员应考虑这种状况及其对评估结论可能造成的影响，必要时应当拒绝接受委托或终止评估工作；评估人员应当将森林资源资产评估程序的组织实施情况记录于工作底稿，并将主要评估程序执行情况在评估报告中予以披露。

8.1.2 林地资源资产评估

8.1.2.1 现行市价法

现行市价法是在同一林区内选取 3 个或 3 个以上与被评估林地条件类似的其他林地的实际交易案例的价格进行比较调整，来评定林地资源价值的方法。该方法可应用于森林资源市场较为发达和完善的地区。但在林地交易市场不健全地区，在同一区位内的交易案例较少，加之林地本身的差异较大，采用该方法时通常要将原来的卖价按被评估林地与交易案例林地的差异进行修正。修正时考虑的主要因素有：林地立地条件等级和其他自然条件的差异；林地地利等级（即运输条件上的差异）；评估基准日的差异（林地评估的基准日与交易案例评估基准日的时间差异）；有林地与无林地的差异；林地面积、形状及相邻林地使用情况的差异等。在用正常市场交易案例评定林地地价时，加分析以上因子，确定调整系数，将其量化。

林地地位级的差异，常采用该地区交易林地的地位级主伐时的木材预测产量与被评估林地地位级预测主伐时产量来进行修正。

$$K_1 = \frac{评估对象立地等级的标准林分在主伐时的蓄积量}{参照林地立地等级的标准林分在主伐时的蓄积量} \tag{8-1}$$

地利等级差异反映的是林地采、集、运生产条件的反映，一般用其生产成本来确定。地利等级调整系数的计算公式如下：

$$K_2 = \frac{现实林分地利级主伐时的立木价}{参照林分地利级主伐时的立木价} \tag{8-2}$$

林地评估的基准日与交易案例评估基准日的时间差异通常采用物价指数法。具体公式为：

$$K_3 = \frac{评估基准日的木材销售价格}{交易案例评估基准日的木材销售价格} \tag{8-3}$$

其他因子的修正由于很难用公式表现出来，只能按实际情况进行评分，将其综合评分确定为量化指标。

修正后的林地现行市价法的公式为：

$$S_u = K_1 K_2 K_3 K_4 G S \tag{8-4}$$

式中　S_u——林地资源资产价值；

　　　G——参照案例的单位面积林地交易价值；

　　　S——被评估林地面积；

　　　K_1——立地质量调整系数；

　　　K_2——地利等级调整系数；

　　　K_3——物价指数调整系数；

　　　K_4——其他各因子的综合调整系数。

在应用该方法时，首先要慎重选择与被评估地类似的交易案例，且交易案例的价值必须真实、合理。其次，在对各因子进行修正时要收集足够的资料和信息，在此基础上进行综合分析和判定。

8.1.2.2　林地费用价

林地费用价又叫土地费用价，它是取得林地的费用和将林地维持到现在的状态所需的费用之和，在评价时用本利和表示。因费用根据林地取得的情况及后来对林地投入的情况而有不同，故不能用一定的公式表示。林地费用价一般由下列 3 种费用构成：

①购买林地及其他为取得林地所需的费用。

②林地取得后，为造成适合于林木的培育状态而投入的林地改良费用。

③从投入上述费用的时候开始到评价时为止的年间费用的利息。

当评定的林地是近几年购进的，则比较容易计算费用价。

例如：设 n 年前以 V_0 元的价格买入，m 年前投入 G 元作为林地改良费用时，林地费用价为：

$$S_u = V_0 (1 + p)^n + G (1 + p)^m \tag{8-5}$$

但当 n 年前以 V_0 元的价格购入林地后，每年投入改良费用 G 元，共投入 n 年时，其费用价可按下式计算：

$$S_u = V_0 (1 + p)^n + [G (1 + p)^n - 1]/p \tag{8-6}$$

由于林地的取得除购入方式外，还可通过转让、继承、抵押权移交，共有地的分割分配等方式实现，所以按林地费用价评定是有一定的困难的。但当林地及其投资费用较明确，且处于以下 3 种情况时，可以采用林地费用价。

①为了卖掉林地，至少打算收回所投入到林地上的费用时；

②投入到林地上的资金，需要知道如何提高经济效果时；

③该林地生产力不明，而且按市价或期望价评价有困难时。

尽管很早以前就有林地费用价或土地费用价的定义，但近年来却产生了与此相类似的概念，如根据取得林地的成本直接进行评价的林地成本价法。即只考虑投入林地的整地、修建道路等林地改良费用，而不考虑这些费用的利息。但是，如果从取得林地到现在为止这一期间内，价格有所变动，可以根据当地林地价格的变动情况，用价格推移指数进行修正。

8. 1. 2. 3　林地期望价

林地期望价是指该林地的作业永续的进行，并能取得期望纯收益的前价合计。由于林地期望价的计算公式因林分的特征及作业法的不同而存在差异，所以下面将对主要作业法的传统评价方法进行说明。

林地期望价的计算公式本来是以实行皆伐的林地为对象发展起来的。最普遍的就是在无林地上人工造林，并按一定的伐期龄永久反复实行皆伐作业的情况下导出的。今假设某林地的收益分为主伐收益 (A_u) 和间伐收益 (D_a)，经费分为造林费 (C_t) 及每年的管理费 (V)，则同龄林林地期望价可用下列公式表示：

$$S_u = \left[A_u + D_a (1 + p)^{u-a} + \cdots - \sum_{t=1}^{u} C_t (1 + p)^{u-t+1} \right] / \left[(1 + p)^u - 1 \right] - V/p \tag{8-7}$$

式中　S_u——u 年时的林地期望价；

A_u——u 年时的主伐收益；

D_a——a 年时的间伐收益；

C_t——造林费用；

V——每年管理费用；

p——利率；

u——轮伐期。

如果知道每个轮伐期的净现值，则上述公式可以简化为：

$$S_u = a / \left[(1 + p)^u - 1 \right] \tag{8-8}$$

式中　a——轮伐期内从 T 年开始每 T 年的净收益；

u——轮伐期（年数）；

p ——利率。

林地期望价公式是以同一种作业永远继续为前提，但由于在一个轮伐期中的收益（主伐收益，间伐收益等）及费用（造林费，管理费等）所产生的时期各不相同，因此，需要把它们的价值换算成伐期时价值，然后算出林地纯收益，以此定期纯收益作为资本所求得的定期系列连续现值就是林地期望价。因而，收益越大，则 S_u 越大；而费用越大，S_u 越小；对利率 p 的关系是 p 越大，则 S_u 越小。另外，从轮伐期（u）的函数来看 S_u 的变化时，开始逐渐增加，到某个时期达到极大，以后渐减。

【例 8-1】现有某国有林场 2008 年拟出让一块面积为 $10hm^2$ 的采伐迹地，其适宜树种为杉木，经营目标为小径材（其主伐年龄为 16 年），该地区一般指数杉木小径材的标准参照林分主伐时平均蓄积为 $150m^3/hm^2$，林龄 10 年进行间伐，间伐时生产综合材 $15m^3/hm^2$。有关技术经济指标如下，请计算该林地资产评估值。

有关技术经济指标（均为虚构指标）如下：

①营林生产成本：第一年（含整地、挖穴、植苗、抚育等），4 500 元/hm^2；第二年，抚育费 1 200 元/hm^2；第三年，1 200 元/hm^2；从第一年起每年均摊的管护费用为 150 元/hm^2。

②木材销售价格：杉原木 950 元/m^3；杉综合主伐木 840 元/m^3；杉综合间伐木 820 元/m^3。

③木材水费统一计征价：杉原木 600 元/m^3；杉综合 400 元/m^3。

④木材生产经营成本：伐区设计 10 元/m^3；生产准备费 10 元/m^3；

采造成本 80 元/m^3；场内短途运输成本 30 元/m^3；仓储成本 10 元/m^3；堆场及伐区管护费 5 元/m^3；三费（工具材料费，劳动保护，安全生产）5 元/m^3；间伐材生产成本增加 20 元/m^3。

⑤税金费：育林费：按统一计征价的 12% 计；维简费：按统一计征价的 8% 计；城建税：按销售收入的 1% 计；木材检疫费：按销售收入的 0.2% 计；教育附加费：按销售收入的 0.1% 计；社会事业发展费：按销售收入的 0.2% 计；销售费用：原木 10 元/m^3，综合材 11 元/m^3；管理费用：按销售收入的 5% 计；所得税：按销售收入的 2% 计；不可预见费：按销售收入的 1.5% 计。

⑥木材生产利润：杉原木 25 元/m^3；杉综合 15 元/m^3。

⑦林业投资收益率：6%。

⑧出材率：杉原木 15%；杉综合 50%。

解：杉原木每立方米纯收益：

$950 - 10 - 10 - 80 - 30 - 10 - 5 - 5 - 600 \times 0.12 - 600 \times 0.08 - 950 \times (0.01 + 0.002 + 0.001 + 0.002 + 0.05 + 0.015 + 0.02) - 10 - 25 = 550$（元/$m^3$）

主伐杉综合材每立方米纯收益：

$840 - 10 - 10 - 80 - 30 - 10 - 5 - 5 - 400 \times 0.12 - 400 \times 0.08 - 840 \times (0.01 + 0.002 + 0.001 + 0.002 + 0.05 + 0.015 + 0.02) - 11 - 15 = 500$（元/$m^3$）

间伐杉综合材每立方米纯收益：

$820 - 10 - 10 - 80 - 30 - 10 - 5 - 5 - 20 - 400 \times 0.12 - 400 \times 0.08 - 820 \times (0.01 + 0.002 + 0.001 + 0.002 + 0.05 + 0.015 + 0.02) - 11 - 15 = 462$（元/$m^3$）

评估值为：

$$E_n = 10 \times \left[150 \times (550 \times 0.15 + 500 \times 0.50) + 15 \times 462 \times 1.06^6 - 4\,500 \times 1.06^{16} - \right.$$
$$\left. 1\,200 \times 1.06^{15} - 1\,200 \times 1.06^{14} \right] \div (1.06^{16} - 1) - 10 \times (150 \div 0.06)$$
$$= 10 \times \left[49\,875 + 9\,830 - 11\,432 - 2\,875 - 2\,713 \right] \div 1.54 - 10 \times 2\,500$$
$$= 10 \times 42685 \div 1.54 - 25\,000$$
$$= 252\,100(元)$$

8.1.3　林木资源价值评估

8.1.3.1　评估的基本方法

根据《森林资源资产评估技术规范》（试行）的规定，林木评价采用市价法、收益现值法和成本法等评价方法对林地上生长的立木价格加以评定，最终确定林木资源的资产。

1）林木市价

林木市价又叫林木买卖价或林木卖价。它是通过选定与评价的林木性质相似的林木买卖价格作为标准所评定的林木价。林木市场评定有直接法和间接法。前一种是直接以立木的买卖实例为标准来评定，后一种是以市场木材的买卖价格反算而求立木价格。

（1）直接评定法

按与评定林木在树种、树龄、直径、树高、形质、数量、采伐方式、地利条件、交易情况等类似的林木买卖实例为标准进行评价的方法。通常各种因素完全相等的林木几乎是没有的，因此用直接评定法进行客观的评价是有困难的。另外，即使有这种买卖的实例，也多限于伐期以上的林木，而幼龄或未到伐期的壮林，除特殊情况外，一般是不买卖的。因此，林木市价又叫采伐价格或伐期价格。

当直接评定林木市价时，要详细调查买卖实例的内容，当某内容与评价的林木不同时，可适当地加以调整再进行评定。另外，买卖实例与现实评价在时间上存在差异，而在此间价格有所变动时，则应根据其变动加以调整。具体的做法是对所评定的整个林木按树种，直径调查材积，将其与买卖的实例进行比较，对立木单价进行修正，然后将各自的材积乘以核定的单价，即可求得整个林木的市价。其计算公式为：

$$E = KK_b G \tag{8-9}$$

式中　E——评估值；

　　　K——林分质量调整系数；

　　　K_b——物价调整系数，可以用评估基准日工价与参照案例交易时工价之比或评估基准日某一规格的木材价格与参照案例交易时同一规格的木材价格之比；

　　　G——参照物的市场交易价格。

在使用该方法时应注意以下问题：

①合理选择评估的参照案例：该方法的评估结果主要取决于所收集的参照案例的评估价格的合理程度，故合适案例的选择是使用该方法进行评估的关键。

②正确确定调整系数：由于待评估林分与参照案例不完全一致，必须对影响评估结果的各因子进行调整和修正，使二者更加接近，提高评估结果的准确性。

③合理确定评估值：根据相关文件规定，在使用该方法时必须选用 3 个以上的参照案例。应用不同评估案例测算的结果可能存在一定的偏差，因此需根据评估林分的实际情况，综合确定一个合理的评估值。

(2)市场价倒算法

根据林产品(原木、薪材、木炭等)的市场价格进行反算，间接地对林木市价进行核定的方法叫做立木价的市场反算法。林木市价本来是以当地的林木买卖实例为标准而评定采伐价，而采伐价等于从林木采伐销售金额中减去所有采运费用后的金额，因此，通过市场价格反算可以求出山上林木价。这是假定将评价林木采伐并制成原木等产品，并运至附近市场销售为止的具体采伐运输过程来估算采运费，然后再从与其相似产品的市场价格中减去所估计的采运费，即所要评定林木的市价。其评价式为：

$$E = f V \left[\frac{A}{(1 + p + mp) - B} \right] \qquad (8\text{-}10)$$

式中　E——林木市价；f 为利用率(出材率)；

　　　A——木材产品单价；

　　　B——单位材积费用；

　　　p——企业利润率；

　　　m——资金回收期；

　　　V——立木总材积。

从式(8-10)可以看出，它是根据立木的出材率、市场单价、事业费用等计算的林木价，也就是从所要评价的林木中预计能生产多少产品，能销售多少，然后分别计算不同产品种类的单位平均价格。因此，该评价式需要估计林木的出材率，并要调查附近市场销售产品的有利预定市场价格，同时还需计算采伐运输、销售所需要的事业费用。为了保证市场价反算法能够合理评定木材市价，计算市场价就显得尤为重要。

2)收益现值法

(1)收获现值法

收获现值法是根据同龄林生长特点提出的专门用于中龄林和近熟林林木资产的评估测算方法。该方法利用收获表预测被评估森林资源资产在主伐时的纯收益的折现值，扣除评估后到主伐期间所支出的营林生产成本(评估后第二年开始支出的成本)折现值的差额，作为被评估森林资源资产评估值的一种方法。其计算公式为：

$$E_n = K \frac{A_u + D_a (1 + i)^{u-a} + D_b (1 + i)^{u-b} + \cdots}{(1 + i)^{u-n}} - \sum_{t=n+1}^{u} \frac{C_t}{(1 + i)^{t-n}} \qquad (8\text{-}11)$$

式中　E_n——n 年生林木资源资产评估值；

　　　A_u——参照林分 u 年主伐时的纯收入；

　　　D_a，D_b——参照林分第 a、b 年的间伐收入($n > a$，b 时，D_a，$D_b = 0$)；

　　　i——投资收益率；

　　　C_t——评估后到主伐期间的营林生产成本；

　　K——林分质量调整系数。

　　该方法是针对中龄林和近熟林造林年代已久，重置成本法易产生偏差，而离主伐又尚早，不能直接使用市价法的特点而提出的。该方法在使用时需注意以下问题：

　　①标准林分 u 年主伐时的纯收入预测。

　　②投资收益率的确定。

　　③评估后到主伐期间的营林生产成本。

　　④主伐时间的确定。

　　⑤间伐时间及间伐纯收入的确定。

　　⑥调整系数 K 的确定。

（2）年金资本化法

　　年金资本化法是将被评估的森林资源资产每年的稳定收益作为资本投资的收益，再按适当的投资收益率求出资产的价值。其计算公式为：

$$E = \frac{A}{i} \tag{8-12}$$

式中　E——评估值；

　　　　A——年平均纯收益额；

　　　　i——投资收益率。

　　该方法需要测定的因子少，计算方便，但其使用有严格的前提条件：

　　①待评估资产的年收入必须十分稳定。

　　②待评估资产的经营期是无限的，它可以无限期地永续经营下去。

　　该方法的使用需注意以下问题：

　　①年平均纯收益测算的准确性。

　　②投资收益率必须是不含通货膨胀率的当地该类资产的投资的平均收益率。

（3）收益净现值法

　　收益净现值法是收益法的一种，它通过估算被评估的林木资产在未来经营期内各年的预期净收益，并按一定的折现率折算为现值，累计求和得出被评估森林资源资产评估值的一种评估方法。其计算公式为：

$$E_n = \sum_{t=n}^{u} \frac{A_t - C_t}{(1 + i)^{t-n}} \tag{8-13}$$

式中　E_n——n 年生林木资源资产评估值；

　　　　A_t——第 t 年的年收益；

　　　　C_t——第 t 年的年成本支出；

　　　　u——经济寿命期；

　　　　i——折现率；

　　　　n——林分的年龄。

　　该方法常用于有经常性收益同时具有经济寿命的林木资产，如经济林林木资产。收益净现值法的测算需要预测经营期内未来各年度的经济收入和成本支出，其预测较为麻烦，通常在无法使用其他方法时才使用此方法。使用该方法时应注意两个问题：

　　①各年度收益和支出的预测；

②折现率应按基准日的价格水平进行测算。

3) 成本法

(1) 序列需工数法

序列需工数法是以现行工价(含料、工、费)和森林经营中各工序的需工数估算被评估森林资源资产的评估值。其计算公式为:

$$E_n = K \sum_{t=1}^{n} N_t B (1 + i)^{n-t+1} + KR \frac{(1 + i)^n - 1}{i} \qquad (8\text{-}14)$$

式中 E_n——n 年生林木资源资产评估值;

N_t——第 t 年需工量;

t——投资序列年份;

B——评估时的日工价;

i——投资收益率;

R——年林地使用费;

K——调整系数。

序列需工数法是林木资源资产评估中特殊的重置成本法。由于林木培育是劳动密集型行业,林木培育投入主要是劳动力的投入。将少量的物质材料费和合理费用计入工价中,直接用工数来求算除地租外的重置成本,该计算更为简单、方便。

(2) 重置成本法

在进行森林资源评估时,重置成本法是按现时的工价及生产水平,重新营造一块与被评估森林资源资产相类似的资产所需的成本费用,作为被评估森林资源资产的评估值。其计算公式为:

$$E_n = K \sum_{t=1}^{n} C_t (1 + i)^{n-t+1} \qquad (8\text{-}15)$$

式中 E_n——n 年生林木资源资产评估值;

C_t——第 t 年的以现行工价及生产水平为标准的生产成本;

i——投资收益率;

n——林分的年龄;

K——林分质量调整系数。

林分质量调整系数通常由株数调整系数 K_1、树高调整系数 K_2 和蓄积量调整系数 K_3 综合构成。

①株数调整系数 K_1:K_1 根据株数保存率 r 确定,株数保存率 r 是衡量林分造林质量的重要指标。其计算公式为:

$$株数保存率(r) = \frac{林地实有保存株数}{造林设计株数} \qquad (8\text{-}16)$$

按《森林资源资产评估技术规范》规定:在幼龄林(未成林造林地幼树)的评估中,当 $r \geqslant 85\%$,$K_1 = 1$;当 $r < 85\%$,$K_1 = r$。

②树高调整系数 K_2:按《森林资源资产评估技术规范》规定:

$$树高系数(h_r) = \frac{现实幼龄林林分平均高}{同年度参考林分标准平均树高} \qquad (8\text{-}17)$$

③蓄积量调整系数 K_3：对于已经郁闭成林的幼龄林，尤其是对年龄较大或处于幼龄末期的幼龄林林分，其调查中已有一定的蓄积量，对于将来而言，其影响因素已由考虑其是否郁闭成林逐渐向具有多少的蓄积量转变。同时由于受林分质量、木材市场价格及市场物价指数等因素的影响，还要考虑幼龄林评估价值与中龄林评估价值的平稳过渡。故对于处于幼龄林末期的林分引进蓄积量调整系数予以调整，其调整系数为：

$$K_3 = \frac{现实林分的单位面积平均蓄积量}{同年度参考林分单位面积标准平均蓄积量} \tag{8-18}$$

应当注意的是，造成中幼林评估值过渡差异的一个重要原因是林分质量，当排除林分质量不正常因素后，其中幼龄林的评估值仍可能存在的差异部分应归因于评估方法上的差异，中龄林评估立足于收益角度采用收获现值法，并以蓄积量与胸径调整为主。而幼龄林评估则立足于成本角度，为了便于中幼林评估值之间的可比性，这时使用蓄积量调整系数而不再采用株数及树高调整系数，即 $K = K_3$，反之，$K = K_1 \times K_2$。

【例8-2】某小班面积为10hm²，林分年龄为4年，平均高为2.7m，株树2 400 株/hm²，用重置成本法评估其价值。

据调查，在评估基准日时，该地区第一年造林投资（含林地清理、挖穴和幼林抚育）为5 250 元/hm²，第二年和第三年投资均为1 800 元/hm²，第四年投资为900 元/hm²，投资收益率为6%。按当地平均水平，造林株树为2 550 株/hm²，成活率要求为85%，4 年林分的平均高为3m。

解：已知 $n = 4$，$C_1 = 5\,250(元/hm^2)$，$C_2 = 1\,800(元/hm^2)$，$C_3 = 1\,800(元/hm^2)$，$C_4 = 900(元/hm^2)$，$i = 6\%$

∵ 该小班林木成活率 $= 2\,400(株/hm^2) \div 2\,550(株/hm^2) = 0.94$　94% > 85%

∴ $K_1 = 1$

　$K_2 = 2.7(m) \div 3(m) = 0.9$

$$E = K_1 K_2 \sum_{t=1}^{4} C_t (1 + i)^{n-t+1}$$

$$= 1 \times 0.9 \times [5\,250 \times 1.06^4 + 1\,800 \times 1.06^3 + 1\,800 \times 1.06^2 + 900 \times 1.06]$$

$$= 10\,573.5(元/hm^2)$$

8.1.3.2　评估类型

根据森林资源资产确定的评估范围、产权单位提供的资源清单情况及评估结果的实际要求，用材林林木资源资产评估可分小班评估和总体平均数评估。

（1）小班评估法

小班评估法是在用材林资产评估中以小班为单位，充分应用二类清查、三类调查等小班调查资料，收集有关的小班经营类型、经营措施以及小班林分生长经营状况，结合评估基准日当地的技术经济指标，分小班对森林资源资产进行评估。在评估过程中，林木的培育成本、经营成本、木材价格和出材率等皆按照小班实际情况测算和调整。

该方法要求收集的各种资料与数据应较齐全。这些资料和数据主要包括：
①营林生产技术标准、定额及有关成本费用资料。

②木材生产、销售等定额及有关成本费用资料。

③评估基准日各种规格的木材、林副产品市场价格，销售过程中税、费征收标准。

④当地及附近地区的林地使用权出让、转让和出租的价格资料。

⑤当地及附近地区的林业生产投资收益率。

⑥各树种的生长过程表、生长模型、收获预测等资料。

⑦使用的立木材积表、原木材积表、材种出材率表、立地指数表等有关测树经营数表资料。

⑧其他与评估有关的资料。

（2）总体平均数评估法

总体平均数评估法主要指总体资产评估。待评估用材林林木资源资产分树种或分经营类型按总体资产的平均生长水平、平均价格、平均的技术经济指标等分龄段或龄组对总体森林资源资产进行评估。

与小班评估法不同，总体平均数评估法是以龄组或各经营类型总体平均的生长指标及经济指标代替小班评估法各小班生长及经营类型的实际指标。

该方法一般用于评估精度要求不是很高，短期内难以提供各小班详细的资源数据，不要求评估结果落实到山头地块的经营管理单位的森林资源资产评估。应该注意的是，按总体平均数评估并非是整体森林资源资产评估，它仅是整体评估中林木资源资产评估的一种方法，两者的评估范围与对象是不同的，故不能混淆。

8.1.4 森林景观资源资产评估

8.1.4.1 森林景观资源资产评估概述

（1）森林景观资源资产的概念

不同学科对景观的定义不同。景观生态学认为，景观就是空间上彼此相邻、功能上互相关联，有一定特点的若干个生态系统的聚集。地理学上将景观定义为地球表面气候、土壤、地貌、生物各种成分的综合体。美学上认为，"景"即是以自然环境为主（也包括人工环境）的客观世界表现的一种信息，"观"是这种形象信息通过人们的感官（视觉、听觉、嗅觉、味觉）传导到大脑皮层，产生一种实在的感受，或者产生某种联想与情感。由此可见，我们通常所说的森林景观的含义比较接近美学与地理学上的概念，可理解为：森林景观是以一定的森林群落为主，与一定的地球表面气候、土壤、地貌、生物等各种成分所形成的一种综合体，并能够表现为客观世界的特定形象信息，反映到人的主观世界中来，为人们所观看、欣赏。

按照森林景观的定义，我们把具备了景观价值的森林资源（无论这种资源是否已被利用），统称为森林景观资源。森林景观资源资产是指通过经营能带来经济收益的森林景观资源，主要包括风景林（森林公园）、森林游憩地、部分名胜古迹和革命纪念林、古树名木等。它包含了两大特征：

①森林景观资源资产必须是依托森林景观资源而发展形成的，是以森林景观资源为基础的。

②森林景观资产是通过人们合理经营形成的。

(2)森林景观资源资产的特点

我国森林景观资源资产经过林业部门的保护、经营和管理，继承并发展了自然和文化遗产，成为多样性物种自然基因库。随着社会经济发展，森林景观资源资产逐步开发利用成为科研基地和旅游胜地。因此，森林景观资源资产具有如下特点：

①可持续性：森林景观资源资产最显著的特征是其可持续性。经营者或所有者遵循在森林旅游或森林游憩过程中，不损害景观资源和环境，并从中学习各种知识，使得身心舒畅而得到享受。因而，在科学管理的前提下发展森林游憩，能对生态保护产生积极作用，并且真正做到保护环境与发展经济相结合。

②自然景观与人文景观紧密的结合：名山僧侣多，佛道等宗教活动场所也多在山上，而山又正是、森林景观资源丰富的地方，两者紧密结合，自然景观和人文景观互相烘托，提高了景观资产质量。如"五岳"和"四大佛教圣地"，它们均是人文古迹与自然山林地貌紧密结合的代表。另外，一些少数民族与大森林和谐共处，爱林护林，无论是村寨建筑、生活习惯、民俗节庆，都与森林密不可分。

③珍稀野生动植物品种多样性：在森林景观资源集中的森林公园范围内，森林覆盖率高，由于保护好，受破坏和干扰的程度小，环境适宜，保存的珍稀野生动植物种类比较多。据统计，在已建立的森林公园范围内，有珍稀植物100多种，保护动物近100种。

④功能的多样性：中国森林景观资源资产除具备旅游开发价值以外，也可进行少量的木材生产和多种经营，如张家界国家森林公园就针对公园的具体情况，专门编制了森林经营方案。

⑤广泛的适应性：森林景观资源优越的地方，往往集雄险、清秀的自然风光，灿烂的历史文化，纯朴的民俗风情及得天独厚的生物和气候资源于一体。因此，在很大程度上满足现代旅游者多样化的心理需求。

(3)森林景观资源资产评估基本假设

适用森林景观资源资产评估的假设有以下两种：

①继续使用假设：是指资产将按现行用途继续使用，或转换用途使用。在确认森林景观资源资产的继续使用假设时，必须充分考虑以下条件：

a. 资产能以其提供的用途或服务满足经营者期望的收益；

b. 资产尚有显著的剩余使用寿命(考虑林地的使用期限)；

c. 资产所有权明确；

d. 充分考虑了资产的使用功能。

②公开市场假设：是基于市场客观存在的现实，即资产在市场上可以公开买卖。也就是说，假定在市场上交易的森林景观资产或拟在市场上交易的资产，交易双方彼此地位平等，双方都有获取足够市场信息的机会或时间，以便对资产的功能、用途及其交易价格等做出合理的判断。

8.1.4.2　森林景观资源的分类

目前国内对于森林景观资源的分类尚未有权威的标准，较为有影响力的分类标准为《中国森林公园风景资源质量等级评定》国家标准，此标准将森林景观资源分为地文、水文、生物、人文、天象资源 5 类，每类景观资源下面又包括若干种基本类型，共 37 种基本类型，具体分类情况见表 8-1。

表 8-1 森林景观资源分类

主类	数量	基本类型
地文资源	12	名山、奇特与象形山石、典型地质构造、生物化石点、标准地层剖面、火山熔岩景观、蚀余景观、自然灾变遗迹、沙(砾石)地、岛屿、沙滩、洞穴及其他地文景观
水文资源	6	风景河段、湖泊、漂流河段、瀑布、冰川、泉及其他水文景观
天象资源	9	云海、雪景、雨景、朝晖、夕阳、蜃景、佛光、雾凇、极光及其他天象景观
生物资源	6	自然或人工栽植的森林、古树名木、草原、奇花异草、草甸等植物景观；野生或人工培育的动物及其他生物资源及景观
人文资源	4	社会风情、历史古迹、古今建筑、地方产品及其他人文景观

注：《森林公园风景资源质量等级评定》国家标准。

8.1.4.3 森林景观资源资产评估方法

1)现行市价法

现行市价法的基本原理为选取若干最近交易的类似森林景观资源资产作为参照物，充分考虑市场的各种变化趋势以及类似资产之间可比较的资产性质因素差异，综合分析确定其调整系数，得出合理的评估值。其计算公式如下：

$$E = \frac{S}{m} \sum_{j=1}^{m} K_j K_{jb} G_j \tag{8-19}$$

式中 E——森林景观资源资产评估值；

K_j——第 j 个参照案例的森林景观调整系数；

K_{jb}——第 j 个参照案例的物价指数调整系数；

G_j——第 j 个参照案例的参照物单位面积市场价格；

S——被评估森林景观资源资产的面积；

m——参照案例的个数。

森林景观资源资产评估的首选方法是现行市价法。但必须具备发育充分的森林资源资产交易市场，且在同一地理区位内有 3 个或 3 个以上的参照案例可供选择。此外，还要考虑被评估资产与参照案例在景观质量和评估时点上的差异。现就确定森林景观调整系数和物价指数调整系数做如下说明：

(1)森林景观调整系数

森林景观调整系数主要从两方面考虑：一是从森林景观质量角度出发，首先分析评价森林景观资源资产范围内森林区域的森林景观质量，对森林景观的风景吸收力等分别计量，其次与参照物分别各项因子进行分析评价，得出森林景观质量调整系数 K_1；二是从森林景观资源资产经营的角度出发，充分考虑森林景观所处的经济地理位置，分析森林景观主要客源地的平均国民收入、人口、距离等因素，得出森林景观资源资产经济地理调整系数 K_2，综合确定森林景观调整系数。

通常景观质量评分值越高，说明景观对游客越具有吸引力，景观的调整值也就越高。同样的森林景观分别处于不同的经济地理条件，从资产上反映的价值量是截然不同的，距离越近、越容易游玩，则资产的价值也就越高。因此，我们不难看出森林景观调整系数 K 值：

$$K = K_1 P_1 + K_2 P_2 \tag{8-20}$$

式中　K_1——森林景观质量调整系数，被评估景观资源资产与参照案例各种评价因子（地质地貌、天象、人文、植被及其他动物资源、水文）得分值的比值；

　　　K_2——经济地理指数调整系数，其值等于被评估景观资源资产的经济地理指数与参照案例的经济地理指数的得分值的比值；

　　　P_1，P_2——K_1，K_2 的权重，一般来说，P_1 的值取 0.4，P_2 为 0.6。

（2）物价指数调整系数

物价指数主要反映了资产在不同时期价格涨落幅度。在我国的物价指数的计算可按基数是否固定分为定基物价指数和环比物价指数。其计算公式如下：

定基物价指数：
$$K_t = \frac{\sum\limits_{j=1}^{m} P_{jt} Q_{jt}}{\sum\limits_{j=1}^{m} P_{j0} Q_{jt}} \qquad (j = 1, 2, \cdots, m) \tag{8-21}$$

环比物价指数：
$$K_t = \frac{\sum\limits_{j=1}^{m} P_{jt} Q_{jt}}{\sum\limits_{j=1}^{m} P_{j(t-1)} Q_{jt}} \qquad (j = 1, 2, \cdots, m) \tag{8-22}$$

式中　K_t——第 t 年与基年相比的物价变动指数；

　　　P_{jt}——商品 j 在第 t 年的价格；

　　　Q_{jt}——商品 j 在第 t 年的销售量；

　　　P_{j0}——商品 j 在基年的价格；

　　　$P_{j(t-1)}$——商品 j 在第 $t-1$ 年的价格；

　　　m——被考察商品的总数。

2）收益现值法

收益现值法是指通过估算被评估资产预期收益并折算成现值，以确定被评估资产价值的一种资产评估方法。采用收益现值法对资产进行评估，所确定的资产价值，是指为获得该项资产取得预期收益的权利所支付的货币总额。因此，资产的评估价值与资产的效用或有用程度密切相关。资产的效用越大，获利能力越大，它的价值也就越大。应用收益法评估资产必须具备以下两个前提条件：

①评估资产必须是能用货币衡量其未来期望收益的单项或整体资产。

②资产所有者所承担的风险也必须是能用货币衡量的。

在森林景观资源资产评估时，根据其现实情况，一般采用条件价值法和年金资本化法进行评估。

（1）条件价值法

条件价值法简称 CVM，它有多种提法，常见的有自愿支付法（WTP 调查法）、直接询问法和假定价法，属于直接性经济评价方法。其中自愿支付法是使用最为普遍的方法。它是一种根据旅游者自身意愿而进行付费的方法。这种意愿其实是对一种假设价格的确定。对于森林游憩景观资源，我们可以采用模拟市场技术或假设市场技术，假定存在"这种游憩景观商品"的市场，再以人们对该商品的支付意愿来表达其经济价值。支付意愿(WTP)是指消费者为获得一种商品、一次机会或一种享受而愿意支付的货币资金。目前，支付意愿已被美、英等西方国家的法规和标准规定为环境效益评价的标准指标，并用来评价各种环境效益的经济价值。

在森林景观资源资产评估中运用条件价值法，就是通过对游客进行问卷调查，测算出游客面对景观的平均支付意愿(扣除游览景观过程中的合理开支)后，以该平均支付意愿作为合理的门票价格，从而获得森林景观资产评估价值的方法，其主要步骤如下：

①进行游客调查，得出游客对该森林风景区门票的平均支付意愿值。

②以平均支付意愿值作为合理的门票价格，计算出景区的年门票收入，加上其他经营项目的年预计收入，得出该景区的年总收入。

③年总收入扣除各种成本费用即得景区的年纯收益。

④以年均纯收益除以适当的投资收益率即可得出该旅游景区的评估值。

(2)年金资本化法

年金资本化法主要适用于有相对稳定收入的森林景观资产的价值评估，在这种情况下，首先预测其年收益额，然后对年收益额进行本金化处理，即可确定其评估值：

$$E = \frac{A}{i} \qquad\qquad (8\text{-}23)$$

式中　E——资产评估值；

　　　A——年收益额；

　　　i——本金化率。

在某些资产评估中，其未来预期收益尽管不完全相等，但生产经营活动相对稳定，各期收益相差不大，这种情况也可以采用上述方法进行计算，其步骤如下：

①预测该项资产未来若干年(一般为 5 年左右)的收益额，并折现求和；

②通过折现值之和求取年等值收益额。根据上述计算公式可知：

$$\sum_{t=1}^{n} \frac{R_t}{(1+i)^t} = A \sum_{t=1}^{n} \frac{1}{(1+i)^t}$$

由此公式可求出 A，其中 $\sum_{t=1}^{n} \dfrac{1}{(1+i)^t}$ 为各年现值系数，可查表求得。

③将求得的年等值收益额进行本金化计算，确定该项资产评估值。

若未来收益是不等额的，首先预测未来若干年内(一般为 5 年)的各年预期收益额，对其进行折现，再假设从若干年的最后一年开始，以后各年预期收益额均相同，将这些收益额进行本金化处理，最后，将前后两部分收益现值求和。其基本公式为：

$$E = \sum_{t=1}^{n} \frac{R_t}{(1+i)^t} + \frac{A}{i(1+i)^n} \qquad\qquad (8\text{-}24)$$

式中　E——资产评估值；

R_t——第 t 年收益额；

n——收益不相同的年数；

A——n 年后的收益额；

i——本金化率或投资收益率。

应当指出，确定后期年金化收益的方法一般以前期最后一年的收益额作为后期永续年金收益，也可预测后期第一年的收益作为永续年金收益。

3）重置成本法

重置成本法是指在资产评估中，用现时条件下重新购置或建造一个全新状态的被评估资产所需的全部成本，减去被评估资产已经发生的实体性陈旧贬值、功能性贬值和经济性贬值，得到的差额作为被评估资产的评估值的一种资产评估方法。其基本计算公式为：

$$评估值 = 重置价值 - 实体性陈旧贬值 - 经济性陈旧贬值 - 功能性陈旧贬值$$

$$(8-25)$$

或

$$评估值 = 重置价值 \times 成新率 \qquad (8-26)$$

在当前人们对森林景观资产的概念与认识较为模糊的情况下，利用重置成本法对森林景观资产的价值进行评估，是对景观资产评估方法的一种必要补充，有利于提高人们对森林景观的理解与认识，也有利于人们对景观资产价值的认可和确定。但应该明确的是，对于森林景观资产的评估，重置成本法仅仅是一种替代方法，比较方法或是确定资产最低价值的保守方法，较为适用于森林景观建设初期，景观资产价值收益体现不明显、不稳定的阶段。

运用更新重置成本法评估森林景观资产的关键在于：一是确定森林景观的重置价值；二是合理估算景观资产的各种贬值损耗额。

重置成本与原始成本内容构成是相同的。因此，可以利用景观资产形成的原始成本，对比原始成本和现时的物价水平，就可以计算出资产重置成本，其价值内容包括林木、林地和旅游设施的重置价值。林木重置成本价，可以查阅原始的历史成本资料而得其原始成本，选择适当的利率计算时间机会成本，综合而得的林木重置价。林地重置价是林地资源资产在现行状态下的重新购置价，由于土地资产的特殊性，不存在贬值性，所以林地重置价即为林地资源资产的价值。旅游设施中那些无法独立收益或收益无法计量，却是对游览森林景观所必需的旅游设施才纳入景观的重置价值，例如：为了方便游览的步道，森林中的休憩用的石椅、石凳等，这些设施是在森林景观的开发和发展过程中，由经营者出资、是森林景观美的构成部分。其在财务上的表示，多为基础设施建设的一部分。

重置成本可以分为更新重置成本和复原重置成本，更新重置成本是指利用新型材料物质，并根据现代标准、设计及格式，以现时价格生产；或建造具有同等功能的全新资产所需的成本；而复原重置成本是指运用与原来相同的构料、建造标准、设计、格式及技术等，以现时价格复原购建这项全新资产所发生的支出。复原重置成本与更新重置成本根本的区别在于，更新重置不存在贬值，而复原重置必须计算实体性、功能性、经济性贬值。因此，在实际操作中较为麻烦。

利用更新重置成本法，可以得出森林景观资产的测算公式为：

$$E = K \sum_{t=1}^{n} C_t (1+i)^{n-t+1} + Q \qquad (8\text{-}27)$$

式中　E——森林景观资产评估值；

　　　K——景观质量调整系数；

　　　Q——旅游设施重置价；

　　　C_t——第 t 年的营林收入，主要包括工资、物资消耗、管护费用和地租等；

　　　i——投资收益率。

【例 8-3】天山国家森林公园，经预测游客平均支付意愿 37 元/人次（即合理门票），游客量 125 万人次/年，公园成本费用 2 728 万元/年，其他经营项目年收入 1 536.5 万元/年，其他经营项目年费用 1 197.8 万元/年，其他经营项目 3 年前总投资 1 944 万元，投资利润率 10%，拟转让经营期 20 年，试以 10% 的投资收益率评估该森林公园森林景观资源资产的现值。

解：公园门票纯收入：

$$A = 37 \times 125 - 2\,728 = 1\,897 (\text{万元/年})$$

20 年森林景观资源资产的现值：

$$
\begin{aligned}
E &= (1\,897 + 1\,536.5 - 1\,197.8) \times \left[(1+10\%)^{20} - 1 \right] \div 10\% \div (1+10\%)^{20} - 1\,944 \\
&\quad \times (1+10\%) \times (1+10\%)^3 \\
&= 19\,034.75 - 2\,846.21 = 188.54 (\text{万元})
\end{aligned}
$$

8.2　森林生态系统服务功能价值评估

森林环境资源不同于林木资源和林地资源，不具有资产的性质，所以其产生的效益即森林生态效益不能作为资产进行评估，而只能通过森林生态系统服务功能的价值来体现。那么森林生态系统服务功能都包括哪些内容？各功能的价值是如何进行评估的？本节将围绕以上内容进行展开。

森林生态系统服务功能（forest ecosystem services）是指森林生态系统与生态过程所形成及维持的人类赖以生存的自然环境条件与效用。主要包括森林在涵养水源、保育土壤、固碳释氧、积累营养物质、净化大气环境、森林防护、生物多样性保护和森林游憩等方面提供的生态服务功能，本节仅介绍几种主要的功能，具体评估方法见林业行业标准《森林生态系统服务功能规范》（国家林业局，2008）。

8.2.1　涵养水源

森林涵养水源功能是指森林对降水的截留、吸收和贮存，将地表水转为地表径流或地下水的作用。主要功能表现在增加可利用水资源、净化水质和调节径流三个方面。

涵养水源的价值难以直接估算，故评估方法采用替代工程法，即通过其他措施（修建水库）达到与森林涵养水源同等作用时所需的费用。

8.2.2　保育土壤

保育土壤功能是指森林中活地被物和凋落物层层截留降水，降低水滴对表土的冲击和地表径流的侵蚀作用；同时林木根系固持土壤，防止土壤崩塌泻溜，减少土壤肥力损失以及改善土壤结构的功能。

保育土壤的价值量评估采用影子价格法，即按市场化肥的平均价格对有林地比无林地每年减少土壤侵蚀量中 N、P、K 的含量进行折算，得到的间接经济效益。

8.2.3　固碳释氧

固碳释氧功能是指森林生态系统通过森林植被、土壤动物和微生物固定碳素、释放氧气的功能。其评价指标有固碳和释氧，固碳又分为植被固碳和土壤固碳。

固碳释氧功能的价值量评估采用市场价值法和影子价格法，即固碳量乘以固碳价格，释氧量乘以工业制氧价格，进而计算出该地区森林固碳制氧成本。

8.2.4　积累营养物质

物质营养积累功能是指森林植物通过生化反应，在大气、土壤和降水中吸收 N、P、K 等营养物质并贮存在体内各器官的功能。森林植被的积累营养物质功能对降低下游面源污染及水体富营养化有重要作用。

营养物质积累功能的价值量评估同保育土壤功能的价值量评估，采用影子价格法，即按市场化肥的平均价格对林木 N、P、K 的含量进行折算，得到的间接经济效益。

8.2.5　净化大气环境

净化大气环境功能是指森林生态系统对大气污染物(如二氧化硫、氟化物、氮氧化物、粉尘、重金属等)的吸收、过滤、阻隔和分解，以及降低噪音、提供负离子和萜烯类(如芬多精)物质功能。

空气负离子就是大气中的中性分子或原子，在自然界电离源的作用下，其外层电子脱离原子核的束缚而成为自由电子，自由电子很快会附着在气体分子或原子上，特别容易附着在氧分子和水分子上，而成为空气负离子。

森林的树冠、枝叶的尖端放电以及光合作用过程的光电效应均会促使空气电解，产生大量的空气负离子。植物释放的挥发性物质如植物精气等也会促进空气电离，从而增加空气负离子浓度。

净化大气环境功能的价值量评估采用市场价值法，即对净化大气环境功能的价值进行直观的评估。

8.2.6　森林防护

森林防护功能是指防风固沙林、农田牧场防护林、护岸林、护路林等防护林降低风沙、干旱、洪水、台风、盐酸、霜冻、沙压等自然危害的功能。森林防护功能价值量计算采用间接估算方法，即利用森林所防护的单位面积农作物、牧草的年产增加量来计算。

8.2.7　物种保育

物质保育功能是指森林生态系统为生物物质提供生存与繁衍的场所，从而对其起到保育作用的功能。该功能价值量采用单位面积年物种损失的机会成本来推算。

8.2.8　森林游憩

森林生态系统为人类提供休闲和娱乐的场所，使人消除疲劳、愉悦身心、有益健康的功能。其为人类提供休闲和娱乐场所而产生的价值，包括直接价值和间接价值。

8.2.9　应用实例

森林生态系统服务功能评估的应用实例参见王兵等（2011）、牛香（2013）、郭玉东等（2015）等文献。

思　考　题

1. 简述森林资源和森林资源资产的定义，它们之间的区别是什么？
2. 森林资源资产评估的概念、原则、特点、基本假设、目的和程序是什么？
3. 林地资源资产的概念及特点是什么？
4. 林地资源资产评估常用的方法有哪些？
5. 林木资源资产评估有哪些常用方法及在实际使用中需注意哪些问题？
6. 森林景观资源的类型有哪些？
7. 森林景观资源资产的概念、特点和评估方法是什么？
8. 简述森林生态系统服务功能概念及具体功能有哪些？

参考文献

郭玉东，王晓宏，邢婷婷，等 . 2015. 根河林业局森林生态服务功能价值评估［J］. 西北林学院学报，30（5）：196 - 201.

中国国家标准化管理委员会 . 2008. LY/T 1271—2008 森林生态系统服务功能评估规范［S］. 北京：中国标准出版社 .

赖晓燕 . 2008. 森林资源资产批量评估模型研究［D］. 福州：福建农林大学硕士学位论文 .

罗江滨，陈平留，陈新兴 . 2002. 森林资源资产评估［M］. 北京：中国林业出版社 .

牛香，宋庆丰，王兵，等 . 2013. 吉林省森林生态系统服务功能［J］. 东北林业大学学报，41（8）：36 - 41.

孙睿君，钟笑寒 . 2005. 运用旅行费用模型估计典型消费者的旅游需求及其收益：对中国的实证研究［J］. 统计研究（12）：34 - 39.

王兵，任晓旭，胡文 . 2011. 中国森林生态系统服务功能及其价值评估［J］. 林业科学，47（2）：145 - 153.

Canadian Council of Forest Ministers. 2006. Criteria and indicators of Sustainable Forest Management in Canada：National Status［R］. Ottawa：Canadian Council of Forest Ministers.

Chattopadhyay R N, Datta D. 2010. Criteria and indicators for assessment of functioning of forest protection committees in the dry deciduous forests of West Bengal, India［J］. Ecological Indicators, 10（3）：687 - 695.

Costanza R, Bryan G, Benjamin N, et al. 1992. Toward an operational definition of ecosystem health ［M］. Washington DC：Island Press.

Jenkins A F. 1997. Forest Health：A Crisis of Human Proportions［J］. Journal of Forestry, 95（9）：

11 – 14.

McCarthy B C, Small C J, Rubino D L. 2001. Composition, structure and dynamics of Dysart Woods, an old-growth mixed mesophytic forest of southeastern Ohio[J]. Forest Ecology and management, 140(2 – 3): 193 – 213.

McNulty S G, Cohen E C, Myers J A M, et al. 2007. Estimates of critical acid loads and exceedances for forest soils across the conterminous United States[J]. Environmental Pollution, 149(3): 281 – 292.

Percy K E, Ferretti M. 2004. Air pollution and forest health: Toward new monitoring concepts[J]. Environmental Pollution, 130(1): 113 – 126.

Styers D M, Chappelka A H, Marzen L J, et al. 2010. Developing a land-cover classification to select indicators of forest ecosystem health in a rapidly urbanizing landscape[J]. Landscape and Urban Planning, 94(3 – 4): 158 – 165.

Su M R, Fath B D, Yang Z F. 2010. Urban ecosystem health assessment: A review[J]. Science of the Total Environment, 408(12): 2425 – 2434.

Tkacz B M, Moody B, Jaime V C, et al. 2008. Forest health conditions in North America [J]. Environmental Pollution, 15(3): 409 – 425.

Wang Y H, Solberg S, Yu P T, et al. 2007. Assessments of tree crown condition of two Masson pine forests in the acid rain region in south China[J]. Forest Ecology and Management, 242(2 – 3): 530 – 540.

第9章

森林资源空间数据分析

在森林资源调查的基础上，对调查成果进行空间分析、数据挖掘，从中揭示出森林资源调查数据库中隐含的森林生态系统空间分布规律，可以为各种森林规划提供科学依据。因此，森林资源调查是森林资源空间数据分析的基础，而森林资源空间数据分析则是森林规划的前提。本章在介绍森林资源空间数据分析的必要性、主要内容基础上，以森林规划设计调查数据、森林资源连续清查数据、专项调查数据为主要信息源，通过南京紫金山风景林主要调查因子的地统计学分析、湖南省森林生物量空间分布规律知识挖掘、南京市雨花区的公园绿地空间可达性分析等案例研究，介绍森林资源空间数据分析的一般途径和方法。本章最后，为方便读者对森林资源空间数据分析技术的学习和应用，介绍了 Geoda、GS + 、CrimeStat、SatScan、SAM、PASSaGE 等西方主要空间分析软件的特点和性能。

9.1 森林资源空间数据的概念和特点

9.1.1 森林资源空间数据的概念

空间数据是指用来表示空间实体的位置、形状、大小及其分布特征诸多方面信息的数据，它可以用来描述来自现实世界的目标，它具有定位、定性、时间和空间关系等特性。空间数据大体上可分为空间离散或连续型数据(可互相转化)，以及多边形数据两大类。自然科学多涉及前者，而社会经济科学多涉及后者。随着人地一体化研究趋势的发展，对两类数据进行综合分析的趋势日益显现。

森林资源空间数据是在森林资源调查、监测及规划设计过程中产生的与森林资源的位置、形状、大小及其分布特征有关的空间数据，如点状地物的瞭望台、居民点、样地数据，线状地物的公路、铁路、水系、境界线、林场界、林班界、小班界、林道，面状地物的行政区域、林班、小班等。

在我国森林资源调查管理体系中，森林资源空间数据主要包括以下类型：

①森林资源档案卡片、簿册。

②基本图、林相图、经营规划图和资源变化图。

③森林资源固定样地和标准地调查记录及其计算成果。

④处理境界变动及林权纠纷等与空间位置有关的文件和材料。

⑤森林资源各种专项调查、科研、经营总结等具有空间位置的资料。

⑥其他具有空间坐标的与森林资源管理有关的文件。

其中，森林资源连续清查的固定样地资料、数字化的森林规划设计调查的小班卡片，是森林资源空间数据库的重要组成部分。

9.1.2　森林资源空间数据的特点

(1)数据量巨大

随着获取数据的方式与工具的迅速发展，人们在森林资源调查中获得了大量的数据，这些海量数据使得一些算法因难度或计算量过大而无法实施，因而空间数据分析的任务之一就是要创建新的计算策略并发展新的高效算法，克服海量数据造成的技术困难。

(2)具有尺度特征

尺度特征是森林资源空间数据复杂性的又一表现形式。空间数据在不同观察层次，遵循的规律以及体现出的特征不尽相同。利用空间数据的尺度特征，林业工作者可以探究空间信息在泛化和细化过程中所反映出的特征及渐变规律。

(3)属性间的非线性关系

森林资源空间数据库具有丰富的数据类型，空间数据可以表示事物属性间的线性关系，同时也可以表示事物属性间的非线性关系(如带有拓扑和距离的信息)，空间数据还有很强的局部相关性。森林资源空间属性间的非线性关系是空间系统复杂性的重要标志，反映了森林生态系统内部作用的复杂机制，它也是空间数据分析与挖掘的主要任务之一。

(4)空间维数高

森林资源连续清查的固定样地调查因子、森林规划设计小班调查因子均高达数十个。随着森林资源调查向森林资源与生态环境监测综合体系的转变，森林资源空间库的属性数量迅速增加。如何从几十甚至几百维空间中挖掘数据、发现知识成为森林资源空间数据分析研究中的又一热点。

(5)空间信息具有模糊性特征

在森林资源空间数据中，既包含树高、胸径、蓄积量等具体明确的属性信息，也包括地位级、森林健康等级等比较模糊的属性信息。模糊性几乎存在于各种类型的森林资源空间信息中，如空间位置的模糊性、空间相关性的模糊性以及模糊的属性值等。

(6)空间数据的缺失

在森林资源调查过程中，由于受自然条件(海拔高、坡度陡)或自然灾害(泥石流等)的制约，很多调查地点无法进入，在调查过程中由于各种主客观因素影响也会发生调查数据丢失现象。如何对无法获取或丢失数据进行恢复并估计数据的固有分布参数，成为解决数据复杂性的难点之一。

9.1.3 森林资源空间数据分析的必要性

空间数据分析，又称空间信息分析。随着对地观测及社会经济调查的蓬勃开展、计算机网络和格网信息处理能力的迅速提高，空间数据正在以指数方式急速增加。通用和专用的（时）空间数据结构、应用于具体事物的管理信息系统以及对这些海量空间数据进行深加工以获得高附加值信息产品的空间信息分析技术，成为空间信息三大领域（李德仁等，2006）。

森林资源数据分析通常采用统计学方法，当今流行软件包 SPSS、MATLAB 等大大地促进了数据分析深加工及其在各领域的应用。但是，森林资源空间数据通常具有非独立性，这与经典统计学的基本假设正好相反。因此，专门的森林资源空间信息分析理论和技术正在迅速发展，已在林业遥感应用、森林生态环境监测、森林规划设计领域得到诸多成功的应用，展现出广阔的应用潜力。

统计分析是森林资源常规数据分析的主要手段。然而，传统统计学在分析森林资源空间数据时存在致命的缺陷，这种缺陷是由森林资源空间数据的本质特征和传统的统计学方法的基本假设共同造成的。传统的统计学方法是建立在样本独立与大样本两个基本假设之上的，对于空间数据，这两个基本假设前提通常都得不到满足。森林资源数据空间上分布的对象与事件在空间上的相互依赖性是普遍存在的，致使大部分森林资源空间数据样本间不独立，即不满足传统统计分析的样本独立性前提，因而不适于进行经典统计分析（Matheron，1963）。另一方面，有些森林资源空间数据采样困难，如某些坡度极陡、海拔较高、地质灾害严重的山区，导致样本点太少而不能满足传统统计分析方法大样本的前提。空间数据通常的不可重复性进一步造成了森林资源空间数据分析的特殊性。因此，专门的森林资源数据空间分析理论、方法和技术自 20 世纪 60 年代末开始得到重视和研究。

9.2 森林资源空间数据分析内容

空间数据分析是为了解决地理空间问题而进行的数据分析与数据挖掘，是从地理信息系统（GIS）目标之间的空间关系中获取派生的信息和新的知识，是从一个或多个空间数据图层中获取信息的过程（王劲峰等，2010）。森林资源空间数据分析通过地理计算和空间表达挖掘潜在的森林空间信息，其本质包括探测森林资源空间数据中的模式；研究森林资源空间数据间的关系并建立空间数据模型；通过可视化使得森林资源空间数据更为直观表达出其潜在含义；改进森林地理空间事件的预测和控制能力。

森林资源空间数据分析主要通过森林资源空间数据和空间模型的联合分析来挖掘森林资源空间目标的潜在信息，而这些空间目标的基本信息，无非是森林资源空间位置、分布、形态、距离、方位、拓扑关系等，其中距离、方位、拓扑关系组成了森林资源空间目标的空间关系，它是森林资源地理实体之间的空间特性，可以作为数据组织、查询、分析和推理的基础。通过将森林资源地理空间目标划分为点、线、面不同的类型，可以获得这些不同类型目标的形态结构。将森林资源空间目标的空间数据和属性数据结合起来，可以进行许多特定任务的空间计算与分析。

9.2.1　按空间数据分析的方法分类

(1)基于空间关系的查询

森林资源空间实体间存在着多种空间关系，包括拓扑、顺序、距离、方位等关系。通过空间关系查询和定位空间实体是地理信息系统不同于一般数据库系统的功能之一。空间数据的查询检索是 GIS 最基本的功能。用户通过森林资源空间数据查询，不仅能提取数据库中的既有信息，还能进一步获取很多派生的空间信息。森林资源空间关系查询中最常见的是空间数据查询检索，即按一定的要求对 GIS 所描述的森林资源空间实体及其空间信息进行访问，检索出满足用户要求的空间实体及其相应的属性，并形成新的数据子集。

(2)空间量算

森林资源空间量算的主要类型有：对于线状地物求长度、曲率、方向，对于面状地物求面积、周长、形状、曲率等；求几何体的质心；计算空间实体间的距离等。

(3)邻域(近)分析

邻近度描述了地理空间中两个地物距离相近的程度，其确定是空间分析的一个重要手段。森林资源邻域分析包括缓冲区、泰森多边形、等值线、扩散等。林区交通沿线或河流沿线的地物有其独特的重要性，林区公共设施的服务半径，山区大型水库建设引起的搬迁，林区铁路、公路以及航运河道对其所穿过区域经济发展的重要性等，均是一个邻近度问题。缓冲区分析是解决邻近度问题的空间分析工具之一。所谓缓冲区就是地理空间目标的一种影响范围或服务范围。在建立缓冲区时，缓冲区的宽度并不一定是相同的，可以根据要素的不同属性特征，规定不同的缓冲区宽度，以形成可变宽度的缓冲区。例如，沿林区河流勾绘出的环境敏感区的宽度应根据河流的类型而定。这样就可根据河流属性表，确定不同类型的河流所对应的缓冲区宽度，以产生所需的缓冲区。

(4)叠加分析

大部分 GIS 软件是以分层的方式组织地理景观，将地理景观按主题分层提取，同一地区的整个数据层集表达了该地区地理景观的内容。森林资源空间数据叠加分析是将有关主题层组成的数据层面，进行叠加产生一个新数据层面的操作，其结果综合了原来两层或多层要素所具有的属性。森林资源空间数据叠加分析包括视觉信息复合(只是显示，不生成新数据层，分析较简单)和属性数据层叠合(生成新的数据层，分析较为复杂)。

(5)网络分析

对地理网络(如交通网络)、城市基础设施网络(如各种网线、电力线、电话线、供排水管线等)进行地理分析和模型化，是地理信息系统中网络分析功能的主要目的。森林资源空间数据网络分析包括林区路径分析、地址匹配、资源分配、空间规划等。林区路径分析，如找出两地通达的最佳路径，这里的最短路径不仅仅指一般地理意义上的距离最短，还可以引申到其他指标的度量，如时间、费用、线路容量等。林区资源分配，如确定最近的公共医疗设施，引导最近的救护车到事故地点。而林区空间规划，如确定某零售店的服务区域，从而查明区域内的顾客数量等等。森林资源空间数据网络分析的核心是定位与分配模型，即根据需求点的空间分布，在一些候选点中选择给定数量的供应点以使预定的目标方程达到最佳结果。不同的目标方程就可以求得不同的结果。在运筹学的理论中，定位与分配模型常可用线性规划求得全局性的最佳结果。由于其计算量以及内存需求巨大，所以在实际应用中常用一些启发式算法（heuristic algorithms）来逼近或求得最佳结果。

（6）空间统计分类分析

森林资源空间数据分类和统计分析的目的是简化复杂的事物，突出主要因素。森林资源空间数据分类包括单因素分类，即按属性变量区间、组合分类；间接因素分类；地理区域分类；多因素分类，即主成分分析；聚类分析。森林资源多变量统计分析主要用于数据分类和综合评价。森林资源空间数据常用的统计分类方法包括：常规统计分析、空间自相关分析、回归分析、趋势分析、主成分分析、层次分析、聚类分析、判别分析。

（7）空间插值分析

空间插值分析是 GIS 空间分析的重要组成部分，它是将离散点的测量数据转换为连续的数据曲面，以便与其他空间现象的分布模式进行比较。其理论假设是空间位置上越靠近的点，越可能具有相似的特征值；而距离越远的点，其特征值相似的可能性越小。

森林资源空间插值方法可以分为整体插值和局部插值方法两类。整体插值方法用研究区所有采样点的数据进行全区特征拟合；局部插值方法是仅仅用邻近的数据点来估计未知点的值。整体插值方法主要有趋势面分析、变换函数插值；局部插值方法主要有样条函数插值方法、克里金（Kriging）插值。

9.2.2 按空间数据分析的技术分类

（1）空间数据获取和预处理

森林资源空间数据采集与尽可能完备化是所有工作重要的第一步，采用的方法主要是空间抽样、空间插值、空间缺值方法。

森林资源空间抽样针对地学对象普遍存在的空间关联性和先验信息，从样本选取方式、空间关联性及精度衡量三方面对空间信息获取提供符合统计假设的新的解决思路。

根据已知空间样本点（如野外调查）数据进行插值或推理来生成面状数据或估计未测点数值是森林资源调查与生态环境监测经常遇到的问题。理解初始假设和使用的方法是森林资源空间插值过程的关键，为不同空间过程选择不同插值方法与缺值问题类似，以贝叶斯（Bayes）先验概率为特征。插值有点、面之分，对于面插值，经过预处理（如去除趋势特征等）可以进行缺值分析；对于点插值，经过预处理（如构建泰森多边形再去除趋势特征等）也可以使用缺值分析方法。对于缺值的补整，如果具备某些时空特征，则完全可以使用插值方法补整。

（2）属性数据空间化与空间转换

森林资源空间数据自然要素信息可以通过遥感获取，而社会经济要素信息需要根据统计数据进行空间细化。地球生态环境以及社会经济数据通常是具有不同形状和尺度的地理空间单元，需要建立属性数据空间化及空间尺度转换技术，其核心是非空间信息或更大空间单元的属性数据在（较小）空间上表达的理论和方法，或称可变面元问题（MAUP），主要包括 GIS 方法、尺度转化方法、小区域统计方法 3 种。

　　GIS 方法可以实现森林资源地理空间单元间属性数据的转化，包括聚集、拆分和空间建模。聚集主要解决从小区域（点）向大区域（面）转化问题，拆分则考虑从大区域向小区域转化问题。前者可利用空间采样技术实现。不同的时间和空间尺度限制了森林资源空间信息被观测、描述、分析和表达的详细程度。森林资源空间数据尺度转化存在"自上而下 scaling down"和"自下而上 scaling up"两种基本方式。所谓森林资源空间数据"小区域"，本质上是指区域内样本点较少，因此在统计分析过程中，需要从相关区域"借力"来获得详细的信息，其核心是建立相关区域（数据）的联系模型，实现森林资源属性数据空间表达。

（3）空间信息探索分析

　　森林资源探索性数据分析（exploratory data analysis，EDA），目标是通过对数据集及其隐含结构的分析、洞察，揭示数据属性，用以引导选择合适的数据分析模型。森林资源空间数据探索分析（exploratory spatial data analysis，ESDA）是探索性数据分析（EDA）的扩展，用来对具有空间定位信息的属性进行分析，包括：探索数据的空间模式，对假设数据模型、模型基础和数据的地理性质进行阐述，评价空间模型等。ESDA 技术同样要求可视和健壮，强调把数字和图形技术与地图联系。森林资源空间数据探索分析，对"某些资源在地图上的什么位置""森林专题图的属性值在概括统计中处于什么位置""森林规划图的哪些区域满足特定的属性要求"等问题的回答上，可以发挥重要的作用。

（4）地统计分析

　　直接获得或由点状数据通过空间插值或趋势面模拟获得的点状数据或空间连续分布数据，是森林资源空间数据的一种主要存在形式，例如，林区气象台站、森林资源连续清查固定样地数据、森林生态环境等数据。对森林资源空间数据的地统计学分析主要包括变异函数（variogram）分析、克里金（Kriging）插值、仿真分析（simulation）三个方面。

（5）格数据分析

　　通过森林资源空间数据自相关和协相关分析，可以找出研究对象在空间布局上的联系与差异，以及空间多元解释变量。例如，林区土地利用变化的环境和人文经济驱动因子识别，森林碳密度的空间格局变化规律，从而为预报和调控提供科学依据。森林资源空间数据局域统计分析，则可找出空间热点（hot spots）问题区，可应用于森林病虫害、森林火灾等空间格局的热点诊断和预报。空间回归分析技术，可以用于探讨森林资源空间数据估计值的空间关系。森林资源数据的空间依赖性和空间异质性使一般回归方法不适应森林资源空间数据分析。森林资源数据空间回归分析有 3 种特殊形式：联立自回归模型（simultaneous autoregressive model，SAR）、空间移动平均模型（spatial moving average model，SMA）、条件自回归模型（conditional autoregressive model，CAR）。

森林资源空间数据局域统计分析，可以对研究区域内距某一目标单元一定距离的空间范围内所有点的值进行分析，通过计算指定距离内的空间关联度，从而监测空间内的热点区域，并进行局部统计量检验。

（6）多源复杂时空信息的分解、融合、预报

森林资源的时空信息大多是野外实地调查、遥感监测、社会经济条件调查等多源复杂因素综合作用的结果。通过观测信息反演森林生态学过程机理是森林资源空间数据分析的基本任务之一，目前可用的数学方法有数理统计、神经网络、小波分析、遗传算法、细胞自动机等，也是目前空间数据分析的基本手段。但这些方法只能进行单一成因要素提取和简单过程的预测、预报，要实现基于时空信息复合过程的科学预报，不仅需要实现森林资源多源复杂因子的分解，更需要将多种分解模式重新组构融合，形成一个新的整体模式。

林区气象台站、森林生态监测网络、大气污染监测、野外采样、社会经济调查等等，均是空间分散的点状数据。根据已知点的值推断未知点的值，以及由这些点推断整个区域状况是空间数据分析研究的经常性任务。目前采用的推断预测方法有空间几何插值法、简单加权平均的办法，以及最近兴起的考虑全局和局域关联信息的空间统计方法。国内外的空间分析研究成果已经获得了很多半结构化的地学机理和规律，这些先验信息与空间统计的有机结合，有可能从本质上提高空间估计预报的精度，借助贝叶斯方法建立统计和机理结合的空间扩展模型是一种可能的新途径。

9.3　森林资源空间数据分析软件

20 世纪 80 年代以来，随着空间数据分析理论不断成熟，计算机技术的迅猛发展，出现了 Windows 系列操作系统，空间数据分析软件开始如雨后春笋般的不断涌现。如 ArcGIS、IDRISI、GEO-EAS、GS＋、Surfer、GeoDA 等国外软件，以及 CGES、3D Mine、DIMINE 等国产数据分析软件。目前森林资源空间数据分析软件包主要来自两大学科领域：地理学和地质学。由于地理学和地质学研究对象不同，所涉及的数据特点和分析方法不同，造成两大流派在软件功能、结构、风格上的不同。在欧美，20 世纪 60 年代经历了地理学计量革命，其主流是试图将社会经济时空格局和过程数学公式化。在 GIS 趋于成熟和空间数据迅速膨胀的技术条件下，当时的学者成为现今地理信息科学的主要推动者，造成地理学者所研发的空间信息分析软件包多带有处理多边形数据（社会经济统计单元，遥感像元数据亦属此类）的特点。相反，源于地质学的空间分析软件包一般适用于分析离散和连续的数据。

由于研究历史不长，目前国内还没有开发出专门针对森林资源的空间数据分析软件。在实践应用中，森林资源空间数据分析一般采用通用的商业或开源式空间数据分析软件。

9.3.1　空间数据分析软件必备的基本功能

空间数据分析软件应该提供一套完整的地质统计学组件或工具包，包括半方差分析、克里金法和地图制图等。具体而言，从分析技术或过程方面应该具备以下功能：

①具备通用 GIS 软件的基本功能：可以采集、存储、管理、分析和描述三维空间数据信息，方便对数据库和数据的管理。

②数据整合功能：能够将从不同来源数据库的数据方便地整合为一种格式，便于处理和分析。

③探索性空间数据分析：提供多种分析工具生成各种视图，进行交互性分析。它可以实现空间数据预处理，检查数据，判断是否服从正态分布、有无离群值、有无趋势效应、是否空间相关、各向异性等，从而发现数据的特点，确定数据异常，合理地剔除异常数据。

④模型的表面模拟：提供丰富的半变异函数模型，可视化地完成变异函数及协方差函数的计算和拟合，来描述测量表面的空间变化特征。

⑤完成精度评定：能够进行交叉验证，对结果进行精度分析，检验模型是否合理或几种模型进行对比，优化预测、评价预测的不确定性和生成数据面。

⑥插值预测模型：提供丰富的地质统计学计算方法和其他快速插值的方法来完成空间插值，用户可以根据不同的需要选择不同方法来进行插值、分析，以达到自己想要的效果。

⑦提供非线性地质统计学算法：非线性条件模拟及条件模拟方法。

⑧能快捷地进行多元统计分析：包括多重线性回归、因子分析和趋势面分析等。

⑨图形显示：能够自动地生成常规和非常规柱状图和累计频率图、散点图、用来评估正态性的 Q-Q（quantile-quantile）图、直方图、半方差/协方差云图、空间分析估计值表面、估计值变化表面等。

⑩等值线分析：可以绘制等值线图、三维立体图。

⑪注解功能：可添加研究区域的部分地理信息、在资料点上显示标注等。

⑫实时的用户帮助功能。

⑬能够实现一些具体的行业功能：地质建模、品位估值、资源储量计算、采矿设计、境界优化以及创建完善的专题地图等功能于一体。

⑭提供一些二次开发接口：用户可以根据自己需要继续开发完善软件功能。

9.3.2　常用空间分析软件包简介

（1）探索性空间分析软件 GeoDa

GeoDa 是一个专用于栅格数据探索性空间分析的模型工具集成软件，由美国科学院院士、美国亚利桑那州立大学 Luc Anselin 教授开发。GeoDa 采用 ERSI 的 shape 文件作为存放空间信息的标准格式，使用 ESRI 的 MapObjects LT2 技术进行空间数据存取\制图和查询，其分析功能是由一组 C++程序和其相关的方法所组成的。GeoDa 特有的空间分析功能包括 Edit（控制地图窗口和图层），Tools（空间数据处理），Table（数据表格处理），Map（制图和地图平滑），Explore（统计图表），Space（空间自相关分析），Regress（空间回归）和 Options（特殊的应用选项）。

（2）地统计学分析软件 GS +

GS + 是一个全面的地质统计学（geostatistics）程序，它快速，高效且易于使用。

GS + 在 1988 年首次发布，它将所有地质统计学要素的分析功能，包括变差函数分析（variogram analysis），克里金（Kriging）分析、三维制图，都集成到一个以其灵活和友好的界面而广受赞誉的软件包中。与其他地质统计软件相比，GS + 最大的亮点是能够根据输入的数据，自动拟合实验变差函数（包括高斯模型，椭圆和指数模型）。此外，GS + 的另一个优点是可以导入 \ 导出 Surfer、ArcGIS、Grid 等常用的网格文件。变差模型通过克里金（Kriging）或条件模拟来预测非抽样区域，产生跨越整个空间或时间范围的变量的估计值。

（3）空间聚类软件 CrimeStat

CrimeStat 软件是由美国 Ned Levine 博士主持开发的免费下载软件，由美国司法研究所（National Institute of Justice）等机构资助，主要用来对犯罪事件进行空间统计分析，但目前该软件在流行病学、生态环境等众多领域也得到广泛应用。CrimeStat 软件输入项为事件发生地点，在设置中可以指定主要文件、次要文件和参照文件等，支持的文件格式包括 DBF 数据库文件、ArcView 的 Shape 文件或者 ASCII 文件，并且可以指定投影类型、距离单位等参数。在 CrimeStat 中，空间描述、空间模型 2 个模块的空间分析功能可以归纳为以下几类：

①空间描述：用于描述犯罪事件的空间分布特征，主要的指标包括平均中心、标准偏移椭圆、最近距离中心、平均方向等。

②距离统计描述：用于描述犯罪事件的空间分布是否具有聚集性，如最邻近分析、Ripley 的 K 函数、距离矩阵演算等。

③热点分析：用于寻找犯罪事件集中分布区域，包括层次邻近分析、K 均值、局域 Moran I 统计等。

④单变量核密度分析：通常生成密度表面或事件发生频率的等值线。

⑤双变量核密度分析：通常为事件发生频率与基准水平的比较。

⑥时空分析：分析犯罪事件发生点的时空分布规律，包括计算 Knox 系数、Mantel 系数、时空移动平均数和关联旅程分析。

⑦犯罪旅程分析：包括定标、估计和绘制犯罪轨迹图。

（4）空间扫描软件 SatScan

SatScan 是一个免费软件，该软件使用空间、时间、时空扫描统计方法分析了空间、时间和空间的实时数据，由哈佛大学公共医学院 Martin Kulldorff 博士开发。该软件主要应用于以下几个方面：

①进行地域疾病监视，寻找空间或时空疾病聚类，并研究它们是否有统计学意义。

②测试某疾病是否在空间上，或时间上（随着时间的推移）、或时空上是随机分布的。

③评价疾病聚类警报的统计意义。

④执行重复的定期疾病监测，以便疾病暴发的及早发现。

该软件也可用于在其他领域以解决类似的问题，如考古学、天文学、植物学、犯罪学、生态学、经济学、工程、林业、地理学、地质学、历史学、神经病学或动物学。

SatScan 软件数据分析，按照研究目的可分为前瞻性分析和回顾性分析。前瞻性分析的结果具有一定的预测性，只设置时间和时空分析，如时空重排扫描统计量。回顾性分析是对已经发生的疾病数据进行研究，囊括了时间、空间和时空分析方法。SatScan 软件根据空间、时间或者时空扫描统计量原理，通过计算聚类搜索区域内外时间发生率似然比来寻找疾病发生热点。SatScan 软件能够进行多个数据集同步分析来寻找发生其中的聚类。该软件还可以根据背景人群的空间异质性、病例发生的时间趋势或用户提供的协变量等信息相应地进行模型计算数据的调整，得到有用的结果。

（5）宏观生态学空间分析软件 SAM

区别于 CrimeStat、SatScan 等专门的空间统计分析软件，SAM 提供了宏观生态学、生物地理学领域空间分析的综合解决方案，涵盖了从简单的探索性图形分析，到空间格局的描述性统计一直到高级的空间回归模型多种功能模块。SAM 不但应用于宏观生态学和生物地理学等领域，而且在保护生物学、社区及种群生态学、地理学、地质学、林学、人口学、计量经济学、心理学和流行病学等众多领域得到广泛应用。自从 2005 年 8 月问世以来，SAM 被世界上 60 多个国家的地区的科学家免费下载了 9 300 多次。

与其他空间分析不同，SAM 的 Data 菜单，集成了数据预处理、基本统计分析、图形制作、主成分数据降维等多项功能。在数据预处理模块，则包含了数据矩阵显示、数据变换、多项式扩展、距离/相似矩阵计算、地理距离矩阵计算、物种丰富度计算、栅格数据处理多项功能。SAM 的 Structure 菜单，则集成了 GS + 软件空间分析模块的大部分功能，如 Moran I，Ripley K 计算，半方差分析、二进制相关图分析、Mantel 相关图分析，除此之外，还包括了空间聚类内容。SAM 的 Modeling 菜单，除了集成了线性回归、逻辑斯蒂回归、空间自回归、地理加权回归多种回归模型，还包括空间相关性分析、模型选择、基于特征根的空间过滤等多种模型工具。

（6）格局分析、空间统计与地理解译软件 PASSaGE

PASSaGE 是由美国亚利桑那州立大学生命科学院 Michael Rosenberg 与 Corey Anderson 联合开发的专门用于空间统计与地理解译的免费空间数据分析软件，在研发过程中得到了美国科学基金和亚利桑那州立大学生物设计研究所进化医学和信息中心的大力资助。

与 SAM 一样，PASSaGE 是一个综合的空间分析套件，区别于 SAM，PASSaGE 软件的优势在于空间分析、制图。与其他软件相比，PASSaGE 在空间分析的深度和广度、制图类型的多样性方面大大超过其他软件。空间分析功能可以归纳为以下几类：

①基本统计分析：包括描述性统计、Mantel 检验、修正的 t 相关性检验。

②点数据分析：包括扩散指数计算、第二序数分析、连接计数分析、角度小波分析。

③连续性数据分析：包括四分法数据分析、小波分析、孔隙度分析、谱分析。

④离散型数据分析：包括相关图分析、方差图分析、局域空间自相关分析、方向性分析。

⑤边界/聚类分析：包括移动拆分窗口分析、边界不连续性分析、聚类分析。

⑥混合数据分析：包括点、线关系分析，点、面关系分析。

未来空间分析软件将朝着三个方向发展：首先是一种是面向应用的高度智能化的

算法丰富的通用空间分析软件，将会随着空间分析的广泛应用而不断涌现；其次是一种根据具体应用领域而具有专门订制功能的专业空间分析软件，将会屡屡出现；最后是一种提供人机深入交流的适合于空间分析领域理论研究人员使用的空间分析软件，将会随着理论研究的不断深入而出现。

9.4 森林资源空间数据分析实例

9.4.1 基于 GIS 的森林调查因子地统计学分析

本节以南京紫金山国家森林公园为研究对象，以 GIS 为空间分析平台，采用系统抽样方法，计算不同空间尺度上抽样点森林调查主要因子的空间自相关系数，通过半方差分析计算不同森林调查因子的空间自相关阈值和方差结构，在此基础上评价不同半方差模型对单位面积蓄积量的内插精度，以期为地统计学在森林资源调查领域的应用提供研究基础。

9.4.1.1 研究方法

研究地区的森林资源调查数据来自于 2002 年数字化的紫金山森林资源二类调查资料。紫金山国家森林公园共划分林班 71 个，小班 667 个，主要地类有针叶林、针阔混交林、阔叶林、农地、苗圃、草坪、水域、建筑用地。在紫金山国家森林公园经营范围内，林种为单一的特种用途林中的风景林，风景林是森林公园的基础。提高森林美景度，为开展观光、休闲、度假、科普等各种森林旅游活动奠定物质基础，是风景林经营的主要目标。作为一座城市森林公园，紫金山已经成为市民登山健身的主要去处，每天有数千人登山，双休日将超过万人，随着游人数量的增加和林下枯枝落叶层的堆积，野炊烧烤、乱丢烟蒂等容易引起火灾的各种活动日益增加。因此，在紫金山森林公园二类调查小班属性表中，除地类、林种、树种、平均胸径、平均树高、单位蓄积、郁闭度等常规调查因子外，还增加了美学等级、火险等级这两个调查因子。

为分析方便，将 10 个主要森林资源调查因子分成 3 类：目标因子(单位面积蓄积、风景林美学等级、林分火险等级)、测树因子(平均胸径、平均树高、林分年龄、平均郁闭度)、立地条件因子(坡度、海拔、坡位)。在 ArcGIS 9.3 平台上，利用空间分析工具的 Features to Raster 模块，分别将 4 个测树因子和 3 个森林资源调查目标因子转换成 7 个栅格文件。研究地区的立地条件资料来自于根据紫金山 1:10 000 地形图制作的空间分辨率为 3.3m × 3.3m 的数字高程模型(DEM)。借助于 ArcGIS 空间分析工具的 Surface Analysis 模块，生成坡度、坡位两个栅格图层。通过以上数据处理，共生成研究地区 10 个森林资源调查因子栅格图层。

抽样框取自于 2002 年 10 月 24 日紫金山 Landsat 7 ETM + 遥感数据。ETM + 数据包全色波段空间分辨率为 15m × 15m，多光谱波段空间分辨率为 30m × 30m。采用 30m × 30m 的抽样间距，借助于 ArcGIS 平台上外挂式分析工具 HawthTools 中的 Sampling Tools，生成包含 33 908 个总体单元的 Point 矢量文件。利用 HawthTools 中的 Intersect Point Tool 模块，通过 10 个栅格图层与 Point 矢量文件的 Intersect 运算，获取每个总体

单元的 10 个森林调查因子数值，为森林调查因子半方差分析和内插模型精度评价提供
数据基础。

在总体单元中，分别采用 100m×100m、200m×200m、300m×300m、…、1 000m×
1 000m 抽样间距，借助于 Sampling Tools 模块，进行系统抽样，分别生成包含 3 054，
759，334，…，30 个样本单元的 10 个 Point 矢量文件。在此基础上，分别与 10 个栅格
图层进行 Intersect 运算，为不同空间尺度上抽样点森林调查主要因子的空间自相关系数
计算提供数据基础。

利用 ArcGIS 空间分析工具箱中的 Spatial Autocorrelation 模块，分别不同抽样间距计
算 10 个森林资源调查因子的 Moran I 系数。Moran 的 I 系数是一种最常用的自相关系
数，计算公式如下：

$$I = \frac{n \sum\limits_{i=1}^{n} \sum\limits_{j=1}^{n} w_{ij}(x_i - \bar{x})(x_j - \bar{x})}{\sum\limits_{i=1}^{n} \sum\limits_{j=1}^{n} w_{ij} \sum\limits_{i=1}^{n}(x_i - \bar{x})} \tag{9-1}$$

式中　I——Moran 空间自相关系数，I 系数取值在 -1 和 1 之间，小于 0 表示负相关；
　　　　　　等于 0 表示不相关；大于 0 表示正相关；

　　　n——空间单元总数；

　　　x_i，x_j——变量 x 在相邻空间单元的取值；

　　　$\bar{x}$——变量的平均值；

　　　w_{ij}——相邻权重。

若空间单元 i 与 j 相邻，则 $w_{ij} = 1$；若空间单元 i 与 j 不相邻，则 $w_{ij} = 0$。

利用 HawthTools 中的 Table Tools 功能，在包含 33908 个总体单元的 Point 矢量文件
中，添加 X、Y 坐标，在此基础上，将矢量文件的属性数据导入地统计学软件 GS +
3.11，进行半方差分析，计算 10 个森林资源调查因子的基台值、自相关阈值、结构方
差/基台值比例，并绘制各个调查因子的半方差图。

在总体样本单元中，随机选取 70%（23 736）的样本点用来半方差模型建模，其余
30%（10 172）的样本点用来进行模型验证。在 GS + 环境中，分别线性（liner）、高斯
（Gaussian）、指数（exponential）、圆形（circular）、球体（spherical）5 个模型，建立单位
面积蓄积量半方差内插模型，并采用相关系数（COR）、决定系数（R^2）、剩余标准差
（s）、平均相对误差（E）4 个指标评价模型内插精度。其中，决定系数由 GS + 软件输出
的拟合模型参数得出，其他 3 个指标的计算通过 Excel 的数据分析工具实现。

9.4.1.2　结果与分析

（1）森林调查因子的空间自相关分析

计算表明，森林资源调查的 10 个主要因子，无论是目标因子、测树因子还是立地
条件因子，都存在着空间相关性，而且这种空间相关性随着抽样间距的增大而逐渐减
小，呈现出比较明显的"近朱者赤，近墨者黑"的现象。为简化起见，本节只给出单位
蓄积、美景度、火险等级 3 个目标因子的 I 系数随样点间距变化曲线（图 9-1）。从图 9-
1 可以看出，随着抽样间距的增大，火险等级的 I 系数从 0.26 逐渐下降到 0.09，美景

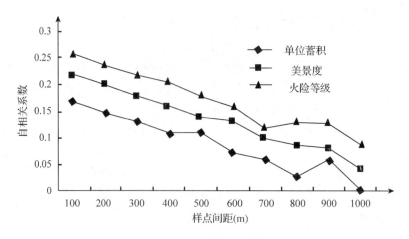

图 9-1 目标因子空间自相关系数随样点间距变化曲线

度的 I 系数从 0.22 下降到 0.04，单位面积蓄积量的 I 系数从 0.17 下降到 0。

为比较不同调查因子对空间依赖性的强弱，进行了空间自相关系数最大时（抽样间距为 100m）各调查因子 High/Low Clustering 分析，计算各自的 Z 值（表 9-1）。在统计学中，Z 是测量标准偏差的一个统计量，等于偏离平均值的标准偏差的倍数。当可信度 $P = 0.95$、Z 位于区间范围 [−1.96, 1.96] 时，表征了一种统计变量随机分布的空间格局。当 Z 值落在区间范围之外，则表示统计变量呈现出离散或聚集的分布格局。High/Low Clustering 分析表明，10 个森林资源调查因子都呈现出空间聚集分布格局，Z 值越大，空间分布的聚集程度越强。从表 9-1 可以看出，在立地因子中，海拔、坡度的空间聚集性最强，坡向的空间聚集性最弱；在测树因子中，林龄的空间聚集性最强，胸径空间聚集性最弱。在目标因子中，火险等级空间聚集性最强，单位面积蓄积依赖性空间聚集性弱。按调查因子的类别来分，立地因子的空间聚集性强于测树因子，测树因子强于目标因子。在 10 个调查因子当中，坡向位于 0° ~ 360°，样点之间坡向差距较大，导致坡向的空间聚集性最弱。紫金山风景林多为人工营造的同龄纯林，火险等级仅分为 0~2 三个等级，美景度也只分为 13 个等级（0~12），相邻林分的林龄、美景度、火险等级数值区分度不高，导致这 3 个因子的空间聚集性较高。

表 9-1 森林调查因子空间自相关系数随样点间距变化表

评价指标	目标因子			测树因子				立地因子		
	蓄积	美景度	火险	胸径	树高	郁闭度	林龄	坡度	海拔	坡向
Z	45.24	51.69	51.95	43.27	47.88	46.64	53.81	59.95	75.33	15.55
均值		49.63			47.9				50.27	

（2）森林调查因子的半方差分析

从表 9-2 可以看出，坡度、海拔、坡位 3 个立地因子的自相关系数最高，结构方差/基台值比例最高，与立地因子的空间聚集性强存在着一定关系。在 10 个调查因子当中，立地因子的自相关阈值均只有 1 950m，说明立地因子的空间自相关幅度较小，与研究地区山体不大、海拔较低的自然条件存在着密切联系。森林资源调查目标因子、测树因子的自相关系数均大于 0.5，结构方差/基台值的比例均大于 0.6，说明这些因子

表9-2 森林调查因子半方差分析表

分析指标	目标因子			测树因子				立地因子		
	蓄积	美景度	火险	胸径	树高	郁闭度	林龄	坡度	海拔	坡向
自相关系数	0.578	0.643	0.696	0.576	0.593	0.64	0.584	0.986	0.994	0.918
自相关阈值（m）	1 800	2 280	1 800	5 040	3 120	7 500	7 700	1 950	1 950	1 950
结构方差/基台值	0.728	0.712	0.711	0.614	0.672	0.709	0.66	0.999	0.999	0.826

存在着较强的空间自相关性，由空间差异引起的结构方差在系统方差中主导地位。与海拔、坡度、坡位3个立地因子相比，这些因子的空间自相关系数小于立地因子，结构方差/基台值的比例也低于立地因子。原因在于，这7个森林资源调查因子之间的差异除空间因素外，还与种源、造林方法、森林抚育措施等人为因素有关。在目标因子中，火险等级、美景度的自相关系数大于单位面积蓄积量，与这两个因子取值划分等级少、存在着较强的空间聚集性有关。林龄、胸径、郁闭度等测树因子的空间自相关阈值高，与紫金山大面积人工同龄纯林的造林方式密切相关。

（3）半方差理论内插模型精度分析

内插精度是内插模型拟合的好坏程度，即由内插模型所产生的模拟值与实际值拟合程度的优劣，是衡量内插半方差理论模型是否适用于内插对象的一个重要指标。在本节中，以单位面积蓄积量为例，进行森林调查因子不同半方差理论模型精度分析。采用相关系数（COR）、决定系数（R^2）、剩余标准差（s）、平均相对误差（E）4个指标来对5个半方差理论模型对单位面积蓄积量的内插精度进行评价。决定系数R^2等于内插拟合模型相关系数R的平方，表示内插模型的估计值与对应的实际数据之间的拟合程度。当R^2越接近1时，表示相关的内插模型参考价值越高；相反，越接近0时，表示参考价值越低。COR也称为点双列相关系数，一般通过Pearson相关系数计算得来，COR考虑的重点是验证数据真实值和模型预测值的偏离程度，COR越接近于1，模型的内插精度越高，反之越低。在内插模型中，真实值和估计值之间的差称为剩余量，剩余标准差s就是剩余方差的开平方，而平均相对误差是指内插值与真实值的绝对误差与真实值比例的平均值，剩余标准差、平均相对误差越低，模型的预测精度越高。

表9-3 不同半方差理论模型评价指标计算表

评价指标	线性模型	高斯模型	指数模型	圆形模型	球体模型
决定系数	0.488	0.885	0.918	0.881	0.906
相关系数	0.704	0.725	0.754	0.737	0.720
剩余标准差（m³/hm²）	23.162	22.488	21.438	22.059	22.637
平均相对误差（%）	22.596	22.007	20.591	21.463	22.018

从表9-3可以看出，指数模型、球体模型的决定系数均大于0.9，高斯模型、圆形模型大于0.8，线性模型的决定系数小于0.5，说明指数模型与球体模型拟合精度高、参考价值大，高斯模型、圆形模型参考价值较大，而线性模型的参考价值较低。与决

定系数不同，其他 3 个指标考察的重点是模型的预测精度。在拟合精度较高的 4 个模型当中，指数模型的相关系数最高，剩余标准差、平均相对误差最低，预测精度最高，其次是圆形模型，高斯模型的预测精度略高于球体模型。综合拟合精度、预测精度 2 个方面分析，5 个模型的总体性能按照由高到低的顺序排列如下：指数模型 > 圆形模型 > 高斯模型 > 球体模型 > 线性模型。

指数模型的内插精度最高，与研究地区的景观结构存在着密切的关系。紫金山国家森林公园是一个由 667 个大小不同的风景小班斑块组成的森林景观，风景小班单位面积蓄积量的变化发生在景观的所有尺度上。随着空间距离的增加，森林斑块单位面积蓄积量的差异迅速增加，然后逐渐缓慢增加，达到一个相对稳定的基台值，指数模型最合适拟合这一方差变化趋势。

9.4.2 基于一类清查数据的森林生物量空间数据挖掘

本小节以湖南省 2014 年第九次森林资源连续清查 6 615 块固定样地数据为主要信息源，通过空间数据挖掘，揭示生物量空间分布规律、生物量与环境因子的量化关系、不同级别生物量归纳规则，不仅有助于估算区域尺度的森林生产力及其碳收支，而且可以为森林可持续经营规划提供科学依据。

9.4.2.1 研究方法

1）数据来源与预处理

本节所采用的主要信息源有：

①研究地区 2014 年连续清查固定样地空间数据库，包括 6 615 块固定样地，样地间距为 4km×8km，样地的大小为 25.82m×25.82m，样地的属性表包括地理坐标、立地条件、林分生长状况等近 60 个调查因子。

②研究区域数字高程模型（DEM），空间分辨率为 90m×90m。

③研究区域 2013 年美国国防气象卫星计划（DMSP）搭载的线性扫描业务系统（OLS）传感器夜间灯光数据（DMSP/OLS 数据，简称灯光亮度数据，下同）。

DMSP/OLS 有别于利用地物对太阳光的反射辐射特征进行监测的 Landsat、SPOT 和 AVHRR 传感器，该传感器可在夜间工作，能够探测到城市灯光甚至小规模居民地、车流等发出的低强度灯光。研究表明，灯光亮度与区域人口密度、经济发展水平正相关，常被用来作为反映区域人类干扰强度的指标（何春阳等，2006）。

森林生物量与林分单位面积蓄积量、郁闭度、平均高度、平均胸径、平均年龄等林分调查因子有关，与森林所处的海拔、坡度、坡位、土壤厚度等立地因子有关，并受到人口密度、经济发展水平等人类干扰因子的影响。首先，采用张茂震、王广兴（2009）的方法将 6 615 块固定样地的单位面积蓄积量转换为低上部分生物量（简称生物量，下同），单位为 t/hm^2。然后，利用 ArcGIS 平台上外挂式分析工具 HawthTools 中的 Intersect Point Tool，分别灯光亮度栅格图层相交，生成 1 个新的灯光亮度属性特征。在最后生成的生物量知识发现空间数据库中，包含森林生物量和 10 个生态环境因子（5 个林分因子、3 个立地因子、1 个土壤因子、1 个人为干扰因子），合计 11 个属性。

2) 空间数据挖掘方法

空间数据挖掘的方法很多,可分为机器学习方法(归纳学习、决策树、规则归纳、基于范例学习、遗传算法)、统计方法(回归分析、判别分析、聚类分析、探索性分析)、神经网络方法(BP 算法、自组织神经网络)、数据库方法。空间数据挖掘的方法不是孤立的,为了在空间数据挖掘中得到数量更多、精度更高的可靠结果,常常要综合应用多种方法,本节采用的空间数据挖掘方法主要有空间热点探测、趋势面分析、地理加权回归、C5.0 决策树分析 4 种。

(1) 空间热点探测

空间热点探测试图在研究区域内寻找属性值显著异于其他地方的子区域,视为异常区,如犯罪高发区、灾害高风险区等(Besag *et al.*, 1991)。从某种意义上说,空间热点分析是空间聚类的特例。根据探测目的,分为焦点聚集性检验和一般聚集性检验。焦点聚集性检验用于检验在一个事先确定的点源附近是否有局部聚集性存在;而一般聚集性检验是在没有任何先验假设的情况下对聚集性进行定位。本节采用 ArcGIS 9.3 空间统计工具箱中的聚集及特例分析工具(cluster and outlier analysis-anselin local moran's I),通过对输入要素进行焦点聚集性检验来进行研究属性空间热点探测。通过计算 Moran I 值和 Z 值来测量特定区域的聚合程度。如果 I 值为正,则要素值与其相邻的要素值相近,如果 I 值为负,则与相邻要素值有很大的不同。在统计学中,Z 值是测量标准偏差的一个统计量,等于偏离平均值的标准偏差的倍数。当可信度 $P = 0.95$、Z 值位于区间范围[-1.96, 1.96]时,表征了一种统计变量随机分布的空间格局。当 Z 值落在区间范围之外,则表示统计变量呈现出离散或聚集的分布格局。Z 值为正且越大,要素分布趋向高聚类分布;相反为低聚类分布。

(2) 趋势面分析

趋势面分析是一种整体插值方法,即整个研究区使用一个模型、同一组参数。它根据有限的空间已知样本点拟合出一个平滑的点空间分布曲面函数,再根据此函数预测空间待插值点上的数据点,其实质是一种曲面拟合的方法(Agterberg, 1984)。因此,如何通过对已知点空间分布特征的认识来选择合适的曲面拟合函数是趋势分析的核心。传统的趋势面分析是通过回归方程,运用最小二乘法拟合出一个非线性多项式函数。由于趋势面分析采用的是一个平滑函数,一般很难正好通过原始数据点。虽然采用较高的多项式函数能够很好地逼近数据点,但会使计算复杂化,而且增加分离趋势,一般多项式函数的次数多选择 5 以下。当对二维空间进行拟合时,如果已知样本点的空间坐标 (x, y) 为自变量,而属性值 z 为因变量,则其二元回归函数为:

一次多项式回归: $$z = a_0 + a_1 x + a_2 y + \varepsilon \tag{9-2}$$
二次多项式回归: $$z = a_0 + a_1 x + a_2 y + a_3 x^2 + a_4 xy + a_5 y^2 + \varepsilon \tag{9-3}$$

式中　a_0, a_1, a_2, a_3, a_4, a_5——多项式系数;

　　　ε——误差项。

(3) 地理加权回归

统计分析是常用的空间数据分析方法。传统的线性回归,如普通最小二乘法(OLS),其主要缺点是假定空间数据之间互不相关,实际上很多空间数据是高度相关的，所以使用这个方法效果很差。地理加权回归(geographically weighted regression, GWR)是近年来提出的一种新的空间分析方法，其实质是局部加权最小二乘法，其中的权为待估点所在的地理位置空间到其他各观测点的地理位置之间的距离函数(Fotheringham，2000)。GWR 通过将空间结构嵌入线性回归模型中，以此来探测空间关系的非平稳性，其数学模型形式为：

$$y_i = \alpha_0(\mu_i, \nu_i) + \sum_{i=1}^{k} \alpha_k(\mu_i, v_i) x_{ik} + \varepsilon_i \tag{9-4}$$

式中　y_i——第 i 点的因变量；

x_{ik}——第 k 个自变量在第 i 点的值；

k——自变量计数；

i——样本点计数；

ε_i——残差；

(μ_i, ν_i)——第 i 个样本点的空间坐标；

$\alpha_k(\mu_i, \nu_i)$——连续函数 $\alpha_k(\mu_i, \nu_i)$ 在 i 点的值。如果 $\alpha_k(\mu_i, \nu_i)$ 在空间保持不变，则 GWR 退化为全局模型。

(4) C 5.0 决策树分析

C 5.0 是一种最新的归纳学习算法，目的在于从大量的经验数据中归纳提取一般的规则和模式。C 5.0 算法是 C 4.5 算法的商业改进版，与 C 4.5 的不同之处在于 C 5.0 可以处理如下几种资料形态：日期、时间、序列型的离散性资料等等。除了处理部分缺值的问题，C 5.0 还可将部分属性标记为不适合，使得作分析时仍能保有资料的完整性。但是 C 5.0 作为一种决策树算法，不可避免的可能存在树过于茂盛的问题，当变量较多、数据量较大时，其结果解释将会比较困难(庞素琳，2009)。

9.4.2.2　结果与分析

(1) 空间热点分析

空间热点分析通过 ArcGIS 9.3 空间统计工具箱中的聚集及特例分析工具来实现。当统计值 $P = 0.05$ 时，空间聚集类型分为 4 种：高值点(热点，*HH*)、低值点(冷点，*LL*)、高值被低值包围的特例点(*HL*)、低值被高值包围的特例点(*LH*)。将高值点、低值点提取出来，与湖南省各地市的行政边界矢量图层叠加，得到固定样地生物量空间聚类图(图 9-2)。

从图 9-2 可以看出，湖南省森林生物量高的固定样地(高点)主要分布在西部、东部与南部海拔较高、林地面积广大、人口密度较小的山区，其中地处武陵山脉的张家界、湘西自治州最为集中。这些地市山区面积大、坡度较陡、林分单位面积蓄积量高，但交通不便、经济不发达，林种多为水源涵养林、水土保持林等公益林。森林地上部分生物量低的固定样地(低点)主要分布在北部和中部的洞庭湖区、低山丘陵区，其中洞庭湖区的岳阳、常德地区最为集中。这里海拔较低、林地面积比例小、坡度平缓、林分单位面积蓄积量低，但交通发达、人口密度大、经济发展水平高，经济林、薪炭林、农田防护林比重高。高点样地的单位面积平均生物量为 45.30t/hm²，平均坡度为

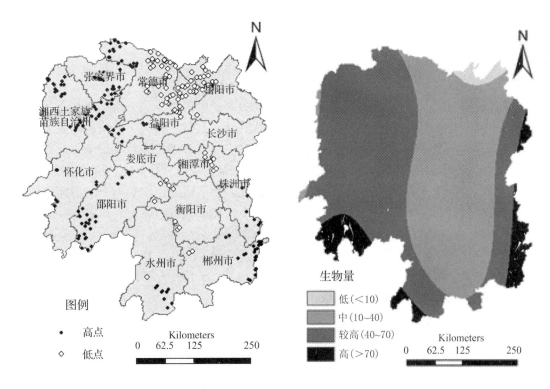

图 9-2 固定样地生物量空间聚类　　图 9-3 生物量趋势面 3 次多项式空间拟合

14.62°，平均海拔为 603.09m，平均灯光亮度为 0.64。与此相反，低点样地的平均单位面积生物量只有 1.47t/hm²，平均坡度为 3.89°，平均海拔为 95.51m，平均灯光亮度为 4.02。

（2）趋势面分析

趋势面分析采用 ArcGIS 空间分析工具箱中的 Trend 工具实现。为统计分析方便，将 6 615 块固定样地的生物量作如下分级：70t/hm² 以上者为高，40～70t/hm² 为较高，10～40t/hm² 为中等，10t/hm² 以下为低。多项式函数的次数分别选择 2、3、4、5 次，选择均方根误差（RMS error）最小的 3 次多项式作为趋势面分析结果，回归类型选择线性（图 9-3）。

从图 9-3 可以看出，湖南省森林生物量在空间分布上呈现出西、南、东部较高，北部、中部较低的马蹄状盆地空间分布格局，从北部到中部，从中部往西部、东部、南部，依次呈现低、中等、较高、高的分布格局。这种空间趋势面格局与湖南省地形地势特点、林地分布、经济发展水平密切有关。湖南省北部为洞庭湖平原，中部为低山丘陵地区。这两个地区海拔低、林业用地面积少，经济发达，人为干扰活动严重，林种以四旁树、经济林、农田防护林为主，林分单位面积蓄积量低，森林单位面积生物量低。湖南省西部为武陵山脉、雪峰山脉，南部为南岭山地，东部为罗霄山脉，这些地区海拔高、坡度陡、林地面积大、交通不便、人口密度小，林种多为水源涵养林、水土保持林，林木生长良好，林分生物量高。

（3）地理加权回归

在进行地理加权回归之前，先利用 ArcGIS 9.3 的空间统计工具箱对 6 615 个固定样地的生物量进行空间自回归。空间自相关系数 Moran I 等于 0.12，当可信度 $P = 0.99$，统计量 $Z = 25.33 > 2.58$，表明生物量在空间分布上呈高度自相关，所以使用最小二乘法进行生物量与环境因子回归分析效果很差。为满足地理加权回归自变量独立、正态的建模要求，对林分、立地条件、人为干扰状况等 10 个环境因子进行 Pearson 相关分析。相关分析表明，林分蓄积量、郁闭度、平均树高、平均胸径、平均年龄 5 个林分调查因子两两彼此相互关联，相关系数均在 0.85 以上，坡度、海拔、坡位的相关系数为 0.75。选取林分平均树高、坡度、土壤厚度、灯光亮度分别代表林分因子、地形因子、土壤因子、人为干扰因子参加建模，以满足地理加权回归自变量独立的建模要求。

选择生物量作为因变量，平均树高、灯光亮度、土壤厚度、坡度 4 个主要环境因子作为自变量，采用 ArcGIS 空间统计分析工具箱中的 Graphically Weighted Regression 模块进行地理加权回归。在模型输出的评价系数中，Cond 表示局部的共线性情况，当大于 30 时，表示实验结果不理想。在 Predicted 给出的预测结果中，Residuals 表明真实值与预测值的差。在模型中，Cond 最小值为 14.26，最大为 1.95，平均值为 4.52，均小于 30，表明实验结果比较理想。模型的局域相关系数 R^2 为 0.754，表明模型可以解释 75.4% 差异。因变量生物量与林分平均树高、灯光亮度、土壤厚度、坡度局部回归系数分别为 0.450 6、-0.159 8、0.063 9、0.263 2，表明生物量与林分生长状况正相关，与坡度、土壤厚度正相关，与反映经济发展水平、人口密度等人为干扰强度的灯光亮度负相关。模型残差的均值为 -0.024 5，标准差为 15.989 7，服从正态分布，表明模型拟合的效果较好。

(4) C5.0 决策树分析

为提取归纳规则方便，按照与趋势面分析同样的标准，将生物量分为低、中等、较高、高 4 级。6615 块固定样地分为 2 部分，70%（4 631 个）用来建模、30%（1 984 个）用来验证。采用 ISL(Integral Solutions Limited) 公司开发的数据挖掘工具平台 Clemintine 12.0 来进行 C 5.0 决策树分析。目标字段采用生物量分级，输入变量采用平均树高、坡度、土壤厚度、灯光亮度。修剪严重性采用 75%，每个子分支的最小记录数采用 2，修剪方法采用全局修剪，分析模式选择"专家"，输出类型选择"规则集"。

通过模型运算，生成一个包含 30 个规则的规则集，其中用于高等级、较高等级、中等级、低等级生物量预测的规则分别为 7 个、9 个、10 个、4 个，4 个输入变量的重要性依次为：平均树高(0.47) > 土壤厚度(0.37) > 坡度(0.12) > 灯光亮度(0.04)。在 4 个等级的 30 个预测规则中，分别挑选 1 个置信度最高的规则，得出下面 4 个示例规则。

规则 1：如果平均树高 > 13.1m，土壤厚度 ≤ 35cm 并且坡度 > 35°，则生物量的等级 = 高。

规则 2：如果平均树高 > 10.0m，土壤厚度 ≤ 45cm 并且坡度 > 37°，则生物量的等级 = 较高。

规则 3：如果平均树高 < 6.5m，土壤厚度 ≤ 35cm 并且坡度 < 38°，则生物量的等级 = 中。

规则 4：如果平均树高 < 2.5m，土壤厚度 ≥ 55cm 并且坡度 < 32°，则生物量的等级 = 低。

以上 4 个示例规则所揭示的知识与空间热点分析、趋势面分析、地理加权分析的结论保持一致。如果地理位置偏僻，坡度较陡，土壤厚度小，林分平均树高较大，生物量等级属于较高、高等级。如果交通不便，坡度较陡，林分平均树高中等，则生物量等级属于中等；如果坡度较为平缓，交通便利，林分生长状况不良，则生物量等级属于低等级。采用上述 30 个规则对 6 615 块固定样地的生物量进行预测，预测正确的固定样地数为 5 380 块，错误的为 1 235 块，正确率为 81.3%。

思 考 题

1. 简述森林资源空间数据的概念和特点。
2. 简述森林资源空间数据分析内容。
3. 森林资源空间数据分析的方法有哪些？
4. 常用空间分析软件包有哪些？
5. 举例说明地统计学分析方法在森林资源调查中的应用。

参考文献

冯益明，唐守正，李增元. 2004. 空间统计分析在林业中的应用[J]. 林业科学，40(3)：149-155.

何春阳，史培军，李景刚，等. 2006. 基于 DMSP/OLS 夜间灯光数据和统计数据的中国大陆 20 世纪 90 年代城市化空间过程重建研究[J]. 科学通报，51(7)：856-861.

李博，宋云，俞孔坚. 2008. 城市公园绿地规划中的可达性指标评价方法[J]. 北京大学学报(自然科学版)，44(4)：618-624.

李德仁，王国良，李德毅. 2006. 空间数据挖掘理论与应用[M]. 北京：科学出版社.

刘安兴，蔡良良，佘光辉. 2006. 森林资源二类调查新颁规定的应用分析[J]. 南京林业大学学报(自然科学版)，30(2)：127-130.

刘常富，李小马，韩冬. 2010. 城市公园可达性研究——方法与关键问题[J]. 生态学报，30(19)：5381-5390.

庞素琳，巩吉璋. 2009. C5.0 分类算法及在银行个人信用评级中的应用[J]. 系统工程理论与实践，29(12)：94 -104.

肖华斌，袁奇峰，徐会军. 2009. 基于可达性和服务面积的公园绿地空间分布研究[J]. 规划广角，25(2)：83 -88.

王劲峰，廖一兰，刘鑫. 2010. 空间数据分析教程[M]. 北京：科学出版社.

张茂震，王广兴，刘安兴. 2009. 基于森林资源连续清查资料估算的浙江省森林生物量及生产力[J]. 林业科学，45(9)：13-17.

Agterberg F P. 1984. Trend surface analysis[A]. //Gailf E L, Willmott C J. Spatial Statistics and Models[C]. Dordrecht：D. Reidel Publishing Company.

Besag J, Newell J. 1991. The detection of clusters in rare diseases[J]. Journal of the Royal Statistical Society(Series A), 154(1)：143-155.

Fotheringham A S, Brunsdon C, Charlton M E. 2000. Quantitative geography：Perspectives on spatial data analysis[M]. London：SAGE Publications.

Guo D S, Mennis J. 2009. Spatial data mining and geographic knowledge discovery-an introduction[J].

Computers Environment & Urban Systems, 33(6): 403 – 408.

Herzele A V, Wiedemann T A. 2003. Monitoring tool for the provision of accessible and attractive urban green spaces[J]. Landscape and Urban planning, 63(2): 109 – 126.

Luo W, Wang F H. 2003. Measures of spatial accessibility to health care in a GIS environment: synthesis and case study in the Chicago region[J]. Environment and Planning, 30(6): 865 – 884.

Matheron G. 1963. Principles of geostatistics[J]. Economic Geology, 58: 1246 – 1266.

Tobler W R. 1970. A computer movie simulating urban growth in the Detroit region [J]. Economic Geography, 46(Supl): 234 – 240.

第三篇　森林经营规划与决策

第10章

森林功能区划

森林功能区划是根据森林资源的主导功能、生态区位、利用方向等，采用系统分析或分类方法，将某林区经营的森林区划为若干个具有不同功能的区域，实行分区经营管理，从整体上发挥森林多功能特性的管理方法或过程。依据功能区分别采取相应的经营措施，以达到充分发挥森林多功能作用，提高森林的综合效益，实现林业的可持续发展的目的。

森林功能表现在不同的尺度上，具有层次性。本章主要对森林经营单位级的功能区划进行说明。森林功能区划是森林经营规划的重要组成部分，对于森林经营单位组织森林经营类型、依据功能区确定环境约束条件及经营措施都有重要的意义。包括森林功能及分类、森林多功能实现途径和森林功能区划的方法和结果等。

10.1 森林功能概念及分类

10.1.1 森林功能的概念

森林是地球上面积最大、结构最复杂、功能最多和最稳定的陆地生态系统。森林生态系统作为一个复杂的巨系统，以多种方式和机制影响着陆地上的气象、水文、土壤、生物、化学等过程，从而形成了人类可以利用的多种功能，发挥着巨大的经济、社会和生态效益。

森林功能和森林效益是不同的概念。森林功能是系统的属性，是系统运动和变化过程中以物质、能量、信息等形态向系统外的输出，是不以人的意志为转移的客观存在（人们只能通过调整系统的结构来改变系统的功能）。效益是人类实践活动给实践主体带来的利益，是与人的利益追求密不可分的，并且往往可以通过市场实现其价值，并用货币形式表现出来。尽管森林的许多功能可以最终体现为效益，但并非所有的森林功能都给人们带来可以估价的利益。事实上人们的认知程度与森林所具有和发挥的实际功能效益相距甚远，森林的某些功能对人类的意义可能尚未完全为人们所认识，但它是客观存在的。

总体来说，森林具有物质生产功能、生态防护功能和社会公益功能（孙鸿烈，2000）。

(1)物质生产功能

森林生态系统是具有物质流、能量流和信息流的自组织反馈系统，物质生产功能是其基本特征。森林是陆地生态系统的主体，具有最高生物生产力，对维持地球上的生命起着重要作用。地球上全部森林每年的净生物生产量达 $700 \times 10^8 t$，占全部陆生植物净生物生产量的65%，能向人类提供大量林、副产品。目前全世界木材的年产量达 $30.5 \times 10^8 m^3$，其中工业用材占47.7%。中国年均森林资源消耗量 $2.97 \times 10^8 \sim 3.2 \times 10^8 m^3$。森林还为广大的农村提供了燃料，全世界有将近一半人口以木材、作物秸秆或干畜粪作燃料；中国农村每年消耗生物质能约 $4 \times 10^8 t$，其中65%为薪材。木材、木块、木屑可以生产胶合板、刨花板、纤维板等多种人造板；还可以从树木中提取甲醇、乙醇、糠醛、活性炭以及松香、栲胶等工业原料。此外，森林还可提供大量动物、植物性副产品和药材等。

(2)生态防护功能

森林具有多种生态防护功能：

①涵养水源：林木能增加土壤的粗孔隙率，截留天然降水，从而使森林具有调节流量的作用，即洪水期能蓄积水流，枯水期又能释放出来。

②防风固沙：荒漠化是当今世界上的一大灾难，防风固沙的有效措施之一就是植树造林。目前中国各地营造的防护林正在所在区域起着防风固沙和改善生态环境的巨大作用。

③保持水土：由于枝叶和树干的截留，以及枯枝落叶与森林土壤巨大的持水能力和庞大根系的固土作用，可大大减少水土流失量。

④调节气候，改善农业生产条件：森林对一定范围内的区域性气候具有调节作用，特别是农田林网和防风林带对改善农田小气候效果显著。森林可以降低风速，调节温度，提高空气和土壤湿度，减少地表的蒸发量和作物的蒸腾量，防止干热风、冰雹、霜冻等灾害。

(3)社会公益功能

首先，森林能净化空气，防止环境污染，美化环境。林木具有吸收二氧化碳、放出氧气的作用。地球上的绿色植物每年通过光合作用吸收二氧化碳约 $2 \times 10^{11} t$，其中森林占了70%；空气中60%的氧气是由森林植物产生的。森林可吸收空气中的有毒气体，如1 000g柳杉树叶(干重)每月可吸收3g二氧化硫。森林是天然的吸尘器，全世界每年排入空气中的灰尘约 $1 \times 10^8 t$，而1hm² 松林每年可吸附灰尘36t、云杉林吸附32t、栎林吸附68t。其次，森林具有杀菌、降低噪音等卫生保健功能。1hm² 松柏林一昼夜可分泌抗菌素30g，可杀死空气中白喉、肺结核、伤寒、痢疾等多种病原菌；40m 宽的林带能降低噪音 10~15dB，成片的树林则可减少 26~45dB。第三，森林的绿色是人类生理的最适颜色之一，使人们感到舒适、愉快，再加上美丽的林野风光和情趣，为人们疗养、休闲、旅游提供了幽静、浪漫而富有诗情画意的场所。森林中丰富的物种资源和自然环境，给人们以高层次的文化享受，森林是人类了解自然、探索自然的知识宝库。

10.1.2　森林功能需求的演变

社会对森林的功能需求与社会经济发展紧密相关，从一定意义上讲，社会对森林的功能需求是人与自然之间关系的反映，其发展变化是社会生产力和生产关系发展变化的反映。自人类诞生起，人与自然的关系就存在着两重性。一方面人基于生存的需要不可避免地要干预自然，与自然力抗争，获得生存的权利和地位；另一方面自然或自然规律又以其强大的在一定程度上甚至是不可抗拒的力量制约着人的活动，要求人的服从。改造与依赖、支配与受控，就必然贯穿于人与自然关系的全部历程。人类之初，对自然的干预能力极弱小，畏惧自然、完全依赖自然；随着农业文明的发展，人类完全受自然统治的境遇逐步得到解放，表现为改造自然、利用自然；工业文明创造了非凡的生产力，人类因此获得了巨大的社会物质财富，人类在享受这些财富的同时，征服自然的欲望也空前膨胀起来。然而工业文明和现代科学技术仍然逃避不了自然规律的束缚，工业化带来的种种环境资源问题又把人类推向了新的发展困境，如何保证社会可持续发展成为国际化课题。从新中国对林业的宏观需求发展情况也可见一斑。中华人民共和国成立初期，百废待兴，发展社会主义新工业是全国性战略，林业的首要任务是木材生产，木材、钢材、水泥时称"三大材"。木材生产计划作为硬性指标，营林单位必须并鼓励超量完成，以满足国家建设需求。国家工业化进程的加速，在大大提高综合国力的同时，由于环境承载力的不堪重负，并因此引发的水土流失、土地荒漠化等严重的生态灾难，已成为社会发展的严重制约因素。人们在对社会发展历史的反思中得出结论，促进人与自然和谐，推动整个社会走上生产发展、生活富裕、生态良好的文明发展道路是社会进步的必然选择。加强生态建设，改善生态环境，维护国土安全已成为我国新时期经济社会发展对林业的主导需求。我国林业因此在 21 世纪做出了根本性调整，确定了 21 世纪上半叶中国林业发展总体战略思想：以生态建设为主的林业可持续发展道路，建立以森林植被为主体的国土生态安全体系，建设山川秀美的生态文明社会。当然这一发展战略是宏观上的，社会对林业的多功能需求并没有就此消失，非但如此，经济发展对林产品需求量越来越大，对生态文明的渴望越来越强烈。

10.1.3　森林功能的分类

根据《联合国千年生态系统评估报告》，森林的功能可以分为供给、调节、服务和支持等 4 大类。

（1）供给功能

指森林生态系统通过初级和次级生产提供给人类直接利用的各种产品，如木材、食物、薪材、生物能源、纤维、饮用水、药材、生物化学产品、药用资源和生物遗传资源等。

（2）调节功能

指森林生态系统通过生物化学循环和其他生物圈过程调节生态过程和生命支持系统的能力。除森林生态系统本身的健康外，还提供许多人类可直接或间接利用的服务，如净化空气、调节气候、保持水土、净化水质、减缓自然灾害、控制病虫害、控制植被分布和传粉等。

（3）服务功能

指通过丰富人们的精神生活、发展认知、大脑思考、生态教育、休闲游憩、消遣娱乐、美学欣赏、宗教文化等，使人类从森林生态系统中获得的精神财富。

（4）支持功能

指森林生态系统为野生动植物提供生境，保护其生物多样性和进化过程的功能，这些物种可以维持其他的生态系统功能。

我国传统上将森林分为五类（五大林种）：用材林、防护林、经济林、薪炭林和特用林（表 10-1）。在此基础上，按主导功能的不同将森林（含林地）分为生态公益林和商品林两个类别。公益林是以保护和改善人类生存环境、维持生态平衡、保存物种资源、科学试验、森林旅游、国土安全等需要为主要经营目的的森林，包括防护林和特种用途林。商品林是以生产木材、竹材、薪材、干鲜果品和其他工业原料等为主要经营目的的森林。

理论上，每一片森林都是多功能的，但从人类利用的角度，森林的多个功能的重要性是不同的，即存在一个或多个主导功能（中国林业科学研究院多功能林业编写组，2010）。森林的多种功能之间并非始终保持一致，而是存在一种对立统一的关系。

表 10-1　我国森林功能划分系统

森林类别	林种	亚林种
生态公益林	防护林	水源涵养林
		水土保持林
		防风固沙林
		农田牧场防护林
		护岸林
		护路林
		其他防护林
	特种用途林	国防林
		实验林
		母树林
		环境保护林
		风景林
		名胜古迹和革命纪念林
		自然保护林
商品林	用材林	短轮伐期用材林
		速生丰产用材林
		一般用材林
	薪炭林	薪炭林
	经济林	果树林
		食用原料林
		林化工业原料林
		药用林
		其他经济林

10.2　森林多功能实现路径

森林功能区划就是根据经营目标，结合森林生态系统自身的特点，将森林的功能进行空间上的划分。这与采取的经营理念有关。主要有两种不同的经营选择（Côté et al.，2010；张德成等，2011）：一是每片森林都有一个主导功能，但在区域层次上，实现大面积森林的多种功能；二是通过多功能或综合森林经营实现，对一小片林地内的森林进行多用途管理，每小片林地都是多功能林，即存在两个或两个以上的主导功能，任何单独的一项用途都不能视为明显地比其他用途更重要。这两种思想产生了两种实现森林多功能的途径：分类经营和森林多功能经营。

10.2.1　分类经营

森林分类经营从本质上来看，是来源于林业分工论的思想。20 世纪 70 年代，美国林业学家 M·克劳森、R·塞乔博士和 W·海蒂等人分析了森林多效益永续经营理论的弊端后，提出了森林多效益主导利用的经营指导思想。他们认为：永续利用思想是发挥森林最佳经济效益的枷锁，大大限制了森林生物学的潜力，若不摆脱这种限制，就不可能使林地和森林资源发挥出最佳经济效益，未来世界森林经营是朝各种功能不同的专用森林方向发展，而不是走向森林三大效益一体化，这就是林业分工论的雏形。后来，他们又进一步提出，不能不加区分地对所有林地进行相同的集约经营，而应该选择在优质林地上进行集约化经营，同时使优质林地的集约经营趋向单一化，实现经营目标的分工。到了 20 世纪 70 年代后期，这种分工论的思想明确形成，即在国土中划出少量土地发展工业人工林，承担起全国所需的大部分商品材任务，称为"商品林"；其次划出一块"公益林"，包括城市森林、风景林、自然保护区、水土保持林等，用以改善生态环境；再划出一块"多功能林"。

林业分工论通过专业化分工途径，分类经营森林资源，使一部分森林与加工业有机结合，形成现代化林业产业体系，一部分森林主要用于保护生态环境，形成林业生态体系。同时建立与之相适应的经济管理体制和经营机制。林业分工论通过局部的分而治之，达到整体上的合而为一，体现了森林多功能主导利用的经营指导思想，使林地资源处于合理配置的状态，发挥最符合人类需求的功效，达到整体效益最优。基于林业分工论，衍生出了两种林业发展模式，即法国模式和澳新模式。法国把国有林划分三大模块，即木材培育、公益森林和多功能森林；澳大利亚和新西兰模式（简称澳新模式）把天然林与人工林实行分类管理，即天然林主要是发挥生态、环境方面的作用，而人工林主要是发挥经济效益（陈柳钦，2007）。

林业分工论对中国林业经营政策产生了深远影响，基于此思想，中国国有林区实行森林分类经营，将森林划分为公益林和商品林两类。公益林是以保护和改善人类生存环境、维持生态平衡、保存物种资源、科学实验、森林旅游、国土保安等需要为主要经营目的的森林，包括防护林和特种用途林。商品林是以生产木材、竹材、薪材、干鲜果品和其他工业原料等为主要经营目的的森林，包括用材林、薪炭林和经济林。

在北美，则采用三类林模式（Seymour and Hunte，1992；Messier *et al.*，2009；代力民等，2012）：该模式将林地区划为 3 个区域，即保护区、生态系统经营区和木材生产区，每个区域都被赋予了特殊的管理和经营目的。保护区中，任何采伐行为和工业化经营措施都是被禁止的，森林经营仅可以围绕以保护为目的的开展，但频度和强度等均被严格限制，目的就是减少人为干扰对森林生态系统的影响，重点保护整个林区的稀有物种、濒危物种、特有物种及生态关键种。由于保护区中几乎没有人为干扰，这样原始的森林生态系统，也将为其他两个区域的经营和管理提供参照。生态系统经营区中，生态保护与森林资源的持续经营利用同等重要，鼓励以促进林木生长及提高林分质量为前提的经营活动，如采伐与更新、森林抚育、林分改造等。但是无论采取何种森林经营方式，必须最大限度地维持森林生态系统的生产力、物种和遗传多样性的原始状态，即在保证木材产量和服务价值的过程中最大化资源使用和最小化环境影响。木材生产区中，通常采用集约化的经营方式，即以较少的土地和较短的周期，利用先进的经营技术措施，获得较高的木材产量。因此，因地制宜地采取任何森林经营方式均被允许，从而可以以最短的周期提供市场所需的林产品，实现森林资源接续，增加木材供给，弥补其他两个区域因禁伐等措施而带来的采伐减量。

10.2.2　多功能经营

森林多功能经营是在充分发挥森林主导功能的前提下，通过科学规划和合理经营，同时发挥森林的其他功能，使森林的整体效益得到优化，其对象主要是"多功能森林"。它既不同于现在的分类经营，也不同于以往的多种经营，而是追求森林整体效益持续最佳的多种功能的管理。森林多功能经营强调林业经营三大效益一体化经营，强调生产、生物、景观和人文的多样性目标。森林多功能经营的原则：

①实行长的经营周期（让森林长大）；

②择伐作业、及时更新（多次收获利用，连续覆盖）；

③人工林天然化经营（近自然）。

多功能森林经营起源于欧洲多功能林业的思想。18 世纪初，德国提出森林永续收获原则并广泛应用于木材收获和森林经营实践。18 世纪中期，认识到大面积人工针叶纯林的弊端，德国林学家提出了著名的"森林多效益永续经营理论"。18 世纪末，德国林学家提出恒续林经营思想，瑞士林学家在实践中创造了森林经理检查法，进一步发展为近自然经营。从 20 世纪 50 年代起，人们对森林的结构和功能有了新的认识，强调森林是一种多资源、多功能效益的综合体，在生产木材和林副产品的同时还要考虑森林生态功能和服务价值。20 世纪 60 年代以后，德国开始推行"森林多功能理论"，这一理论逐渐被美国、瑞典、奥地利、日本等许多国家接受推行。1960 年，美国颁布了《森林多种利用及永续生产条例》，标志着美国的森林经营思想由生产木材为主的传统森林经营走向经济、生态、社会多功能经营的现代林业。1975 年，联邦德国公布了《联邦保护和发展森林法》确立了森林多效益永续利用的原则，正式制定了森林经济、生态和社会三大效益一体化的林业发展战略。目前，以德国为代表的欧洲近自然森林经营是世界上对森林多功能经营的实践的典型代表。

欧洲近自然森林经营是尽可能有效地运用生态系统的规律和自然力造就森林，把生态与经济要求结合起来实现合理地经营森林的一种贴近自然的森林经营模式；生态系统经营则强调把森林作为生物有机体和非生物环境组成的等级组织和复杂系统，用开放的复杂的大系统来经营森林资源；欧盟和日本等通过林业立法倡导多功能林业，并取得了一些实质性科技进展。无论是"近自然林"还是"生态系统管理"，其实质都是为了维护和恢复森林生态系统的健康，发挥森林的多种功能和自我调控能力。近自然森林经营仅是在特定条件下实现多功能经营的一种途径，二者不能等同起来。

充分利用森林的多种功能已被国际社会广泛认同，但由于缺乏对多种功能间复杂关系的深入全面认识，对森林功能的评价经常是单个功能间的简单叠加，即使联合国 2001—2005 年的千年生态系统评估也是如此。随着森林多功能利用的呼声不断增强，相关研究正从单项测评、简单求和式的功能评价转向对森林多功能关系的全面认识和定量评价。

10.3　森林功能区划方法

由于每一片森林都是多功能的，需要根据一定的方法来确定不同功能的顺序或优先级。区域内自然—社会—经济等因子的共同作用决定了一个区域的特定功能，功能区划是自然与人文因素共同作用、社会与环境复合系统的综合功能区划。因此，森林功能区划也遵循自然区划、生态功能区划的一般方法，包括区划单元划分方法和区划单元边界界定方法等定性分析法，近年来定量分析法也逐渐得到重视，主要做法就是确定一套评价指标，通过敏感性分析法、聚类分析法、综合因子法结合 GIS 技术，确定其主导功能。

10.3.1　区划单元

小班是森林经营的基本单位，因此，以森林小班为功能区划分的基本单元，可以提高区划结果的科学性、合理性和可操作性。

10.3.2　区划条件和指标

由于自然—社会—经济等因子的共同作用决定了一个区域的特定功能，区划指标通常应包括生态、社会、经济等方面，既然反映自然适宜性，又能反映人类活动的适宜性。我国现有的森林功能区划体系主要根据小班所处的区位（河流、道路、山脊等）和经营目的，将森林区划为表 10-1 中不同的功能，其他国家也有类似的做法（Badarch *et al.*，2011）。也有根据小班的环境敏感性和森林的综合功能进行区划。我国《森林资源规划设计调查技术规程》（国家林业局，2010）中规定的森林功能的主要区划条件如下：

10.3.2.1　防护林

以发挥生态防护功能为主要目的，包括：

（1）水源涵养林

以涵养水源、改善水文状况、调节区域水分循环，防止河流、湖泊、水库淤塞，以及保护饮用水水源为主要目的的有林地、疏林地和灌木林地。具有下列条件之一者，可划为水源涵养林：

①流程在 500km 以上的江河发源地汇水区，主流与一级、二级支流两岸山地自然地形中的第一层山脊以内；

②流程在 500km 以下的河流，但所处地域雨水集中，对下游工农业生产有重要影响，其河流发源地汇水区及主流、一级支流两岸山地自然地形中的第一层山脊以内；

③大中型水库与湖泊周围山地自然地形第一层山脊以内或平地 1 000m 以内，小型水库与湖泊周围自然地形第一层山脊以内或平地 250m 以内；

④雪线以下 500m 和冰川外围 2km 以内；

⑤保护城镇饮用水源的有林地、疏林地和灌木林地。

（2）水土保持林

以减缓地表径流、减少冲刷、防止水土流失、保持和恢复土地肥力为主要目的的有林地、疏林地和灌木林地。具备下列条件之一者，可划为水土保持林：

①东北地区（包括内蒙古东部）坡度在 25°以上，华北、西南、西北等地区坡度在

35°以上，华东、中南地区坡度在45°以上，森林采伐后会引起严重水土流失的。

②土层瘠薄，岩石裸露，采伐后难以更新或生态环境难以恢复的。

③土壤侵蚀严重的黄土丘陵区塬面、侵蚀沟、石质山区沟坡、地质结构疏松等易发生泥石流地段的。

④主要山脊分水岭两侧各300m范围内的有林地、疏林地和灌木林地。

(3)防风固沙林

以降低风速、防止或减缓风蚀，固定沙地，以及保护耕地、果园、经济作物、牧场免受风沙侵袭为主要目的的有林地、疏林地和灌木林地。具备下列条件之一者，可以划为防风固沙林：

①强度风蚀地区，常见流动、半流动沙地(丘、垄)或风蚀残丘地段的。

②与沙地交界250m以内和沙漠地区距绿洲100m以外的。

③海岸基质类型为沙质、泥质地区，顺台风盛行登陆方向离固定海岸线1 000m范围内，其他方向200m范围内的。

④珊瑚岛常绿林。

⑤其他风沙危害严重地区的有林地、疏林地和灌木林地。

(4)农田牧场防护林

以保护农田、牧场减免自然灾害，改善自然环境，保障农牧业生产条件为主要目的的有林地、疏林地和灌木林地。具备下列条件之一者，可以划为农田牧场防护林：

①农田、牧场境界外100m范围内，与沙质地区接壤250~500m范围内的。

②为防止、减轻自然灾害，在田间、牧场、阶地、低丘、岗地等处设置的林带、林网、片林。

(5)护岸林

以防止河岸、湖岸、海岸冲刷或崩塌，固定河床为主要目的的有林地、疏林地和灌木林地。具备下列条件之一者，可以划为护岸林：

①主要河流两岸各200m及其主要支流两岸各50m范围内的，包括河床中的雁翅林。

②堤岸、干渠两侧各10m范围内的。

③红树林或海岸500m范围内的有林地、疏林地和灌木林地。

(6)护路林

以保护铁路、公路免受风、沙、水、雪侵害为主要目的的有林地、疏林地和灌木林地。具备下列条件之一者，可以划为护路林：

①林区、山区国道及干线铁路路基与两侧(设有防火线的在防火线以外，下同)的山坡或平坦地区各200m以内，非林区、丘岗、平地和沙区各50m以内。

②林区、山区、沙区的省、县级道路和支线铁路路基与两侧各50m以内，其他地区各10m范围内的有林地、疏林地和灌木林地。

(7)其他防护林

以防火、防雪、防雾、防烟、护渔等其他防护作用为主要目的的有林地、疏林地和灌木林地。

10.3.2.2 特种用途林

以保存物种资源、保护生态环境，用于国防、森林旅游和科学实验等为主要经营目的的有林地、疏林地和灌木林地。

(1)国防林

以掩护军事设施和用作军事屏障为主要目的的有林地、疏林地和灌木林地。具备下列条件之一者，可以划为国防林：

①边境地区的有林地、疏林地和灌木林地，其宽度由各省(自治区、直辖市)按照有关要求划定。

②经林业主管部门批准的军事设施周围的有林地、疏林地和灌木林地。

(2)实验林

以提供教学或科学实验场所为主要目的的有林地、疏林地和灌木林地，包括科研试验林、教学实习林、科普教育林、定位观测林等。

(3)母树林

以培育优良种子为主要目的的有林地、疏林地和灌木林地，包括母树林、种子园、子代测定林、采穗圃、采根圃、树木园、种质资源和基因保存林等。

(4)环境保护林

以净化空气、防止污染、降低噪音、改善环境为主要目的，分布在城市及城郊结合部、工矿企业内、居民区与村镇绿化区的有林地、疏林地和灌木林地。

(5)风景林

以满足人类生态需求，美化环境为主要目的，分布在风景名胜区、森林公园、度假区、滑雪场、狩猎场、城市公园、乡村公园及游览场所内的有林地、疏林地和灌木林地。

(6)名胜古迹和革命纪念林

位于名胜古迹和革命纪念地(包括自然与文化遗产地、历史与革命遗址地)的有林地、疏林地和灌木林地，以及纪念林、文化林、古树名木等。

(7)自然保护林

各级自然保护区、自然保护小区内以保护和恢复典型生态系统和珍贵、稀有动植物资源及栖息地或原生地，或者保存和重建自然遗产与自然景观为主要目的的有林地、疏林地和灌木林地。

10.3.2.3 用材林

以生产木材或竹材为主要目的的有林地和疏林地。

(1)短轮伐期用材林

以生产纸浆材及特殊工业用木质原料为主要目的，采取集约经营措施进行定向培育的乔木林地。

（2）速生丰产用材林

通过使用良种壮苗和实施集约经营，森林生长指标达到相应树种速生丰产林国家或行业标准的乔木林地。

（3）一般用材林

其他以生产木材和竹材为主要目的的有林地和疏林地。

10.3.2.4　薪炭林

以生产热能燃料为主要经营目的的有林地、疏林地和灌木林地。

10.3.2.5　经济林

以生产油料、干鲜果品、工业原料、药材及其他副特产品为主要经营目的的有林地和灌木林地。

（1）果品林

以生产各种干鲜果品为主要目的的有林地和灌木林地。

（2）食用原料林

以生产食用油料、饮料、调料、香料等为主要目的的有林地和灌木林地。

（3）林化工业原料林

以生产树脂、橡胶、木栓、单宁等非木质林产化工原料为主要目的的有林地和灌木林地。

（4）药用林

以生产药材、药用原料为主要目的的有林地和灌木林地。

（5）其他经济林

以生产其他林副特产品为主要目的的有林地和灌木林地。

10.3.3　区划原则

森林功能区划与自然区划、生态功能区划一样，遵循以下原则：

（1）发生学原则

根据区域生态环境问题、生态环境敏感性与生态服务功能与森林生态系统结构、过程、格局的关系，确定区划中的主导因子和区划依据。如森林生态系统的土壤保持功能的形成与降水特征、土壤结构、地貌特点、植被覆盖、土地利用等许多因素相关。

（2）区域相关原则

在空间尺度上，任一类森林生态服务功能都与该区域，甚至更大范围的自然环境与社会经济因素相关，在评价与区划中，往往要从流域、全省、全国甚至全球尺度考虑。

（3）差异性原则

将地理空间划分为不同的区域，保持区域内区划特征的最大相对一致性、区域间区划特征的差异性。

（4）等级性原则

按区域内部的差异划分具有不同特征的次级区域，从而形成反映区划要素空间分异规律的区域等级系统。

（5）区域共轭性原则

区域所划分的对象必须是具有独特性，空间上完整的自然区域。即任何一个森林功能区必须是完整的个体，不存在彼此分离的部分。

10.3.4　区划的定性分析方法

自大规模开展区划研究以来，我国许多学者从不同的角度和不同的层次上，探讨了区划的方法，并指出：叠置法、主导因素法、分级区划法等为常用的区划方法，甚至有学者将区划方法等同于单位等级系统。自然区划方法大致分为两类：区划单元划分方法和区划单元边界界定方法。

（1）区划单元划分方法

主要包括"自上而下"的分类法和"自下而上"的聚类法。自上而下区划是由整体到部分，自下而上区划则是由部分到整体。前者主要考虑高级地域单位如何划分为低级地域单位，而后者则主要考虑低级地域单位如何归并为高级地域单位。在实际规划中也可综合采用两种方法。

遵循什么样的区划原则决定使用什么样的区划方法。"自上而下"区划方法是为相对一致性原则而设计的；"自下而上"区划方法是为区域共轭性原则而设计的。这两种方法都是自然灾害区划乃至自然区划中最通用的方法。"自上而下"法由于从宏观、全局着眼，可以避免"自下而上"合并区域时极有可能产生的跨区合并的错误；但"自上而下"划区有个不可避免的缺点，就是划出的界线比较模糊，而且越往下一级单位划分，划出的界线的科学性和客观性越值得怀疑，"自下而上"合并时就可以充分避免这类问题。用"自上而下"方法进行区划时，要掌握宏观格局，根据某些区划指标，首先进行最高级别单位的划分，然后依次将已划分出的高级单位再划分成低一级的单位，一直划分到最低级区划单位为止。"自下而上"方法则恰恰相反，它通过对最小图斑指标的分析，首先合并出最低级的区划单位，然后再在低级区划单位的基础上，逐步合并出较高级别的单位，直到得出最高级别的区划单位为止。"自下而上"区划不但是"自上而下"区划的重要补充，而且是"自上而下"区划的前提，只有进行了"自下而上"的区划，才能得到较为准确的区划界线，"自上而下"区划界线才具有确定性。基于这样的两难境地，如何将二者合理地统一使用，就成了解决问题的一种可行的途径。由于"自上而下"划区最适用于全国范围尺度内的区划工作，"自下而上"划区最适用于小范围尺度内的区划工作，因此，将二者在中间范围尺度上连接起来，就形成了一个有机的层次系统（郑度，2008）。

（2）区划单元边界界定方法

区划单元边界界定的方法包括主导因素法、叠置法、地理相关分析法以及景观制图法等。

①主导因素法：主导因素法是主导因素原则在区划中的具体应用。在区划时，通过综合分析确定并选取反映生态环境功能地域分异主导因素的标志或指标，作为划分区域界限的依据。同一等级的区域单位即按此标志或指标划分。例如，农业综合区划中常采用≥0℃积温作为主导因子划分农业种植制度区域和农作物种植区域。当然，用主导标志或指标划分区界时，还需用其他生态要素和指标对区界进行必要的订正。

②叠置法：叠置法以各个区划要素或各个部门的和综合的区划（气候区划、地貌区划、土壤区划、农业区划、林业区划、综合自然区划、生态地域区划、植被区域区划、生态敏感性区划和生态服务功能区划等）图为基础，通过空间叠置，以相重合的界限或平均位置作为新区划的界限。在实际应用中，该方法多与地理相关法结合使用，特别是随着地理信息系统技术的发展，空间叠置分析得到越来越广泛的应用。例如，辽宁省国家级森林公园自然区划采用部门区划叠置法，即采用各部门区划（气候区划、地貌区划、土壤区划、植被区划等）图的方式来划分区域单位，把各部门区划图重叠之后，以相重合的网络界线或它们之间的平均位置作为区域界线。这并非机械地搬用这些叠置网格，而是在充分分析和比较各部门区划轮廓的基础上确定界线。

③地理相关分析法：地理相关分析法运用各种专业地图、文献资料和统计资料对区域各种生态要素之间的关进行相关分析后进行区划。该方法要求将所选定的各种资料、图件等统一标注转绘在具有坐标网格的工作底图上，然后进行相关分析，按相关紧密程度编制合性的生态要素组合图，并在此基础上进行不同等级的区域划分或合并。

④景观制图法：景观制图法是应用景观生态学的原理，编制景观类型图，在此基础上，按照景观类型的空间分布及其组合，在不同尺度上划分景观区域。不同的景观区域其生态要素的组合、生态过程及人类干扰是有差别的，因而反映着不同的环境特征。例如，在土地分区中，景观既是一个类型，又是最小的分区单元，以景观图为基础，按一定的原则逐级合并，即可形成不同等级的土地区划单元（陶星名，2005）。

10.3.5　区划的定量分析方法

针对传统定性区划分析中存在的一些主观性、模糊不确定性缺陷，近来数学分析的方法和手段逐步被引入到区划工作中，如主成分分析、聚类分析、相关分析、对应分析、逐步判别分析等一系列方法均在区划工作中得到广泛应用，形成了包括敏感性分析法、综合指数法、主成分分析法和聚类分析法的区划定量分析方法。

（1）敏感性分析法

敏感性分析法是投资领域常用的方法，是指从众多不确定性因素中找出对投资项目经济效益指标有重要影响的敏感性因素，并分析、测算其对项目经济效益指标的影响程度和敏感性程度，进而判断项目承受风险能力的一种不确定性分析方法。根据不确定性因素每次变动数目的多少，敏感性分析法可以分为单因素敏感性分析法和多因素敏感性分析法。

应用于森林功能区划，就通过构造环境敏感性指标，确定一套指标体系和相应的权重，得到每个小班的得分。根据得分值来确定各功能的优先性或主导功能。

(2)综合指数法

综合指数法是经济学上常用的定量方法，是指在确定一套合理的经济效益指标体系的基础上，对各项经济效益指标个体指数加权平均，计算出经济效益综合值，用以综合评价经济效益的一种方法。即将一组相同或不同指数值通过统计学处理，使不同计量单位、性质的指标值标准化，最后转化成一个综合指数，以准确地评价综合经济效益水平。

在森林功能区划中，通过构造反映自然环境和生态功能的综合指数来确定其主导功能。先将指标体系的各个指标值进行标准化，通过权重进行加权平均得出综合指数。用该方法进行森林功能适宜性评价时，若计算权重及综合指数所使用的方法不同，其最终结果可能有一定差异，但整体来说，该方法易懂、计算过程简单、容易掌握，同时便于对比。

(3)主成分分析法

主成分分析法是利用降维的思想，在损失很少信息的前提下把多个指标转化为少数几个综合指标(即主成分)的方法，其中，每个主成分都是原始变量的线性组合。在森林功能区划中，涉及的指标量较多，不同指标间存在一定的相关性，即反映的信息有一定的重叠性。可以对原始数据进行主成分分析，用少量的彼此不相关的新指标来代替原来较多的指标量，且这些新指标反映了原有指标的大部分信息与特征。另外，各综合因子的权重不是人为确定的，而是根据综合因子的贡献率的大小确定的，这就克服了某些评价方法中人为确定权重的缺陷，使得综合评价结果唯一，而且客观合理。

(4)聚类分析法

聚类分析是数理统计中研究"物以类聚"的方法。系统聚类分析在聚类分析中应用最为广泛。其基本思想是：先将 n 个样本各自看成一类，然后规定样本之间的距离和类与类之间的距离。开始将每个样本各自看成一类，类与类之间的距离及样本之间的距离是相等的，选择距离最小的两类并成一新类，计算新类和其他类的距离，再将距离最近的两类合并，直至所有的样本都成一类为止。其原则是同一类中的个体有较大的相似性，不同类中的个体差异则很大。

上述区划方法各有特点，在实际工作中往往是相互配合使用的，特别是由于区划对象的复杂性，随着计算机和空间信息技术的迅速发展，借助于地理信息系统(GIS)、卫星定位系统(GPS)和遥感地学分析等信息科学和遥感技术方法成为趋势。应用"3S"技术，采用专家个人和团体智能，理念分析、模型应用和多学科集成，在空间分析基础上将定性与定量分析相结合的专家集成方法正在成为各类区划工作的主要方法。

10.4　森林功能区划实例

下面举两个研究实例，以便于更好地理解森林功能区划的方法和过程。

10.4.1　广东省英德城郊森林功能区划

陆康英等(2012)以英德市城郊森林为例,首先确定一套森林生态环境敏感性的评价指标,每个小班功能定位的判别依据是森林生态环境敏感性评价得分式(10-1),敏感性得分越高则说明区域越需要森林发挥相应的功能。若出现评分值相等的情况,则根据各种敏感性对于森林生态环境敏感性的权重来判别(表 10-2)。最终通过 GIS 分析功能,将英德市城郊森林划分为水土保持功能区、环境净化区和观赏游憩功能区三类。

$$S_i = \sum_{j=1}^{m} X_{ij} W_j \tag{10-1}$$

式中　S_i——第 i 个小班的环境敏感性得分;

　　　X_{ij}——第 i 个小班第 j 个评价指标的数量化值;

　　　m——指标个数;

　　　W_j——第 j 个指标的权重。

表 10-2　英德市城郊森林生态环境敏感性评价指标体系及权重

一级指标	评价因子
水土流失敏感性(0.660 3)	坡度(0.472 3)
	土壤厚度(0.079 7)
	植被类型(0.075 6)
	距河流的距离(0.372 4)
环境污染敏感性(0.232 1)	距工业污染距离(0.740 9)
	距公路和铁路距离(0.187 2)
	人口密度(0.071 9)
观赏游憩需求敏感性(0.107 6)	人均可支配收入(0.225 2)
	距城区距离(0.693 9)
	距道路距离(0.080 9)

10.4.2　江西崇义县森林功能区划

张璐等(2015)以江西省崇义县为对象进行了森林功能区划与功能区管理研究。首先,采用定性分析方法,选择以乡镇为基本研究单位,根据二类调查数据中"林种"这一指标对县级森林功能做一个初步的划分,划定基本功能区。具体做法为:除用材林使用林种面积外,其余均以亚林种面积进行比较,然后选择面积最大的作为这个乡镇的森林经营方向,划分基本功能区。如某一乡镇面积最大为用材林,则这一乡镇森林经营主要以木材生产为主,即将这一乡镇划为木材生产区。如为水土保持林,则这一乡镇森林主要以发挥水土保持功能为主,即将这一乡镇划分为水土保持功能区等。其次,参照研究区主要河流分布、已划定的自然保护区、森林公园等,在 ArcGIS 中划分各功能区,生成森林功能区划图,同时对各功能区进行经营管理。最终,将崇义县划分为水土保持区、自然保护区、木材生产区、森林风景旅游区以及河岸区域 5 个功能区(表 10-3),并针对每个功能区提出了经营管理策略。

表 10-3　各功能区面积及所占比例

功能区域	面积(hm²)	面积百分比(%)	功能区域	面积(hm²)	面积百分比(%)
水土保持区	6 630	3	森林风景旅游区	1 948	1
自然保护区	46 316	21	河岸区域	7 014	3
木材生产区	158 692	72	总和	220 600	100

思 考 题

1. 什么是森林功能？
2. 简述森林的四类功能。
3. 简述森林多功能的实现途径。
4. 简述我国的林种划分系统。
5. 森林功能定量区划的方法有哪些？

参考文献

陈柳钦 . 2007. 林业经营理论的历史演变[J]. 中国地质大学学报(社会科学版)，7(2)：50 - 56.

代力民，赵伟，于大炮，等 . 2012. 三区式森林经营管理模式对天然林资源保护工程的启示[J]. 世界林业研究，25(6)：8 - 12.

国家林业局 . 2010. GB/T 26424—2010 森林资源规划设计调查技术规程[S]. 中国国家标准化管理委员会 . 北京：中国标准出版社 .

陆康英，陈世清，苏晨辉 . 2012. 城郊森林功能区划方法研究——以广东省英德市为例[J]. 中南林业调查规划，31(4)：29 - 34.

孙鸿烈 . 2000. 中国资源科学百科全书[M]. 北京：中国大百科全书出版社 .

陶星名 . 2005. 生态功能区划方法学研究——以杭州市为例[D]. 杭州：浙江大学硕士学位论文 .

张德成，李智勇，王登举，等 . 2011. 论多功能森林经营的两个体系[J]. 世界林业研究，24(4)：1 - 6.

张璐，邓华锋 . 2015. 县域森林功能区划与功能区管理研究——以江西省崇义县为例[J]. 西北林学院学报，30(4)：223 - 227.

郑度，欧阳，周成虎 . 2008. 对自然地理区划方法的认识与思考[J]. 地理学报，63(6)：563 - 573.

中国林业科学研究院"多功能林业"编写组 . 2010. 中国多功能林业发展道路探索[M]. 北京：中国林业出版社 .

Côté P, Tittler R, Messier C, et al. 2010. Comparing different forest zoning options for landscape-scale management of the boreal forest：Possible benefits of the TRIAD[J]. Forest Ecology and Management, 259(3)：418 - 427.

Badarch O, Lee W K, Kwak D A, et al. 2011. Mapping forest functions using GIS in Selenge Province, Mongolia[J]. Forest Science and Technology, 7(1)：23 - 29.

Seymour R S, Hunter M L. 1992. New forestry in eastern spruce-fir forests：Principles and applications to Maine[M]. Maine Agricultural Experiment Station, Orono ：Maine Miscellaneous Publication.

Messier C, Tittler R, Kneeshaw D, et al. 2009. TRIAD zoning in Quebec：experiences and results after five years[J]. The Forestry Chronicle, 85(6)：885 - 896.

第**11**章

森林景观规划

森林景观规划是景观尺度上的森林经营规划和实践活动，通过在景观水平上的总体决策，控制林分水平上应当采取的经营措施，同时充分考虑满足区域尺度上对森林产品功能、服务功能和文化价值的要求。目的是通过对森林景观或者林区范围内景观要素组成结构和空间格局的现状及其动态变化过程和趋势进行分析和预测，确定森林景观和林区景观结构和空间格局的管理、维护、恢复和建设的目标，制定以提高保持森林景观、林区森林生产力和森林景观多重价值，维护森林景观稳定性、景观生态过程连续性和森林健康为核心的森林景观经营管理和建设规划，并且通过指导规划的实施，实现森林生态系统的可持续经营。

11.1 基本概念

(1)景观(landscape)

是一个反映内陆地形地貌的(诸如草原、森林、山脉、湖泊等)或某一地理区域的综合地形特征的地理空间单元，是由景观要素有机联系组成的复杂系统，含有等级结构，既有独立的完整结构及相应的生态学、经济学和社会学功能，又有明显的视觉特征和美学价值，是边界明确、在空间上可辨识的地理实体。

(2)森林景观(forest landscape)

是以森林生态系统为主体所构成的景观，森林景观研究的目的在于通过对森林景观结构、功能、动态变化、相互影响及控制机制的研究，揭示基本规律和掌握调控手段，并通过科学的规划设计对景观实施生态保护、恢复、建设和管理。

(3)景观要素(landscape elements)

景观是由相互作用的、以某种方式重复出现的异质生态系统组成的陆地区域，这些异质生态系统，称为景观要素，是构成景观的基本的、相对均质的土地生态要素或单元的集合。

(4)斑块—廊道—基质(patch-corridor-matrix)

斑块、廊道、基质的排列和构成组成了景观，这是经相互作用的流与物种移动的主要决定因素，同时，也是景观格局和过程随时间变异的决定因素。地表上的任一点均处于斑块、廊道或基质内，这些概念具有很强的空间语言特征，加强了各学科与决策者之间的沟通和联系。

(5) 景观生态规划

景观生态规划是建立在对景观结构、景观生态过程及其与人类活动关系基础上的，立足于自然和社会经济条件潜力的，以土地利用空间配置为主的生态规划，是生态规划的重要内容和组成部分。其规划的目的是协调景观结构与生态过程及其与人类活动的关系；协调自然过程、社会经济过程及文化过程，形成生态环境功能与社会经济功能的协调与互补，进而改善景观的整体功能，达到人与自然的和谐。

(6) 森林景观规划

作为一种处理方式，用以优化在森林利用过程中所得到的经济、社会和生态效益，使三者协调平衡(杨青，1994)。其目的是通过对森林景观组成要素和森林景观结构成分的合理组织和配置，保持、恢复、建设森林景观的结构，维护森林景观的健康和稳定性，实现森林的可持续经营(郭晋平，2001)。森林景观规划同时考虑自然生态因素和社会经济因素的共同影响，既反映生态学原理的客观要求，又体现社会需求对森林经营的生态经济过程的影响，可进行通常的森林效益的综合评价，为森林经营决策提供依据(杨学军和姜志林，1997)。

11.2　森林景观规划步骤

森林景观规划的步骤通常包括(郭晋平，2001)：

①确定规划范围与规划目标：规划前必须明确区域范围及必须解决的问题。

②森林景观规划资料收集：可为景观生态分类与景观格局评价奠定基础。

③森林景观生态分类和制图：森林景观生态分类和制图是景观生态规划及其管理的基础。

④森林景观格局分析：景观规划的中心任务是通过组合或引入新的景观要素而调整或构建新的景观结构，以增加景观异质性和稳定性。

⑤森林景观功能区划分：是规划目标在空间上的具体化，是基本格局与主导过程在空间首次分异，要素与过程在目标尺度上的分异、景观单元的空间镶嵌组合及其之间的景观生态过程是其主要依据。

⑥森林景观规划方案设计与调整：根据目标空间结构，提出森林景观结构和空间格局调整、恢复、建设和管理的具体技术措施。

11.3　森林景观分类

森林景观分类即确定景观构成要素及其空间分布格局，是在大尺度上探讨森林生态系统整合问题的基础。森林景观要素类型的划分是开展森林景观生态研究，揭示森林景观格局、生态功能和动态变化过程的基础，也是进行森林景观建设、管理、保护和恢复规划设计的基础。

11.3.1　森林景观分类系统的建立

从景观的土地分类、植被分类、到景观生态分类所建立的各种森林景观分类系统，都是在不同研究目的、研究尺度和不同的分类原则和方法基础上形成和构建的，因此，要针对具体研究区域或景观实际及所要阐述的问题确定景观要素类型划分的详细程度；除此之外，还受到研究区资料的限制。通常采用三级分类系统，第一级是根据土地利用情况，把斑块类型分为林业用地和非林地两大类；第二级采用森林资源二类调查所划分的地类标准为基础进行，即将林业用地划分为有林地、疏林地、灌木林地、未成林造林地、苗圃地、宜林荒山荒地、采伐迹地等；第三级是在第二级分类的基础上，根据优势树种(组)划分。

在北京延庆森林景观格局研究中，针对研究区的具体情况，选择了土地利用类型和优势树种组两个因子进行了景观划分(表 11-1)(张会儒等，2010)。

表 11-1　北京延庆森林景观要素分类系统

一级分类	二级分类	三级分类
林业用地	有林地	落叶松林
		侧柏林
		刺槐林
		山杨林
		栎类林
		桦树林
		油松林
		其他阔叶林
		经济林
	疏林地	疏林地
	灌木林地	灌木林地
	未成林地	未成林地
	苗圃地	苗圃地
	无立木林地	无立木林地
	宜林地	宜林地
	辅助生产用地	辅助生产用地
非林地	非林地	非林地

按照采用的数据源，森林景观分类有两种途径和方法，即基于森林资源二类调查数据的分类和基于遥感影像数据的分类。

11.3.2　基于森林资源二类调查数据的森林景观分类方法

以森林资源二类调查数据为数据源，按照分类因子借助 GIS 软件进行森林景观分类。以吉林省汪清林业局金钩岭林场的森林景观分类为例，其方法流程主要包括以下几个步骤(陆元昌等，2005)。

(1)基础数据准备

利用 GIS 软件将二类资源数据数字化，包括输入 1:5 万地形图作为基础的等高线和林班小班等森林区划的地理空间数据，结合属性数据建立了林相图。小班因子调查数据包括编号、林班小班号、面积、地类、立地类型、优势树种、起源、树种组成、龄组、每公顷蓄积、经营类型、造林树种、土壤类型、土壤质地、土壤厚度、坡度、坡向、权属、海拔、太阳辐射强度等 20 余个属性数据项，其中太阳辐射强度是在基础地理空间数据和 GIS 系统支持下，首先生成研究区域的地表全年太阳辐射数据图层，再将数据分解到小班获得，并进一步分解到划分后的森林景观空间基本单元。

(2)确定分类因子

分类因子的确定取决于其重要性和研究的尺度。一般选取的分类因子包括植被因子和环境因子两类。植被因子包括优势树种(组)、龄组等;环境因子包括海拔、坡度、坡向、年太阳辐射强度等与森林景观形成密切相关的因子。环境因子还需要进行分级。所有因子均按其级别赋以相应的数值进行聚类分析(表11-2)。

表11-2　景观要素分类因子及分级列表

分类因子		分级或取值范围
植被因子	优势树种(组)	红松、云杉、樟子松、落叶松、臭松、榆树、白桦、杨树、杂木、针叶混交、针阔混交、慢生阔叶混交、中生阔叶混交
环境因子	海拔	低海拔(500~800m)、高海拔(801~1 030m)
	坡度	平坡(<9°)、斜坡(10°~35°)、陡坡(>35°)
	坡向	阴坡、阳坡
	太阳辐射强度	强(65~80.218)、中(55~65)、弱(<17.412 7)

(3)建立分类数据库

在 GIS 软件的支持下,在矢量化的林相图上分别按以上确定的分类因子及其取值范围生成不同的因子图层;将这些图层进行叠加并用投影切割林相图的方法将研究区域分成若干个面积大小不等的森林景观空间基本单元,使得每个单元对各分类因子具有唯一的取值。获取各单元的分类因子值即得到景观分类的基础数据库。

(4)景观要素分类

采用聚类分析对切割后的景观空间基本单元按分类因子(植被因子和环境因子)的数据进行分析,分别聚合成 N 个不同层次上的类群。聚类的原则是:

①下一层次的分类与上一层次相同,即类型不可再分时,取上一层次的分类结果;

②类与类之间有明显的差异,主要因子无交叉现象;

③对森林经营有独立意义的森林类型要素。

类型划分得太少,反映不出构成森林景观的内部要素结构特征;而类型划分得太多,则景观要素划分太细而不利于表现出在景观层次有独立意义和显著作用的生态系统及其相互间的关系。

生成景观要素斑块分布图。以 GIS 软件为技术支持平台,结合林班线、河流、道路等明显的生态系统分界线,在斑块不跨越分界线的原则下将景观要素类型相同的相邻单元进行合并,最后生成景观要素类型斑块图及相应的属性数据库。

11.3.3　基于遥感影像数据的森林景观分类方法

以遥感影像为数据源,利用遥感图像处理和 GIS 软件进行景观要素的分类。以遥感影像分类技术在森林景观分类评价中的应用研究为例,其方法流程主要包括以下几个步骤:

(1)遥感数据源及预处理

根据研究对象的特点、制图精度等因素,选择不同分辨率的卫星遥感数据(TM、SPOT、IKONOS 等),影像数据源为经过辐射量校正(粗校正)的全色影像、多光谱影像。影像具有一定分辨率,清晰、无大面积噪声和云覆盖。另外,还需要基础地形图,比例尺因研究区域的大小选用1:1 万~1:20 万不等。

遥感数据预处理包括：图像几何精校正、图像配准、图像的增强处理、图像镶嵌等方面。图像几何精校正时所用地形图的比例尺应接近基本监测图比例尺。所选取的控制点应在图像上均匀分布，控制点误差不大于 0.5 个像元。图像配准后的误差不大于 0.5 个像元。图像的增强处理时选择最佳波段组合，利用数字图像处理方法进行信息增强。涉及一景以上遥感图像的监测区，一般在成图时采用无缝镶嵌。

（2）建立解译标志

通过对研究区域进行外业调查，建立不同植被类型的解译标志。采用 GPS 接收仪进行定位，拍摄相应的野外实况照片，记录所在地点的经纬度、地名、地貌、植被类型及植被覆盖度。同时，应注意逐步建立解译标志的特征图斑库。

（3）遥感图像解译及分类

遥感图像解译及分类有目视解译和计算机自动解译两种途径：

①目视解译分类：利用直接和间接的判读标志判读有把握的类别，没有把握的类别参考有关资料运用分析、比较、推理和判断的方法进行人工判读，在计算机上勾绘判读的类别图斑，并对其属性进行赋值。

②计算机自动解译分类：计算机自动解译分类的方法有两种：非监督和监督分类。非监督分类是按照像元的光谱特征，完全由计算机进行统计分类，人工对分类过程不予干涉。适用于不了解情况的监测区，一般要经过以下几个步骤：初始分类、专题判别、分类合并、属性确定。监督分类是根据解译标志建立模板，然后基于该模板用计算机自动识别具有相同特征的像元。由人工对分类结果进行评价后再对模板进行修正，多次反复后建立一个比较准确的模板，并在此基础上最终由计算机进行分类。

在 ERDAS 系统中进行监督分类有以下几个步骤：建立分类模板（选择训练样地）、评价分类模板、图像初步分类、分类后处理、栅格转矢量。由于各种因素的影响，"同谱异物""同物异谱"现象及混合像元的客观存在，导致同一森林植被类型中的某些像元出现分类识别错误，从而影响分类结果。

①建立分类模板：采用调查样地、GPS 控制点和森林资源二类调查的地理信息系统数据作为景观要素类型及空间位置的参照，在分类模板编辑器中通过 AOI（area of interest）选择和设置各要素的多个训练样本并建立分类模板，以消除这些影响并提高分类精度。

②训练样地模板的精度评价：精度评价采用可能性矩阵评价工具进行，基于模板分析 AOI 训练区的像元是否完全落在相应的类别之中，如果精度值小于 85% 则模板需要重新建立。

③分类后处理：分类后处理包括消斑和消除云影等处理。直接分类的结果会产生一些面积很小的图斑，无论从专题制图还是实际应用的角度，都有必要对这些小图斑进行剔除。

④栅格转矢量：把分类结果的栅格图转换为矢量图并给各类森林景观要素赋色，即得出森林景观分类的专题图。矢量化过程要保证拓扑关系转换正确，物体外形转换正确。再进行线平滑处理、去除小图斑、属性赋值等过程。

（4）补充外业调查与校核

进行补充外业调查和征求专家意见，对初步判读和分类结果进行修改和完善。

(5)分类精度评价

分类的精度评价有分类叠加和精度评估两种方法。分类叠加是将分类专题图与分类原始图像同时在一个视窗中打开，将分类专题图层置于上层，通过改变专题图的透明度及颜色属性，查看分类专题图与原始图像之间的关系，以查看分类结果的准确性。精确性评估是在 ERDAS 系统中由计算机随机产生评价点进行，通过输入实际类型值，将专题图像中的特定像元与已知的参考像元进行比较而产生分类精度报告。一般要求分类结果的精度在 75% 以上，否则需重新修改分类模板再次进行分类。

以吉林省汪清林业局金沟岭林场为例，在 Landsat TM5 多光谱卫星遥感数据、实测样地和控制点 GPS（全球定位系统）调查数据的基础上，经过对不同森林类型和主要树种设计分类试验，经过建立训练样地、模板精度评价、监督分类、重编码、去斑和消除云阴影干扰、分类精度评价等一系列分类试验，得出金沟岭林场的森林景观分类图，如图 11-1 所示。

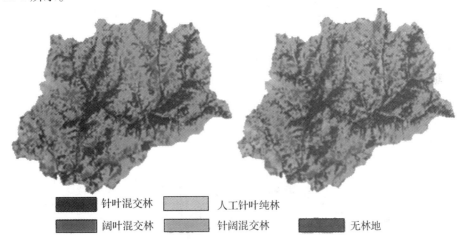

图 11-1 基于遥感影像数据的森林景观分类图

11.4 森林景观格局分析

森林景观格局分析是森林景观分类工作的延续，是森林景观规划、管理和建设实践的必要环节。森林景观格局分析的目的是设法建立景观格局特征与各种生态过程之间的相互关系，以了解景观结构发生和发展的内在机制，更好地解释各种景观现象从看似无序的景观斑块镶嵌中，发现潜在有意义的规律，进而认识这些特殊条件下规律的普遍意义，为优化森林景观格局及其景观管理提供必要的信息（郭晋平，2001）。

森林景观格局分析的方法主要分为景观格局指数分析方法、景观格局变化动态模拟方法和空间统计学分析方法 3 大类。

11.4.1 景观格局指数分析方法

景观指数是指能够高度浓缩景观格局信息，反映其结构组成和空间配置某些特征的简单定量指标。景观格局特征可以在 3 个层次上分析：单个斑块（individual patch），由若干单个斑块组成的斑块类型(patch type 或 class),以及包括若干斑块类型的整个景观镶嵌体(landscape mosaic)。因此,景观格局指数亦可相应地分为斑块水平指数、斑块类型水平指数以及景观水平指数。其中,前两种类型指数是针对单个斑块或不同类型斑块进行分析,斑块水平指数往往是计算其他景观指数的基础,其本身对了解整个景观结构并不具有很大的解释价值,而景观水平指数则是对研究范围内整体特征的描述。

目前用于刻画景观格局的指数很多,但是大多数指数间呈现极高的相关性,因而说服力不强(李秀珍等,2004;王新明等,2006;林孟龙等,2008),实际应用中针对研究区的特点和研究目的,选取具有较高独立性、良好灵敏度、能充分反映生态学意义的代表性景观指数(陈文波等,2002;布仁仓等,2005;何鹏等,2009),包括类斑面积(CA)、面积比(PLAND)、斑块数(NP)、斑块密度(PD)、平均斑块面积(MPS)、边缘密度(ED)、平均斑块形状指数(MSI),景观多样性指数(SDI)、均匀度指数(SEI)和优势度指数(D)等。各指数的计算公式和生态学意义见参考文献(邬建国,2000;郭晋平和周志翔,2007)。

采用景观分析软件 FRAGSTATS,计算景观特征指数,分别从景观类型级别和景观尺度的角度,分析不同时期研究区斑块大小和形状、景观基质、多样性、破碎化和受干扰程度等森林景观格局及变化。

以长白山地区白河林业局为例,选取斑块类型百分比(PLAND)、斑块密度(PD)、平均形状指数、平均分维数、分离度等指标,说明斑块类型水平的景观格局分析(表11-3)(郭红,2009)。

表 11-3 斑块类型水平上景观指数分析结果

斑块类型	PLAND	PD	形状指数	分维数	分离度
有林地	91. 530 6	5. 789 9	1. 589 8	1. 297 4	0. 001 3
疏林地	0. 003 4	0. 000 5	2. 794 3	1. 413 7	57. 022 1
灌木林地	0. 612 7	0. 141 2	1. 465 6	1. 321 1	0. 391 7
未成林造林地	0. 169 9	0. 024 2	1. 330 4	1. 302 2	1. 111 5
苗圃地	0. 040 3	0. 001 6	1. 284 0	1. 243 5	2. 460 3
采伐迹地	0. 214 4	0. 149 6	1. 191 0	1. 317 8	1. 947 4
费林业用地	3. 940 9	0. 467 2	1. 513 4	1. 318 0	0. 043 6
林业设施用地	0. 377 4	0. 020 5	1. 447 9	1. 292 0	0. 309 1
沼泽地	1. 356 2	0. 189 1	1. 736 0	1. 338 2	0. 137 6
其他用地	1. 754 4	0. 457 7	1. 404 3	1. 323 6	0. 145 5

由表 11-3 可以看出,案例区景观要素类型密度的差异很大,有林地的比例、密度远远高于其他景观要素类型,林地占明显优势,是案例区的景观格局决定性因素。疏林地、灌木林地、沼泽地、非林业用地等景观斑块镶嵌于景观中。所以林地是该地区景观的基质,在控制景观整体结构、功能和动态过程中起着主导作用。各类型景观形状指数变化不大,最高值 2.79 是疏林地,表明其斑块形状总体的复杂程度较高,疏林地与其他景观类型之间的差异甚大,说明此种景观类型的形状异质性较大。分离度指

数从一定程度上可以反映景观空间构型指标的情况,本研究区的分维数均在 1.2~1.4 之间,说明景观类型的分离度指数值较低,区域内的景观分布较为密集。分离度在这里的意义就非常明显,疏林地高达 57.02,而其他的均比较接近,说明疏林地的分布比较分散。

11.4.2　森林景观动态模拟

通过建立景观动态模拟模型,可以模拟和分析景观动态过程,并预测未来的变化,为景观管理与规划提供依据。

11.4.2.1　景观动态模型

景观动态模型可以分为 5 大类型,即基于行为者的景观变化模型、经验统计模型、动力模拟模型和混合综合模型(傅伯杰,1995),按照机理可以将景观动态模型分为随机景观模型、邻域规则模型和景观过程模型(包括渗透模型、个体行为模型和空间生态系统模型)3 类景观空间模型(郭旭东等,1999)。

(1)随机景观模型

该模型研究景观格局和过程在时间和空间上的整体动态(余新晓等,2006),不涉及具体的生态过程,是一种试图将空间信息与概率分布相结合的模型。该类景观模型融合了集合方法(描述系统)、统计方法(分析系统)和机制方法(模拟过程)等建模手段,或是把生物反馈原理引入空间动态模型,或是把空间特征引入传统生态学模型中。其中最常用的是 Markov 模型(邬建国,2006)。

(2)邻域规则模型

景观动态变化过程中,斑块的变化既取决于上一个时间点的状态,同时还受到相邻斑块性质和变化的影响,这种影响可以被组织成一系列约束景观动态变化幅度和方向的规则。邻域规则模型就是基于这一前提构建的一类景观动态模型,是一种能在景观水平上产生复杂的景观结构和行为的离散型动态模型。目前,应用最普遍且最具有代表性的邻域规则模型为细胞自组织模型(CA 模型)。

(3)景观过程模型

建模出发点通常有 3 种:

①利用一种已知的物质运动规律来对景观动态变化过程进行模拟,如渗透模型。

②明确考虑景观中每一个生物个体的空间位置及其行为,通过个体的行为和作用来体现景观的功能和结构动态,如基于个体行为的过程模型。

③在对景观动态变化机理详细了解的基础上,通过模拟将景观动态变化过程比较真实地表达出来,如空间生态系统模型。

11.4.2.2　基于 Markov 模型的森林景观动态模拟

Markov 模型是基于 Markov 过程理论形成的预测事件发生概率的一种方法,常用于具有无后效性特征地理事件的预测,现已成为景观动态建模的一条重要途径。一般认为以 Markov 模型为基础发展起来的景观模型隐含着 3 点基本假设:

①景观的变化是一种随机过程而不是确定性过程，即景观要素的转化是一种概率事件，可用转移概率刻画。

②景观空间格局由一个阶段向另一个阶段的转移或转化至依赖于目前的状况而与先前状况无关。

③景观要素之间的转移概率不变。这正是此类模型建模较方便，参数较易确定，也是模型存在一定局限性的根源（郭晋平和周志翔，2007）。

采用 Markov 模拟预测森林景观动态变化的步骤如下：

（1）建立转移概率矩阵

景观动态模拟时，景观类型对应 Markov 过程中的"可能状态"，而各类型之间相互转换的面积数量或比例即为状态转移概率，可以利用式（11-1）和式（11-2）对景观变化进行预测：

$$S_{t+1} = P_{ij} \cdot S_t \qquad (11\text{-}1)$$

式中　S_t，S_{t+1}——为 t，$t+1$ 时刻的系统状态；

　　　P_{ij}——为状态转移概率矩阵，可由式（11-2）表示：

$$P_{ij} = \begin{bmatrix} P_{11} \cdots P_{1n} \\ \vdots \qquad \vdots \\ P_{n1} \cdots P_{nn} \end{bmatrix} \qquad (11\text{-}2)$$

式中　n——景观类型；

　　　P_{ij}——由 i 类景观类型转变为 j 类景观类型的概率,同时 P_{ij} 必须满足以下两个条件：① $0 \leqslant P_{ij} \leqslant 1$；② $\sum_{j=1}^{n} P_{ij} = 1 (i,j = 1,2,\cdots,n)$。

在 GIS 支持下，通过各时期景观要素图层之间的叠加操作，确定不同时期各斑块保持不变的面积和转化为其他类型的斑块面积，计算各景观要素类型之间的转换面积占该类型原有面积的比率作为转移概率的估计值，从而确定转移概率矩阵。

对于 N 期景观要素图层,可以获得 $N-1$ 期的景观要素转移概率矩阵。各个转移概率矩阵之间的差异表明各个时期景观动态过程具有不同的特征。为此有必要通过对比分析，找到造成各期转移概率矩阵差异的原因，确定它们对预测结果的影响，从中确定一个可以接受的结果。模拟预测模型的有效性，除了从建模的理论基础和参数确定方法的合理性两方面进行评价，最直接的评价方法仍然是模型的拟合效果。如果能较好地拟合已知的变化过程，由时间外延所作的预测也具有较高的可靠性。

（2）景观格局预测

用初始状态矩阵，与期末的转移概率相乘，得到下一个间隔期末的状态矩阵，算出相对应的面积。对于 Markov 模型，随着时间参数的延续，不管初始状态如何，当时间无限大时，最终会达到一个稳定状态。

郭晋平（2001）采用 Markov 模拟预测了山西关帝山的森林景观动态（表 11-4），并预测了森林景观达到稳定状态的格局：2024 年景观达到稳定状态时，总体结构与 1992 年的现状相比不会发生根本性改变，林地覆盖率由当前的 57.4% 增加到 62.4%，景观质量和生产潜力都将有所提高。景观总体仍保持较高的异质性和对比度，总体异质镶嵌结构特征显著，林地斑块转换率较高，景观要素间的转换活跃，景观总体结构在活跃的斑块转换和变化中逐步形成动态镶嵌稳定结构。

表 11-4　关帝山森林景观结构现状及各期预测结果比较表

景观要素类型	1992 年现状		2000 年预测结果		2010 年预测结果		2024 年稳定结构	
	面积（hm²）	面积百分比（%）	面积（hm²）	面积百分比（%）	面积（hm²）	面积百分比（%）	面积（hm²）	面积百分比（%）
寒温性针叶林	13 024.7	22.77	13 555.8	23.70	14 014.6	24.50	14 507.0	25.36
落叶阔叶林	9 732.5	17.01	9 842.7	17.21	9 761.9	17.07	9 712.9	16.98
温性针叶林	10 100.4	17.66	10 427.4	18.23	11 019.2	19.26	11 447.4	20.01
林地	32 857.6	57.44	33 825.9	59.14	34 795.7	60.83	35 667.3	62.36
人工幼林	1 129.4	1.99	919.8	1.61	968.5	1.69	981.0	1.72
疏林	5 064.4	8.85	4 991.1	8.73	4 758.9	8.32	4 571.2	7.99
灌丛	6 253.1	10.93	5 835.8	1.20	5 254.3	9.19	4 814.8	8.42
草甸	1 125.2	1.97	986.7	1.73	815.5	1.43	701.9	1.23
迹地	2 468.1	4.35	2 557.1	4.47	2 637.5	4.61	2 681.4	4.69
灌草丛	1 452.3	2.54	1 431.7	2.50	1 405.8	2.46	1 358.2	2.37
农田	4 669.9	8.16	4 567.5	7.59	4 469.1	7.81	4 340.5	7.59
河流	1 713.9	2.99	1 613.6	2.82	1 585.2	2.77	1 548.5	2.71
其他	269.6	0.47	287.6	0.50	316.4	0.55	333.4	0.58
村庄	178.7	0.31	183.3	0.32	194.3	0.34	201.6	0.35

11.4.3　空间统计学分析方法

由于受到地域分布上具有连续性的空间相互作用和空间扩散过程影响，实际景观中的斑块与斑块之间的界限并不总是截然分明的。对于空间化后的景观结构和格局描述变量，可进一步利用地统计学方法进行空间分布的结构特征分析。地统计学方法是在经典统计方法的基础上，充分考虑到景观生态学研究主要关注的空间变量的变化特征，如随机性、相关性，来研究空间变化的有关问题。森林景观格局分析与评价中最为常用的空间统计学方法有变异函数分析法和空间自相关分析法。

（1）变异函数分析法

变异函数为区域变量和增量平方的数学期望，即区域化变量的方差。变异函数通常具有连续性、可迁现象、块金效应、异向性等性质。利用地统计学分析方法，可以清晰的描述景观格局指数的空间分布特征、从而有助于深入了解景观格局的空间动力学机制与结构、梯度变化和方向性特点。在此基础上，还可以通过局部空间插值法，如克里金法等，将景观格局特征直观定量地表达出来。

（2）空间自相关分析法

在景观格局研究中，空间自相关分析方法可以用于检验空间变量的取值是否与相邻空间上该变量取值大小有关。如果空间变量在一点上的取值与相邻点的取值变化趋势相同，则被称为空间正相关，相反则为空间负相关。

空间自相关分析的核心是空间自相关系数的计算。空间自相关系数是度量物理或生态学变量在空间上的分布特征及其对其邻域的影响程度。若某一空间变量的值随着测定距离的缩小而变得更相似，则这一变量呈空间正相关；若所测值随距离的缩小而更为不同，则这一变量呈空间负相关；若表现出任何空间依赖关系，则这一变量表现出空间不相关性或空间随机性。常用的空间自相关系数有 Moran I 和 Geary C。前者常用于计算连续变量的相关性特征，后者则用于处理离散变量。

以上两种方法都是用来分析空间变量的自相关特征及其方向性变化特征的。不过，空间自相关分析是假定空间变量无自相关关系存在，然后再通过自相关系数计算来验证这一假设是否成立，二者在考虑问题的方式上有所差别。另外，空间自相关分析方法在揭示扫描距离上变量的连续变化规律时，其有效性要高于变异函数分析法，但在相关性的准确度上则又不如变异函数分析法。

除了以上方法，趋势面分析也是常用来揭示变量空间分布的一种方法。趋势面本身是一个多项式函数，趋势面分析最常用的计算方法是多项式回归模型。此外，森林景观格局空间特征分析方法还包括空间点格局分析、空间相似性分析、空间缓冲区分析、景观组成重要性排序、空间差异显著性检验、方差分析等，以及采用 ArcMap10.0 软件中核密度分析和 Programita 软件（2010 版）中的 O-ring 软件方法研究主要森林景观类型的空间分布格局及其关联性。

11.5　森林景观功能区划

11.5.1　景观功能区划原则

景观功能区划原则包括等级性、多尺度性、发生一致性、格局与功能依存性、功能协调性以及界线完整性等。这些原则大致可以归纳成两类：一类是由区划本身的特点所决定的，目的在于解决分区问题；另一类是景观生态系统的整体性决定的，目的在于确定区划界线（李正国等，2006）。

（1）等级性原则

景观作为有序的整体，是生态系统水平之上，基于人地综合体的一个更高水平的等级系统景观生态系统是由多个层次水平的等级体系所组成，由于层次水平不同，系统及其部分的概念就有相应转化。为实现结构和功能的整合、格局的优化以及景观功能的维持，全面分析景观生态系统，必须在足够宽泛的背景上考虑不同等级层次的景观格局、生态过程以及景观功能，故于区划过程中需基于景观生态系统等级性特征.对各级组成单元进行由上至下的区分或由下至上的归并。

（2）多尺度性原则

景观单元的空间尺度可表征不同的景观特征信息。在地貌系统、景观结构变化及生物多样性等研究中指出景观格局和功能随着尺度不同而发生变化。一方面，空间粒度亦对格局特征产生影响；另一方面，景观生态系统的功能也具有尺度特性。其尺度特性体现为生态系统的主导生态功能在不同的尺度上会发生转变，这主要是因为生态系统稳定性的主导要素在不同的尺度上会发生转变为了分解复杂的景观系统，首先必须将其视为一种相邻、可分解、镶嵌的空间尺度或等级，并进一步解析每个等级在不同的时空尺度中所具备的结构与功能单元。

（3）发生一致性原则

景观是由气候、土壤、水、植物及文化现象组成的地域复合体，所有的景观都具有独特的发育历史。在综合自然地理研究中，发生的一致性被理解为区域地貌发展史的共同性，并可被理解为"地域分异的原因、过程和规律的原则"。对于景观功能区划而言，发生一致性主要强调景观格局与过程在自然条件及人为活动影响因子上的一致性，是透视景观格局特征的基础。具有相同演化背景的景观单元应具有相对一致的地质、地貌、气候、植被、水文条件及社会经济影响。在一定的区域范围内，景观生态系统在空间上存在共生关系，但在不同的尺度中，景观的发生同一性划定需进行相应的调整。所以在分区时应通过不同时空尺度中各景观单元内景观异质性的差异反映它们之间的毗连与偶合关系，凸显景观单元在空间上的同源性和相互联系。

（4）格局与功能依存性原则

景观空间结构决定了景观功能。其中，景观结构是指内部各要素相互作用的秩序；景观功能则是指整体对外界的作用。因此，一定的景观结构应有相应的景观功能，而景观功能在各个结构单元间产生的复杂关系，每个结构单元皆有特殊的发生背景、存在价值、优势、威胁及与必须处理的相互关系。因此，景观的功能需基于自身结构的基础，而功能亦是结构的体现。结构的破坏必然会造成功能的降低甚至丧失。在分区时应综合考察各景观单元内格局、过程及功能的相互关联性，重视景观单元在格局和功能上的依存关系。

（5）功能协调性原则

景观功能具有类型、作用强度及空间分布上的差异，不同功能的景观间，因为相互作用的影响产生复杂的空间效应。因为功能的差异，具备不同功能的景观组分便产生不同的相互关系，与生态学中对物种间关系的定义相同，景观功能间的相互关系具有正、负两面，其中正面的关系包括互利共生、合作，而负面关系则是竞争，并在空间上表现出不同的特征。景观功能区划着眼于协调区域资源开发与生态环境保护之间的关系，不仅要考虑各生态要素作为人类赖以生存和发展的资源在区域经济中的功能，也要重视自然资源作为重要的生态环境要素和生态系统的生态功能的保护。因此，景观功能区划中的功能定位，必须将经济功能与生态功能结合起来。

（6）单元完整性原则

景观功能区划强调区划单元应具有边界清晰、生态过程完整的特性。在具体单元选择中，流域不仅有被广泛接受的、定义明确的边界，也具备清晰的等级结构以及灵活的尺度。因此，流域内各生态区域的生态功能层次比较分明。流域是江河水系的基本集水单元，在地球自然生态功能中起着重要的作用，许多区域性生态环境问题也通过流域这个物质流和能量流传输信道，成为全局性的问题。以流域为单元的研究可以了解上坡与下坡、上游与下游的关系。以流域为单元进行景观功能区划，可以起到维护和提高流域生态系统的完整性，实现生态系统管理和生态环境治理的目标。

11.5.2　景观功能区划的方法和步骤

(1)资料及数据收集

景观功能区划的工作基础是收集研究区域的资料和数据。目的是了解区域的景观结构、与自然过程、生态潜力及社会文化状况，从而获得对区域景观生态系统的整体认识，为确定区划的具体指标和景观分类奠定基础。另外，由于景观格局与环境问题往往与人类活动相关，因此，景观功能区划尤其强调人是景观的组成部分并注重人类活动与景观的相互影响。景观调查资料不仅包括生物、非生物景观要素的分布及其评价，景观生态过程及与之相关联的生态现象，也涉及人类对景观影响的结果及程度等。

(2)区划单元确定

景观功能区划所面对的客体，在地表往往是连续过渡的，边界通常是模糊渐变的，清晰明确的个体界线比较少见。景观功能区划中既将区域单元作为资源与生态环境的整体来认识，又重视区际之间的联系。因此，单元的确定特别强调结构的完整性、功能的协调性以及景观生态系统自身的多等级性，要求区划单元必须隶属于相应的某一层次等级。具体实现形式上主要通过结合数字高程模型，划分研究区不同等级的流域体系，确立景观区划的基本单元。

(3)景观生态分类体系构建

景观生态分类实际就是从功能着眼、从结构着手、对景观生态系统类型的划分。通过分类系统的建立，全面反映一定区域景观的空间分异和组织关联，揭示其空间结构与生态功能特征，以此作为景观功能区划和规划管理的基础。根据景观生态分类的特征，景观生态分类体系一般采取功能和结构双系列制。相对于功能性分类，结构性分类更侧重于系统内部特征的分析，其主要目标是揭示景观生态系统的内在规律和特征。在体系构成方面，功能性分类主要是区分出景观生态系统的基本功能类型，归并所有单元于各种功能类型中。基于多时相的景观分类主要通过结合土地利用现状图和野外实地调查资料等，对多时相遥感影像分别进行人工监督下的最大似然法分类。

(4)区划指标选取

景观功能区划过程中，需对景观生态系统及其等级结构内在本质和过程关联进行客观透视，并选择具有直观性的一些指标和属性，包括反映景观结构和功能的指标和特征。因生态系统的复杂特性必须借由多个指标表现，但多重指标的相互干扰也较大。因此，指标数量仍以精简为原则。区划特征指标中大致包括地形、海拔、坡向、坡度、坡形、地表物质、构造基础、pH 值、有机质含量、侵蚀强度、植被类型及其覆盖率、土地利用、气温、降水量、径流系数、干燥度、土壤主要营养成分含量以及管理集约程度等。一般来说高等级区划单元的划分多考虑地貌形态及其界线；低等级则侧重地表覆被状况，包括植被和土地利用等。其中地貌形态是景观生态系统空间结构的基础，是个体单元独立分异的主要标志。地表覆被状况则间接代表景观生态系统的内在整体功能。两者均具有直观特点，可以间接甚至直接体现景观生态系统的内在特征，具有综合指标意义。

（5）区划方法选择

为使区划原则得到正确贯彻，必须采用相应的区划方法，才能达到目的。区划的原则和方法是紧密联系的，每一个区划原则都必须通过相应的方法加以贯彻。由于景观功能区划发展源于自然区划以及生态区划，其工作思路主要包括自上而下的划分和自下而上的组合。在具体工作中，需要综合采用专家个人与团体智能、理念分析、模型应用等方法，结合区域功能定位，综合集成。在单元既定的区划中，如果采用的指标相同，无论是划分还是组合，结果应是一致的，两种方式可以分别或结合使用。其采用的技术方法也基本相同，主要包括空间迭加分析法、聚类分析法、主导标志法、景观制图法以及地理相关分析法和遥感（RS）、地理信息系统（GIS）和全球定位系统（GPS）等技术手段。

11.5.3 森林景观功能区划的实例

郭红（2009）以长白山地区白河林业局为例，在综合研究高程、坡度、坡向等对景观格局影响的基础上，利用 GIS 软件提取了各森林景观类型的分布，进行了景观功能分区。

白河林业局生态功能分区的基础是属性数据库中的林种，根据吉林省森林资源数据库数据，该地区林种分为五大类：用材林、防护林、特用林、薪炭林和经济林，其中用材林包括一般用材林和短轮伐期用材林防护林包括水源涵养林、水土保持林、防风固沙林、农田防护林、护岸林和护路林。特用林包括国防林、试验林、母树林、环境林、风景林、自然保护林、名胜古迹和革命纪念林。通过数据库的统计，只有一般用材林、水源涵养林、水土保持林、护岸林、护路林、国防林、母树林、自然保护林和经济林等有分布，具有研究意义。

在 ArcGIS 软件中根据提取的坡度、坡向和高程等地形因子与林种进行叠加，得到该地区的林种分布总图。首先，研究高程因子对景观分布的影响，对高程和林种叠加的结果进行统计分析，得到林地资源在不同高程上的分布情况。其次，研究坡向地形因子对分布面积的影响，对坡向和林种叠加的结果进行统计分析，得到林地资源在不同坡向上的分布情况。第三，研究坡度地形因子对分布面积的影响，对坡度和林种叠加的结果进行统计分析，得到林地资源在不同坡度上的分布情况。最后，将研究区划分为用材林区、防护林区、特用林区、自然保护林区、经济林区和无林地区六大景观功能区（图 11-2）。

在 ArcGIS 软件中将前面提取的坡度、坡向和高程等地形因子与六大区域进行叠加，计算其分布面积，确定其分布范围，提取研究区域植被类型在高程、坡度和坡向上的分布系列，可以真实反映研究区域景观格局的地形分异特征：低海拔的景观功能区主要分布在河流两岸和一些集水区域及交通道路的两线，该区域的森林景观多为森林群落遭破坏后形成的次生植被，外貌多变，结构零乱，阔叶树种较多，针叶林较少，形成阔叶混交林和针阔混交林。高海拔森林景观功能区主要分布在山坡的中部和中上部地段，处于人为干扰森林景观向原始森林景观的自然过渡地段，相对而言，河谷地带分布相对多一些，特用林和自然保护林多分布于此。

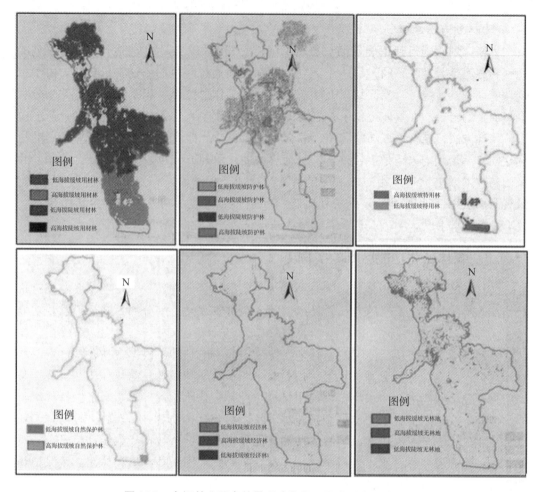

图 11-2　白河林业局森林景观功能分区及地形分异特征图

11.6　森林景观规划实践

　　景观规划有 5 个一般性的原则：自然优先原则、持续性原则、针对性原则、多样性原则和综合性原则（傅伯杰等，2001）。在实际的景观规划中针对不同的景观在一般性原则基础上，确定相应的规划原则。就森林景观而言，由于不同时间和空间尺度上林业和森林经营管理不同的目标，景观规划的最终目标就是实现森林可持续经营和保证生态系统的稳定性，需要明确、具体而具有可操作性的指导原则。陈敬忠（2004）认为森林景观规划有三大原则：保留现有森林景观、扩大当地顶极景观类型、改善生态稳定经济高效的集约经营景观类型状况。

　　森林景观规划主要围绕以下几个目标展开：

　　①确定森林景观要素的最优空间格局，明确群落生境、濒危物种群体及生境。

　　②设计生态廊道以保证种扩散。为了进一步保证生物多样性，保持一些具潜在价值的林分，保存重要的群落生境，以保证种扩散的机会。天然的廊道包括林分边的小溪和河流，云杉沼泽地和原始林，这些廊道位于被保护地区和重要生物立地之间。

③通过模拟自然演替来控制森林的结构，重视高度生物多样性的林分发展阶段。

④确定特殊价值的立地，即在全面了解整个规划面积的基础上确定高保值的立地，使其保持自然状态或用特殊方法经营。

⑤实现近自然林经营目标。在规划实践中应以环境持续性为基础，用保护、继承自然景观的方法建造稳定优质持续的生态系统，有利于维持系统内稳态，强化森林景观生态功能。

目前，森林景观规划设计方法主要有基于斑块保护优先级的森林景观规划设计方法和基于潜在天然植被的近自然森林景观规划设计方法。

11.6.1 基于斑块保护优先级的森林景观规划

此方法多用于自然保护区的森林景观规划。根据研究区域的实际情况，及对森林景观格局变化的分析，选取森林景观斑块的规模、立地生态因子、森林资源丰富程度，林分高度等指标，建立了森林景观斑块优先保护指标体系。通过统计软件包的主成分分析，确定每个指标的权重、得分，从而划定各个斑块的保护级别，结合生物多样性高低，最大森林类型覆盖区域，制定景观规划方案。

张蕾(2007)以凉水自然保护区为例，建立了景观斑块优先保护评价指标体系，包括：

①描述森林景观斑块结构特征的指标：斑块面积小斑块周长、斑块形状指数小斑块分维数、斑块相似性指数等。

②描述森林景观斑块资源特征的指标：斑块内林分郁闭度、斑块内林分蓄积、斑块内林分平均胸径、斑块内林分平均高等。

通过主成分分析，结合各个森林景观要素的结构和空间格局分析，根据自然保护区森林类型最大覆盖区域、生物多样性高低的情况以及景观斑块优先级别的分布，对凉水自然保护区进行了森林景观规划(图11-3)。

规划后的斑块类型包括：红松老龄林斑块、保持现状的红松林斑块、进行生态恢

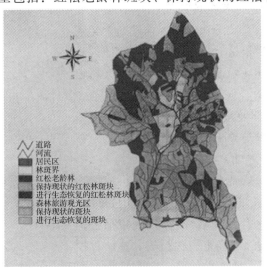

图11-3　基于斑块保护优先级的森林景观规划图(以凉水自然保护区为例)

复的红松林斑块、保持现状的其他斑块、进行生态修复的其他斑块、森林旅游观光斑块。其中红松林景观要素类型是凉水自然保护区内面积最大、优势度最高的类型，对其进行优先保护或恢复对于增加森林景观的生物多样性具有重要意义。森林旅游区的规划则充分考虑的廊道的建立，在河流两侧建立 20m 的缓冲带用以保护水系和满足物种空间运动的需要。

11.6.2　基于潜在天然植被的近自然森林景观规划

潜在天然植被是假定植被全部演替系列在没有人为干扰、在现有的环境条件下如气候、土壤条件，包括由人类所创造的条件完成时，立地应该存在的植被。作为一种与所处立地达到一种平衡的演替终态，反映的是无人类干扰的情况下，立地所能发育形成的最稳定成熟的一种顶极植被类型，是一个地区现状植被的发展趋势（宋永昌）。

曾翀（2009）以吉林省汪清林业局金沟岭林场为对象，研究了基于潜在天然植被和多目标森林经营的森林景观规划方法。

首先，综合考虑立地、群落演替阶段并参考气候变化下东北地区潜在植被的模拟等相关文献，确定当地潜在植被：红松阔叶林、云冷杉混交林、落叶阔叶林、蒙古栎林（表 11-5）。

表 11-5　潜在天然植被树种组成（以东北林区为例）

	植被类型	组成树种
1	红松阔叶林	红松、紫椴、水曲柳、蒙古栎、春榆、枫桦、色木槭、黄檗、大青杨、糠椴、核桃楸等
2	云冷杉混交林	鱼鳞云杉、臭冷杉、枫桦、青楷槭、花楷槭
3	落叶阔叶林	紫椴、水曲柳、蒙古栎、春榆、枫桦、色木槭、黄檗、大青杨、糠椴、核桃楸
4	蒙古栎林	蒙古栎

其次，以不同龄组的潜在植被面积作为决策变量，考虑蓄积量、地上碳贮量和树种多样性三个经营目标，以林地面积、生长量、海拔、坡度等立地因子作为约束，建立了线性规划模型，确定了潜在天然植被的面积分布（图 11-4）。

第三，以近自然林业理论和潜在天然植被为指导，通过群落生境调查与分析，确定了潜在天然植被（主要森林景观要素类型）的空间分布。

最后，进行了森林景观要素类型的设计实例（表11-6），根据群落生境、群落的演替阶段确定目标林相潜在天然植被，并结合森林培育的需求（包括各种森林产品和服务的需求），确定树种组成、更新目标和森林经营技术等。

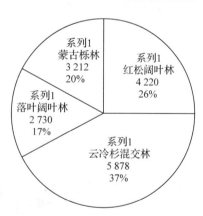

图 11-4　潜在天然植被面积分布

表 11-6　基于潜在天然植被的森林景观要素类型规划（以一个林班为例）

样地号	林分类型	发展阶段	近期经营措施设计	森林发展类型
62	榆树纯林	质量选择阶段	标记目标树，采伐干扰树，促进林下更新	落叶阔叶林
34	针叶混交林	过渡阶段	改变树种组成，保留顶极树种	云冷杉混交林
89	榆树纯林	质量选择阶段	标记目标树，采伐干扰树，促进林下更新	落叶阔叶林
70	阔叶混交林	竞争生长阶段	标记目标树，改变树种组成	落叶阔叶林
96	针叶混交林	过渡阶段	标记目标树，采伐干扰树，保留目的树种	红松阔叶林
97	落叶松纯林	质量选择阶段	采伐落叶松，促进天然更新	云冷杉混交林
86	针叶混交林	过渡阶段	标记目标树，采伐干扰树，促进林下更新	红松阔叶林
80	榆树纯林	近自然森林阶段	改变树种组成，必要时补植珍贵硬阔	落叶阔叶林
78	针阔混交林	质量选择阶段	标记目标树，采伐干扰树，改变树种组成	云冷杉混交林
76	针阔混交林	近自然森林阶段	标记目标树，采伐干扰树，改变树种组成	红松阔叶林
75	阔叶混交林	过渡阶段	改变树种组成，必要时补植珍贵硬阔	落叶阔叶林
59	阔叶混交林	近自然森林阶段	改变树种组成，必要时补植珍贵硬阔	落叶阔叶林
49	落叶松纯林	质量选择阶段	采伐落叶松，促进天然更新	云冷杉混交林
58	冷杉纯林	质量选择阶段	标记目标树，采伐干扰树，改变树种组成	云冷杉混交林
65	阔叶混交林	近自然森林阶段	标记目标树，采伐干扰树，改变树种组成	落叶阔叶林
66	阔叶混交林	竞争生长阶段	标记目标树，采伐干扰树，促进林下更新	落叶阔叶林
67	针阔混交林	竞争生长阶段	标记目标树，采伐干扰树，促进林下更新	云冷杉混交林
69	冷杉纯林	过渡阶段	标记目标树，采伐干扰树，改变树种组成	云冷杉混交林
61	阔叶混交林	质量选择阶段	标记目标树，采伐干扰树，改变树种组成	落叶阔叶林
71	榆树纯林	质量选择阶段	标记目标树，采伐干扰树，改变树种组成	落叶阔叶林

思　考　题

1. 简述景观和景观要素的区别。
2. 简述森林景观规划的概念和步骤。
3. 简述森林景观分类的概念和途径。
4. 森林景观格局分析的方法主要有哪些？
5. 森林景观规划设计方法主要有哪些？

参考文献

曾翀. 2009. 基于潜在天然植被的近自然森林景观规划研究[D]. 北京：中国林业科学研究院硕士论文.

陈敬忠. 2004. 东北天然林区森林景观分类及规划的研究[D]. 北京：北京林业大学博士论文.

陈文波，肖笃宁，李秀珍. 2002. 景观指数分类、应用及构建研究[J]. 应用生态学报，13(1)：121–125.

傅伯杰，陈利顶，马克明，等. 2001. 景观生态学原理及应用[M]. 北京：科学出版社.

郭晋平，周志翔. 2007. 景观生态学[M]. 北京：中国林业出版社.

郭晋平. 2001. 森林景观生态研究[M]. 北京：北京大学出版社.

郭泺，薛达元，杜世宏. 2009. 景观生态空间格局——规划与评价[M]. 北京：中国环境科学出版社.

韩文权，常禹. 2004. 景观动态的 Markov 模型研究——以长白山自然保护区为例[J]. 生态学报，24(9)：1958 – 1965.

何东进，洪伟，胡海清. 2004. 武夷山风景名胜区景观空间格局研究[J]. 林业科学，40(1)：174 – 179.

何鹏，张会儒. 2009. 常用景观指数的因子分析和筛选方法研究[J]. 林业科学研究，22(4)：470 – 474.

李明阳. 1999. 浙江临安森林景观格局变化的研究[J]. 南京林业大学学报，23(3)：71 – 74.

李书娟，曾辉，夏洁，等. 2004. 景观空间动态模型研究现状和应重点解决的问题[J]. 应用生态学报，15(4)：701 – 706.

李正国，王仰麟，张小飞，等. 2006. 景观生态区划的理论研究[J]. 地理科学进展，25(5)：10 – 20.

陆元昌，洪玲霞，雷相东. 2005. 基于森林资源二类调查数据的森林景观分类研究[J]. 林业科学，41(2)：21 – 29.

王景伟，王海泽. 2006. 景观指数在景观格局描述中的应用——以鞍山大麦科湿地自然保护区为例[J]. 水土保持研究，13(6)：230 – 233.

邬建国. 2000. 景观生态学——格局、过程、尺度与等级[M]. 北京：高等教育出版社.

肖笃宁，李晓文. 1998. 试论景观规划的目标、任务和基本原则[J]. 生态学杂志，17(3)：46 – 52.

徐岚，赵羿. 1993. 利用马尔柯夫过程预测东陵区土地利用格局的变化[J]. 应用生态学报，4(3)：272 – 277.

张会儒，何鹏，郎璞玫. 2010. 基于森林资源二类调查数据的延庆县森林景观格局分析[J]. 西部林业科学，39(4)：1 – 7.

张蕾. 2007. 基于 GIS 的森林景观生态规划的研究[D]. 哈尔滨：东北林业大学硕士论文.

钟义山. 1988. 马尔可夫链及其在林业预测中的应用[J]. 西北林学院学报，3(1)：75 – 81.

第**12**章

森林经营规划

森林经营是现代林业建设的永恒主题，是实现林业可持续发展的核心基础。森林经营贯穿于整个森林生长周期，是以培育健康稳定、优质高效的森林生态系统为目标，提高森林质量，增强森林多种功能，持续获取森林的供给、调节、服务、支持等生态产品而开展的一系列林业生产经营管理活动。森林经营规划是森林经营主体为科学、合理、有序地经营森林，充分发挥森林的生态、经济和社会效益，按照可持续经营的原理与要求，根据森林资源状况和社会、经济、自然条件，编制的森林培育、保护和利用的中长期规划，以及对生产顺序和经营利用措施的规划设计，是规定一定时期内森林经营要开展的活动、地点、时间、原因、完成者等要素的一个工作文件，是指导区域、经营单位开展森林可持续经营的一个中长期战略规划。编制和实施森林经营规划历来是森林经理的核心内容之一，是对不同层次经营单位进行全局性谋划、组织、控制和协调，以达到预期经营目标的过程。因此，掌握森林经营规划方法和技术对于指导森林可持续经营实践具有十分重要的意义。

12.1 森林经营规划概述

12.1.1 森林经营规划的发展历程

森林经营规划编制具有悠久的历史。早在 17~18 世纪，欧洲逐渐开始形成森林规划的概念与实践，至今已有 300 年历史。法国 1669 年颁布的柯尔柏法令规定矮林及中林按轮伐期的年数分配面积进行区划轮伐，中林内上木的轮伐期比矮林的轮伐期(20~30 年)要长 2~4 倍，并有采伐的计划及预算，这是森林经营规划的雏形。以后奥地利、德国也有森林经营规划形式的文件。美国直到 1905 年才由当时的林业局在各地编制大量的森林经营计划。中国开展森林经营规划也有 80 多年历史。1931 年，沈鹏飞先生等曾在广东省白云山模范林场编制了森林施业案，这是我国最早的森林施业案之一。自 20 世纪 50 年代开始，在黑龙江省带岭林区松岭林场进行森林经理试点，对吉林长白山进行了全面的森林经理调查，并编制了长白山林区第一部森林施业案，到 60 年代初完成了全国主要林区第一次森林经理工作并编制了森林施业案。由于这一时期编制的森林施业案(森林经营利用规划)无论从内容还是方法上深受苏联影响，80% 未能得到有效实施，既没有充分发挥其应有的作用，也没有取得明确的法定地位。进入 21 世纪以后，在森林可持续经营逐渐成为国际社会普遍共识的环境下，林业建设从以木材生产为主向以生态建设为主的重心转移，为全面推进我国森林可持续经营工作，2006 年，国家林业局出台了《森林经营方案编制与实施纲要》（试行）。2009 年颁布了《县级森林可持续经营规划编制指南》（试行）。2012 年，国家林业局发布了《森林经营方案编制与实施规范》（LY/T 2007—2012）等行业标准。2016 年，国家林业局发布了《全国森林经营规划(2016—2050 年)》，明确了未来 35 年全国森林经营的基本要求、目标任务、战略布局和保障措施，是指导全国森林经营工作的纲领性文件。

12.1.2　森林经营规划的作用

为什么要制定森林经营规划？一般而言，森林经营主体希望得到以下方面的指导：
①要开展的经营活动。
②预测未来的收获水平。
③最优的利用有限资源。
④保护和维持生态系统健康。
⑤评估经营活动在经济、生态和社会方面的相互影响等。
因此，一个编制了森林经营规划的单位是一个被重新组织了的系统。实施森林经营规划将有利于维护和优化森林生态系统结构，协调其与环境的关系，提高其整体功能，改善林区社会经济状况，促进人与自然和谐。一般说来，森林经营规划有如下作用：
①森林经营规划是将森林经营单位逐步导入森林可持续经营轨道的文件。森林经营规划是在森林可持续经营原则指导下，按系统工程的方法编制而成。换言之，编制森林经营规划就是为森林经营单位铺设通向森林可持续经营轨道。
②森林经营规划为合理经营森林提供了组织依据。森林经营单位可根据自己的实际情况，因地制宜地进行经营和管理，这为合理组织经营提供了方便。
③森林经营规划是森林经营主体组织和安排森林经营活动的依据。编制的森林经营规划为经营单位提供了长远的战略目标、中期目标和近期目标以及实现这些目标的途径、方法、手段；实现这些目标有赖于日常的经营组织和安排。
④森林经营规划是林业主管部门管理、检查和监督森林经营活动的主要依据。
⑤森林经营规划是检查和评定营林成效的基本标准，也是业绩考核的依据。

12.1.3　森林经营规划的层次划分

根据划分角度的不同，森林经营规划可以有不同的层次，不同层次的规划有不同的目标要求。

1）根据尺度划分

从尺度（层次）上来看，森林经营规划通常分为区域（国家、省）、县级、森林经营单位和作业区 4 个层次：

（1）区域（国家、省）层面

区域森林经营规划是一个区域多种规划过程和森林经营活动的综合表达，它们由林业部门的规划活动以及这些活动的实施组成，目的是通过建立通用的和可操作的社会政治框架，实现森林资源的有效保护和健全管理，实现战略和实施方法的结合，从而提高区域(国家或省)整体的森林经营水平。

(2)县级层面

县级森林经营规划作为国家森林可持续经营区域决策体系中的重要组成部分，起着承上启下的重要作用，是衔接省级森林经营规划与森林经营方案的重要环节，其主要作用包括：落实国家、省级森林资源经营管理政的策措施；协调区域经济社会发展对森林生态系统的多功能需求；指导各类森林经营主体在规划期内开展森林经营活动。

(3)森林经营单位层面

森林经营单位层面的可持续经营规划的具体体现就是森林经营方案，是以国家的规划目标为指导，以贯彻国家政策和精神为目的，目标和战略更加具体，约束力也更强，是评价森林经营单位经营效果的重要依据，也是提高森林可持续经营水平的重要途径和手段。

(4)作业区层面

作业区层面的规划即作业规划设计，是针对一项具体开展的作业措施进行的详细的规划设计，如造林、抚育间伐等。

2)根据经营周期划分

从周期来看，森林经营规划可分为 3 个层次：

(1)战略规划

整个森林的长期经营规划，如整个轮伐期或 35 年期间的经营规划。战略规划这一术语有时用作长期森林经营与规划的同义语，强调各种活动的结果，而很少关注活动的空间安排细节。

(2)战术规划

提出拟开展的活动，通常 5~10 年一个周期，内容更为详细。战术规划中的内容一般紧紧围绕着如何执行战略计划，同时体现战略计划中未曾考虑的经营方面的内容。战略计划所包括的结果在这里进行空间分解，目的在于确定所提议的活动、生境、森林状况等在景观中的位置。战术规划对于了解未来景观模式可能是至关重要的，因为所作的规划可能对植被格局有持久的影响。

(3)作业规划

作业规划包括为实现较高水平目标所需要的具体的行动过程和资源分配，这可能涉及每日、每周、每月的预算或资源分配活动，或可能涉及具体项目的物流。与战术规划一样，作业规划也包括空间显性的信息。主要的作业规划包括造林作业、中幼龄林抚育作业、采伐作业等。

3)根据规划深度划分

根据规划的深度，森林经营规划又可分为宏观和微观规划。

(1)宏观规划

宏观规划是指对区域总体经营活动布局的规划，规划任务并不落实到山头地块。

（2）微观规划

微观规划是针对县级或经营单位进行的比较详细的规划，规划任务需要落实到年度和山头地块。

4）根据经营规划目的划分

根据目的不同，森林经营规划也可分为生产性经营规划和保护性经营规划。

（1）生产性经营规划

生产性森林经营规划对收获有明确的指导，如可能出现的各类林产品的调减量，收获采伐的具体地点，作业条件或应该考虑的限制因素等。

（2）保护性经营规划

保护性森林经营规划的目的是调节具有水源涵养功能的天然林的经营，进行生物多样性保护，适度开发森林的旅游功能等。

以上各种不同森林经营规划之间的对应关系见表 12-1。

表 12-1　各种不同森林经营规划之间对应的关系

不同尺度规划	不同周期规划			不同深度规划	
	战略	战术	作业	宏观	微观
国家	√			√	
省级	√			√	
县级		√		√	
经营单位		√	√		√
作业区			√		√

12.2　森林经营规划方法

12.2.1　数学规划方法

数学规划是运筹学的一个重要分支，也是它最重要的基础之一。它是研究在某些约束条件下函数的极值问题的有效方法。数学规划包括以下几个分支：

①线性规划：研究在线性约束条件下线性目标函数的极值问题，是数学规划的基础。

②非线性规划：是指在约束条件和目标函数中出现非线性关系的规划。

③整数规划：规定部分或全部变量为整数的规划。

④组合规划：讨论在有限集中选择一些子集使目标函数达到最优的问题。

⑤参数规划：在目标函数和约束条件中带有参数的规划。

⑥随机规划：指某些变量为随机变量的规划。

⑦动态规划：是处理多阶段决策的一种方法。

⑧目标规划：解决多个目标的线性规划问题。此外，还有几何规划、分数规划、模糊规划等。

在这些众多内容中，线性规划是最基本最重要的分支，它在理论上最成熟、方法上最完善、应用上最广泛，其他分支都是线性规划的发展和推广。这些技术方法的详细介绍参见第 13 章。

12.2.2　改进型规划方法

在制定大规模森林经营规划时，尽管线性规划广为使用，但它要求所有的函数关系由一组线性方程来表示。规划者有时候觉得，这样做难以适当地表示规划问题。在这样或那样的情形中，或需要重新定义分配给决策变量的值的类型，或需要对非线性关系进行识别，或两者都需要加以考虑。一些经营规划作为多目标问题描述比单目标问题描述更好。为此，许多改进型森林规划方法已被众多自然资源管理机构推举、改进、测试和应用，如二分搜索方法及启发式方法、空间规划等（皮特·贝廷格等，2012）。

（1）二分搜索

二分搜索是试图通过对目标函数的最优值进行逐步的、更好的猜测，以此来找到问题的解的一个过程。例如，如果我们希望制订一个将来能在一定时间范围内生产最高收获量的森林规划，且用二分搜索来猜测该收获水平，这种方法或是增加，或是减少这个猜测值，之后再进行试算。在某些情况下，用一个很高的猜测值作为所考虑值的范围的上限，在另外的情况中，用一个很低的猜测值作为所考虑值的范围的下限。在森林规划中，这个猜测的答案被用来确定是否增加或减少猜测值（在这种情况下，这个估计的答案为收获目标）。总之，二分搜索是通过用代表各类中间位置的值，以一个逼近解的选择过程锁定值的一种方法。基本的二分搜索过程如下：

①设定一个目标值。

②按一个有序表确定潜在解值的范围。

③选择一个代表该范围中间位置的值。

④与设定的目标值比较，确定所选定的中间位置的值是否更大、更小，还是相等。

⑤作出决策。如果该选定的中间位置的值大于目标值，那么通过把解值范围缩小一半将目标减小；如果该选定的中间位置的值小于目标值，那么通过把解值范围缩小一半将目标增大；如果该选定的中间位置的值等于目标值，那么停止并报告这个解。

⑥如果必要的话，回到步骤①。

在森林经营规划中，使用简单收获量目标和林分蓄积量的二分搜索过程相对容易执行。如果得到可用于目标函数的林分的属性，这类规划模型可在电子数据表环境中实现。

（2）启发式方法

启发式求解方法使用逻辑的和经验的方法来得到复杂规划问题的可行解和有效解。人们选择启发法作为规划工具，一般有以下两个理由：

①希望在规划过程中体现定量关系，这些定量关系不易通过线性方程来描述。

②希望尽快得到复杂问题的一个解。首先，启发法不能保证找到问题的最优解。事实上，评价任何启发法所生成结果的质量，一般要求与用线性规划方法、混合整数规划方法及整数规划方法生成的结果进行比较。其次，在启发法中，许多能被量化和识别的关系很难用线性方程甚至非线性方程来描述。有许多启发式方法在自然资源管

理中使用，如蒙特卡洛模拟、模拟退火、门槛接受、禁忌搜索及遗传算法等（参见第 13 章）。

（3）空间规划方法

森林空间规划是一个有效的森林建模途径，适用于空间需求和多个经常会产生冲突的经营目标。空间信息需求通常与经营管理单元（如林分、采伐块、野生动物生境和龄级）大小、形状、邻接和分布有关，也与最小和最大化采伐块大小限制，邻接约束，连接性和核心区域等有关。经营管理目标，比如木材供应、野生动物生境、水质和生物多样性是多个方面的并且是空间自然分布的。一个森林空间规划模型用景观水平的结构化测量数据可以提供空间结构的测度和森林的展示，非空间的目标在计算它们的功效时不需要空间信息，一般只是计算规划地区资源的数量（Baskent，2005）。空间规划通过 GIS 来实现。

（4）森林规划软件

对于线性规划、混合整数规划或整数规划问题，问题公式化可形成一组方程，并可用许多商业软件程序（CPLEX，LINDO 等）来求解。问题的形式可以用一组方程来设计，或用另外一种形式，如数学规划系统（MPS）来设计。对于小或中等规模的规划问题，可在电子数据表中用矩阵来描述，从而用电子制表软件求解程序来确定线性问题的最优解。但在许多规划工作中，可能宁愿使用为自然资源管理规划问题特别设计的优化软件包。因为自然资源管理问题在资源的范围及认可的目标上有很大不同，而且开发这样一个模型（并要在计算机技术中保持它当前赋予的变化）所需时间长、成本大，故在北美广泛使用的这类软件为数不多。

由此可见，森林规划技术方面引入了各种数学规划方法以及地理信息系统支持的三维显示技术，形成了一套森林经营规划的技术。在森林规划的内容上，增加了群落生境规划和景观规划。森林经营规划不仅提交各种营林措施或工程的时间、数量、劳力和资金安排，同时提交环境影响评估和未来森林状态的预测。

12.2.3 森林经营规划编制程序

（1）规划准备工作

包括组织准备，基础资料收集及规划相关调查，确定技术经济指标，编写工作方案和技术方案。

编制森林经营规划是一个复杂的系统工程。因此，组织一个包括多领域、多学科专家团队是十分重要的，这关系到规划工作能否高质量完成，团队的组成至少应包括有地理信息系统专家、森林经营规划专家、林业资源专家、林业政策专家、森林生态专家及其他方面专家（旅游、保护）。与此同时，强烈建议森林森林经营规划编制团队在参加编制森林经营规划期间，能够专职做这项工作，以期保证这个纪律性非常强的团队能够高效、顺利地完成工作。

（2）系统评价

对规划对象的经营环境、森林资源现状、经营需求趋势和经营管理要求等方面进行系统分析，明确经营目标、编案深度与广度及重点内容，以及森林经营规划需要解决的主要问题。

（3）规划决策

在系统分析的基础上，建立多目标规划模型，分别不同侧重点提出若干备选方案，对每个备选方案进行投入产出分析、生态与社会影响评估，选出最佳方案。

（4）公众参与

广泛征求管理部门、经营单位和其他利益相关者的意见，以适当调整后的最佳方案作为规划设计的依据。

（5）规划设计

在最佳方案控制下，进行各项森林经营规划设计，编写规划文本。

（6）评审修改

按照森林经营规划管理的相关要求进行成果送审，并根据评审意见进行修改、定稿。

森林经营规划编制过程如图 12-1 所示。

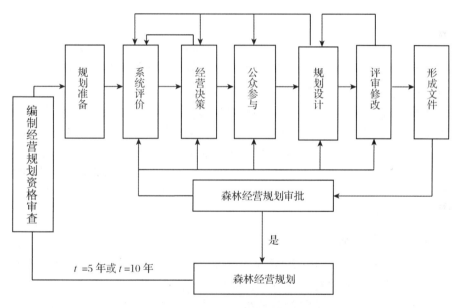

图 12-1 森林经营规划编制过程

12.3 区域森林经营规划

区域森林经营规划主要包括国家或省、县级森林经营规划，属于宏观战略规划。

12.3.1 全国或省级森林经营规划

12.3.1.1 规划目标和任务

规划的主要目标是：统筹规划和合理布局区域内森林经营活动，提高省域森林质量，促进森林可持续经营，具体目标包括：包括森林覆盖率、森林蓄积，乔木每公顷林蓄积量、每公顷乔木林年均生长量，混交林面积比例、珍贵树种和大径级用材林面积比例，森林植被总碳储量、森林每年提供的主要生态服务价值、森林经营规划制度的建立、森林经营标准体系、森林经营技术体系、人才队伍建设、林道等基础设施建设、生态景观和生态文化、生物多样性等方面的目标。

规划的主要任务包括：

①开展森林经营评价。

②落实规划目标与主要指标。

③进行森林经营亚区划分和森林经营分类。

④明确各经营亚区的经营策略与经营目标。

⑤确定森林经营规模，概算森林经营投资。

⑥开展效益评价，提出规划实施保障措施。

12.3.1.2　规划主要内容

1）森林经营分区

依据全国主体功能区定位和《中国林业发展区划》成果，遵循区域发展的非均衡理论，统筹考虑区域森林资源状况、地理区位、森林植被、经营状况和发展方向等，采用异区异指标的主导因素法进行森林经营区划，各经营区按照生态区位、森林类型和经营状况，因地制宜确定经营方向，制定经营策略，明确经营目标，实施科学经营。省级在全国森林经营区划分的框架内，划分森林经营亚区。

《全国森林经营规划(2016—2050 年)》把全国划分为大兴安岭寒温带针叶林经营区、东北中温带针阔混交林经营区、华北暖温带落叶阔叶林经营区、南方亚热带常绿阔叶林和针阔混交林经营区、南方热带季雨林和雨林经营区、云贵高原亚热带针叶林经营区、青藏高原暗针叶林经营区、北方草原荒漠温带针叶林和落叶阔叶林经营区 8 个经营区。(国家林业局，2016)。

2）森林分类经营体系

《全国森林经营规划(2016—2050 年)》根据《联合国千年生态系统评估报告》，并结合我国实际，将森林主导功能分为林产品供给、生态保护调节、生态文化服务和生态系统支持四大类。林产品供给包括森林生态系统通过初级和次级生产，提供木材、森林食品、中药材、林果、生物质能源等多种产品，满足人类生产生活需要。生态保护调节包括森林生态系统通过生物化学循环等过程，提供涵养水源、保持水土、防风固沙、固碳释氧、调节气候、清洁空气等生态功能，保护人类生存生态环境。生态文化服务包括森林生态系统通过提供自然观光、生态休闲、森林康养、改善人居、传承文化等生态公共服务，满足人类精神文化需求。生态系统支持是森林生态系统通过提供野生动植物的生境，保护物种多样性及其进化过程。根据森林所处的生态区位、自然条件、主导功能和分类经营的要求，将森林经营类型分为严格保育的公益林、多功能经营的兼用林和集约经营的商品林(国家林业局，2016)。

（1）严格保育的公益林

严格保育的公益林主要是指国家 I 级公益林，是分布于国家重要生态功能区内，对国土生态安全、生物多样性保护和经济社会可持续发展具有重要的生态保障作用，发挥森林的生态保护调节、生态文化服务或生态系统支持功能等主导功能的森林。这类森林应予以特殊保护，突出自然修复和抚育经营，严格控制生产性经营活动。

（2）多功能经营的兼用林

多功能经营的公益林包括生态服务为主导功能的兼用林和林产品生产为主导功能的兼用林。生态服务为主导功能的兼用林包括国家Ⅱ、Ⅲ级公益林和地方公益林，是分布于生态区位重要、生态环境脆弱地区，发挥生态保护调节、生态文化服务或生态系统支持等主导功能，兼顾林产品生产。这类森林应以修复生态环境、构建生态屏障为主要经营目的，严控林地流失，强化森林管护，加强抚育经营，围绕增强森林生态功能开展经营活动。林产品生产为主导功能的兼用林包括一般用材林和部分经济林，以及国家和地方规划发展的木材战略储备基地，是分布于水热条件较好区域，以保护和培育珍贵树种、大径级用材林和特色经济林资源，兼顾生态保护调节、生态文化服务或生态系统支持功能。这类森林应以挖掘林地生产潜力，培育高品质、高价值木材，提供优质林产品为主要经营目的，同时要维护森林生态服务功能，围绕森林提质增效开展经营活动。

（3）集约经营的商品林

集约经营的商品林包括速生丰产用材林、短轮伐期用材林、生物质能源林和部分优势特色经济林等，是分布于自然条件优越、立地质量好、地势平缓、交通便利的区域，以培育短周期纸浆材、人造板材以及生物质能源和优势特色经济林果等，保障木（竹）材、木本粮油、木本药材、干鲜果品等林产品供给为主要经营目的。这类森林应充分发挥林地生产潜力，提高林地产出率，同时考虑生态环境约束，开展集约经营活动。

省级在以上3大类型分类经营体系基础上，细化森林经营类型，并落实到县级单位。

3）森林作业法

森林作业法是根据特定森林类型的立地环境、主导功能、经营目标和林分特征所采取的造林、抚育、改造、采伐、更新造林等一系列技术措施的综合。森林作业法是针对林分现状（林分初始条件），围绕森林经营目标而设计和采取的技术体系，是落实经营策略、规范经营行为、实现经营目标的基本技术遵循。森林经营是一个长期持续的过程，森林作业法应该贯穿于从森林建立、培育到收获利用的森林经营全周期，一经确定应该长期持续执行，不得随意更改。

《全国森林经营规划（2016—2050年）》根据我国森林资源状况，将森林作业法分为乔木林作业法、竹林作业法（针对竹林和竹乔混交林使用的作业法）和其他特殊作业法（针对灌木林、退化林分和特殊地段的稀疏或散生木林地使用的作业法）。其中乔木林是森林经营的主体和重点，按照经营对象和作业强度由高到低顺序，以主导的森林采伐利用方式命名，将乔木林作业法划分为7种：一般皆伐作业法、镶嵌式皆伐作业法、带状渐伐作业法、伞状渐伐作业法、群团状择伐作业法、单株木择伐作业法、保护经营作业法（国家林业局，2016）。省级在此基础上，根据本区域特点、森林植被（树种）

类型、主导功能、目的树种或树种组合特征等，优化完善作业法的划分，细化各种作业法的关键技术，设计适用本省（自治区、直辖市）的主要森林类型、地理区域和功能定位的森林作业法体系。

4）效益评价

（1）对森林总量和质量的效益评价

对森林总量和质量的效益评价包括森林覆盖率提升、森林面积和森林蓄积量增加、每公顷乔木林蓄积和年均生长量提高以及森林抚育对增加森林蓄积和每公顷乔木林蓄积的贡献等指标。

（2）对增加林产品供给，保障经济民生的效益评价

对增加林产品供给，保障经济民生的效益评价包括森林木材储备、年均净增木材储备、年木材合理采伐量、年木材产出直接经济价值、森林经营吸纳就业人数和森林经营收入等指标。

（3）对增强生态功能，构筑生态防护屏障贡献的评价

对增强生态功能，构筑生态防护屏障贡献的评价包括森林每年提供的主要生态服务功能的实物量和价值量、森林植被总碳储量、年均间接减排二氧化碳量等指标。森林每年提供的主要生态服务功能实物量包括森林蓄水量、固土量、提供负离子量和滞尘量等。

（4）对提升生态公共服务，建设生态文明贡献评价

从建成内容丰富、布局合理的森林生态公共服务与支持网络，优化森林景观格局、促进人居生态环境显著改善、先进生态文化不断繁荣和生态文明建设加快推进等方面进行评价。

5）实施保障措施

围绕规划目标，结合区域实际，从组织保障、科技支撑、人才培养、制度建设、资金投入、质量监管、基础设施和宣传引导等方面制定符合国家法律法规和政策要求的规划实施保障措施。

12.3.2 县级森林经营规划

根据《县级森林可持续经营规划编制指南（试行）》，县级森林可持续经营规划主要包括以下内容和程序（国家林业局，2009）。

12.3.2.1 规划任务和目标

（1）规划的主要任务

分析评价社会经济发展对森林经营管理的需求；明确森林经营中长期的指导思想与经营目标；统筹进行森林经营多目标、多功能布局；确定规划期内实现森林经营目标的活动、规模、安排等经营措施；预测和评估森林经营的生态、社会和经济等综合效益；提出规划实施的政策需求与保障措施等。

（2）规划目标

规划期一般为 10 年。规划目标应与森林可持续经营的长期目标保持一致，应与省级森林经营规划目标相衔接，纳入县域林业发展规划和国民经济中长期规划目标体系。规划目标包括资源目标、生态目标、经济目标、社会目标。

①资源目标：提出森林资源培育、保护和发展的具体指标，如森林覆盖率、林木绿化率、林地面积、有林地面积、森林蓄积量、生长量、森林结构等。

②生态目标：提出生态保护的区域、对象、规模和成效等具体指标，如生物多样性保护、水土保持、生态景观维持等。

③经济目标：提出木材与林产品产出、经济发展和收益等具体指标，如合理年伐量、主要林产品产量等。

④社会目标：提出劳动就业、旅游休闲、生态文化发展等具体指标，如就业贡献率、森林旅游规模、森林休憩区面积等。

12.3.2.2　规划内容

1）森林区划

森林区划包括森林功能区划、森林分类区划和森林管理分类区划（国家林业局，2009）。

（1）森林功能区划

从林地和森林的主导功能考虑，功能区可分为生态功能区、社会功能区、经济功能区三类，应优先区划高保护价值森林。功能区确定后，应以森林可持续经营思想为指导，明确规定不同功能区的经营约束条件和主要经营措施。

（2）森林分类区划

以小班为单元，根据森林的主导功能进行森林用途分类，分为严格保育的公益林、多功能经营的兼用林和集约经营的商品林（国家林业局，2016），在此基础上进行细化，确定具体适用的森林经营类型。

（3）森林经营管理分类区划

以小班为单元，依据《全国森林资源经营管理分区施策导则》，在林地立地分类、功能区划和分类经营区划的基础上，再区划为严格保护、重点保护、保护经营和集约经营 4 个类型。

2）经营活动规划

包括森林培育、森林采伐、森林健康、非木质资源经营、森林景观管理和森林生物多样性保护等（国家林业局，2009）。

（1）森林培育

分别对公益林、商品林进行规划，对经营目标基本一致的区域（如森林公园），可按照功能区进行规划；培育措施主要分为更新造林、中幼龄林抚育、低产（效）林改造等；培育任务按森林类别（或功能区、林种）—森林经营类型（或经营管理类型）—经营措施类型（组）进行组织，落实到不同规划分期（如 5 年期）。

（2）森林采伐

采伐类型依据森林分类和功能区划，合理设计主伐、抚育采伐、更新采伐和其他采伐类型；技术指标按照《森林采伐作业规程》等标准，分别森林经营类型设计采伐对象、采伐方式、采伐强度、采伐间隔期限和采伐年龄等；合理年伐量。以经营类型设计计为依据，在保障森林长期、稳定提供物质产品和生态、文化服务能力的前提下，科学确定年合理采伐量；测算周期。森林合理年伐量以 5 年为一个测算周期。

（3）森林健康

①林火预防：合理配置耐火树种，科学安排控制火烧，系统建设防火隔离带。

②有害生物防治：针对林业有害生物的种类和危害程度，提出树种选择、有害木清理、有害生物防控等措施。

③地力维护：从培育技术、采伐要求、培肥技术、化学制剂应用及防污染措施等方面，提出维护和提高地力的技术措施。提倡培育混交林，速生丰产林应考虑轮作、休歇、间作种植等措施。

（4）非木质资源经营

深入分析非木质资源现状和开发潜力，合理确定培育措施、利用方式、产品种类和经营规模等。

（5）森林休憩

充分利用森林景观资源，因地制宜地确定森林景观修复、景观维护和经营开发等内容。

（6）生物多样性保护

明确生物多样性重点保护区域、类型与保护特点，因地制宜地提出保护措施。

12.3.2.3　规划技术路线

采用时间和空间相结合的优化决策方法模拟、优化森林经营过程，确定最优经营途径。经营决策的核心是多效益综合、多方案比选、长周期预测（国家林业局，2009）。

（1）效益综合

在综合考虑森林的水土保持、水源涵养、空气净化、碳储存、生物多样性维持、生态景观提供等功能的前提下，充分发挥森林的木材和其他林产品的生产功能。

（2）多方案比选

根据经营方向和经营条件形成多个预选方案，通过对预选方案进行模拟和优化，确定最优森林经营规划方案。

（3）长周期预测

对各预选方案进行一个半森林经营周期的优化模拟和决策分析，重点模拟森林生态系统的动态变化，以及由此带来的生态、经济和社会影响。

①生态影响评价：分析评价规划对当地的水、土壤、空气、物种和种群、重要物种生境、碳汇平衡等的影响。

②社会影响评价：分析评价规划对人居环境改善、地方居民就业、生活水平和生活质量提高，以及少数民族风俗和宗教等方面的影响。

③经济影响评价：分析评价规划对林产品产量、经营成本与经济效益等方面的影响。

12.4 森林经营方案

森林经营方案是森林经营主体根据国民经济和社会发展要求及国家林业方针政策编制的森林资源培育、保护和利用的中长期规划，以及对生产顺序和经营利用措施的规划设计。它既是森林经营主体制订年度计划，组织和安排森林经营活动的依据，也是林业主管部门管理、检查和监督森林经营活动的重要依据。编制和实施森林经营方案是森林经理的核心，是对经营单位森林经营进行全局性谋划、组织、控制和协调，以达到预期经营目标的过程。森林经营方案规划期为一个经理期，一般为 10 年；以工业原料林为主要经营对象的单位可以为 5 年(国家林业局，2012)。

12.4.1 森林经营方案的基本内容

根据不同编案单位类型确定编案内容(国家林业局，2012)：

(1)一类单位

包括国有林业局、国有林场、国有森林经营公司、国有林采育场、自然保护区、森林公园等国有林经营单位。这些单位应编制完整森林经营方案，内容一般包括：森林资源与经营评价，森林经营方针与经营目标，森林功能区划、森林分类与经营类型，森林经营，非木质资源经营，森林健康与森林保护，生态与生物多样性保护，森林经营基础设施建设与维护，投资估算与效益分析，森林经营生态与社会影响评估，实施保障措施等主要内容。

(2)二类单位

指达到一定规模的集体林组织、非公有制经营主体。这些单位可在当地林业主管部门指导下组织编制简明森林经营方案，一般包括森林资源与经营评价，森林经营目标与布局，森林经营，森林保护，森林经营基础设施维护，效益分析等主要内容。

(3)三类单位

除以上之外的其他集体林组织或非公有制经营主体，由县级林业主管部门组织编制规划性质森林经营方案。一般包括森林资源与经营评价，森林经营方针、目标与布局，森林功能区划与森林分类，森林经营，森林健康与保护，投资估算与效益分析，森林经营的生态与社会评估等主要内容。

12.4.2 森林经营方案的编制深度

森林经营方案编制深度依据编案单位类型、经营性质与经营目标确定。

①森林经营方案：应将经理期内前 3~5 年的森林经营任务和指标按经营类型分解到年度，并挑选适宜的作业小班；后期经营规划指标分解到年度。在方案实施时按 2~

3 年为一个时段滚动落实到作业小班。

②简明森林经营方案：应将森林采伐和更新等任务分解到年度，规划到作业小班，其他经营规划任务落实到年度。

③规划性质经营方案：应将森林经营规划任务和指标按经营类型落实到年度，并明确主要经营措施。

12.4.3 森林经营方案编制要点

(1)森林生态系统分析与评价

编制森林经营方案必须建立在翔实、准确的森林资源信息基础上，包括及时更新的森林资源档案、近期森林资源二类调查成果、专业技术档案等。编案前两年内完成的森林资源二类调查，应对森林资源档案进行核实，更新到编案年度。编案前 3~5 年完成的森林资源二类调查，需根据森林资源档案，组织补充调查更新资源数据。未进行过森林资源调查或调查时效超过 5 年的编案单位，应重新进行森林资源调查。

森林生态系统分析重点包括森林资源数量、质量、分布、结构及其动态变化，森林生态系统完整性、森林健康与生物多样性状况；森林提供木质与非木质林产品的能力；森林保持水土、涵养水源、游憩服务、劳动就业等生态与社会服务功能；林业有害生物、森林病虫害、森林火灾和地力衰退状况等。

森林可持续经营评价应参照国家、区域或经营单位等不同层次的森林可持续经营标准与指标，重点包括维持森林生态系统生产力、保持森林健康与活力、保护生物多样性、发挥社会效益等方面的优势、潜力和问题，编案单位的经营管理能力、机制，森林经营基础设施等条件。

(2)经营方针

编案单位应根据国家和地方有关法律法规和政策，结合现有森林资源及其保护利用现状、经营特点、技术与基础条件等，确定经理期的森林经营方针，作为特定阶段森林可持续经营和林业建设的行动指南。经营方针应有时代性、针对性、方向性和简明性，统筹好当前与长远、局部与整体、经营主体与社区利益，协调好森林多功能与森林经营多目标的关系，充分发挥森林资源的生态、经济和社会等多种效益。

(3)经营目标

森林经营方案应当明确提出规划期内要实现的经营目标。经营目标应根据现有森林资源状况、林地生产潜力、森林经营能力和当地经济社会情况等综合确定。森林经营目标应当作为当地国民经济发展目标的重要组成部分，并与国家、区域森林可持续经营标准和指标体系相衔接。经营目标主要包括森林资源发展目标、林产品供给目标和森林综合效益发挥目标等。

(4)森林经营区划

一类编案单位应根据经营需求分析结果，以区域为单元进行森林功能区划，其他类型的编案单位根据情况需要确定。区划应考虑《全国森林资源经营管理分区施策导则》对当地森林经营的功能要求。功能区一般包括森林集水区、生态景观区、生物多样性重点保护区、自然或人文遗产保护区、森林游憩区、森林重点火险区、有害生物防控区等。

(5) 森林经营类型组织

编案单位在森林分类和功能区划的基础上，以小班为单元组织森林经营类型。在综合考虑生态区位及其重要性、林权(所有权、使用权、经营权)经营目标一致性等的基础上，将经营目的、经营周期、经营管理水平、立地质量和技术特征相同或相似的小班组成一类经营类型，作为基本规划设计单元。

(6) 森林经营规划设计

森林经营规划设计是森林经营方案的核心内容，主要包括：

①严格保育的公益林经营规划设计：依据有关法律法规和政策，结合经营单位公益林保护与管理实施方案等进行。

②多功能经营的兼用林分类型进行规划设计：对于以生态服务为主导功能的兼用林，应以修复生态环境、构建生态屏障为主要经营目的，严控林地流失，强化森林管护，加强抚育经营，围绕增强森林生态功能开展经营活动。对于以林产品生产为主导功能的兼用林，应以挖掘林地生产潜力，培育高品质、高价值木材，提供优质林产品为主要经营目的，同时要维护森林生态服务功能，围绕森林提质增效开展经营活动。

③集约经营的商品林经营设计：应以市场为导向，在确保生态安全前提下以追求经济效益最大化为目标，充分利用林地资源，实行定向培育、集约经营。

森林采伐量应依据功能区划和森林分类成果，分别主伐、抚育间伐、更新、低产(低效)林改造等，结合森林经营规划，采用系统分析、最优决策等方法进行测算，确定森林合理年采伐量和木材年产量。

④更新造林和森林采伐的工艺设计：应充分考虑下列条件。

a. 在溪流、水体、沼泽、冲积沟、受保护的山脊或廊道等易发生水土流失的区域应设置一定宽度的缓冲带(区)。尽量减少用于作业的林道、楞场和集材道。

b. 当增加小流域、沟系、山体的景观异质性，特别是不同年龄、不同群落的森林合理配置，为野生动植物提供多样的栖息环境，为控制林业有害生物和森林火灾提供有利条件。

c. 合理设置作业区域和作业面积，保证野生动植物生存繁衍所需的生态单元和生物通道。

d. 合理确定造林与采伐方式，确保生态景观敏感区域不受严重影响。

e. 优先安排受灾林木、工业原料林、人工林的采伐和造林更新。

⑤种苗生产规划设计：据森林经营任务和种子园、母树林、苗圃和采穗圃状况，测算种子、苗木的实际需求和供应能力，规划安排种苗生产任务。应创造条件建立以乡土树种为主的良种繁育基地，提倡新技术、新品种的应用。

(7) 非木质资源经营与森林游憩

非木质资源经营规划应以现有成熟技术为依托，以市场为导向，规划利用方式、强度、产品种类和规模。在严格保护和合理利用野生资源的同时，积极发展非木质资源的人工定向培育。森林游憩规划可按照功能区或旅游地类型进行，充分利用林区多种自然景观和人文景观资源，开展以森林生态系统为依托的游憩活动。规划应因地制宜地确定环境容量和开发规模，科学设计景区、景点和游憩项目。

（8）森林健康与生物多样性保护

应针对森林火灾突发性强、蔓延速度快的特点，重点进行森林火险区划，制定森林防火布控与森林防火应急预案，规划森林扑火装备、专业防火队伍、防火基础设施等。应将林业有害生物防控纳入森林经营体系，与营造林措施紧密结合，通过营林措施辅以必要的生物防治、抗性育种等措施，降低和控制林内有害生物的危害，提高森林的免疫力。应与营造林措施紧密结合，将维护措施贯穿于森林经营的全过程。

（9）基础设施与经营能力建设

林道规划应根据森林经营的实际需要和建设能力，明确林道建设及维护的任务量。新建林道应尽量结合防火道、巡护路网等布设，避开高保护价值森林区域、缓冲带和敏感地区。森林保护、林地水利及其他营林配套基础设施规划，应充分结合国家、地方相关基础设施建设规划进行，以利用和维护已有基础设施为主，并考虑设施的多途利用。森林经营管理队伍建设规划应依据森林经营单位的经营目标、经营任务、劳动定额等进行。要加强技术技能培训，促进森林经营管理队伍职业化和专业化。

（10）编案方法与公众参与

森林经营方案编制应以生态系统经营理论为指导，积极应用林学、经济学、生态学、计算机技术等科学方法和技术手段，进行系统分析、综合评价、科学决策和规划设计，确保森林经营方案的科学性、先进性和可行性。

森林经营决策应针对森林经营周期长、功能多样、受外部环境影响大等特点，分别不同侧重点对森林结构调整和经营规模提出多个备选方案，进行多方案比选。

森林经营方案编制应采取参与式规划方式，建立公众参与机制，在不同层面上，充分考虑当地居民和利益相关者的生存与发展需求，保障其在森林经营管理中的知情权和参与权，使公众参与式管理制度化。

（11）森林经营的环境影响评价

合理的森林经营，是以最小的环境成本提供最大的经济、生态和社会效益；而不合理的森林经营，则可能造成植被、野生珍稀动植物等生态条件破坏或形成水土流失、侵蚀、景观破坏、林分结构退化、生产力降低、水质污染等。森林经营中的林道开发、木材生产、森林公园和自然保护区的开发、开放等，都可能对生态系统造成负面影响。所以森林经营决策是否合适，应事先对可能引起环境变化的森林经营活动进行环境影响评价，即在经营过程中包含环境影响评价，以便做出优化的抉择。因此，森林经营环境影响评价应当是森林经营过程中一个重要的、不可缺少的环节（刘东兰等，2004）。森林经营环境影响评价的程序和方法按照有关规定执行（国家环境保护局，1990，1992，1994）。

12.5　作业设计

森林经营作业设计又称森林经营施工设计，是执行森林经营规划并落实各项森林经营作业的年度生产计划或近期生产计划，是各类森林经营作业在施工前对应施工地段进行全面调查研究，并在此基础上对作业量、施工措施、作业设计以及投资收益等方面进行的全面设计。根据目标任务的不同，森林经营作业设计可分为抚育间伐作业设计、林分改造作业设计和主伐更新作业设计等不同类型，不同类型的作业设计有专门的技术规程(国家林业局，2003，2005，2007，2015)，必须由具有森林调查规划设计资格证书的专业设计单位承担完成。本节只讲述一般经营作业设计的主要共性技术要求，包括外业调查、内业设计、设计文件编制等内容。

12.5.1 外业调查

森林经营作业设计调查内容主要包括区划测量、标准地选设、标准地调查、附属工程调查等项目。

(1)作业区及小班区划与测量

作业区是一年中进行作业的地段，一个作业区可以是一个林班，也可以是几个林班。区划作业区时，应慎重考虑自然地形与运输条件，总的要求是：一个作业区应属于同一运材系统，并尽可能使境界线与林班线一致。

作业小班是在作业区内进行作业的基本单位，也是进行调查统计的基本单位，面积一般不能太大。小班区划要遵循立地因子一致、权属一致、大小合理的小班区划规则，依据林分组成、森林类型、林龄、起源、郁闭度、坡度、坡向、土层厚度等与可能引起间伐强度、材种出材量以及经营类型发生明显变化的指标划分；也可利用以往调查划定的有标志可寻的小班作为作业小班。此外，如在作业区中有不能作业的或暂不能作业的小班，应划为不作业小班。

作业区与作业小班一般用罗盘仪导线法实测，实测后需标记、没桩，并标示在图上。如已有可利用资源的符合要求的测量数据与标志，则应加以利用，不必重测。

此外，在大面积成、过熟林地区(如原始林区)常进行单项的主伐更新设计。一般实行三级区划：伐区、作业区和作业小班。伐区是供企业一年采伐的完整地段；作业区大体上应按一个装车场所吸引木材的范围划分；作业小班是伐区生产的基本单位，也是调查设计的基本单位，有时也泛称为"伐区"。

(2)标准地选设和调查

作业小班的调查，是通过标准地调查推算的。为此，要在作业小班中，选定一定数量有代表性的地段，设立典型标准地，进行调查。原则上，每个作业小班至少应设一块标准地，但当小班面积过小时，可在同类小班中设标准地。标准地的总面积一般不应少于作业总面积的 $1/100 \sim 5/100$(主伐更新作业设计的伐区调查，有的要求全林实测)。每块标准地的面积通常应不小于 0.1hm^2。为了进行长期的观察、对比，常要设立固定标准地。固定标准地应成对，一块为作业区，一块为对照区。

标准地调查内容包括每木调查、各林分因子调查与计算、标准木选伐、更新以及其他因子(地形地势、土壤、植被、经营历史)调查。调查结果填入相应的标准地调查表(或簿)。

每木调查时，除测量每株树木的胸高直径外，还要抽测部分树木的树高。通常每径阶需测 $1 \sim 5$ 株，一般中央径阶选测 $3 \sim 5$ 株，向两个方向递减，总计选测 $15 \sim 25$ 株。

如需确定地位指数，还应测记若干株上层优势木的树高。

标准地调查方法参见第 3 章中样地调查。

(3)附属工程调查

主要是针对主伐作业和间伐作业而进行的作业设施选设，内容包括集运材线路选设、楞场(集材点)的选设、工棚，房舍的设置等。

12.5.2　内业设计

依据外业调查和所收集到的本地区的自然、经济材料，进行分析、整理、计算和设计，其主要内容包括以下方面。

(1)作业面积求算

根据外业资料分析，求算小班面积，最后统计确定各项作业的面积。

(2)小班作业及附属工程设计

①小班作业设计：按不同森林类型和经营要求，分小班进行作业方式及技术措施设计。各项作业设计中要注意新技术的应用，明确抚育间伐、低产林改造和森林主伐更新过程中的新技术、新材料的应用方法、时间等。编制小班内业设计表。

②附属工程设计：提出与森林经营作业配套的各项设施的数量、质量，具体设计可参照有关标准和技术规定，明确各项设施的地点、规模、结构，计算耗材量与工程量，并配备相应的技术设备。明确建成期限。编制附属工程设计表。

(3)投入及效益估算

①物资需求量估算：计算各项作业所需的劳力、畜力、机械工具、更新造林所需种苗和其他物资的需要量。种苗需要量要按照更新造林和低产林改造施工设计和当年的计划任务，分别树种、苗木类型与规格测算种苗需要量，森林经营类型编制物质计算统计表。

②投资与效益估算：计算各项作业的费用与经济效益，编制投资概算与效益估算表。

(4)设计图表编制

①绘制作业设计图：可依据外业调查资料或原有林相图绘制，比例尺可按具体情况与要求选定。不同作业的小班要用不同颜色表示。此外，图中还必须标明集运材线路的分布及其他作业设施位置。

②编制作业设计表：包括反映森林经营单位的全部作业情况的"森林主伐、抚育间伐、改造一览表""更新、改造造林、幼抚一览表"等汇总表以及反映各分项措施的"抚育间伐一览表""林分改造一览表"等。

(5)施工组织设计

施工组织设计应包括安排施工作业顺序，落实年度的作业小班，安排施工时间、作业进度等。劳力、物质、设备的调配与安排；施工作业的计划、资金、组织、技术、档案管理等设计。

12.5.3　设计文件编制

森林经营作业设计文件包括作业设计说明书、作业设计表格、各种用图、统计表，并将各种调查材料装订成册作为附件。其中作业设计说明书是概述作业设计成果的重要文字材料，要简单明了，使人看了以后对作业情况有大概的了解。主要内容包括：

①基本情况简述：作业区或伐区的范围、森林资源状况、所在地自然条件和社会（包括劳力、运力、交通状况等），以及进行作业的必要性与可行性分析。

②技术措施：分别作业项目，说明所采取的主要技术措施。

③作业量：分别作业项目说明作业面积、采伐量、出材量以及作业进度安排。

④作业设施：说明作业所需各种设施的数量、规格、设置位置以及建成日期。

⑤劳力安排：说明完成作业及各种设施所需要的劳力和运力，并提出解决办法。

⑥收支概算及效益估算：说明完成作业所需总的经费投资及其计算依据，产品收支状况以及作业设计实施后可能带来的效益。

⑦提出其他施工应注意事项及建议。

思　考　题

1. 简述森林经营规划的概念及作用。
2. 森林经营规划层次有哪几种划分方法？不同层次规划类型之间有什么对应关系？
3. 简述森林经营规划的基本程序。
4. 简述我国森林分类经营体系。
5. 简述森林经营方案的主要内容。
6. 简述森林作业设计的概念及主要内容。

参考文献

国家环境保护局.1990.建设项目环境管理[M].北京：北京大学出版社.

国家环境保护局.1992.环境影响评价技术原则与方法[M].北京：北京大学出版社.

国家环境保护局.1994.环境影响评价技术导则[M].北京：中国环境科学出版社.

中国国家标准化管理委员会.2003.LY/T 1607—2003 造林作业设计规程[S].北京：中国标准出版社.

中国国家标准化管理委员会.2005.LY/T 1646—2005 森林采伐作业规程[S].北京：中国标准出版社.

中国国家标准化管理委员会.2007.LY/T 1690—2007 低效林改造技术规程[S].北京：中国标准出版社.

国家林业局.2009.县级森林可持续经营规划编制指南（试行）[M].北京：国家林业局.

中国国家标准化管理委员会.2012.LY/T2007—2012 森林经营方案编制与实施规范[S].北京：中国标准出版社.

中国国家标准化管理委员会.2015.GB/T15781—2015 森林抚育规程[S].北京：中国标准出版社.

国家林业局.2016.全国森林经营规划（2016—2050）[M].北京：国家林业局.

亢新刚.2011.森林经理学[M].4 版.北京：中国林业出版社.

刘东兰，郑小贤，李金良.2004.森林经营环境影响评价的探讨[J].北京林业大学学报，26（2）：

16 – 20.

皮特·贝廷格，凯文·波士顿，杰西克·西瑞，等．2012. 森林经营规划［M］．邓华锋，杨华，程琳，等译．北京：科学出版社．

Baskent E Z, Keles S. 2005. Spatial forest planning：A review［J］. Ecological Modeling, 188(2)：145 – 173.

第13章

森林经营决策优化

由于森林组成种类丰富性、组成结构层次性功能价值多样性以及森林经营范围辽阔性、经营过程漫长性、经营目标多样性、经营技术复杂性和未来环境不确定性等，因此，森林经营是一项复杂的系统工程。科学的森林经营是一种包括行政、经济、法律、社会、技术以及科技等手段的行为，涉及天然林经营和人工林经营，涉及公益林经营和商品林经营。在森林经营管理过程中，决策者会面临各种各样的问题。如林业生产过程中林种、树种、材种结构的调整，造林过程中造林树种的选择，营林过程中抚育方式的选择，采伐过程中收获调整方式的选择，森林经营中林分结构的调整等诸多问题都面临着各种各样的选择，要解决好这类问题，达到森林经营优化决策，必须统筹考虑如何设置森林经营要素、如何约束森林经营条件、如何选择森林经营目标等，有时候以一个目标来衡量，有时候以多个目标来衡量，往往是在多个方案中决策。事实上，"森林经理工作者的中心任务就是决策，即在各种不同的方案中做出选择"。森林经营决策是森林经营管理过程中的一个重要组成部分，决策论和规划论为森林经营决策提供了科学的定量的决策方法和技术。本章主要介绍线性规划、目标规划、动态规划和效用理论的基本概念，在此基础上介绍各种方法在森林经营决策中的应用。

13.1 森林经营决策优化模型

13.1.1 线性规划模型

线性规划(linear programming，LP)是森林经营管理中最常用的优化算法(Buongiorno，2003)。线性规划的最终目的是尽最大可能合理分配资源。在线性规划中，规划问题可以被表示成为满足某些约束条件的最大化或最小化目标函数：

目标函数实现最大化或最小化 max(min)

$$Z = \sum_{j=1}^{n} c_j x_j \tag{13-1}$$

约束条件可写为：

$$\begin{cases} \sum_{j=1}^{n} a_{ij}x_j \begin{pmatrix} \leqslant \\ = \\ \geqslant \end{pmatrix} b_i & (i = 1,2,\cdots,m) \\ x_j \geqslant 0 & (j = 1,2,\cdots,n) \end{cases} \tag{13-2}$$

式中　Z——目标函数值；

　　　x_j——决策变量，表示第 j 项森林经营措施数量；

　　　c_j——价值系数，表示采取第 j 项措施后目标函数增加或减少的程度；

　　　a_{ij}——技术系数，表示采取经营措施 j 后，第 i 项资源增加或减少的程度；

　　　b_i——资源量，表示各项约束条件的限定值。

满足约束条件的解 $x = (x_1, x_2, \cdots, x_n)$，称为线性规划问题的可行解，所有可行解构成的集合称为问题的可行域，记为 R。可行域中使目标函数达到最大值或最小值的可行解叫最优解。

线性规划模型的求解主要有图解法和单纯形法。图解法主要用于两个变量的线性规划问题的求解。两个变量以上的线性规划问题就要用单纯形法的求解。随着计算机技术的发展，出现了很多求解线性规划的软件，如 LINDO 和 LINGO，GIPALS，GLPK，Matlab，Microsoft Office 中的 Excel 等。

13.1.2　目标规划模型

目标规划是线性规划的特例，最早由 Charnes 等（1961）描述了其原理，而 Field 等（1973）首次将其引入林业问题中。之后，众多学者将其应用森林规划研究中（Díaz-Balteiro，2003），并取得了很好的效果。Mendoza 对目标规划算法和在森林规划问题中的改进进行了详细综述（Mendoza，1987）。无论是公益林还是商品林，在森林经营过程中，都需要考虑其多个经营目标，如考虑生态效益最大，还要考虑经济效益最大，同时还要考虑社会效益最大等，有些目标是一致的，如蓄积量大，生物量也大，碳储量也大，有些目标是相反的，如采伐面积越大，则森林覆盖率就越小。因此，在林业生产经营活动中，经常需要对多个目标的方案、计划、项目等进行选择，只有对各种目标进行综合权衡后，才能做出合理的科学决策。多目标规划方法就是解决森林多目标经营的有效方法。目标规划有两种：一种是目的规划（goal programming）；另一种是多目标规划（multi-objective programming）。

13.1.2.1　目的规划模型

目的规划模型的基本形式可以用下面的公式表示（汪应洛，1998）。

目标函数为：$\min z = \sum_{l=1}^{L} P_l \sum_{k=1}^{K} (w_{lk}^- d_k^- + w_{lk}^+ d_k^+)$　　　　　　　　（13-3）

约束条件为：$\begin{cases} \sum_{j=1}^{n} c_{kj} x_j + d_k^- - d_k^+ = g_k & (k = 1, 2, \cdots, K) \\ \sum_{j=1}^{n} a_{ij} x_j \leqslant (=, \geqslant) b_i & (i = 1, 2, \cdots, m) \\ x_j \geqslant 0 & (j = 1, 2, \cdots, n) \\ d_k^+, d_k^- \geqslant 0 & (k = 1, 2, \cdots, K) \end{cases}$　　（13-4）

与线性规划模型相比，模型中增加了 d^+，d^- 变量，以及目标约束条件。d^+，d^- 为正、负偏差变量，正偏差变量 d^+ 表示决策值超过目标值的部分，负偏差变量 d^- 表示决策值未达到目标值的部分，决策值不可能即超过目标值同时又未达到目标值，因此恒有式(13-5)成立。

$$d^+ \times d^- = 0 \qquad (13-5)$$

P_l 为优先因子，凡要求第一位达到的目标赋予优先因子 P_1，次位的目标赋予优先因子 $P_2\cdots$，并规定 $P_l \gg P_{l+1}, l = 1, 2, \cdots, L$，表示 P_l 比 P_{l+1} 有更大的优先权，即首先保证 P_1 级目标的实现，这时可不考虑次级目标，而 P_2 级目标是在实现 P_1 级目标的基础上考虑的，依此类推。若要区别具有相同优先因子的两个目标的差别，这时可分别赋予它们不同的权系数 w_j，这些都由决策者按具体情况而定。

目标规划的目标函数（准则函数）是按各目标约束的正、负偏差变量和赋予相应的优先因子而构造的。当每一目标值确定后，决策者的要求是尽可能缩小偏离目标值，因此目标规划的目标函数只能是 $\min z = f(d^+, d^-)$。其基本形式有 3 种：

①要求恰好达到目标值，即正、负偏差变量都要尽可能小，这时

$$\min z = f(d^+, d^-) \qquad (13-6)$$

②要求不超过目标值，即允许达不到目标值，就是正偏差变量要尽可能小，这时

$$\min z = f(d^+) \qquad (13-7)$$

③要求超过目标值，即超过量不限，但必须是负偏差变量要尽可能小，这时

$$\min z = f(d^-) \qquad (13-8)$$

对每一个具体目标规划问题，可根据决策者的要求和赋予各目标的优先因子来构造目标函数。

13.1.2.2 多目标规划模型

如果每个目标并没有给出期望达到的目标值，那么可以用多目标规划求解。直接解决多目标问题较困难，于是想办法将多目标问题化为较容易求解的单目标问题。将多目标化为单目标后按照线性规划问题或者非线性规划问题求解。多目标规划问题就是寻找非劣解问题，如何寻找非劣解（或称为有效解）可以采用将多目标化为单目标处理求解。下面介绍多目标规划的几个关键问题。

1) 非劣解问题

在考虑单目标最优化问题时，只要比较任意两个解对应的目标函数值后就能确定谁优谁劣（目标值相等时除外），在多目标情况下就不能作这样简单的比较来确定谁优谁劣了。例如有两个目标都要求实现最大化，这样的决策问题，若能列出 10 个方案，各方案能实现的不同的目标值如图 13-1 所示。从图中可见，对于第一个目标来讲方案④优于②，而对于第二个目标则方案②优于①，因此无法确定谁优谁劣，但是它们都比方案⑤、⑨劣，方案⑤、⑨之间又无法相比。在图 13-1 中 10 个方案，除方案③、④、⑤以外，其他方案都比它们中的某一个劣，因而称①、②、⑥、⑦、⑧、⑨、⑩为劣解，而③、④、⑤之间又无法比较谁优谁劣，但又不存在一个比它们中任一个还好的方案，故称这三个方案为非劣解（或称为有效解）。由此可见在单目标最优化问题时，对最优和非劣可以不区分，但在多目标最优化问题时，这两个概念必须加以区别。

2) 多目标化单目标问题

要求若干目标同时都实现最优往往是很难的，经常是有所失才能有所得，那么问

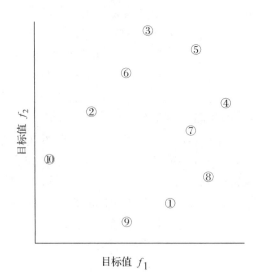

图 13-1　非劣解示意

题的失得在何时最好，各种不同的思路可引出各种合理处理得失的方法，将多目标化为较容易求解的单目标或双目标问题。由于化法不一，故形成多种方法。

(1) 化多为少法

化多为少法又包含主要目标法、线性加权和法、平方和加权法、理想点法、乘除法、功效系数法等。将多目标化为单目标后可以按照线性规划或非线性规划问题求解。

①主要目标法：解决主要问题，并适当兼顾其他要求。这类方法主要有优选法和数学规划法。

优选法在实际问题中通过分析讨论，抓住其中一两个主要目标，让它们尽可能地好，而其他目标只需要满足一定要求即可，通过若干次试验以达到最佳。

数学规划法可以举例说明，假设有 m 个目标 $f_1(x)$，$f_2(x)$，…，$f_m(x)$ 要考察，其中方案变量 $x \in R$ (约束集合)，若以某目标为主要目标，如 $f_1(x)$ 要求实现最优(最大或最小)，而对其他目标只需要满足一定要求即可，如 $f_i' \leqslant f_i(x) \leqslant f''_i (i=2, 3, …, m)$。其中当 $f_i' = -\infty$ 或 $f''_i = \infty$ 就变成单边限制，这样问题便可化成求下述线性规划或非线性规划问题，即新的目标函数为 $\max(\min)f_1(x)$。原来的约束条件基础上增加 $f_i' \leqslant f_i(x) \leqslant f''_i (i=2, 3, …, m)$ 约束条件即可。

②线性加权和法：若有 m 个目标 $f_i(x)$，分别给予权系数 $\lambda_i (i=1, 2, …, m)$，然后作新的目标函数(也称效用函数)。

$$U(x) = \sum_{i=1}^{m} \lambda_i f_i(x)^{\varphi} \tag{13-9}$$

这方法的难点是如何找到合理的加权系数，使多个目标用同一尺度统一起来，同时所找到的最优解又是好的非劣解，在多目标最优化问题中不论用何方法，至少应找到一个非劣解(或近似非劣解)，其次，因非劣解可能有很多，如何从中挑出较好的解，这个解有时就要用到另一个目标。下面介绍几种选择特定权系数的方法。

a. α 法。先以两个目标为例，假设一个目标是要求采伐量 $f_1(x)$ 为最小，另一个目标是蓄积量 $f_2(x)$ 为最大，它们都是线性函数，都以 m^3 为单位，R 也为线性约束，即

$$R = \{X \mid Ax \leqslant b\} \tag{13-10}$$

式中 X——决策变量；

$\quad\quad A$——技术系数矩阵；

$\quad\quad b$——资源约束列向量。

上述约束条件下，只考虑第一个目标优化时的最优解，将最优解带入目标一得到 f_1^{*0}，带入目标二得到 f_2^0；同样只考虑第二个目标优化时的最优解，将最优解带入目标一得到 f_1^0，带入目标二得到 f_2^{*0}。c 可为任意的常数（$c \neq 0$）。列方程组：

$$\begin{cases} -\alpha_1 f_1^{*0} + \alpha_2 f_2^0 = c \\ -\alpha_1 f_1^0 + \alpha_2 f_2^{*0} = c \\ \alpha_1 + \alpha_2 = 1 \end{cases} \tag{13-11}$$

解方程组得到 α_1、α_2。此时新的目标函数为：

$$\max_{x \in R} U(x) = \alpha_2 f_2(x) - \alpha_1 f_1(x) \tag{13-12}$$

上述约束条件不变。此时两个目标就变成一个目标了，按照线性规划求解即可。同理如果决策问题是 m 个目标时，用同样方法得到 α_1，α_2，$\cdots$，α_m。

对于有 m 个目标 $f_1(x)$，$f_2(x)$，$\cdots$，$f_m(x)$ 的情况，不妨设其中 $f_1(x)$，$f_2(x)$，$\cdots$，$f_k(x)$ 要求最小化，而 $f_{k+1}(x)$，$f_{k+2}(x)$，$\cdots$，$f_m(x)$ 要求最大化，这时可构成新目标函数。

$$\max_{x \in R} U(x) = \max_{x \in R}\left[-\sum_{i=1}^{k} \alpha_i f_i(x) + \sum_{i=k+1}^{m} \alpha_i f_i(x) \right] \tag{13-13}$$

b. λ 法。当 m 个目标都要求实现最大时，可用下述加权和效用函数，即

$$\max U(x) = \sum_{i=1}^{m} \lambda_i f_i(x) \tag{13-14}$$

其中 λ_i 取

$$\lambda_i = 1 / f_i^0, \text{则} f_i^0 = \max_{x \in R} f_i(x) \tag{13-15}$$

目标函数量纲不一致时，需要对目标函数进行无量纲化处理。

③平方和加权法：设有 m 个目标规定值 f_1^*，f_2^*，$\cdots$，f_m^*，要求 m 个目标函数 $f_1(x)$，$f_2(x)$，$\cdots$，$f_m(x)$ 分别与规定的目标值相差尽量小，若对其中不同值的要求相差程度不完全一样可用不同的权重表达，可用下述评价函数作为新的目标函数，约束条件保持不变。

$$\max U(x) = \sum_{i=1}^{m} \lambda_i [f_i(x) f_i^*] \tag{13-16}$$

要求其中 λ_i 可按要求相差程度分别给出权重。

④理想点法：有 m 个目标 $f_1(x)$，$f_2(x)$，$\cdots$，$f_m(x)$，每个目标分别有其最优值

$$f_i^0 = \max_{x \in R} f_i(x) = f_i(x^i) \quad\quad (i = 1, 2, \cdots, m) \tag{13-17}$$

若所有 $x^i (i = 1, 2, \cdots, m)$ 都相同，设为 x^0。则令 $x = x^0$ 时，对每个目标都能达到其各

自的最优点，一般来说这一点是做不到的，因此对向量函数

$$F(x) = [f_1(x), f_2(x), \cdots, f_m(x)]^T \tag{13-18}$$

来说，向量 $F^0 = (f_1^0, f_2^0, \cdots, f_m^0)^T$ 只是一个理想点（即一般达不到它）。理想点法的中心思想是定义了一定的模，在这个模意义下找一个点尽量接近理想点，即

$$\| F(x) - F^0 \| \to \min \| F(x) - F^0 \| \tag{13-19}$$

对于不同的模，可以找到不同意义下的最优点，这个模也可看做评价函数，一般定义模是：

$$\| F(x) - F^0 \| = \Big\{ \sum_{i=1}^{m} [f_i^0 - f_i(x)]^p \Big\}^{\frac{1}{p}} = L_p(x) \tag{13-20}$$

p 的一般取值在 $[1, \infty]$，当取 $p = 2$，这时模即为欧氏空间中向量 $F(x)$ 与向量 F 的距离，要求模最小，也就是要找到一个解，它对应的目标值与理想点的目标值距离最近。理想点法求出的解一定是非劣解，自然它在目标值空间中就是有效点。

⑤乘除法：当在 m 个目标 $f_1(x)$，$f_2(x)$，$\cdots$，$f_m(x)$ 中，不妨设其中 k 个 $f_1(x)$，$f_2(x)$，$\cdots$，$f_k(x)$ 要求实现最小，其余 $f_{k+1}(x)$，$f_{k+2}(x)$，$\cdots$，$f_m(x)$ 要求实现最大，并假定 $f_{k+1}(x)$，$f_{k+2}(x)$，$\cdots$，$f_m(x) > 0$

可用下述评价函数作为新的目标函数，约束条件保持不变。

$$\min U(x) = \frac{f_1(x) - f_2(x) \cdots f_k(x)}{f_{k+1}(x) \cdots f_m(x)} \tag{13-21}$$

⑥功效系数法（几何平均法）：设 m 个目标 $f_1(x)$，$f_2(x)$，$\cdots$，$f_m(x)$，其中 k_1 个目标要求实现最大，k_2 个目标要求实现最小，k_3 个目标是过大不行，过小也不行，$k_1 + k_2 + k_3 = m$。对于这些目标 $f_i(x)$ 分别给以一定的功效系数（即评分）d_i，d_i 是在 $[0, 1]$ 之间的某一数，当目标最满意达到时取 $d_i = 1$；当目标最满意没有达到时取 $d_i = 0$，描述 d_i 与 $f_i(x)$ 的关系式称为功效函数，可表示为 $d_i = F_i[f_i(x)]$，对于不同类型目标应选用不同类型的功效函数。

a 型：当 f_i 越大，d_i 也越大；f_i 越小，d_i 也越小。

b 型：当 f_i 越小，d_i 越大；f_i 越大，d_i 越小。

c 型：当 f_i 取适当值时，d_i 最大；而 f_i 取偏值（即过大或过小）时，d_i 最小。

具体功效函数构造法可以很多，有直线法（图 13-2）、折线法（图 13-3）、指数法（图 13-4）。

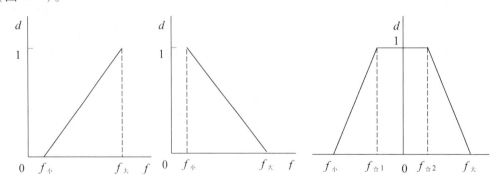

图 13-2　直线法

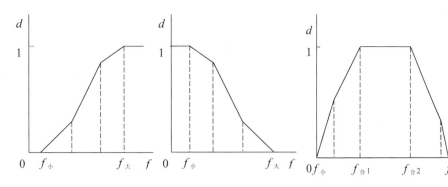

图 13-3 折线法

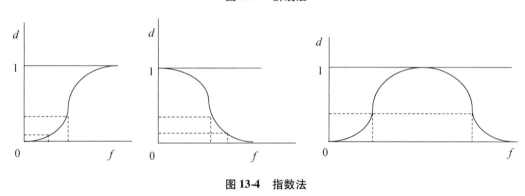

图 13-4 指数法

有了功效函数后，对每个目标都有相应的功效函数，目标值可转换为功效系数，这样每确定一方案 x 后，就有 m 个目标函数值 $f_1(x)$，$f_2(x)$，$\cdots$，$f_m(x)$；然后用其对应的功效函数转换为相应的功效系数 d_1，$d_2\cdots$，d_m，并可用它们的几何平均值。

$$D = \sqrt[m]{d_1 d_2 \cdots d_m} \qquad (13\text{-}22)$$

为评价函数，显然 D 越大越好，$D=1$ 是最满意的，$D=0$ 是最差的，该评价函数有一个好处，方案中只要有一个目标值太差，如 $d_i=0$，就会使 $D=0$，这个方案不会被考虑。

(2) 分层序列法

分层序列法就是把目标按其重要性给出一个序列，分为最重要目标，次要目标等等，假设给出的重要性序列为 $f_1(x)$，$f_2(x)$，$\cdots$，$f_m(x)$，那么依次逐个最优化。

首先对第一个目标求最优，并找出所有最优解的集合记为 R_0，然后在 R_0 内求第二个目标的最优解，记这时的最优解集合为 R_1，如此一直到求出第 m 个目标的最优解 x^0，其模型如下：

$$\begin{cases} f_1(x^0) = \max\limits_{x \in R_0 \subset R} f_1(x) \\ f_2(x^0) = \max\limits_{x \in R_1 \subset R_0} f_2(x) \\ \qquad \vdots \\ f_m(x^0) = \max\limits_{x \in R_{m-1} \subset R_{m-2}} f_m(x) \end{cases} \qquad (13\text{-}23)$$

这方法有解的前提是 R_0，R_1，$\cdots$，R_{m-2} 都不能只有一个元素，否则就很难进行下去。

当 R 是紧致集，函数 $f_1(x)$，$f_2(x)$，$\cdots$，$f_m(x)$ 都是上半连续，则按下式定义的集

求解。

$$R_{k-1}^* = \{x \mid f_k(x) = \sup_{u \in R_{k-2}^*} f_k(u); x \in R_{k-2}^*\} \tag{13-24}$$

$k = 1, 2, \cdots, m$，其中 $R_{k-1}^* = R$ 都非空，特别 R_{m-1}^* 是非空，故有最优解，而且是共同的最优解。

(3) 直接求非劣解

上述几种方法的基本点是将多目标最优化问题转换为一个或一系列单目标最优化问题，把对后者求得的解作为多目标问题的解，这种解往往是非劣解，对经转换后的问题所求出的最优解往往只是原问题的一个(或部分)非劣解，至于其他非劣解的情况却不得而知。于是出现第三类直接求所有非劣解的方法，当这些非劣解都找到后，就可供决策者做最后的选择，选出的好解就称为选好解。非劣解求法很多，如线性加权和法、改变权系数的方法。

在化多为少法中已提到了线性加权和的方法，但那里是按一定想法如 α 法、λ 法等确定权系数，然后组成线性加权和的函数，并从中求出最优解。可以证明当对目标函数做一定假设，例如，目标函数都是严格凹函数，则用线性加权和法求得的最优解是多目标最优化问题的一个非劣解。若再假设约束集合 R 为凸集，只要不断改变权系数 $\lambda_i(\lambda_i \geq 0)$，对其相应的加权和目标函数

$$U(x) = \sum_{i=1}^m \lambda_i f_i(x) \tag{13-25}$$

求出的最优解可以跑遍所有多目标问题

$$V - \max_{x \in R} f(x) \tag{13-26}$$

的非劣解集，但这方法只是从原则上(而且要有一定假设)可以求出所有非劣解，而在实际处理上却有一定困难。如何依次变动权系数，而使其得出最优解，正好得到所有非劣解。

(4) 多目标线性规划的解法

当所有目标函数是线性函数，约束条件也都是线性时，可有些特殊的解法，以下介绍两种方法。

①逐步法：逐步法是一种迭代法。在求解过程中，每进行一步分析者把计算结果告诉决策者，决策者对计算结果做出评价。若认为满意了，则迭代停止；否则分析者再根据决策者的意见进行修改和再计算，如此直到求得决策者认为满意的解为止，故称此法为逐步法。

设 k 个目标的线性规划问题。

$$V - \max_{x \in R} Cx \tag{13-27}$$

其中 $R = \{x \mid Ax \leq b, x \geq 0\}$，$A$ 为 $m \times n$ 矩阵，C 为 $k \times n$ 矩阵，也可表示为：

$$C = \begin{pmatrix} c^1 \\ \vdots \\ c^k \end{pmatrix} = \begin{pmatrix} c_1^1, c_2^1, \cdots, c_n^1 \\ \vdots \quad \vdots \\ c_1^k, c_2^k, \cdots, c_n^k \end{pmatrix} \tag{13-28}$$

求解的计算步骤为：

第 1 步：分别求 k 个单目标线性规划问题的解。

$$\max_{x \in R} c^j x \qquad (j = 1, 2, \cdots, k) \qquad (13\text{-}29)$$

得到最优解 $x^{(j)}$，$j = 1，2，\cdots，k$，及相应的 $c^j x^{(j)}$。

显然

$$c^j x^{(j)} = \max_{x \in R} c^j x \qquad (13\text{-}30)$$

并作表 $Z = (z_i^j)$，其中 $z_i^j = c^j x^{(i)}$，$i = 1，2，\cdots，k$

$$z_i^j = \max_{z \in R} c^j x = c^j x^j = M_j \qquad (13\text{-}31)$$

表 13-1　求单目标最优解下各目标值 z

	z_1	z_2	z_i	z_k
$x^{(1)}$	z_1^1	z_2^1	$\cdots z_i^1 \cdots$	z_k^1
$\vdots$	$\vdots$	$\vdots$	$\vdots$	$\vdots$
$x^{(i)}$	z_1^i	z_2^i	$\cdots z_i^i \cdots$	z_k^i
$\vdots$	$\vdots$	$\vdots$	$\vdots$	$\vdots$
$x^{(k)}$	z_1^k	z_2^k	$\cdots z_i^k \cdots$	z_k^k
M_j	z_1^1	z_2^2	z_i^i	z_k^k

第 2 步：求权系数。

从表 13-1 中得到

$$m_j = \min_{1 \le i \le k} z_i^j \qquad (j = 1, 2, \cdots, k) \qquad (13\text{-}32)$$

为了找出目标值的相对偏差以及消除不同目标值的量纲 k 不同的问题，进行如下处理：

当

$$M_j > 0, \qquad \alpha_i = \frac{M_j - m_j}{M_j} \cdot \frac{1}{\sqrt{\sum_{i=1}^{n} (c_i^j)^2}} \qquad (13\text{-}33)$$

$$M_j < 0, \qquad \alpha_j = \frac{m_j - M_j}{M_j} \cdot \frac{1}{\sqrt{\sum_{i=1}^{n} (c_i^j)^2}} \qquad (13\text{-}34)$$

经归一化后，得权系数：

$$\pi_j = \frac{\alpha_j}{\sum\limits_{j=1}^{k} \alpha_j} \qquad (0 \le \pi_j \le 1, \sum \pi_j = 1, \quad j = 1, 2, \cdots, k) \qquad (13\text{-}35)$$

第 3 步：构造以下线性规划问题，并求解式（13-36）。

$$LP(1) \begin{cases} \min \lambda \\ \lambda \ge (M_j - c^j x) \pi_j \qquad (j = 1, 2, \cdots, k) \\ x \in R; \quad \lambda \ge 0 \end{cases} \qquad (13\text{-}36)$$

假定求得的解为 $\bar{x}^{(1)}$，相应的 k 个目标值为 $c^1 \bar{x}^{(1)}, c^2 \bar{x}^{(1)}, \cdots, c^k \bar{x}^{(1)}$，若 $\bar{x}^{(1)}$ 为决策者的理想解，其相应的 k 个目标值为 $c^1 \bar{x}^{(1)}, c^2 \bar{x}^{(1)}, \cdots, c^k \bar{x}^{(1)}$。这时决策者将 $\bar{x}^{(1)}$ 的目标值进行比较后，认为满意了就可以停止计算。若认为相差太远，则考虑适当修正。如考虑对 j 个目标宽容一下，即让点步，减少或增加一个 Δc^j，并将约束集 R 改为式

（13-37）。

$$R^L; \begin{cases} c^j x \geqslant c^j \overline{x}^{(1)} - \Delta c^j \\ c^i \geqslant c^i \overline{x}^{(1)} \qquad (i \neq j) \\ x \in R \end{cases} \qquad (13\text{-}37)$$

并令 j 个目标的权系数 $\prod_j = 0$，这表示降低这个目标的要求。再求解以下线性规划问题。

$$LP(2): \begin{cases} \min \lambda \\ \lambda \geqslant (M_j - c^j x) \quad \prod_j \qquad (j = 1, 2, \cdots, k; i \neq j) \\ x \in R^1 \qquad (\lambda \geqslant 0) \end{cases} \qquad (13\text{-}38)$$

若求得的解为 $\overline{x}^{(2)}$，再与决策者对话，如此重复，直到决策者满意为此。

②妥协约束法：设有两个目标的情况，即 $k = 2$。

$$V - \max_{x \in R} c_x \qquad (13\text{-}39)$$

式中　$R = \{x \mid Ax \leqslant b, x \geqslant 0\}$；

A——$m \times n$ 行矩阵；

$x \in E^n$。

$$b \in E^m, \quad C = \left(\frac{c^1}{c^2}\right) = \left(\frac{c_1^1 \cdots c_n^1}{c_1^2 \cdots c_n^2}\right) \qquad (13\text{-}40)$$

妥协约束法的中心是引进一个新的超目标函数 $z = \omega_1 c^1 x + \omega_2 c^2 x$。

ω_1, ω_2 为权系数，$\omega_1 + \omega_2 = 1, \omega_i \geqslant 0, i = 1, 2$；此外构造一个妥协约束：

$$R: \omega_1(c^1 x - z_1^1) - \omega_2(c^2 x - z_2^2) = 0 \quad x \in R \qquad (13\text{-}41)$$

z_1^1, z_2^2 分别为 $c^1 x, c^2 x$ 的最大值（当 $x \in R$）。

求解的具体步骤为：

第 1 步：解线性规划问题

$$\max_{x \in R} c^1 x \qquad (13\text{-}42)$$

得到最优解 $x^{(1)}$ 及相应的目标函数值 z_1^1。

第 2 步：解线性规划问题

$$\max_{x \in R} c^2 x \qquad (13\text{-}43)$$

得到最优解 $x^{(2)}$ 对及相应的目标函数值 z_2^2。

在具体求解时可以先用 $x^{(1)}$ 试一试，看是否式（13-43）的最优解。若是，则这问题已找到完全最优解，停止求解；若不是，则求 $x^{(2)}$ 对及相应的 z_2^2。

第 3 步：解下面 3 个线性规划问题之一。

$$\max_{x \in R^1} z, \max_{x \in R^1} c^1 x, \max_{x \in R^1} c^2 x \qquad (13\text{-}44)$$

得到的解为妥协解。

13.1.3　动态规划模型

动态规划是运筹学的一个分支，它是解决多阶段决策过程最优化的一种数学方法。1951 年，美国数学家贝尔曼等人根据一类多阶段决策问题的特点，把多阶段决策问题变换为一系列互相联系的单阶段问题，然后逐个加以解决。与此同时，他提出了解决这类问题的"最优性原理"，并创建了解决问题的一种新方法——动态规划。

动态规划在工农业生产、工程技术、经济及军事部门中引起了广泛的关注，许多问题利用动态规划处理取得了良好的效果。动态规划技术应用于林业始于 1958 年，日本学者 Arimizn 首先将它用来研究商品林的间伐问题，目的在于取得最大的收获量（王承义等，1996）。由于动态规划应用起来较为灵活和方便，因此动态规划在林业上的应用范围不断地扩展。20 世纪末期，我国诸多学者开展了这一领域的研究工作，取得了许多研究成果。如兴安落叶松人工林最优密度探讨（张其保等，1993）；油松人工林最适密度探讨（张运锋，1986）；兴安落叶松幼中龄林合理密度确定（摆万奇，1991）。

最短路线问题通常用来介绍动态规划的基本思想，它是一个比较直观、全面的例子。通过下面这个例子来介绍一下动态规划的基本概念。实际上，我们也可以把最短路径问题看成森林经营规划的不同规划阶段，不同阶段之间的连线可看成不同经营策略或经营方法所带来的效益或者林木蓄积的增长量等。

【例 13-1】从 A 到 G 有多条路径，如图 13-5 所示，求最短路径。

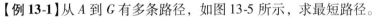
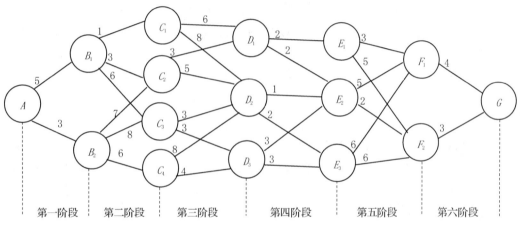

图 13-5 六阶段线路网络

（1）阶段

把所给问题的过程，恰当的分为若干个相互联系的阶段，描述阶段的变量称为阶段变量，常用 k 表示。阶段可以通过时间、空间或自然特征等因素来划分，关键是可以把问题转化为多阶段独立的决策过程。在上例中可划分为 6 个阶段来求解，$k = 1$、2、3、4、5、6。

（2）状态

状态是每个阶段开始或结束所处的自然状况或客观条件，在 k 阶段的开始叫做 k 阶段的初始状态，在 k 阶段的结束叫做终止状态。一个阶段的终止状态也是下一个阶段的初始状态，通常一个阶段有若干个状态。状态常用 S_k 表示。在例 13-1 中，第一个阶段有一个初始状态是 A，和两个终止状态 $\{B_1$、$B_2\}$，第二个阶段有两个初始状态 $\{B_1$、$B_2\}$ 和四个终止状态 $\{C_1$、C_2、C_3、$C_4\}$，可到达状态的点集合又称为可达状态集合。

这里的状态如果在某个阶段给定以后则在这个阶段以后的过程的发展不受这个阶

段以前各阶段的影响。即过程的过去历史只能通过当前的状态去影响它未来的发展，当前的状态是以往历史的一个总结。这个性质称为无后效性。

（3）决策

决策表示当过程处于某一阶段的某个状态时，可以做出不同的决定或选择，从而确定下一阶段的初始状态，这种决定称为决策，常用 $u_k(s_k)$ 表示。在现实工作中决策变量的取值往往限制在某一范围以内，这个范围称为允许决策集合。常用 $D_k(s_k)$ 表示。显然有 $u_k(s_k) \in D_k(s_k)$。例 13-1 中的第一个阶段决策变量有可以取到 B_1 距离 5，也可以取到 B_2 的距离 3。

（4）策略

策略是一个按顺序排列的决策组成的集合。由第 k 阶段开始到终止状态为止的过程，称为问题的后部子过程。由每段的决策按顺序排列组成的决策函数序列称为子策略，记为 $p_{k,n}(s_k) = \{u_k, u_{k+1}, u_{k+2}, \cdots, u_n\}$，当 $k=1$ 时这个策略称为全过程的一个策略，记为 $p_{1,n}(s_1)$。在所有的策略中获得最优效果的称为最优策略。

（5）状态转移方程

状态转移方程是确定过程由一个状态到另一个状态的演变过程，若给定第 k 阶段状态变量 s_k 的值，如果该段的决策变量 u_k 一经确定，第 $k+1$ 阶段的状态变量 s_{k+1} 的值也就完全确定。即 s_{k+1} 的值随 s_k 和 u_k 的值变化而变化，这种确定的对应关系记为 $s_{k+1} = T(s_k, u_k)$。这种变化关系就称为状态转移方程。在例 13-1 中如果从 A 点出发可以选择 3km 的路程。

（6）指标函数和最优值函数

用来衡量所实现过程优劣的一种数量指标函数，称为指标函数，它是定义在全过程和所有后部子过程上确定的数量函数，常用 $V_{k,n}$ 表示，对于要构成动态规划模型的指标函数，应该具有可分离性，并满足递推关系，即

$$V_{k,n}(s_k, u_k, \cdots, s_{n+1}) = \varphi[s_k, u_k, V_{k+1,n}(s_{k+1}, u_{k+1}, \cdots, s_{n+1})] \tag{13-45}$$

在现实的生活中最常见的指标函数的形式有以下两种：

①过程和它的任一子过程的指标是它所包含的各阶段的指标的和，即

$$V_{k,n}(s_k, u_k, \cdots, s_{n+1}) = \sum_{j=k}^{n} v_j(s_j, u_j) \tag{13-46}$$

②过程和它的任一子过程的指标是它所包含的各阶段的指标的乘积，即

$$V_{k,n}(s_k, u_k, \cdots, s_{n+1}) = \prod_{j=k}^{n} v_j(s_j, u_j) \tag{13-47}$$

式中 $v_j(s_j, u_j)$——第 j 阶段的阶段指标。

指标函数的最优值称为最优值函数，记为 $f_k(s_k)$。它表示从第 k 阶段开始到第 n 阶段终止的过程，采取最优策略所得到的指标函数值，即

$$f_k(s_k) = \max(\min) V_{k,n}(s_k, u_k, \cdots, s_{n+1}) \tag{13-48}$$

在不同问题中指标函数的含义是不同的，它可能表示距离、利润、林木蓄积量等。

13.2 森林经营决策优化的启发式算法

启发式求解方法使用逻辑的和经验的方法来得到复杂规划问题的可行解和有效解。人们选择启发法作为规划工具，一般有以下两个理由：①希望在规划过程中体现定量关系，这些定量关系不易通过线性方程来描述；②希望尽快得到复杂问题的一个解。启发式方法具备一些有时令纯数学家不快的独特性质。首先，启发法不能保证找到问题的最优解。事实上，评价任何启发法所生成结果的质量，一般要求与用线性规划方法、混合整数规划方法及整数规划方法生成的结果进行比较。其次，在启发法中，许多能被量化和识别的关系很难用线性方程甚至非线性方程来描述。例如，在美国山间一直使用的水系沉积物评价规则涉及许多关系，这些关系最适合用计算机逻辑编程，而不是用方程来表示。以上类型和其他类型的复杂的自然资源评估问题容易用启发式方法加以处理，但如果不简化其数量关系，不易直接用线性规划模型或其扩展模型处理（皮特·贝廷格，2012）。

有许多启发式方法在自然资源管理中使用，如蒙特卡洛模拟、模拟退火、门槛接受、禁忌搜索、遗传算法、人工神经网络、蚁群算法等。一些自然资源管理机构已专门雇请规划员具体设计和使用这些方法。应用启发式方法来解决自然资源管理和规划问题的商业软件或公共领域软件只有有限的几个例子。启发式方法的优点之一，即它能适应复杂的函数关系，也是其可用软件产品数量有限的一个原因。一般地，人们开发启发法是用来解决单个机构的规划问题，以及使用它们的数据格式和结构。关键是许多自然资源管理机构希望一种能解决他们的具体问题的启发法。结果，这一问题解决技术对于其他自然资源管理机构问题的适用性便成问题了（皮特·贝廷格，2012）。

13.2.1 蒙特卡洛模拟

蒙特卡洛模拟（Monte Carlo）包括多种抽样技术的蒙特卡洛模拟，依赖于一个总体中的随机样本制订自然资源管理计划。该项技术产生于大约60年前，蒙特卡洛模拟方法一直被用于物理学、财政学、化学和其他必须模拟变量间复杂交互作用的领域。在自然资源管理规划中使用蒙特卡洛启发法，需要定义一个目标函数（如最大化净现值），然后设立一组选项，挑选其中的选项制订行动计划。例如，这些选项可以是能应用于单个林分的各种经营组织。例如，1号林分可以有5种不同的选项（一个是林分水平的最优解），而2号林分可以有7种。在任何情况下，这些选项最好用整数决策变量进行描述。如果与1号林分相关的决策变量为S1R1、S1R2、S1R3、S1R4和S1R5，其中S1表示1号林分，R1表示1号经营组织，那么若干随机确定的可行解为（皮特·贝廷格，2012）：

$$S1R1 = 0$$
$$S1R2 = 0$$
$$S1R3 = 1$$
$$S1R4 = 0$$
$$S1R5 = 0$$

这表示第 3 号经营组织已经随机选定给了 1 号林分，而其他 4 个经营组织没有被选定。这组选择很可能受以下关系的约束，即

$$S1R1 + S1R2 + S1R3 + S1R4 + S1R5 = 1$$

基于这一关系，如果 1 号林分的另一个选项被随机选定，它将在森林规划中代替第 3 号经营组织。经营组织间的关系本身表明，只能为某个林分选择这些经营组织中的一个。这种约束可以用逻辑算子小于或等于（≤）表示没有一个可用的经营组织能用于该林分的预定。而零选择为空表示某个林分在这一时间范围内不采取行动，这可能对那些约束条件过多、要求指定某些林分不采取措施以维持可行性的规划问题是一种必然选择。

一旦每个林分的潜在选项被确定，蒙特卡洛启发法将随机地为决策变量选择选项，并测试它们提供可行解的能力（图 13-6）。因此，在这种启发法或其他启发法中，必须确定一些逻辑来检验对约束的违背。如果包含一个随机选项的不可行解产生一项行动计划，那么该选项一般会被忽略，但它以后会被放入潜在选择的样本集中，供后面可能的选择使用（如果在求解过程中变量间的条件改变）。许多随机产生的森林计划用这种方式来评估。启发法记下搜索过程中生成的最佳森林计划（如由相关的目标函数值所评估的），并且在完成某一预先规定的随机生成的森林计划数后停止。最优解的质量由每一被随机选择的选项对目标函数值的贡献来评估（皮特·贝廷格，2012）。

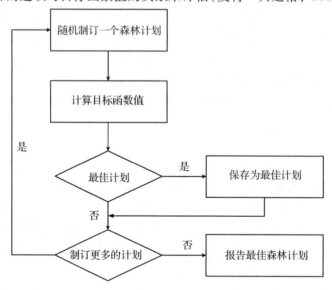

图 13-6 蒙特卡洛模拟的一般过程

13. 2. 2 模拟退火法

模拟退火法（simulated annealing）来源于金属退火的启发。退火是金属在上升到非常高的温度后冷却的过程。当金属冷却（退火）时，热材料自行重组并形成最优排列。金属冷却的物理方式是模拟退火搜索过程的基础。50 多年前，米特波利斯（Metropolis）等提出将模拟退火用作搜索过程。在自然资源管理中，应用模拟退火过程是以随机的或确定性的方法产生的一个可行的森林计划开始（如制订不与森林水平目标冲突的林分

最优决策）。之后，每次改变森林计划的一个方面。例如，可以改变林分经营组织并评估相应的效果（皮特·贝廷格，2012）。

模拟退火算法的应用需要先定义 3 个参数：模型运行时间、初始温度和冷却进度表。初始温度通常是基于模型最初试运行时选择的某一较高的值，因此大多数初始选择几近百分之百被接受。初始温度通常根据具体情况通过试错法特别确定。冷却进度表决定了每次随解的变化初始温度如何下降。模型运行时间取决于温度变得多低。多数情况下，当温度减小到 1℃，5℃ 或 10℃ 时，搜索停止。在其他情况下，当模型运行了用户最初指定的时长时，搜索停止。总之，获得模拟退火搜索过程的适当参数要有点技巧。

出于森林经营目的，往往随机选择一个林分（图 13-7），并且给该林分随机分配一个供选择的经营体制。该森林计划的这一变化如何影响森林计划的整个质量，通过计算建议的目标函数值来评估。如果该森林计划的变化产生一个更高质量的计划，那么它总是被接受。如果该森林计划中的变化产生一个较低质量的计划，那么在一种条件下它也可能被接受，即下式结果大于从 0~1 随机抽取的数字。

$$\mathrm{EXP}\left[-(建议目标函数值-最佳目标函数值)/温度\right]$$

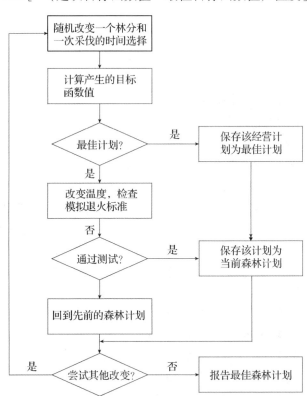

图 13-7　模拟退火法的一般过程

温度越小，这一接受标准的计算结果越趋近于 0。因此，当该计划的变化值增加时，接受一个产生一项较低质量森林计划的变化的概率减少。这种启发法及其他方法，允许接受一个使计划值减少的计划的变化发生，让解在解空间自由运动。与线性规划对照这类启发法并不在解空间的角落运动。它们只是测试解空间内供选择的解，并可能将解向最优解移动。虽然与金属退火的联系可能令一些规划者不安,但这种启发法能为复杂的森林规划问题提供非常好的解。

13.2.3　门槛接受法

门槛接受法(threshold accepting)是一种类似于模拟退火法的启发式搜索过程。制订一个初始森林计划(以随机的或其他的方式),也随机地对该森林计划进行一些改变。当一种潜在的变化产生一个较低质量的森林计划,该启发法评价是否接受较低质量解的方式较模拟退火法有显著不同。在由迪尤克(Dueck)和朔伊尔(Scheuer)所提出的门槛接受法这一搜索过程中,在最优解一定阈值内的任何低质量解被认为是可接受的。用户必须提供初始阈值及变化率。例如,在最大化净现值的情形中,初始阈值可以指定为 1 000 美元,这意味着在搜索过程的开始阶段,搜索过程中形成的森林计划虽均不及迄今发现的森林计划,然而在最佳森林计划的 1 000 美元内,将被认为是一个可接受的做法。像模拟退火法一样,随着搜索过程的进行并应用所提供的变化率,阈值会越来越收缩。在某些点,阈值变得如此之小,以致仅有不太糟糕的解被认为是可接受的做法。自此以后,森林计划的大多数改变将包括那些产生较高质量解的变化。这类搜索过程比模拟退火法更直观,研究认为,对于复杂森林规划问题,这两种启发法可以产生相同的高质量的结果(皮特·贝廷格,2012)。

13.2.4　禁忌搜索

禁忌搜索(tabu search)是由格洛弗(Glover)提出的一种确定性的启发法。与以前的启发法相比,在一般的禁忌搜索算法中不涉及随机因素(图 13-8)。根据该过程的名字即可推断,在一项森林计划的制订期间,一些决策成为禁忌(禁区)。设想一项最初通过随机方式制订或由一些其他方法制订的森林计划。禁忌搜索将评价该计划所有潜在的变化(可以是分配给每一林分的不同经营体制),然后从中选取最佳的选择项,这也代表了禁忌搜索和其他启发法的显著区别,后者仅考虑单一的潜在变化。作出对该计划变化的选择,随后便不能再考虑同样的选择,直到作出 X 次其他选择后为止。X 值是一项选择被解除限制(禁忌)的时间长度(选择次数)。这种禁忌状况一般在研究该模型的几次试运行之后由该算法的用户确定。短的禁忌状况引起森林计划的循环——反复地重访相同的计划数。想象环绕解空间旋转的一次搜索,该模型每(或大约)X 次迭代重访同样的计划。较长的禁忌状况迫使这种启发法探索解空间内更多不同的选项,从而使搜索走向最优解(皮特·贝廷格,2012)。

考虑一项决策禁忌的唯一忠告:如果一项选择是禁忌的,然而在它被解除前再次选择它,就会产生不同于搜索中迄今找到的任何一个其他的解,那么这个选项就会被选中,不考虑禁忌因素选定这一选择。标准禁忌搜索是复杂规划问题的一种有效的启发法。然而,实际中可能需要结合具体问题作必要的改进,使生成的解能比得上由模拟退火法或门槛接受法生成的解。

13.2.5　遗传算法

遗传算法(genetic algorithms)类似于组合父代 DNA 产生子代的方式。遗传算法启发

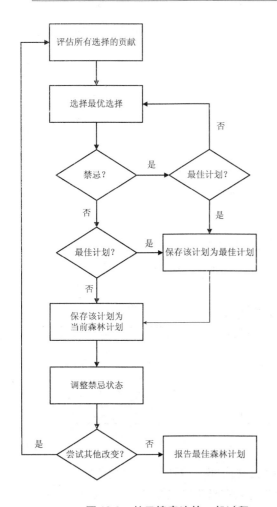
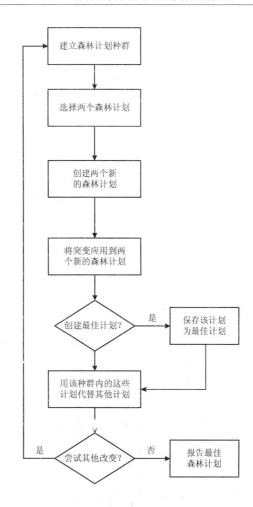

图 13-8　禁忌搜索法的一般过程　　　　图 13-9　遗传算法的一般搜索过程

式搜索过程(图 13-9)以父代种群(森林计划)的建立为开始。想象为作为"父代"种群的某单一产权的地产随机确定 200 个森林计划。以随机的或是基于计划的适应度(大多数情形中为其目标函数值)的方式从该种群中选择两个森林计划。例如，在某些情形中一项森林计划可能被随机选择，而其余被选择的计划则因其在该计划种群内为质量最好的计划。在其他情形中，每个父代可能基于选择概率被选择，而选择概率又基于每一计划的适应度。一旦两个父代被选择，DNA 的某些部分就得到交换。研究一下下面所列的两个森林计划(皮特·贝廷格，2012)。

13.2.6　其他启发法

启发法对制订涉及空间目标的森林计划是有用的，对于包含非线性评价或对于经营活动必须同时被安排的复杂评价的其他经营规划问题也是有用的。我们已描述了森林规划工作中使用的几种基本的启发法，但还有许多其他的启发法，因太多而不能在本节中详细介绍，如 HERO 算法、人工神经网络(neural networks)、蚁群优化算法(ant colony algorithms)、雨点法(raindrop method)等。多个与运筹学相关的领域提供了许多其他启发法的例子，这些方法的应用旨在使生产过程、流水线设备及其管理最优化，并减少与基础设施建设相关的成本。随着时间推移，一些先进技术可能应用到自然资源管理和规划中(皮特·贝廷格，2012)。

13.3 森林经营决策优化模型实例

13.3.1 人工林收获调整优化

本节主要以白灵海(2009)在中国林业科学研究院热带林业实验中心，利用线性规划模型对所辖大青山林区马尾松人工林进行收获调整应用。

(1)资料来源

根据热带林业实验中心2004年二类资源调查的数据资料，对所辖大青山马尾松人工林的资源状况进行统计，共有马尾松人工林面积 7 425.6hm²，现有蓄积量 881 566.2m³(表13-2)。

表13-2 马尾松人工林木材资源统计

龄组	幼龄林	中龄林	近熟林	成熟林	过熟林
龄级	I ~ II	III ~ IV	V	VI ~ VII	VIII
林龄(a)	≤10	11 ~ 20	21 ~ 25	26 ~ 35	≥36
面积(hm²)	2 078.8	2 058.7	1 002.1	2 283.8	2.2
蓄积(m³/hm²)	43.8	111.9	148.5	179.9	217.7

(2)材料分析方法

按照南云次秀郎提出的森林经理学理论(南云秀次郎，1981)，根据现存林区内各龄级的面积与蓄积分布，利用线性规划的原理，可以在指定的分期内(一个分期为一个龄级)，将各龄级的面积分布调整到指定的龄级分布状态，并在指定的分期内使木材的总收获量最大。将各种收获模式转化为线性规划后，均可用单纯形法求出最优解。

(3)收获调整后目标面积分布模式的构建

根据热林中心林区马尾松人工林资源状况与木材生产状况，利用对现存马尾松人工林的采伐面积安排，使马尾松龄组的面积分布状况，达到法正的理想状态，并且使调整期内木材总产量最高。根据马尾松生长状况，该中心林区马尾松主伐年龄定为 31 年，5 年为一个龄级，收获调整后不保留过熟林。目标龄组面积分布模式确定见表13-3：

表13-3 马尾松人工林收获调整后目标面积分布

龄组	幼龄林	中龄林	近熟林	成熟林	过熟林
龄级	I ~ II	III ~ IV	V	VI ~ VII	VIII
林龄(a)	≤ 10	11 ~ 20	21 ~ 25	26 ~ 35	≥ 36
面积(hm²)	2 475.2	1 237.6	1 237.6	2 475.2	0

(4)收获调整图式的构建方法

要求在采伐调整过程中，下述条件成立：

①采伐在指定的龄级 $[I_1 + 1, I_2 - 1]$ 进行，其中 $I_1 + 1$ 是采伐的初始龄级的上界，

I_2是全采伐龄级的下界，I_1是不采伐龄级的上界。

②调整期设为 n 个龄级，在调整期内采伐更新率为100%，并且各龄级保留的林分在每个分期内均增长一个龄级。

③采伐方式为皆伐，其各龄级单位面积收获量为现存林分每公顷蓄积量。

根据以上条件，对本次材料处理要求如下：

①幼龄林与中龄林组不采伐。

②过熟林须在1个分期内采完。

③设调整分期为4个(4个龄级)。

根据收获调整参数原龄组数、目标龄组数、调整分期数及采伐龄级要求，构建如下收获见表13-4。表中 x_1~x_{12} 为各调整分期在各龄组中的采伐面积。

表 13-4　马尾松人工林收获调整后目标面积分布

龄组	调整分期			
	1	2	3	4
幼龄林	0	0	0	0
中龄林	0	0	0	0
近熟林	x_1	x_4	x_7	x_{10}
成熟林	x_2	x_5	x_8	x_{11}
过熟林	x_3	x_6	x_9	x_{12}

(5)线性规划模型的构建

将上述问题归结为下面线性模型(唐守正，1986)。

①约束条件：

$$\begin{cases} x_3 = 2.2 \\ x_2 + x_6 = 2\ 283.8 \\ x_1 + x_5 + x_9 = 1\ 002.1 \\ x_4 + x_8 + x_{12} = 2\ 058.7 \\ x_7 + x_{11} = 2\ 078.8 \\ x_i \geqslant 0 \quad (i = 1, \cdots, 12) \end{cases} \tag{13-49}$$

②目标函数：

$$Z = 148.5\ x_1 + 179.9\ x_2 + 217.7\ x_3 + 148.5\ x_4 + 179.9\ x_5 + 217.7\ x_6 + 148.5\ x_7 +$$
$$179.9\ x_8 + 217.7\ x_9 + 148.5\ x_{10} + 179.9\ x_{11} + 217.7\ x_{12} \tag{13-50}$$

(6)用单纯形法求解(唐守正，1989)

将上述线性模型标准化后求解，结果如下：

目标函数值：

$$Z = 1\ 174\ 565.16$$

最优可行解：

$x_1 = 1\ 002.1$，$x_2 = 2\ 283.8$，$x_3 = 2.2$，$x_4 = 2\ 058.7$，$x_5 = 0$，$x_6 = 0$，

$x_7 = 2\ 078.8$，$x_8 = 0$，$x_9 = 0$，$x_{10} = 0$，$x_{11} = 0$，$x_{12} = 0$

从最优可行解可知，该中心马尾松人工林在20年的收获调整后，在保持现有马尾松人工林面积不变的情况下，可采伐木材蓄积 $1\ 174\ 565.16\text{m}^3$。

(7) 讨论

通过线性规划理论，可以使经营单位在一定的林地面积与蓄积下，根据木材限额采伐的原则，进行科学合理的森林收获调整。热带林业实验中心林区马尾松人工林经20年的收获调整后，在保持现有马尾松人工林面积不变的情况下，可采伐木材蓄积 $1\ 174\ 565.16\text{m}^3$。调整后的龄级（组）面积的目标状态，可以是法正的理想状态，也可以根据市场与用途的不同，使理想的龄级目标有所不同，达到经济与生态效益的统一，从而实现森林资源的可持续利用。

13.3.2 多功能森林经营目标规划

某林场经营一块森林，面积不足 $7 \times 10^4 \text{hm}^2$，一部分区划为公益林，一部分区划为商品林，无论是公益林还是商品林，区划面积都不超过 $5 \times 10^4 \text{hm}^2$，在森林经营过程中，需要考虑其两个经营目标，既要考虑生态效益最大，还要考虑经济效益最大，假定公益林每万公顷生态效益为3亿元、经济效益为1亿元，商品林每万公顷生态效益为1亿元、经济效益为2亿元，科学合理地区划公益林和商品林，可使得该林场可以获得生态效益和经济效益双赢之目的。操作如下。

首先，设区划公益林面积为 $x_1 \times 10^4 \text{hm}^2$、商品林面积为 $x_2 \times 10^4 \text{hm}^2$。

其次，列出约束条件：

$$\begin{cases} x_1 + x_2 \leqslant 7 \\ x_1 \leqslant 5 \\ x_2 \leqslant 5 \\ x_1, x_2 \geqslant 0 \end{cases} \tag{13-51}$$

最后，列出目标函数：

$$\max Z_1 = 3x_1 + x_2 \tag{13-52}$$
$$\max Z_2 = x_1 + 2x_2$$

下面介绍利用妥协约束法求解该多目标规划问题。

(1) 求解线性规划问题

$$\max Z_1 = 3x_1 + x_2 \tag{13-53}$$

$$\begin{cases} x_1 + x_2 \leqslant 7 \\ x_1 \leqslant 5 \\ x_2 \leqslant 5 \\ x_1, x_2 \geqslant 0 \end{cases}$$

得到最优解 $x^{(1)} = (5, 2)$ 及相应的目标函数值 $z_1 = 17$。

（2）求解线性规划问题

$$\max Z_2 = x_1 + 2x_2 \tag{13-54}$$

$$\begin{cases} x_1 + x_2 \leqslant 7 \\ x_1 \leqslant 5 \\ x_2 \leqslant 5 \\ x_1, x_2 \geqslant 0 \end{cases}$$

得到最优解 $x^{(2)} = (2, 5)$ 及相应的目标函数值 $z_2 = 12$。

图 13-10 所示为妥协解示意。

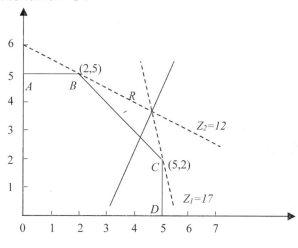

图 13-10 妥协解示意

（3）解超目标线性规划问题

若取 $\omega_1 = \omega_2 = 0.5$，则有超目标函数

$$Z = 0.5(3x_1 + x_2) + 0.5(x_1 + 2x_2) = 2x_1 + 1.5x_2 \tag{13-55}$$

妥协约束 R^1：　　　$0.5(3x_1 + x_2 - 17) - 0.5(x_1 + 2x_2 - 12) = 0$

即

$$x_1 - 0.5x_2 = 2.5, \quad x \in R$$

因此

最终的约束条件为：

$$\begin{cases} x_1 + x_2 \leqslant 7 \\ x_1 \leqslant 5 \\ x_2 \leqslant 5 \\ x_1 - 0.5x_2 = 2.5 \\ x_1, x_2 \geqslant 0 \end{cases} \tag{13-56}$$

最终目标函数为：

$$\max Z_1 = 3x_1 + x_2$$
$$\max Z_2 = x_1 + 2x_2 \tag{13-57}$$
$$\max Z = 2x_1 + 1.5x_2$$

于是可以求得妥协解 $\bar{x} = (4,3)$，即科学合理区划公益林为 $4 \times 10^4 \text{hm}^2$，商品林为 $3 \times 10^4 \text{hm}^2$，使得该林场可以获得生态效益 15 亿元和经济效益 10 亿元的双赢目的。ω_1，ω_2 的取值可由决策者决定，这时可有不同的解，得到的解均为妥协解。

13.3.3　森林经营措施优化决策问题

某林场计划对 1 000hm² 的森林进行林分结构调整，可以按照集约经营和粗放经营两种模式进行，无论哪种经营模式都需要 5 道工序完成。如果是集约经营，则经营效益和林分调整面积 x_k 之间的关系为

$$g = g(x_k) \tag{13-58}$$

这时，后续工序林分需要调整面积为前道工序的 x_1 倍，即如果第一道工序林分调整面积为 x_1，第二道工序林分调整面积就为 $ax_1, 0 < a < 1$；如果是粗放经营，则经营效益 h 和林分调整面积 $(s_k - x_k)$ 之间的关系为

$$h = h(s_k - x_k) \tag{13-59}$$

式中　k ——阶段序数表示工序；

$\quad\quad s_k$ ——状态变量，第 k 道工序期初调整的林分面积，同时也是第 $k-1$ 道工序调整后的林分面积；

$\quad\quad x_k$ ——决策变量，第 k 道工序集约经营的林分面积；

$\quad\quad s_k - x_k$ ——该道工序粗放经营的林分面积。

相应的林分调整面积为前道工序的 b 倍，即如果第一道工序林分调整面积为 $(s_1 - x_1)$，第二道工序林分调整面积就为 $b(s_1 - x_1), 0 < b < 1$。$a = 0.7, b = 0.9; g = 8x_k, h = 5(s_k - x_k)$，要求制订一个计划，在每道工序开始时，决定如何重新分配下一道工序在两种不同的经营模式下进行林分结构调整，使得 5 道工序完成后森林经营效益最大。

状态转移方程为：

$$s_{k+1} = ax_k + b(s_k - x_k) = 0.7x_k + 0.9(s_k - x_k) \quad (k = 1,2,3,4,5) \tag{13-60}$$

k 段允许决策集合为：

$$D_k(s_k) = \{x_k \mid 0 \leqslant x_k \leqslant s_k\} \tag{13-61}$$

设

$v_k(s_k, x_k)$ 为第 k 年度的产量。

则

$$v_k = 8x_k + 5(s_k - x_k) \tag{13-62}$$

故指标函数为：

$$V_{1,5} = \sum_{k=1}^{5} v_k(s_k, x_k) \tag{13-63}$$

令最优值函数 $f_k(s_k)$ 表示由资源量 s_k 出发，从第 k 道工序开始到第 5 道工序森林经营效益最大值。因而有逆推关系式：

$$\begin{cases} f_k(s_k) = \max\limits_{x_k \in D_k(s_k)} \{8x_k + 5(s_k - x_k) + f_{k+1}[0.7x_k + 0.9(s_k - x_k)]\} \\ f_6(s_6) = 0 \\ k = 5,4,3,2,1 \end{cases} \tag{13-64}$$

从第 5 年度开始，向前逆推计算。

当 $k = 5$ 时，有：

$$\begin{cases} f_5(s_5) = \max_{0 \leq x_5 \leq s_5} \{8x_5 + 5(s_5 - x_5) + f_6[0.7x_5 + 0.9(s_5 - x_5)]\} \\ = \max_{0 \leq x_5 \leq s_5} [8x_5 + 5(s_5 - x_5)] \\ = \max_{0 \leq x_5 \leq s_5} (3x_5 + 5s_5) \end{cases} \quad (13\text{-}65)$$

因 $f_5(s_5)$ 是 x_5 的线性单调增函数，故得最大解 $x_5{}^* = s_5$，相应的有 $f_5(s_5) = 8s_5$。

当 $k = 4$ 时，有：

$$\begin{cases} f_4(s_4) = \max_{0 \leq x_4 \leq s_4} \{8x_4 + 5(s_4 - x_4) + f_5[0.7x_4 + 0.9(s_4 - x_4)]\} \\ = \max_{0 \leq x_4 \leq s_4} \{8x_4 + 5(s_4 - x_4) + 8[0.7x_4 + 0.9(s_4 - x_4)]\} \\ = \max_{0 \leq x_4 \leq s_4} (1.4x_4 + 12.2s_4) \end{cases} \quad (13\text{-}66)$$

故得最大解 $x_4{}^* = s_4$，相应的有 $f_4(s_4) = 13.6s_4$。

依此类推，可求得：

$$\begin{array}{ll} x_3{}^* = s_3 & f_3(s_3) = 17.52s_3 \\ x_2{}^* = 0 & f_2(s_2) = 20.768s_2 \\ x_1{}^* = 0 & f_1(s_1) = 23.6912s_1 \end{array} \quad (13\text{-}67)$$

因 $s_1 = 1\,000\ \text{hm}^2$，故 $f_1(s_1) = 23\,691.2$（千元）

计算结果详见表 13-5。

表 13-5　动态规划计算结果一览表

k	1	2	3	4	5	6
$s_k(\text{hm}^2)$	1 000	900	810	567	396.9	277.83
$x_k(\text{hm}^2)$	0	0	810	567	396.9	
$s_k - x_k(\text{hm}^2)$	1 000	900	0	0	0	
$v_k($千元$)$	5 000	4 500	6 480	4 536	3 175.2	
$f_k(s_k)($千元$)$	23 691.2	18 691.2	14 191.2	7 711.2	3 175.2	

思 考 题

1. 简述森林优化方法有哪些，主要应用于哪些方面？
2. 已知一个同龄林经营单位的面积结构和收获如表 13-6 所示。

表 13-6　森林龄级面积蓄积表

龄级（组）	Ⅰ（幼）	Ⅱ（中）	Ⅲ（成）
面积（hm^2）	13 300	5 900	4 500
单位蓄积（m^3/hm^2）	100	280	400

根据经营规程要求，在一个分期内应伐尽最老龄（成熟）林分（Ⅲ龄级），且及时更新。试采用线性规划模型寻找一个收获调整方案，使得在 3 个分期内把森林调整到理想森林结构，即第 3 分期末经营单位各龄级面积均衡，并且 3 个分期木材总收获量最大。

3. 某林主拥有 100hm² 用材林，这片用材林可以分成三级林分，A 林分是 20hm² 的老龄林，B 林分是 40hm² 的中壮林，C 林分是 40hm² 不能出商品材的幼龄林，轮伐期是 30 年，分三个分期。林主拟定一个未来 30 年的收获计划并确定三级目标，一级目标是在前 10 年期间尽可能收获 6 000m³ 木材以满足资金需要，二级目标是在第二和第三个 10 年期间至多采伐 5 900m³ 的木材。同时，为保证满足未来需要，确定三级目标是在第三分期收获后至少剩余 7 000m³ 的商品材，但是在前 30 年里还是全部采伐原来的林分，最后考虑从这块用材林中选出 25hm² 林地发展为公园，以扩大森林游憩事业，所以在公园内不允许任何采伐。已知林分蓄积收获与库存的基本信息如表 13-7 所示，问如何规划未来发展经营方案？

表 13-7　林分蓄积收获与库存　　　　　　　　　m³/hm²

原来林分采伐分期	现有林分平均收获蓄积			更新林分最后库存	
	A	B	C	A 和 B	C
1	300	120	60	200	350
2	280	130	180	60	120
3	260	180	350	0	30

4. 试用动态规划方法分析 13.3.3 中森林经营措施优化决策问题。如果在终端也附加上一定的约束条件，如规定在第 5 道工序结束时，需要调整的林分面积为 500hm²，问应如何分配，才能在满足这一终端要求的情况下森林经营效益最高？

5. 某林业局有一种新产品，其推销策略有 S_1，S_2，S_3 三种可供选择，但各方案所需的资金、时间都不同，加上市场情况的差别，因而获利和亏损不同。而市场情况也有 3 种：Q_1（需要量大），Q_2（需要量一般），Q_3（需要量低）。市场情况的概率并不知道，其益损矩阵见表 13-8。①用悲观主义决策准则进行决策；②用乐观主义决策准则进行决策；③用等可能性准则进行决策。

表 13-8　益损矩阵表

推销策略	市场情况		
	Q_1	Q_2	Q_3
S_1	50	10	−5
S_2	30	25	0
S_3	10	10	10

参考文献

《运筹学》教材编写组 . 2012. 运筹学 [M]. 4 版 . 北京：清华大学出版社 .

白灵海 . 2009. 线性规划在人工林收获调整工作中的应用 [J]. 林业实用技术（11）：20 – 21.

皮特·贝廷格，凯文·波士顿，杰西克·西瑞，等.2012. 森林经营规划[M]. 邓华锋，杨华，程琳，等译. 北京：科学出版社.

摆万奇.1991. 兴安落叶松天然幼中龄林最优密度的动态规划研究[J]. 河南农业大学，25(2)：218-226.

南云秀次郎.1981. 利用线性规划分析收获调整[Z]. 于政中，译. 林业调查规划译丛(1)：1-35.

唐守正.1986. 多元统计方法[M]. 北京：中国林业出版社.

唐守正.1989.IBM-PC系列程序集[M]. 北京：中国林业出版社.

汪应洛.1998. 系统工程理论、方法与应用[M]. 北京：高等教育出版社.

王承义，李晶，姜树鹏.1996. 运用动态规划法确定长白落叶松人工林最优密度的初步研究[J]. 林业科技，21(1)：20-22.

张其保，摆万奇.1993. 兴安落叶松人工林最优密度探讨[J]. 北京林业大学学报，15(3)：34-41.

张运锋.1986. 用动态规划方法探讨油松人工林最适密度[J]. 北京林业大学学报(2)：20-29.

Buongiorno J, Gilles J K. 2003. Decision methods for forest resource management [M]. San Diego：Academic Press.

Charnes A, Cooper W W. 1961. Management models and industrial applications of linear programming [J]. Management Science, 4(1)：38-91.

Díaz-Balteiro L, Romero C. 2003. Forest management optimisation models when carbon captured is considered：A goal programming approach[J]. Forest Ecology and Management, 174(1-3)：447-457.

Field D B. 1973. Goal programming for forest management[J]. Forest Science, 19(19)：125-135.

Mendoza G A. 1987. Goal programming formulations and extensions：An overview and analysis[J]. Canadian Journal of Forest Research(17)：575-581.

第**14**章

森林作业法

为实现造林、育林和收获的森林经营活动，需要设计和使用能确保实现生产、保育乃至社会目标在内的作业法。传统的作业法近乎农耕模式，通过手工小农经济生产多种林产品。自 18 世纪以来，为确保木材原料大量定期供应，在机械、化肥、农药等支持下的皆伐方式得到快速发展，此时德国等欧洲国家首先提出了对待森林的系统方法，即森林作业法的命题。伴随着生态学、生物技术、经济学、社会学等的发展，森林作业法的演化受到近自然林业、生态系统经营、可持续林业、分类经营等思想体系的影响，更加强调保持森林的生态功能和多种效益。科学合理的森林作业法的应用，直接影响森林经营过程和结果，是实现森林可持续经营的必然选择。

14.1 森林作业法的概念

14.1.1 内涵、命名和分类

(1)内涵

森林作业法(silvicultural system)是指对构成森林的林木进行抚育、采伐及更新，产生截然不同的林分的技术过程的系统综合。它涉及对待林分的三个方面的方式和措施：一是采伐，即如何根据林木的林学、保护特点及收获效率要求，安排林木秩序；二是产出，即如何基于预定计划实现预期类型、品质和规格的收获；三是更新，即如何基于单木、小面积单元管理实施天然更新或人工更新。

(2)命名

常按照森林类型(如乔林、矮林)、施业布局(如伞、群、带、块状)或幅度(如皆伐、疏伐)等命名。

(3)分类

如果把现在和以往森林培育作业实践的所有差别都考虑在内，那么森林作业法分类的数量几乎难以控制。一般从森林类型和起源出发，把森林作业法分为乔林作业法矮林作业法和中林作业法。同时，结合不同国家、不同现代经营类型，还有一些特殊的森林作业法。例如，在中国等国家的竹林作业法，在欧洲等与农业、牧业结合的作业法，以及由于强调生态保护、不以物质生产为主要目的公益林保护经营作业法等。
每个森林作业法又包括诸多细类。

乔林作业法是最基础的森林作业法，多数其他的森林作业法与乔林作业法有关。
常用的森林作业法的分类，见表 14-1。

表 14-1　森林作业法的分类

一级分类	二级分类	三级分类（举要）	备注
乔林作业法	同龄林作业法	皆伐作业法	"同龄作业法"又称"规整林作业法"
		伞伐作业法	
	异龄林作业法	择伐作业法	"异龄作业法"有时称"不规整林择伐作业法"
矮林作业法		一般矮林作业法	"矮林作业法"又称"萌生林作业法"
		矮林择伐作业法	
中林作业法			
竹林作业法	散生竹林作业法		
	丛生竹林作业法		
	混生竹林作业法		
混农作业法	林粮作业法		
	林牧作业法		
	农林牧作业法		
保护经营作业法			又称"保育经营作业法"

14.1.2　在森林经营的地位

首先，森林作业法是森林经理调查的落脚点。作为森林经营起点的森林经理调查
对一片土地可用来进行森林物资和服务生产的潜力做出判定，明确森林作业的主要约
束因素、优势要素、优先措施和经营目标，进而确定森林作业法。其次，森林作业法
是森林经营方案的重要组分。一旦林地的潜力、经营目标、森林经营类型得到明确，
需要根据经济、生态和社会标准，考虑区划、调控手段、收获方式、效益类型、成本
效益等，实施森林作业法实现管理目标。换言之，基于森林作业法的森林经营方案的
制订，是对森林进行有计划的经营的基础工作。

14.2　主要的森林作业法

14.2.1　乔林作业法

乔林作业法（high forest silvicultural system，也称高林作业法）主要包括皆伐作业法
（clearcutting system）、伞伐作业法（shelterwood system）和择伐作业法（selective cutting
system）。

14.2.1.1 皆伐作业法

（1）定义

皆伐作业法是指对毗连地域上的林木实施全部伐除和更新的作业方法，更新后形成的森林为单层同龄林。

（2）原理及应用

现代林产业需要森林经营单位定期向工厂提供木材作为原料，保持生产的连续性和经济性。这要求以相对集中、规模较大的方式组织种植更新和采伐收获，避免间歇式、发作式的生产。这使皆法作业法在十八世纪时就广为采用，至今它仍然是当今世界运用最为广泛的森林作业法。皆伐作业法适应不同立地条件、培育目标和国情特点的过程中产生了各种变型，常采取带状或块状采伐布局。带状皆法又分为带状间隔皆伐(将整个采伐的林地区分为若干采伐带，先是隔一带采一带，留下的保留带作为种源)和带状连续皆伐(伐完一个采伐带，待迹地更新后，再接连伐第 2 个采伐带)两个主要作业法类型。

皆伐意味着对建成森林生态系统机制的实质性改变，这要求加强对风、霜、雪、干旱等自然风险防护措施，通过及时、多样、谨慎的作业措施提高林分的稳定性。皆伐应沿着与主风向相反的方向进行，以避免将林分内部突然暴露于强风造成风折，同时，注意采伐剩余物、杂草木，减缓立地大面积失去覆盖对水分条件变化的影响和有害生物的发生。树种轮作、相对同龄林培育、镶嵌块状混交等，有利于提高林分的抗逆性。皆伐完成后要尽早整地，采用直播、栽植、借助农作等实施人工或者天然更新。采取天然更新时，伐区的宽度依树种种子飞散的远近而定，中等大小带翅的种子的宽度一般为树高的 2~5 倍。幼林阶段采取割灌、除草、浇水、施肥等提高成活率，中龄林阶段采取透光伐、疏伐、生长伐和卫生伐等措施调整林分结构。皆伐作业法的主要类型、特点和应用，见表14-2。

表 14-2 皆伐作业法

特点	要素	典型类型		
		一般同龄纯林皆伐法	带状皆伐法	镶嵌块状皆伐法
目标林分	林龄	同龄或树龄 <1 龄级	同龄或树龄 <1 龄级	同龄林或异龄林
	林层	单层林	单层林	单层林
	树种	单一树种	单一树种	多个树种
适用条件	培育目标	商品林	商品林	商品林或公益林
	立地条件	中等以上，平缓地带	中等以上，平缓地带	中等以上，平地或低山丘陵
操作要点	经营强度	高	高	中高
	采伐	较大面积采伐，目前趋于要求减少单次采伐面积，以保护立地	较大面积采伐，目前趋于要求减少单次采伐面积，以保护立地，以带状方式进行	单个树种培育过程与一般皆伐作业大致相同。主伐利用时，每次采伐面积更小

（续）

特点	要素	典型类型		
		一般同龄纯林皆伐法	带状皆伐法	镶嵌块状皆伐法
操作要点	更新	人工更新方法或局部天然更新	人工更新方法或局部天然更新，以带状方式进行	皆伐后采用不同的树种造林或促进天然更新
	抚育	施肥、浇水（排涝）、病虫害防治、除草、防火措施	施肥、浇水（排涝）、病虫害防治，除草、防火措施，以带状方式进行	单个树种培育过程与一般皆伐作业大致相同
总体评价	优势	操作简便，容易更换树种、转换方法、机械化、复合经营，短期效益好，便于创新	带状作业，方向性更容易控制	对环境的负面影响较小，能保持森林视觉景观、维持特定的生态防护功能
	劣势	异质性较低，土地生产力维护困难，生态稳定性差，病虫害，水土流失，林相单调	异质性较低，土地生产力维护困难，生态稳定性差，病虫害，水土流失，林相单调	单一树种面积多大合适，因缺乏科学共识而难以控制
注意事项		树种选择还应能对营林作业处理产生响应；控制连续作业面积，减少环境不利影响	树种选择还应能对营林作业处理产生响应；控制连续作业面积，减少环境不利影响	实施天然更新，注意树种之间的互补关系，抵御由于基因基础狭窄而产生的危害因素

（3）应用案例：小面积人工林镶嵌皆伐作业

小面积镶嵌式皆伐作业是指一个经营单元内以块状镶嵌的方式同时培育两个以上树种的同龄林（图14-1）。它在保持皆伐的经济性的同时，有利于改善林分结构和林分的美学特性。适用于地势平坦、立地条件相对较好的区域，林产品生产为主导功能的兼用林；也适用于低山丘陵地区速生树种人工商品林。每个树种培育过程与一般皆伐作业法大致相同。更新造林和主伐利用时，每次作业面积不宜超过 $2hm^2$。皆伐后采用不同的树种人工造林更新或人工促进天然更新恢复森林。小面积人工林镶嵌皆伐作业一次采伐作业面积小，避免了对环境的负面影响，有利于保持森林景观稳定、维持特定的生态防护功能。

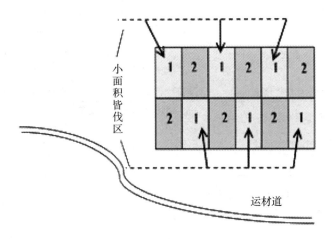

图 14-1　人工林镶嵌皆伐作业

14.2.1.2 伞伐作业法

(1)定义

伞伐作业法(又称渐伐作业法、庇护木作业法、遮阴木作业法等)是指，幼木在成木的下方生长并得到来自成木的垂直方向或侧方得的庇荫，同时成林对立地起保护作用。

(2)原理及应用

伞伐法可视为对皆伐的适应性调整，其目的是在采伐后数年内恢复立地覆盖并保护天然更新的耐阴性树种的幼苗。皆伐立地难以采用一次采伐的方式并在一个生长季里完成全面天然更新，而采用伞伐方法，通过保留成熟林提供可靠种源并保护幼林对抗霜冻、干旱等环境威胁，采伐迹地成功更新的几率将大幅提高。伞伐作业法要求选取结实下种有规律、靠风力传播种子的树种，这通过两次以上的连续采伐成熟林，保留可散落的种子的"母树"完成。为促进天然更新，常对立地实施人工翻垦或拖拉机翻耕改善苗床条件，并通过周期性的间伐保证母树树冠、根系的生长。虽然伞伐旨在促进天然更新，但在人力充足或天然下种不足或需要提高天然萌发的均匀性时，也可在成熟林的保护下实施人工造林，而这些成熟林可以通过一次或多次采伐被移除，它可以在数年内渐进完成。

一般的伞伐作业使用 1~2 个树种，建立异龄复层林或相对同龄林。复层林分结构和天然更新特点，赋予林分比皆伐更为稳定的森林结构。如果采伐采取依次均一地辟开所有林班的树冠，保留母木的方式，称为全林伞伐(uniform shelterwood)，操作较为简便；相反，如果采取匹配不同立地特性的多样化的采伐空间配置方法，称为不规整伞伐(irregular shelterwood)，这往往结合择伐和综合抚育措施进行，实施较为复杂。伞伐作业法的主要类型、特点和应用见表 14-3。

表 14-3 伞伐作业法

特点	要素	典型类型		
		一般规整伞伐法	全林伞伐法	不规整伞伐法
目标林分	林龄	异龄林	异龄林	异龄林
	林层	复层林	复层林	复层林
	树种	1~2 个，喜光树种，种子有规律供给	1~2 个，喜光树种，种子有规律供给	1~2 个，适度耐阴树种，种子有规律供给
	培育目标	不规整或规整林分	同龄规整林	有异龄林特征的规整林
适用条件	立地条件	土壤利于下种生根，气候不恶劣	土壤利于下种生根，气候不恶劣	土壤利于下种生根，气候不恶劣
	产品目标	伐除母树取得大径材	伐除母树取得大径材	木材数量和质量的可持续生产
	经营强度	较高	较低	较高
操作要点	采伐	采伐时保留母树实现天然更新幼林长成后伐除母树	按照调整期(下种伐)和更新期(后伐、主伐)采伐	在不确定的较长的更新时段内，实施连续的更新伐(群伐、择伐等)
	更新	天然更新为主	天然更新为主	天然更新为主
	抚育	配合天然更新采取人工更新抚育措施	配合天然更新采取人工更新抚育措施	配合天然更新采取人工更新抚育措施，注重择伐和挖掘单木潜力

（续）

特点	要素	典型类型		
		一般规整伞伐法	全林伞伐法	不规整伞伐法
评价	优势	易实施树种混交和复层结构，产出连续进行，大径材收益好	采伐、下种均一进行，大面积均匀打开林冠，操作较简单	幼林保护、土壤保育好，病虫害风险低，林分有更好的美学效果
	劣势	天然更新费时、劳力投入大，作业不集中，采运易伤害幼林	浅根系母树易遭风折、日灼，整个林分自然风险较大	更新与采伐相对分散不利于运输，作业活动复杂
注意事项		保留的母树一般按照面积划分施业区合理分布	树冠层在一次性采伐中被移除对生态系统干扰大	优化技术性措施安排，实现多效益可持续木材利用

（3）应用案例：母树作业法(seed tree system)

【例14-1】母树作业是全林伞伐作业法的一种类型，是指对于部分依靠风力播种的喜光树种，通过成熟林保留宽距分布的母树实施天然更新的森林作业法。美国南部的火炬松、长叶松、湿地松和短叶松，以及美国西部各州的黄松、落叶松，采用宽距分布的母树实施更新作业。成熟林木在采伐中从施业区一次性移除，只剩余少量母树下种，保留量每公顷很少低于10株、也很少大于25株，这些母树是成行状或小群状的孤立木，用于繁育新的林木。有时，留下母树还可以兼顾提高木材产量、生产大径级优质木材的目的(图14-2)。

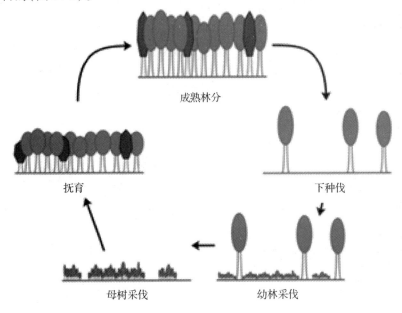

成熟林分

抚育

下种伐

母树采伐

幼林采伐

图14-2 母树作业法

【例14-2】欧洲赤松属于喜光树种，几乎每年都生产种子，量、质均可靠的种子年每3～4年出现一次，翅果可依靠风力大量传播种至远方，距离可达母树树高两倍之远。使用翻土机为欧洲赤松树更新创造适宜的苗床。通过周期性的间伐(间隔期一般不超过5年)保证母树树冠、根系的生长。母树宽距离分布，幼树长到30cm完成对母树的主伐利用。

14.2.1.3 择伐作业法

(1)定义

在预定的森林面积上定期地、重复地采伐成熟的单木或树群，伐后的林隙为天然更新的苗木所补充，使森林不断实现局部更新，地面始终保持森林覆被的森林作业法。

(2)原理及应用

常把择伐作业法视为1898年盖耶尔(Gayer)针对欧洲国家大面积皆伐造成森林结构不稳、地力衰退等问题提出的"近自然林业"的应用模式。近自然林业人们把森林经营视为自然力和人为经营融合过程，操作上强调天然更新，整个经营过程围绕选定的目的树进行单株抚育，使林分的建立、抚育以及采伐的方式同潜在的天然森林植被的自然关系相接近。成功的择伐经营形成类似于天然林结构和功能的复层异龄混交林，即不同树种、不同龄级、规格的树木混合分布于林区每个部分。

择伐作业法的采伐与更新不限于林分而是分布在整个小班乃至林班。如果采伐的是整个森林范围内选取的单木，称为单株择伐作业；如果采伐按照林群进行，则称为群团择伐。其作业的核心，是掌握好采伐的时间、强度和对象。采伐时间需要控制好采伐间隔期，每隔一定年限在伐区伐去部分成熟林木，相邻两次采伐的间隔年限，为达到采伐量与生长量相等，可以用年生长量除采伐量所得商值作为间隔期的标准，欧洲国家集约经营条件下采伐间隔期一般为5~10年，但有时可达30年。采伐强度方面，每次采伐的蓄积量与伐前林分总蓄积量之比，一般按采伐量等于生长量的原则确定，实现趋于平衡异龄林的经营目标。采伐木的选择方面，主要依据是年龄，即采伐达到成熟龄的林木，通常是径级伐除。择伐作业法的主要类型、特点和应用，见表14-4。

表14-4 择伐作业法

特点	要素	典型类型	
		目标树单株择伐作业法	群团状择伐作业法
目标林分	林龄	异龄林	异龄林
	林层	复层林	复层林
	树种	多树种株间混交，耐阴树种为主	多树种块(丛)状混交，喜光、半耐阴树种为主
适用条件	立地条件	不同立地与不同树种匹配	不同立地与不同树种匹配
	产品目标	提高单木价值和森林质量	多种产品和功能兼用
	经营强度	较高	较低
操作要点	采伐	选择目标树、标记采伐干扰树、保护生态目标树	以目的树种类型或胸径为主要采伐作业参数
	更新	主要通过天然更新方式实现更新	林窗促进保留木生长和林下天然更新
	抚育	针对目标树的整形修枝、水肥管理等	结合群团状补植、定株等措施进行
评价	优势	能充分发挥森林的生态效益，保持良好的森林环境，促进森林多效利用	应用灵活，多树种，提供不同高度的栖息地，促进游憩
	劣势	机械设备效益更难利用，技术要求(如采伐木标记)高	采集、更新抚育规模小而分散，成本更大

（续）

特点	要素	典型类型	
		目标树单株择伐作业法	群团状择伐作业法
注意事项		结合人工补植促进更新层目标树的生长和发育，使目标树的生长、结实、更新始终保持在一个更高的水平上	适用于坡度较小山地或者平缓地区，采伐利用时注意形成合理的林窗

（3）应用案例：目标树单株择伐抚育

近年来，国家储备林抚育经营提倡采用单株择伐抚育方式（图 14-3），通过对所有林木分类，为优良单木创造更好的生长条件，生产大径材并保持森林生态环境功能的发挥。

采取如下作业步骤：

①树木分类及抚育强度设计：参照《森林抚育规程》和目标树森林经营方法，结合近自然森林经营思想，将林木分为以下几类：目标树，干扰树，差树和一般木，其中，目标树的标准是：符合培育目标，有独立主干，树干通直，树干 6m 以下无大分枝，树冠发育良好，无局部损伤或病虫害，或者是为增加混交树种、保持林分结构或生物多样性等目的而需要保护的珍贵树种。确定目的树种，根据林分情况保留每公顷目标树在 180～300 株；伐除干扰树；采伐部分差树，保留所有成活的目的树种幼树，最终形成复层异龄林。所培育的林分为公益林的，设计间伐蓄积强度控制在 15% 以下；所改培的林分为商品林的，设计间伐蓄积强度根据小班情况，设计为 12%～21%，伐后郁闭度 0.7。抚育间伐强度应有利于改善林分的健康状况并促进目标树的林木生长，提高林分质量。

②标定目标树和伐除木：间伐开始前由技术人员选择目标树，用红漆在树干胸高（离地 1.3m）上方 10～20cm 处画一圈做好标记，一般掌握株行

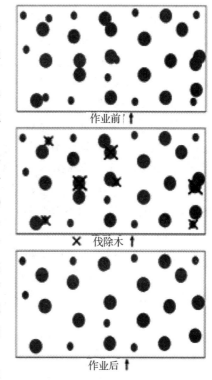

图 14-3 目标树单株择伐图式

距 5～8m，每亩 12～20 株。目标树标定后，根据其他树木对目标树的影响程度，按照设计的间伐强度和保留郁闭度要求，确定伐除木，做好标记（注意标记要显著不同于目标树）。对林分中密度相对较大的地方或者因病虫等灾害影响已无培育价值的差树应在保留郁闭度符合要求的前提下予以伐除。

③采伐清理：组织专业采伐队，严格按照树木标定，采伐伐除木。采伐时需注意控制伐木倒向，严防损坏目标树和其他保留木，必要时，辅以绳索控制。采伐完成后按要求造材，装车运出并及时清理采伐剩余物。

④修枝：对部分枝杈较多，枝下高较低，影响良好干形形成的目标树进行人工修枝，修枝高度不超过树高的 1/2；对存在较多林窗或林间空地及林冠下需要造林的，通

过穴状整地、选择乡土目的树种一级苗造林并抚育管护。

14.2.2　矮林作业法

（1）定义

矮林作业法（coppice system）是指林木来源于根株萌条或营养繁殖的森林作业法。如果林木全部由营养枝组成，实施同龄林皆伐，称为一般矮林作业法；如果每次采伐仅收获部分枝条并且是异龄林，称为矮林择伐作业法。

（2）原理及应用

矮林作业法是一种古老的森林作业法，2000 多年前罗马农学家 Cato 记录了当时流行的柳树矮林经营技术。矮林并非林木生长不高（树种多为乔木树种），而是指它是起源于无性更新。采伐后可以萌发再生形成森林的树种，大多是阔叶树（杉木，北美红杉、山达脂柏 *Tetraclinis articulata*、加那利松 *Pinus canariensis* 和卵果松 *P. oocarpa* 等针叶树也可萌生成林），通过根蘖条或根出条（sucker）的繁殖更新。当在接近地表位置实施采伐时，大多数阔叶树种到了一定年龄会通过桩根发出的蘖条繁殖。这些蘖条有的产生于位于桩根侧部或近地表的休眠芽，有的产生于切割面周边形成层的不定芽。前者位于根桩上较为牢固，因此对于实现更新目标更为重要。一般情况下，一个根桩会有很多根蘖，但每年都会有一些小根蘖死去，最后只有 2～15 个根蘖留下来，其结果，矮林会呈现集群分布的林相特征。不同阔叶树可以长出根蘖的桩根的年龄、根蘖的数量和活力、根桩的生命力的差异很大。常见的矮林树种包括：用于筐篮编织的柳树矮林（osier bed），常在开发在河谷地和冲积平原上进行；热带地区用于制浆、造纸、纸板和纤维板、深矿坑木、不同类型柱杆、家用或工业用燃料等的桉树矮林等。头木作业（pollarding）是将树木去顶以便刺激大量直萌条从砍干顶部长出的特殊的矮林作业形式，萌条每隔 1 年或多年定期修剪去掉，生产篮筐编织、篱笆栏、粗杂材所需的原材料。矮林作业法的主要类型、特点和应用，见表 14-5。

表 14-5　矮林作业法

特点	要素	典型类型	
		单一矮林作业法	矮林择伐作业法
目标林分	林龄	热带、温带地区低于 10 年	热带、温带地区低于 15 年
	林层	单层林	单层林
	树种	阔叶树种，多数是生态演替中早期出现的先锋树种	阔叶树种，多数是生态演替中早期出现的先锋树种
适用条件	立地条件	水肥推进好的平原、缓坡地	水肥推进好的平原、缓坡地
	产品目标	薪柴和小径材	中、小径材
	经营强度	较低	较高
操作要点	采伐	按轮伐期实施皆伐利用	视轮伐期的长度和蘖条间的竞争，实施择伐方式
	更新	依靠蘖条、根出条实现无性繁殖	依靠蘖条、根出条实现无性繁殖，有时辅以定株措施
	抚育	保护生长中的蘖条末梢使之免受病虫破坏，任顶梢的何停滞或枯死都会减少萌条的长度	

（续）

特点	要素	典型类型	
		单一矮林作业法	矮林择伐作业法
应用评价	优势	应用简单，经常情况下其繁殖比从种子繁殖的确定性更高； 经营周期更短，成本更低但回报更早； 早期生长通常快于高林，干材比从同一品种种子繁殖更为通直，在需要大量干材或中小薪柴坯料的地域，矮林总体上讲优于乔林； 多样化的栖息地有益于野生动植物保育	
	劣势	不能生产大径材； 严重依赖于土壤养分的储存量，幼龄矮林萌条尤其容易遭受霜害和动物啃食； 通常不及高林美学效果好	
注意事项		采伐应在休眠季节进行，在贴近地面的部位砍伐，在桩根上形成一个斜面，再用链锯、弓锯或斧头修整平滑以防水分驻留，并使蘖条从地平面上长出，从而形成独立的根系	

14.2.3 中林作业法

（1）定义

中林作业法（coppice with standards）是在同一地段上用无线更新方式培育小径材或薪炭材，又用实生林生产大径材的森林作业方法。

（2）原理及应用

中林作业方法由两个截然不同的部分组成，下层的同龄林层作为矮林；上层的保留木（standard）形成异龄林分，并按乔林对待。这里的矮林又称下木，保留木称为上木。保留木的目的在于提供一定比例的大径级木材，同时为天然更新提供种子来源，还在一些情况下起到防止霜冻的作用。中林作业法中的林分是包括不同起源、不同林龄的复层林，包括多个龄级和树种。通过种子更新产生实生异龄林，择伐生产大径材的轮伐期较长，可为矮林的数倍；下木作为无性更新的同龄林，主要培育薪炭林或者小径材，实施皆伐作业，轮伐期较短。

中林的施业区的布局方法和单一矮林完全相同。矮林的轮伐期按照要求是固定的，作业区域较大时可按轮伐期的年数把作业区分为年度施业区。随着各年度施业区依次到达采伐时间，按如下程序开展作业活动：

①皆伐矮林，方式和单一矮林经营方法相同。

②保留现有保留木的一部分至少到下一个矮林轮伐期，其他保留木全部伐除。

③保留一定数量与矮林同龄的新的保留木，最好是实生苗来源。这些新的保留木应是在施业区上出现的天然苗木，或者是在矮林采伐时引入种植的苗木。

④填补由根蘖死亡或保留木伐除形成的空当，以确保未来有萌生林和保留木的双重收获。如果天然实生苗数量不足，可通过人工造林的方法引入需要的品种、种源和栽培种。

中林兼顾乔林和矮林双重优势，生产大量不同规格的材料，具有财务方面的优势，经营的灵活性高。有保留木覆盖，土壤和单一矮林经营相比，能得到更好地保护，天然更新也可部分发挥作用，生态保育特性良好。但中林作业是一个难以正确应用的作业方法。保持矮林和保留木之间的平衡，以及保持不同级别保留木的正确分布，均有难度。保留木的选择需要技巧，其实施在丛生密实的矮林中进行，视线受到遮挡，完成起来单调乏味。与单一矮林作业法相比，保留木下生长的矮林活力较低。与同一地区相应的单一高林或单一矮林方法相比，采伐收获需要更多的劳力投入，这也使其在很多地区难以盈利。用机械实施采伐也比同类地域单一高林方法更为困难。

14.2.4 其他作业法

14.2.4.1 农林复合作业法

农林复合作业法(agroforest silvicultural system)是指把用材林木、果树、灌木和棕榈的种植和农作物、养殖业结合起来的生产实践。农林复合作业法应用广泛且形式多样。林业与农业结合，可改善农作物、动物的小气候条件，保持土壤肥力，控制侵蚀，生产薪柴和木材，并提高土地经营的现金收入。1978 年成立的世界混农林业中心(ICRAF)的宗旨就是"在发展中国家促进混农林业的发展，使得小农户能更好地利用土地资源和林业资源从而让他们获得食品安全保障，收入、健康、营养水平的提高，能源和居住条件的改善以及环境的保护"。ICRAF 把农林复合作业法分为农林(农作物与树木结合)；林牧(树木提供饲料并为牧场牲畜遮阴)；农林牧、庭院林业方法等多种类型。农林复合作业法的类型和应用，见表 14-6。

表 14-6 农林复合作业法

类型	作业要点	案例
农林混作	乔林、矮林和农作物混作经营在造林后前 2~3 年里，林行间种植谷物、蔬菜、饲料作物，实现绿化、木材生产并提高粮食产量； 只有当农、林两部分提供的物资和服务均可持续时，推广应用才价值更高	中国"四旁林业"发挥综合治理和发展经济的作用
林牧混作	栽植经遗传改良的苗木或无性系插条，以群团或行方式配置，主伐密度约 100~200 株/hm^2； 通过多种管理措施保护树木不受动物啃食的过度破坏，譬如，必要时使用通电的防护篱笆控制引入动物的时间； 注意栽植地点的选择及细节，实施经常性的修枝，保持 3~4m 的活树冠高度生产无节良材； 实施早期疏伐、剔除有缺陷的单木	新西兰牧场以宽距栽植辐射松
农林牧混作	上述两种森林作业法的综合形式	英格兰中部地区农林牧融合发展

14.2.4.2 竹林作业法

竹子在欧美多数国家被视为杂草或园林植物，但我国的竹林经营历史悠久，竹林还是《森林法》规定的重要的森林类型。我国经济价值较大的竹类植物多达 37 属 400 多种，分布于为黄河—长江竹区、长江—南岭竹区和华南竹区 3 个竹区。根据全国第八次森林资源清查，全国有竹林 601×10^{4}hm^2，面积、蓄积、加工品产量和出口量均世界第一。根据竹子地下茎繁殖特性，经营竹林作业一般分为散生竹(单轴竹)作业、丛生竹(合轴竹)和混生竹(复轴竹)3 个类型。

竹类是禾本科竹亚科植物，"非草非木"的特性赋予其截然不同的作业法特性。

①一次种植、多年收获，一旦开花结实便衰败枯死：由于种子缺乏，实生培育效率低，普遍使用母竹移栽和无性方法繁育造林。

②采伐与更新同步：通过护笋养竹、合理疏笋，收获竹笋的同时保留健壮个体用于竹材生产和下一代竹子无性繁育。

③抚育管理措施多、强度大：劈山除杂、松土、施肥、钩梢、有害生物防治、灌溉（排水）等需要经常进行，疏于抚育管理的竹林会衰败为低质低效林，需要通过改造复壮提高综合效益。

④注重多目标综合利用：竹子生长快，产量高，绿化、美化、水土保持、净化空气等生态效益好，竹材、竹笋和各类采伐剩余物综合加工价值高，既适于工业原料林生产，又是农民个体经营的良好选择。竹子在我国还有还很高的文化价值。

竹林经营的劣势如下：

①经营作业常在山地进行，作业活动需要同时考虑地上和地下层面，机械化操作困难，劳力投入大，容易造成经营效益下降。

②普遍采取多代纯林作业制度，造成林分抗性差、立地生产力下降、养分循环和水土流失问题，需要强生态经营。竹林作业法（bamboo silvicultural system）的类型和应用（表14-7）。

表14-7 竹林作业法

类型	作业要点	案例
散生竹作业	适地适竹选择造林立地，在秋、冬季带状或块状整地，10月底至翌年2月通过移竹、移鞭、移蔸、鞭扦插育苗等造林，之后通过抚育管理至竹林"满园"。毛竹等常有大小年（大量出笋成竹的自然年为大年，反之为小年）规律性生长现象，需分年施策。竹龄以"度"来表示，1度竹为1年生，2度竹为2～3年生，3度竹为4～5年生，4度竹为6～7年生，5度竹为8～9年生，分别Ⅰ、Ⅱ、Ⅲ、Ⅳ、Ⅴ度表示，可用"号竹法"标于竹竿上，一般在秋冬季节对3～4度竹进行采伐	毛竹、刚竹、早竹、白哺鸡竹、红竹、五月季竹、石竹、乌哺鸡竹、高节竹、早园竹、浙江淡竹、毛金竹、紫竹、斑竹、角竹、筇竹、水竹等
丛生竹作业	选择土层深厚肥沃土壤在1～3月采取母竹分蔸造林，青皮竹、撑篙竹、麻竹等隐芽的竹种可用竹节或竹枝育苗，再移栽造林。造林后1～2年内可套种豆科等作物，以耕代抚。笋期长，保留初、中期的笋。新竹生于竹丛外缘，入冬后及时挖除老竹兜，防止根兜出土。每丛按5:3:2比例留养1～3年生竹共约20根，按"砍内留外，砍大留小，砍密留疏，砍弱留强"原则采伐	麻竹、绿竹、轲竹、车筒竹、撑篙竹、青皮竹、粉单竹、甜慈竹、苦慈竹、绵慈竹、大麻竹等
混生竹作业	茶秆竹在温暖、水肥好的地方生长更好。箭竹作为大熊猫食料，实施育苗繁殖和实生苗造林更新，方法和一般竹种相同。苦竹一般采用母竹移栽造林。苦竹、箭竹等秆形小，竹林密集，也可采取皆伐后更新复壮作业方法	茶秆竹、苦竹、箭竹、箬竹等

14.2.4.3 保护经营作业法

保护经营作业法（conservation silvicultural system），主要适用于严格保育的公益林经营。与上述森林作业法不同，保护经营作业法以自然修复、严格保护、提供生态环境服务为主要目的，原则上不开展木材生产性经营活动。可通过封山（沙）育林保护林木的自然繁殖生长，促进林分形成和森林质量。采取措施保护天然更新的幼苗幼树，天然更新不足时进行必要的人工补植。在特殊情况下可采取低强度的森林抚育措施，促进建群树种和优势木生长，促进和加快森林正向演替。按《国家级公益林管理办法》《国家级公益林区划技术规程》《生态公益林建设技术规程》有关规定开展经营作业。

14.3　前景与展望

14.3.1　应用前景

(1)森林作业法是支撑森林可持续经营的综合技术体系

森林经营单位水平上的森林经营活动按照森林经营类型(作业级)进行，把同一林种范围内，由有相同经营目的、能采取统一林学技术体系、在地域上一般不相连接的小班组织起来的统一对待。把森林经营类型落实到小班规划中，就需要提出并落实森林作业法。换言之，森林作业法是根据树种和森林类型的特点，为实现一定的经营目标，从培育到采伐和更新所采用的一套完整的经营利用作业体系，每一具体林分(小班)应按龄级法或小班经营法实施相应的森林作业法。

(2)适地适法，实现森林高效多目标经营

森林作业法方法多样，但乔林作业法是主体，矮林、中林作业法是补充，其他作业法反映特色经营。乔林作业法中，皆伐法应用广泛，伞伐法精于建构，择伐法定向培育。由于自然和社会经济状况和需求不同，并不存在一种普遍适用的森林作业法。在不同气候、立地、树种、目标下，每个国家需要根据自身情况，在做好森林经理调查和分析的基础上，选择适合的多效可持续利用的森林作业法。

(3)森林作业法随着时代发展不断演进

18 世纪德国提出应用了森林作业法的重要命题，然而由于外部经济形势的变化，很多作业法即便在欧洲也不再使用。同时，随着"近自然林业""生态系统经营""多功能主导利用"等森林可持续经营思想的不断扩展，各国森林作业法不断调整发展。例如，加拿大不列颠哥伦比亚省依法制定《森林作业法指南》，对森林作业法的概念、方法做出了统一规定，以促进森林的可持续经营利用。

14.3.2　展望

(1)森林作业法命名和内涵不统一造成理解和应用偏差

作为实地实施层面操作技术体系，用哪些关键要素、环节命名、描述森林作业法，缺乏共识。现有的森林作业法及其细类，通过作业对象、空间布局、施业幅度、经营目标、经营周期等命名，造成对同一作业法的表达和理解不一致，与作业模式、经营模式、作业方式界限不清，不利于设计实施。

(2)森林作业法的适应性研发应用，是我国森林经营现代化的必然选择

我国有 $2.08 \times 10^6 \mathrm{hm}^2$ 森林，21.63% 的森林覆盖率已接近自然和社会条件允许的最大值。半个多世纪以来"重造轻管"甚至"只造不管"，基本只采取面积皆伐一种森林作业法，造成森林结构单一、蓄积量低下、生态功能弱化等森林质量问题。2016 年 6 月国家林业局发布的《全国森林经营方案(2016—2050年)》首次把森林作业法作为林业规划的重要内容并提出了6种主导森林作业法,使我国森林经营有了明确的技术选择。基于全球经验,结合制订森林经营方案和实施全国典型森林类型的可持续经营,推广应用科学、高效、可持续的森林作业法,促进实地一级作业技术从粗放向精细逐渐发展势在必行。

思 考 题

1. 什么是森林作业法? 其基本要素是什么?
2. 森林作业法在森林经营规划中的地位是什么?
3. 皆伐作业法有哪些类型? 如何扬长避短使用皆伐作业法?
4. 择伐作业法是近自然林业思想的体现,为什么?
5. 伞伐作业林的林分结构是如何调控的?
6. 农林复合作业法是否只适用于经济落后地区? 为什么?
7. 竹林作业法有哪些特点?
8. 如何看待森林作业法在我国的应用和发展?

参考文献

国家林业局.2016. 全国森林经营规划(2016—2050年)[M]. 北京:国家林业局.

亢新刚.2011. 森林经理学[M].4版. 北京:中国林业出版社.

沈国舫.2003. 森林培育学[M]. 北京:中国林业出版社.

王宏,金爱武.2013. 毛竹林生态施肥理论与技术[M]. 北京:中国农业出版社.

马修斯.2015. 营林作业法[M]. 王宏,娄瑞娟,译. 北京:中国林业出版社.

萧江华.2010. 中国竹林经营学[M]. 北京:科学出版社.

张会儒,李凤日,赵秀海,等.2016. 东北过伐林可持续经营技术[M]. 北京:中国林业出版社.

Adams D L, Hodges J D, Loftis D L, et al. 1994. Silviculture terminology with appendix of draft ecosystem management terms[C/OL]. Silviculture instructors subgroup of the silviculture working group of the society of American foresters. http：//oak. snr. missouri. edu/silviculture/silviculture_ terminology. htm.

SFA Silviculture. 2012. Introduction：Silvicultural systems[OL]. http：//forestry. sfasu. edu/faculty/stovall/silviculture/index. php/silviculture-textbook-sp-9418/150-silvicultural-systems-sp-28339.

第四篇　森林资源监测与信息管理

第15章
森林资源动态监测

森林是陆地生态环境的主体，具有社会、经济和生态多重效益，又每时每刻在自然力和人力的作用下发生变化，这种变化对于全球碳循环、气候变化、生物多样性和生态环境都有重要影响。了解和掌握森林资源动态变化规律是充分发挥森林效益的基础。"监测"就是对某一种对象进行静态和动态的监视和测定。监测含有测定、检查比较的意思。监测以调查为基础，多次连续的调查或清查就是监测。森林资源监测是指在一定时间和空间范围内，利用各种信息采集和处理方法，对森林资源状态进行系统的测定、观察、记载、分析和评价，以揭示区域森林资源变动过程中各种因素的关系和变化的内在规律，展现现实区域森林资源演变轨迹和变化趋势，满足对森林资源评价的需要，为合理管理森林资源，实现可持续发展提供决策依据。对森林资源实施定期或适时的监测是了解森林动态变化和掌握其动态规律的有效手段，可以为国家制定政策和科学决策提供数据保障。

15.1 森林资源监测方法

森林资源监测的方法根据监测手段的不同可以划分为地面样地监测和遥感监测两类。地面样地监测是在监测区域进行系统抽样，布设一定数量的地面样地，通过对这些样地开展每木调查，进而推算整个区域的森林资源质量和数量的方法。根据样地的面积是否固定，地面样地监测又可分为固定样地监测和可变面积样地观测（角规样地）两种（韦希勤，1993）。遥感监测主要是通过两期或多期遥感影像提取信息的比较分析，监测森林资源特征信息的变化情况，实现森林资源的动态监测和评价。

15.1.1 固定样地监测

固定样地监测是通过对固定位置和边界的系统抽样样地定期进行连续观测，获得多期调查数据，实现森林资源动态监测的方法。美国宾夕法尼亚州立大学教授 Steven K Thompson（1992）在出版的《抽样》（*Sampling*）一书中提出了 8 种样地形状：正方形样地、圆形样地、长方形样地、指数形样线、半正态样线、半正态圆形样地、外方形框样地和圆形外正框样地。在 8 种样地中，以圆形样地和正方形样地方差最大，长而窄的长方形样地比正方形或圆形样地抽样效率高得多。美国林务局南方森林试验站的一位专家也指出，长而窄的样地的方差一般比正方形或圆形样地的方差小。当长方形样地的长边与等高线平行时，其方差比长边与等高线垂直时要大。

采用固定面积抽样时，样地大小依样地形状、林木的平均密度、平均直径、起测直径以及调查详细程度和按精度所要求的样地数量而定。从理论上来说，当样地面积增大时则变动系数趋于稳定。在一个总体内，当幼、中龄林多且密度大时，则单个样地的面积不宜过大，否则样地中检尺株数过多，会增加样木复位的困难，对动态估计不利。总之，要把标准误控制在一定范围内，总体内要有一定的抽样面积。

根据森林清查的特点，通常采用的固定面积样地有以下6种：

(1) 单个正方形样地

我国普遍采用这种样地。每块样地面积为 $0.06 \sim 0.10 hm^2$，设置相对简单，边缘效应较低。在样地"四固定"后，可提高动态估计的操作准确性，但由于固定标志十分显眼，易发生对样地、样木的特殊对待，造成偏估。自1975年以来，我国已建立25万余个固定样地，其中多数为单个正方形样地。印度尼西亚在20世纪90年代初建立了国家森林清查体系，采用的正方形样地面积最大为 $100m \times 100m$，并将此大样地再分为16个 $25m \times 25m$ 的小样地作为记录单元，复测时只抽取16个小样地中的4个样地进行调查。

(2) 单个圆形样地

韩国在1986—1990年进行的第四次国家森林清查中用了此种样地，样地面积为 $0.05 \sim 0.1 hm^2$。总的抽样设计是结合航片的分层双重抽样。圆形样地的边界线不明显，容易隐蔽，故测量边界样木时要十分谨慎，否则易发生边界树木的漏测或多测。

(3) 同心圆样地

欧洲一些用单个样地进行系统抽样的国家用了同心圆样地。非洲的一些国家在森林清查中也用了此种样地。总的来说，设置这种样地可在同一样地位置上得出不同目的的几套样本，从而可提高效率。如非洲一些国家在森林清查中设置半径为30m的大样圆，用来调查用材林、薪炭林的蓄积量；在同圆心上套一个半径为10m的样圆，用来做更新调查；再在同圆心上套一个半径为5m的小样圆，用来调查食用植物、饲料植物和药材等。欧洲一些国家是按样木径级大小分别在同心圆的大样圆或小样圆中抽取样本。

(4) 圆形群团样地

一般来说，采用群团样地可减少路途和设置时间，从而可提高效率。另外，由于单个样地面积相对减少，记录株数减少，标志也容易隐蔽。我国于20世纪80年代将黑龙江省连续清查用的方块样地改成了圆形群团样地，固定群团样地呈"L"形布设，每群3个样地，每个样地的半径为10m。

(5) 方阵式圆形群团样地

欧洲一些国家，如瑞典和瑞士，在国家级森林清查中也采用圆形群团样地，他们的群团样地呈方阵布设，每方阵设 $5 \sim 8$ 个圆形样地。这种方阵式样地便于设置、复位和应用遥感资料，对多资源调查来说抽样效率比较高。

（6）长方形群团样地

马来西亚在1981—1982年第二次国家级森林清查中用了此种样地。每个群团由12个50m×20m的长方形样地组成。样地中只记录胸径大于30cm的林木。另外，每群团中增设3个50m×5m的长方形样地，记录胸径在15～30cm之间的林木。这种长方形样地在保证对各树种选择的抽样上比正方形样地更可靠。

15.1.2 角规样地监测

角规抽样起源于欧洲。美国著名林学家格鲁森堡在20世纪50年代将角规抽样引入美国。经多次试验证明，用点抽样和固定面积抽样两种方法对同一总体的断面积或蓄积量进行估计，结果仅相差0.1%，而点抽样节省了20%的样地工作量。现欧美多数国家均采用了角规样地。而我国在连续清查中仅广西壮族自治区采用了角规样地，并得出角规测定树种森林蓄积量产生15%左右的负误差的结论，原因在于边缘效应。另外，由于观测木的跳跃进级，还得出动态估计精度低的结论。从欧美国家大量应用角规抽样的结果来看，角规抽样本身并没有造成上述结果，而是在技术操作上应如何避免这些结果。国家级森林清查中角规样地的布设以美国的卫星群团样地和欧洲的方阵式群团样地最具代表性。

（1）美国的等边三角形卫星群团样地

这是美国特有的样地布设法。群团中的样地呈等边三角形围绕主样地布设，每群团中有7～10个子样地。布设这种卫星群团样地是为了增强主样地代表该抽样点林分特征的代表性。一群团中用7～10个卫星样地，意在采用将遥感资料和地面样地相结合的双重分层抽样，所以这种样地设计不但要求周围卫星样地与主样地所属的地类一致，而且要使群团内方差足够大时才能达到高效率抽样的目的。另一方面，在角规抽样的样地中要注意选择适当的断面积因子（BAF），使每个子样地的检尺株数控制在平均8株左右。在每个样地中保持适当的检尺株数，是确保样木复位、减少边缘误差的关键措施之一。

（2）欧洲的角规群团样地

与美国的角规卫星群团样地不同，欧洲多数国家采用的角规群团样地属整群抽样中的群团样地，呈方阵形布设，每个方阵上设4～16个角规样地不等，其优点已如前所述。

（3）单个角规样地

这类样地就是前面提到的我国广西壮族自治区在连续清查中所采用的样地。

15.1.3 遥感监测

森林资源遥感监测主要是通过两期或多期遥感影像提取信息的比较分析，监测森林资源特征信息的变化情况，实现森林资源的动态监测和评价。森林资源变化受自然和人为因素的影响，其形式主要表现为林冠覆盖的变化、森林面积的变化和森林类型的变化等。森林资源变化的原因包括森林自身的生长变化、森林冠层的季节性变化，以及病虫害、森林火灾等自然灾害或人为采伐与经营抚育管理措施引起的变化等。

　　森林资源变化监测是遥感研究中的一个重要方向。遥感数据记录地物反射/发射的电磁辐射信息，这些信息与其生物物理过程密切相关，是其自身特性的反应。通过对不同时期的遥感影像进行分析，可以获得森林资源的变化情况。森林资源变化遥感监测的目标有 3 个：

　　①通过两时相或多时相影像数据的比较，确定森林资源变化的地理位置。

　　②确定变化类型（如林地转为农田）。

　　③森林资源变化的数量与规模（李世明等，2011）。

　　很多学者从不同的角度对遥感变化监测技术进行了分类和分析。根据是否对图像进行分类，可以把变化监测方法分为图像直接比较法和分类后比较法（李向军，2006）。根据监测目标是否定量化，变化监测方式可分为定性处理和定量处理两种（张景发等，2002）。李德仁（2003）根据监测的数据类型把变化监测方法分为 5 类：

　　①基于不同时相的新旧影像变化监测方法。

　　②基于新影像和旧数字线划图的变化监测方法。

　　③基于新旧影像和旧数字线划图的变化监测方法。

　　④基于新的多源影像和旧影像/旧地图的变化监测方法。

　　⑤基于不同时相立体像对的三维变化监测方法。

　　Lu 等（2004）按照采用的数学方法把变化监测技术分为 7 类：

　　①代数运算方法。

　　②变换方法。

　　③分类方法。

　　④高级模型方法。

　　⑤GIS 方法。

　　⑥可视化分析方法。

　　⑦其他方法。

　　不同学者对森林资源变化遥感监测研究的结果不尽相同。出现这种情况的原因在于应用的数据、环境和目的不同，分析者的专业知识和遥感数据处理能力也不相同，其结果在很大程度上不具有可比性，这也说明不存在一般意义上的最优变化监测方法。综合应用两种以上的变化监测算法，可能会提高变化监测的精度。在森林资源变化遥感监测应用中，应重点从以下几个方面考虑（王雪军，2013）：

　　①综合使用不同传感器数据，对不同的遥感数据进行融合，例如，将高空间分辨率和高光谱数据融合后，既能保留光谱特性又能突出纹理特征，更利于变化监测的信息提取。并且随着新技术的出现，有许多新型的遥感数据都可以运用到森林动态监测中来，对森林生物量、蓄积量、森林参数、单木提取等都是有益的。

　　②在变化监测方法的选取上，可以利用不同的方法进行监测，比较各种方法的监测精度，从而选取最合适的方法。不同算法的组合可以取长补短，达到更佳的监测效果。也需要去研究一些新方法，如面向对象的变化监测，方法将是一个新的发展方向。

　　③目前的变化监测流程自动化程度不高，从数据获取到数据信息提取和分析，提高自动化程度是一个急需解决的问题。因此，开发森林资源变化监测自动化系统应成为当前重点研究的方向之一。

④变化监测是一个涉及多个处理步骤的复杂过程，监测结果的精度受许多因素的影响，其中包括：

　　a. 多时相影像间的几何配准精度；

　　b. 多时相影像的归一化处理；

　　c. 可靠、高质量的地面调查数据；

　　d. 研究区域景观环境的复杂性；

　　e. 变化监测方法或算法；

　　f. 分类和变化监测方案；

　　g. 分析人员的技术和经验；

　　h. 对研究区域的了解和熟悉程度；

　　i. 时间和费用限制。

15.2　森林资源监测体系和内容

目前国际上森林资源监测体系一般分为3种：

①国家森林资源连续清查（continuous forest inventory，CFI）。

②利用各省（州）的森林资源清查数据累计全国的方法。

③根据森林经理调查（森林簿）结果累计全国的方法。

中国、日本、法国及北欧各国采用第一种方法；加拿大、奥地利等国则通常采用各省（州）独立进行森林资源调查，利用GIS等进行全国汇总的第二种方法；前苏联及东欧各国普遍采用第三种方法。

我国森林资源监测工作从1953年在国有林区开展森林经理调查开始，20世纪60年代引入了以数理统计为基础的抽样技术，70年代在"四五"清查的基础上，开始建立全国森林资源连续清查体系。20世纪90年代以来，随着林业的发展和生态建设的日益重视和加强，我国又陆续开展了野生动植物资源、湿地资源、荒漠化、沙化土地资源、森林自然灾害以及森林生态环境定位观测等监测内容。为适应森林经营管理和林业建设的需要，第六次森林资源清查增加了林木权属、病虫害等级等内容，扩充了清查信息内涵。特别是2004年启动的第七次全国森林资源清查，为适应林业五大转变和跨越式发展的需要，增加了反映森林生态、森林健康、土地退化等方面的指标和评价内容，遥感、GPS高新技术得到了进一步加强。经过五十多年的发展，逐步形成了以国家森林资源连续清查（简称一类调查）为主体，以专项核（检）查为补充，以地方森林资源规划设计调查（简称二类调查）为辐射的全国森林资源监测体系。

15.2.1　国家森林资源连续清查

国家森林资源连续清查简称一类清查，是以省（自治区、直辖市）为单位进行，以抽样调查为基础，采用设置固定样地定期实测的方法，在统一时间内，按统一的要求查清全国森林资源宏观现状及其消长变化规律，其成果是评价全国和各省（自治区、直辖市）林业和生态建设的重要依据。从1977年开始，在各省先后建立了每5年复查一次的森林资源连续清查体系。

15.2.1.1 业务流程

森林资源连续清查业务流程主要包括(国家林业局，2014)：

(1)调查样地复位

根据上次调查记录的样地地理位置和设置在林地中样地四角标志，确定样地位置范围。

(2)样地样木调查

调查样地地类、林种、郁闭度、优势树种、土壤、海拔、坡度、坡向等森林和生态环境因子，测量样地内每棵林木的胸径、树高等样木因子，绘制每棵林木的位置图。

(3)样地数据输入

将样地调查数据输入计算机、进行逻辑检查、材积公式定义、样木材积计算、样地蓄积量计算，建立完整样地数据库。

(4)统计分析汇总

进行抽样统计分析、动态变化分析、统计报表汇总等。通过计算估计出森林覆盖率、林木总蓄积量、每年森林资源生长量、每年森林资源消耗量及其动态变化。

(5)编制调查成果

根据统计分析数据进行调查成果编制，对5年间保护和发展森林资源工作成效进行综合评价，为制定和调整林业方针政策、规划、计划等提供科学依据。

15.2.1.2 调查内容和指标

森林资源清查的主要对象是林地和林木资源，调查内容主要包括各类林地面积和各类林木蓄积。但是，随着我国林业在经济社会发展中的地位和作用日益增强，生态需求逐渐成为社会对林业的第一需求。为满足以生态建设为主林业跨越式发展的需要，我国森林资源清查的内容也得到了逐步扩充。目前我国的森林资源清查内容和指标可以分为以下6个方面：土地利用与覆盖、立地与土壤、林分特征、森林功能、生态状况和其他(国家林业局，2014)。

(1)土地利用与覆盖

土地利用与覆盖调查包括土地类型(地类)、植被类型、植被总覆盖度、灌木覆盖度、灌木平均高、草本覆盖度、草本平均高等。

(2)立地与土壤

立地与土壤调查包括地形因子和土壤因子两大类，其中地形因子包括地貌、坡向、坡位和坡度，土壤因子包括土壤名称、土壤厚度、腐殖质厚度和枯枝落叶厚度。

(3)林分特征

林分特征因子调查包括树种(组)、起源、年龄、龄组、郁闭度、平均胸径、平均树高、平均株数、单位蓄积、群落结构、林层结构、树种结构、自然度、可及度等。

(4)森林功能

反映森林功能方面的调查因子包括森林类别、林种、公益林事权等级、公益林保护等级、商品林经营等级、森林生态功能等级、森林生态功能指数等。

（5）生态状况

反映生态状况方面的调查因子包括湿地类型、湿地保护等级、荒漠化类型、荒漠化程度、沙化类型、沙化程度、石漠化程度等、森林健康等级、森林灾害类型、森林灾害等级。

（6）其他内容

其他有关调查因子还包括流域、林区、气候带、土地权属、林木权属、工程类别、四旁树株数、毛竹株数、杂竹株数、天然更新等级、地类面积等级、地类变化原因、有无特殊对待、采伐管理类型、县（局）代码、纵坐标、横坐标、地形图图幅号、样地类别、样地号、调查日期等。

15.2.2　森林资源规划设计调查

森林资源规划设计调查简称二类调查，是以区划的小班为单元开展的调查，因此也称小班调查。该项调查以经营管理森林资源的国有林业局（场）、自然保护区、森林公园等企业、事业或行政区划单位（如县）为调查单位，为基层林业生产单位掌握森林资源的现状及动态，分析检查经营活动的效果，编制或修订经营单位的森林可持续经营方案、总体设计和县级林业区划、规划、基地造林规划，建立和更新森林资源档案，制定森林采伐限额，制定林业工程规划，区域国民经济发展规划和林业发展规划，实行森林生态效益补偿和森林资源资产化管理，指导和规划森林科学经营提供依据，按山头地块进行的一种森林资源调查方式。二类调查是经营性调查，一般 10 年进行一次，经营水平高的地区或单位也可 5 年进行一次。两次二类调查的间隔期也称为经理期。从小班调查的经理期可以看出，依据它制订的计划，主要是中期规划。随着各地对小班调查工作的重视以及遥感技术的发展和进步，利用高分辨率遥感图像（SPOT 5）结合地面调查的方式开展小班调查，不仅极大地减少了外业调查的工作量，也提高了调查速度、调查成果的质量和精度。

15.2.2.1　业务流程

森林资源规划设计调查业务流程主要如下（国家林业局，2010）：

（1）小班区划

绘制小班区域位置图。

（2）小班调查

调查林地地类、林种、权属、林木的树种组成、优势树种、郁闭度、起源、平均胸径、平均树高、平均年龄等林木因子和土壤、海拔、坡度、坡向等生态环境因子。

（3）数据输入

进行数据的采集、逻辑检查、蓄积量计算，建立森林资源调查小班数据库。

（4）数据统计分析

生成各类统计表、绘制输出森林分布图。通过计算估计出各经营单位和各级行政单位的森林覆盖率、林木蓄积量、每年森林资源生长量、每年森林资源消耗量、各类森林资源的面积和蓄积及其动态变化。

（5）综合评价

根据统计分析数据，对森林资源经营管理工作效果进行综合评价，提出新一轮的森林资源经营方针和目标。

（6）编制调查成果

根据统计分析数据进行调查成果编制，对五年间保护和发展森林资源工作成效进行综合评价，为制定和调整林业方针政策、规划、计划等提供科学依据。

15.2.2.2 调查内容

（1）基本调查内容（小班调查）

包括核对森林经营单位的境界线，并在经营管理范围内进行或调整（复查）经营区划；调查各类林地的面积及分布；调查各类森林、林木蓄积量及分布；调查与森林资源有关的自然地理环境和生态环境因素；调查森林经营条件、前期主要经营措施与经营成效；编制有关经营数表（国家林业局，2010）。

（2）扩展调查内容（专项调查）

依据森林资源特点、经营目标和调查目的，以及以往资源调查成果的可利用程度，可以增加一些扩展调查内容，其调查内容以及调查的详细程度视具体情况而定。主要包括（国家林业局，2010）：

①森林生长量和消耗量调查；

②森林土壤调查；

③森林更新调查；

④森林病虫害调查；

⑤森林火灾调查；

⑥野生动植物资源调查；

⑦生物量调查；

⑧湿地资源调查；

⑨荒漠化土地资源调查；

⑩森林景观资源调查；

⑪森林生态因子调查；

⑫森林多种效益计量与评价调查；

⑬林业经济与森林经营情况调查；

⑭提出森林经营、保护和利用建议；

⑮其他专项调查。

15.2.2.3 调查指标

森林资源规划设计调查中小班调查共包括立地环境、土地利用、林分特征、森林生态、其他、附加六个类别50多项指标（表15-1）（国家林业局，2010）。

表15-1 森林资源规划设计调查指标体系

指标类别	指标
立地环境因子	空间位置、地形地势、土壤/腐殖质、立地类型、立地质量
土地利用因子	权属、地类、工程类别、林种、事权、保护等级
林分特征因子	起源、林层、优势树种(组)、树种组成、平均年龄、平均树高、平均胸径、优势木平均高、郁闭/覆盖度、每公顷株数、枯倒木蓄积量、每公顷蓄积量、散生木株树、平均胸径和蓄积量
森林生态因子	群落结构、自然度、健康状况
其他调查因子	下木植被、天然更新、造林类型
附加因子	用材林近成过熟林可及度; 人工幼林、未成林人工造林地整地方法、规格、造林年度、造林密度、混交比、成活率或保存率及抚育措施; 择伐林小班的直径分布; 竹林小班各竹度的株数和株数百分比; 辅助生产林地小班林地及其设施的类型、用途、利用或保养现状

15.3 森林资源监测技术

森林资源监测技术主要包括抽样框架设计、数据采集技术、数据处理技术、分析评价技术及监测信息集成技术等。

15.3.1 抽样设计

由于森林资源分布广阔,难以采取全面调查的方式,必须采取抽样调查。抽样调查是指从研究对象的总体中抽取一部分个体作为样本进行调查,以对样本进行调查和统计的结果来推断总体特征的一种调查方法。它是以一定区域为总体范围(通常以省为总体),按照抽样精度要求系统布设一定数量的样地,通过对这些样地进行定期复查,得到总体范围内森林资源现状与动态变化信息。因此,设计一个高精度、高效的抽样框架对于森林资源监测至关重要。

抽样设计一般包括界定总体、制定抽样框、分割总体、决定样本规模、确定调查的信度和精度、决定抽样方式等内容。在我国现有森林资源监测体系中,国家森林资源连续清查就是采用抽样调查,下面简述其抽样设计(国家林业局,2014)。

15.3.1.1 抽样总体

森林资源连续清查要求以全省(自治区、直辖市)为总体进行调查。当省内的森林资源分布及地形条件差异较小时,应以全省为一个调查总体;当森林资源分布及地形条件差异比较大时,可在一个省内划分若干个副总体。但所划分的副总体要保持相对稳定。

15.3.1.2 抽样精度

抽样精度是反应抽样误差大小的一项重要指标。以全省范围作为一个总体时,总体的抽样精度即为该省的抽样精度(按 95% 可靠性);一个省划分为若干个副总体时,总体的抽样精度根据各副总体按分层抽样进行估计。

(1)森林资源现状抽样精度要求

有林地面积:凡森林覆盖率 10% 以上的省为 95% 以上;覆盖率 10% 以下的省份为 90% 以上;人工林面积:凡人工林面积占林地面积 5% 以上的省份为 90% 以上,其余各省份为 85% 以上;活立木蓄积:凡活立木蓄积量在 $5 \times 10^8 \mathrm{m}^3$ 以上省份为 95% 以上,北京、上海、天津为 85% 以上,其余省份为 90% 以上。

(2)活立木蓄积量消长动态精度

总生长量:活立木蓄积量在 $5 \times 10^8 \mathrm{m}^3$ 以上为 90% 以上,其余各省份为 85% 以上;总消耗量:活立木蓄积量在 $5 \times 10^8 \mathrm{m}^3$ 以上为 80% 以上,其余各省份不作具体规定;活立木净增量,应作出增减方向性判断。

15.3.1.3　样地数量

样地是森林资源清查的基本抽样单元,样地数量(样本单元数)取决于样本之间的变异程度的大小和抽样精度与可靠性的高低,其中样本之间的变异程度大小由变动系数来表示。样本单元数按式(15-1)计算:

$$n = \frac{t^2 C^2}{E^2} = \frac{t^2 \dfrac{S^2}{\bar{y}^2}}{\dfrac{\Delta^2}{\bar{y}^2}} = \frac{t^2 S^2}{\Delta^2} \tag{15-1}$$

式中　t——可靠性指标,当可靠性指标规定为 95% 时,一般取 $t = 1.96$;

S——总体方差;

C——变动系数,$c = S/\bar{y}$;

E——相对误差,$E = \Delta/\bar{y}$;

Δ——绝对误差;

$\bar{y}$——总体平均估计值(样本平均数);

n——样本单元数。

对于森林资源调查而言,抽样精度和可靠性高低是有明确要求的,而各抽样总体的变动系数是未知的。可以根据预备调查取得的样本资料,或用以往的有关调查资料对变动系数或总体方差做出近似估计。为了确保抽样精度,一般按照式(15-1)算出样本单元数之后,在增加 10% ~ 20% 的样本量。第八次一类调查的样地共有 41.5×10^4 个。

15.3.1.4　样地布设

固定样地的设置是按系统抽样进行,布设在 1:5 万地形图的公里网交叉点上。样地间距主要根据森林资源现状及区域土地面积大小而设置,一般为 2km×2km 至 8km×16km,其中新疆是 1km×0.5km 和 1km×1km,江苏是 2km×1km,北京和天津是 2km×2km,甘肃是 2km×3km 和 3km×3km,河北的平原是 3km×4km,山区 4km×4km,福建是 4km×6km,云南是 6km×8km,四川是 4km×8km 和 8km×8km,内蒙古人工林是 8km×16km。

15.3.1.5　样地大小和形状

众所周知，边界树是值得重视的误差来源。样地最有利的形状是当面积相同时其面积与周长之比为最大。理论上是六边形最理性，但太难设置。圆形比六边形稍差些，但就边界树株数而言，长带形最不利。以可能的最高精度来确定样地边界是特别重要的。目前最常用的形状是矩形、正方形、带形和圆形。例如，在一类调查固定样地中，广西是角规点抽样，西藏和黑龙江是圆形样地，宁夏和新疆有带状样地，河北平原地区有大样地，其他地区都是方形样地。样地面积基本上采用了 $0.0667 \sim 0.08\text{hm}^2$，其中大部分省份的样地面积设计为 $0.066\ 7\text{hm}^2$。

15.3.2　数据采集技术

15.3.2.1　地面数据采集技术

地面数据采集主要包括样地调查数据采集和斑块调查数据采集两种方式。

1）样地调查数据采集

一般样地数据采集包括样地设置、样地测量和监测指标数据采集，方法与标准地调查类似，具体方法和技术参见本书"第 3 章地面调查"以及《国家森林资源连续清查技术规定》（国家林业局，2014）。

国家森林资源清查样地调查，从操作流程来看，样地调查主要包括样地定位与测设、样木因子调查、样地因子调（复）查 3 个部分。现在国家森林资源连续清查的外业工作，主要是进行样地复查。样地复查是动态变化信息产出的基础，可分为全部样地复查、部分样地复查和临时样地调查 3 种类型。全部样地复查需要对所有的样地和样木设置固定标志，以便下期调查时能够对样地、样木因子进行复测，通过前后期样地、样木调查数据的对比，产出高精度的动态变化信息；部分样地复查也可产出动态变化信息，但由于有部分样地被临时样地替换，对动态变化信息的精度有一定的损失，而且通过多期复查后计算过程将变得十分复杂；临时样地调查是指不进行样地复查而每次都重新设置样地进行调查，一般对动态变化的估计效率很低。

2）斑块调查数据采集

斑块调查是以遥感影像图和地形图为基础信息，对某一监测范围内的森林资源和生态状况，按照主要调查因子区划成不同类型的斑块，并调查各斑块的森林资源或生态状况属性，产出森林资源和生态状况局部微观信息的调查方法。斑块调查包括斑块区划和属性调查两部分内容。我国现行体系中的森林资源规划设计调查中的小班调查就是斑块调查的一种（国家林业局，2010），它将森林资源等监测内容落实到山头地块，客观反映监测范围内的森林资源经营管理和生态治理状况，为各级地方政府和有关部门编制森林资源保护与发展规划，开展森林资源经营管理活动，制定生态保护措施提供基础信息。

斑块调查从技术上讲，它的一般步骤是资料准备（前期资料、遥感影像、地形图等）、区划标准制定、斑块区划、属性调查、精度分析和报告编制等。

(1) 斑块区划

斑块区划是以遥感影像图和地形图为基础信息，根据森林资源的现实分布情况，按照各类主要调查指标综合区划成不同类型斑块的过程。斑块区划界线和各类规划的区划界线与行政界线，以及地形地貌的点、线、面界线等的集合，构成了斑块区划系统的基础信息。这些界线可分为两大类：第一类是由调查员现地（或在遥感影像图上）划定的界线，这类界线只有斑块区划界线；第二类是调查前已经确定的、调查员不可随意改动的界线，包括各级行政界线、基础地理界线、林业规划界线、分类经营界线、土地权属界线、林班界线和土壤类型分布界线等。开展斑块调查时，第二类界线原则上应利用已有的各种区划结果，只对发生了变化的部分进行修正；第一类界线是斑块区划的重点，它由调查员按照斑块划分条件，根据森林资源和生态状况的分布特性进行区划。斑块划分的条件，应综合考虑森林资源的有关调查要求，使划分的斑块能同时满足不同监测对象信息采集的需要。

(2) 属性调查

属性调查是在斑块区划的基础上对斑块的各类调查因子进行全面调查，调查方法包括实测、目测或遥感判读。定量调查因子如土层厚度、平均胸径、平均树高、单位面积林木蓄积等，一般应采用测量工具进行实测；定性调查因子如优势树种、群落结构、森林健康度、荒漠化土地类型、荒漠化程度等，一般采用目测方法进行调查；对于交通不便或人力难以到达的区域，一般采用遥感判读的方法。森林资源规划设计调查的属性数据采集见《森林资源规划设计调查技术规程》（GB/T 26424—2010）（国家林业局，2010）。

15.3.2.2　遥感数据采集技术

1）遥感数据采集原理

遥感是一种远距离的、非接触性的目标探测技术和方法。通过对目标进行探测，获取目标信息，然后对所获取的信息进行加工处理，从而实现对目标进行定位、定性或定量的描述。遥感技术是建立在物体电磁波辐射理论基础上的，其主要原理是利用不同物体和物体的不同状态具有不同的电磁波特性，卫星传感器探测地表物体对电磁波的反射和物体自身发射的电磁波，然后按照一定的规律把电磁辐射转换为图像、经过处理，提取物体信息，完成远距离识别物体和物体的状态。

不同物体具有各自不同的电磁波辐射特性，可通过传感器来接受不同物体所发射的电磁波，形成磁带或影像。森林资源具有分布广、面积大、再生性和周期长等特点，因此，森林资源监测采用遥感技术，可提高资源数据采集的速度和精度。同时，也能利用遥感技术的周期性和重复观测的特点，提取森林资源的动态变化情况（唐小明等，2012）。

2）不同遥感数据源的数据采集技术

不同遥感数据源、不同分辨率的遥感数据，其用来进行森林资源监测的方法，流程和步骤，往往也不尽相同。对不同遥感数据源的空间分辨率和光谱特征等载荷参数分析，结合不同空间尺度森林资源监测的需求分析后，形成不同空间尺度的遥感监测方案、地类和森林植被的分类系统、技术流程、监测指标、成果要求等,为不同空间尺度的森林资源监测提供技术方法。在多层次遥感监测中,将较高级分辨率遥感数据的判读调查结果,作为较低级分辨率遥感信息提取的分析基础和验证手段,提高监测效率,并建立监测成果之间的相应关系(唐小明等,2012)。

(1)低分辨率遥感数据采集技术

低分辨率遥感数据采集技术是以 MODIS 等为代表的低分辨率卫星数据为基础数据,充分发挥 MODIS 数据覆盖范围广、数据更新快、反映地表变化信息及时的优势,建立基于时间序列数据集和植被指数的遥感定量估测模型,进行森林状况宏观监测,提取森林变化面积及其影响区域等信息,反映大区域森林植被动态变化,为小尺度遥感测量和地面详细调查标示调查对象和范围。

(2)中高分辨遥感数据采集技术

中高分辨率遥感数据采集技术是以 TM 等为基础数据,选取重点区域,利用地表植被在多时相卫星图像所表现出的影像特征差异,结合辅助多维空间信息,对变化区域进行证据推理,进一步确定和细化变化像元,准确区划分布区域、估测影响面积,分析变化发生原因,揭示森林资源发生变化的来龙去脉。

(3)高分辨率遥感数据采集技术

高分辨率遥感数据采集技术以 SPOT 5、QuickBird 等为基础数据,对森林资源发生重大变化区域内,选取典型地块,详细调查森林、林木和林地数据、质量、结构和分布,并着重进行森林健康状况、发生变化的原因、程度、边界以及可能的变化趋势等的调查与核实,反映森林内部林木个体的生长发育特征。利用 SPOT 5 数据空间分辨高的优势,充分发挥现有林相图、固定样地等资料的作用,采用 SPOT 5 遥感判读、地面验证与调查核实相结合的方法,根据 SPOT 5 遥感影像特征反映的变化信息,采用遥感判读与现地核实相结合的方法,跟踪监测区范围内的森林资源变化情况。

森林资源遥感数据采集技术的具体内容和操作步骤参见本书"第 4 章　遥感森林资源调查"。

15. 3. 2. 3　PDA 数据采集技术

PDA(personal digital assistant),即个人数码助理,一般是指掌上电脑。相对于传统电脑,PDA 的优点是轻便、小巧、可移动性强,其最大的特点是其自身的操作系统,一般都是固化在 ROM 中的。其采用的存储设备多是比较昂贵的 IC 闪存,容量越来越大。掌上电脑一般没有键盘,采用手写和软键盘输入方式,同时配备有标准的串口、红外线接入方式并内置有 MODEM,以便于个人电脑连接和上网。同时,PDA 的应用程序的扩展能力比较强,基于其自带的操作系统,任何人可以利用开发工具编写相应的应用程序,进行任意安装和卸载。因此,利用 PDA 技术,可以充分发挥其便携、移动性、实时通信、集成与定位等特点,大大提高林业数据野外采集的效率,是一个应用潜力巨大的领域。

将 PDA 应用于森林资源调查外业数据采集中,有助于改善传统的空间数据的采集方式。它无需借助纸制地图,与 GPS 的集成可以方便的定位,它使有效控制采集数据的完整性与检查采集因子之间的逻辑错误成为可能，同时，它也减轻了内业数据录入的工作量，减少了数据出错的概率，也有利于森林资源信息采集的全程信息化（唐小明等，2012）。

15.3.3 数据处理技术

森林资源监测涉及信息量大，数据繁多，包括不同方面、不同层次、不同形式的各类数据。在内容上既有反映森林资源现状数据，也有反映森林资源变化数据；从信息系统的表现形式上看，这些数据主要由空间定位数据、调查属性数据和社会经济属性数据组成。从数据的采集加工和应用过程来看，有原始数据、派生数据和综合数据。不管数据类型如何划分，所有森林资源监测数据，在数据录入之前，明确数据类型、理清各类数据之间的逻辑关系和系统数据间的流程关系是数据处理和数据库建立的关键环节之一（唐小明等，2012）。

15.3.3.1 数据检查技术

数据检查主要实现对不同尺度森林资源调查成果数据的自动质量检查与评价。通过检查内容和结果，形成内容清晰、易于错误定位、提供一定错误修正指导的检查报告和部分统计评价结果报告。

（1）整体性检查

根据《森林资源调查成果检查验收办法》《森林资源调查技术规程》《森林资源信息管理系统数据库标准》等相关规定，检查提交数据的目录组织结构、文件命名、数据分层是否正确或是否符合提交要求；数据成果是否提交全面、是否通过自检、省检和国家级检查；提交数据现时性是否符合要求。

（2）逻辑一致性检查

检查空间数据要素分层（如要素层名称和几何特征）、属性（表格）、元数据的数据结构（如表名、字段长度、字段类型和约束条件等）是否与《森林资源信息管理系统数据库标准》保持一致；检查数据分层之间的逻辑关系是否正确，如所有的森林资源调查数据不应超出行政区等；检查数据项的值是否符合值域范围的要求，值间的关系符合规定的逻辑关系，如按照地类和行政区划进行统计的面积结果应一致等；检查是否按要求建立拓扑关系，建立的拓扑关系是否正确，如多边形封闭、不存在多余标识点、悬挂节点、坐标点重叠、线和弧段自相交等现象。

（3）空间定位准确度检查

检查不同比例尺空间数据坐标系是否符合相关要求；投影方式的选择及参数的设置是否正确。检查相邻分幅的同一数据层实体的接边精度是否符合要求，行政界线接边要以民政勘界成果为基础，要求边界不重不漏，低精度数据应服从高精度数据。系统还应支持对各级接边质量进行检查，保证各级接边质量。

（4）属性数据准确性检查

检查所有属性数据域值及其代码的正确性；各个相关属性字段的逻辑关系是否成立，如非林地的小班，林分因子的属性值应为空值。检查森林资源调查分地类类面积统计表等与行政区划总面积数据是否正确等等。

15.3.3.2　数据交换技术

森林资源监测涉及不同方面、不同层次、不同格式的各类数据，因此要对其进行数据格式的转换，并具有外部各类数据(包括遥感数据和矢量数据等)导入的各种接口。

(1)格式转换

格式转换可实现森林资源调查规定的数据提交格式与森林资源监测系统间数据格式的快速无损转换；实现 E00、VCT、ARCGIS 系列数据格式之间的转换。

(2)坐标转换与投影变换

坐标转换与投影变换支持西安80与 WGS84 等坐标系之间的相互转换；支持投影参数设置，可实现矢量数据和栅格数据的投影变换；支持空间数据的动态投影；支持坐标去带号、增加带号、整体平移、仿射变换、线性变换、多项式变换。

15.3.3.3　数据编辑与处理技术

按照使用权限，提供各类数据编辑与处理工具，进行数据处理以及相关数据检查后数据错误的修改编辑。主要包括：

(1)数据错误的自动修改

数据错误的自动修改提供数据错误的自动批量处理，针对数据质量检查记录，实现批量自动改正数据错误，并生成错误修改报告。

(2)矢量数据编辑处理

矢量数据编辑处理提供空间数据的编辑处理，可实现对点、线、面等空间对象的增、删、改编辑功能，支持相邻图幅的自动接边和手动接边；可进行矢量数据的拓扑生成，对拓扑错误进行修改，支持对矢量数据的导出和删除；对矢量数据的编辑可实现基于规则的批量处理。

(3)栅格数据处理

栅格数据处理提供栅格数据处理功能，如支持 RGB 影像合成、灰度图像转换、多图层影像合成；支持输入控制点纠正、基于图像纠正、基于矢量纠正等影像纠正方式；支持空间数据投影定义、不同参考系统变换、不同投影之间变换；具有建立金字塔索引、影像对比度调整等常用图像处理功能；能够进行图像的裁减(空间坐标定义、图形、图像、AOI 方式)、镜像、旋转、自动拼接、空间分辨率调整等常用图像处理功能。

(4)属性数据编辑

属性数据编辑提供属性字段增加、删除；可实现数据记录删除、追加与修改；实现对属性数据的导出；支持基于规则的属性数据编辑批量处理。

15.3.4　分析评价技术

各级森林资源监测提供了大量关于我国的森林资源和生态状况现状、动态和空间分布信息。为了从中提炼出不同层次用户所需要的信息，并为各级政府和林业主管部门提供决策依据，需要开展相关的分析评价工作。评价是将森林资源和生态状况的现状、动态、结构、分布、功能等，用一定的指标进行定性评估或定量评价，抽象出森林资源及其生态系统的特征和发展规律，以及与社会经济发展、环境保护和生态建设之间的内在联系，为国家宏观决策、林业可持续发展及相关部门和社会公众等提供信息支持。

15.3.4.1 技术构成

森林资源综合评价技术系统主要分为数据层、模型层、评价层和用户层 4 个层面。

(1) 数据层

森林资源综合评价技术的数据基础是森林资源监测数据库，在此基础上经数据挖掘和数据抽取处理后形成评价业务专题数据，直接服务于评价与决策支持系统。基于评价业务专题数据确定评价指标的提取路径和计算方法，形成系统评价指标集，提高系统运行效率。系统提供默认的评价指标集，用户也可以自定义评价指标，并完善评价业务专题数据内容。

(2) 模型层

模型层主要包括指标管理模型、评价对象模型和评价方法模型。针对特定的评价对象在评价指标集(数据层)的基础上确定评价指标体系，指标体系经优化、赋值、无量纲化等一系列处理后提交给评价模型(评价对象模型和评价方法模型)。其中评价对象模型是针对对象的模型，如森林资源经济评价模型等，属动态模型；评价方法模型主要包括一些客观的综合评价数学模型，如层次分析、模糊分析、主成分分析等，属静态模型。

(3) 评价层

确定优化后的评价指标体系并选择适当的评价对象模型和评价方法模型后，开展评价工作，生成评价成果并进一步开展规划等产品的制作，评价成果提交给系统用户。

(4) 用户层

系统用户根据评价成果和决策产品制定相应的森林资源管理政策。

15.3.4.2 技术内容

1) 指标设计

系统针对一系列评价对象给出默认的、经过优化的评价指标体系，包括指标的组成、结构与权重向量等，但由于评价指标对于评价对象的影响程度在不同地区和不同时间均会有所差异，因此，评价指标体系是动态的，指标管理模型就是针对指标的这一特性进行动态管理，具体包括指标初选、优化与指标的规范化处理。森林资源评价指标集组成见表 15-2(唐小明等，2012)。

表 15-2 森林资源评价指标集结构表

评价指标集	评价指标子集	具体指标	关联数据库表集
林地利用状况评价	林地利用潜力	已利用林地面积、未利用林地面积、各类型林地面积等	各类林地面积、后备林地资源面积等
	林地利用总量		
	林地利用分量		
森林资源现状评价	森林资源分布状况	森林覆盖率、森林面积蓄积、森林资源区划等	一类调查数据、二类调查数据、基础地理信息等
	森林资源环境适宜性评价		
森林资源质量评价	地类结构	林地面积、森林面积、单位蓄积量、林种区划、树种结构等	一类调查数据、二类调查数据
	林种结构		
	树种结构		
森林效益评价	生态效益	森林环境、土壤、郁闭度、植被总盖度、土壤侵蚀、土壤理化性质	一类调查数据、二类调查数据、定点观测、科学实验
	经济效益	森林蓄积、树种、林木价格、经济林及林副产品价格	一类调查数据、二类调查数据
	社会效益	森林游憩、生物多样性、森林卫生保健、科学研究	一类调查数据、二类调查数据、定点观测、问卷调查
森林灾害预警预报	林地退化	林地土壤侵蚀速度	土壤侵蚀速度
	森林病虫害	受灾面积、程度	森林灾害情况等

注：表中只侧重表示评价指标集的结构，并未列出所有的评价指标。

（1）指标体系的初选与优化

指标体系的初选优化是指通过全面性检验、独立性检验和有效性检验，可完成指标体系的初选和优化。全面性、可测性指标检验，可确保指标体系包含了目标的各个方面的信息，是否每个指标都可以直接或间接测定；独立性检验是为了检验同一层次指标间是否满足独立性要求，若同层指标间具有相关性或表达内容部分重复，则需消除这种影响，一般采取删除不重要指标以消除相关性或者分解内容部分重复的指标为更细致的指标的方法来解决；有效性检验是为了找出对各个体的取值无明显差异的指标，即这类指标对评价结果无明显影响，这类指标也是冗余的，系统通过数学方法的筛选删除此类指标。

（2）指标规范化处理

指标规范化处理是指指标体系规范化处理的主要内容包括方向性一致化、无量纲化与标准化。

①方向性一致化：是指评价指标通常可分为正向性指标、逆向性指标和中性指标三类。通常系统将各类型指标统一转化为正向性指标。对于逆向性指标，可以通过取指标允许上限值与指标值之间差值或直接取指标值倒数值的方法完成正向化转换；对于中性指标，可以首先取指标值与最优状态值之间差值的绝对值完成逆向性转换，再通过前述方法完成指标的正向化转换。

②无量纲化与标准化：是指各指标取值的量纲不同造成的不可公度性会给综合评价带来困难，因此需对各指标的取值进行无量纲化处理，使各评价指标值取值范围能

够在一个大致相同的域内(如0~1之间),无量纲化的过程就是将指标实际值转化成指标评价值的过程。无量纲化与标准化的方法很多,系统通常采用阈值法、标准化法和权重法等几种方法。

2)评价对象模型

森林资源监测评价对象模型是针对森林资源具体评价内容设立的评价模型。按照评价内容分为林地利用状况评价、森林资源现状评价、森林资源质量评价、森林效益评价、森林灾害预警预报等几个方面,按照评价的深度和层次可以分为单因素评价和多因素评价两种。单因素评价主要针对与森林资源监测关系密切、森林资源监管人员急需掌握的单一要素进行现势和趋势性的评价,也称为统计性评价,如林地资源总量与分量、森林资源总量与分量、森林覆盖率等;多因素评价主要针对一些复杂的评价对象,利用多种指标综合反映其总体特征,挖掘隐藏于诸多数据之后的重要信息。

(1)林地利用状况评价

林地利用状况评价的内容包括林地利用现状潜力评价和林地利用总量、分量评价与趋势性预测。林地利用现状潜力评价是指分析评价林地利用和保护强度、潜力以及林用的秩序性等内容,为优化产业结构、制定林地利用规划等提供决策支持。主要的评价指标包括已利用林地面积、未利用林地面积、各类型林地面积以及其他社会经济指标等。

林地利用总量、分量评价与趋势性预测是分析各类型林地利用面积以及林地利用总面积,并作出未来5~10年内的趋势性预测,为编制林地利用规划、林业产业结构调整计划等提供依据。主要评价指标为已利用林地面积、未利用林地面积、各类型林地面积等。

(2)森林资源现状评价

森林资源分布状况评价是指通过森林资源功能区划,掌握各区划的大类、子类的面积及比例,从而掌握全国森林资源的分布状况,包括森林资源分布状况评价和森林资源环境适宜性评价等内容。主要评价指标是森林覆盖率、森林面积蓄积、森林资源区划等。

森林资源环境适宜性评价是指在森林资源区划和分布的基础上,结合森林立地条件以及未来进行保护、利用和经营等因子,作出环境适宜性评价,使其在最小的环境承载下,提供最大的生态、社会和经济效益。主要评价指标是森林单位面积蓄积、林分结构、景观、可及度等。

(3)森林资源质量评价

森林资源质量评价主要包括地类结构情况、林种结构和树种结构等方面的内容。

(4)森林效益评价

森林效益评价包括生态效益、经济效益和社会效益评价。

①森林生态效益:是指在人类干预和控制下的森林生态系统,对人类化的环境系统在有序结构维持和动态平衡保持方面的输出效益的总和。包括森林的涵养水源效益、保土效益、储能效益、制氧效益、同化二氧化碳效益、降尘净化大气效益、生物多样

性保护效益、防风固沙效益、护岸护堤护路的防护效益和调节小气候效益等。一般从涵养水源价值、保育土壤价值、净化水质价值、净化空气价值(固碳制氧价值)、净化环境价值、保护生物多样性价值等方面进行评估,方法包括边际机会成本法、影子价格法、替代性市场法、意愿调查评估法等。主要评价指标包括森林环境因子、土壤、郁闭度、植被总盖度、土壤侵蚀、土壤理化性质等。

②森林经济效益:是指在人类对森林生态系统进行经营活动时所取得的,已纳入现行货币计量体系,可在市场上交换而获利的一切收益,也称直接效益。通常人们把林地价值、木材产品价值、薪炭材价值、鲜果干果产品价值、食用原料林产品价值、林化工业原料林产品价值、药用林产品价值、野生动物(水生、陆生)产品价值、林下资源产品价值和其他林副产品价值计算为森林的直接收益。方法包括市场价格法、未来收益净现值法、预期收益净现值法等。对于各种木材和非木材林产品,如果条件具备都要尽量按现期市场价格进行评估;对于具有存货性质的林木(如幼龄林和中龄林),习惯做法是在扣除把林木培育成熟、采伐、运输等费用后,将未来销售林木的收益折成现期价值,按未来收益净现值法进行评估。主要评价指标包括森林蓄积、树种、林木价格、经济林及林副产品价格等因子。

③森林社会效益:是指林业经营系统为社会系统提供除去经济效益外的一切社会收益,它体现在对人类身心健康的促进作用方面,对人类社会结构改进方面以及对人类社会精神文明状态改善方面。社会效益是森林效益的重要组成部分,一般从森林提供的就业机会、森林游憩和森林的科学、文化、历史价值等方面进行评估。目前,对森林提供的就业机会主要采用投入产出法、指数法进行评价;对森林游憩价值主要采用旅行费用法等进行评价;对森林的科学、文化、历史价值主要采用指标评价法、条件价值法和综合模型评价法等进行评价。主要评价指标包括森林游憩、生物多样性、森林卫生保健、科学研究等因子。

(5)森林灾害预警预报

森林灾害预警预报包括林地退化预警和森林病虫害预报。

①林地退化预警:通过统计分析林地土壤退化的发生位置、影响范围、经济损失等要素,选取适合的综合评价模型和预测模型对林地退化进行预警预报。主要评价指标包括林地土壤侵蚀速度、经济损失等。

②森林病虫害预报:通过统计分析森林资源病虫害发生位置、影响范围、受灾程度等要素,选取适合的综合评价模型和预测模型对森林病虫害进行预警预报。主要评价指标包括受灾面积、程度等。

3)评价方法模型

森林资源监测评价方法主要为客观的数学模型,通过编程实现目前较为成熟、通用的综合评价、数据挖掘以及趋势预测的数学运算过程,系统根据评价对象和评价内容给出默认的评价方法,并允许用户选择其他评价方法以便于进行各方法之间评价结果的比对。评价方法模型基于模块化的思想设计,可增加新的评价方法,有利于系统的更新和维护。主要的评价方法模型包括综合指数法、模糊评价法、矢量—算子法、AHP 法、Delphi 法、模糊综合评判法、主成分分析法、TOPSIS 法、灰色关联度分析法、决策树模型、人工神经网络模型等。

4）统计分析与综合评价

（1）统计分析

森林资源统计分析是指运用数理统计理论和各种分析方法以及与森林资源和生态状况综合监测有关的知识，通过定量与定性相结合的方法进行的统计和分析活动。统计分析是继数据采集、数据处理、数据建库、数据更新之后，通过统计、分析、模拟等技术手段挖掘获取更丰富、更全面、更深层次信息的重要技术环节，从而为森林资源监测的有关评价和信息服务提供依据。森林资源监测的数据统计方法视监测的具体技术方法而定，如样地调查采用抽样方法进行统计，斑块调查一般采用汇总方法进行统计等。

（2）综合评价

森林资源综合评价是将森林资源和生态状况的现状、动态、结构、分布、功能等，用一定的指标进行定性评估或定量评价，抽象出森林资源及其生态系统的特征和发展规律，以及与社会经济发展、环境保护和生态建设之间的内在联系，为国家宏观决策、林业可持续发展及相关部门和社会公众等提供信息支持。

森林资源综合监测就是要实现对森林生态系统的全面监测和综合评价，为生态建设和林业可持续发展乃至经济社会可持续发展提供决策支持。因此，生态状况综合评价是森林资源综合监测的一项极其重要的内容。开展森林资源生态状况综合评价，就是在森林资源专项评价的基础上，对森林资源总体生态状况及其发展变化进行评价，分析影响生态状况的各种因子，评估生态建设成效，提出生态治理对策建议。

15.3.5 森林资源监测信息系统集成技术

森林资源监测信息系统集成，并不只是将森林资源监测涉及的各个部分简单的堆集，而是通过整体规划构架，利用计算机、通信、数据库、标准化技术等信息处理技术，以森林资源监测中分散的、独立运行的各单元软件和模型为基础，对森林资源监测中各环节的数据和过程进行有效整合，优化数据流及业务过程，形成一个有机的综合信息应用系统，为森林资源监测提供有效地信息支持。森林资源监测信息系统的集成，是以开放平台的方式，利用标准的接口集成各种技术、功能和界面，彻底改变封闭式林业信息系统的局面(唐小明等，2012)。

15.3.5.1 面向服务的森林资源监测系统体系架构

森林资源监测工作的开展需要多部门多层次协同进行，这就必然要求集成系统也相应地具备对协同工作的支持，能够充分满足监测工作在信息协同、人员协同以及业务协同方面的要求。信息协同即通过数据的流转实现各部门各层次之间在统一的基础数据下工作并获得相同的成果数据；人员协同支持参与监测工作的各类人员按照其职责各司其职、通力协作，只负责自己辖区内的资源监测信息的采集和加工；业务协同要求在开展监测工作时，根据实际工作需要对参与人员的监测任务进行动态的管理并确保监测工作各业务环节的完整性。

　　基于上述考虑，森林资源监测集成系统将以服务为核心，通过构建分布式的协同系统以支持服务发布、动态发现、组合、业务构建、任务发布的集成系统。SOA强调的是资源共享和复用、架构动态和柔性的组合，通过模块化和开放标准接口设计，实现了服务和技术的完全分离，从而达到服务的可重用性，提高业务流程的灵活性。同时，SOA具有以松耦合为特点，以用户应用与业务流程构建为中心，通过界面整合、业务流程集成、服务和信息的共享，提供统一、灵活的应用和跨流程、跨系统、跨部门应用的组合能力。

　　在SOA架构下，将以上分析的协同系统的各项功能以Web服务的方式组织起来，通过各子系统的业务流程模型，将这些服务连接起来，实现完整的业务协同处理流程。系统架构如图15-1所示，分为客户应用层、应用支撑层、协同服务层、数据资源层、基础设施层(唐小明等，2012)。

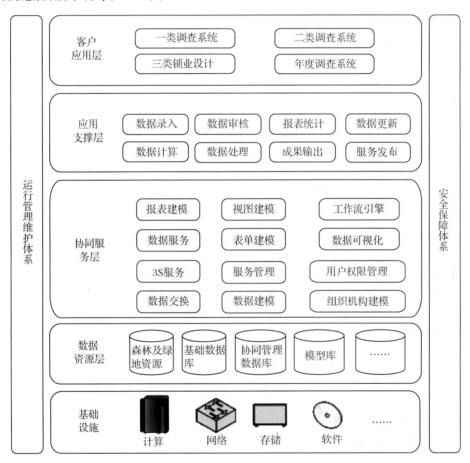

图15-1　森林资源监测集成系统架构

(1)客户应用层

　　系统的各类用户，根据用户的权限提供定制化的人机交互界面，根据业务的环节分为：区划协同系统、调查协同系统、更新协同系统以及应用与服务协同系统。

（2）应用支撑层

基于协同服务层的各项服务，按照业务逻辑进行组装，为客户应用层的各系统提供业务构件，主要包括：数据录入、数据审核、报表统计、数据更新、数据计算、数据处理、成果输出以及服务发布。

（3）协同服务层

协同服务层为系统提供适应于森林资源监测的各类服务，主要的服务包括：报表建模服务、视图建模服务、工作流引擎、3S 服务、数据可视化服务、数据服务、表单建模服务、用户权限管理、组织机构建模、数据交换、数据建模等。

（4）数据资源层

数据资源层包括森林资源数据、园林绿化数据、基础数据、协同管理数据库、协同模型库以及其他一些数据及资源。

（5）基础设施层

提供系统运行必要的计算环境、网络设施、存储设备、操作系统、数据库管理系统等软件。

（6）安全保障体系

安全保障体系包括网络和系统的安全运行机制和安全管理机制等。

（7）运行管理体系

运行管理体系指以市森林监测部门为核心的组织机构、岗位职责和管理规范、系统运行遵循的标准等。

15.3.5.2　监测信息集成系统智能客户端

监测信息集成系统的用户主要是各级林业监测部门，存在着用户多、分布散的特点。根据监测相关技术规定的要求，不同区域的监测部门只能在本辖区范围内开展工作，不能越界；而且即使是同级管理部门的用户如果辖区不同，其数据的访问权限也有区别。因此要求系统根据用户权限实现非现场部署，以减少系统维护的投入。区划、调查环节的工作重心是在区县级、乡镇级甚至是村级部门开展，这两项监测工作要求系统具有比较强的处理能力，这是 B/S 系统很难实现的。智能客户端良好的结合了 B/S 和 C/S 系统的优点，并弥补了各自的缺点，是一种比较完善的应用程序模式（唐小明等，2012）。

（1）智能客户端概述

智能客户端是由 NET Framework 支持的一种可扩展的能集成不同应用的应用程序，其目的是为了整合 Windows 和 Internet，可以将胖客户端应用程序的功能和优点与瘦客户端应用程序的易部署和可管理性优点结合起来，充分利用了客户端和 Web 技术的优势，是一种有别于 B/S 和 C/S 的一种新型开发模式。基于智能客户端的应用程序具有以下的主要特点：

①无接触部署：利用 Web 服务器来实现应用程序的部署，用户安装时只要将一个主程序文件下载到客户端，直接运行即可，无需改变注册表或共享的系统组件，其他

应用组件将在第一次运行时自动下载。

②自动更新：只需将新版本的程序发布在服务器上，由客户端自动发现最新版本的程序和应用组件，并自动下载和更新。通过版本号来区分多个版本的 DLL，解决了 DLL 的版本冲突问题。

③支持在线和离线运行：既支持与服务器连接时的系统运行，又允许脱离服务器时，利用本地的客户端程序和应用组件进行工作。

④个性化用户界面：用户可根据喜好自行设置客户端应用程序，配置信息被保存到服务器上。下次登录后，客户端从服务器获取并解析这些个性化配置信息来恢复用户定制的应用程序。

⑤与 Web Services 的集成：应用 XML 和 SOAP 协议，智能客户端应用程序可以与 Web Services 方便的集成应用。

(2) 基于智能客户端的客户应用系统设计

基于智能客户端的系统运行于市、区县和乡镇级森林监测部门，用于开展区划和调查工作，其体系架构如图 15-2 所示。监测信息协同智能客户端由服务器、客户端和传输网络构成，服务器由 Web 服务器、业务服务器和数据库服务器三部分组成，业务服务器集成了监测过程中需要使用的相关业务服务，数据服务器存储了森林资源数据以及其他相关数据。智能客户端通过局域网、专网或互联网方式连入，根据用户权限，下载权限范围内的服务及数据，并进行本地安装(唐小明等，2012)。

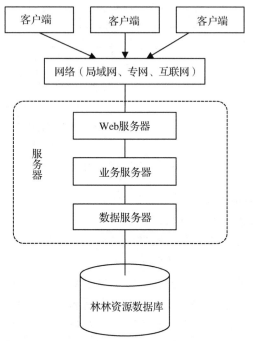

图 15-2　监测信息集成系统智能客户端架构

15.3.5.3　监测业务流程集成技术

在传统的监测业务过程中，各级各部门通过电话、电子邮件、即时消息等方式进行信息交流和共享，对于森林资源监测这样一个复杂的业务，仅仅靠这些通信协同的手段支持是不够的，它需要在业务流程框架的支持下，通过协调不同阶段、不同角色的任务参与者，使他们在时间和空间合理分配的角度下进行协同。

针对监测业务的复杂性和动态性，使用工作流协同技术来实现业务流程协同。工作流是一类能够完全或部分自动执行的业务过程，它按照一系列过程规则、把文档、信息、任务在不同的执行者之间进行传递与执行。将工作活动分解成定义好的任务、角色、规则和过程来完成执行和监控，达到提高生产组织水平和工作效率的目的。工作流管理技术以业务过程为核心，不仅提供对业务过程中单个活动的支持，而且对活动之间的联系提供自动化或半自动化的支持。流程协同就是实现贯穿在各种信息节点的业务流程间的同步和异步操作，使之相互协作，进而实现整个业务流程。

森林资源监测业务是典型的具有流程协同特点的协同工作应用。其协作模式是多人多部门进行异地、异步协作。其工作过程涉及多任务协调执行，这些任务分别由不同的处理实体来完成。基于业务流程协同技术来实现监测业务协同的过程如图 15-3 所示(唐小明等，2012)。

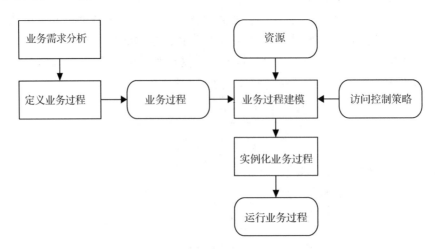

图 15-3　监测业务集成流程

首先对森林资源监测的业务需求进行分析，根据业务需求定义业务过程，会同根据业务安全需求制定的访问控制策略及资源，对业务过程进行建模，即形式化工作流系统中的基本元素及它们之间关系的模型，之后进入运行阶段，将业务过程送入工作流引擎进行实例化并运行该业务过程实例。

监测业务流程集成的实现，涉及支撑数据库、Web 服务和应用客户端。数据库服务器存储业务流程数据、用户角色数据、森林资源数据以及其他业务支撑数据，其响应业务数据请求，并根据用户权限及需求生成用户所需数据集；Web 服务器响应客户端请求，定义业务过程、生成过程实例并为其提供运行环境，同时调度实例运行以及为访问应用提供接口；应用客户端通过访问服务完成监测任务(图 15-4)(唐小明等，2012)。

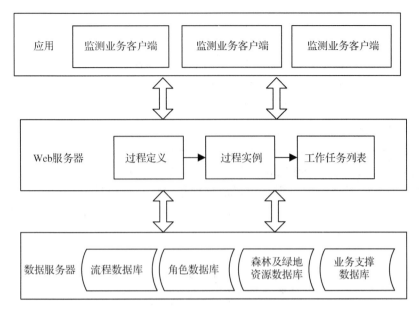

图 15-4 流程集成实现

15.3.5.4 监测信息协同安全与访问控制技术

森林资源监测业务流转中涉及了多级多部门的人员，除林业部门外，还包括环境、国土、水利、财政等多个部门，其中在林业系统内部，还涉及市、县、乡、村的各级林业单位。在应用与服务环节，还扩展了公众作为用户。众多的用户对监测系统数据的安全埋下了隐患，需要建立一种访问控制机制来保障数据的安全。

随着信息技术的发展，越来越多的系统构建协同环境使多用户在一个共享的工作环境中协作地完成一项任务。在森林资源监测协同环境中，共享数据资源的结构日益复杂，同时协作用户规模日益增大，监测协同信息系统面临着对数据资源进行有效安全管理的难题。如何合理控制众多用户对数据资源的访问权限，建立功能完善的用户管理、授权及认证体系，对于保证系统数据的安全性有着重要的意义。

基于角色的访问控制是指在应用环境中，通过对合法的访问者进行角色认证来确定访问者在系统中对哪类信息有什么样的访问权限。基于角色的访问控制引入角色（role）将用户和访问权限在逻辑上分开，一个用户可以赋予多个角色，同时一个角色也可以包含多个用户。系统把对数据和资源的访问权限授予角色，而不依赖于具体的用户身份。

引入角色来实现访问控制具有如下优点：

①角色的定义与系统用户的组织关系相一致，灵活并易于管理。

②角色的数目比用户的数目少，降低了系统的运行开销和复杂性，适用于大规模的分布式应用。

③角色比用户相对稳定，只需要对用户赋予新的角色就可以实现用户的访问权限变化，避免因人员变动而引起的复杂的授权变化。

基于角色的访问控制模型构建的监测信息协同访问控制模型如图 15-5 所示（唐小明

等，2012）。

①用户（User）：是参与监测业务中的部门及人员。

②角色（role）：由相关术语描述的工作职能或者工作名称。它表示在组织机构内将角色赋予给用户，具有与该角色相关的权利和责任。

③操作（operation）：对资源的动作。调用操作会引起受保护资源的资源信息的流入或流出，或者会引起系统资源的消耗。

④资源（resource）：资源包括监测信息协同系统的数据、系统功能。具体来说包含数据库系统中的用户操作的数据表、表中的行、列等信息。

资源和操作的组合构成权限，权限被分配给角色，角色被分配给用户，角色与权限之间是多对多的对应关系。用户通过作为角色成员而获得权限。角色是描述用户和权限之间多对多关系的桥梁。

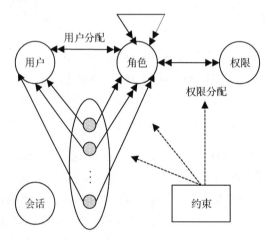

图 15-5　监测信息协同访问控制模型

思　考　题

1. 森林资源监测方法有哪些？各有什么特点？
2. 简述森林资源遥感监测的原理。
3. 简述国家森林资源连续清查的业务流程和调查内容。
4. 简述森林资源规划设计调查的业务流程和调查内容。
5. 简述一类清查的抽样设计。
6. 森林资源数据采集有哪几种途径？

参考文献

Kangas A，Maltamo M. 2010. 森林资源调查方法与应用［M］. 黄晓玉，雷渊才，译. 北京：中国林业出版社.

Lu D，Mausel P，Brondizio E，et al. 2004. Change detection techniques［J］. International Journal of Remote Sensing，25（12）：2365 – 2407.

Steven K T. 1992. Sampling［M］. New York：A NilegInterseienle Publlcatton.

曾伟生，蒲莹，杨学云. 2015. 再论全国森林资源年度出数［J］. 林业资源管理（6）：11 – 15.

曾伟生，周佑明．2003．森林资源一类和二类调查存在的主要问题与对策［J］．中南林业调查规划（04）：8－11．

曾伟生．2013．全国森林资源年度出数方法探讨［J］．林业资源管理（1）：26－31．

中国国家标准化管理委员会．2010．GB/T 26424—2010 森林资源规划设计调查技术规程［S］．北京：中国标准出版社．

国家林业局．2014．国家森林资源连续清查技术规定．

鞠洪波．2014．森林资源综合监测技术体系［J］．科技成果管理与研究（6）：51－52．

李德仁．2003．利用遥感影像进行变化检测［J］．武汉大学学报（信息科学版），28（增刊1）：7－12．

李世明，王志慧，韩学文，等．2011．森林资源变化遥感监测技术研究进展［J］．北京林业大学学报，33（3）：132－138．

李向军．2006．遥感土地利用变化检测方法探讨［D］．北京：中国科学院遥感应用研究所博士学位论文．

刘安兴．2005．森林资源监测技术发展趋势［J］．浙江林业科技（4）：70－76．

唐小明，张煜星，张会儒．2012．森林资源监测技术［M］．北京：中国林业出版社．

王雪军．2013．基于多源数据源的森林资源年度动态监测研究——以鞍山市为例［D］．北京：北京林业大学博士学位论文．

韦希勤．1993．国家级森林资源监测体系中的地面样地设计［J］．世界林业研究（3）：24－27．

肖兴威．2007．中国森林资源和生态状况综合监测研究［M］．北京：中国林业出版社．

闫宏伟，黄国胜，曾伟生，等．2011．全国森林资源一体化监测体系建设的思考［J］．林业资源管理（6）：6－11．

张景发，谢礼立，陶夏新．2002．建筑物震害遥感图像的变化检测与震害评估［J］．自然灾害学报，11（2）：59－64．

第**16**章

森林经营监测评价

　　森林经营监测是现代森林经营管理的重要手段，在森林经营管理过程中能够发挥重要作用。首先，监测是一种对森林经营工作的检查，通过监测活动定期对森林经营实施情况进行了解，能够及时发现问题，并进行调整；其次，森林监测的成果是通过实践调查、研究和分析得出的，一定程度上能够作为森林经营者，如林业生产、经营、管理部门，进行相关决策的依据；第三，通过实施监测收集到的大量基础数据和资料，可以为林业生产、科学研究提供可靠的基础。因此，开展森林经营监测与评价是森林经营和管理的重要组成部分，对促进森林可持续经营有着十分积极的意义。

　　森林经营监测评价从大的方面来看，主要有三个方面：一是森林经营的可持续性监测评价，即森林可持续经营监测评价；二是林分层次的森林经营效果监测评价；三是森林经营的环境影响评价。

16.1　森林经营可持续性监测评价

　　森林资源可持续经营是森林经营活动的最终目标，要保证这个目标的实现，就必须通过森林经营监测和评价，对森林经营活动的全过程进行监测，获取森林发展状况和经营活动的第一手数据资料，评价其现状和预测其未来的发展趋势，对经营活动的效果进行评估，根据评估的结果及时地修正森林经营方案，以保证森林可持续经营目标的实现。因此，森林经营监测和评价是森林可持续经营的重要保障。

16.1.1　监测评价流程与指标体系

16.1.1.1　监测评价流程

　　森林可持续经营的监测评价是动态的反馈过程，是围绕森林可持续经营目标周而复始进行的。主要流程包括 7 个环节。

　　①根据国家可持续发展战略总体要求，结合监测对象的地理、经济、社会和森林资源的现状，提出的将来某一段时间内森林的结构、功能所期望达到的状态目标。

　　②根据监测对象的层次(国家、区域和森林经营单位)和其特点制定适合的森林可持续经营监测评价指标体系。

③对监测对象的森林经营现状进行分析评价，若符合目标要求，则跳过环节④，进入环节⑤，若不符合目标要求，进行问题诊断。

④根据问题诊断结果，对森林经营方针、政策、措施进行调整，制定新的可持续经营方案。

⑤组织实施。

⑥开展实施情况的监测，获取状态数据。

⑦若需要调整目标，则回到环节①，若不需要调整目标，则回到环节③。

从森林可持续经营的监测评价的流程中可以看出，评价既是实现森林可持续经营的逻辑终点，也是实施森林可持续发展战略的逻辑起点。因此，建立一套完整的、科学的、可操作性强的监测评价体系，对实现森林可持续经营至关重要。

16.1.1.2　监测评价指标体系的构建

1）指标体系构建方法

（1）系统法

利用系统论的观点和系统分析的方法，将要研究的对象看成由若干个子系统组成的复杂系统，考察其具体的属性，这些属性可能是一个对象的子对象，继续对子对象的属性进行解析，最终得到的可量度的具体属性即为评价系统的指标。

（2）目标法

又叫分层法，首先确定研究对象发展的目标，即目标层，然后在目标层下建立一个或数个较为具体的分目标，称为准则（或类目指标），准则层则由更为具体的指标（又称项目指标）组成。这种结构的优越性在于：层次分明，能够明确系统所要达到的总目标，及为达到总目标而设立的各个分层次目标；能够体现评价指标体系的整体性、系统性、相关性；易于进行量化评价。

（3）归纳法

首先海选大量的指标，按照一定的规则把众多指标进行归类，再对各类指标进行定性型和定量相结合的筛选，从中抽取若干指标构建指标体系。

（4）专家咨询法

首先海选大量的指标，发给相关专家征求意见，根据专家的意见进行分类和排序，然后综合分析，选取若干指标构建指标体系。该方法操作简单，但受咨询专家的主观影响大，后期指标的分析取舍难度大。

2）指标筛选方法

由于森林生态系统的复杂性和动态性，以及与经济、社会系统的复杂关联，往往需要大量的指标来反映森林经营的现状和趋势。但是指标过多，给数据的收集带来诸多困难，且可操作性差。因此，需要对初步拟定的指标进行筛选，从中选出对森林可持续经营影响较大的指标，建立起既反映真实情况，又简便易行的监测评价指标体系。指标的筛选方法主要有主成分分析法和专家咨询法（张成林等，2004）。

(1) 主成分分析法

主成分分析法是在保证信息损失尽可能少的前提下，经过线性变换对指标"聚集"，用较少的互相独立的几个综合指标来代替原来较多的指标，并充分保留了原来指标的主要信息，使数据的收集和计算得到大大简化。该方法客观性强，避免了人为对指标进行取舍造成的偏差。缺点是新指标不可能完全反映原来指标的全部信息，且需要较多的样本数据，不适合定性数据的分析筛选。随着 SPSS 等统计软件的普及，计算过程得到极大简化，该方法的应用必将更加广泛。

(2) 专家咨询法

专家咨询法也称德尔斐 (Delphi) 法。该法通过征求有关专家的意见得到各指标的分值，用各指标所得分值的算术平均值来表示专家的集中意见，并据此对各状态层的指标进行排序。用各指标所得分值的变异系数来表示专家意见的协调度，变异系数越小，指标的专家意见协调度越高，表示该指标的作用就越大。反之，则作用越小，从而达到对指标进行取舍的目的。该方法操作简单，特别适合于难以定量化的定性指标的筛选。缺点是具有较大的主观性，所咨询的专家受知识背景、研究领域的局限，对同一指标的认识很难一致，甚至差异较大。

这两种筛选方法各有优缺点，可结合起来使用。即在对定量化指标进行主成分分析筛选的基础上，运用专家咨询法对定性指标进行取舍，从而建立起全面而又便于操作的指标体系。

3) 指标的无量纲化方法

由于各指标的性质、度量单位、代表意义不同，要对指标进行综合评价，必须先进行指标的无量纲化处理，即通过数学变换来消除原来指标量纲的影响。无量纲化的方法有很多，常见的有功效系数法、目标值指数法、隶属函数法等 (张成林等，2004)。

(1) 功效系数法

对于正效指标，即越大越好的指标，其评价分值为：

$$Y = [X_i - A_i(\min)] / [A_i(\max) - A_i(\min)] \times 40 + 60 \tag{16-1}$$

对于负效指标 (也叫成本型指标)，即越小越好的指标，其评价分值为：

$$Y = 100 - [X_i - A_i(\min)] / [A_i(\max) - A_i(\min)] \times 40 \tag{16-2}$$

式中　X_i——某指标的实际值；

$A_i(\max)$——该指标的上限值；

$A_i(\min)$——该指标的下限值。

(2) 目标值指数法

目标值指数法是将各指标的实际值与该指标的目标值进行对比，求得一个相对数来作为该指标的评价值。

对于正效指标：

$$评价分值 = (指标值 / 目标值) \times 100\% \tag{16-3}$$

对于负效指标：

$$评价分值 = (目标值 / 指标值) \times 100\% \tag{16-4}$$

（3）隶属函数法

该方法是通过处理，将各指标实际值转换为 0 ~ 1 之间的评价值，优者为 1，差者为 0。首先确定指标的上、下限值，即 $A_i(\max)$ 和 $A_i(\min)$。

对于正效指数，有隶属函数：

$$U_i(I) = [X_i - A_i(\min)]/[A_i(\max) - A_i(\min)], \quad A_i(\min) < X_i < A_i(\max) \quad (16\text{-}5)$$

当 $X_i < A_i(\min)$ 时，$U_i(I) = 0$；当 $X_i > A_i(\max)$ 时，$U_i(I) = 1$。

对于负效指数，有隶属函数：

$$U_i(E) = [X_i - A_i(\max)]/[A_i(\min) - A_i(\max)], \quad A_i(\min) < X_i < A_i(\max) \quad (16\text{-}6)$$

当 $X_i < A_i(\min)$ 时，$U_i(E) = 1$；当 $X_i > A_i(\max)$ 时，$U_i(E) = 0$。

式中 X_i——某指标的实际值；

$U_i(I)$——正效指标无量纲化后的评价值；

$U_i(E)$——负效指标无量纲化后的评价值。

通过上述方法，便可把不同量纲的指标实际值转化为无量纲的评价值，以便于进行指标体系的综合评价。

4）指标权重的确定方法

指标权重的准确与否在很大程度上影响综合评价的准确性和科学性。各指标权重值的高低直接影响着综合评价值的大小，权重值的变动也会引起被评价对象优劣状态或顺序的改变。因此，科学地确定各指标的权重在综合评价中是非常重要的。随着研究的深入，权重的确定方法也由初始的依据经验和主观判断来确定权重，逐渐发展为更客观的专家咨询法、熵值法、层次分析法等（张成林等，2004）。

（1）专家咨询法

该方法是请生态、经济、社会、环境等领域的专家按照一定的准则（一般采用 1 ~ 9 标度法），对指标体系中各指标进行分析、判断，并赋予一定权重的多次调查方法。当专家意见分歧程度局限在 5% ~ 10% 时，则停止调查。该方法简便易行，适用范围广，不受样本是否有数据的限制，特别适用于一些不易直接量化的模糊性指标。缺点是主观性强，随指标数量的增加，权重分配的难度和工作量（反复次数）也相应增大，甚至难以获得满意的效果。

（2）熵值法

熵是对一个系统状态混乱程度的度量。熵值越大，系统越混乱；熵值越小，系统越有序。因此，熵值反映了指标信息的效用价值。在计算指标权重时，若某指标的各个数值之间变化不大，则该指标在综合分析中所起的作用就小，所以权重也小；反之，权重就大。该方法结果可信度较大，自适应功能强，但受模糊随机性的影响，且指标间联系不大，适用于有数据的样本。

（3）层次分析法

层次分析法是美国 T. L. Seaty 教授于 20 世纪 70 年代提出的一种实用的多准则决策方法。其中心思想是"相对之中把握绝对"，是一种定性和定量相结合的分析方法。它按系统的内在逻辑关系，将评价者对复杂对象的评价思维过程条理化，把评价指标分解成有序的递阶层次结构，对各层次相关指标进行两两比较，构造判断矩阵，把各指标的相对重要性给予量化，通过一致性检验后，计算出各指标对于总目标的组合权重。

此外，还有灰色关联度法、两两比较法、环比评价法等。各种方法分别从不同侧面反映了各指标在综合评价中的相对重要性，但最终用于综合评价的权重只能有一组。因此，为了确定各指标较合理的权重，实际应用中常将上述几种方法结合起来。如专家咨询法与层次分析法相结合、层次分析法与熵值法相结合等，均比运用单个方法要好。同时也可用上述方法分别计算指标的权重，将求得的各指标的权重值进行算术平均或几何平均，作为各指标的最终权重。该方法综合了上述几种方法，精度较高，应用亦很广泛。

16.1.2　监测方法

监测是为森林可持续经营评价获取相关数据，实现上述建立的指标体系的监测与评价，使其不仅限于一个理论框架。由于每个指标要求的内容不同，因此获取数据的方式也不同，所以在实施时，需要根据指标的特点，有针对性的采用一定的方法来进行。根据监测评价的对象是区域水平还是森林经营单位，因此在选择监测方法时，还要着重考虑监测评价对象的具体情况，以使监测活动的开展具有适应性和经济性，一方面可以有效获取数据，反映体系对资源、环境、经济和社会的要求，同时也应能适应监测评价对象现有的能力状况，避免造成经济负担。因此，要求森林监测与评价方法简便易行，必要时，可以借助一些现代科技手段。在实施时，可以尽量结合监测对象现有的一些监测调查方法，如国家森林资源连续清查、森林资源规划设计调查、森林生态定位监测以及其他专项调查，选取最优的监测方式。一般主要的监测方法有以下 5 种（刘小丽，2013）：

（1）样地调查法

①固定样地：主要目的是通过设置固定标准地或样地，来获取各类林分生长量数据的方法，如国家森林资源连续清查。此类样地可以广泛用作森林资源调查，以及土壤、植被等项目。第二类为非林木固定样地，指在经营林地内设立有代表性的样地，可对水土流失等相关项目进行调查。

②临时样地：又称为一次性调查法。指通过设置临时标准地，一次性获得有关森林或林木的相关数据，如树木直径生长量。

（2）林地巡视法

该方法主要通过护林员对林地的日常巡视，来实现对相关因子的监测，此种方法与森林经营和管理的贴合性较强，能节省时间和成本，但对护林员素质有较高要求，需在实施前对护林员进行相关方面的系统培训工作，以保证监测的效果。林地巡视法适用的监测指标包括：森林灾害、森林有害生物、自然灾害、动植物种类、水土流失状况等。

（3）调查访谈

调查访谈主要适用于森林经营社会影响的监测和评价，目的是了解相关利益群体对森林经营活动的看法，如了解就业、经济、利益冲突、劳资关系等问题。调查访谈的方法可以包括问卷调查和会议协商等。调查对象可以包括企业职工、当地群众和政府部门等。

（4）档案资料查询和数据收集

资料查询主要通过收集与查阅与监测指标有关的文字资料来获取监测数据。该方法数据的可靠性很高，一些统计类的指标可以利用这种方法，如森林面积、森林覆盖率等。

（5）试验室测定

试验室测定主要涉及一些专业技术较强的监测项目监测，如土壤结构和养分组成、水质等。需要通过野外取样，借助实验室的专业仪器做进一步的分析与测定。有时还需要委托具有相关资质的机构开展。

16.1.3　评价方法

目前，常用的评价方法包括综合指数法、层次分析法、模糊综合评价法、灰色关联度分析法和人工神经网络法等。

（1）综合指数法

综合指数法是一种较为简单实用的一种综合评价方法，是通过综合多个不同类别的评价指标，形成无量纲的指数即综合指数，将事物不同侧面的性质进行综合分析、比较，来全面反映事物综合情况的方法。指数是一种特定的相对数，按所反映的总体范围不同可分为个体指数和总体指数。反映某一事物或现象的动态变化的指数称为个体指数；综合反映多种事物或现象的动态平均变化程度的指数称为总指数，它说明多种不同的事物或现象在不同时间上的总变动，实际上是反映多种不同事物的平均变动的方向和程度的相对数，是一种多因素的指数。

综合指数是编制总指数的基本计算形式。一方面，我们可利用综合指数的方法来进行因素分析；当将某个问题指标分解为两个或多个因素指标时，如果固定其中的一个或几个指标，便可观察出其中某个指标的变动程度。另一方面，也可以综合观察多个指标同时变动时，对某一现象或结果影响的程度和方向，进而评价其优劣。

综合指数法的基本步骤为：

①选择适当的指标。

②确定权重。

③根据实测数据及其规定标准，综合考察各评价指标，探求综合指数的计算模式。

④合理划分评价等级。

⑤检验评价模式的可靠性。

（2）层次分析法

层次分析法是通过对多系统多个因素的分析，划分出各因素间相互联系的有序层次，再请专家对每一层次的各因素进行比较客观的判断后，给出相对重要性的定量表示，进而建立数学模型，计算每一层次全部因素的相对重要性的权重，加以排序。其是将定量分析与定性分析有机结合起来的一种系统分析方法。

层次分析法的主要步骤包括以下几方面：

①构建评价指标体系的递阶层次结构。递阶层次结构一般分成 3 个层次：目标层、准则层和指标层。

②构造比较判断矩阵。

③层次单排序及一致性检验。

④层次总排序及一致性检验。

(3) 模糊综合评价法

模糊综合评价法是一种应用非常广泛和有效的模糊数学方法。它是运用模糊数学和模糊统计方法，根据影响某事物的各个因素的综合考虑，给出具体的评价指标和实测值，经过模糊变换后做出综合评价，使得难以量化的定性问题能够转化成定量分析。在森林经营效果监测评价中应用模糊综合评价法，通过建立模糊综合加权平均模型评价森林经营效果，可以较好地解决评价标准边界模糊和检测误差对评价结果的影响。

模糊综合评价法的主要步骤包括以下 5 个方面：

①确定评价指标的因素集和评语集。

②建立隶属函数进行单因素评价。

③建立评价因素的权重分配向量。

④进行复合运算得到综合评价结果。

⑤分析模糊综合评价结果向量。

(4) 灰色关联度分析

灰色关联度分析是基于灰色关联空间而建立的一种分析方法，在灰色系统理论中应用较为广泛。它以各因素的样本数据为依据，用灰色关联度来描述因素间关系的强弱、大小和次序，其基本思想是根据曲线几何形状的相似程度来判断关联度程度。该方法定量考虑多个因子的作用，得出具有可比性的综合性指标，从而提高了综合评估的准确性和有效性，避免了人为评判的主观性。

灰色关联度分析包括下列 3 个步骤：

①建立参考数列。

②进行关联系数计算。

③灰色关联度计算。

(5) 人工神经网络

人工神经网络是在对大脑的生理研究的基础上，用模拟生物神经元的某些基本功能元件(即人工神经元)，按各种不同的联结方式组成的一个网络。该方法具有自学习性、自组织性、自适应性和很强的非线性映射能力，特别适合于因果关系复杂的非确定性推理、判断、识别和分类等问题，被广泛用于森林评价。

人工神经网络分析包括下列 7 个步骤：

①确定评价的指标体系。

②确定各单元的待输入指标值。

③设计网络结构。

④选择训练样本和网络算法。

⑤对输入、输出参数进行规范化处理。

⑥进行网络训练、确定验证样本对网络进行验证。

⑦根据计算结果进行最终的分析评价。

16.1.4 监测评价实例

【例16-1】福建中亚热带经营单位水平森林可持续经营评价研究

首先，郭建宏（2003）通过对国内外有关森林可持续经营指标体系的总结与归纳分析，结合福建中亚热带森林经营单位水平森林经营实际，以温带和北方森林及中国森林可持续经营标准与指标体系为基本框架，构建了福建中亚热带森林经营单位森林可持续经营的标准与指标体系，包括保护生物多样性、维护森林生态系统生产能力、维护森林生态系统健康和活力、保护水土资源、保持森林对全球碳循环贡献、保持和加强满足社会需求的长期多种社会经济效益、保障森林可持续经营的法规、政策和经济体制实施情况7个标准，30个指标。

其次，根据所构建的指标体系，结合研究区域内社会、经济、资源、环境条件等特点，特别是考虑到研究区域现有调查统计数据的可得性，确定了各指标所需监测的因子和测算方法以及相应的参照值，提出了福建中亚热带森林经营单位水平森林可持续经营的综合评判标准：当综合评价指数 $K \leqslant 0.3$ 时，为完全不可持续；当 $0.3 < K \leqslant 0.5$ 时，为基本不可持续；当 $0.5 < K \leqslant 0.7$ 时，为弱可持续；当 $0.7 < K \leqslant 0.8$ 时，为基本可持续；当 $0.8 < K \leqslant 0.9$ 时，为可持续；当 $0.9 < K \leqslant 1$ 时，为完全可持续或强可持续。

最后，根据所建立的指标体系选取顺昌县埔上林场进行了指标的验证评价，结果表明顺昌县埔上林场可持续经营综合评价指数为0.885，总体趋势是可持续的。在7个准则层指标中，生物多样性的保护和水土资源的保护两个指标的实现率相对较低，分别为74.5%和6.6%，低于80%，处于基本可持续状态；而森林生态系统健康和活力的维持、森林长期多种社会经济效益的保持和加强、保障森林可持续经营的法规、政策和经济体制实施情况三个指标的实现率相对较高，分别为96.6%、93.5%和92.6%，处于强可持续状态，说明埔上林场的经营管理水平较高；维护森林生态系统生产能力、保持森林对全球碳循环贡献两个指标实现率中等，分别为89.6%和84.1%，处于可持续状态。

【例16-2】我国森林可持续经营的描述和评价指标体系的构建

郝涛（2005）从系统的观点出发，以我国森林可持续经营系统为研究对象，以可持续发展的思想为指导，在综合国内外研究成果的基础上，根据系统方法，构建了由"对象（系统）层—子对象（子系统）层—领域层—专题层—子专题层—指标"多层次组成的。子系统包括4子系统、9个领域、23个专题、30个子专题、62个指标。运用矩阵式（模型），对我国森林可持续经营评价的聚合过程进行描述，并计算出我国五次森林资源清查期间，各层的分值，最后得出我国森林可持续经营能力分别为较弱（2.59）、一般偏弱（3.24）、一般（4.14）、一般（4.84）、较强（6.17）的定性和定量化结论。

【例16-3】鄂尔多斯造林总场可持续经营评价

沈红霞（2009）以内蒙古自治区鄂尔多斯市造林总场为研究对象，通过对国内外森林可持续经营评价指标体系研究的总结及归类，依据中国森林保护和可持续经营标准与指标框架，结合林场的实际状况，采用目标法和专家咨询法，研建了一个由 4 个层次 30 个指标组成的林场级森林可持续经营指标体系及测算方法。利用所构建的指标体系对鄂尔多斯市造林总场森林可持续经营状况进行了评价，得出森林可持续经营综合评价指数为 0.778，处于基本可持续状态。从评价过程看，影响林场森林可持续经营的关键因素是：产业结构不合理，树种量成简单，林分组质偏低，森林病虫鼠害年均发生率较高，多种经营规模不足等。

【例 16-4】我国东北林区森林经营单位级森林可持续经营监测评价研究

首先，刘小丽（2013）以森林可持续经营的内涵和目标为基础，依据森林可持续经营的目标和建立指标体系的基本原则，首次运用扎根理论分析方法，对适用于我国东北林区的 5 个森林可持续经营标准进行了定量和定性的统计分析，并构建了在内容上涵盖资源、环境、经济和社会 4 个方面的综合监测评价指标体系框架。

其次，对东北地区森林经营单位森林经营管理活动可能产生的环境、社会和经济方面的影响，及其影响程度进行了综合分析，建立了森林经营活动影响矩阵，明确了应重点进行监测和评价的领域。并针对所建立的监测与评价指标体系，利用 Delphi 法，广泛获取了专家咨询意见，最终确定了监测评价指标，以及这些指标的权重。该指标体系包含森林资源、环境、社会和经济目标层，一级评价指标层（10 个指标）、二级评价指标层（24 个指标）、监测指标层（36 个指标类），共四个层次。

第三，提出了森林综合监测的实施方法与评价方法。实施方法包括各监测指标评价指标的监测方法、监测周期、监测点设计及监测保障部门的安排。评价方法包括综合指数评价方法的介绍、评价参照值的选取以及各级评价指标值的计算。

最后，选取黑龙江省穆棱林业局开展实证研究，对所建立的森林经营单位水平的监测与评价体系进行运用与测试。对穆棱林业局的森林监测与评价现状，以及其经营实践进行分析，建立了穆棱林业局森林综合监测与评价体系。并利用穆棱森林经营 2000—2010 年经理期内的综合监测数据和部分现实评价数据进行了森林可持续经营综合分析与评价。通过分析，得到最终的综合评价指数值为 0.775，其中森林资源指数值 0.839，环境评价指数 0.714，社会评价指数 0.733，经济评价指数 0.820。这些与森林可持续经营目标值大于或等于 1 相比，已经非常接近，因此可以认为穆棱林业局的森林经营已经趋向森林可持续经营状态，但暂时还未完全达到森林可持续经营状态。

16.2　林分经营效果监测评价

林分层次的经营效果监测评价主要是以林分为对象，对经营措施实施后林分所发生的变化进行监测和评价，包括林分结构特征的直接变化和木材增长以及生态效益的间接变化等。通过监测和评价，评价经营效果和经营措施的适用性，预测其未来的发展趋势，根据评估的结果及时地修正森林经营方案，以保证森林可持续经营目标的实现。

林分经营效果评价一直是森林经营研究领域的热点问题。研究集中在不同经营模式（包括具体经营措施）对林分生长、结构、生物多样性、土壤、天然更新和林分状态的影响上。目前已经对传统经营模式的主伐、择伐和近自然经营模式的干扰树择伐、人工促进更新、针阔混交等经营措施进行了相关研究。从森林功能的角度评价经营模式的影响是森林经营效果评价的另一个主要方向。不同的经营模式对森林的不同功能有不同影响。早期森林经营管理是以获取木材为主要目的，木材生产一直是森林的主导功能之一，因此相关研究集中在经营模式对木材产量和木材经济效益的影响方面。对木材生产进行资本量化，分析投入产出比，是探讨不同经营模式下林分木材生产经济效益的最直观表达。随着全球气候变暖和各种环境问题的日益严重，相关学者开始研究不同经营模式的固碳增汇效果，关注了择伐、抚育间伐、人工林近自然化经营等措施对人工林碳分配格局和土壤碳库的影响。近年来，由于经济社会发展对森林多重功能需求的日益增加，探索森林经营模式对木材生产、固碳释氧、水源涵养、社会文化等服务功能的综合影响逐渐引起相关学者的重视。

林分经营效果监测评价与林分经营方案（模式设计）密切相关，不同的经营方案的效果监测和评价方法可能会有所差异。林分经营方案按照内容可以分为单一措施方案和组合措施方案。单一措施方案是指采取了一种措施的经营方案，如造林（补植）经营方案、抚育经营方案、间伐方案、择伐方案等，这些方案的设计比较简单，经营效果的影响因素单一，监测评价比较容易。组合方案则是采取了两种以上经营措施的方案，如林分结构调整方案、结构化森林经营方案、近自然经营方案等，这些方案是综合性的，方案的设计比较复杂，经营效果的影响因素较多，监测评价也比较复杂。以下阐述一般综合性经营方案的效果监测评价方法。

16.2.1 监测评价内容和指标

林分经营效果监测评价的内容一般包括林分生长与生产力、林分结构、林分稳定性、林分的生态服务、森林土壤等几个方面，其所包含指标见表 16-1，各指标的测度方法参见本书相关章节。

表 16-1 林分经营效果监测内容及指标

监测内容		指 标
林分生长及生产力		生物量
		生产力
		蓄积量
		胸径
		树高
林分结构	空间结构	植被层次
		空间格局
		空间结构因子（大小比、混交比、角尺度）
		株数密度
		郁闭度
	径级结构	径级结构
	年龄结构	年龄结构
	物种结构	丰富度
		Shannon-Wiener 指数
		Pielou 均匀度指数

（续）

监测内容		指　标
林分稳定性		土壤侵蚀度
		火险指数
		病虫害程度
		生态脆弱性
		林分更新能力
林分生态服务	土壤保育	侵蚀模数
	水源涵养	水源涵养
	固碳释氧	植物固碳
		土壤固碳
		释氧量
	净化大气	提供负离子
		二氧化硫吸收量
		氟化物吸收量
		重金属量
林地土壤	化学性质	有机质含量
		氮含量
		磷含量
		钾含量
		土壤酸碱度
	物理性质	凋落物
		土壤密度
		土壤质地
		土壤结构
		最大持水量
		毛管持水量
		田间持水量
		毛管孔隙度
		非毛管孔隙度
		总孔隙度
	生物性质	土壤动物
		土壤微生物

16.2.2　监测方法

由于森林生长发育过程比较缓慢，经营措施对林分发展的影响在短期内很难体现出来，因此，经营效果的监测一般采取固定样地长期的连续观测，连续观测的周期一般为 2~5 年。

16.2.2.1　样地设置

样地在进行森林经营前进行布设与调查，通常选择能够充分代表林分总体特征平均水平的地块作为典型样地。样地设置可分为 3 步：林分选择、样地设计、样地施测。

（1）林分选择

样地设置前要结合样地设置的目的、树种、立地条件、经营措施等要求，根据森林资源二类调查信息进行筛选或通过咨询林场技术人员进行林分选择，如研究不同间伐强度对林分生长的影响，则需要选择立地条件相同或相近的林分；如研究间伐后不同立地条件林木生长的差异，则重点考虑土壤、土层厚度、坡向、坡位等。考虑到样地布设与调查的方便，应尽量选择坡度较小的林分。考虑到连续观测的需要，要选择交通便利、通讯良好、生活便捷且有利于进行样地保护的林分。

对选定的林分进行全面踏查，了解林分的地形、树种、分布格局、干扰情况等影响样地设置的因素，并综合考虑样地的大小、数量、排列、缓冲带、经营样地的集材道等因素，并保证林分有足够的面积进行样地设计。

（2）样地设计

为比较进行森林经营一段时间后的森林经营效果，通常要同时设置经营样地与对照样地。经营样地与对照样地应设置在同一作业地块，立地条件与林况相同或相近，一般在坡地沿等高线平行布设。

由于林分条件复杂，难以进行严格的实验设计，依据不同的研究目的可有重复或不进行重复，现有相关研究中多不进行重复或未做明确说明（雷相东等，2005；马履一等，2007；段劼等，2010），但为更好地反映森林经营效果，最好进行实验重复。有条件的情况下，可参照实验设计方法进行随机区组或正交实验设计。

样地设计要综合考虑森林类型、立地条件、抚育措施、保留密度或抚育强度等因素。森林类型按林种、树种、起源、林分组成等因子进行划分；立地条件要考虑土壤类型、土层厚度、坡度、坡向、坡位、海拔等确定；抚育措施类型包括疏伐、透光伐、生长伐、卫生伐、修枝、割灌、施肥等。按照不同的类型或结合不同的保留密度、抚育强度等级，考虑单个因子或多因子的组合确定样地数量。

样地大小受研究林分类型、研究目的、林分密度、分布格局以及林分特征因子的变动性等的影响，在林业生产实践中通常设置为 $20m \times 30m$，但不同研究对象的样地大小差异较大，从 $225m^2$（$15m \times 15m$）到 $2\,500m^2$（$50m \times 50m$）不等（雷相东等，2005；马履一等，2007；段劼等，2010），较小的样地难以准确反映森林经营效果，但样地越大相应的工作量与成本越大。大于 $1hm^2$ 大样地可以较好地反映林分生长与生态效果，并得到较多的认可。样地的形状以长方形或正方形为宜。

（3）样地施测

样地边界测量时，通常用罗盘仪定向、皮尺或测绳量距，确定样地各角点位置，要求样地边长闭合差 $< 1/200$。仪器或测站条件满足时，可通过全站仪或 GNSS/GPS RTK 进行边界测量。当样地坡度大于 $5°$ 时，要将在坡面上测量的斜距改算为水平距。

样地位置和边界一经确认布设完成，其位置和边界不可改动。边界外缘的树木在面向样地一面的树干上要标出明显标记，以保持周界清晰。样地的四角要埋设长期固定的标桩，便于辨认和寻找。为便于样地复位与连续监测，在样地固定的角点或中心用 GNSS/GPS 定点。

为避免外侧的树木对样地的影响，在样地外围保留 1 倍成树树高以上宽度的缓冲带。

16.2.2.2　连续观测

森林经营样地与对照样地在经营前进行 1 次调查，经营样地在经营后再调查 1 次，以后每 2 年或多年对经营样地与对照样地进行复查 1 次,具有时间的确定应考虑研究目的与时间对研究对象各指标的影响。森林更新、森林健康、物种多样性在每年生长季进行调查,林分生长指标的调查因子在树木生长期结束后调查。具体调查方法见本书"第 3 章 地面调查"的相关内容。

16.2.3 评价方法

林分经营效果评价方法主要有对比分析法和系统评价方法两类。对比分析法是通过对经营林分经营前和经营后一段的监测指标调查数据的对比分析以及经营林分与对照林分的监测指标对比,并辅助方差分析、显著性检验等数理统计方法,分析评价经营方案的实施效果以及不同经营措施对林分生长的影响和差异,这是最直观、最简单的评价方法。系统评价方法包括综合指数法、层次分析法、模糊综合评价法、灰色关联度分析法和人工神经网络法等,这些方法是一些通用性评价方法,参见"16.1.3 评价方法"一节。

16.2.4 监测评价实例

为了更好地理解林分经营效果监测评价方法,下面列举 4 个研究实例,包括结构化森林经营、近自然森林经营、森林健康经营 3 种综合经营模式和 1 种中幼龄林抚育单一经营模式。

[例 16-5] 结构化森林经营效果监测评价

惠刚盈等(2007)首次系统地提出了"基于空间结构优化的森林经营方法",简称为结构化森林经营。该方法将林分内任意 1 株单木和距它最近的 4 株相邻木组成的结构小组定义为分析林分空间结构的基本单元——林分空间结构单元,以此单元为基础,提出了描述林分空间结构的参数体系,包括描述林木个体在水平地面上分布格局的角尺度,体现树种空间隔离程度的树种混交度,反映林木个体竞争状态的大小比数,以及体现林木密集程度的密集度。

结构化森林经营的技术模式主要包括:用森林空间结构量化指标分析林分状态和指导林分结构调整,用林分自然度划分森林经营类型以及用林分经营迫切性指数确定森林经营方向,即以描述林木水平分布均匀性的角尺度调整林木空间分布格局,以反映树种多样性与反映种间隔离程度的混交度调整树种空间隔离程度,以体现林木竞争态势的大小比数调整树种竞争关系,以表达林木拥挤程度的密集度调整林木的拥挤程度,用健康森林的结构特征实时度量经营效果。

1)结构化森林经营效果监测主要内容与指标

结构化森林经营效果监测主要围绕以上技术特征来开展,其效果监测的主要内容包括空间结构参数(大小比数、角尺度和混交度等)及以林分自然度、林分经营迫切性相关的指标以及基于林分状态的综合监测的指标,具体如下:

(1)空间结构因子

以 4 株相邻木和 1 株参照树为单元构建林分空间结构参数:大小比数、角尺度和混交度。具体参见"16.2.1.2 森林结构"。

（2）林分自然度监测因子

森林自然度是指现实森林的状态与地带性原始群落或顶极群落的相似程度以及人为干扰程度的大小，是描述和划分现实森林状态类型的一项重要指标，也是制订森林经营、恢复和重建方案的重要依据。赵中华和惠刚盈（2011）提出从树种组成、结构特征、树种多样性、林分活力和干扰程度等方面来选取林分自然度的评价指标，其具体监测指标如图 16-1 所示。

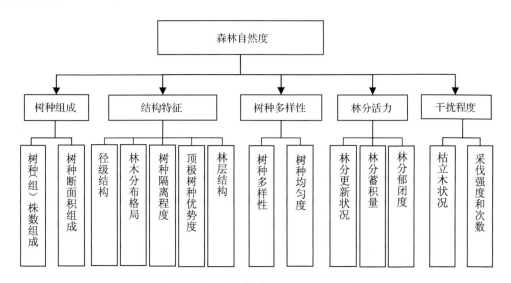

图 16-1　森林自然度度量指标体系

（3）林分经营迫切性监测因子

林分经营迫切性是指从健康稳定森林的特征出发，判断林分哪些指标不合理，是否需要经营，充分考虑林分的结构和经营措施的可操作性，培育林分向健康稳定的方向发展（惠刚盈等，2010）。经营迫切性分析能够明了林分的经营方向。经营迫切性监测评价包括空间指标和非空间指标，其具体监测指标如图 16-2 所示。通过这几个方面指标的监测，可确定现实林分的经营迫切性。

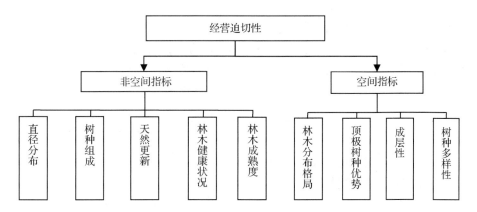

图 16-2　林分经营迫切性监测指标体系

（4）基于林分状态的综合监测因子

林分状态通常表现在空间利用程度、物种多样性、建群种的竞争态势以及林分组成等4个方面。这些因子包括了森林生态系统的生物因子和外界干扰因子，较全面地反映经营活动对林分的影响。其具体监测指标如图16-3所示（李远发等，2012）。

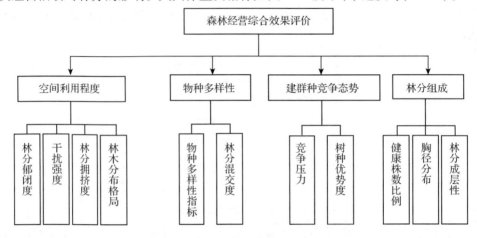

图16-3　林分经营综合监测指标体系

2）结构化森林经营效果评价方法

结构化森林经营效果评价方法包括林分自然度分析方法、经营迫切性分析方法以及经营效果综合评价指数方法。

（1）林分自然度分析

森林自然度（SN）评价方法通常采取熵值法修正层次分析法。先对各评价指标（图16-3）运用层次分析法赋权重，然后运用熵值法对其进行修正。其具体计算方法为评价林分指标层各指标评价值及约束层与其对应组合权重的乘积之和即为各林分的森林自然度。其计算公式为：

$$SN = \sum_{j=1}^{n} \lambda_j B_j \qquad (j = 1, 2, \cdots, n) \tag{16-7}$$

式中　　λ_j——约束层各指标修正后的权重；

B_j——指标层相对于目标层的评价值。

根据 SN 计算结果，采用定性与定量相结合的方法把自然度划分为7个等级，以区分不同林分类型与原始林或顶极群落的差异。自然度等级越高，其自然度值越大。具体划分标准见表16-2。

表16-2　森林近自然度等级划分

SN 值	森林状态特征	自然度等级
≤0.15	疏林状态（乔木树种组成单一且郁闭度较小，林内生长大量的灌木、草本和藤本植物，林分垂直层次简单）	1
0.15~0.30	外来树种人工纯林状态（以人为播种或栽植外来引进树种形成的林分，郁闭度较低，树种组成单一，多为同龄林，林层结构简单，多为单层林，多样性很低，林木分布格局为均匀分布）	2

（续）

SN 值	森林状态特征	自然度等级
0.30 ~ 0.46	乡土树种纯林或外来树种与乡土树种混交状态（以人为播种或栽植外来引进树种或乡土树种为主形成的林分，特征与上一等级类似）	3
0.46 ~ 0.60	乡土树种混交林状态（以人为播种或栽植乡土树种为主形成的林分，郁闭度较低，树种相对丰富，同龄林或异龄林，林层结构简单，多为单层林，树种隔离程度小，多样性较低，林木分布格局多为均匀分布）	4
0.60 ~ 0.76	次生林状态（原始林受到重度干扰后自然恢复的林分，有较明显的原始林结构特征和树种组成，郁闭度在 0.7 以上，树种组成以先锋树种和伴生树种为主，有少量的顶极树种，林层多为复层结构，同龄林或异龄林，林木分布格局以团状分布居多，树种隔离程度较高，多样性较高，林下更新良好）	5
0.76 ~ 0.90	原生性次生林状态（原始林有弱度的干扰影响，树种组成以顶极树种为主，郁闭度在 0.7 以上，异龄林，林层为复层结构，林木分布格局多为轻微团状分布或随机分布，林下更新良好）	6
>0.90	原始林状态（树种组成以稳定的地带性顶极树种和主要伴生树种为主，林内有大量的枯立/倒木，林下更新良好）	7

（2）经营迫切性评价

惠刚盈等（2010）提出林分经营迫切性指数（M_u）来决定林分是否需要经营。其被定义为考察林分因子中不满足判别标准的因子占所有考察因子的比例，其表达式为：

$$M_u = \frac{1}{n} \sum_{i=1}^{n} S_i \tag{16-8}$$

式中　M_u——经营迫切性指数，它的取值介于 0 到 1 之间；

　　　S_i——第 i 个林分指标的取值，其值取决于各因子的实际值与取值标准间的关系，当林分指标实际值不满足于标准取值，其值为 1，否则为 0。

林分经营迫切性评价指标如图 16-2 所示。基于评价指标，如果林分符合下列所有条件，那么林分符合健康稳定森林的标准，目前不需要经营。如果林分有 2 项甚至更多特征不符合标准，则需要经营。条件包括：

①林分水平分布格局为随机分布。

②顶极树种的优势度不小于 0.5。

③以树种混交度计算的树种多样性不小于 0.5。

④林层数不少于 2 层。

⑤直径分布 q 值处于 1.2 ~ 1.7 之间。

⑥树种组成中至少有 3 个树种比例大于 1 成。

⑦天然更新等级不低于中等。

⑧健康林木比例不低于 90%。

经营迫切性指数量化了林分经营的迫切性，其值越接近于 1，说明林分需要经营的迫切性越紧急，可以将林分经营迫切性划分为 5 个等级（表 16-3）。

（3）经营效果综合评价指数方法

森林经营的方式方法是影响森林经营效果的关键，经营方式直接决定了经营的性质和经营的成败；经营方法则是既定经营方式下具体的操作技术，直接影响经营结果

表 16-3 林分经营迫切性等级划分

迫切性等级	迫切性描述	迫切性指数值
不迫切	因子均满足取值标准，为健康稳定的林分	0
一般性迫切	因子大多数符合取值标准，只有一个因子需要调整，结构基本符合健康稳定森林的特征	0~0.2
比较迫切	有 2~3 个因子不符合取值标准，需要调整	0.2~0.4
十分迫切	超过一半以上的因子不符合取值标准，急需要通过经营来调整	0.4~0.6
特别迫切	林分大多数的因子都不符合取值标准，林分远离健康稳定的标准	≥0.6

的优劣程度。经营效果显然是经营方式和方法的综合体现。林分郁闭度、干扰强度和林分成层性是对森林经营方式的具体表达，而林分平均拥挤度、分布格局、物种多样性指数、树种隔离程度、竞争压力、优势度、健康林木比例以及胸径分布则是森林经营方法直接反映。森林经营效果是各项林分状态指标调整的综合体现，为此，结构化森林经营给出一个新的林分经营效果综合评价指数，它被定义为考察林分状态因子中满足健康经营标准的程度(李远发等，2012)，其表达式为：

$$M_e = \prod_{j=1}^m b_j \sum_{i=1}^n \lambda_i \delta_i \tag{16-9}$$

式中 b_j—— 当第 j 个表达经营方式的指标符合取值标准时 $b_j = 1$，否则 $b_j = 0$；

δ_i—— 当第 i 个表达经营方法的指标符合取值标准时 $\delta_i = 1$，否则 $\delta_i = 0$；

λ_i——第 i 个表达经营方法指标的权重；

m——经营方式的指标个数；

n——经营方法的指标个数。$\prod_{j=1}^m b_j$ 描述的是经营方式，取值为 0 或 1(0 表达经营方式的指标若有一个不符合可持续经营的规范则同视为经营失败，效果值为 0，即经营方式发生错误，经营后林分状态发生重大变化，如皆伐作业和强度择伐等；1 表示经营方式满足可持续经营的标准)；

$\sum_{i=1}^n \lambda_i \delta_i$——描述的是经营方法，取值在[0，1]之间，值越大说明方法越正确，反之越差。M_e 为经营效果综合评价指数，即林分状态改善程度，其取值介于[0，1]，越接近于 1，经营效果越好，反之越差。

经营效果综合评价指数量化了特定经营方式下一次性经营效果的优良程度，结合具体经营过程可将经营效果划分为好($0.85 < M_e < 1$)、中($0.70 < M_e < 0.85$)、差($M_e \leq 0.7$)3 个等级。

3)东北阔叶红松林结构化经营效果评价(赵中华等，2013)

(1)林分概况

试验区位于吉林省蛟河林业实验区管理局东大坡经营区。经营样地面积为 100m×100m。研究区植被类型属于温带针阔混交林——长白山地红松、杉松针阔混交林区。气候属温带大陆性季风山地气候，土壤为肥力较高的暗棕壤，森林类型为红松针阔混交林。

（2）林分状态特征及经营方向

根据林分调查数据（表16-4），从林分的结构特征、树种多样性、更新及干扰程度等方面对经营林分的状态特征、自然度和经营迫切性进行了分析。

表16-4　经营林分状态特征

直径分布	分布格局（角尺度）	树种隔离程度	顶极树种优势度	林层	Simpson指数	Peliou指数
倒"J"形	0.494	0.779	0.314	2.2	0.879	0.718

天然更新	采伐强度(%)	枯立木(%)	自然度值	自然度等级	经营迫切性值	经营迫切性等级	林分经营类型
良好	15	<5	0.698	5	0.330	比较迫切	抚育间伐型

分析表明：经营林分为次生林状态，林分经营类型为抚育间伐型，经营迫切性评价等级为比较迫切。样地中顶极树种无论是在株数组成上，还是在断面积组成方面均不占优势，运用大小比数与断面积相结合的优势程度计算公式可知，顶极树种红松（*Pinus koraiensis*）的优势度为0.205，小于评价标准值。因此，提高该林分中顶极树种的优势程度，调整树种组成是进行经营的一个方向。此外，在该样地中，有许多林木个体断梢、弯曲，甚至空心、病腐，不健康林木株数比例超过了10%，因此，提高林木的健康水平也是该林分经营的一个方向。

（3）经营效果评价

从空间利用程度、树种多样性、建群种的竞争态势以及林分组成等方面对经营后的红松阔叶林分进行评价，结果表明：经营后的林分郁闭度为0.8，符合连续覆盖的原则，按断面和株数计算的经营采伐强度分别为14.1%和16.4%，属于轻度干扰。将林分中所有的不健康林木全部伐除，有效地改善了林分和林木的健康状况。经营后的林分平均角尺度为0.490，仍为随机分布，直径分布仍为倒"J"形。树种多样性指数在经营前后基本保持不变，林分平均混交度为0.792，较经营前略上升，红松在林分中的相对显著度明显上升，由经营前的8.26%上升到经营后的9.57%。主要伴生树种有沙松（*Abies holophylla*）、黄檗（*Phellodendron amurense*）、椴树（*Tilia tuan*）、核桃楸（*Juglans mandshurica*）等的优势度较经营前明显上升。

［例16-6］近自然经营效果监测评价

近自然经营是近自然林业理论的核心技术方法，是德国林学家盖耶尔（Gayer）在1898年提出的。该技术方法是以森林生态系统的稳定性、生物多样性和系统多功能及缓冲能力分析为基础，以整个森林的生命周期为时间设计单元，以目标树的标记和择伐及天然更新为主要技术特征，以永久性林冠覆盖、多功能经营和多品质产品生产为目标的森林经营体系，是兼容林业生产和森林生态保护的一种经营模式（陆元昌，2006）。

在林分层次上，近自然森林经营是以单株林木为对象进行的目标树抚育管理。具体做法是把所有林木分类为目标树、干扰树、生态保护树和其他树木等4种类型，使每株树都有自己的功能和成熟利用特点，都承担着生态效益、社会效益和经济效益。

下面介绍北京西山地区油松人工林近自然化改造效果评价的主要方法、内容和结果(宁金魁，2009)。

(1)近自然化改造设计

该研究以建立栓皮栎、油松为优势树种的针阔混交林为发展目标，并以促进森林的更新和生长能力为近期目标，采用目标树单株作业体系进行林分抚育和结构调整，促使森林主林层优秀个体的生长发育，同时，保护和促进林下天然更新，并在天然更新能力较弱的地区补入适应本地区立地条件的顶极群落树种——栓皮栎，促使森林恢复自我发展机制。在人工油松林近自然改造过程中采取单株木作业体系，将林木分为目标树、干扰树、特别目标树和一般林木 4 类，进行林分作业措施，以调整林木间的竞争关系和资源利用情况。目标树单株木作业时间为 2005 年底，并在林下采取人工的形式播种一定量乡土阔叶树种：栓皮栎，穴播，每穴 5～9 粒种子，范围为整个油松林，播种和补植时间在 2006 年 3 月。

(2)样地调查和数据处理

试验地设在北京西山林场魏家村分场，在同时期造林的油松人工林内共设 6 块圆形油松人工林样地(半径 8.92m，面积 250m²)。平均林龄为 51 年，其他信息见表 16-5。其中 1#、4#、5#共 3 块样地为对照样地，其余 3 块为作业样地。分别于 2005 年 6 月和 2007 年 7 月进行了调查。

表 16-5　北京西山油松林样地基本信息(2007 年调查结果)

样地号	样地类型	坡度(°)	海拔(m)	郁闭度	平均胸径(mm)	平均树高(m)	密度(株/hm²)	灌木高度(m)	灌木盖度(%)	草本高度(m)	草本盖度(%)
1	对照样地	<5	240	0.6	20.6	1.3	400	14	85	0.4	75
2	作业样地	<5	252	0.55	12.4	7.7	1 360	17	60	0.3	60
3	作业样地	8	244	0.55	11.6	7.1	1 440	15	70	0.3	90
4	对照样地	<5	230	0.7	17.9	12.0	720	16	80	0.4	80
5	对照样地	<5	282	0.6	15.0	9.5	960	14	75	0.3	85
6	作业样地	<5	262	0.4	12.7	8.0	1 080	13	50	0.4	90

林分生长及其结构信息是通过对每个样地进行每木检尺来获取的，主要包括胸径、树高、枝下高、冠幅等，并对达到起测径阶(胸径 =5cm)的林木进行分类，划分目标树、干扰树、特殊目标树和一般林木。在此，目标树是能主导林分发展趋势并最能代表林分发挥主导功能的林木，而干扰树则是对目标树造成不良影响的林木，通过伐除干扰树来为目标树留出更大的生长空间和更多的可利用资源，并且调节林分郁闭度和林下灌木层盖度，为林下更新层创造生长条件。林下更新方面，则是调查林下幼苗、幼树的生长状况(种类、数量、高度等)，调查范围均为 1/2 样圆，即 125m²。

(3)评价结果

经过近自然改造的样地 Shannon-Wienner 指数分别从 0.121 7、0.940 4 提高到 0.917 4、1.492 1，而未改造的样地物种多样性指数分别从 1.805 0、1.694 2、1.765 3 降低至 0.908、1.603 7、1.703 2，显示出近自然化改造促进人工油松林物种多样性发展的趋势。油松人工林的林下更新层树种变化较大，天然更新的树种主要以栾树、构树、桑树等林隙机会树种为主，也有少量顶极群落树种——栓皮栎的幼树。

栓皮栎播种萌发后的幼苗在林下生长良好，且在大部分幼苗周围已经出现了伴生的菌类，促进了油松林下枯落物分解、腐殖质形成的土壤发育良性循环。近自然化改造伐除干扰树后的油松样地更新层幼苗和幼树高生长量有显著提高；乔木层大部分林木的胸径年生长量也高于未经改造样地的林木，说明抚育作业对林分的生长起到了促进作用。

[例16-7]森林健康经营效果监测评价

森林健康经营是指通过对森林的科学经营，按照自然的进程，维护森林生态系统的稳定性、生物多样性、对灾害性破坏的自我调节能力，减少因火灾、病虫灾及环境污染、人为过度采伐利用、自然灾害等因素引起的损失，培育和保护健康的森林，保持生态系统的平稳，并满足现在和将来人类所期望的多目标、多价值、多用途、多产品和多服务水平的需要。健康经营与传统经营最大的不同点在于，健康森林经营强调通过综合措施使森林达到结构与功能健康状态，传统森林经营则一般没有统筹考虑森林经营的综合性，大多针对森林的单一问题而采取单项措施，因而难以实现森林的综合功能健康。

下面介绍大兴安岭森林健康经营效果评价的主要方法、内容以及结果（杨朝应等，2014）。

1）样地设计

该研究的4块样地 R_1、R_2、T_1、T_2 均位于黑龙江省北部大兴安岭塔河地区。R_1（人工更新针阔混交林）、R_2（天然白桦林）样地属于人工更新改造经营模式的一组对照样地，该区域经历过重度火灾，R_1 为火灾后经过人工更新该地区顶极树种（落叶松）后形成的林分，而 R_2 为没有经过更新改造自然生长的林分，即为对照样地；T_1、T_2 样地属于中幼龄林抚育经营模式的一组样地，该区域为中幼龄林，其结构特点为：林分林龄较小，郁闭度较高，林分竞争激烈。T_1 为经过去劣留优、部分割灌、间伐疏透等抚育方式后形成的林分，而 T_2 为未经抚育自然生长的林分，即对照样地。4个样地均为固定样地，对各样地内林木进行每木检尺（起测直径为5cm），调查内容均包坡向、坡度、温度、郁闭度、胸径、树高、冠幅等，并采用相邻格子法分割为5m×5m的小样方，方便对所有乔木树种经行定位调查，记录每株的坐标值。同时选择四角和中心处的5个5m×5m小样方来进行灌草多度调查、幼树更新调查。各样地林分基本特征见表16-6。

表16-6　各样地林分基本特征

样地	林分类型	海拔 （m）	郁闭度	样地面积 （m²）	株数密度 （株/hm²）	断面积 （m²/hm²）	平均直径 （cm）	平均树高 （m）
R_1	针阔混交林	468	0.7	50×50	2 652	17.220	9.05	9.76
R_2	天然白桦林	493	0.5	20×30	1 000	3.480	6.52	8.33
T_1	针阔混交林	495	0.7	50×50	2 012	19.068	10.30	10.52
T_2	针阔混交林	451	0.8	20×30	2 600	12.604	7.86	8.73

2）指标选择

林分健康状态主要表现在林分结构特征、物种多样性、林分活力和生物量分布等四个个方面，这些指标包括了森林生态系统在某一特定时间的静态因子，全面反映这一时间的特定林分状态(表 16-7)。

表 16-7　森林健康指标体系层次结构

目标层	约束层	指标层
森林经营效果指标	结构特征 B_1	林层结构 C_1
		树种隔离度 C_2
		林分分布格局 C_3
		径级结构 C_4
	物种多样性 B_2	乔木树种多样性 C_5
		灌草种类 C_6
		灌草总盖度 C_7
	林分活力 B_3	林分更新状况 C_8
		更新树种数 C_9
		林分竞争指数 C_{10}
	生物量分布 B_4	林分针阔比 C_{11}
		林分蓄积 C_{12}
		健康木比例 C_{13}

(1)林分结构特征

垂直空间利用率(用乔木高度差来表达)、树种隔离度(用混交度来表达)、林木分布格局(用角尺度修正值来表达)、径级结构(用 q 值修正值来表达)等四个方面来评价，根据前人研究结果表明 q 值大多在 $1.2\sim1.8$ 之间，而 q 值转化值是指 q 值与均值(1.5)的距离，q 值转化值越小，径级结构分布越好；反之则越差。

(2)物种多样性

乔木树种多样性(用乔木 Shannon-Wienner 指数表达)、灌草种类(用林分中灌木和草本的总种类来表达)及灌草总盖度(用林分中灌木和草本的总盖度来表达)三个方面来分析。

(3)林分活力

林分更新数量(用单位面积乔木更新数量来表达)、林分更新树种数(用林分更新的树种种类数量来表达)及林分竞争指数(用林分乔木树种 Hegyi 竞争指数的修正值表达)三个方面来评价。

(4)生物量分布

林分针阔比(用林分中针叶树和阔叶树的断面积比例来表达)、林分蓄积(用林分内乔木总蓄积来表达)及林分健康木比例(用健康木占全林分总株数比例来表达)三个方面来分析。

3)指标权重确定

根据各指标的重要程度，采用层析分析法对其权重赋值。在林分健康经营中，林分的可持续性、稳定性及抗干扰性是整个经营过程的重要目标，具体为改善林分竞争态势，促进林下自然更新，增加林分物种多样性；而林分结构特征和生物量分布的改善是健康经营的重要手段和一定的经营效果反映。在森林健康经营中，物种多样性和林分活力的提高是经营的目标，通过理论分析及专家咨询，认为物种多样性、林分活力对林分健康影响相比于林分结构特征和生物量分布要稍大，因此确定为约束层 B，林分结构特征、物种多样性、林分活力和生物量分布 4 个方面相对于目标层 A 的权重比例为 2∶3∶3∶2；而对于指标层 C 而言，各指标对于对应的约束层 B 重要程度相同，即具有相同的权重。表 16-8 为各指标的最终权重。

表 16-8　林分各评价指标权重值

指标层	约束层				权重
	B_1	B_2	B_3	B_4	
	0.200	0.300	0.300	0.200	
C_1	0.250				0.050
C_2	0.250				0.050
C_3	0.250				0.050
C_4	0.250				0.050
C_5		0.333			0.100
C_6		0.333			0.100
C_7		0.333			0.100
C_8			0.333		0.100
C_9			0.333		0.100
C_{10}			0.333		0.100
C_{11}				0.333	0.067
C_{12}				0.333	0.067
C_{13}				0.333	0.067

4）林分健康指数和林分健康经营效果评价指数

（1）林分健康指数

林分健康指数是各项林分健康因子（表 16-7）的综合体现，反映一定时刻林分在自然及人为干扰下所呈现的表现形式。林分健康指数的高低反映林分健康可持续发展的优势程度，林分健康指数越高，表明该林分未来对林分的可持续经营和抗干扰能力越好，其表达式为：

$$H_i = \sum_{j=1}^{n} \lambda_j c_j \qquad (16\text{-}10)$$

式中　H_i——i 林分的健康指数；

　　　n——健康评价因子个数；

　　　j——第 j 个健康评价指标；

　　　λ_j——第 j 个健康评价因子的权重；

　　　c_j——修正后的指标值。

（2）健康经营效果评价指数

林分健康指数并不能反映林分的动态变化，为了进一步说明林分经营后的效果差异，需要对经营与未经营的两种林分作为对照讨论。该研究提出一个健康经营效果评价指数，其定义为某林分在经营后林分和未经营的林分的差异程度，其表达式为：

$$Me = He_1 - He_2 \tag{16-11}$$

式中　Me——某种经营模式的健康经营效果评价指数；

　　　He_1——经过人为经营改造后林分的健康指数；

　　　He_2——未经人为经营改造而任其自然生长林分的健康指数。

林分健康经营效果评价指数的理论的范围为 $[-1,1]$，正值为促进林分健康状态，属于正向演替；负值为破坏林分健康状态，属于逆向演替。绝对值越大表示健康经营效果(包括促进和倒退)越显著。在林分健康经营效果指数等于极值1时，表明是在没有任何乔灌草种源的裸地上经行经营，并改造成具有乔灌草同时存在的立体空间结构；相反，在林分健康经营效果指数等于极值 -1 时，表明具有乔灌草立体结构的林分经过完全皆伐(伐去乔灌木并去除草本植物)造成的，在实际操作中通常在林地开荒成农耕地中出现。

5)经营效果评价结果

根据评价方法，计算4块调查样地的13个评价指标，并以此得出4块样地的林分健康指数和两种经营方式的林分健康经营效果评价指数，其结果见表16-9。

表 16-9　不同经营模式的经营效果评价结果

样地	垂直空间利用率	树种隔离高度	林木分布格局	径级结构	乔木树种多样性	灌草种类	灌草总盖度	林分更新数量
R_1	0.662	1.000	1.000	0.232	0.969	1.000	0.500	0.672
R_2	0.510	0.000	0.704	0.123	0.000	0.357	0.807	1.000
T_1	0.860	0.755	0.891	1.000	1.000	0.857	0.931	0.480
T_2	1.000	0.758	0.83	0.276	0.616	0.571	1.000	1.000

样地	更新树种数	林分竞争指数	林分针阔比	林分蓄积	健康木比例	健康评价指数 H_4	健康经营效果评价指标 M_0
R_1	1.000	1.000	0.909	0.818	0.988	0.841	0.396
R_2	0.500	0.342	0.000	0.148	1.000	0.444	
T_1	1.000	0.873	0.956	1.000	0.989	0.886	
T_2	0.500	0.879	1.000	0.573	0.967	0.772	

由表16-9可以看出，人工更新改造和中幼龄林抚育这2种经营方式的健康经营效果指数 Me 都大于0，即这2种经营方式都促进了林分的正向演替。

①人工更新改造的健康经营效果指数为0.396，说明经营效果比较显著，人为更新使林分质量得到大幅提升。树种隔离程度、乔木多样性及林分针阔比在经过改造和未经改造的林分中差异极大，差异度在 $0.9\sim1.0$ 之间。2个样地中，灌草种类、更新树种数、林分竞争指数及林分蓄积的指标指数也具有较高差异度，差异度在 $0.5\sim0.7$ 之间。在 R_1 样地调查中有5种灌木植物和9种草本植物，而 R_2 样地中的灌草种类很少，调查只有3种灌木和2种草本。在 R_1 样地中存在落叶松和白桦2种更新树种，R_2 样地中则只有白桦，这说明在经过健康改造后，林分的延续性得到较大提升。从竞争指数上讲，指标指数的差异为0.658，R_2 样地的 Hegyi 竞争指数为2.04，比 R_1 样地的0.7要大得多，这说明人工更新改造后林分林木分布较均匀，而未经改造的天然白桦林则由于是萌生次生林，有较多丛生或者簇生现象。从林分蓄积角度出发，R_2 样地的林分

蓄积量为 17.06m³/hm²，R₁ 样地则达到了 94m³/hm²，是前者的 5 倍之多。人工更新改造后的林分，灌草盖度、林分更新数量和健康木比例都有不同程度的下降，差异度分别为 −0.307、−0.328 和 −0.012，可以看出，R₂ 样地的灌草盖度和林分更新数量都要高于 R₁ 样地，说明经过人工更新改造后林分的层级竞争较为明显，乔木的生长挤压了林下植物的生长空间，但同时也为更多林下植物的入驻提供了条件。

②中幼龄林抚育的健康经营效果指数 Me 为 0.114，林分质量得到一定的提高，并从指标指数的情况来看，林分的可持续性得到有效的提升。在经营作业中，维持了树种隔离度（T₁、T₂ 的混交度分别为 0.357、0.361）、林木分布格局（T₁、T₂ 的角尺度分别为 0.490、0.494）及林分竞争指数（T₁、T₂ 的 Hegyi 竞争指数分别为 0.812、0.782）的稳定。径级结构、更新树种数、林分蓄积、乔木多样性及灌草种类都有不同程度的提高，其中径级结构调整幅度最大，指标指数差异度达到 0.724，在 T₂ 样地中的 q 值为 2.089，而经过抚育调整的 T₁ 样地中 q 值为 1.663，进入了 q 值合理范围（1.2～1.8）。调整后的林分中，更新树种数也得到有效的改善，T₂ 样地中只存在白桦一种更新树种，而 T₁ 中则出现了白桦和落叶松 2 种更新树种，说明抚育经营在改善林地环境、促进林下更新上取得很大成功。从林分蓄积上来说，T₂ 样地的林分蓄积为 65.87m³/hm²，而 T₁ 样地中却达到了 114.92m³/hm²，表明抚育能大大提高林分生产力。从多样性角度来看，T₁ 样地的乔木 Shannon-Wienner 远大于 T₂ 样地，分别为 0.801、0.493，T₁ 样地比 T₂ 样地多出山杨等树种；灌草多样性也有一定程度的提高，经过抚育后的林分新增了兴安杜鹃、轮叶沙参、绣线菊等灌草植物。林下更新的树苗数量出现了大幅下降，差异度达到 −0.52，分别为 2 500 株/hm² 和 1 200 株/hm²，这主要是由于林地环境的改善，乔木生长的加快，林分郁闭度下降，从而使得林下资源的减少，更新数量下降。总体来看，通过中幼龄林抚育经营，中幼龄林的林地环境、森林生产力以及可持续性都得到了有效的提高。

[例 16-8] 中幼龄林抚育间伐效果监测评价

抚育间伐是指在未成熟林分中，根据林分发育状况及培育目标，按照自然稀疏与生态演替规律，适时伐除部分林木，调整树种组成和林分密度，优化林分结构并改善环境条件，促进保留木生长与林分正向演替的一种营林措施。抚育间伐包括疏伐、透光伐、生长伐与卫生伐。是通过采伐部分林木，为保留木的生长创造良好条件，达到抚育保留木、利用采伐木的双重目的（沈国舫，2001）。

2009 年国家林业局启动了中央财政森林抚育补贴试点，下面介绍大兴安岭塔河林业局盘古林场的天然落叶松中幼林抚育效果监测评价的主要方法内容和结果（张会儒等，2014）。

1）抚育间伐方案设计

研究区域位于大兴安岭塔河林业局盘古林场 35 林班 12 小班，其总面积 13.4hm²，伐前总蓄积 674m³，伐前胸径为 7cm，伐前树高 9m，伐前年龄 44 年，伐前郁闭度为 0.8，树种组成为 7 落 2 白 1 樟-云。2009 年实施了抚育间伐作业，抚育的主要方式为生长伐，采用了上层抚育和下层抚育相结合的综合抚育方式，伐除枯死、病弱、过熟以及密度过大的团状分布林木，形成适当大小的林窗，以提高林分内的透光度，进而促进林分内乔木的更新和灌草的生长。为了保持林分内卫生状况，抚育剩余物应采用堆状或带状堆积方式。

2）效果监测方案设计

采用固定标准地长期观测方法。依据该林分的抚育作业设计，在作业区选择有代表性的林分设置 50m×50m 固定标准地 1 块，同时也在相同立地条件的对照区内选择有代表性林分设置 20m×30m 固定标准地。2013 年 8 月进行了复查。两块样地均采用 5m×5m 的相邻网格进行调查，以每个网格为调查单元。每木调查因子包括树种、胸径、树高、冠幅、坐标、死枝高、活枝高等。在作业区样地内，分别在 4 角和样地中心各设置 5m×5m 的样方进行灌木调查、草本和更新调查。在对照区样地内，则分别在 4 角和样地中心各设置 1m×1m 的样方进行灌木调查、草本和更新调查。同时，通过目视判断测定单木的健康因子，包括根部状态、冠层状态、树冠透视度、树冠重叠度以树冠枯梢比重。

3）效果监测评价指标

效果监测评价指标包括林分调查因子、林分结构、乔木多样性、灌木多样性、草本多样性、乔木更新 6 个方面。

（1）林分调查因子

林分调查因子包括树种组成、郁闭度、平均胸径、平均树高、林分密度、林分蓄积。

（2）林分结构

林分结构指标包括针阔比、角尺度、大小比、混交度、林分空间结构指数、林分空间结构距离。

针阔比为林分中针叶树与阔叶树的比例，角尺度、大小比、混交度是林分空间结构指标，计算公式"16.2.1.2 森林结构"。林分空间结构指数（forest spatial structure index，FSSI）的计算公式如下：

$$FSSI = \begin{cases} [M \times (100 - U) \times 2 \times W] \, 0.333\,3 & (W \leqslant 50) \\ [M \times (100 - U) \times 2 \times (100 - W)] \, 0.333\,3 & (W > 50) \end{cases} \tag{16-12}$$

式中　$FSSI$——林分空间结构指数；

　　　M——林分平均混交度，%；

　　　U——林分平均大小比，%；

　　　W——林分平均角尺度，%；

　　　$0 \leqslant M,\ U,\ W \leqslant 100$。

$FSSI$ 的取值在 0 到 100 之间，值越大说明空间结构越好，接近原始林空间结构。

林分空间结构距离（forest spatial structure distance，FSSD）的计算公式如下：

$$FSSD = \sqrt{(M - 100)^2 + U^2 + (W - 50)^2} \tag{16-13}$$

式中　$FSSD$——林分空间结构距离；

　　　M——林分平均混交度（%）；

　　　U——林分平均大小比（%）；

　　　W——林分平均角尺度（%）。

$FSSD$ 代表林分空间结构向理想结构点逼近或远离的趋势，取值在 0 到 150 之间，值越小越好，说明是逼近趋势，值越大说明是远离趋势。

（3）乔木多样性

Hannon-Wienner 多样性指数（H）和 Simpson 指数（D）以及与物种丰富度有关的 Pielou 均匀度指数（J）来表示：

Hannon-Wienner 多样性指数（H）：

$$H = -\sum_{i=1}^{s} P_i \ln P_i \tag{16-14}$$

Simpson 指数（D）：

$$D = 1 - \sum_{i=1}^{s} P_i^2 \tag{16-15}$$

Pielou 均匀度指数（J）：

$$J = -\frac{\left(\sum P_i \ln P_i\right)}{\ln N} \tag{16-16}$$

（4）灌木多样性

同乔木多样性各类指数计算方法。

（5）草本多样性

同乔木多样性各类指数计算方法。

（6）乔木更新

乔木更新包括幼苗的基径、高度和株树密度。

4）经营效果评价

抚育间伐 4 年后 2 块样地的林分调查因子、林分结构、多样性和乔木更新指标对比见表 16-10 至表 16-12。

表 16-10　抚育间伐 4 年后样地基本调查因子对比

样地	树种组成	郁闭度	平均胸径（cm）	平均树高（m）	林分密度（株/hm²）	林分蓄积（m³/hm²）
抚育	7 落 3 白 + 樟	0.7	9.72	10.51	2 288	96.08
对照	7 落 3 白	0.8	7.59	8.73	2 600	51.47

表 16-11　抚育间伐 4 年后林分结构和更新效果对比

变量	林分结构						乔木更新		
	针阔比	角尺度	大小比	混交度	$FSSI$	$FSSD$	基径（cm）	高度（m）	密度（株/hm²）
抚育	0.77	0.49	0.49	0.35	55.53	81.79	1.55	1.10	1 200
对照	0.72	0.48	0.42	0.38	59.80	74.88	1.30	0.47	2 500

表 16-12　抚育间伐 4 年后林分多样性效果对比

变量	乔木多样性			灌木多样性			草本多样性		
	H	D	J	H	D	J	H	D	J
抚育	0.73	0.42	0.53	1.38	0.70	0.81	1.10	0.60	0.74
对照	0.66	0.42	0.60	0.82	0.50	0.81	0.79	0.47	0.77

①从表 16-10 可以看出，由于时间短，抚育间伐未显著改变林分的树种组成，但林分的平均胸径和平均树高均显著提高，林分蓄积量提高了约 50.49%，林分的密度有所降低。

②从表 16-11 可以看出，抚育后林分空间结构略有下降，其 *FSSI* 值下降了 7.69%，这主要是因为林分结构的改变是一个长期的过程。*FSSD* 值下降了 9.23%，说明林分空间结构向理想结构点逼近。在林分的更新方面，更新树种主要为白桦和落叶松，更新苗木的基径和高度均显著高于对照林分，而更新密度则显著减小。

③从表 16-12 可以看出，抚育后林分乔、灌、草物种的 Hannon-Wienner 和 Simpson 多样性指数均显著高于对照林分，而各层的 Pielou 均匀度指数显著低于对照林分。

总之，可以看出抚育间伐改善了林分一些特征指标，但也使一些特征指标暂时下降，这是因为一次经营措施不可能使林分的所有方面达到最优，应该循序渐进。并且经营措施对林分状态的影响是一个长期的过程，需要今后不断对林分动态进行监测，并不断调整相应的经营措施，最终实现林分多功能效益的持续发挥。

思 考 题

1. 简述森林可持续经营的概念和内涵。
2. 什么是森林经营可持续性监测评价？简述其流程。
3. 简述森林经营可持续性监测评价的内容及指标体系。
4. 森林经营可持续性评价方法有哪些？
5. 什么是林分经营效果监测评价？其指标有哪些？
6. 林分经营效果监测评价方法有哪些？

参考文献

段劼，马履一，贾黎明，等 . 2010. 抚育间伐对侧柏人工林及林下植被生长的影响[J]. 生态学报，30(6)：1431 – 1441.

郭建宏 . 2003. 福建中亚热带经营单位水平森林可持续经营评价研究[D]. 福州：福建农林大学硕士学位论文 .

郝涛 . 2005. 我国森林可持续经营状况的评价[D]. 长沙：中南林学院 .

惠刚盈，Gadow K V，胡艳波，等 . 2007. 结构化森林经营[M]. 北京：中国林业出版社 .

惠刚盈，赵中华，胡艳波 . 2010. 结构化森林经营技术指南[M]. 北京：中国林业出版社 .

吉林省国有林区可持续发展研究课题组 . 2000. 吉林省国有林区可持续发展综合评价指标体系研究[J]. 林业经济(6)：32 – 36.

雷相东，陆元昌，张会儒，等 . 2005. 抚育间伐对落叶松云冷杉混交林的影响[J]. 林业科学，41(4)：78 – 85.

李远发，赵中华，胡艳波，等．2012．天然林经营效果评价方法及其应用［J］．林业科学研究，25（2）：123 – 129．

刘小丽．2013．东北林区经营单位森林可持续经营监测评价［D］．北京：中国林业科学研究院博士学位论文．

陆元昌．2006．近自然森林经营的理论与实践［M］．北京：科学出版社．

马履一，李春义，王希群，等．2007．不同强度间伐对北京山区油松生长及其林下植物多样性的影响［J］．林业科学，43（5）：1 – 9．

宁金魁，陆元昌，赵浩彦，等．2009．北京西山地区油松人工林近自然化改造效果评价［J］．北京林业大学学报，37（7）：42 – 44．

沈国舫．2001．森林培育学［M］．北京：中国林业出版社．

沈红霞．2009．鄂尔多斯市造林总场森林可持续经营评价［D］．呼和浩特：内蒙古农业大学硕士学位论文．

杨朝应，刘兆刚．2014．大兴安岭森林健康经营效果评价研究［J］．中南林业科技大学学报，34（7）：27 – 31，49．

张成林，宋新章．2004．森林经营可持续性评价方法［J］．林业科技，29（4）：50 – 53．

张会儒，雷相东，等．2014．典型森林类型健康经营技术研究［M］．北京：中国林业出版社．

赵中华，惠刚盈，胡艳波，等．2013．结构化森林经营方法在阔叶红松林中的应用［J］．林业科学研究，26（4）：467 – 472．

赵中华，惠刚盈．2011．基于林分状态特征的森林自然度评价——以甘肃小陇山林区为例［J］．林业科学，47（12）：9 – 16．

第17章

森林资源信息系统

森林资源是林业的基础，是林业各项工作的出发点和落脚点，因而对森林资源的科学管理至关重要。信息化已经成为对传统行业进行改造的必然趋势，也是提高生产力的必然手段。为加快林业的发展，必须充分利用信息化这一先进的生产力。林业行业信息化的重点在于森林资源管理信息化。森林资源管理信息系统是森林资源和生态状况综合监测体系的重要组成部分。加快建立全国森林资源管理信息系统是全面提高森林资源管理现代化水平的重大举措，对于促进林业信息化建设具有重大意义。国家林业局在关于林业发展"十三五"规划中强调，应用新一代信息技术与林业各项业务的深度融合，是推动"互联网＋"绿色生态行动的必然要求，也是当前全面提升林业现代化水平的重要举措。因此通过建设林业云平台、物联网、移动互联网、大数据、"天网"、信息灾备中心等；建立林业网上审批平台，搭建林业数据开发和智慧决策平台；建设林业资源数据库和动态监管系统、智慧林区综合服务平台、智慧营造林管理系统等，能够实现夯实和提升林业信息化基础支撑能力的目的，形成立体感知、互联互通、协同高效、安全可靠的"互联网＋"林业发展新动力。

17.1 森林资源信息系统概述

17.1.1 森林资源信息的概念

森林资源信息是一种表达和控制森林资源运行状态和方式的数据。森林资源信息包括空间信息和属性信息。空间信息是反映森林资源空间地理分布结构及其规律的一切数据，揭示了森林资源和环境固有的数量、质量和分布特征及其联系和规律。属性信息反映森林资源本身具有的各种性质，例如，年生长量、群落类型、土壤类型等以及森林资源的时间变化或数据采集的时间等（常新华，2003）。

森林资源信息一般具有如下特征：

①空间性：85％以上的森林资源信息都与空间位置有关。

②复杂性：森林资源信息处理背景复杂，任务繁多，涉及面极为广泛。

③分析性：森林资源信息处理需要进行大量的分析性工作，不仅需要定性和表态的分析，而且需要定量、定位和动态的综合分析和评价。

④时效性：森林资源信息通常是海量，需要高效、迅速和准确的处理，特别是需要进行实时处理。

⑤多源性：环境信息来源多，要求包括监测数据、统计数据、图形数据、遥感数据、GPS 数据等。

⑥直观性：森林资源信息处理结果往往要具有较高的可视化程度和良好的显示度。

17.1.2 森林资源信息数据的表达

信息是用文字、数字、符号、语言、图像等介质来表示事件、事物、现象等的内容、数量或特征，从而向人们（或系统）提供关于现实世界新的事实和知识，作为生产、建设、经营、管理、分析和决策的依据。信息具有客观性、适用性、可传输性和共享性等特征。信息来源于数据（符福山，1994）。

数据是一种未经加工的原始资料，数字、文字、符号、图像都是数据。数据是客观对象的表示，而信息则是数据内涵的意义，是数据的内容和解释。例如：从实地或社会调查数据中可获取到各种专门信息；从测量数据中可以抽取出地面目标或物体的形状、大小和位置等信息；从遥感图像数据中可以提取出各种地物的图形大小和专题信息。

数据和信息在概念上是有区别的，所有的信息都是数据，而只有经过提炼和抽象之后具有使用价值的数据才能成为信息。经过加工所得到的信息仍然以数据的形式出现，此时的数据是信息的载体，是人们认识信息的一种媒介。

林业信息（数据）是林业工作中一切与土地、森林和自然环境的地理空间分布和经营管理有关的要素及其关系的表达、经营管理信息以及要素间逻辑或空间关系信息的总称（李增元等，2003）。

17.1.3 森林资源信息系统概念和特点

17.1.3.1 森林资源信息系统的概念

森林资源信息管理系统（forest resource information management system，FRIMS）是信息管理系统在森林资源管理中的应用，也是环境与资源信息系统按职能分解的一个子系统，同时本身又可划分为若干个子系统。

森林资源信息管理系统是以计算机网络技术为基础，地理信息系统为核心，结合遥感信息处理、全球定位系统和多媒体技术的信息管理系统。森林资源信息管理系统是一个复杂的系统，综合了基本数据处理系统，信息分析系统和决策支持系统，并且具备支持基层数据处理，中层管理控制和高层决策支持的功能。随着计算机性能的不断提高和网络技术、数据库技术、GIS 等信息技术的飞速发展，森林资源信息管理也得到了很大的发展。森林资源信息管理系统经历了从单机应用到网络应用，从简单的数据处理到结合"3S"和多媒体等技术的复杂应用系统的过程。

17.1.3.2 森林资源信息管理系统的特点

与其他行业的信息化管理系统相比，森林资源信息管理系统有其自身的特点：

（1）数据类型复杂

森林资源信息管理的数据包括空间数据、属性数据及其他多媒体数据，数据类型形式复杂多样。

（2）数据量庞大

小班的森林资源调查数据可多达几十项。一个县级森林资源小班数量超过 1 万个，加上基础地理数据，数据量相对庞大（县级）。

（3）森林资源数据需要不断更新

森林资源数据与其他行业数据不同，森林资源是处于不断变化中，每一年的数据都会因其生长而发生变化，加之诸如病害、虫害、森林火灾等一些天然因素和人为破坏等因素，森林资源数据的更新任务较重。

（4）森林资源基本调查数据的获取时间比较集中

根据我国现行的林业调查方法，国家森林资源连续清查即一类调查每 5 年一次，森林资源规划设计调查即二类调查每 10 年一次，这使得对森林资源数据的采集有很强的阶段性。因此，在进行林业信息化建设时，一定要结合森林资源信息自身的特点，采用恰当的信息技术，建立符合林业发展的森林资源管理信息系统。

17.1.3.3 森林资源信息管理系统组成

森林资源信息系统是完成信息采集、编码、传输、存储、检索、分发和输出的职能，独立存在或为林业管理信息系统的组成部分。现代森林资源信息系统由数据管理、信息管理、智能辅助决策三部分组成。数据管理部分用来存储外业采集数据，包括小班数据及林场提供的森林数据，并将数据按类编号处理；信息管理部分是将二类数据与计算机功能结合的关键部分，常常包含信息统计与报表管理、信息查找与存储、森林资源分布与定位等功能；智能辅助决策是资源管理系统的延伸，包括林场经济核算、森林资源库、经营计划知识库、经营辅助规划决策等内容，除此之外一些森林资源信息系统还具有图形处理功能，可按坐标将林业地理信息作为资源信息的组成部分，经数值化存储到计算机系统的地图数据库中，存入的信息通过绘图机输出。图 17-1 展示了森林资源信息管理系统的主要组成。

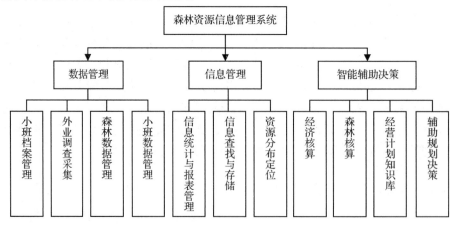

图 17-1　森林资源信息管理系统组成

17.1.3.4 森林资源信息管理系统的发展

我国的森林资源信息管理经历了中华人民共和国成立前、成立后和发展中的现代森林资源信息管理阶段，从指导思想、主体技术、系统结构、系统功能及服务形式等方面考虑，可以把森林资源信息管理分为传统森林资源信息管理与现代森林资源信息管理。我国森林资源信息管理还处在传统管理与现代管理的过渡时期，传统管理模式仍在沿用，新的管理思想、理论、方法和技术不断引入，不断在向传统的管理理念发起挑战。

(1) 早期森林资源信息管理系统

从 20 世纪 80 年代后期开始，我国研究者着手研究面向管理的森林资源信息管理系统，于 1988 年实现了我国第一个"森林资源管理信息系统"（董乃钧，陈谋询等，1988）；同年，中国林业科学院资源信息研究所唐守正院士主持"我国南方人工林国营林业局(场)森林资源现代化管理技术的研究"课题，首先提出了森林资源经营管理三个反馈环的思想，并进行了森林资源动态管理及数据更新技术、森林资源的管理等研究；20 世纪 90 年代初期，计算机硬件支持能力提升，各种软件开发平台从单一逐步走向综合与集成，北京林业大学在小陇山林业局、浙江开化林场，中国林业科学院在广西大青山等地研建了综合信息管理系统，北京林业大学在洪雅林场设计研究了经营型国有林场计算机管理应用技术（陈谋询，1994）。

(2) 结合 GIS 等平台的森林资源信息管理系统

90 年代初，我国开始应用地理信息系统软件实现林业局(场)级森林资源信息的管理。根据森林资源管理的特点论述了 WINGIS 二次开发的使用过程和使用方法，对数据收集、整理、分析模型的定义、森林资源地理信息管理、WINGIS 文件标准化设置等内容进行了详细的说明（唐小明，1994）。冯秀兰等（2001）以浙江省淳安县大墅镇林业站为试点，以 GIS 为技术手段，研制开发了基于 GIS 的集体林森林资源信息管理系统，初步实现了适合我国南方集体林区以农户经营为特点的森林资源管理的信息化。之后，林业工作者将 GIS 与其他技术结合，应用于林业资源管理，设计了基于 WebGIS 的森林资源信息系统管理网络平台，该平台按 J2EE 标准，采用 MVC 软件设计模式，提高了系统的可扩展性和可移植性（王阿川等，2007）。之后的森林资源管理系统趋于集成化，赖超、方陆明、李记、周昌和等围绕森林资源管理的不同环节，基于正在运行的 10 余个应用系统，在森林资源信息集成机制研究的基础上，较全面地分析了用户、数据、安全等方面的需求，并基于 MVC 模式的 WPF 架构，选用 Mssql 作为数据库引擎，设计和实现了森林资源信息集成系统，最后在浙江省龙泉市林业局投入使用（赖超等，2015）。

(3) 基于自主研发平台的资源信息管理系统

在结合 GIS 的使用过程中，林业工作者开展了自主版权的 GIS 软件开发工作，唐守正等、陈谋询等（1994）研制了用于 DOS 平台的 GIS 原型系统；中国林业科学院唐小明博士主持开发了基于 WINDOWS 平台的 GIS 商品软件 VIEWGIS（原名为 WINGIS），已广泛应用于晕森林资源经营管理的多个方面（唐小明，2005）；中国林业科学院资源信息所基于 WINGIS 平台，开发完成了一套林火管理信息系统，提供了一套完备的决策、咨询功能，生成一系列有关林火的专题地图(杨国勇，1995)；以寇文正为主研制的"国家林火管理信息系统"，成功地解决了林相图与地形图的配准与标准化问题，集模型库系统、数据库系统、图形库系统于一体，功能丰富，加强了林火信息管理及森林防火工作，提高了林火查找的决策能力(寇文正，1992)，该系统开发后，先后在黑龙江、云南、吉林、北京等地进行示范推广，获得了较好的效果。在新的世纪里，森林资源信息管理要以网络为基础，信息交换平台的建设是森林资源信息管理的核心(方陆明，2003)。

(4)云服务技术在森林资源信息管理中的应用

近年来，以云服务、云计算等互联网思维为依托的"云"技术发展迅速，林业工作者不断探索其在森林资源信息管理领域的应用，极大地推动了林业信息化进程，云计算作为新型计算模式将极大提高智慧林业决策水平。刘亚秋等基于云计算平台的内涵特征及其与网格计算和分布式计算关系，提出并构建了高可靠智慧林业云计算平台，构建了以普适感知与泛在接入为基础、高可靠云计算为手段、智能决策分析为目标的智慧林业体系结构(刘亚秋，2011)。中国林业科学研究院构建了林业资源信息云计算服务体系架构，进而研究了体系架构的核心内容和技术思路，并以"全国林业资源一张图"服务系统为案例，对架构内容和技术进行了原型验证(孙伟，2012)。随着技术的发展，逐步发现森林资源数据的规模越来越庞大，类型也越繁杂多样，传统的单一的计算模式已经无法适应海量的数据操作。因此，基于大规模计算机集群的云计算将成为未来数据处理性能提升的主要途径(邢乐乐，2013)。针对数据处理过程中的并行化问题，崔永分析了森林监测数据的逻辑结构，设计了一种混合式的存储机制，设计了基于 Glusterfs 的森林监测云平台(崔永，2014)。

(5)大数据技术在森林资源信息管理中的应用

随着信息技术的发展，XML 技术、数据挖掘技术、决策支持系统与森林资源管理的融合成为新的研究方向，实现以数据集成为基础、数据挖掘为手段、以知识发现为依据、以决策分析控制评价为目标，实现对森林资源的信息化管理。

早期林业工作者通过数据挖掘技术，从大量的数据中发现隐含的、更加概括的各种森林资源经营管理领域的知识规则，有助于形成以知识管理和知识发现来辅助森林资源管理，提高森林资源决策管理的科技水平(陈昌鹏，2004)，为森林资源管理提供有力的科学依据，并提出了系统实现的关键问题(吴达胜，2004)。之后的一段时期内，基于大数据的相关林业软件发展迅速，浙江林学院提出了分布式数据挖掘技术，从林业基层单位到国家林业局数据量由小变大、数据粒度由细变粗据此提出了包含客户端程序、服务器数据挖掘组件、分布式数据挖掘组件、数据转换中间件和"四库"等部分的森林资源分布式数据挖掘系统结构(吴达胜，2004)。但是不同软件的数据库格式、设计差别较大，针对此问题，高倩等提出了基于 XML 的异构数据整合的模型，对异构数据格式进行有效的转换和整合(高倩，2007)。

森林资源信息管理系统的发展最终将综合基本数据处理系统、信息分析系统和决策支持系统，从而达到具备支持基层数据处理和查询的要求，中层管理控制和高层决策支持的功能。

17.2 森林资源信息存储

17.2.1 森林资源数据类型和格式

17.2.1.1 森林资源数据类型

森林资源数据包括属性数据、空间数据（张慧霞等，2006）和文件数据。属性数据则是用来描述森林数据的属性，通过属性数据的语义表述，可以对森林的长势、种类、多样性等进行数字化的描述，主要有森林实地调查得到的林木分类及语义描述。属性数据具有结构规则、单元尺寸确定的特征，可直接存储于数据库的属性表中。空间数据主要用来描述林地的分布与位置关系，包括行政区划、居民点以及通过遥感影像解译得到的土地利用分类；它通过空间数据引擎存储于数据库，能实现快速查询和检索。文件数据的单元尺寸是可变的，包括各类数据文件如规划文档等，上载到数据库的变长字段中，便于共享与管理。

森林资源信息系统中的数据一般包括：空间基础数据和关系型辅助数据。

（1）空间基础数据

空间基础数据为描述空间位置及状态的图形数据，如林相图、森林资源分布图、行政区划图、地貌图、森林火险等级图、水系图、交通道路图等。

（2）关系型辅助数据

关系型辅助数据包括源数据、代码数据、统计数据等。

①源数据是对数据的内容、质量、状况及其他特征的描述，包括各类数据的标志信息、采集信息、管理信息、数据集描述信息、访问信息及源数据管理信息等；

②代码数据包括图形要素代码、行政代码、单位代码、地类代码及单位性质、权属性质、林地类型等代码数据；

③统计数据包括林分统计数据及其他各类林地调查的统计数据等。

森林资源信息系统中的数据引入了时态特征后，按数据对时间的敏感度分类，可分为以下3种。

①静态数据：无时间概念的数据，如人员信息、设备信息、行政代码、地类等。

②随时间变化的关系型属性数据：如龄级、平均胸径、蓄积量等数据。

③随时间变化的空间数据：时间变化且变化结果立即影响森林资源分布的数据，如小班面积、小班周长等数据。

在数据库设计时要求对所有数据进行合理的分类、封装，尽可能在减少数据冗余的前提下，充分考虑提高数据的检索速度，并实现图形、属性及时态数据之间的关联和互访。

17.2.1.2 森林资源数据格式

森林资源数据格式多种多样，除了常用的 Excel 格式 .xlsx（.xls）和 Word 格式 .doc 等之外，还有各种图片格式（.jpg、.tiff 和 .gif 等）。另外，不同森林资源数据处理软件也有各自数据格式，组织形式多样，如 ArcGIS 软件中的 Shapefile：基于文件方式存储 GIS 数据的文件格式。至少由 . shp、. dbf、. shx 三个文件组成，分别存储空间，属性和前两者的关系，是 GIS 中比较通用的一种数据格式。此外，还有 . prj、shp. xml、. sbn 和 . sbx 4 种文件：. prj 存储了坐标系统，shp. xml 是对 shapefile 进行元数据浏览后生成的 xml 元数据文件，. sbn 和 . sbx 存储的是 shapefile 的空间索引，它能加速空间数据的读取。

Coverage：一种拓扑数据结构，一般的 GIS 原理书中都有它的原理论述。数据结构复杂，属性缺省存储在 Info 表中。目前 ArcGIS 中仍然有一些分析操作只能基于这种数据格式进行操作。

Geodatabase：ArcInfo 发展到 ArcGIS 时候推出的一种数据格式，一种基于 RDBMS 存储的数据格式，共有三大类：一是 PersonalGeodatabse 用来存储小数据量数据，存储在 Access 的 mdb 格式中，文件不能大于 4GB。二是 FileGeodatabse 同上，不过存储于文件中，文件大小没有限制。三是 ArcSDEGeodatabse 存储大型数据，存储在大型数据库中 Oracle，SqlServer，DB2 等，可以实现并发操作，不过需要单独的用户许可。其他：. mxd 为地图文档文件，. mxt 为地图模板文件，. lyr 为层文件。

纯文本的格式 XML(eXtensible Markup Language，可扩展的标记语言)，能够独立于系统平台存储数据，自由地绑定网络协议进行传输，异构系统使用 XML 解析器可以直接对 XML 数据进行操作。XML 的自描述性便于异构系统对数据进行理解，并且 XML 的可扩展性对于存储和交换丰富多样的 Web 信息具有重要意义。XML 是独立于表现形式保存数据的文件，SLT 是完成如何展示这些数据的工作。因此，对于同一 XML 数据文件，可以设计不同的 SLT 来产生不同的表现形式，这种应用是十分重要和有很好前景的，它使同一个 XML 文件呈现出不同的视角，大大拓宽了 XML 的应用领域。

17. 2. 2　森林资源数据存储方式

森林资源数据的存储可归结为 3 种类型：分布式存储、数据库存储和云存储。森林资源数据库存储分为时态数据库存储和空间数据库存储。

17. 2. 2. 1　分布式存储

计算机通过文件系统管理、存储数据，而信息爆炸时代中人们可以获取的数据成指数倍的增长，单纯通过增加硬盘个数来扩展计算机文件系统的存储容量的方式，在容量大小、容量增长速度、数据备份、数据安全等方面的表现都差强人意。分布式文件系统应运而生：将固定于某个地点的某个文件系统，扩展到任意多个地点/多个文件系统，众多的节点组成一个文件系统网络。每个节点可以分布在不同的地点，通过网络进行节点间的通信和数据传输。人们在使用分布式文件系统时，无需关心数据是存储在哪个节点上、或者是从哪个节点从获取的，只需要像使用本地文件系统一样管理和存储文件系统中的数据。

经过长期实际操作和与其他分布式系统的对比，发现 GlusterFS(文件系统)是一种能满足森林资源数据存储、综合性能优越的开源分布式文件系统(王健等，2014)。Gluster 系统，属于近几年非常流行的一种并行的文件存储系统。其扩展能力超强，可存储海量数据。它在因特网上聚合多个存储块，或者是 Infiniband RDMA（是一种支持多并发链接的"转换线缆"远程直接数据存取技术）在一个大的并行文件系统内相互连接。它主要由以太网、存储服务器和无线网构成。同时提供一个全局命名空间，可以把物理上分割的文件联系起来，使其在逻辑上成为统一的整体，这有利于文件的统一管理，另外文件系统中冗余机制的应用使其具有更好的安全性能。

Gluster 文件系统构造如图 17-2 所示：

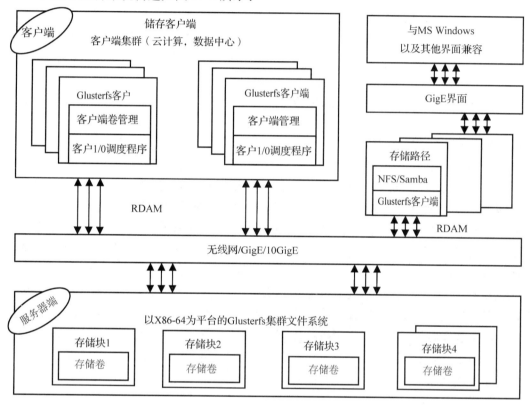

图 17-2　**Gluster 文件系统构造图**（王健，2014）

17.2.2.2　数据库存储

森林资源数据库存储根据其有无引入时态特征可分为森林资源时态数据库和森林资源空间数据库。

（1）森林资源时态数据库

时态数据库是一种能够记录对象变化历史，即能够维护数据变化经历的数据库，不仅能够支持用户自定义时间，还能支持其他某种时间关系的数据库，在传统数据库加上时间维所构成的数据库。在时态数据库中，一般要表达 3 种基本时间，即用户自定义时间、有效时间和事务时间（谢绍锋等，2011）。

①用户自定义时间：指用户根据自己的需要或理解定义的时间。时态数据库系统不处理用户自己定义的时间类型。因此，用户自定义时间是和应用相关的，不在时态

数据库处理的范围之内。

②有效时间：指一个对象在现实世界中发生并保持的时间，即该对象在现实世界中语义为真的时间，包含 Valid-From 和 Valid-To 两个值。它可以指示过去、现在和未来。有效时间可以是时间点、时间点的集合、时间区间或者时间区间的集合，或者是整个时间域。有效时间由时态数据库系统解释并处理，在查询的过程中对用户透明。用户也可以显式地查询和更新有效时间。

③事务时间：指一个数据库对象发生操作的时间，是一个事实存储在数据库、或者在数据库中发生改变的时间，包含 Transaction – From 和 Transaction – To 两个值。当用户对数据库状态进行更改时，会产生各种操作历史，事务时间真实地记录了数据库状态变更的历史。有时也称事务时间为系统时间。

目前，时态数据库理论研究已取得了丰富的成果，具有众多的时态数据模型和时态信息处理方法，如 TQuel、TempsQL、TRC（Temporal Relational Calculus）、TSQL、Object History 等，时态数据模型也正在逐步"标准化"和"产品化"，国内有 TempDB，国外有 TimeDB 产。

在 GIS 领域将时间、空间及属性数据有效地结合，时态模型与 GIS 结合形成时态GIS，其中有代表性的几种时态 GIS 数据模型为序列快照模型、基态修正模型、空间时间组合体模型、空间时间立方体模型、面向对象的时空数据模型等。与理论成果相比，技术实践则相对落后。当前主要的问题是提出的模型多，实现的原型少；理论研究多，应用研究少；且多集中在土地划拨、地籍管理等领域，在林业领域应用较少，仅限于森林资源数据更新。由于实施数据库管理系统受技术、经济及人为因素影响，这些数据大多数都是二维静态的，只反映一个对象在某一个时刻的状态，也只涉及林业信息的空间维度和属性维度，当应用在信息变化频繁的对象时，由于没有考虑时态的问题，表现出静态数据重复存储、局部变化信息提取困难、信息实体的时态特征表现不明显等缺陷，无法进行有关时间和局部细节变化的分析。

（2）森林资源空间数据库

森林资源空间数据库指的是地理信息系统在计算机物理存储介质上存储的与应用相关的地理空间数据的总和，一般是以一系列特定结构的文件的形式组织在存储介质之上的。空间数据库的研究始于 20 世纪 70 年代的地图制图与遥感图像处理领域，其目的是为了有效地利用卫星遥感资源迅速绘制出各种经济专题地图。

森林资源空间数据库主要包含以下内容：

①基础地理数据：如注记层、民居层、交通层、水域层、管线层、瞭望台、高程点等。

②专题林业数据：如小班界线数据、面状数据，一类调查样地点等。

③栅格数据：如栅格地形图、DEM、遥感影像等。

④属性数据：如森林资源属性表（二类调查地名表、小班调查因子表、台账因子表等）、自定义属性表（生长模型表、逻辑规则表等）。

森林资源空间数据库包括空间数据和属性数据，空间数据采用矢量和栅格两种存储方式（秦琳，2010），矢量数据的属性包括要素、要素特征及要素内容三个方面。

童淑君（2015）采用客户机/ 服务器（C/S）体系结构，在服务器端组建局域网，安装

Oracle 10i 数据库，同时采用 ArcSDE 作为空间数据引擎，它与 Oracle 数据库之间关联，实现与客户端开发平台的互通。客户端部分采用嵌入式 ArcGIS Engine，对数字化后的数据进行检查、转换、更新、查询、浏览及维护等功能，森林数据库的总体结构如图 17-3 所示。

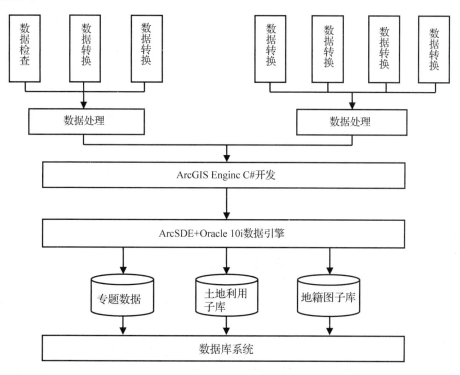

图 17-3　数据库总体结构

17.2.2.3　云存储

云存储是目前一种典型的数据存储方式。它是在云计算的基础上发展和延伸出来的，主要将网络技术、分布式系统以及集群等概念整合之后，将网络中分布在不同节点的存储设备集合起来形成一个巨大的虚拟存储设备，为数据的计算提供一个数据平台。

相对于传统的分布式存储，其主要的区别在于存储虚拟化及对存储硬件资源进行抽象化表现，存储虚拟化的思想是将资源的逻辑映像与物理存储分开，从而为系统和管理员提供一幅简化的资源虚拟视图。

云存储目前主要用于解决数据的高效存储，提高数据读写的高并发和低延迟，并保证一定的安全性和可靠性，而且在数据备份和容灾方面有一定的优势。这些应用前景使得云存储成为企业、公司以及各大研究机构研究的重点。云存储结构图如图 17-4 所示。

针对森林资源监测数据格式和类型的多样性等问题，中国林业科学研究院设计了林业资源数据云存储与管理框架（孙伟，2012），如图 17-5 所示。该框架分为两个层次：数据资源存储层和数据资源处理层，这两个层次提供全局统一的数据分布式高效存储与并行处理能力，然后通过数据资源服务模型接口暴露给林业用户使用。

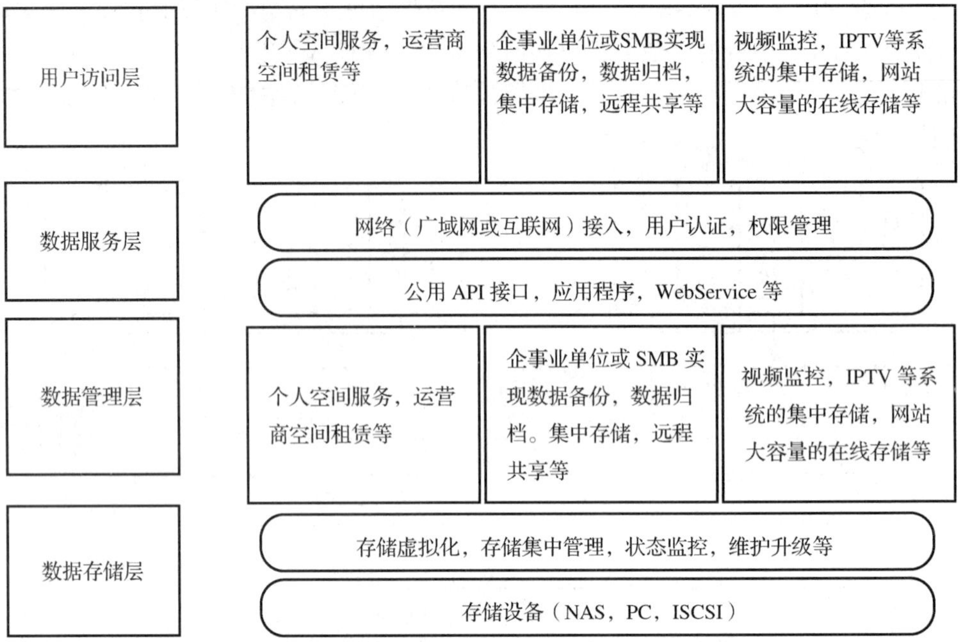

| 用户访问层 | 个人空间服务，运营商空间租赁等 | 企事业单位或SMB实现数据备份，数据归档，集中存储，远程共享等 | 视频监控，IPTV等系统的集中存储，网站大容量的在线存储等 |

网络（广域网或互联网）接入，用户认证，权限管理

公用 API 接口，应用程序，WebService 等

| 数据管理层 | 个人空间服务，运营商空间租赁等 | 企事业单位或 SMB 实现数据备份，数据归档。集中存储，远程共享等 | 视频监控，IPTV 等系统的集中存储，网站大容量的在线存储等 |

存储虚拟化，存储集中管理，状态监控，维护升级等

存储设备（NAS，PC，ISCSI）

图 17-4 云存储结构图

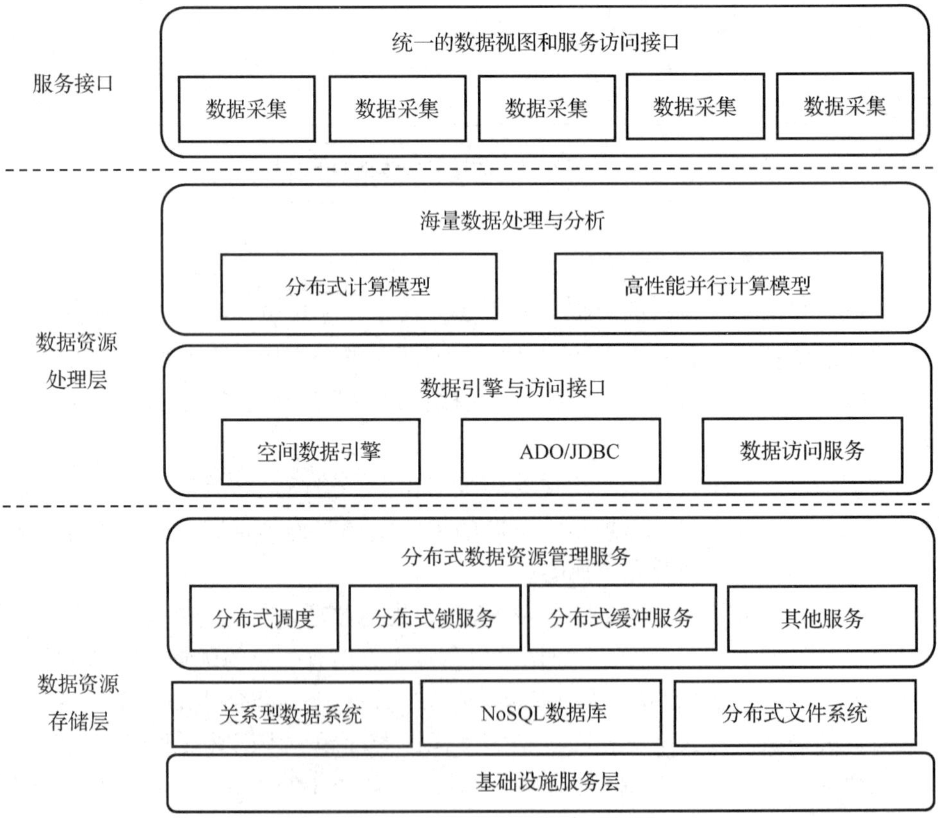

统一的数据视图和服务访问接口

服务接口

数据采集　数据采集　数据采集　数据采集　数据采集

海量数据处理与分析

分布式计算模型　　高性能并行计算模型

数据资源处理层

数据引擎与访问接口

空间数据引擎　　ADO/JDBC　　数据访问服务

分布式数据资源管理服务

分布式调度　分布式锁服务　分布式缓冲服务　其他服务

数据资源存储层

关系型数据系统　　NoSQL数据库　　分布式文件系统

基础设施服务层

图 17-5 林业资源数据云存储与管理框架

17.3　森林资源信息分析与处理

17.3.1　森林资源信息整合与集成

森林资源及其管理是一个复杂系统，管理者的不同素质和价值观、众多的组织机构和它们的不同功能、千变万化的时空环境等，传统的管理方式和建立在它们基础上的方法、技术，不能满足实践的需要。未来森林资源信息管理方式，是在系统集成思想指导下的集成系统。不仅仅是技术的改进，而是包括人的思想、管理理念、组织结构、功能过程、方法技术等全面的变革，是今后一个时期内，解决森林资源复杂性管理较好的抉择。

17.3.1.1　森林资源信息整合

对某一区域内，森林资源总量是客观性的，也是唯一的。但在森林资源调查中，由于采用不同的调查方法，会得到不同的调查结果。目前各省(自治区、直辖市)普遍存在一类清查和二类调查"两套数""两张皮"的现象，给森林资源管理带来很大不便(朱磊，2012)。如何将一类清查成果和二类调查成果进行有效整合，成为森林资源管理部门期亟待解决的问题。常见的整合思路主要分为以下两类：

①以一类清查的统计结果为控制，对二类数据的统计结果进行强制平差。

②以字段的调查精度为主要依据，对统计结果进行取舍，从而整合为一套综合性的统计数据。

森林资源信息整合的具体步骤如下：

①根据一类样地的横纵坐标数据，将其加载到地理信息系统平台，建立样地点状图层，利用编程工具进行等间距样地加密，使其能满足产出县级森林资源数据统计的抽样精度要求。

②将由①所处理的一类样地数据与二类小班面状数据层进行叠加，对中心点落入小班内的样地，将该二类小班的属性利用计算机自动赋值给样地属性，确定其所代表的权重面积，从而将基于小班为二类成果面状数据转化为基于样地的点状数据，使两套数据具备相同的整合对接窗口。

③最后以一类数据为控制数据，根据二套数据的差值对加密的样地数据拉伸或压缩，从而实现两套数的技术性整合。

17.3.1.2　森林资源信息集成

（1）森林资源信息集成的概念

森林资源信息系统集成是一种思想、观念和哲理，是一种指导信息管理的总体规划、分步实施的方法和策略，它不仅需要技术，更含有艺术的成分，还提供森林资源管理一体化的思路和解决方法。它是针对森林资源复杂性管理提出的全面解决方案的实施过程，是考虑森林资源管理活动中的人、组织、管理、信息、技术、计算机系统平台等多方面的因素，为建立一个基于统一的、标准的、开放的、综合运用各种先进信息技术、有先进管理规范的技术系统而提出的新理念。以系统集成思想，建立相应的集成系统，是未来一定时期内森林资源信息管理基本模式（赵天忠等，2004）。

（2）内容框架

森林资源信息集成系统，需要把森林资源信息管理置于相应的环境之中，是森林资源管理系统的一个子系统，是更上级系统——林业系统、自然—经济—社会系统的组成，之间相互影响作用。它又有自身的组成和结构，在知识经济环境下，人是创造的主体，应充分考虑"人"这个具有主观能动性的主体，从人的思想、人的素质、人的需求、人的关系、人的参与等方面，人与人、人与机、人与资源、人与社会、经济、自然环境之间的集成，满足人的信息和知识的需求，实现人的集成管理集成具有两个基本点：系统观——将计划、组织、执行、协调、控制等活动有机地综合为整体；知识观——通过各种管理实践促进知识的生产、传播和应用它的实质是使知识成为生产力，核心内容是知识管理，关键是管理方式和方法组织集成在于打破传统的单一部门管理的观念和模式，做出相应的调整，进行组织集成，使其符合可持续发展的总体要求，森林资源信息管理系统集成示意如图 17-6 所示。森林资源信息管理中的各种高新支持技术，是现代森林资源信息系统集成的体现，完成数据、信息和知识的采集、存储、处理和使用。

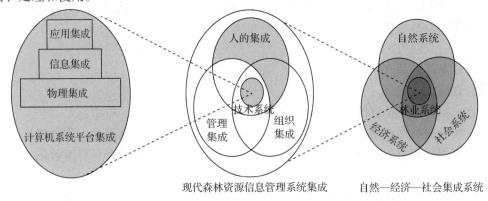

现代森林资源信息管理系统集成　　自然—经济—社会集成系统

图 17-6　森林资源信息管理系统集成示意

（3）森林资源信息集成系统实例

森林资源信息集成系统以 MVC（model，view，control）模式来实现的，具体设计运用的是 WPF（windows presentation foundation）架构。这种设计允许不同的开发人员同时开发视图、控制器逻辑和业务逻辑，并且让应用程序测试与管理更加有序及简易。

①MVC 模式设计：MVC 3 层模式是现在比较流行的基于 C#语言的软件开发设计模式，它强制性地使应用程序的输入、处理和输出分开，其运行机制如图 17-7 所示。其含义：M 是模型（model），表示企业数据和业务规则；V 即视图（view），为用户调用模型提供了可视化的交互界面；C 是控制（control），它根据用户的请求和模型处理的结果来为用户展现出和请求匹配吻合的视图。

②WPF 架构：WPF 属于 .NET Framework3.0 的一部分。它主要包括 3 部分：Presentation Framework，Core 和 Milcore 其中前两者由受管模块组成，Milcore 是非受管模块，起到中介的作用，以实现 WPF 与 DirectX 的通信。

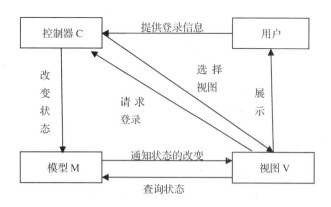

图 17-7　MVC 互动机制

③系统总体功能设计：森林资源信息集成系统是以森林资源信息集成机制（森林资源多环节数据关联模型与森林资源信息综合表达模型）为基础，基于 15 个环节的业务流程而设计的，每个环节对应 1 个功能模块，其中 9 个外置模块采用连接和调取相应软件系统的信息和数据。这些软件系统包括林权管理、古树名木管理、林木采伐管理等系统；其余的 6 个为内置模块，包括地图管理、林木资源管理、生态公益林管理等模块。集成系统由数据综合查询子模块、信息交互子模块、统计分析子模块、数据管理子模块等涉及 15 个管理方面、77 项管理内容的业务模块构成，并对用户采用权限控制。

④系统实现：采用 B/S 模式，以 Visual Studio 2010 为开发平台，以 ArcGIS Server（Web Server 和 GIS Server）为地图服务器，选用 Ms SQL 作为数据库引擎，开发了森林资源信息集成系统，主要实现的功能包括数据管理、数据综合查询、各环节信息交互、统计分析、专题图浏览等。为了检验集成系统反映森林资源以及林业生产、经营和管理的整体效果，应用龙泉市森林资源及经营管理的实际数据进行试验应用。

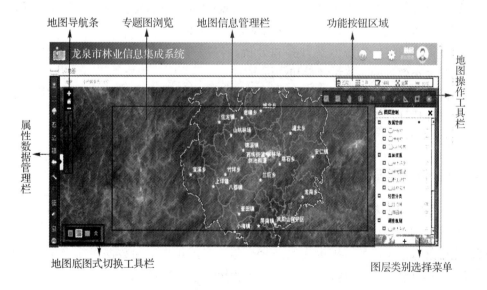

图 17-8　集成系统功能图解

图 17-8 所示为该信息集成系统的主界面，视图最左侧为属性数据管理栏，包含了属性数据的录入、查询、统计分析等功能，由不同类别的基础信息表与统计信息表构成；视图右侧为地图信息管理栏，包含专题图浏览主体窗口、地图操作工具栏、图层类别选择菜单以及地图底图模式切换工具栏（地形图与普通卫星图的转换）等功能。在该界面内，通过选取具体的操作选项，实施多种交互运算和综合图、文、表的表达。

17.3.2　森林资源信息分析

分析森林资源的动态变化是森林资源评价和制定林业发展方针的前提和基础。近年来，随着计算机和信息技术的飞速发展，给森林资源的动态变化分析提供了新的技术手段。利用计算机和地理信息系统建立森林资源的动态变化分析系统，实现森林资源动态变化分析的自动化和高效率，成为当前新的发展趋势。

17.3.2.1　森林资源信息统计分析方法

数据统计是森林资源信息系统需要实现的一个重要功能，基于林业基础平台，可以正确、方便、快速的统计汇总数据，生成统计报表，同时也可根据需要输出统计图，如直方图、点线图、圆饼图等对森林资源状况进行直观表示。

森林资源动态分析系统所面向的用户主要是从事森林资源管理的研究者或管理人员。基于对业务的需求，结合林业行业的特点和森林资源数据状况，以地理信息系统作为系统开发的基本平台，实现森林资源统计分析、森林景观格局指数计算分析、森林生态效益计算分析等功能。具体来讲，主要目标是实现以下 6 个方面的功能：

①森林资源数据的导入、导出、预览等基本功能，并支持多种格式的数据。

②森林资源数据的基础统计分析，包括图像要素的选择、小班数据的查询、数据统计、数据汇总等功能。

③森林资源数据的高级统计分析，希望实现时间的动态变化分析，内容包括地类分析、林种分析、林木起源分析、林分因子分析等方面。

④森林资源数据的生态效益计算和分析，包括森林涵养水源、保育土壤、固碳、空气净化等生态效益的实物量计量和分析。

⑤对区域的森林资源格局实现景观生态学的分析，包括景观要素组成结构、斑块特征、景观异质性、空间分布格局等指数的计算和分析。

⑥森林资源的空间动态分析，即专题图的制作生成。

17.3.2.2　森林资源信息空间分析方法

（1）空间数据的联合检索与查询

大量的景观格局相关信息进入 GIS 后形成空间和属性数据库，通过联合检索与查询可以产生远远多于原始数据的高级的复合信息，近年来空间数据库理论和空间 SQL 的发展，使得许多的空间分析功能也可以简化为空间信息的查询来处理。

（2）拓扑分析

用来确定要素之间是否存在空间位置上的联系，严格地说，拓扑分析应该属于空间关系检索的范围，但是它具有特殊性，一般用来分析不同的 GIS 图层间地物的空间关系。对于地物单元间存在如下几种关系：某地物完全在另一地物范围内，某地物完全包含另一地物，某地物中心在另一地物内，某地物包含另一地物的重心，某地物的相邻物，以某地物为中心的某一范围内的地物。

（3）缓冲区分析

缓冲区分析是以地图的点、线、面为实体基础，自动建立其周围一定范围内的缓冲区多边形实体从而实现空间数据在水平方向得以扩展的信息分析方法。通常用来解决邻近度，描述地理空间中两个地物距离相近的程度问题。

（4）叠置分析

叠置分析是 GIS 最常用的提取空间隐含信息的手段之一，是指同一地区的两组或多组地图要素的数据文件进行叠置，其中被叠置的图层为本底，用来叠置的图层上覆，叠置后产生具有新边界与多重属性的新图层。叠置的目的是通过区域多重属性的模拟，寻找和确定同时具有几种地理属性分布区域。或者按照确定的地理指标，对叠置后产生的具有不同属性的多边形进行重新分类或分级。

叠置分析不仅包含空间关系的比较，还包含属性关系的比较。GIS 可以分为以下几类：视觉信息叠置、点与多边形叠置、线与多边形叠置、多边形与多边形叠置、栅格图层叠置。具体如下：

①视觉信息叠置：将不同层面的信息内容叠加显示在结果图件或屏幕上，一边研究者判断其相互空间关系。叠置的结果不产生新的数据层面。

②点与多边形叠置：实际上是计算多边形对点的包含关系，也是属于拓扑分析的内容。

③线与多边形叠置：比较线上坐标与多边形坐标的关系，判断线是否落在多边形内。叠置的结果产生新的数据层面，每条线被它穿过的过多边形打断成新的弧段图层，同时产生一个相应的属性数据表。

④多边形叠置：是常用的 GIS 叠置功能，将两个或多个多边形图层进行叠置产生一个新多边形图层的操作，其结果将原来多边形要素分割成新的要素，新要素综合了原来两层或多层的属性。

⑤栅格图层叠置：以上几种叠置分析均适用于矢量数据结构的情况，而栅格图层叠置则是用于栅格数据结构的叠置分析技术。通常分为基于数学运算的叠置和二值逻辑叠置两种方式。

17.3.2.3 森林资源信息可视化分析方法

（1）林业可视化技术的概念

可视化技术是在近十多年迅速发展起来的一门新技术，它以计算机图形图像处理技术为基础，适用于任何有大量数据存在的场合，而本质上并不局限于某种特定的应用。目前，可视化技术在实际生产应用中越来越广泛，如城市规划、三维景观、林火蔓延模拟、地形分析、铁路公路建设、防洪、矿山地质勘察等。林业可视化根据其建模对象的不同分为树木可视化模拟、林分可视化模拟、景观可视化模拟和经营可视化模拟（图 17-9）。目前，可视化技术在林业中的应用尚处在起始阶段，存在众多的不足，因此具体应用还存在一些限制。以计算机技术为基础，结合 GIS 技术，运用分形理论和虚拟现实等多种技术，针对森林资源信息建立一个完整意义上的三维可视化系统，需要做大量的工作（张贵等，2009）。

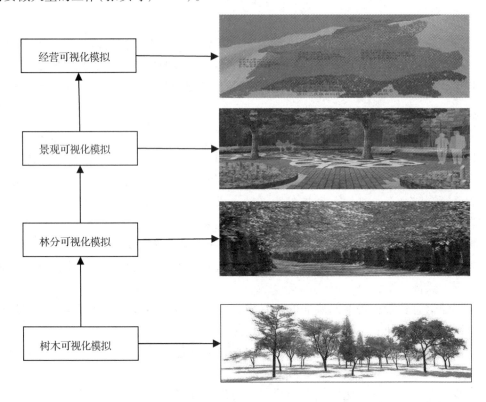

图 17-9　林业可视化技术分类

（2）森林资源信息可视化

　　森林资源信息三维可视化系统建立在森林资源二维地理信息系统的基础上，森林资源二维地理信息系统是森林资源信息三维可视化系统的基础平台。森林资源二维地理信息系统主要实现林相图、道路、水系等图层数据的显示、信息查询，以及与森林资源信息三维可视化系统的交互查询等功能，森林资源信息首先进入二维系统，经过处理转换到三维可视化系统中。森林资源信息三维可视化系统主要实现三维模型的三维查询、实时漫游、旋转变换、动画效果、真实感图形的显示等。通过将森林资源二维地理信息系统中的数据提取与转换生成三维数据模型，同时根据森林资源二维地理信息系统的属性数据（森林资源档案）生成各类三维地物模型。森林资源信息三维可视化系统的建立是一个相当复杂的过程，需要处理大量的空间数据，如地形、树木、植被、道路、水系等数据，为三维场景建立各类实体模型，将其在屏幕坐标系中绘出，算法的复杂度高，同时也需要对生成的大批量的数据进行处理。

　　可视化技术不仅可使人们身临其境地漫游在森林中，也可通过模拟选择最优的森林资源经营方式，避免经营失误带来的经济和环境的损失，减少林业工作者传统作业的工作量，如图 17-10 所示的森林经营方案编制可视化模拟是可视化技术运用于林业方面的新实例。随着计算机的进步和软件的不断开发，可视化在森林资源信息管理中的应用将会更为便利与更加广泛。

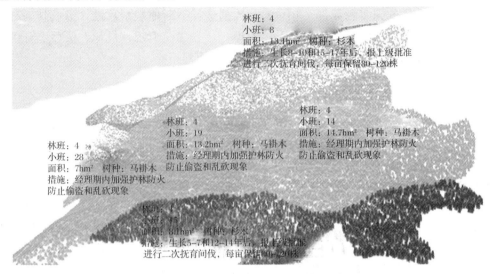

图 17-10　森林经营方案编制可视化模拟

17. 3. 2. 4　森林资源信息模型分析方法

按照建立的方法不同模型分为以下 3 种：

（1）概念模型

概念模型又称为逻辑模型，主要指通过观察、总结、提炼而得到的文字描述或逻辑表达式，常常由此构成专家系统的知识库，例如，在景观格局分析中对某种影响因素的一般规律可以被形成描述和知识规则。

①优点：概念模型比较灵活，可以引入许多模糊概念，适用范围很广，易于为多数人接受；

②缺点：难以进行精确定量分析。

（2）数学模型

数学模型也称为理论模型，是应用数学分析方法建立的数学表达式，反映地理过程本质的物理规律，例如，景观格局研究中常用的指数分析法就是一种数学模型表达方式，斑块间的聚合或分散程度，斑块的破碎化程度等这些指标很好地描述了景观的分布规律。

①优点：数学模型因果关系清楚，可以精确地反映系统内各要素之间的定量关系，易于用来对自然过程加以控制；

②缺点：包括过多的要素，与理想的简化模型大相径庭，削弱了其实用性。

（3）统计模型

统计模型也称经验模型，是通过数理统计方法和大量观察试验得到的定量模型。

①优点：统计模型可以通过大量的实践建立，具有简单实用、适用性广、可以处理大量相关因素的特点；

②缺点：过程不清。

森林资源信息模型分析通常结合各种方法，取长补短，进行综合分析。一般首先在森林外业实践中的到实测数据，并对实际数据进行不断地观察总结，形成越来越丰富的概念模型，在积累经验的基础上采用数理统计方法摸索统计规律，最后上升到理论模型，再采用综合方法建立实用的森林资源分析模型。

17.3.2.5　森林资源大数据分析方法

大数据是一种资源和一种工具。它的目的是告知，而不是解释；它意在促进理解，但仍然会导致误解——关键在于人们对它的掌握程度。我们必须以一种不仅欣赏其力量，而且承认其局限的态度来接纳这种技术。林业大数据就是在数字林业的基础上，全面应用云计算、物联网、移动互联、林业大数据等新一代信息技术，使林业实现智慧感知、智慧管理、智慧服务（图 17-11）。通过大数据林业建设，形成信息基础条件国际领先、生态管理与民生服务质量明显提高、林业产业结构与创新能力优化发展的现代化模式（蓝雪等，2015）。

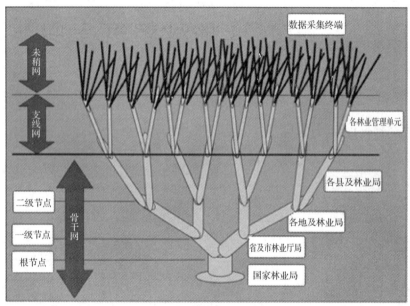

图 17-11　林业大数据采集体系

17.3.3　森林资源信息处理

从 20 世纪 50 年代至 70 年代末，各类森林资源调查所采集的数据基本采用人工方法进行处理与分析。随着计算机硬软件的不断发展，森林资源信息处理与分析的方式发生了重大变化，森林资源信息处理从以数据管理为主转向到综合分析与数据决策为主，尤其在森林信息压缩、信息传输、信息检索、时空数据处理等方面有了较大的进步。

17.3.3.1 信息压缩方法

林业信息化业中涉及的数据量是非常大的，特别是各种林业空间数据。然而这些海量的空间数据却是各种林业应用系统中重要的组成部分，若不进行压缩处理，如此大量的数据很难在计算机上存储以及在网络上传输。目前，海量数据的存储和传输已经成为 GIS 应用发展的一个瓶颈。没有数据压缩技术的进步，海量数据的存储和传输也将面临困境，多媒体计算技术也难以得到实际的应用。

（1）有损压缩算法

有损压缩又称作失真压缩。即压缩后的信息受到损失，不能通过解压缩完全还原成原始信息。

在林业信息化应用中的各种 GIS 系统，地图数据的浏览是基础。有损压缩算法通常应用于空间地图数据的预览。由于预览是一个交互的过程，因此用户不是很关心数据的详细程度和精度（详细程度和精度可通过阅读元数据来得到），因此预览的速度对用户来说是第一位的，在生成预览图之前对数据进行压缩可有效地提高预览图的生成，提高预览速度。

（2）无损压缩算法

无损压缩算法也称作无失真编码，冗余度压缩，信息、保持编码等。冗余度压缩的工作机理，是去除（至少是减少）那些可能是后来插入数据中的冗余度，但这些冗余值在压缩时是可以重新插入到数据中的，因此冗余压缩是可逆的过程。冗余压缩法由于不会产生失真，因此一般用于文本、数据的压缩，它能保证完全地恢复原始数据。但这种方法的压缩比较低，如 LZ 编码、游程编码、Huffman 编码的压缩比一般在 2:1 ~ 5:1 之间。

17.3.3.2 信息传输方法

信息传输是保证数据能有效得到利用的手段，是保证数据进行共享的基础。"3S"技术在林业中的应用，都涉及大量数据的传输。随着 GIS 技术的发展，三维 GIS 的优越性逐渐体现出来，但同时需要传输的数据量更大。网络基础设施、网络拓扑结构、网络传输协议等成为传输中需要考虑的重要因素。

按传输介质的不同，传输系统可分为有线和无线系统。在林业信息化建设中，数据的传输需要高速便利，高速以太网、光纤网络、卫星传输、移动传输在林业信息化建设中非常重要，在森林防火指挥系统、森林资源管理系统、林政管理信息系统等中有着广泛的应用，是林业海量数据传输的主要方式。森林信息传输具体方法分为以下 4 类：

（1）高速以太网

无论是市林业局还是区、县、林场，都可以构建自己的局域网，用来进行内部数据的传输，而且在内部数据传输过程中，可通过网关保证内部数据传输的安全。而市局和下属机构还可通过 VPN 技术构成虚拟局域网，以形成集中管理的模式，图 17-12 为基于以太网的林业综合门户网站建设实例。

（2）光纤通信

光纤通信技术是通过光学纤维传输信息的通信技术。光纤传输数据利用光的全反射原理使得其衰减率很低，所以适合长距离大容量的数据传输。对于高速长距离的数据传输，通常都采用光纤网络。SDH 技术是目前国家通信基础设施的核心技术，现网运行的 SDH 设备占传输系统总量的 80% 以上。DWDM 是超大容量的光传输技术，商用的 DWDM 系统已经实现 1 600GB/s 容量（160 波、每波道速率 10GB/s），3 000km 超长距离传输。

在林业海量数据传输中，光纤接入的方式能解决接入端的数据传输速率瓶颈问题。光纤接入需要采用光纤接入设备以及长距离的光缆，因此需要较大的投入。

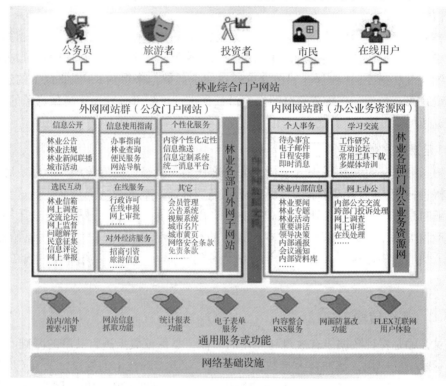

图 17-12　林业综合门户网站建设图

（3）卫星通信

在林业信息化工程中，遥感卫星影像大量被采用；而森林防火指挥中也可通过卫星通信构成临时通畅的通信渠道。卫星通信系统由卫星和地球站两部分组成。同步地球卫星在空中起中继站的作用，即把地球站发上来的电磁波放大后再返送回另一地球站。地球站则是卫星系统与地面公众网的接口，地面用户通过地球站出入卫星系统形成链路，如图 17-13 所示。

卫星通信的主要优缺点如下：

优点：

①通信范围大，只要卫星发射的波束覆盖的范围均可进行通信。

②不易受陆地灾害影响。

图 17-13   卫星通信工作图

③建设速度快。

④易于实现广播和多址通信。

⑤电路和话务量可灵活调整。

⑥同一信道可用于不同方向和不同区域。

缺点：

①由于两地球站向电磁波传播距离有 72 000km，信号传输有延迟。

②10GHz 以上频带受降雨雪的影响。

③天线受太阳噪声的影响。

（4）移动通信

第 4 代（4G）是集 3G 与 WLAN 于一体，并能够快速传输数据、高质量、音频、视频和图像等。4G 能够以 100Mbps 以上的速度下载，比家用宽带 ADSL（4 兆）快 25 倍，并能够满足几乎所有用户对于无线服务的要求。此外，4G 可以在 DSL 和有线电视调制解调器没有覆盖的地方部署，然后再扩展到整个地区。很明显，4G 有着不可比拟的优越性将在林业信息化的应用中产生新的模式。例如，在森林防火指挥（图 17-14）、森林病虫害监测等方面都可借助移动通信技术提高信息传递的速率。移动通信目前正在由 4G 向 5G 的转换。这对于林业信息化建设是一个新的机遇。

17.3.3.3   信息检索方法

信息检索技术是指信息按照一定的方式组织起来，并根据用户对于信息方面的需求找出有关的信息的过程的技术。信息检索包含 4 个方面的要素：信息意识、信息的来源、信息的获取能力以及信息的利用。

（1）信息意识

信息意识是指用户通过信息系统获得所需要的信息的主要用途，也就是一种内在意识，通过对信息的敏感性、选择能力和消化吸收能力来表达。同时，人们在工作和生活中对于信息的运用、学习以及利用其解决问题的能力称之为信息素养。

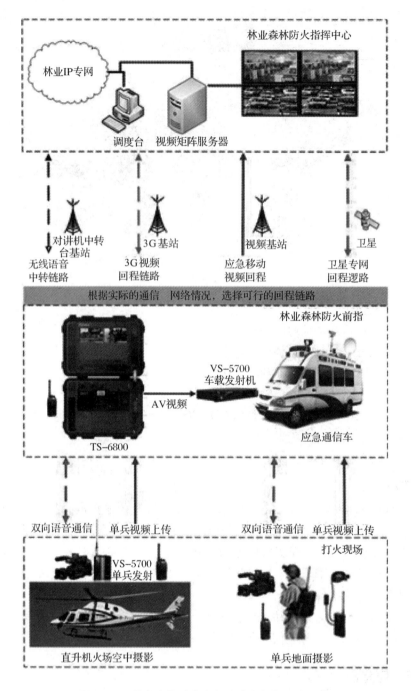

图17-14 林业森林防火应急移动音视频通信系统

（2）信息的来源

信息的来源按其不同表达方式有不同的构成，按文献载体可以分为印刷型、缩微型、机读型、声像型；按文献内容以及加工程度可以分为一次信息、二次信息、三次信息；按出版形式可以分为图书、报刊、研究报告、会议信息、专利信息、统计数据、政府出版物、档案、学位论文、标准信息。

(3)信息的获取能力

信息获取能力主要是通过了解各种信息的来源、掌握检索语言、熟练使用检索工具以及能够对检索效果进行判断和评价来获得所需要信息的能力。

(4)信息的利用

信息利用是指在获得信息之后对之加以利用更新并再利用的过程，实现信息的价值最大化。获取各方面信息的最终目标都是通过对所获取的信息进行整理、分析、归纳以及总结，根据自己在工作和生活中思考，将各类信息进行重组，形成一个新的信息体系，从而使信息增值。

17.3.3.4　时空数据处理方法

自 20 世纪 90 年代开始，时空研究一直是林业信息科学研究的前沿课题。时空研究的范畴非常广泛，也非常容易混淆。一些时空研究，着重于时空分析，即分析研究目标的时空演变过程，这些研究占了时空研究的大部分。但也有一些研究，着重于时空数据的存储、检索和表达，我们通常称为时空数据库或时空数据库模型研究。时空数据库是一个包含了时态数据、空间数据和时空数据，并能同时处理数据对象的时间和空间属性的数据库。概略地说，时空数据库是空间数据库与时态数据库系统的、有机的结合体(夏凯，2014)。

时空数据处理方法可适应于不同尺度的森林实体，小到一棵树，大到森林景观，均可在模型中找到表达的层次，并进行有效的关联。为森林资源数据库的建设提供了非常好的样本和参考。森林是一个异常复杂的生态系统，而林业部门对森林的所有监测、管理、经营的数据都附着在小班地理实体之上，每一个小班数据都包含了小班地块在权属、地形、土壤、环境、经营等方面的数据，小班已经成为森林资源基础数据的核心，而在可预见的将来，这一模式仍将在森林资源管理中长期存在。因此，研究森林小班的特点，特别是其时空演变规律是进行小班数据建模的基础和关键。

17.4　森林资源管理信息系统设计开发

17.4.1　森林资源信息管理系统分析与设计

17.4.1.1　信息系统分析的基本方法

信息系统分析所依据的基本原理是结构化分析方法，分解是系统分析的基本手段。只有对系统进行自上而下的逐层分解、逐步求精，才能达到易于理解的目的。要对一个不熟悉的复杂系统进行分析，往往会使人感到束手无策。运用分解的方法，把这个系统自上而下地进行逐层分解，把一个大系统分解成若干子系统，再将每个子系统分解成若干个功能模块，每个功能模块再划分为若干个处理，依次分解，直到不能再划分为止。这时，整个系统就给人们以从无序变为层次分明的有序结构的印象，使人们对系统有了一个近似直观的理解。

运用结构化方法分析系统的过程实际上是对系统进行抽象与简化的过程。抽象就是把复杂的信息系统活动屏蔽起来，只从功能的角度考虑系统的构成。在系统的顶层，把系统内部的所有细节都加以屏蔽，只考虑系统的总目标与环境间的信息联系；在子系统这一层，只反映系统的主要功能；在下一个层次，只考虑每一个子系统的主要活动，子系统之间的信息联系，不考虑这一活动是如何具体实现的。这样的话，在做系统分析时，上一层是下一层的抽象，下一层是上一层的分解。大量的细节被屏蔽在下一层，简化了上一层，通过不断细分，逐步求精，最后一层具体到计算机执行的每一项操作行为，以此建立一个层次清晰的信息系统结构。结构化的方法能够使分析人员较容易地抓住问题的实质，使复杂系统得以简化。图 17-15 表示了系统结构化设计流程。

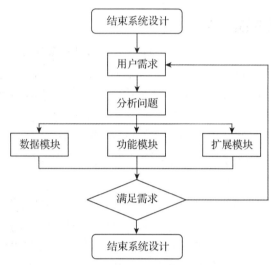

图 17-15　系统结构化设计示例图

17. 4. 1. 2　森林资源信息管理系统分析与设计

（1）用户分析

森林资源信息管理系统主要有四层使用对象，分别是国家林业局森林资源管理司、省级林业厅森林资源管理处、地（市）林业局森林资源管理处和县（区）林业局森林资源管理科（股）。另外，社会公众也可以成为该系统的使用对象，例如，通过该系统查询林业基本信息及林业生态建设各大工程动态信息等。具体如图 17-16 所示：

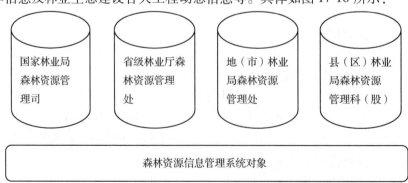

图 17-16　森林资源信息管理系统对象示意

（2）功能分析

系统从总体上应具有 4 方面的功能，以满足森林资源整体管理的需要。

①系统基本功能：主要包括数据采集、信息发布、信息查询、信息上传服务、数据分析处理、数据汇总与上报、数据打印、系统安全管理与系统维护等。

②系统监控功能：主要利用"3S"技术对林业重点工程、森林资源破坏严重区实施监控，对木材采伐、运输，木材加工企业发展等情况进行监控。

③系统分析与评价功能：通过对森林资源基础数据的分析，实施林地、林木的质量与数量的评价，帮助决策者制定森林资源经营方案及林业工程建设计划。

④规划与设计功能：根据规划区域大小，选用不同比例尺的数字化地图进行造林规划设计，采伐设计，自然保护区规划设计，生态公益林、防护林规划设计等。

主要功能设计可参照图 17-17。

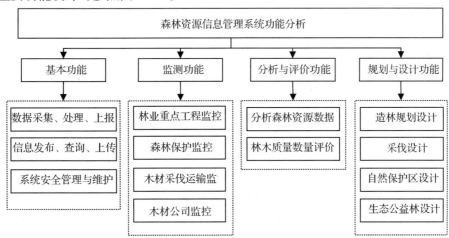

图 17-17 森林资源信息管理系统功能设计

（3）森林资源管理系统设计

针对系统的分析结果，采用 Microsoft 的 .NET 平台作为开发平台，使用 Visual Studio2008 作为开发工具，SQL Server 2005 作为后台数据的存储数据库。

系统结构按照三层架构设计，即表示层、业务逻辑层、数据访问层。

①表示层：数据表示层主要是完成界面和与最终用户交互的功能。用于从客户端捕获用户的输入和显示从后端返回的数据；用户接口处理层与后端的业务对象进行交互，同时它还负责用户会话数据的管理。

②业务逻辑层：用于封装业务逻辑和规则，在应用程序里面可以被封装为 .NET 业务组件或企业服务。

③数据访问层：处理与后台数据库的交互，使用工厂设计模式（DAL Factory）实现了对 SQL Server 或 Oracle 数据库访问的操作。

图 17-18 展示了系统三层架构设计流程。

①系统表示层设计：系统表示层应该包括各种参数的设置入口，各类数据的查询入口，方便快捷的逻辑习惯。以人机交互为基础，充分考虑实用性、简洁性。

②系统业务逻辑层设计：大多数情况下，把应用程序中的业务实体设计为使用

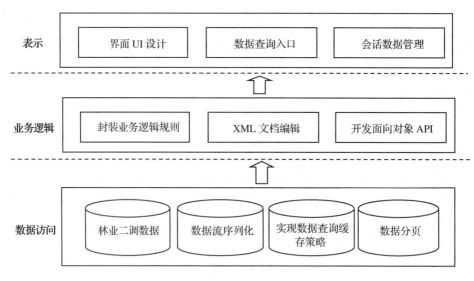

图 17-18　三层架构设计

XML 文档、Data Set 等以数据为中心的格式。这样便可以利用 Data Set 提供的灵活性及固有功能来更方便地支持多个客户端、减少自定义代码的数量并使用为大多数开发人员所熟知的编程 API。虽然以面向对象的方式操作数据有很多好处，但自定义编码复杂的业务实体会使开发和维护成本随所提供功能的数量成比例增加。

③系统数据访问层设计：数据访问层中的数据访问逻辑组件为访问单一数据库中的一个或多个相关表提供方法。数据访问逻辑组件的主要目标之一是从调用应用程序中隐藏数据库的调用及格式特性。数据访问逻辑组件为这些应用程序提供封装的数据访问服务。一般来说，数据访问逻辑组件应实现：管理和封装锁定模式、正确处理安全性和授权问题、正确处理事务处理问题、执行数据分页、必要时执行数据相关路由、为非事务性数据的查询实现缓存策略、执行数据流处理和数据序列化。

17.4.2　森林资源信息管理系统开发与测试

17.4.2.1　森林资源信息管理系统开发模式介绍

森林信息管理系统的开发模式是随着计算机技术与网络技术发展而不断更新的，纵观整个信息系统平台的发展过程，共产生了四种模式，即：单机模式、工作站/服务器(Workstation/Server)模式、客户机/服务器(Client/Server)和浏览器/服务器(Browser/Server)模式，下面将对这几种模式逐一进行介绍。

(1)单机模式

在单机模式中，数据以文件的形式进行存储和管理，系统通常集中运行在一台计算机上。此时企业开始积极采用信息管理系统提高工作效率。但它本身存在一些无法克服的缺陷：

①信息资源不便共享。在整个系统中数据存在着大量的重复，在系统之间数据移植和交换很困难。

②安全性差，信息容易外泄，在大规模的情况下数据管理成本较高。

在企业中，各个部门、各个业务之间的数据经常是需要相互联系的，企业的整个系统应该是一个系统工程，需要综合的全面的考虑和设计。单机模式却实现不了，所以就需要提出新的实现模式。

(2) W/S(工作站/服务器)模式

随着网络技术的出现，特别是局域网技术的发展，人们能够利用局域网技术在 MIS 中实现信息共享。最初出现的就是 W/S 模式。在这种模式中把系统中各种业务所需要共享的数据以文件的组织形式储存在中间节点文件服务器上，所有工作站都通过该中间节点访问数据文件。这样不同的业务模块就可以通过网络来共享文件服务器上储存的数据。

在这种模式中数据不再是孤立的，它能使系统中的不同业务流程间的数据相互共享，相互沟通，降低了系统的整体数据冗余度，体现了管理中的系统工程观点。但这种模式也存在一些固有的缺点：

①模式简单，很难适应不断扩大的系统规模。

②信息资源共享程度低。模式本身的设计，使得它无法对多用户请求、共享数据的应用提供足够充分的服务，且 W/S 模式不提供多用户应用要求的数据并发性。

③容易产生网络瓶颈。如果局域网中许多工作站请求和发送很多文件，网络很快就达到饱和状态造成瓶颈降低整个网络的性能，此时的服务器只是储存数据文件，处理却是由工作站在取得数据文件后自己处理，这样使得计算不均衡，信息利用率低。

(3) C/S(客户机/服务器)模式

如果服务器不仅有文件"保管"功能，还具备数据处理功能，则工作站和服务器就可进行分工，由工作站运行面向客户的应用程序，而服务器则根据客户的请求进行数据处理，并将结果返回给工作站，这种模式称为 C/S 模式。

C/S 模式是 20 世纪 90 年代兴起的一种全新的计算模式。在这种模式下，一个应用程序被分为两个部分：一部分进程称为服务器，它为其他进程提供公共服务；另一部分进程称为客户机，它在客户端执行本地处理，并与服务器进行交互以便获得服务器的服务。其主要优点如下：

①响应速度快。由于客户端实现与服务器的直接相连，没有中间环节，因此响应速度快。

②软件功能设计个性化，具有直观、简单、方便的特点，可以满足客户个性化的功能要求。

③操作界面漂亮、形式多样，可以充分满足客户自身的个性化要求。

④C/S 结构的管理信息系统具有较强的事务处理能力，能实现复杂的业务流程。

但随着 Internet 技术的发展，以及企业对信息系统的总体拥有成本的考虑，这种模式也逐渐暴露出许多问题，主要表现在以下 4 个方面：

①系统的可靠性有所降低：一个 C/S 系统是由各自独立开发、制造和管理的各种硬件和软件的混合体，其内在的可靠性不如单一的、中央管理的大型机或小型机。

②开发成本较高：C/S 结构对客户端软硬件要求较高，尤其是软件的不断升级，对硬件要求不断提高，增加了整个系统的成本。

③维护费用较高、维护复杂，升级麻烦：如果应用程序要升级，必须到现场为客户机一一升级，每个客户机上的应用程序都需维护。

④系统缺乏灵活性：C/S 模式中需要对每一应用独立地开发应用程序，消耗了大量的资源，在向广域网扩充（如 Internet）的过程中，由于信息量的迅速增大，专用的客户端已经无法满足多功能的需求。

这样就需要将网络计算模式从两层的 C/S 模式进行扩展，并且结合动态计算，以解决这一问题。

（4）B/S（浏览器/服务器）模式

Internet 的发展，尤其是 WEB 技术在企业内部的广泛应用，C/S 模式已越来越无法顺应人们日常的工作需要，于是 B/S 模式在此背景下应运而生。

B/S 模式由浏览器、WEB 服务器、数据库服务器 3 个层次组成。B/S 模式相对于 C/S 模式具有明显的优势：

①简化了客户端的安装、配置：由于 B/S 是建立在广域网基础上的，有比 C/S 系统更强的适用范围，客户只需要装有操作系统和通用浏览器即可，不必特别安装应用软件、数据接口等，有效节省了人力和时间。

②数据安全性强：对于 B/S 模式的软件来讲，由于其数据集中存放于总部的数据库服务器，客户端不保存任何业务数据和数据库连接信息，也无需进行什么数据同步，所以这些安全问题也就自然不存在了。

③保护企业投资、扩展性好：B/S 模式采用标准的 TCP/IP，HTTP 协议，可以与企业现有网络很好的结合。B/S 模式可直接进入 Internet，因此具有良好的扩展性。

④信息资源丰富、共享程度高：由于 Internet 的建立，Internet 上的用户可方便地访问系统外资源，Internet 外用户也可访问 Internet 内资源，从而提高了共享程度。

⑤使用简单、易于维护：由于应用程序都放在 WEB 服务器上，软件的开发、升级与维护只在服务器端进行。减轻了开发与维护的工作量。

B/S 模式虽然是从 C/S 模式演化而来，但相对于 C/S 模式，也存在着自身的缺点和不足之处，主要有以下 5 点：

①个性化特点明显降低，无法实现具有个性化的功能要求。

②操作是以鼠标为最基本的操作方式，无法满足快速操作的要求。

③页面动态刷新，响应速度明显降低。

④无法实现分页显示，给数据库访问造成较大的压力。

⑤功能弱化，难以实现传统模式下的特殊功能要求。

17.4.2.2　森林资源信息管理系统的测试方法

森林资源信息管理系统常用的测试方法主要有黑盒测试、白盒测试和性能测试等。简单介绍如下：

（1）黑盒测试

黑盒测试是在程序接口上进行测试，主要是为了发现以下错误：

①是否有不正确或者是遗漏了的功能，在接口上，输入能否正确的接受，能否输

出正确的结果。

②是否有数据结构错误或者外部信息访问错误。

③性能上是否满足要求。

④是否有初始化或终止性错误。

⑤用黑盒测试发现程序中的错误，必须在所有可能的输入条件和输出条件中确定测试数据，来检查程序是否都能产生正确的结果，又称为功能测试或数据驱动测试。

（2）白盒测试

测试人员利用程序内部的逻辑结构及有关信息，设计或选择测试用例，对程序所有逻辑路径进行测试；通过在不同点检查程序的状态，确定实际的状态是否与预期的状态一致。因此白盒测试又称为结构测试或数据驱动测试。白盒测试主要对程序模块进行如下检查：

①所有独立的执行路径至少测试一次。

②对所有的逻辑判定，取真和取假的两种情况都至少测试一次。

③在循环的边界和运行界限内执行循环体。

④测试内部数据结构的有效性等。

（3）性能测试

性能测试是为了验证系统是否达到用户提出的性能指标，同时发现系统中存在的性能瓶颈，起到优化系统的目的，是在交替进行负荷和强迫测试时常用的术语。理想的"性能测试"（和其他类型的测试）应在需求文档或质量保证、测试计划中定义。性能测试一般包括负载测试和压力测试。

17.4.3　森林资源信息管理系统实例

2013 年开始，国家林业局率先尝试建设行业数据库，以公众需求为主导，在广泛调研、充分论证的基础上，建设了《中国林业数据库》。2015 年在原有基础上，对国家林业局各司局各直属单位以及全国各级林业主管部门多年形成的各类数据成果资料、国内外各类公开的林业信息资源进行整合，同时开放数据上传平台，丰富各类林业数据，建成了《中国林业数据开放共享平台》（http：//cfdb. forestry. gov. cn/lysjk/indexJump. do？url＝view/moudle/index）。

《中国林业数据开放共享平台》具有数据覆盖范围广、安全可靠、实时更新等特点。按照数据来源主要分为三大类，分别是发改委分中心数据、国家林业局数据、中国林科院自建数据库集，共 23 项内容，以其丰富的信息资源、多渠道的接入方式，为用户构建了一个便捷的网络服务平台。对于林业科技工作者来讲，本数据平台能够解决现有的信息数据分散于各个应用系统中，信息缺乏整合，无法为用户的应用支持提供信息服务等问题。其将海量信息、海量数据的处理需求与用户的应用趋势整合单一可靠的综合林业数据库，协助用户做到林业数据分类可见、林业数据可控制与可调整，维护数据的有效和一致；并以此为基础，为林业用户应用提供支持服务，进一步提升了林业信息化决策支持服务的信息能力。对于非林业工作者而言，本数据平台也是学习林业相关知识，熟悉我国林业相关法律法规，了解我国林业现状的理想之地。

平台包括数据统计图、数据统计表、专题分布图、数据预测分析、按行政区划、按业务类别、重点数据库、数据定制采集、我的数据库等栏目，内容涉及政策法规、林业标准、林业文献、林业成果、林业专家、林业科研机构等诸多领域的信息，是林业行业权威性专题数据平台。可使公众从类型、专题、数据形式等角度了解林业数据，目前，平台已积累资源数量 59 046 条。图 17-19 所示为平台主界面。主要功能如下：

图 17-19　中国林业数据开放共享平台主界面

（1）数据统计图

以统计图形式表现数据，提供饼状图、柱状图等统计方式。对林业统计数据（森林资源、沙化荒漠化、湿地资源数据）进行统计展现，便于为领导、各级业务人员、公众提供直观的统计信息。

（2）数据统计表

以报表形式表现历年统计结果，自行定义统计字段进行统计汇总，便于了解林业各类资源信息的情况。

（3）专题分布图

分布图提供按照时间、政区提供分布图的方式，查看各类林业资源的变化情况，并与通过 GIS 按照区域更直观的展现各类数据统计情况。用户可以查询标准专题图和自定义专题图，包括全国各地区森林覆盖情况、荒漠化情况、人工林分布、森林分布、森林资源面积等专题，并以图集形式表现。

（4）数据预测分析

通过数学模型，结合往年数据，对全国森林面积进行预测分析。提供"灰色模型""多项式回归模型""二次指数平滑模型"等多个预测模型，点击不同模型，设置预测步长，可以以折线图形式预测未来趋势，并对准确性进行分析。

（5）按行政区查询数据

提供以行政区为区别方式的数据查询方法，提供按照"世界林业""国家林业""省级林业"为划分方式的数据查询功能。查询内容包括各种监测类数据、管理类数据、分析类数据、综合类数据、规划类数据等。

（6）按业务类别查询数据

以查询业务类别为划分依据，查询数据库数据。提供按照《森林资源数据库》《荒漠化资源数据库》《生物多样性数据库》《林业重点工程数据库》《林业从业人员数据库》《林业产业数据库》《林业投资数据库》《林业教育数据库》《森林灾害数据库》《湿地资源数据库》为划分类别的数据查询功能。

（7）重点数据库查询

提供按照《林业重大问题调研报告》《林业重点工程与社会效益报告》《中国林业信息化发展报告》《中国林业年鉴数据库》《历年统计分析报告》《林业标准数据库》为主要划分依据的重点数据库查询功能。

思 考 题

1. 简述森林资源信息采集方法。
2. 森林资源数据类型和格式有哪些？
3. 森林资源数据的存储类型有哪些？
4. 森林资源信息分析方法有哪些？
5. 简述森林资源信息处理的内容。
6. 简述一般森林资源信息管理系统的组成和主要功能。
7. 简述森林资源信息管理系统的开发模式。

参考文献

常新华.2003. 森林资源信息化管理及信息系统建设研究[D]. 北京：北京林业大学.

陈昌鹏，吴保国，贾永刚.2004. 数据挖掘技术在森林资源信息管理中的应用[J]. 河北林果研究，19(2)：149-153.

陈慧山，肖琳.2013. 森林资源信息管理的发展方向[J]. 吉林农业(7)：14-15.

陈谋询.1994. 经营型国有林场计算机管理应用技术的研究与实施[J]. 林业资源管理(5)：57-63.

崔永.2014. 基于 Glusterfs 的森林资源监测云平台建立方法的研究[D]. 哈尔滨：东北林业大学硕士学位论文.

董乃钧，陈谋询.1986. 森林资源管理信息系统的结构分析[J]. 林业科技通讯，35(4)：4-6.

董乃钧，陈谋询.1988. 森林资源管理信息系统的研究与实施[J]. 林业资源管理，35(增刊)：5-8.

方陆明，楼雄伟，姜真杰.2003. 基于 Web 的森林资源信息管理应用系统开发技术[J]. 林业资源管理，3(3)：46-49.

方陆明.2003. 我国森林资源信息管理网络系统解决方案的探讨[J]. 北京林业大学学报，25(3)：127-130.

冯秀兰，宋铁英，姚建新.2001. 基于 GIS 的集体林森林资源信息管理系统的研制与开发[J]. 北京林业大学学报，23(3)：81-85.

符福山.1994. 信息学基础理论[M]. 北京：科学技术文献出版社.

高倩.2007.基于 XML 的森林资源管理系统的异构数据整合[D].北京:首都师范大学硕士学位论文.

寇文正,周昌祥,徐茂松.1992.森林资源动态监测体系及其建立技术[J].林业资源管理(3):26-30.

赖超,方陆明,李记.2015.森林资源信息集成系统的设计与实现[J].浙江农林大学学报,32(6):890-896.

蓝雪,韦绪,覃德文.2015.浅谈大数据分析在生态林业上的运用[J].经济研究导刊,6(260):55-66.

李增元,张怀清,陆元昌.2003.数字林业建设与进展[J].中国农业科技导报,5(2):7-9.

刘亚秋,景维鹏,井云凌.2011.高可靠云计算平台及其在智慧林业中的应用[J].世界林业研究,24(5):18-24.

秦琳.2010.基于 ArcSDE 和 Geodatabase 的森林空间数据库构建研究[J].林业调查规划,35(2):85-88.

唐小明.1994.WINGIS 进行森林资源地理信息管理概述[J].林业资源管理(6):10-16.

王阿川,李丹,王霓虹.2007.基于 J2EE 和 ArcGIS 平台的森林资源信息管理系统的应用[J].东北林业大学学报,35(10):92-93.

王健,崔永,赵树林.2014.一种新型森林监测云平台文件系统的研究[J].森林工程,30(4):71-76.

吴达胜,范雪华,姜真杰.2004.分布式数据挖掘在森林资源信息管理中的应用[J].福建林学院学报,24(4):340-343.

吴达胜,范雪华,应志辉.2004.空间数据挖掘技术在森林资源信息管理中的应用研究[J].浙江林业科技,24(3):68-71.

夏凯.2014.森林小班数据的时空建模、更新及表达研究[D].杭州:浙江大学博士学位论文.

谢绍锋,肖化顺.2011.森林资源时态 GIS 数据存储与时空分析方法研究[J].西北林学院学报,26(1):181-186.

邢乐乐.2013.面向海量森林资源信息的云计算作业调度算法的研究[D].哈尔滨:东北林业大学硕士学位论文.

杨国勇.1995.森林防火辅助决策地图制作[J].林业资源管理(6):52-54.

张贵,洪晶波,谢绍锋.2009.森林资源信息三维可视化研究与实现[J].中南林业科技大学学报,29(2):49-54.

张慧霞,刘悦翠.2006.基于 GIS 的火地塘林场森林资源信息管理关键技术研究[J].西北林学报,21(2):9-12.

赵天忠,李慧丽,陈钊.2004.森林资源信息集成系统解决方案的探讨[J].北京林业大学学报,20(2):11-15.

朱磊.2012.不同调查方法森林资源调查结果的整合技术研究[J].华东森林经理,26(2):1-4.

第18章
森林经理学研究展望

世界对森林的认识正在发生重大变化，人们已经从单纯要求森林的物质产品转变到不仅要求森林的生产功能，更要求森林的服务功能。这种形势的发展，是森林经理研究严峻的挑战，也是森林经理发展的难得机遇。森林经理研究需要适应这种形势，抓住机遇，迎接挑战，发挥多学科综合交叉研究和产学研相结合的优势，开展森林资源与环境管理领域的理论研究、应用基础研究和技术及工艺研究，促进森林的可持续经营，以适应现代林业发展的要求。

18.1　森林经理理论

森林永续利用是森林经理经典思想，对世界森林经营的实践产生了深远影响，而森林永续利用思想的核心是法正林理论。法正林理论的作业法是龄级法（亢新刚，2011）。纵观 100 多年来的实践，这个理论也存在一些缺陷：一是条件过于苛刻，很难实现；二是它是一种简单再生产；三是法正林不考虑外部环境，即未考虑自然因素和人为因素对森林的影响；四是只针对同龄林；五是皆伐作业。因此，法正林的实践也带来了一系列新的问题，这也是某种程度上造成生态问题的根源之一。1882 年由德国林学家提出的近自然林业理论，克服了这些缺陷，是兼容林业生产和森林生态保护的一种经营模式，其经营的目标森林为：混交林—异龄林—复层林，手段是近自然森林经营法，它强调择伐，禁止皆伐作业方式（陆元昌，2006），但在采伐作业对保留林分以及环境的影响方面考虑不足。21 世纪初我国学者基于国际上减少对环境影响的森林采伐作业理念（reduced impact logging）提出了森林生态采伐理论（ecology-based forest harvesting），核心思想是依照森林生态原理指导森林采伐作业，使采伐和更新达到既利用森林又促进森林生态系统的健康与稳定，达到森林可持续利用目的（张会儒等，2005）。森林生态采伐更新技术体系已经初步形成，但针对具体森林类型的生态采伐作业法还需要完善和实践检验。未来随着人类社会生存发展对森林的多样化需求的不断提高，探索发挥森林的多种功能的森林经营理论将成为森林经理理论研究的重要任务，我国已经提出了基于森林分类经营的多功能经营框架（国家林业局，2016），但与之相配套的技术体系还需要深入研究和实践验证。

18.2 森林资源数据获取

在森林抽样调查方面，森林资源调查目标已由传统的林木资源调查向森林多资源调查方向转变和发展，森林资源调查内容和信息的增加及变化（如生物多样性的调查、森林中病虫害发生分布调查、林下非木质资源调查和珍贵濒危树种分布的调查等）和森林多资源的分布导致需要在传统方法基础上研究新的理论和技术，如各种抽样方案配合不同的估计方法的森林资源调查方按制定、不同抽样方法的模拟软件的研制和开发、各种方案的适应性、精度和效率的验证、各种抽样方法之间结合的效率及合理性评价、地面抽样技术与"3S"技术的结合和协作机制等，还要不断地进行探究（史京京等，2009）。

在森林资源地面调查方面，研究的重点为调查指标的充实和完善、调查效率和调查精度的提高，包括建立适应森林资源与生态环境综合监测评价需求的、含有森林属性特征因子和生态环境因子的调查指标体系、高效的抽样框架设计方法、林分调查因子的精准测量方法等研究。

在森林资源遥感调查方面，未来研究的重点在提高遥感森林分类精度和调查因子获取方面，如遥感图像数字化处理及测量技术、多源遥感（光学、激光雷达、高光谱、多角度遥感等）森林资源信息的采集、基于新型遥感和机理模型的区域森林资源综合信息提取等，特别是高分卫星、无人机等信息采集以及激光雷达森林调查因子提取成为研究的热点。

18.3 森林资源分析与评价

林分结构是林分功能的基础和表现，分析和重建林分空间结构是研制新一代林分生长模型的重要基础，也是制定森林经营规划方案的前提，未来林分空间结构研究将集中于空间结构指标的定量化表达方法、空间结构的可视化模拟以及空间结构评价与林分抚育经营的结合等方面。在立地质量评价和生产力方面，大区域面向经营的天然林立地质量评价模型与方法研究是当前立地质量评价的主要焦点与发展趋势。

在森林生长模型及模拟方面，主要基于近代统计方法（如混合效应模型、度量误差模型、联立方程组模型、空间加权回归模型等）及计算机模拟技术，研究树木和林分随机生长与收获模型；林木树冠结构、树干形状、木材质量及机理模型；森林经营条件下生长收获模拟与演替机理；森林经营（植被控制、间伐、施肥、遗传改良等）随机效应模拟及经营效果定量分析；构建不同尺度林木及森林资源、生物量及碳储量预测模型。

在森林资源评估方面，研究范围将进一步拓展，除林木资源资产评估外，更加注重依托森林、林木、林地生存的野生动植物资产、微生物资产以及林内人工养殖的动植物资产评估的，探索这些资源的资产评估方法将成为研究的新方向。在评估模型的研究方面，仍有很大的发展空间，批量评估模型的改进及应用也将成为未来模型研究者的研究重点。森林生态系统服务功能价值评估研究将朝着模型化、精准化方向发展，森林生态系统服务功能过程及形成机制、服务功能向统服务的转化率的研究将成为热点(赵金龙等,2013)。

18.4　森林经营规划与决策

随着林业发展战略的转移及作用的转变,森林可持续经营日益受到国际社会重视的背景下,以森林经营规划为核心进行森林资源经营管理不仅是森林经营主体,也是林业主管部门经营森林的重要依据。未来森林经营规划越来越表现出类型多样化,体现在从国家、省、县和森林经营单位不同层次,规划设计的范围由单纯着眼于森林经营单位编制森林经营方案扩展到编制区域的林业发展规划,规划要考虑整个社区的可持续发展和协调社区各部分的相关需求和利益。在内容方面,则逐渐由单一经营木材的森林经营规划向多目的、多用途的功能区划、景观规划相结合的综合经营规划发展,经营目标则向兼顾经济、生态、社会等多元化方向发展。经营主体涵盖个体、公司、经营单位以及资源管理部门,多元化日趋明显。

在森林经营规划技术方面,随着计算机信息技术和决策优化方法的发展,在地理信息系统支持下的空间规划(spatial forest-management planning)得到更多应用,林分经营优化决策模型、专家系统、决策支持系统结合的智能决策系统 IDSS(intelligence dicision support)及基于大数据和计算机网络的群决策支持系统 GDSS(group dicision support system)等决策技术的研发将成为热点。

18.5　森林资源监测与信息管理

随着人们对森林资源的开发利用和环境保护意识的日益提高,世界各国的森林资源经营正朝着可持续发展的方向迈进,对森林资源的监测也已由传统的以木材资源为主向以可持续发展为目标的多资源监测和生态监测转变。未来森林资源监测研究的重点为监测体系优化、年度监测和提高监测效率和精度等方面。包括研究建立监测内容全面、适应不同层次的抽样调查体系,实现全国森林资源"一体化"监测;研究森林资源年度监测的方法和技术,实现森林资源年度出数;研究利用多源遥感、GIS、PDA 野外数据采集技术、激光和超声波探测技术、物联网、大数据、人工智能、虚拟现实和可视化、网络与通信等现代新技术,提高森林资源监测效率和监测精度的方法和技术。

在森林经营监测评价方面,研究的重点为森林可持续经营标准和指标的测试、量化评价与森林经营方案的关联性以及森林经营效果监测的过程及结果的可视化表达等方法。

在森林资源信息管理方面,构建高精度森林资源管理信息系统,实现森林资源信息的智能化管理和动态监测是现代林业建设的基本要求。未来主要研究天、空、地一体化森林资源、生态和环境海量数据的存储、交换、处理和表达方法以及分析评价技术;森林资源信息流的智能关系和交换机制;森林空间数据信息系统和集成的数字化方法;基于"3S"技术的森林多资源和环境监测的管理信息系统及服务平台;基于 Web-GIS 构建网络化、智能化的森林资源信息管理框架及辅助决策的优化算法;林业三维仿真虚拟技术与三维可视化系统。

思 考 题

1. 简述我国森林经理理论研究的发展方向。
2. 简述森林经营规划与决策研究的发展趋势。
3. 简述我国森林资源监测与信息管理研究的趋势。

参考文献

国家林业局 . 2016. 全国森林经营规划(2016—2050)[M]. 北京：国家林业局 .

亢新刚 . 2011. 森林经理学[M]. 4 版 . 北京：中国林业出版社 .

陆元昌 . 2006. 近自然森林经营的理论与实践[M]. 北京：科学出版社 .

史京京，雷渊才，赵天中 . 2009. 森林资源抽样调查技术方法研究进展[J]. 林业科学研究，22(1)：101 – 108.

张会儒，汤孟平，舒清态 . 2006. 森林生态采伐理论与实践[M]. 北京：中国林业出版社 .

赵金龙，王泺鑫，韩海荣，等 . 2013. 森林生态系统服务功能价值评估研究进展与趋势[J]. 生态学杂志，32(8)：2229 – 2237.